苹果
Mac OS X El Capitan 10.11
完全手册

水木居士◎编著

人民邮电出版社
北京

图书在版编目（CIP）数据

苹果Mac OS X El Capitan 10.11完全手册 / 水木居士编著. -- 北京 : 人民邮电出版社, 2017.9
ISBN 978-7-115-44919-1

Ⅰ. ①苹… Ⅱ. ①水… Ⅲ. ①操作系统－手册 Ⅳ. ①TP316.84-62

中国版本图书馆CIP数据核字(2017)第045038号

内 容 提 要

OS X El Capitan 是苹果公司发布的 Mac 操作系统，比较之前的版本，它配备了更多的功能，是更为先进的 Mac 操作系统。本书以图文对照的方式和轻松的风格，全面系统地介绍了 El Capitan 系统的新功能。全书共 21 章，分别讲解了 OS X El Capitan 的新特性、账户管理应用、快速入门、Finder、个性化设置、输入法及文件的打印管理、Mac 的网络世界、即时沟通功能、Mac 的办公伴侣、在线商店、Mac 的数字和影音世界、iCloud 云存储、Mac 的内置实用工具、软件的安装与移除及 OS X 新版本的升级、系统维护与备份还原、系统安全与故障排除、软件推荐、Mac 与 Windows 双系统的安装等。读完本书，读者完全可以驾驭 OS X El Capitan。无论是一个 Mac 新用户，还是一个 Mac 老用户，都能从中得到惊喜，因为这是一个 Mac 的体验之旅。

本书力求帮助读者以较快的速度掌握 OS X El Capitan 系统的使用方法。本书特别适合电脑初学者、苹果电脑爱好者阅读，尤其适合作为苹果电脑软件培训班的教材使用。

◆ 编　　著　水木居士
　责任编辑　张丹阳
　责任印制　陈　犇
◆ 人民邮电出版社出版发行　　北京市丰台区成寿寺路 11 号
　邮编　100164　　电子邮件　315@ptpress.com.cn
　网址　https://www.ptpress.com.cn
　涿州市般润文化传播有限公司印刷
◆ 开本：787×1092　1/16
　印张：31.5　　　　　　　　2017 年 9 月第 1 版
　字数：917 千字　　　　　　2025 年 1 月河北第 12 次印刷

定价：118.00 元

读者服务热线：(010)81055410　印装质量热线：(010)81055316
反盗版热线：(010)81055315
广告经营许可证：京东市监广登字 20170147 号

前言

本书是Mac用户的必备工具书，本书内容详尽，逻辑清晰，从整体入手，层层分解，逐级放大，从开机、桌面、菜单栏、Dock、Finder到多媒体、网络应用，对Mac做了一个全面的剖析，带领读者进入Mac的体验之旅，能使读者发现苹果电脑与众不同之处。

本书不仅教读者怎么使用苹果，还教读者怎么体验苹果。其内容以Windows与苹果操作系统的区别为切入点，深度解析苹果操作系统及应用程序，并分享使用中的诸多技巧。

本书旨在指导刚从Windows转换到Mac的新用户、想让自己的Mac能运行得更顺畅的有一定基础的用户、想进一步整合自己的Mac、iPad、iPhone协同作业的用户，以及有一定Windows操作系统使用经历的新苹果电脑用户，也可以为普通Mac用户进一步了解和熟悉OS X El Capitan提供帮助。通过本书图文并茂的讲解，解除读者学习陌生操作系统的迷惑与不安，使读者能从本书中学到实用、高效的应用技巧。

如果读者也想进一步了解Mac操作系统，并想进一步利用苹果电脑更加轻松地工作、更快捷地上网、更开心地娱乐、更方便地分享、更畅快地游戏，那么本书将是最佳的向导之一。通过对本书的学习，读者对苹果电脑将不再感到陌生，并能让它成为工作、生活、娱乐上的好伴侣。

本书由水木居士主编，在此感谢所有创作人员对本书付出的艰辛。在创作的过程中，由于时间仓促，疏漏之处在所难免，希望广大读者批评指正。如果在学习过程中发现问题，或有更好的建议，欢迎发送邮件到bookshelp@163.com与我们联系。

编者

目录

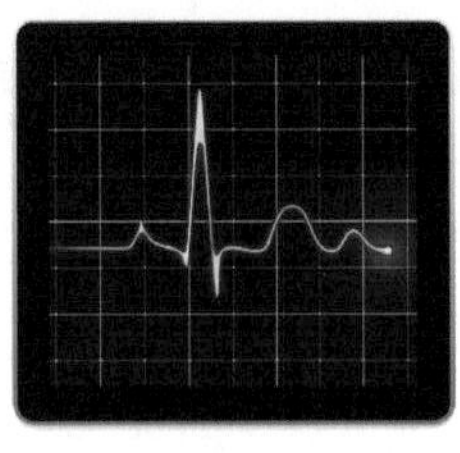

第19章 网络、性能评测软件推荐...................382

第20章 系统优化工具软件...............................398

第21章 Mac与Windows双系统的安装............418

附录 Mac的172个实用技巧...........................427

第 1 章 Mac快速上手

本章从Mac的发展史讲起，回顾OS X的历代版本，详细讲解OS X El Capitan系统的全新功能，并简单介绍新的操作系统OS X El Capitan的常用功能以及苹果电脑的基础入门知识。

1.1　Mac的发展史

Mac OS是运行于苹果Macintosh系列计算机（俗称电脑）上的操作系统，是首个在商用领域成功应用的图形用户界面。当年Mac OS推出图形界面的时候，Windows还未问世。在走进OS X El Capitan 的世界之前，我们先来了解Mac OS的发展史。Mac OS被分成两个系列，一个是老旧且已不被支持的经典版Mac OS，在OS 8以前用“System x.xx”作为名称，另一个是现在用户最多且较新的Mac OS X，而从最近版本开始，被简称为OS X。

1.1.1　System x.xx时代（1984~1991年）

System 1.0是苹果公司开发出的最早的操作系统，采用了图形操作界面，含有桌面、窗口、图标、光标、菜单和卷动栏等项目。System 1.0的功能比较简单，当时并不能从菜单中新建文件夹，后来苹果发布了新的System 1.1，对原来版本中存在的问题进行了修复,同时更新了一些软件，包括后面发布的System 2.0、System 3.0、System 4.0、System 5.0和System 6.0，这些版本之间的差异不是特别大，基本上以修复相关的漏洞（bug）及更新部分软件为主，直到1991年发布的System 7.0系列，这一代相比上几代经历了很大的更新，也是第一个支持彩色显示的苹果系统，图标上面终于有了256种颜色，而且还有支持多媒体的QuickTime，同时引入了激动人心的互联网络功能。

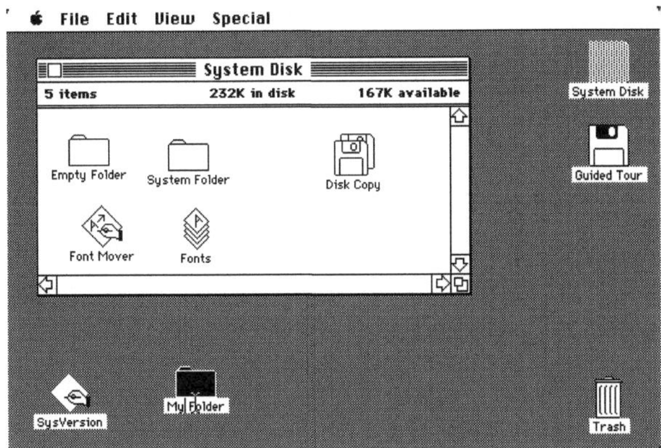

▲ System 1.0

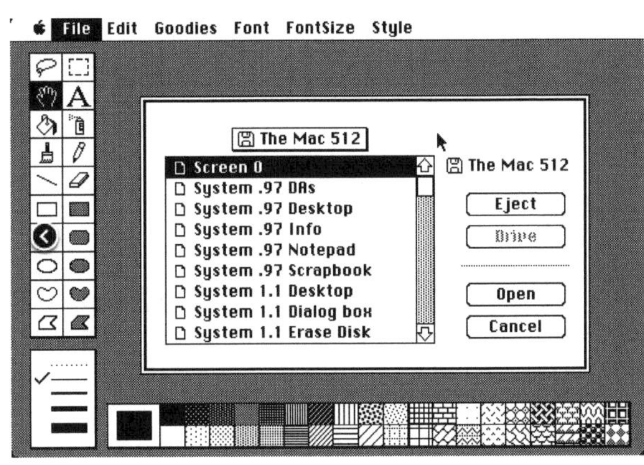

▲ System 3.0

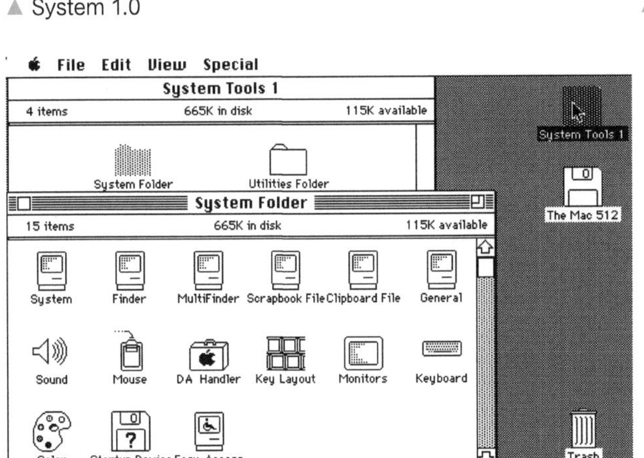

▲ System 5.0

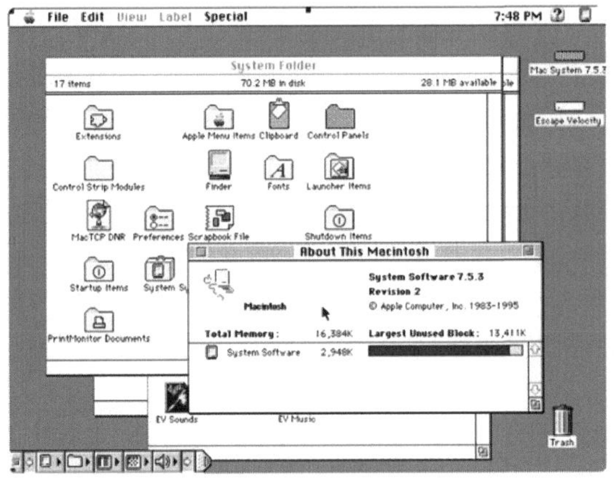

▲ System 7.5.3

1.1.2 Mac OS 时代

1997年7月26日，Mac OS 8.0正式发布，从这个版本开始，Mac OS的名称被正式采用。Mac OS 8.0为用户带来了功能强大的多线程搜索Finder、三维Platinum界面以及新的帮助系统。此后，苹果公司在1998年1月发布了Mac OS 8.1，增加了HFS Plus (Mac OS扩展)信息管理系统。这个系统也是非PowerPC的苹果电脑的最后一个操作系统，从8.5起，要使用Mac OS必须具备PowerPC Mac。从1998年10月至1999年5月，苹果相继发布了Mac OS 8.5/8.5.1/8.6，各版本在功能上并没有多大的改变，也只是修复bug及软件更新。Mac OS 9是Mac OS 8.6的改进版本，于1999年10月23日发布。2002年，Mac OS 9.2发布。在2002年5月，苹果公司在加利福尼亚圣何塞召开全世界开发商会议，宣布苹果公司将停止OS 9 的所有发展。Mac OS 9是苹果公司一款最经典的操作系统，OS 9.2.2就是它的最终版本。

▲ Mac OS 8.0

▲ Mac OS 9.0

1.1.3 Mac OS X时代

Mac OS X于2001年推出，它包含两个主要的部分：一部分为Darwin，是以BSD原始码和Mach微核心为基础，类似UNIX的开放原始码环境，由苹果电脑采用和与独立开发者协同作进一步的开发；而另一部分则是由苹果公司开发，命名为Aqua的有版权的GUI界面，作为OS X的第一个正式版本。 Mac OS X 10.0在稳定性上比旧的Mac OS有所改善，但是仍然缺乏DVD播放等个人电脑中常用的基本功能，对应的机种也十分有限。不过，最令人不满的还是执行效能太差的问题，并且当时能原生对应OS X的软件也非常有限，因此大部分使用者都不会把OS X当成主要的工作环境。

在Mac OS X 10.0发布后仅7个月，苹果公司于2001年9月25日开始正式发售代号为“Puma”的Mac OS X v10.1，原有的Mac OS X 10.0用户可以免费更新此版本。也就是从这个版本开始，以后的每个Mac OS X的后缀多以大型猫科动物来命名。从10.0起的系统代号分别为：Cheetah（猎豹）、Puma（美洲狮）、Jaguar（美洲虎）、Panther（黑豹）、Tiger（虎）、Leopard（美洲豹）、Snow Leopard（雪豹）、Lion（狮）、Mountain Lion(美洲狮)、Mavericks（巨浪）以及最新版本的OS X El Capitan （酋长石）。Puma改善了10.0令人不满的效能太差的问题，DVD播放等基本功能也已经完备。在软件数量方面，Adobe、微软等主要软件开发商也渐渐开始发布Mac OS X版本的软件，让Puma终于开始成为可实际在工作中使用的OS X。从这个版本开始OS X有些起色，直到现在我们所使用的最新版OS X 10.11 El Capitan （酋长石），它变得越来越好了。

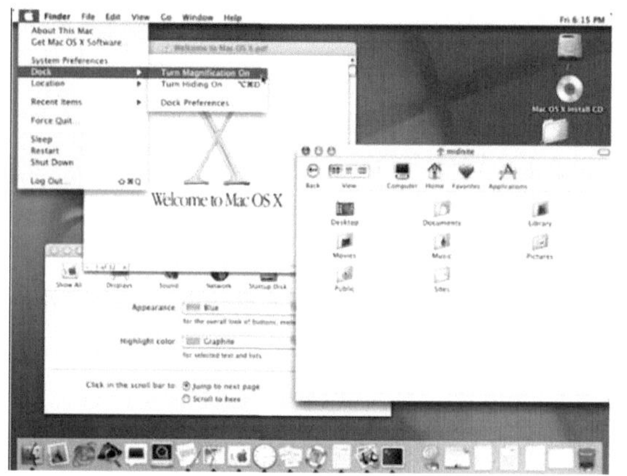

▲ Mac OS X 10.0

▲ Mac OS X 10.1（Puma）

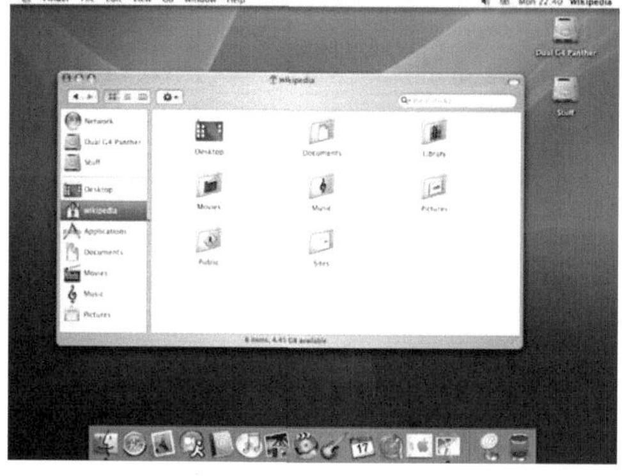

▲ Mac OS X 10.3（Panther）

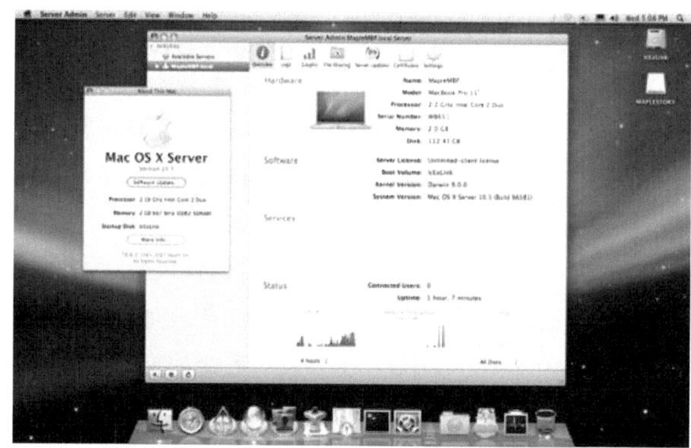

▲ Mac OS X 10.5（Leopard）

▲ Mac OS X 10.7（Lion）

▲ OS X 10.9（Mavericks）

▲ OS X 10.11（El Capitan）

1.2 Mac OS X 历代版本回顾

- Mac OS X 10.0 Cheetah：苹果公司发布的第一个Mac OS X版本。
- Mac OS X 10.1 Puma：更强的系统性能及添加了对多媒体的支持。
- Mac OS X 10.2 Jaguar：新增150项用户界面优化，更强的性能，添加了即时通信软件“iChat”和通信簿（Address Book）。
- Mac OS X 10.3 Panther：全新的金属质感UI界面，更新了Finder，同时加入了快速用户切换“Expose”“FileVault”“Safari”“iChatAV”以及增加了对PDF的支持。
- Mac OS X 10.4 Tiger：新增200多项更新，添加了“Spotlight”“Dashboard”“智能文件夹”“Quick Time7”“Safari2”“Automator”“VoiceOver”，并且发布了支持Intel系列CPU的系统版本。
- Mac OS X 10.5 Leopard：新添了300多项更新，并加入了“时光机”（Time Machine）“Spaces桌面空间”“Boot Camp特性”，从这一代系统开始支持64位应用程序，并且通过了UNIX03兼容性认证，具有纯正的UNIX系统。
- Mac OS X 10.6 Snow Leopard：苹果公司从这一代开始彻底抛弃了对PowerPC架构Mac的支持，使用Cocoa架构重写Finder，更快的Time Machine备份，更快的Safari、GCD技术和强大的Open CL支持。
- Mac OS X 10.7 Lion：强大的Launchpad，增加了大量的多点触摸手势支持，全屏幕模式，并且从这一代开始已经变为纯64位系统。
- OS X 10.8 Mountain Lion：新加入的“Game Center”（游戏中心）、“iMessage”“通知中心”“iCloud”以及经过整合的社交软件。
- OS X 10.9 Mavericks：更多iOS元素的迁移，通知中心快速回复功能，经过改良设计的文件标签功能，新增了“App Anp”和“Resume”（恢复）。
- OS X 10.11（El Capitan）：以美国 Yosemite 国家公园的地标为名，继承了 OS X Yosemite 开创性的功能和精致设计，并在众多看似微不足道，实则影响重大的方面进行了体验和性能上的提升。而且，可免费进行升级。

1.3 OS X El Capitan系统的全新功能

了解过Mac操作系统的发展史后，我们来看一下最新发布的OS X El Capitan。苹果公司于2015年9月30日正式发布了全新的桌面操作系统OS X El Capitan，并且完全免费，令人十分惊喜。苹果公司表示，OS X El Capitan 为 Mac 带来了众多实用性提升。多窗口和多空间管理，有了新方法；更强大的 Spotlight 功能，更有助于用户搜索自己的 Mac；照片、Safari、邮件和地图等必备 App 都有优化提升；全新的备忘录 App 不仅能帮用户记录想法，还能加入照片、地图、网络链接等内容。此外，无论是玩游戏、启动 App，还是查看邮箱，各项操作都更快速流畅。除此之外，这款操作系统还拥有更多的全新功能，下面让我们一起来了解一下。

1.3.1 更实用的Split View

使用 Mac 能同时运行多个 App，而另一大优势，是能以全屏视图专注于单个 App。有了 Split View，能让这两大优势一并呈现。它会将用户选择的两个 App 自动填满整个屏幕。所以，用户可以一边在信息 App 中与好友讨论晚餐计划，一边在地图 App 中查找喜爱的餐厅；或者一边在 Pages 中处理文档，一边在 Safari 中查找资料。用户既不会受到其他已打开 App 的干扰，也不必手动调整窗口大小和来回拖动窗口。只需轻扫一下，就能回到桌面，从而轻松切换到之前进行的其他事情上。

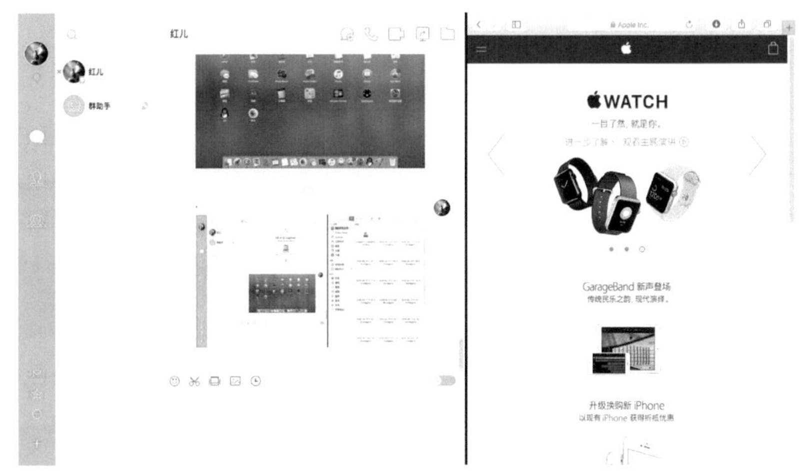

1.3.2　更简洁的Mission Control

更简洁的 Mission Control可以让您更加轻松地查看和整理 Mac 上已打开的一切。只需轻扫一下，桌面上的所有窗口便会在同一层展开，不会相互堆叠或遮挡。Mission Control 还会将窗口按照它们在桌面上的相应位置进行排列，因此可以更快找到想要的那个窗口。而当有很多窗口相互挤占桌面时，现在也有了更简单的方式来给它们腾出更多空间。只需将任何一个窗口拖至屏幕顶部，就能把它放入全新的桌面空间中。

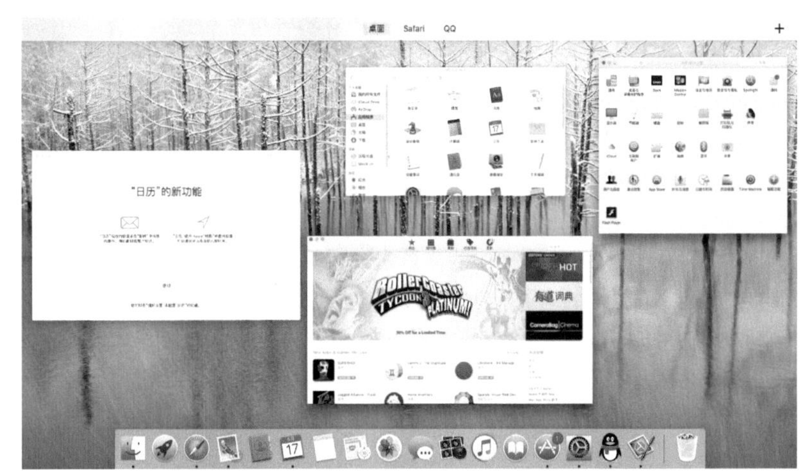

1.3.3　更智能的Spotlight

在 OS X El Capitan 中，Spotlight 变得更加智能。现在，用户可以用自己的话在 Spotlight 中查找文件。因此，当用户想要查找上周五创建的演示文稿时，只需要输入 "我上周五创建的演示文稿" 即可得到相关结果。Spotlight 还变得更加灵活，用户既能调整窗口大小查看更多结果，也能在桌面上将它随意移动。

Spotlight 能够理解日常语言，让用户轻而易举地找到自己的文件。例如，只要输入“Harrison 四月份发的邮件”，Spotlight 便会显示与之匹配的电子邮件。用户还可以执行更复杂的搜索，例如输入“昨天我做的包含日程的文件”，就可以找到自己想要的那个。除此之外，在邮件 App 和 Finder 中同样也能用自己的话来进行搜索。

1.3.4　更人性化的鼠标查找方式

在日常使用电脑时，我们常常会找不到鼠标指针，OS X El Capitan可以解决这个难题。在OS X El Capitan中提供了一个更有趣的功能，当无法在混乱的桌面上找到鼠标指针时，只需在触控板上晃晃手指或者摇一下手指，指针就会逐渐变大，让用户轻松找到鼠标，这个功能非常人性化。

1.3.5 更好用的邮箱App

邮件 App 增强了全屏支持和轻扫手势功能，让用户可以快速处理邮件。OS X 还能帮助用户直接在收件箱中管理日历和更新通讯录。

邮件 App 增强了全屏视图功能，让用户可以同时处理各种邮件。可以把正在撰写的电子邮件收到屏幕底部，以便访问收件箱，这非常有助于在各个邮件之间复制文本或添加附件。如果用户正在处理多封电子邮件，还可以通过简单易用的标签页来回切换。

▲ 全屏操作更轻松

当用户收到的电子邮件包含航班、晚餐预订等事件的详细信息时，只需点按一下，即可将事件添加到日历中。当用户和未收录在通讯录中的联系人进行邮件往来时，邮件 App 让用户只需点击一下，便能将其添加到通讯录中。如果某个联系人的电子邮件地址变了，它还会提醒用户。

现在，用户可以像使用 iOS 设备一样通过轻扫手势来管理电子邮件。需要对收件箱内容进行分拣？只需向右轻扫将邮件标记为已读或未读，或向左轻扫删除邮件即可。这样便可以第一时间关注到那些重要信息。

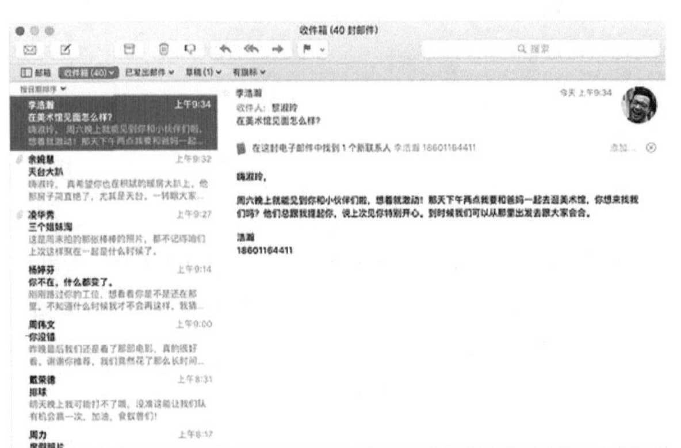

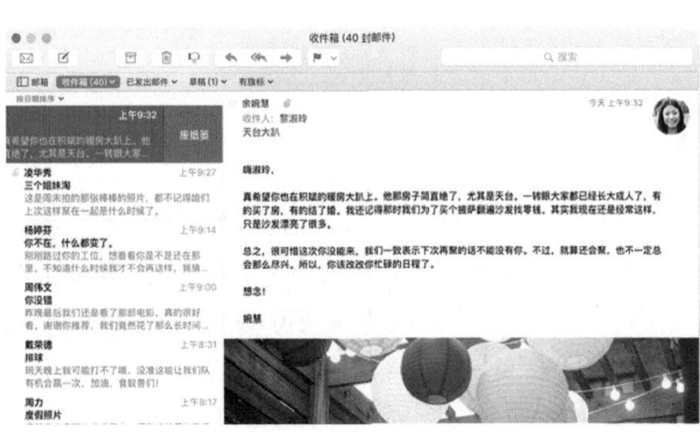

1.3.6 更智能的Safari浏览器

在 OS X El Capitan 中Safari，这款 Mac 上的卓越浏览器拥有众多全新工具，带给用户更出色的上网浏览体验。用户现在能借助固定标签页功能，让自己喜爱的网站在 Safari 中保持打开状态，以便随时访问。还可以快速将页面音频静音，无需去翻寻声音来源。

固定标签页，把用户喜爱的网站留在手边。就像用图钉固定东西一样，用户经常喜欢访问的那些网站，比如网页邮件、新浪微博和 QQ 空间，现在也能够以类似的方式保持打开及更新状态，让访问更方便。它们将在后台保持活动状态，并固定在标签栏的左侧。

轻轻松松，让页面静音。想快速停止音乐，又不想翻找是哪个页面在播放音乐？现在，用户可以直接在智能搜索栏中将其静音。如果用户正在聆听某个页面的音频，而这时有其他网站的声音响起，可以选择将不想听的那个静音。而如果用户真的想要静一静的话，也可以选择将浏览器中的所有音频静音。

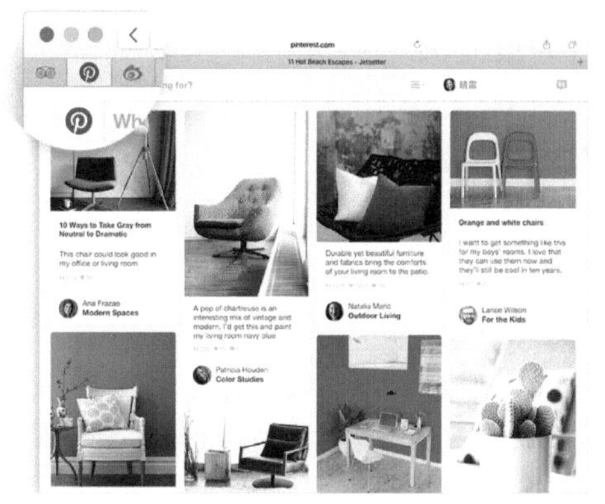

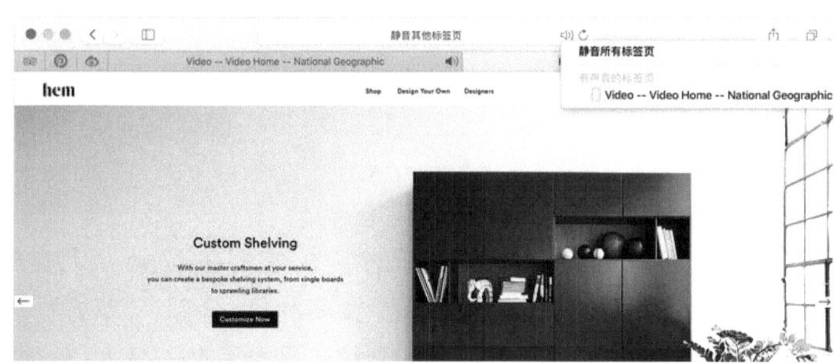

1.3.7 地图新增公共交通信息

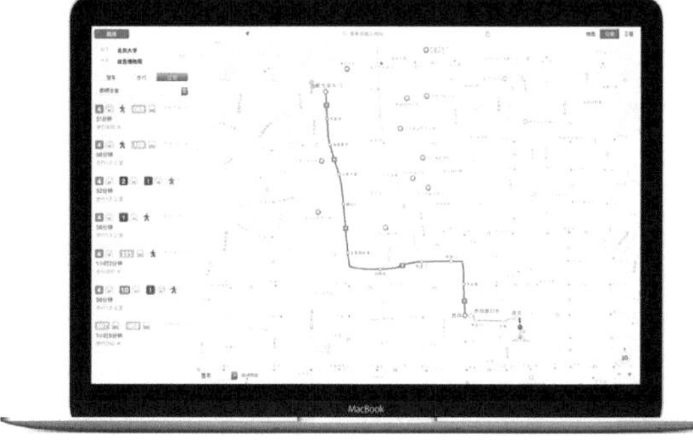

如果用户搭乘火车或公共汽车出行，那么现在地图 App 可让你在全球某些城市的出行更加轻松便捷。你将找到整个行程所需的各种信息，包括内置的公交线路图、路线指引，以及时刻表。

在WWDC开发者大会上，苹果公司宣布地图新增公共交通信息显示功能，不过在中国目前仅包括了北京、成都等少数城市，笔者认为在国内的使用体验并会特别友好，大家依旧可以通过国内优秀的第三方地图App查询。

公共交通，大家乐享。只要在 “公交” 视图中选择一个目的地，地图 App 就会给出恰如其分的路线安排，包括有详细的步行、地铁、火车、公共汽车和渡船路线指引。用户也可以查看复杂行程的路线，例如先搭乘公共汽车，之后步行两个路口再转乘地铁。还可根据自己希望的出发时间，或需要的到达时间来规划行程。

用户可以在自己的 Mac 上规划好路线，然后只需点按几下便可将路线发送至 iPhone，为你的出行提供逐站导航。

1.3.8 全新的Metal技术

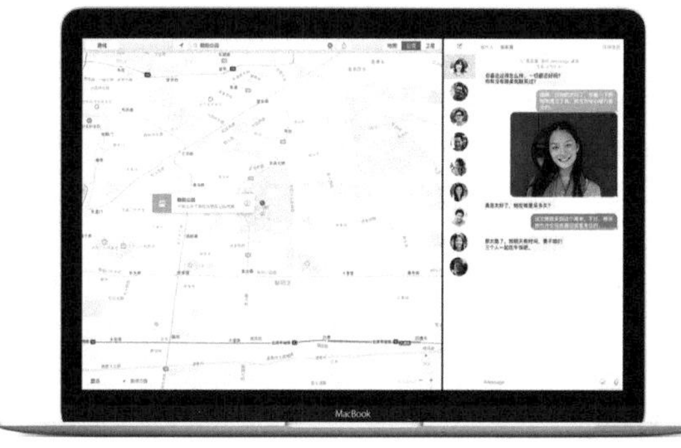

Metal 是一项核心图形处理技术，它可以让游戏和 App 更直接地使用 Mac 的图形处理器，从而带来更强劲的性能表现和更丰富的图形体验。Metal 技术还能让主处理器和图形处理器更高效地协作，以提升性能并降低能耗。

Core Animation 和 Core Graphics 是 OS X 图形处理系统不可或缺的组成部分，它们使用 Metal 技术来提升打开 PDF 文件和网页等日常任务的渲染性能和效率。

Metal 技术能够带来出色的游戏体验，让开发者将先进的图形处理器性能发挥得淋漓尽致。它还让绘图调用性能，即绘制到屏幕的物体数量，有了高达 10 倍的提升，为强化游戏的真实感和细腻度开创了有利条件。

Metal 技术让专业图形处理和媒体 App 能以整合一体的低能耗方式，来运用先进图形处理器非凡的图形处理和运算能力，为打造全新功能和提高性能开辟更多可能。

1.3.9 鲜明的字体

OS X El Capitan 带来了全新的字体，它们在 Mac 上和文档中看起来都清晰锐利、赏心悦目。San Francisco 英文系统字体，看起来现代感十足、紧凑利落；全新 “苹方” 中文字体，带来数千个重新设计的字符和6种新的粗细变化，让用户无论是创建演示文稿还是撰写电子邮件，总有更多选择。

新的中文系统字体 “苹方” 专为电子显示屏而设计，让简体和繁体中文都格外清晰、易读。

“苹方” 可提供包括超细体和半粗体在内的6种粗细变化。不同的字体粗细，让大家在标题、字幕等方面的编排上有了更灵活地选择。

San Francisco 是为所有 Apple 设备重新设计的字体。这款字体经过精雕细琢，可为 Mac 提供绝佳的阅读体验，而且在 Retina 显示屏上更显清晰精致。全新的 San Francisco 系统字体可根据字号调整字母形状和字符间距，令其更具可读性。这一精妙效果，用户在处理日常事务时就会感觉到。

容易区分的字符

看起来相似的字符，例如大写的 I、小写的 L 和数字 1，将更加容易区分。

Illustrate

动态间距调整

字母与单词的间距可根据字号动态调整，让阅读变得更加轻松。

果果果果果果

1.3.10 更加轻松的输入法

现在，在 Mac 上输入中文变得更加简单、轻松。用手指在触控板上输入文字，现在也可以像在纸上书写一样流畅自如、快速准确。全新的触控板窗口可以同比映射用户在实体触控板上的操作，因此用户有更多书写空间，而且可以一行书写多个字符。

输入预测使得用键盘输入中文变得快速简单。输入预测得益于先进的学习功能，系统可快速记忆用户的词语选择；提升的语言预测引擎，能更准确地预测用户要输入的词语；定期更新的词汇库包含近期的词和短语；而更智能的候选词窗口，可为用户显示更多字符选择。

1.3.11　更加实用的备忘录

对于功能强大的全新备忘录 App 来说，它的出色之处，绝不仅仅是可让用户随手记下闪现的灵感，并于日后方便取用。无论用户想要添加哪类文件，备忘录几乎都能应对自如。轻轻一个拖放，即可将文档、网页链接、照片、地图位置、PDF 文件和视频等内容保存到备忘录中。

正在计划旅行？用户可以直接从 Safari 中将酒店的网站保存到备忘录，也可以直接保存地图 App 中的某家餐厅地址。很多 App 中的信息，都可以直接把它们保存到备忘录，只需点按 App 中的 “共享” 按钮，即可将信息保存到现有的备忘录，或创建为新的备忘录。

现在，用户可以轻轻松松在备忘录 App 中创建核对清单。只需轻轻一点，即可创建交互式待办事项列表、购物清单或者愿望清单。完成清单项目后，点选勾选即可。

全新的附件浏览器，可将添加到备忘录的所有附件统一整理在一个简洁的视图中。这些附件会根据照片、视频、地图位置以及网站等分类整理，浏览起来非常方便，所以无需牢记自己把它们存在哪条备忘录中。

备忘录 App 可以与 iCloud 相互协作，因此无论使用什么设备，你的备忘录都会保持更新并与你形影不离。例如，你在 Mac 上创建了一份核对清单，当你外出时，它将出现在你的 iPhone 上。而如果你在 iPhone 上勾选了一个清单项，它也会从你的 Mac 上被勾选。再如，你用 iPhone 拍了张照片并添加到备忘录，这张照片也会同步到你的各个设备中。总之，在一部设备上对备忘录所做的任何更改，都将立即呈现在你其他的设备之上。

1.3.12　照片App更加突出

照片App更加突出，可做更多处理，也可按地点、人物轻松整理。有了第三方编辑工具，用户可以为照片增添更个性化的风采。加上优化升级的整理功能、对全新 Live Photos 格式的支持，以及更快的性能，照片 App 现在变得更出色。

OS X El Capitan 支持第三方编辑工具。用户可以从 Mac App Store 获取它们，并直接在照片 App 中使用。用户可以用自己喜爱的开发者带来的多种工具来编辑单张照片，也可以将它们与照片 App 内置的编辑工具一起综合使用。从添加精妙入微的滤镜，到使用专业品质的降噪功能，用户的照片编辑水准将由此提升到全新高度。

优化之后的照片 App，让管理照片图库变得更轻松。现在，用户可以为单张照片或一组照片添加位置信息；还可以批量更改照片标题、描述和关键词；简化的操作流程，还能让用户快速为 “面孔” 中常出镜的人添加姓名。用户还可以按日期、标题等信息对相簿及其中的内容进行排序。

1.3.13 更快的性能提速

OS X El Capitan 会让用户感觉自己的 Mac 运行更流畅，反应更灵敏。现在用户在电脑上所做的各种日常之事，如启动和切换 App、打开 PDF 文件、查收电子邮件等，都将变得更快捷。

提升	快达	快达	快达
40%	2倍	2倍	4倍
App 启动速度2	App 切换速度2	首批邮件加载速度2	使用预览 App 打开 PDF 的速度2

1.4 Mac计算机与OS X的异同

在购买Mac时，到底是因为我们需要，还是因为被它时尚、迷人的外观所吸引呢？其实大部分人对Mac的认识是很有限的，更有甚者可能都不知道如何关机，下面就请跟随本书一起来探索这个神奇的世界。

1.4.1 Mac计算机

苹果电脑一共有3种类型：平板电脑、笔记本和台式电脑。

1. 平板电脑

平板电脑现分为3种：iPad Air、iPad Pro和iPad mini。实质上平板电脑不能归为Mac系统，因为它使用的是iOS而非OS X。但现在的OS X El Capitan中也加入了iOS元素，虽然它们有着本质的不同，但在此处，我们也将平板电脑纳入苹果电脑的类型中。

▲ iPad Pro

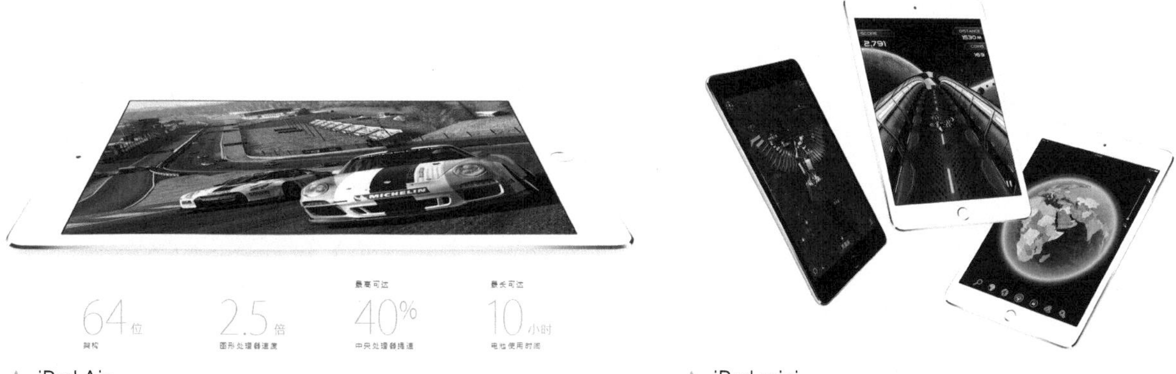

▲ iPad Air

▲ iPad mini

2. 笔记本

笔记本现分为：MacBook、MacBook Pro和MacBook Air三款。

（1）MacBook

MacBook是苹果公司最基本配置的笔记本电脑，相当于是苹果笔记本的入门级别的。不过，最新版MacBook，是有史以来最为轻盈纤薄的 Mac 笔记本，打造全尺寸的使用体验。现在，有了第6代 Intel 处理器、提升的图形处理性能、高速闪存和使用时间最长可达10小时的电池，MacBook的功能更加强大。

▲ MacBook

（2）MacBook Pro

MacBook Pro是专业级苹果笔记本电脑，它是全铝合金材质的一体化机身设计，使部件的数量和拼接处大大减少，同时更耐震。

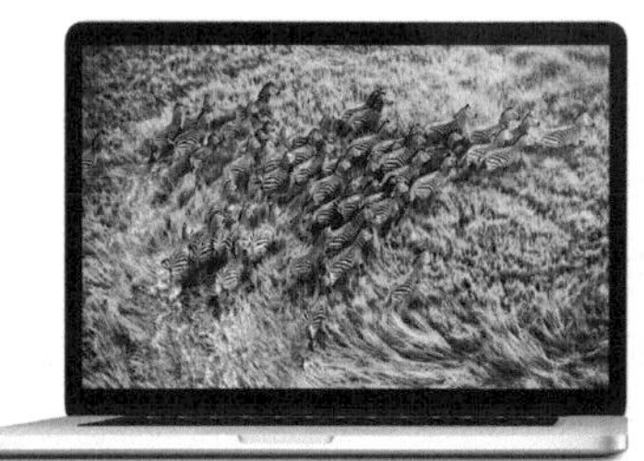

▲ MacBook Pro

（3）MacBook Air

MacBook Air，顾名思义就是轻、薄的意思，如同空气一般。MacBook Air可以说是代表笔记本电脑的潮流及未来的发展方向。

▲ MacBook Air

3. 台式电脑

苹果的台式电脑——iMac，又称为苹果一体机。一台超凡的一体机，将显示屏、处理器、图形处理器、存储设备、内存和更多功能整合到一个简洁、时尚的外壳之中。

1.4.2 OS X系统

Mac OS有两个版本，一个是OS X，另一个是OS X Server，也就是客户端和服务器。

X表示Mac的第10个版本，“X” 是罗马数字 “10” 的意思，因此对应Mac的版本号为10。

10.9表示这是Mac第10版本的第9个版本。Mac版本号一般有3位，最后一位表示这是该版本的第几次更新，如10.9.2，即表示这是10.9版本的第2次更新。

每次版本更新苹果多习惯于给它们一个大型猫科动物代号，从10.0起的系统代号分别为：Cheetah（猎豹）、Puma（美洲狮）、Jaguar（美洲虎）、Panther（黑豹）、Tiger（虎）、Leopard（美洲豹）、Snow Leopard（雪豹）、Lion（狮）Mountain Lion(美洲狮)、Mavericks（巨浪）以及最新版本的El Capitan （酋长石）。

1.5 快速认识OS X El Capitan

在OS X中，每一个在本机上创建的用户都将拥有一个自己的用户主目录，只有登录了自己的用户名才可以浏览主目录，在非授权的情况下，其他用户是无法浏览的。在默认情况下，当前用户的主目录“公共”文件夹，有一个名为“投件箱”的文件夹，其他用户可以将文件放置于这个“投件箱”中，但是他们是无法浏览“投件箱”中的内容的。登录后，单击“前往”|“个人”命令，即可显示主目录。

在默认情况下它的功能就是接收来自其他用户的文件，同时无须配置共享。

1.5.1　图片

在OS X中，图片默认用于存放用户的照片或者图片文件，图片编辑类程序也存放在此处，比如系统中自带的照片程序，当用户使用它来管理图片时，程序会在此处创建一个名为“照片图库”的文件夹，每次存放的所有照片都存放于此处。

同样Photo Booth中的图片也存放于此处。

在程序名称上单击鼠标右键，从弹出的快捷菜单中选择“显示简介”命令可以查看当前程序的详细信息。同时可以显示或者隐藏扩展名。

1.5.2　文稿

在默认情况下，文稿文件夹中存放各类文档，比如iWork、Word、PPT，虽然这类程序在默认的情况下存放于此处，但是用户可以根据个人习惯对文件或者程序进行分类。

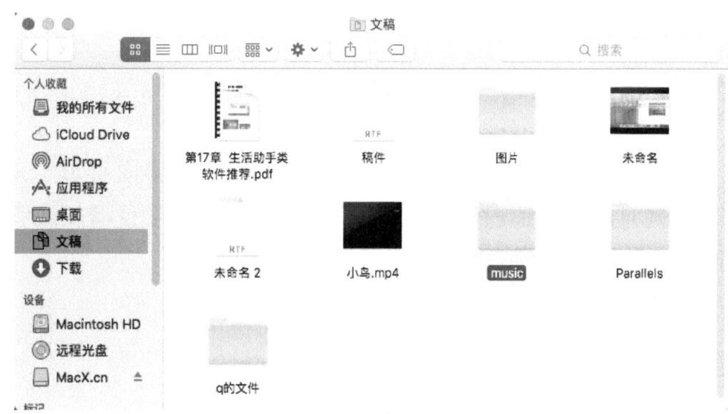

1.5.3 下载

当用户使用Safari下载文件或者程序时，它的默认下载文件存放地址都在“下载”中。

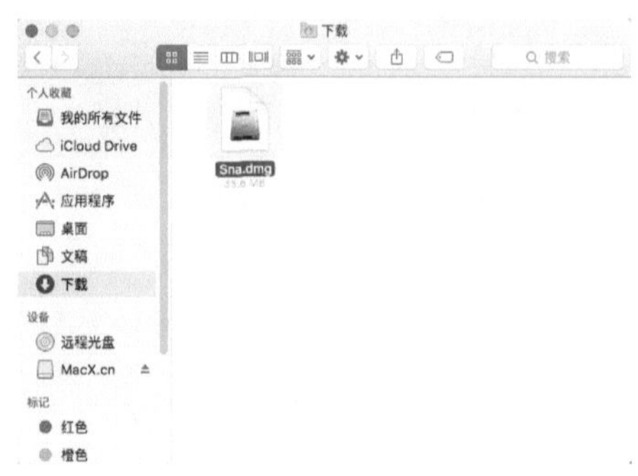

1.5.4 音乐

当用户使用iTunes对音乐及多媒体文件进行整理时，它会在此处创建一个媒体库，使用一个库文件夹来存放所有的多媒体数据，这里的媒体库其实就是系统创建的一个普通的文件夹。当需要备份媒体库时，只需要备份这个库中的文件夹即可，用户使用GarageBand创作的音乐作品文件也会存放于此处。

1.5.5 影片

在使用iMove程序来管理系统中的影片文件时，会在“影片”中创建一个工程文件夹，在这里可以看到iMove的资源库。

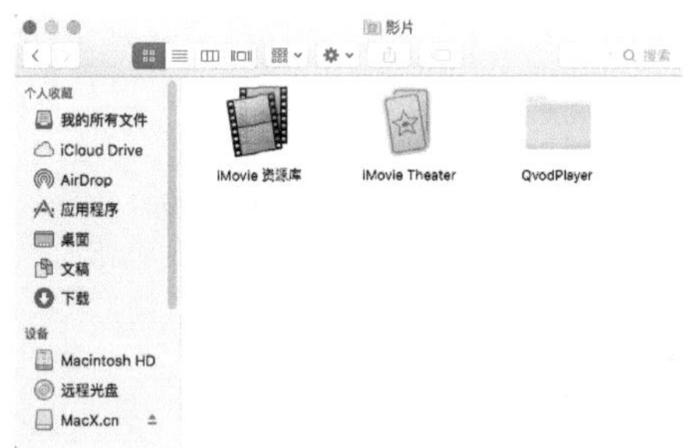

1.5.6 桌面

此桌面和Windows系统中的桌面相同，当桌面存放了文件或者文件夹时，都会出现在“桌面”文件中，当桌面的项目增加或者移除的时候，“桌面”文件中的内容也会随之改变。

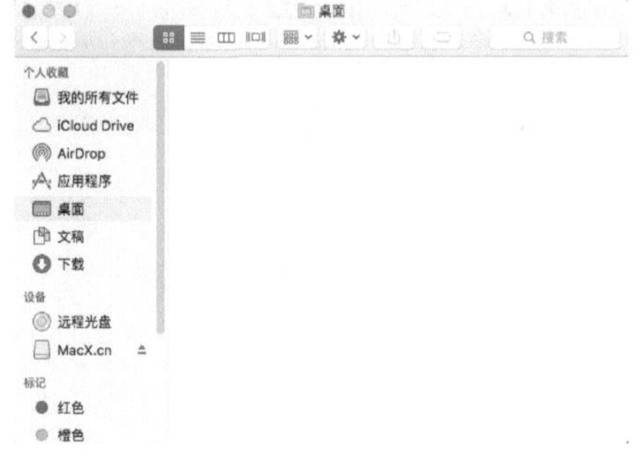

1.5.7　应用程序

本机中自带的应用程序以及用户每一次安装的应用程序都存放于此处，在这里可以找到所有需要的应用程序。

1.5.8　快速查看

在Finder打开的状态下，选择菜单栏中的“文件”|“快速查看”（当前计算机用户名）命令，即可显示当前用户中的容量大小、项目数、创建及修改时间。

1.5.9　我的所有文件

当用户打开Finder后，默认显示的就是此文件夹，在这里可以看到当用户的所有文件，由于文件及文件夹数量众多，用户可以选择创建智能文件夹。通过单击右键选择“查看显示选项”命令，可以设置我的所有文件显示参数。

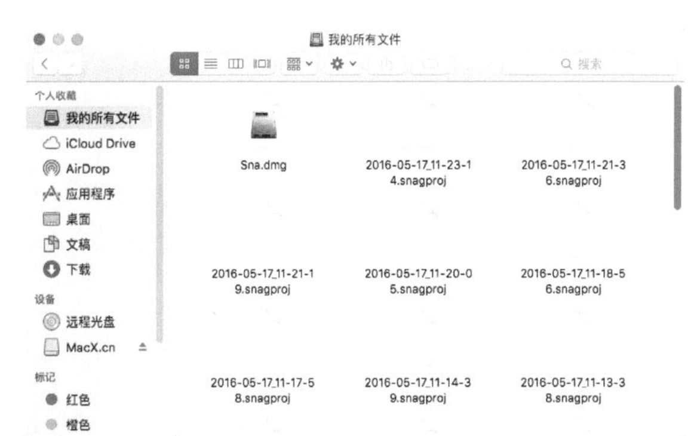

1.5.10 显示器

如果用户购买的Mac使用本身自带的显示器，在设置显示项的时候只有分辨率、缩放和亮度等设置选项。如果使用的是最新款的MacBook Pro（Retina）笔记本电脑，在这里还会有一个“是否开启HIDPI分辨率”的开关。假如在用户的局域网中有AppleTV这样的设备，它是支持AirPlay镜像的，同时在左下角的“AirPlay显示器”后面的下拉列表中可以选择已经连接的显示器，当启动显示输出之后，可以在连接的外部显示上观看Mac上的内容。

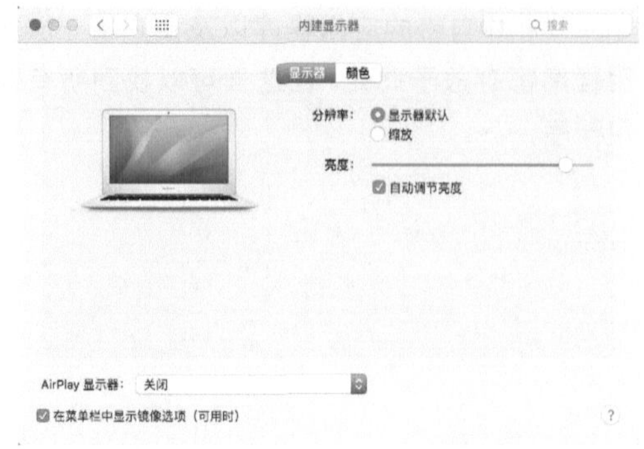

1.5.11 网络连接类型

在桌面中单击左上角的图标，在弹出的菜单中选择“系统偏好设置”命令，在出现的设置面板中单击“网络”图标，打开网络偏好设置，无论当前用户使用何种方法连接互联网，单击面板右下角的“高级”按钮，都可以看到关于网络的高级设置项。

这里说明“PPPoE”的具体定义，现在很多家用计算机大多是使用ADSL连接至互联网，而这个ADSL则是通过PPPoE进行拨号的，在设置面板左侧边栏中选中“PPPoE”，在右侧的界面中输入由运营商提供的账户名称和密码等相关信息，同时勾选左下角的“在菜单栏中显示PPPoE状态”复选框，则每次单击菜单栏中的“PPPoE”图标即可连接。

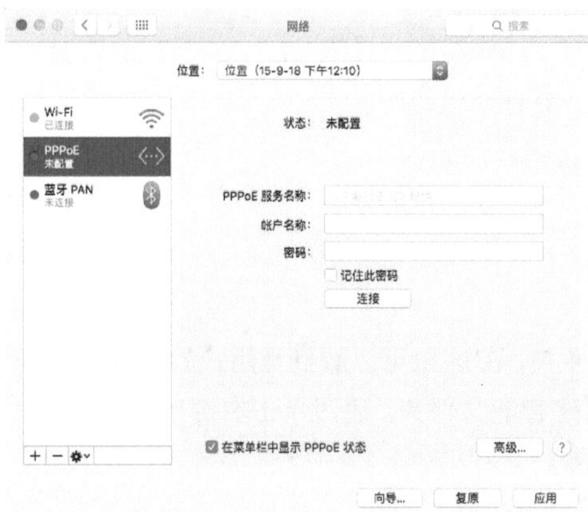

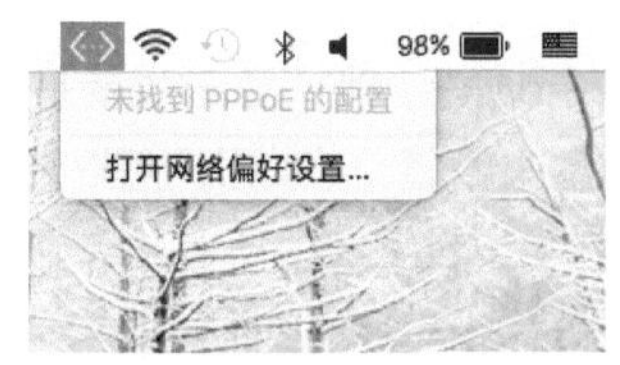

VPN服务，创建VPN连接的方法很简单，在网络偏好设置面板中单击左下角的+图标，在弹出的对话框中单击“接口”右侧的下拉列表，选择“VPN”。

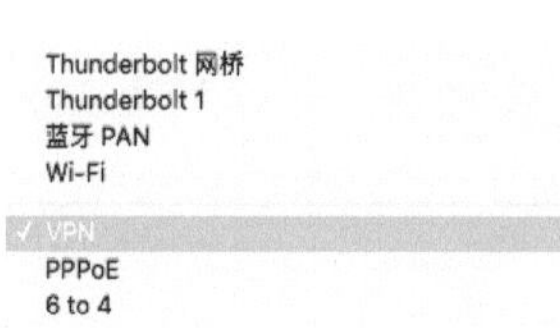

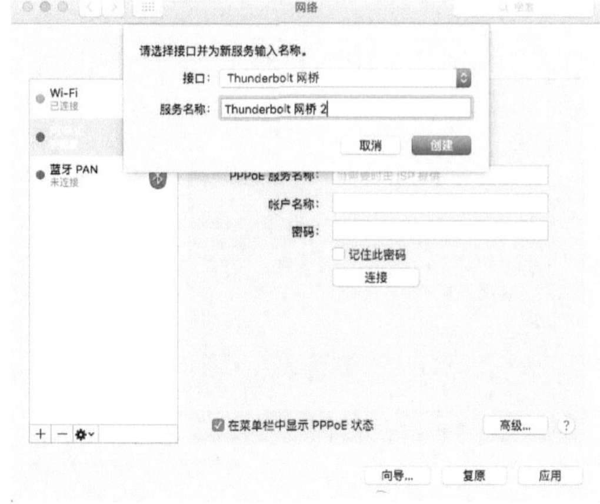

选择完成之后单击“创建”按钮，即可创建一个VPN连接，在面板右侧可以看到“配置”后面的下拉列表，在这里默认情况下无需设置，输入服务器地址及账户名称后单击“连接”按钮即可，同时勾选左下角的“在菜单栏中显示VPN状态”复选框后，可以在菜单栏中显示VPN连接状态。

1.5.12　网络接口顺序

当Mac中有多个网络接口可以连接至互联网时，可以在网络偏好设置面板中调整连接顺序，指定选择部分连接的优先级。单击网络偏好设置面板左下角的⚙图标，在弹出的列表中选择“设定服务顺序”命令，此时将弹出一个更改服务顺序的对话框，拖动想要更改连接顺序的名称上下移动，完成后单击“好”按钮即可完成顺序的更改。

1.5.13　独特的搜索方式

很多了解Mac的用户都知道，它在Finder右上角有一个搜索框，当打开“Finder”之后，在出现的窗口中右上角输入“图”，然后在搜索的文本框下方将弹出一个“名称匹配”，单击“名称匹配”可以激活扩展搜索选项，此时搜索框中将出现一个“名称”按钮。

单击“名称”按钮，可以看到弹出的两个选项。当选择“文件名”时，此时的搜索结果将会是所有和“图”相关的文件夹，而选择“全部”时，此时将扩大搜索范围，可以搜索出包括图在内的文档及其他相关的文件。

1.5.14 强大的帮助功能

每个用户在首次接触Mac的时候会遇到很多问题，或者是之前一直使用Windows系统，面对新的操作系统有些手足无措，这时可以在帮助菜单中找到所需的内容，同时Mac为用户提供了十分好用且具人性化的帮助功能。

如打开Finder后，在菜单栏中选择“帮助”命令，在弹出的搜索框中输入“新建文件夹”关键词，之后搜索框会弹出包含“新建文件夹”关键词的所有条目，同时将光标移至下拉列表中的菜单项上，此命令将自动执行。

1.5.15 iCloud中的办公套件

iCloud不但可以存储用户的个人数据，还可以使用Mac自带的办公三套件，首先进入iCloud页面，在打开的页面中输入Apple ID和密码，登录iCloud。

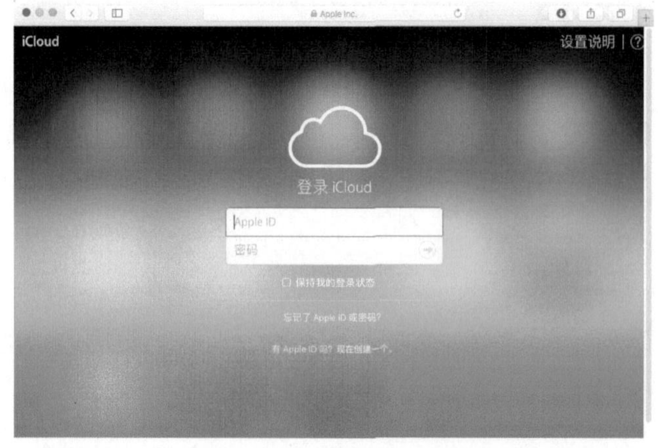

技巧 在iCloud登录框中输入完Apple ID和密码之后，勾选“保持我的登录状态”复选框可以使浏览器记住用户名和密码，在下次登录的时候就无需再次输入Apple ID和密码了。

在登录完成之后在界面中可以看到“Pages”“Numbers”和“Keynote”3个办公套件，单击图标进入应用。单击“Numbers”图标，启动应用，单击“创建电子表格”，在出现的“选取模版”面板中，选中喜欢的模版之后单击右上角的“选取”按钮即可开始创建电子表格。

在创建好的表格编辑界面右上角单击按钮，在弹出的面板中单击“共享电子表格”按钮，可以共享所创建的电子表格。

单击按钮可以设置应用的下载、发送和打印等。

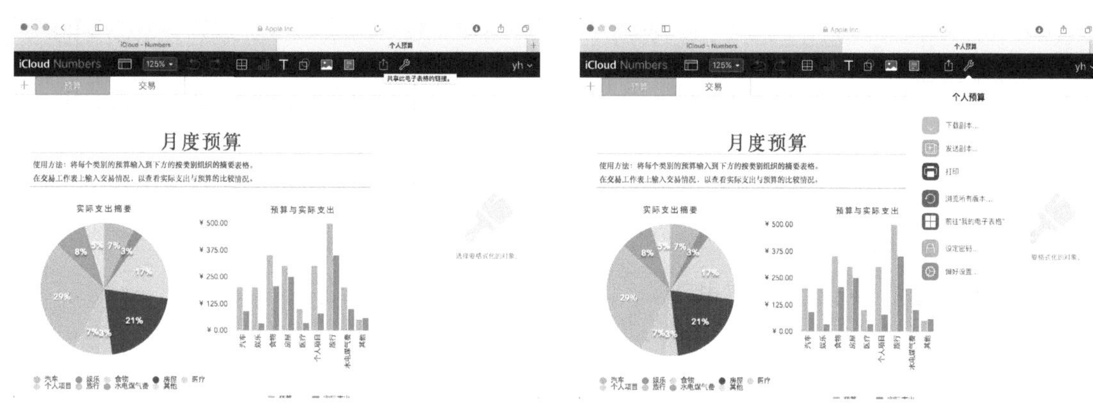

> **提示** 由于在iCloud中“Pages”“Numbers”和“Keynote”这3个应用全是beta（测试）版，相对于本地应用有些功能设置并不完善，因此用户可以在本地的应用创建文档然后上传至iCloud中。

1.5.16 蓝牙文件交换

单击Dock中的Finder图标，在出现的窗口中选择“应用程序”然后打开右侧“实用工具”，再双击“蓝牙文件交换”图标，在出现的对话框中选中想要发送的文件，单击“发送”按钮，之后将弹出一个选择设备对话框，在设备列表中可以看到和本机所有配对的蓝牙设备，选中想要发送的设备，单击右下角的“发送”按钮即可将文件发送给对方。

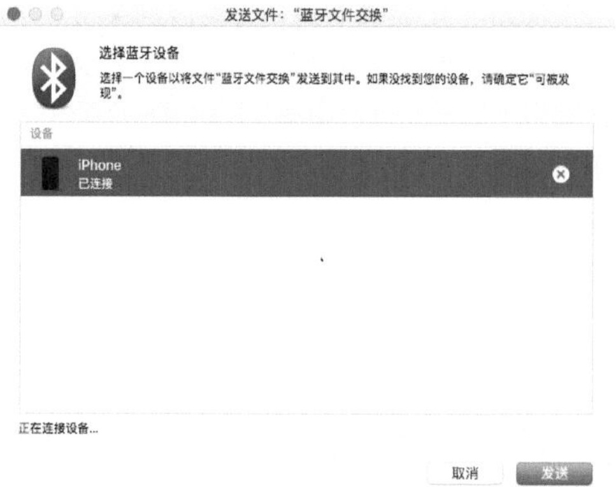

1.6 走进OS X系统

经过上述的介绍，相信读者对OS X一定更加着迷了吧！欢迎各位进入又酷又绚的苹果世界。本节将带读者了解OS X的操作系统，让读者与Mac有个美好的第一次接触。

1.6.1 系统初始化

购买苹果电脑后，只要将其搬回家，接上电源按下电源按钮，然后再进行一些初始化设置，它就可以为我们所用了。

选择“系统偏好设置”|“用户与群组”，在偏好设置窗口中，单击+按钮，在弹出的对话框中首先单击🔒按钮，再根据字段名输入相应的内容，最后单击“创建用户”按钮。

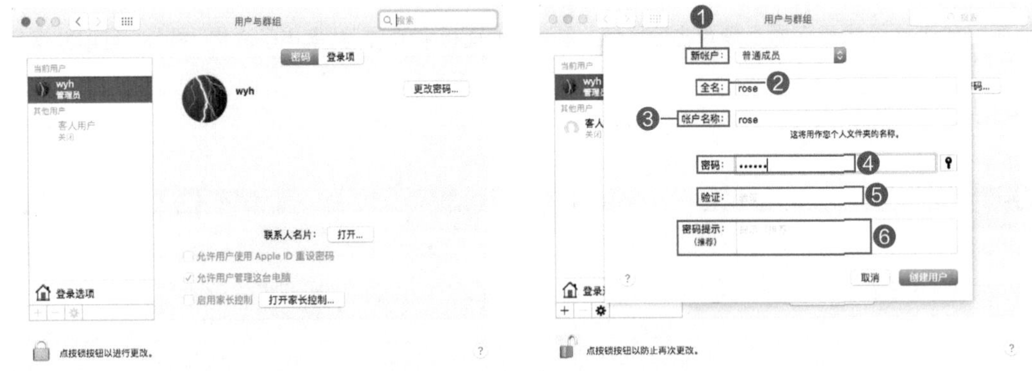

❶新账户：在此可以选择将新创建的用户设置为管理员、普通成员等。

❷全名：输入自己的名字，这个字段没有特别的限制，可以自由发挥。假如在这里输入汉字，“短名称”会自动列出该名称的拼音，不满意的话可以再另外命名。

❸账户名称：这个名称会成为存放个人数据的文件夹名称，因此，建议采用简短的英文字符串，中间不能有空格，而且区别大小写。

❹密码：输入该账户的密码。需要注意的是，该账户同时也会是系统管理员，也就是说日后安装软件或者进行软件升级等操作时，系统都会要求我们输入管理员的账户和密码。为了系统与数据的安全，最好还是设置一组密码。

❺验证：再次输入密码，以确定该密码没有输错。

❻密码提示：在该字段中输入一个只有自己知道的、用来提示密码的描述，如果忘记了密码，输入3次错误的密码后，该提示就会出现。

Apple ID是在苹果网上商店购买物品及使用苹果在线服务的账户，用户可以到苹果公司网站进行申请。假如用户已经申请过了，则直接填写上Apple ID及密码即可；若没有Apple ID的话也没关系，可直接单击“跳过”按钮跳过这一步。

我的 Apple ID

登录以管理您的 Apple ID

登录

326001231@qq.com

登录

在弹出的“条款和条件”界面中单击“同意”按钮接受该条款和条件。

在“设置iCloud”界面中勾选“在这台Mac上设置iCloud”复选框，以使iCloud能将内容储存到云端，并且还可以将内容推送到App设备中。

在接下来弹出的“谢谢您”界面中，单击“开始使用Mac”按钮，即可进入登录界面。

条款和条件

接受这些条款和条件以使用您的 Mac。

返回　同意

设置 iCloud

iCloud 将内容储存到云端，并将内容推送到您的设备。了解更多。

在这台 Mac 上设置 iCloud

上一步　继续

谢谢您

您的 Mac 已设置完毕并随时可用。

开始使用 Mac

1.6.2 使用键盘键开机

Mac计算机没有可用的BIOS设置，所以需要修改启动次序或在启动时，按下电源按钮的同时再按住一些其他按键才能进入特殊的启动模式。注意，不同的OS X系统的辅助键会有不同，所以这里只是以其他按键来代替说明。

▲ MacBook Air的键盘

- 启动时按住鼠标左键或触控板上的右键，弹出可移动媒体，再开机。
- 启动时按住C键，以光驱内的光盘作为开机引导媒体。
- 启动时按住T键，以外接硬盘作为开机引导媒体。
- 启动时按住N键，搜寻可用的网络启动服务器，使用服务器提供的引导镜像启动。
- 启动时按住shift键，进入安全模式。假如系统无法正常启动，不妨尝试该模式，在不重装系统的情况下进入存在问题的系统，并进行修复工作。
- 启动时按住⌘+S快捷键，进入单一使用者模式。在该模式下，操作界面将变成黑底白字的命令行界面，用户只能输入命令操控系统。适用于高级用户，可以做一些图形界面不易处理的系统修复工作。
- 启动时按住⌘+V快捷键，进入Verbose模式。在启动时，会逐一显示当前载入的模块及正在进行的工作。如果系统无法启动，可以在进入该模式后，找到停滞不动的那一行，即可找出问题所在。

1.6.3 自动开机

除了按下电源键开机以外，还可以设置Mac为自动开机。

打开“系统偏好设置”|“节能器”偏好设置窗口，单击窗口右下角的“定时”按钮，接着在弹出的对话框中设置“启动或唤醒”的时间，如“每天”“上午9:00”，设置完成后，单击“好”按钮，Mac即可在以后的每天早上9点准时开机。

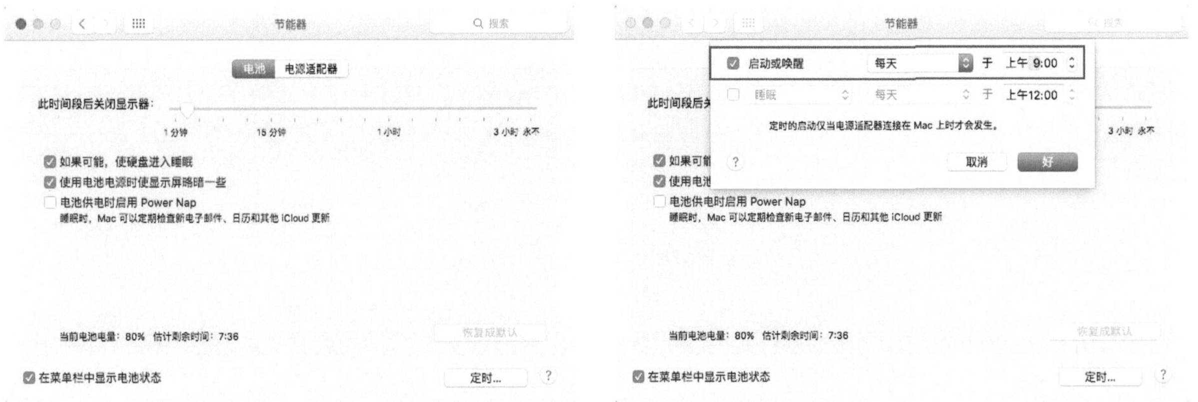

> 提示 自动开机设置，必须在连接电源适配器时才有效。如果没有连接电源适配器，系统会自动将计划搁置，直到连接电源适配器时才会自动启动。

1.7 学用键盘、鼠标及触控板

Mac的键盘、鼠标与PC键盘基本相似，但其操作方式和功能键的使用与PC键盘又有所不同。下面就来了解Mac键盘、鼠标及触控板的使用方法，以便我们能更加轻松地操控Mac。

1.7.1 Mac键盘

下图是苹果标配的键盘，无需连接线就可以随处使用无线键盘：放在电脑前或膝上操作都轻而易举。它与PC键盘一样提供了字母、数字区域。

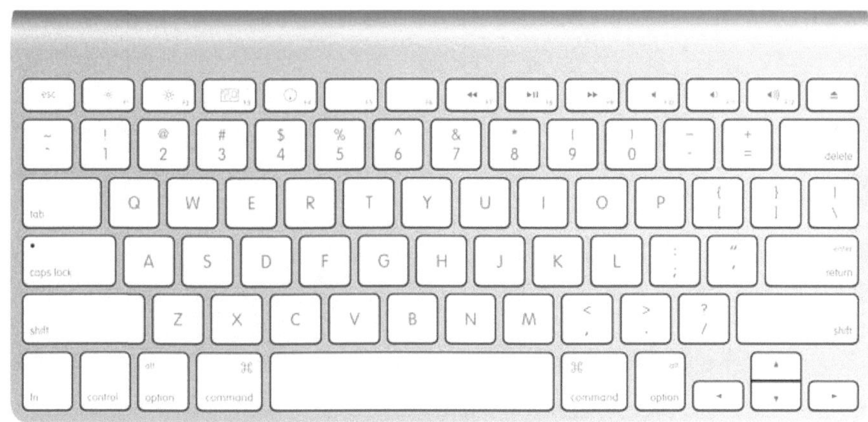

▲ Mac标配的无线蓝牙键盘

该键盘最上面一排是F1～F12功能键，可以根据按键上的图标来分辨其功能。了解这些按键的功能及使用方法，能大幅提升苹果电脑的操作速度。

以下是各图标的功能对照表。

图　标	功　能
	降低屏幕亮度
	调高屏幕亮度
	快速切换至Mission Control管理窗口
	快速切换至Dashboard管理桌面小工具
	切换到上一首音乐或上一张幻灯片
	暂停/播放音乐或幻灯片
	切换到下一首音乐或下一张幻灯片
	关闭扬声器
	将扬声器音量调小
	将扬声器音量调高

1. F1～F12标准功能键

在OS X环境下，默认F1～F12为特殊功能键，若要使用F1～F12的标准功能，则需要在按住fn的同时，再按下相对应的功能键。

- fn+F9：快速切换至Mission Control界面，以方便用户选取窗口。有些电脑上带有Mission Control 键，只需要按一下该键即可，新版本的默认为control+▲。

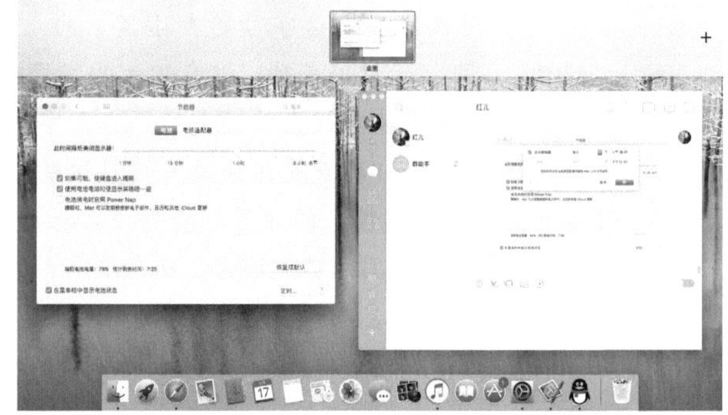

▲ 切换至Mission Control界面

- fn+F11：隐藏打开的所有应用程序，以显示桌面。

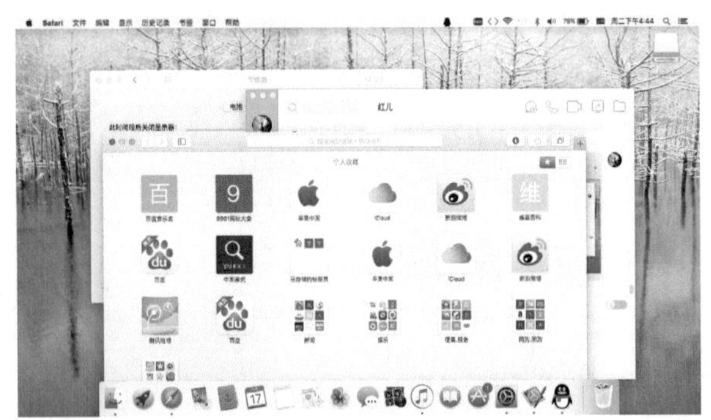

▲ 显示桌面

- fn+F12：快速切换至Dashboard界面，以方便用户查看其他小工具。

▲ 切换至Dashboard界面

2. Mac命令键

- return又称为“确定键”或“回车键”。它有两个作用：第一，当对话框中有“好”或“取消”按钮的选择时，按下该键表示选择“好”按钮；第二，在编辑文本时，按下该按键，即可产生段落标识并换行。
- esc又称为“退出键”。在程序菜单中通常标识为⎋符号。它有两个作用：第一，任何时候想要退出全屏幕的窗口，则按下此键即可；第二，在对话框中，相对于return代表选择“好”按钮，esc则刚好相反，代表选择“取消”按钮。
- delete又称为“删除键”。在程序菜单中通常标识为⌫符号。在编辑文本时，单独按此键可删除光标之前（左侧）的一个字符。此外，同时按⌘键和该键，即可将所选取的文件移到废纸篓。
- tab键，主要用于跳转当前的字段。如在输入基本数据时，第一项是“序号”，第二项是“姓名”，当输入完“序号”后，按下tab键，光标将自动跳转到“姓名”字段。此外，在编辑文本时，按下该键，则会产生缩排效果。
- caps lock键，用来切换键盘字母的大小写。当caps lock键上的指示灯亮显时，键盘输入的字母为大写，如“ABC”；当指示灯不亮时，键盘输入的字母为小写，如“abc”。
- shift键，主要用于输入键盘按键上的第二个字符。计算机键盘上的大部分按键，通常都可以输入两个不同的字符符号，shift键就是用来键入键盘按键上第二个字符的快捷键。以键盘上的数字2按键为例，如果按下shift+2，则输入的字符就会变成该按键上方的@；此外，编辑文本时，如果按shift+键盘中的字母键，则会输入大写的英文字母，如按shift+A，则显示的字符为“A”。
- fn键，该键必须与其他按键一起使用。如在编辑文本时，按下fn+delete快捷键可删除光标之后（右侧）的一个字符。此外，该键与键盘最上面一排的功能键一起使用时，可以切换F1～F12标准功能键与特殊功能键。

- ▲、▼、◀、▶方向键，键盘右下角是4个方向键，分别代表上、下、左、右4个方向，利用方向键可以控制光标的移动方向。

3. Mac的专属按键

- ⌘又称为“command键”或“苹果键”，是Mac上特有的按键。该键最主要的功能就是与其他按键一起组成快捷键来使用，如⌘+M是最小化窗口、⌘+W是关闭窗口等。在标准苹果键盘中，该键在空格键的左、右两侧各有一个，所以无论用户习惯使用左手还是右手来操控，都能很方便地使用拇指按住它。
- option又称为“alt键”，在程序菜单中通常标识为 ⌥ 符号。该键的第一层意思为“选项”，如在iTunes或iPhoto等应用程序窗口下使用时，某些功能按键就会变成额外的功能选项。该键的第二层意思为“全部”，如⌘+W是关闭窗口，如果要想一次关闭打开的所有窗口，则快捷键为⌘+option+W。
- control又称为“控制键”，在程序菜单中通常被标识为^符号。在PC键盘上主要用来与其他按键一起组成快捷键，但在Mac上主要是与触控板或鼠标左键搭配，从而变为鼠标右键，如control+鼠标键就变为了“鼠标右键”功能。

4. 设置键盘

OS X系统中的各项设置一般都符合大部分人的操作习惯，对键盘的设置也不例外。如果想更进一步调整键盘来配合我们的操作习惯，则可打开“系统偏好设置”窗口，然后再轻点“键盘”图标。

在打开的“键盘”偏好设置窗口中，可以看到该有4个标签，分别是“键盘”“文本”“快捷键”和“输入源”，下面重点讲解“键盘”和“快捷键”。

“键盘”标签中的各项设置如下图所示。

❶按键重复/重复前延迟：设置按住按键时重复输入这个按键的速度，以及开始重复输入之前的暂停时间。

❷将F1、F2等键用作标准功能键：选中该选项后，按下fn键以使用印在各个按键上的特殊功能。如选中该项后，按fn+◀快捷键，则执行关闭扬声器操作。

❸在光线较弱时调整键盘亮度：可以在光线较暗时自动调整键盘的亮度。拖动该选项下方的滑块，可以设置电脑闲置多久的时间，则系统自动关闭键盘的背光灯。

❹在菜单栏中显示“虚拟键盘及表情与符号检视器”：如果OS X上面只启用了一种输入法，选择该选项后，菜单栏上会出现键盘的辅助选项。通常情况下，大家都会打开中文和英文两种输入法，而此时该选项不会有作用，所以可以省略。轻点“输入源”标签，即可直接设置输入法。

❺修饰键：轻点该按钮可以改变键盘按键对应的功能。

❻设置蓝牙键盘：如果Mac接上一组蓝牙无线键盘，轻点该按钮就可以按照指示一步一步地设置键盘。

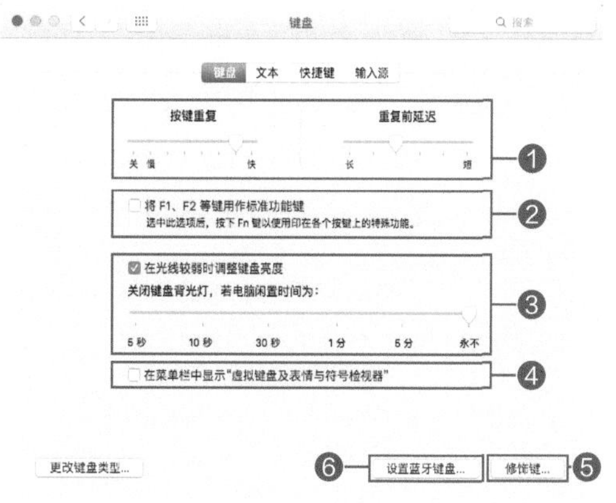

切换到“快捷键”选项卡，可以重新设置系统默认的快捷键，把我们常用的操作改成更顺手的快捷键组合。

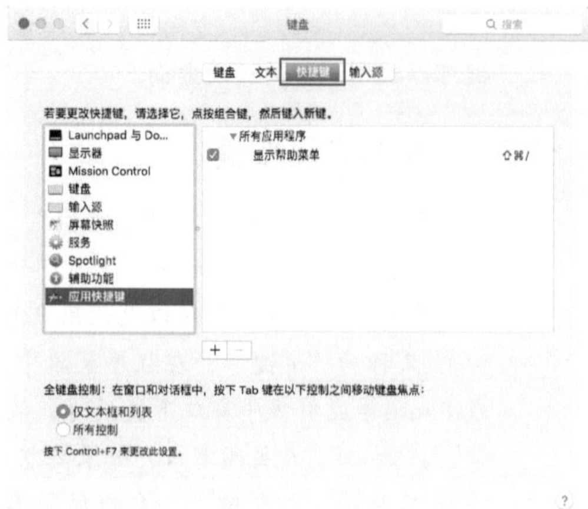

1.7.2 触控鼠标——Magic Mouse

iMac的用户必备的工具之一就是鼠标。乍看之下，OS X原装的Apple蓝牙Magic Mouse表面光滑，什么也没有。实际上，简洁的外表下是一整块多点触控面板，同时也能分辨左右键与滚轮功能。此外，它还支持多点触控的操作手势。

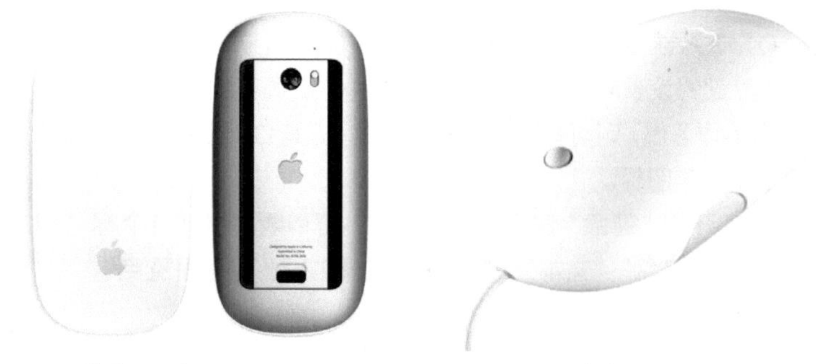

▲ iMac无线蓝牙鼠标——Magic Mouse ▲ 旧款Mac有线鼠标

提示 如果用户使用的是旧款的Mac有线鼠标，或连接一般的PC鼠标时，将无法使用操作手势。

每个人使用鼠标的习惯可能都不相同，Mac鼠标的默认值也不见得完全符合我们的需求，因此，要先来进行鼠标的设置。

1. 设置蓝牙鼠标

单击Dock工具栏中的“系统偏好设置”图标，打开“系统偏好设置”窗口，然后再单击“鼠标”图标。

2. 设置蓝牙无线鼠标

如果用户有蓝牙无线鼠标，可在“系统偏好设置”|“鼠标”偏好设置窗口中，单击“设置蓝牙鼠标”按钮开始设置。

进入设置页面之后，系统就会自动搜索蓝牙鼠标。找到后单击“继续”按钮即可。

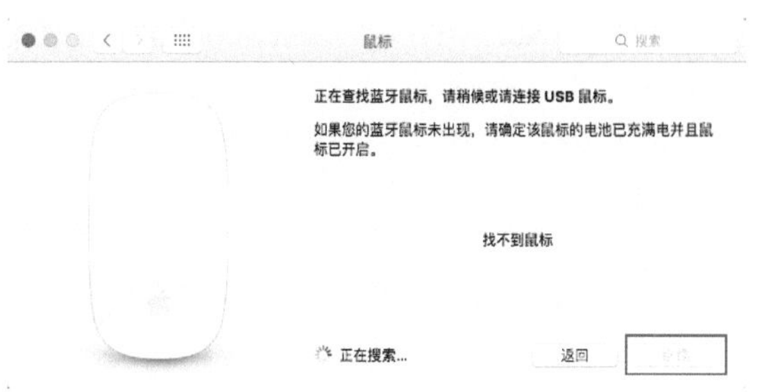

3. 设置PC鼠标

如果把一般PC鼠标连到Mac主机上，打开“系统偏好设置”|“鼠标”偏好设置窗口后会看到如下内容。

❶滚动方向:自然：如果勾选此复选框，则在使用滚轮功能时，滚轮的滚动方向与手指的移动方向一致。

❷跟踪速度/滚动速度/连按速度：调整鼠标各项动作的灵敏度。“跟踪速度”设置鼠标移动的灵敏度；“滚动速度”则是设置滚轮的灵敏度；“连按速度”决定“双击”这个动作之间允许的时间间隔。

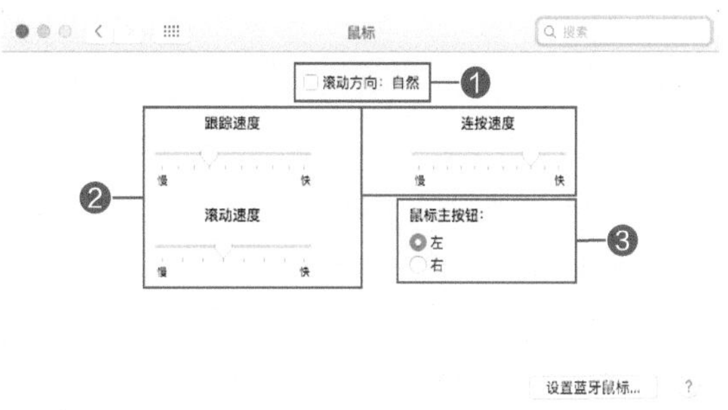

❸鼠标主按钮：用来设置单击和打开文件的主键，等同于PC鼠标上的左键。可以选择“左”或“右”。

1.7.3 触控板——Magic Trackpad

除了Mac笔记本电脑搭配了超强触控板外，iMac也搭配了蓝牙触控板。不过，通常在购买iMac时，其标配会有键盘和鼠标，但并没有触控板。如果用户已经习惯使用笔记本电脑的触控板，想要使用多触控手势，则可另行购买蓝牙触控板——Magic Trackpad。

1. 认识触控板

整个Magic Trackpad 就是一枚大大的按钮，可让用户随处进行单击和双击操作。Magic Trackpad 还支持一整套操控手势，包括双指滚动、开合双指实现缩放、旋转指尖、三指轻扫，以及四指激活 Exposé 或切换程序。Magic Trackpad的操作方式与MacBook触控板相同。

如果每个笔记本电脑键盘的下方都有一块触控板，用户可以通过它来对电脑进行操作。使用iMac的用户，则可另购Magic Trackpad（蓝牙触控板），来对电脑进行操作。两者的操作手势完全一样。

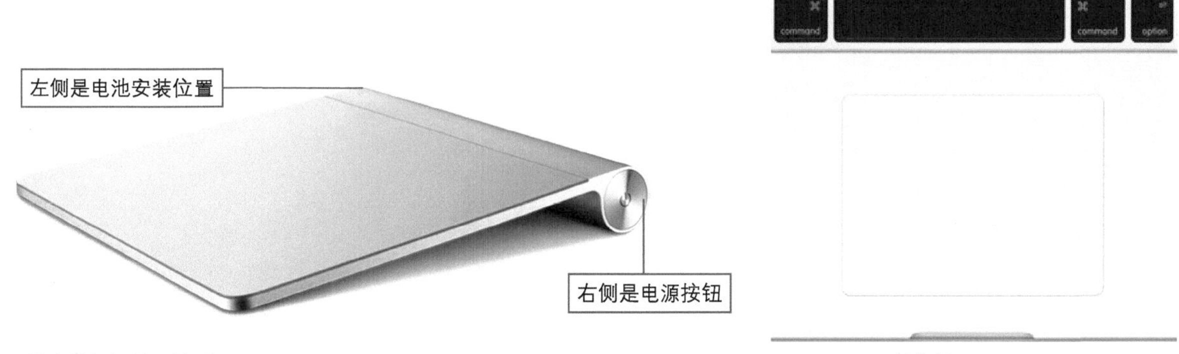

▲ 整个触控板就是按键的Magic Trackpad　　▲ MacBook触控板

2. 让触控板智能化

单击Dock工具栏中的“系统偏好设置” 图标，打开“系统偏好设置”窗口，再单击“触控板” 图标。如果iMac添加了蓝牙触控板，记得要先按下触控板右侧的电源按钮，打开蓝牙才能让电脑捕捉到设备，然后再单击“设置蓝牙触控板”按钮，打开后单击“继续”按钮即可。

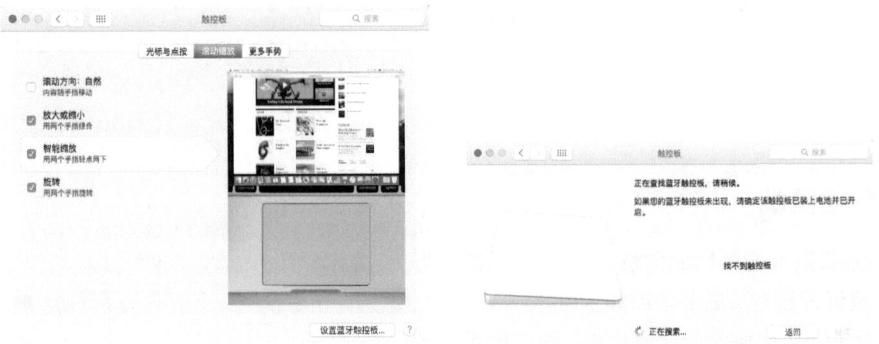

(1) 学习“点按”手势

在打开的“触控板”偏好设置窗口中，切换到“光标与点按”标签，即可看到与点按有关的手势。

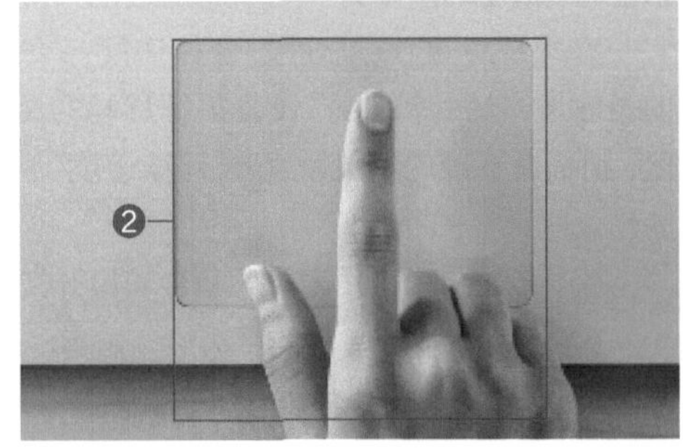

❶轻点来点按

轻点来点按功能就是用一个手指轻点触控板的表面，即可进行鼠标左键的动作。

❷辅助点按

设置轻点右下角或左下角为打开辅助功能，相当于鼠标右键的功能。如果第一个“轻点来点按”功能已打开，则可以设置为点按或用两个手指轻点；如果没有打开，则只有用两个手指点按。另外，还可以设置为点按触控板的右下角或左下角来打开辅助功能。

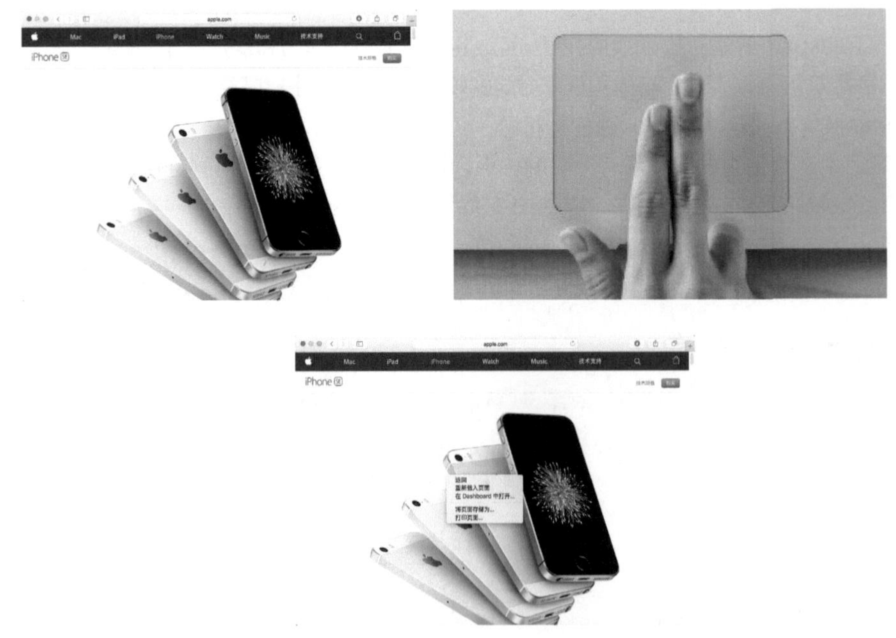

❸查找

使用三指在网页或文件中的英文单词上轻点，则系统会选择英文单词，并用系统内置的字典快速查找单词解释与相关数据。

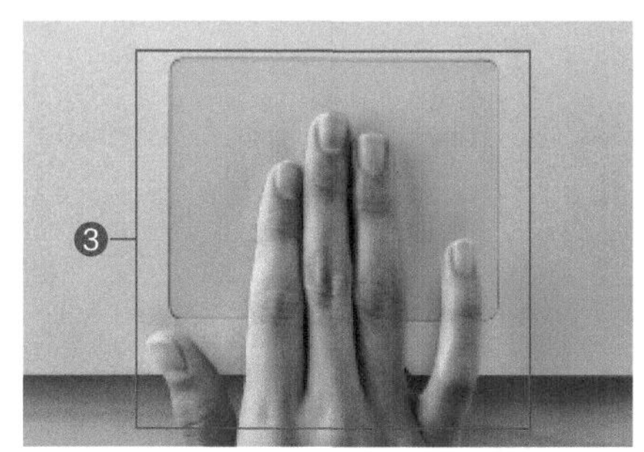

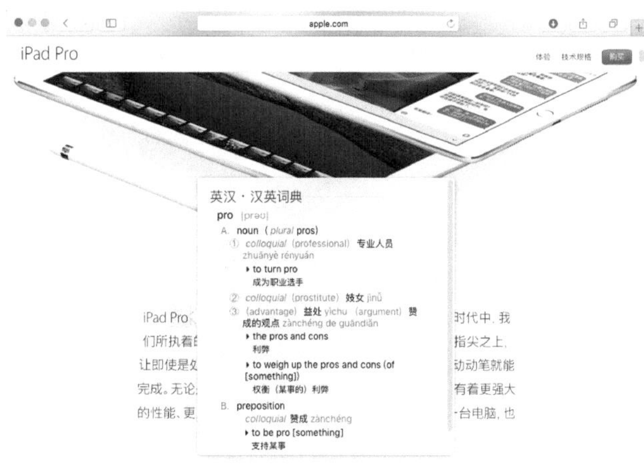

❹三指拖移

打开该功能后，只要把鼠标指针移动到需要拖移的窗口上，再把三个手指放到触控板上滑动（无须按下）就可移动窗口的位置，或选中的文字及图标。

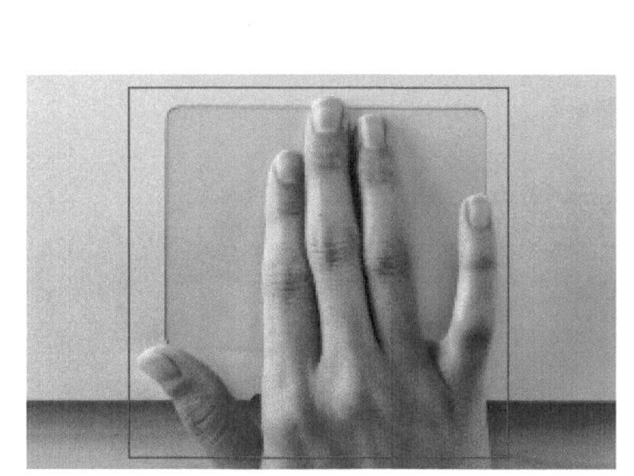

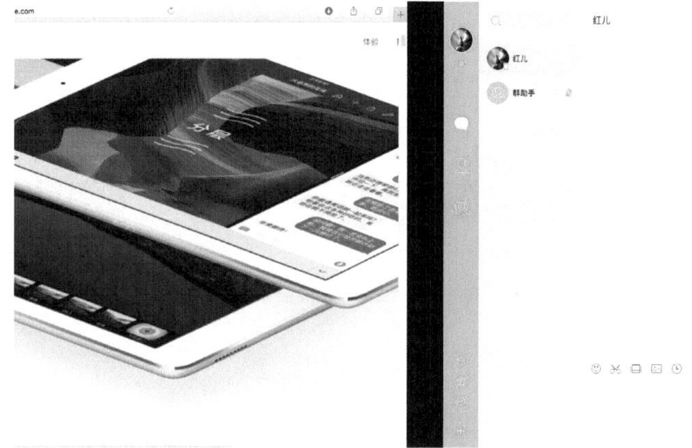

（2）学习“滚动缩放”手势

在打开的“触控板”偏好设置窗口中，切换到“滚动缩放”标签，即可看到与滚动缩放有关的手势。

❶滚动方向：自然

使用两个手指在触控板中上下滑动做出滚轮的效果。自然的滚动方向表示内容随手指移动的方向移动。这与Windows系统中使用鼠标滚轮滚动的方向正好相反的。

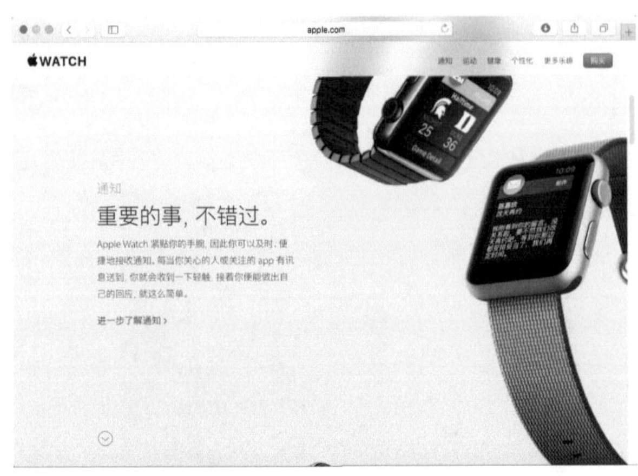

❷放大或缩放

用两个手指在触控板上做合拢动作来缩小图片或文字，以及用两个手指在触控板上做分开动作来放大图片或文字。

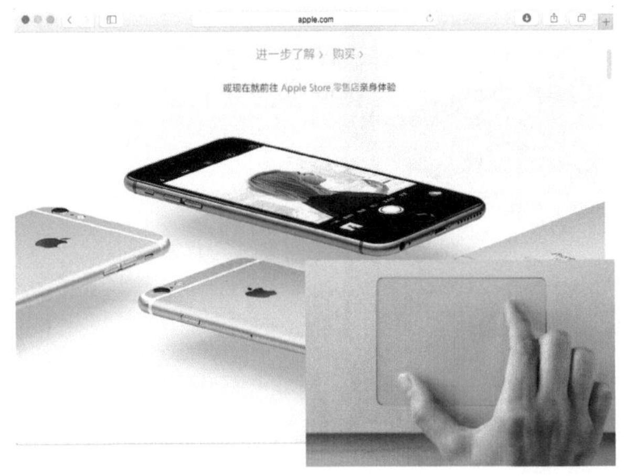

❸智能缩放

用两个手指在触控板上连按两次可放大查看画面，再次连按两次可恢复到原来的显示比例。

❹旋转

用两个手指在触控板上进行顺时针或者逆时针旋转，以此来旋转iPhoto或预览程序里的照片。

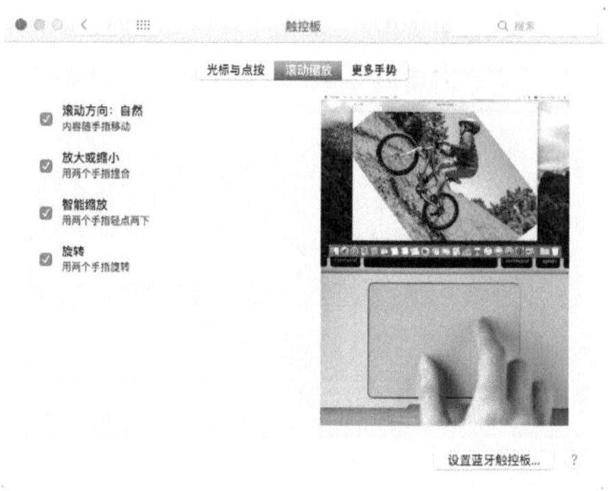

（3）学习“更多手势”操作

在打开的“触控板”偏好设置窗口中，切换到“更多手势”标签即可看到与更多手势的操作手势。

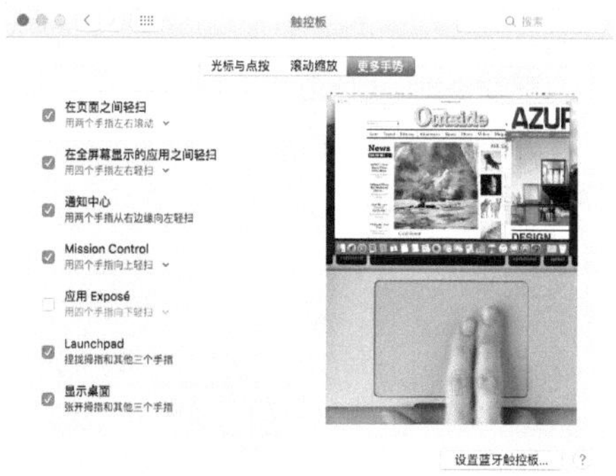

❶在页面之间推送

用两个手指在触控板上向右滑动可回到上一页，向左滑动可翻到下一页。

❷在全屏幕显示的应用程序之间推送

用四个手指在触控板上向左、右滑动，可切换全屏幕窗口的应用程序。

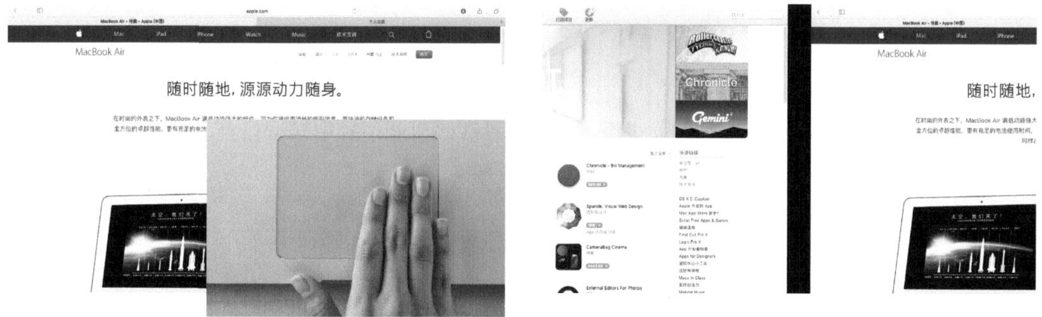

❸通知中心

用两个手指从触控板的右边缘向左滑动，可显示通知中心。

❹Mission Control

用四个手指在触控板上向上滑动，可打开Mission Control，以便于查看已打开的窗口，而向下滑动则可关闭Mission Control。

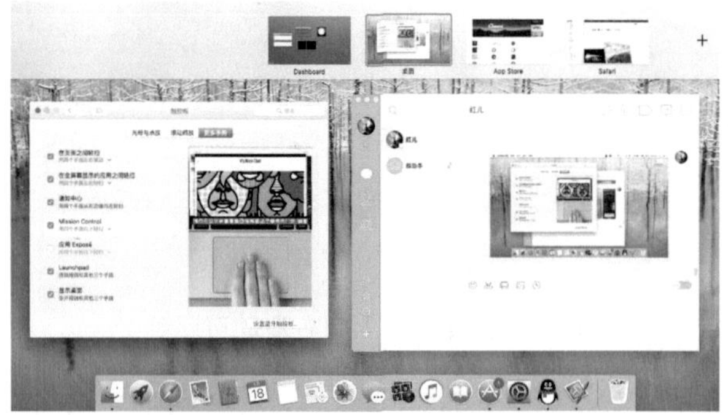

❺应用程序Exposé

当同一个程序打开多个窗口，想单独显示当前窗口，则可以用四个手指向下滑动，当前窗口将独立显示出来。

❻Launchpad

如果用户需要的应用程序没有显示在Dock工具栏中，可在Launchpad中快速打开。将拇指与其他三个手指做合拢的动作即可。

❼显示桌面

在任意应用中，张开拇指和其他三个手指，即可显示回桌面。所有应用程序均会自动隐藏到桌面的边缘处。

1.8　睡眠、重新启动与关机

本节将为读者解析什么是Mac关机、睡眠与重新启动，还会告诉读者在不同的使用时机将Mac置于不同的状态的方法。

1.8.1　睡眠

电脑和人一样，也是需要睡眠的。如果暂不使用电脑，则可以让电脑进入“睡眠”状态。启用“睡眠”状态时，OS X会自动将当前打开的文件、应用程序等存储到内存中，然后停止运行并关闭屏幕及硬盘。因整个操作流程的速度很快，所以，也可以称该操作为快速开/关机。

单击屏幕左上角的“苹果菜单”按钮，在弹出的苹果菜单中选择“睡眠”命令，即可启用“睡眠”状态。

要唤醒电脑时，只须按键盘上的任意键，就可以快速让电脑还原为“睡眠”前的状态。

提示 如果用户使用的是MacBook，则合上MacBook的顶盖，即可让电脑快速进入“睡眠”状态。而打开顶盖，即可快速唤醒MacBook。

1.8.2 重新启动

在移除应用程序或完成更新后，需要重新启动电脑时，可单击屏幕左上角的“苹果菜单” 按钮，在弹出的苹果菜单中选择“重新启动”命令，将打开提示对话框，然后再单击“重新启动”按钮即可。

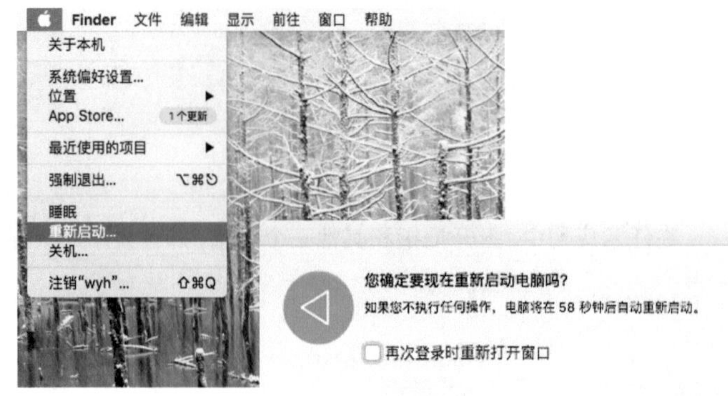

1.8.3 强制重启

只要是电脑，都会有死机的可能。一旦死机，可以用以下几种方法来解决。

- 当应用程序没有响应时，可单击屏幕左上角的“苹果菜单” 按钮，在弹出的苹果菜单中选择“强制退出”命令，将打开“强制退出应用程序”对话框，在该对话框中选择要退出的应用程序，然后再单击“强制退出”按钮即可。
- 如果光标一直处于转动着的七彩圆圈（等待）状态，可按control+⌘+▲快捷键以强制重新启动。

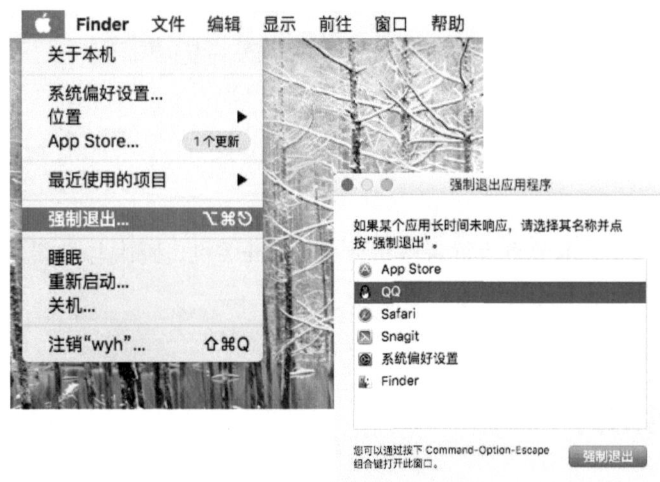

提示 如果用户使用的是MacBook，可按control+⌘+⏏快捷键以强制重新启动。

- 如果遇到更为严重的情况，如按control+⌘+⏏快捷键也无法强制重新启动时，就只能长按电源按钮，直到Mac关闭电源。然后稍等一会（约30秒），再按电源按钮开机。

1.8.4 关机

使用完电脑后，要想关机时，可单击屏幕左上角的“苹果菜单” 按钮，在弹出的苹果菜单中选择“关机”命令，将打开提示对话框，然后再单击“关机”按钮即可。

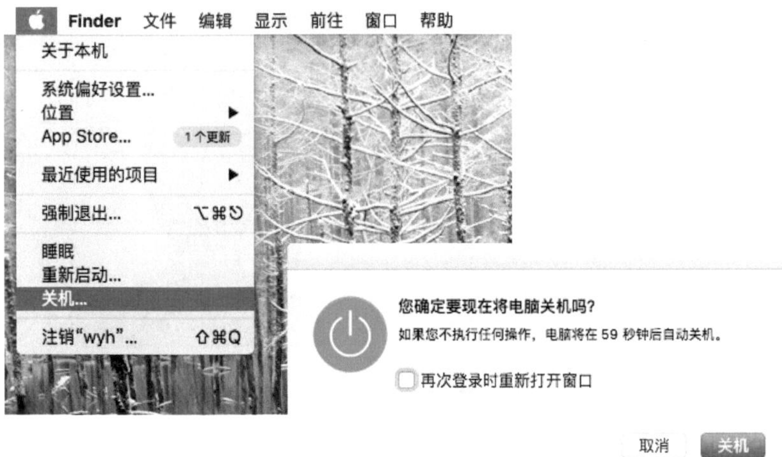

第 2 章 Mac账户管理应用

Mac的账户关系到这台电脑的控制权、访问权等，是登录与管理这台电脑的关键，本章详细讲解Mac账户的登录与管理方法，使用户可以合理安全地配置Mac账户。

2.1 登录与用户账户

如果开机一切正常，就进入了系统，此时需要登录用户账户，才能进一步操作该系统。

2.1.1 登录

OS X是一个非常注重安全的操作系统，当完成系统载入后，将显示用户登录界面，用户必须选择自己的账号及输入正确的密码才能完成登录操作。

具体的登录操作方法是：首先选择自己的账号并输入正确的密码，然后再按return键即可进入系统。

1. 更改用户登录界面的背景和图标

用户登录界面中的背景、Apple Logo以及关机、睡眠、重启图标都是图片，用户可以用自己喜欢的图片来替换它们。需要注意的是，更换图片或图标时，必须使用同名、同型的图片，否则无法替换。同时，最好使用同尺寸的，否则达不到效果。

2. 用户登录页面管理

在“系统偏好设置”|“用户与群组”偏好设置窗口中，单击窗口左下角的🔒按钮，然后输入管理员的密码解锁即可对用户登录窗口进行设置。

提示　在“用户与群组”偏好设置窗口中，只有管理员才有权限对其进行修改与设置。

3. 在登录界面中添加提示信息

用户还可以在登录窗口中设置提示信息。在“系统偏好设置”|“安全性与隐私”偏好设置窗口中，切换到“通用”标签，单击窗口左下角的🔒按钮，然后输入管理员的密码解锁。首先选中“在屏幕锁定时显示信息”选项，然后单击“设定锁定信息”按钮，接着在弹出的对话框中输入想要显示的信息内容，最后单击“好”按钮，即可在登录界面中显示用户所加入的信息。

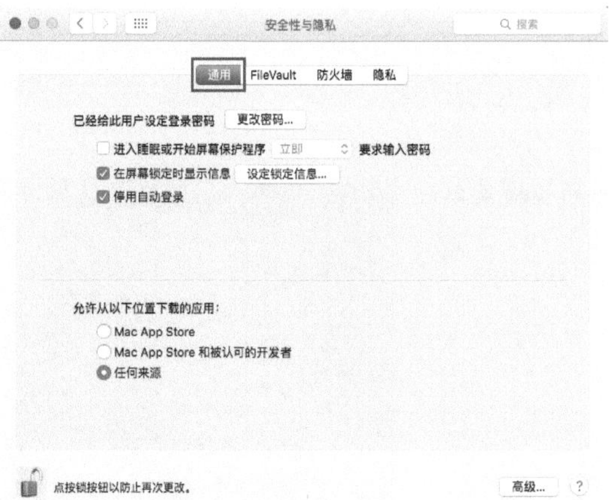

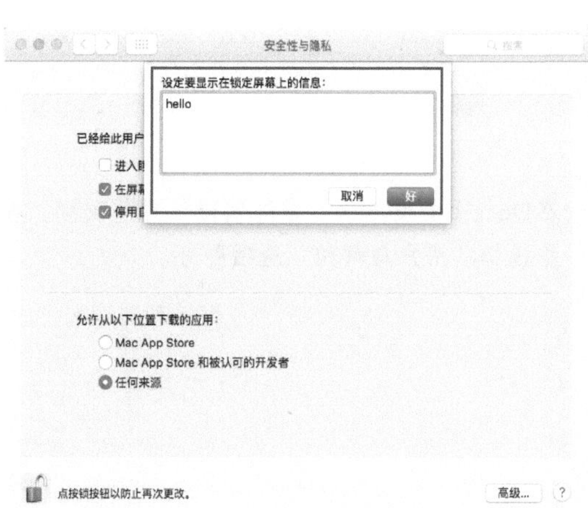

2.1.2 自动登录

如果用户想用某个账户来自动登录，可在“系统偏好设置”|“用户与群组”偏好设置窗口中，单击“登录选项”选项，接着在窗口右侧的设置区中，单击“自动登录”选项框，在弹出的列表中选择要自动登录的账户即可。

2.1.3 用户账户

用户与账户是两个完全不同的概念。用户指的是人，而账户指的是用户的系统身份，即Mac ID。一个用户要想登录系统，首先必须要拥有一个账户。

1. “用户与群组”偏好设置

打开“用户与群组”偏好设置的方法有以下几种。

- 单击Dock上的“系统偏好设置”图标，打开“系统偏好设置”窗口，在该窗口中单击“用户与群组”图标即可。

- 在Dock上右键单击“系统偏好设置”图标，在弹出的快捷菜单中选择“用户与群组”选项即可。

- 单击系统菜单中的“快速用户切换”，在弹出的菜单中选择“用户与群组偏好设置”选项即可。

“用户与群组”偏好设置窗口分为两部分，左侧是账户列表，右侧是设置区。账户列表中包含了本机中的所有账户，并且按名称进行排序。在账户列表中选择账户后，就可以对该账户进行设置。

2. 账户基本信息

一个账户包含4项基本信息：账户名称、图片、类型和状态。

名称是登录系统的Mac ID；图片是用户设置的头像图片；类型表示的是账户的权限，例如，是管理员还是普通成员；状态表示当前用户是可用还是禁用，是登录还是未登录。

账户的基本信息主要是在“用户与群组”偏好设置窗口中的“密码”标签中进行管理设置的。

> 提示　管理员可以对任何账户进行设置，但普通成员只能对自己的账户信息进行修改，无权对自身权限和其他用户的信息进行修改。

3. 更改账户图片

在创建账户时，系统会随机为用户分配一个图片作为其的账户，为了便于识别，可以设置不同的用户账户图片。

单击Dock上“系统偏好设置”图标，打开“系统偏好设置”窗口，然后单击“用户与群组”图标。

在打开的“用户与群组”偏好设置窗口中，默认用户与群组面板处于锁定状态，需要先解除锁定才能设置。单击窗口左下角的按钮，然后在出现的对话框中输入管理员密码并单击“解锁”按钮。

解锁后在“密码”标签中单击用户账户图片，在展开的图片缩略图列表中选择一个喜欢的图片，然后再单击“完成”按钮即可。

完成上述操作后，即可看到我们所选择的图片已经替换掉系统默认的账户图片了。而这个账户图片在系统的登录界面中也会看到。

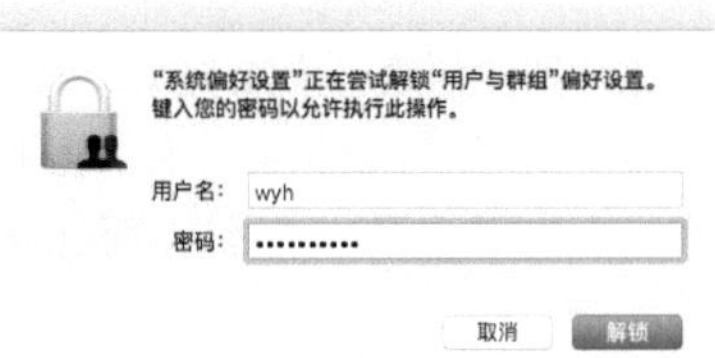

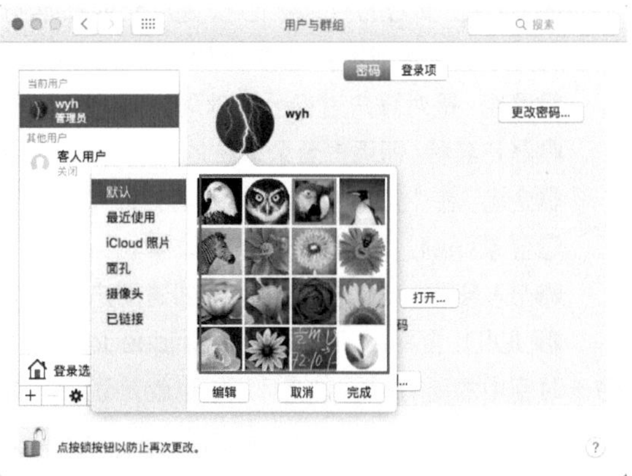

4. 更改账户密码

打开“用户与群组”偏好设置窗口后，在“密码”标签中单击“更改密码”按钮，即可在弹出的对话框中更改当前用户的账户密码，再单击“更改密码”按钮即可完成操作。

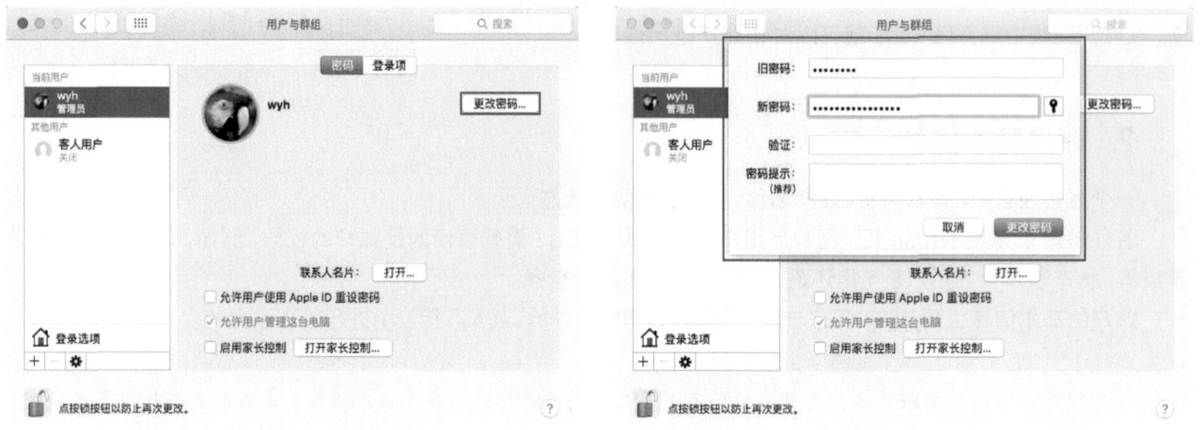

5. 账户的“高级选项”

打开“用户与群组”偏好设置窗口后，先选择一个账户，再单击鼠标右键，在弹出的快捷菜单中选择“高级选项”选项，即可看到该账户的“高级选项”信息。

❶用户：此处显示的名称为全名而不是账户名称。

❷用户ID：即UID（User ID），是Mac内部唯一标识账户的一个数字ID。UID其实才是用户真正的身份，也就是不管如何修改全名或账户名称，都不会互相影响。

❸群组：是对账户进行分类管理。系统默认的级别包括admin、staff、_guest、wheel等。

❹账户名称：即用户登录系统的短名称，一般情况下与用户主目录的名称保持一致。

❺全名：在“全名”字段中输入名称即可更改该账户的全名。

❻登录shell：指定登录shell的位置。

❼个人目录：即用户主目录。在创建用户时，Mac会为每个用户创建一个独一无二的主目录。

❽UUID：全称为Universally Unique Identifier，全局唯一标识符，是指在一台机器上生成的数字，它保证对在同一时空中的所有机器都是唯一。也就是说，UID用于在Mac内部标识一个用户，而UUID用于在网络范围内标识一个用户。

6. 添加用户

打开“用户与群组”偏好设置窗口后，单击+按钮，在弹出的对话框中根据字段名输入相应的内容，然后单击“创建用户”按钮，即可添加一个新账户。

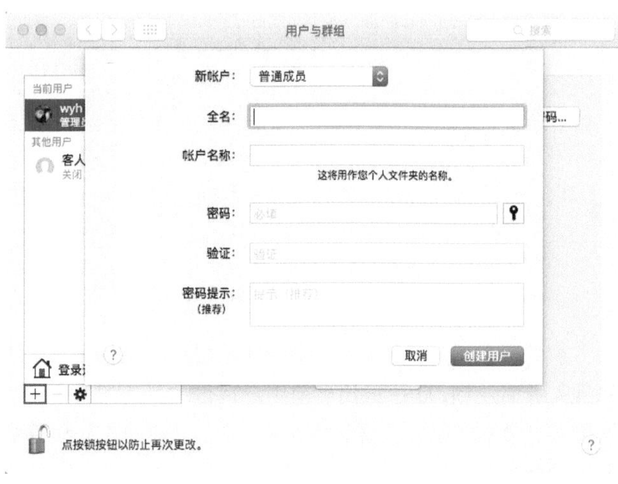

❶新账户：在此可以选择将新创建的用户设置为管理员、普通成员等。

❷全名：输入自己的名字，这个字段没有特别的限制，可以自由发挥。假如在这里输入汉字，“短名称”会自动列出该名称的拼音，不满意的话可以自己再另外命名。

❸账户名称：这个名称会成为存放个人数据的文件夹名称，因此，建议采用简短的英文字符串，中间不能有空格，而且区分大小写。

❹密码：输入该账户的密码。需要注意的是，该账户同时也会是系统管理员，也就是说，日后安装软件或者进行软件升级等操作时，系统都会要求我们输入管理员的账户和密码。为了系统与数据的安全，最好设置一组密码。

❺验证：再次输入密码，以确定该密码没有输错。

❻密码提示：在该字段中输入一个只有自己知道的，用来提示密码的描述，如果日后忘记了密码，输入3次错误的密码后，该提示就会出现。

添加用户时，系统会随机为该用户选择一个用户图片，如果不喜欢系统为我们选择的图片可单击该图片进行更改。

7. 更改账户类型

在OS X中，可以将普通用户升级为管理员，也可以将管理员降级为普通用户。打开“用户与群组”偏好设置窗口后，选择任意一个账户，然后选中“允许用户管理这台电脑”选项，即可将普通用户升级为管理员。反之，没有选中“允许用户管理这台电脑”选项的账户，就是普通用户。

8. 切换用户与注销

OS X支持多用户登录。各用户账户间的切换操作很简单：在具有多用户的系统中，单击屏幕右上角的账户名称，从弹出的下拉菜单中选择待切换的账户即可。OS X自动将目前使用的账户转到后台，并旋转至登录画面，输入待切换账户的密码再按return键，即可切换至该账户。

介绍了多用户切换后，下面来介绍用户的注销。那么什么是注销呢？所谓注销，就是退出当前用户运行的所有程序，并返回登录画面。如果未注销就直接切换用户，那么当前使用的程序会自动转至后台运行，并占用一定的系统空间，这样有可能会使系统运行速度变慢，从而影响其他用户工作。

注销用户的操作是：单击屏幕左上角的“苹果菜单” 按钮，从弹出的菜单中选择“注销xxx”命令即可。

2.2 自定义用户账户配置

OS X提供了丰富的自定义账户设置功能，对于个人电脑可以启用免登录设置以更快进入桌面环境。如果有多人使用同一台电脑时，管理员也可以方便地为其他用户配置独立账户，以保护每个人的隐私并且让未成年人健康地使用电脑。

2.2.1 修改键盘重复与延迟时间

键盘是电脑输入字符和命令的重要工具，为了提高输入字符的效率，让键盘更符合自己的使用习惯，可重新设置键盘。

打开“系统偏好设置”|“键盘”偏好设置窗口，切换到“键盘”标签中，然后拖动“按键重复”滑块，调节按住键盘不放时重复输入字符的速度；拖动“重复前延迟”滑块，调整按下按键后重复键入字符前的等候时间长短。

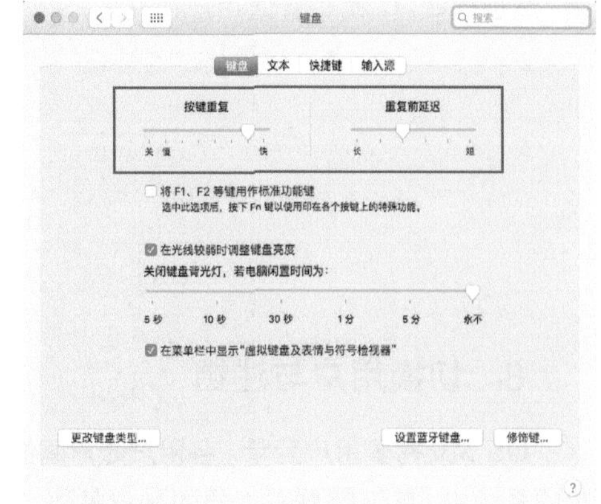

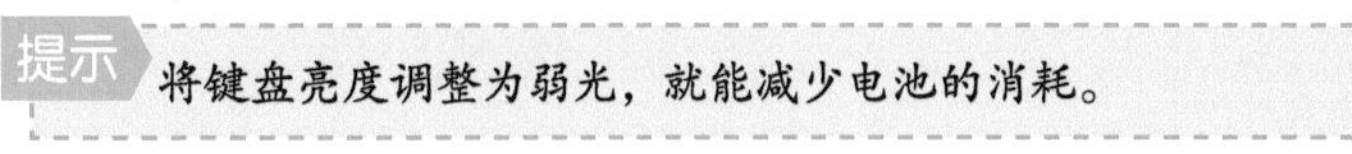
提示 将键盘亮度调整为弱光，就能减少电池的消耗。

2.2.2 自定义操控快捷键

为了提高电脑的使用效率，我们可以根据自己的喜好，对常用的命令重新指定快捷键。

打开“系统偏好设置”|“键盘”偏好设置窗口，切换到“快捷键”标签中，在左侧列表框中选择快捷键所要对应的命令或程序，然后再在右侧列表框中设置新的快捷键。

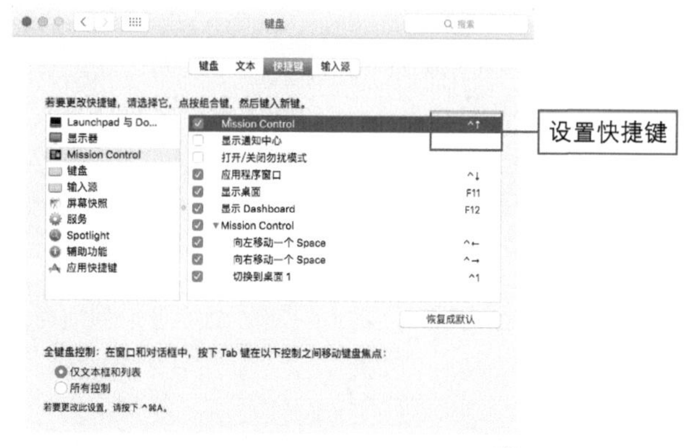

提示 在使用笔记本电脑时，当我们合上前盖再稍等一会儿，电脑就会进入休眠状态。再次打开前盖时，即可唤醒电脑。

2.2.3 启用家长控制功能

为了保障未成年人健康的使用电脑，可以为之创建一个普通用户账户，并且对这个账户启用家长控制功能，以限制该账户可用的应用程序、可访问的网站以及使用电脑的时间等。

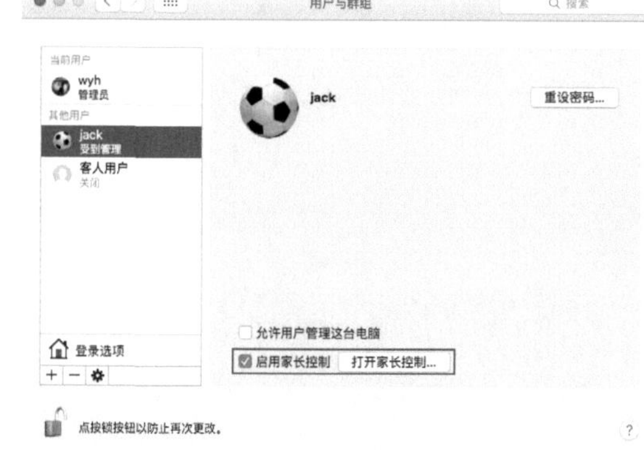

打开“系统偏好设置”|“用户与群组”偏好设置窗口，然后选择要启用家长控制的用户账户，接着勾选“启用家长控制”复选项，再单击“打开家长控制”按钮，以设置控制的选项，包括应用、Web、商店、时间、隐私和其他共6个选项。

2.2.4 删除多余的账户

对于不再需要使用的用户账户，我们可以将它删除，一方面可以提高电脑安全，另一方面也可以节约部分空间。

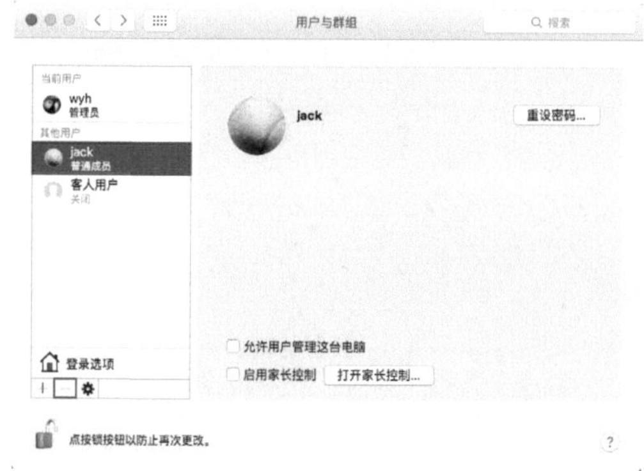

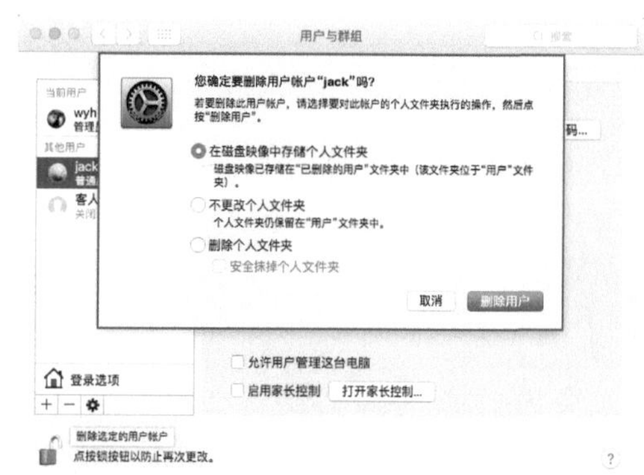

打开“系统偏好设置”|“用户与群组”偏好设置窗口，先选择要删除的账户，再单击窗口左下方的 - 减号按钮，然后在弹出的对话框中选择要对此账户的个人文件夹执行的操作，再单击“删除用户”按钮即可。

第3章 OS X 10.11快速入门

本章主要讲解苹果新一代系统OS X El Capitan的基本功能，包括桌面功能、应用程序、窗口管理、文件管理、Launchpad管理、Mission Control管理及Dashboard小程序的应用，让新用户快速入门。

3.1　OS X的桌面功能大汇集

苹果电脑中OS X的桌面设计与普通PC有很大的不同。苹果电脑力求简洁、明快，简约但不简单，最显著的特点是Dock的运用。

3.1.1　认识桌面

按下Mac的电源按钮，启动OS X，即可看到绚丽的桌面。认识Mac桌面环境中的各个组件的名称后，下面分别说明这些组件的功能。

桌面就是整个画面，即我们处理工作的地方。而Mac桌面与PC桌面一样，可以随我们的心情来更换自己所喜欢的图片以作为背景图片。

1．更换桌面背景图片

单击Dock工具栏上的"系统偏好设置"图标，打开"系统偏好设置"|"桌面与屏幕保护程序"窗口，切换到"桌面"标签，然后在图片列表框中直接单击想要更换的图片，即可改变桌面的背景图片。

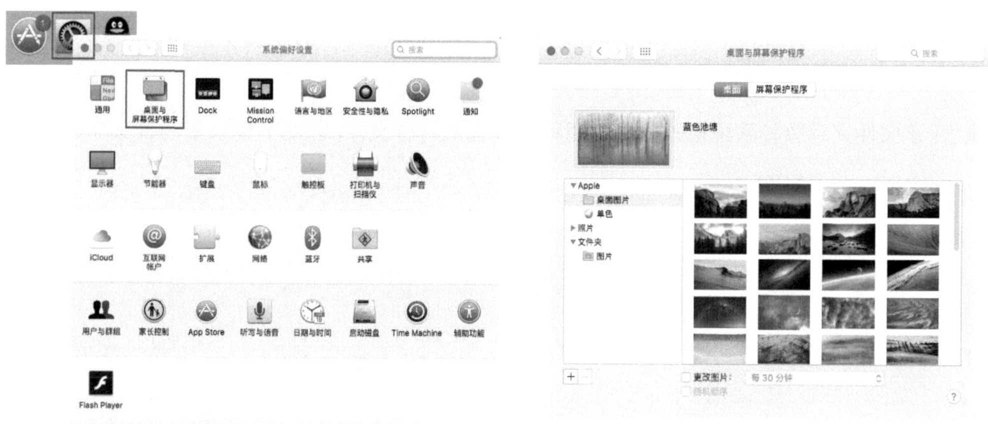

2．桌面图标——查看设备内容

桌面图标即显示在桌面上的图标，而OS X默认不在桌面上显示磁盘图标，当我们插上U盘或者其他设备时，

只有打开Finder窗口，才能在其边栏中看到。如果想要在桌面上显示设备图标，则打开Finder菜单，选择“偏好设置”命令，打开“Finder偏好设置”窗口，并切换到“通用”标签，然后在“在桌面上显示这些项目”区域中勾选需要在桌面上显示的项目即可。

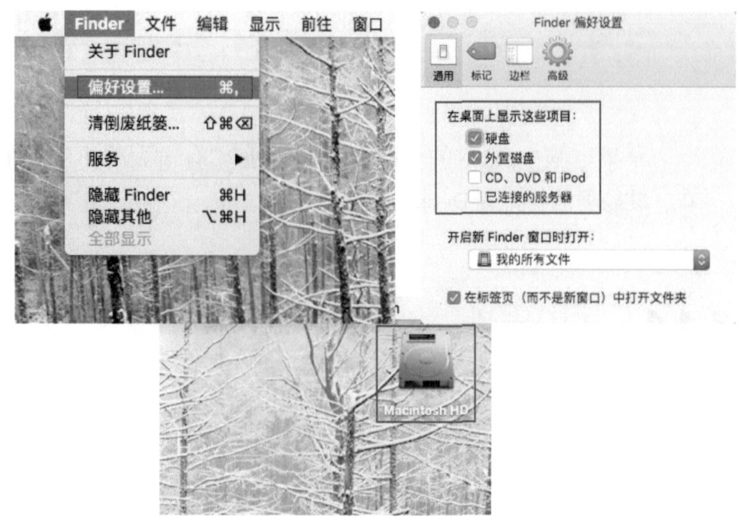

在桌面上显示相关的项目后，可以双击项目图标打开该设备，以查看其中的文件内容。如双击Macintosh HD图标，即可打开Macintosh HD窗口，里面存放着该设备的所有数据，包括系统、应用程序、用户及资源库。

❶系统：用来存放和OS X系统运行相关的核心组件与扩展组件，任意增删此文件夹中的文件都可能会造成系统的不稳定，因此不建议使用该文件夹。

❷应用程序：该文件夹用来存放OS X上安装的所有应用程序，方便我们取用不在Dock工具栏中的应用程序。

❸用户：专门存放每个用户的专属文件，这台Mac上每个用户的文件夹都会放在这里，而且每个文件夹都设置了访问权限，因此建议使用专属文件夹来存入、管理个人的文件夹和文件。不过该文件夹中的“共享”文件夹是每个用户都可以存取的。

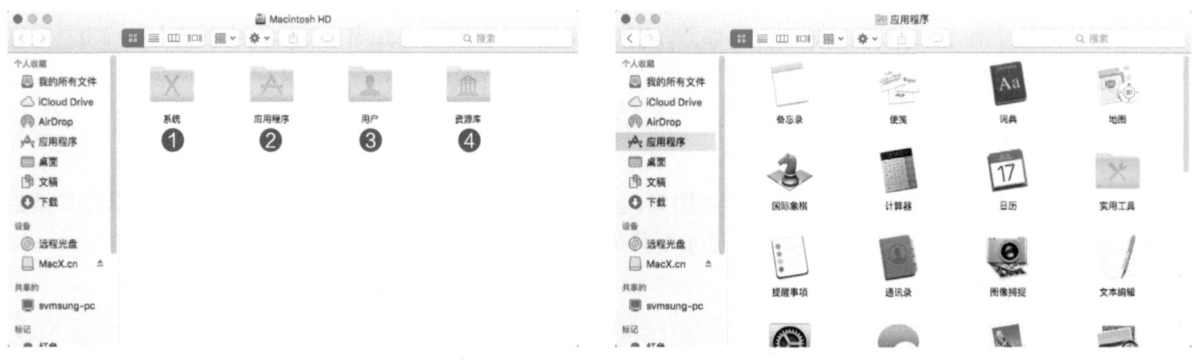

❹资源库：该文件夹存放和系统相关以及应用程序所需的各种文件，因此不建议使用该文件夹。

3.1.2 苹果菜单按钮

“苹果菜单”按钮简称为“苹果”按钮，位于屏幕的左上角。用户单击“苹果菜单”按钮，即可打开苹果菜单，可以使用其中所包含的各选项命令。如选择“关于本机”命令，如图所示。

3.1.3 应用程序菜单

应用程序菜单就是当前程序的菜单，位于“苹果菜单”按钮的右侧，以程序名开始。应用程序菜单随用户打开的程序不同而不同。如下面分别是QQ与Safari的应用程序菜单。

3.1.4 系统菜单栏

系统菜单栏中会使用各种小图标来显示当前系统所使用外部设备的执行状态，如网络状态、输入法、日期与时间等。此外，使用系统菜单栏中的小图标也能便捷地直达相应的设置窗口，以便快速修改相关的系统设置。

93%　周三下午3:52　wyh

以下是各图标的功能对照表。

图　标	功　能
	用于快速打开Time Machine设置，以便于启动备份或从备份恢复文件
	该图标呈黑色时，表明电脑启用了蓝牙无线模块
	用于显示当前无线信号的强度。黑色的波形表示信号的品质，全满时信号最好，只有一点时，信号最差。此外，单击该图标可快速打开无线网络的设置菜单
	用于快速调整音量大小。单击该图标即可拖动滑块来控制音量的大小
	显示电脑的电力状态。为状态时表示电池正在充电
	单击该图标可打开输入法菜单，以便切换要使用的语系或输入法
周三下午3:45	当前的日期与时间。单击该图标，可打开日期与时间菜单，以便切换显示方式

（续表）

图　标	功　能
wyh	当前登录的用户名。单击该图标，可打开用户名菜单，以便切换用户
	Spotlight：输入要搜寻的关键字，以便快速查找文件、邮件、网页等
	通知中心：会在屏幕右上角显示提示，但不会中断用户的工作

3.1.5 Dock工具栏

OS X系统中最具特点，同时也是最吸引人的就是位于屏幕下方的Dock工具栏了。它可以帮助用户快速打开应用程序和文件。Dock工具栏分为左右两个区域，左侧放置的是应用程序的快捷方式，常用的应用程序可以放在该区域便于打开，同时也可以用来管理应用程序的执行；右侧则是放置经常需要打开的文件夹的快捷方式，或者放置最小化后的应用程序。

分隔线的右侧用于摆放常用位置的快速访问图标及废纸篓。若打开应用程序，并将其窗口最小化，则系统会自动将最小化后的窗口摆放到分隔线的右侧，以方便用户查看。

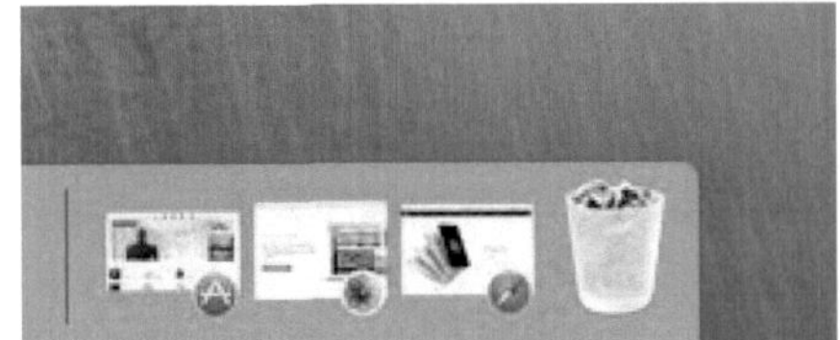

3.1.6 Spotlight

Spotlight是位于系统菜单栏最右侧的、类似放大镜的 图标。Spotlight用于查找文件、启动程序、打开文件、偏好设置、查单词、做计算等。它可以使用户不用启动程序或打开目录就能直接打开需要的内容。

1. 打开Spotlight

单击Spotlight 图标就可以打开Spotlight直接输入需要搜索的内容，并且在输入后就可直接返回搜索结果，而不需要按return键确认。

2. Spotlight的搜索结果

在Spotlight直接输入即可实时返回结果，并对结果进行分类和排序。Spotlight会默认选中用户最常使用的一个项目，然后再对其他搜索结果进行分类显示。

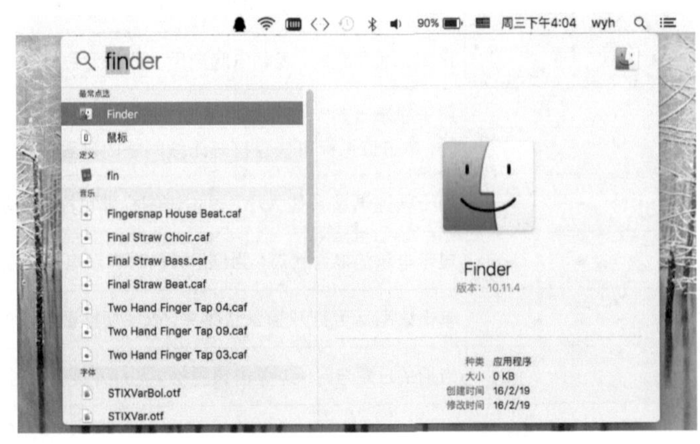

（1）预览搜索结果

在Spotlight的搜索结果中，可以直接通过预览来知道该项目是不是用户所需要的内容，而不用打开该项目。将鼠标指针移至该项目上，即可进行预览。

（2）同名文件的区分

当Spotlight搜索的结果中有同名的文件时，Spotlight会在文件名称的右侧显示能够区分它们的上层目录。

（3）在网络中搜索

在Spotlight搜索的结果中集成了网页搜索和维基百科搜索，使用户可以直接在网络中进行搜索，从而实现了本机和网络之间的无缝链接。

3. 打开Spotlight偏好设置

如果想要进一步对Spotlight进行设置，可通过以下两种方法打开Spotlight的偏好设置。

- 单击Dock工具栏中的“系统偏好设置”图标，打开“系统偏好设置”窗口，然后再单击“Spotlight”图标，打开“Spotlight”偏好设置窗口。

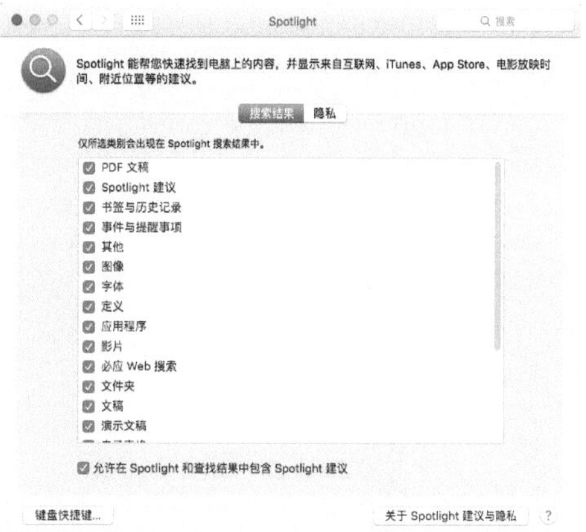

- 在Spotlight的搜索结果下方，单击“偏好设置|Ink”命令也可以启用“Spotlight”偏好设置窗口。

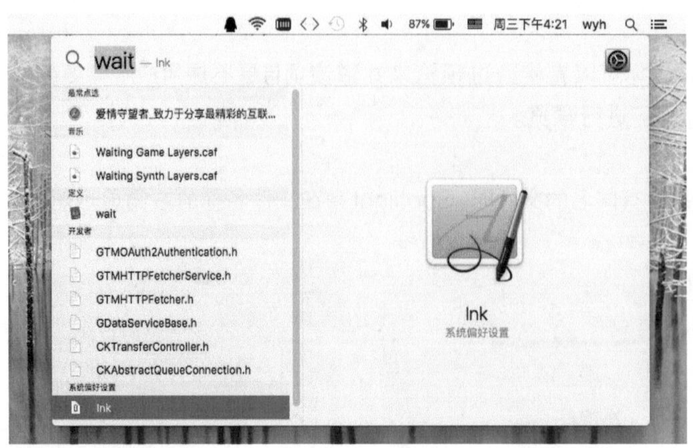

4. 调整Spotlight显示的顺序

如果用户对Spotlight搜索结果的显示顺序不满意，还可以自行对其进行调整。单击Dock工具栏中的“系统偏好设置”图标，打开“系统偏好设置”窗口，然后再单击“Spotlight”图标，打开“Spotlight”偏好设置窗口。切换到“搜索结果”标签，拖动想要调整显示顺序的项目即可。

此外，如果取消项目左侧选中的复选框，则该项目将会在Spotlight搜索的结果中消失。

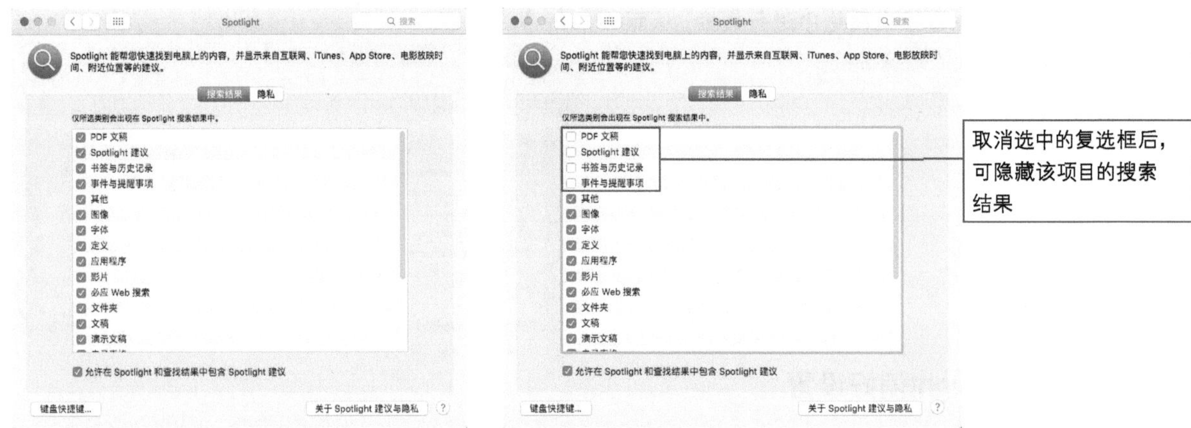

取消选中的复选框后，可隐藏该项目的搜索结果

5. 利用Spotlight做计算

Spotlight不仅仅可以搜索文件，还可以用它来进行计算。其操作方法是直接在Spotlight中输入要计算的式子，即可得出结果。

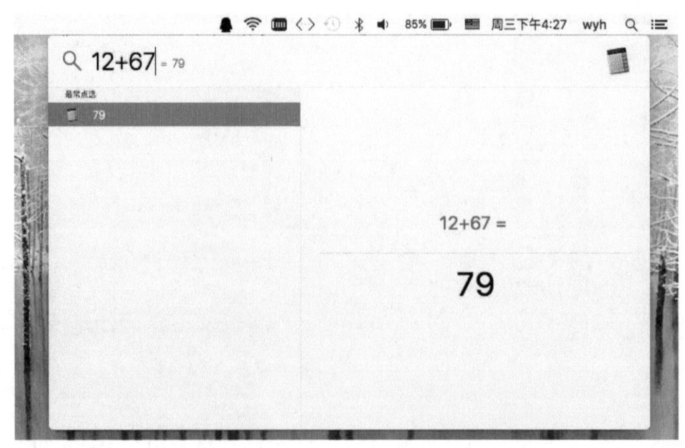

6. 利用Spotlight查单词

利用Spotlight查单词与利用Spotlight做计算是一样的，都是通过调用程序来完成的。在Spotlight中输入单词，然后将鼠标指针移至“查找”项目上，即可显示该单词的完整字典解释。

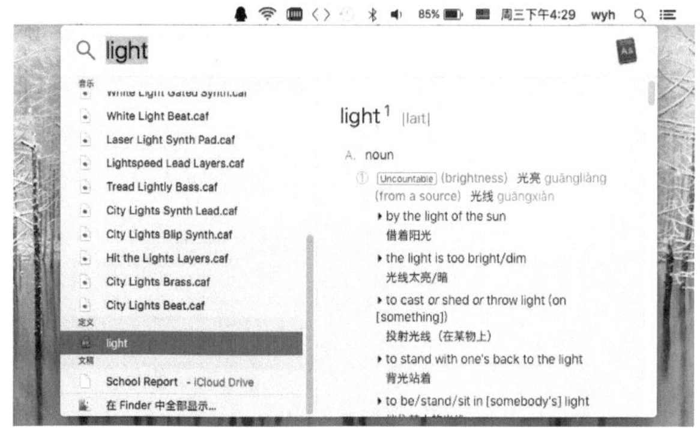

3.2 启动应用程序

在电脑中，无论是浏览网页、欣赏音乐，还是观看影片等都需要使用应用程序。所以，应用程序的重要性不言而喻。用户熟练掌握应用程序的启动方法是使用电脑学习、工作及娱乐的必备知识。

3.2.1 从Dock工具栏启动应用程序

用户只需在Dock工具栏中直接单击应用程序的图标，即可启动对应的应用程序。当应用程序启动后，对应图标的下方会亮起一个黑色的程序指示灯，以表示该程序处于运行状态。

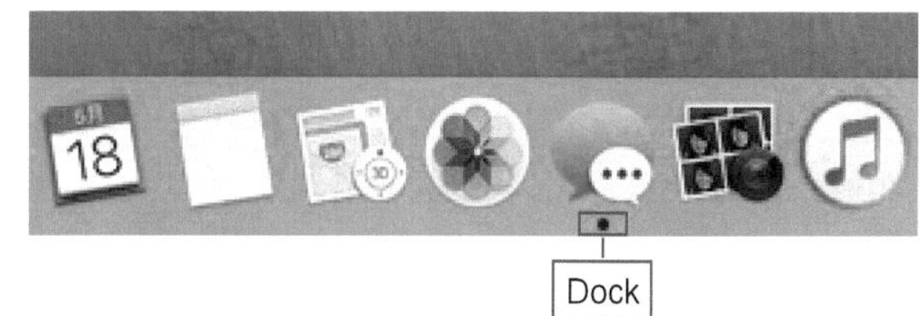

3.2.2 从Launchpad启动应用程序

在Dock工具栏上单击Launchpad图标即可启动Launchpad，Launchpad是应用程序的陈列厅，它列出所有安装至这台电脑的操作系统中的应用程序图标。用户单击图标，即可快速启动对应的应用程序。

▲ Launchpad陈列厅

Mac OS X的人性化设计无处不在，为了方便用户启动Launchpad，系统提供了多种不同的启动方法。

- 方法1：直接单击Dock工具栏上的Launchpad图标。
- 方法2：使用触控板时，合拢拇指和其他三个手指，即可快速打开Launchpad。

- 方法3：使用自定义的Launchpad触发角，将光标移至相应的触发角时，启动Launchpad。

要自定义Launchpad触发角，需要打开“系统偏好设置”|“Mission Control”对话框。单击该对话框左下角的“触发角”按钮，然后将屏幕的某一角设为Launchpad，单击“好”按钮即可。以后将鼠标光标移至屏幕对应的角落时即可启动Launchpad（这里设置左下角为触发Launchpad的触发角）。

3.3 窗口管理

多窗口、多任务，已经是现在人们使用电脑办公的习惯了。那么，要如何在众多窗口之间来回切换，以提高工作效率呢？下面我们就来看看Mac是如何管理窗口的。

3.3.1 认识窗口

窗口是桌面最为常见的物件之一，它是操作系统与用户交互的重要桥梁。虽然不同程序的窗口内容千差万别，但都拥有相似的布局结构。掌握这些结构及其提供的功能，即能在日后布置出自己满意的工作环境。

在OS X中执行应用程序时，会打开专属的窗口，下面是Safari窗口。

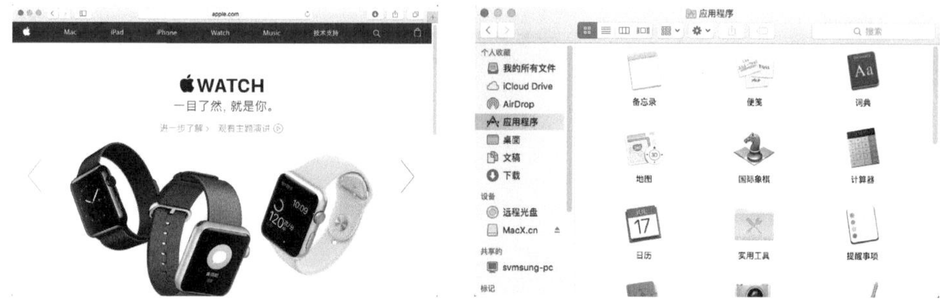
▲ Safari和应用程序窗口

❶红绿灯按钮：功能分别为关闭窗口、最小化窗口及自动调整窗口。

❷窗口标题：用于显示窗口的名称，方便用户识别不同的窗口。

❸功能按钮：用于提供应用程序最常使用的功能。如上、下翻页功能按钮，以方便用户在查看文件时返回之前访问的位置。

❹搜索栏：提供窗口内容搜索功能。在搜索栏中输入关键字，就能筛选出与关键字相关的内容。

❺内容区域：用于呈现内容信息。如应用程序窗口的内容区域将显示各种应用以供用户使用。

3.3.2 窗口的基本操作

当我们打开多个应用程序时，窗口难免会重叠，这时就需要我们移动或缩放窗口，才能完成后续的操作。

1. 最小化窗口与还原窗口

将光标移至窗口控制按钮——窗口左上角的红绿灯按钮区域，单击中间的黄色按钮，即可将当前窗口最小化至Dock工具栏上。其中，应用程序窗口最小化后，会隐藏于对应的应用程序图标下，非应用程序打开的窗口最小化后，则会隐藏于Dock工具栏分隔线右侧的快速访问区域。

如果要还原最小化后的程序窗口，则只需单击对应的应用程序图标即可。

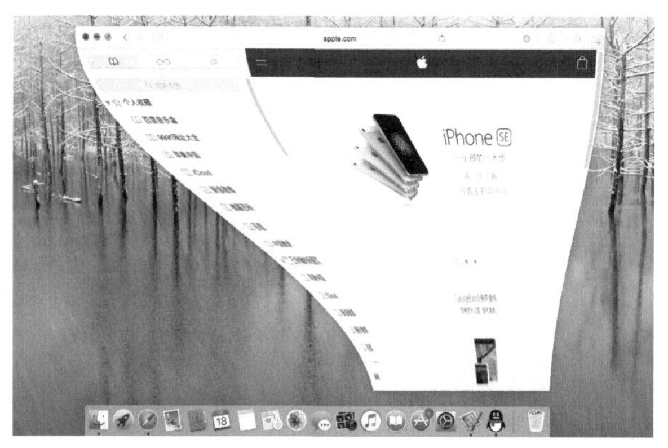

2. 调整窗口的大小

每个窗口的大小可以按照需要进行调整，可通过窗口左上角的红绿灯按钮来调整，也可手动将窗口调整为需要的大小。

3. 手动调整窗口大小

将鼠标光标移动到窗口边框处，当光标变为双向箭头状时，通过拖动操作即可随意放大或缩小窗口。

4. 窗口的全屏幕

在工作中，如果不想受到其他桌面或窗口的干扰，则可以将当前使用的窗口放大到全屏幕。单击窗口左上角的绿色按钮，即可将该窗口放大到全屏幕。

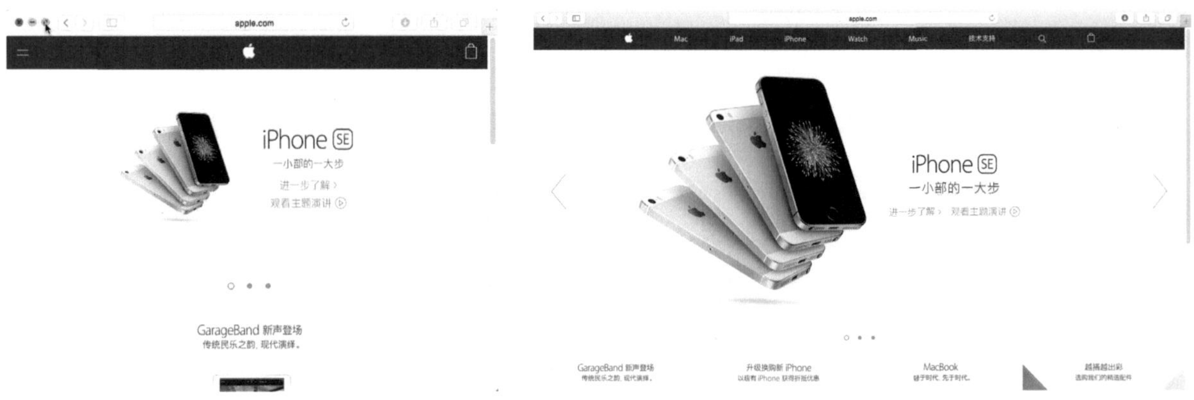

将窗口全屏幕时，菜单栏也将自动隐藏，为窗口的全屏幕腾出空间。那么要怎样才能让菜单栏重新显示呢？很简单，只需将鼠标光标移至屏幕的上边缘，菜单栏就会自动重新显示出来。

提示 在程序全屏状态时，将鼠标指向Dock工具栏所在的位置，等待一秒后就可调出Dock工具栏。

5. 移动窗口的位置

如果对窗口所在的位置不满意，或想为其他窗口腾出位置，可将鼠标光标移至窗口标题栏上，按住鼠标拖动来移动窗口。

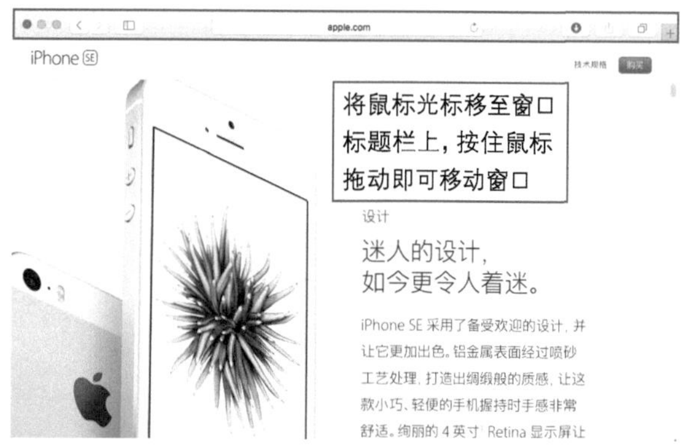

6. 关闭窗口

在OS X中有时会出现“没有窗口的应用程序”，即单击窗口左上角的红色按钮，把这些窗口都关闭，此时桌面上所有窗口都不见了，但是Dock工具栏上图标下方的程序指示灯还亮着，这就表示即使窗口都关闭了，但该程序仍然保持运行状态。

比如，这里Safari还保持在运行状态，怎么将其彻底关闭呢？可以单击一下Dock工具栏上的Safari图标打开Safari窗口。需要注意的是，运行中的应用程序仍然会占用系统的内存，因此，如果不再需要某个应用程序，可通过以下两种方法将其退出。退出之后，Dock工具栏上对应的应用程序图标下方的程序指示灯就会自动消失。这里以Safari为例讲解退出的方法。

- 方法1：首先单击Safari窗口，再打开Safari应用程序菜单，接着选择“退出Safari”命令，即可退出Safari应用程序。

- 方法2：直接在Dock工具栏的应用图标上单击鼠标右键（两个手指触控板），再选择“退出”命令即可。

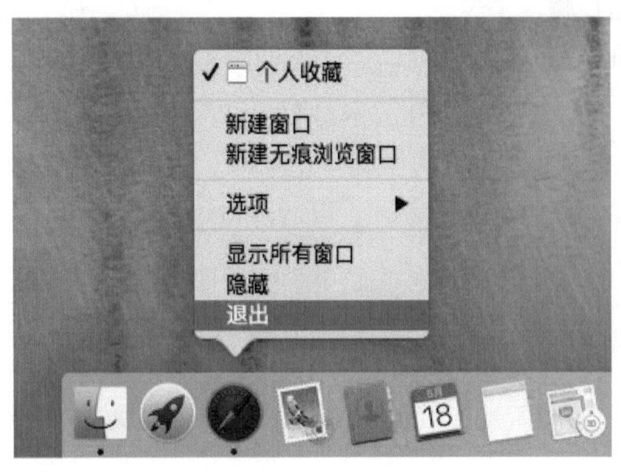

提示 OS X中的Finder应用程序永远都无法退出，所以在Dock工具栏中的Finder图标下方的程序指示灯会一直亮着。

7. 快速切换正在执行的应用程序

当我们打开多个应用程序窗口时，还可以运用OS X具备的另一个应用程序的管理方式来快速切换正在执行的应用程序，即按住⌘键的同时，再按一下tab键，就会弹出一组浮动窗口，当前执行中的所有应用程序都会显示在该浮动窗口里面。如果要切换到特定的应用程序，可继续按住⌘键，同时重复按tab键或者直接用鼠标光标选择应用程序。也可以在该方法中，配合退出应用程序的快捷键⌘+Q来关掉正在执行中的应用程序。

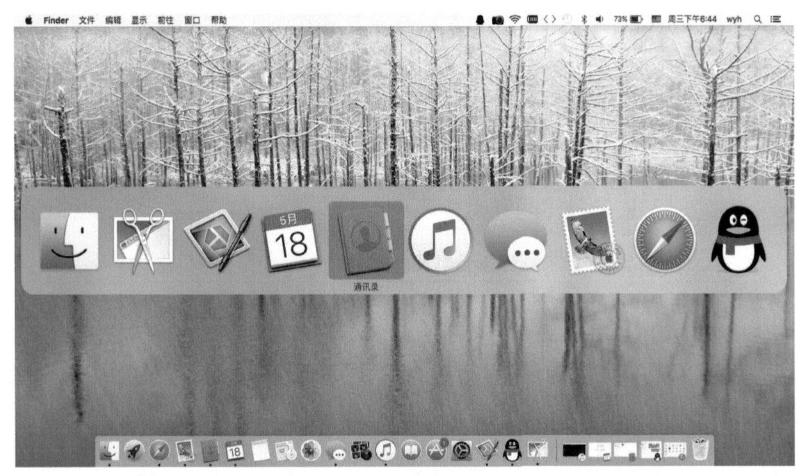

提示 打开多个窗口后，同时按下option+⌘+H快捷键，即可将所有已经打开的程序窗口（除当前的应用程序窗口）隐藏起来。

3.4 文件管理

3.4.1 重命名

在OS X系统中重命名的快捷键是return键，选中需要重命名的文件，按return键进入重命名状态，此时光标将闪动，删除原来的名字之后添加新的名字即可。

提示 OS X系统和Windows系统对于文件重命名的方式完全不同，在Windows系统中对文件的重命名是按F2键或者单击鼠标右键，从弹出的菜单中选择重命名命令来对文件执行重命名操作。

提示 在Windows系统中不允许在文件打开的状态下进行重命名，而OS X系统则无此限制，用户可以一边查看文档，一边修改文档名，当重命名完成之后，打开的文件的文件名称会立即更新为新的文件名。

3.4.2 制作替身

OS X系统中的制作替身命令类似于Windows系统中的创建快捷方式，但是相比快捷方式功能上更为先进，为一个文件或者文件夹制作替身，可以通过所制作的替身来访问原文件或者原文件夹，并且替身占据极少的存储空间。

例如，给“图片”文件夹制作替身，首先选中文件夹，在其文件夹上单击鼠标右键，从弹出的快捷菜单中选择“制作替身”命令，此时将生成一个新的“图片 替身”文件夹。

双击“图片 替身”文件夹图标就可以进入“图片”文件夹，无论将该替身文件夹移至何处，甚至将其重命名，都可以通过它来找到原来的文件夹。

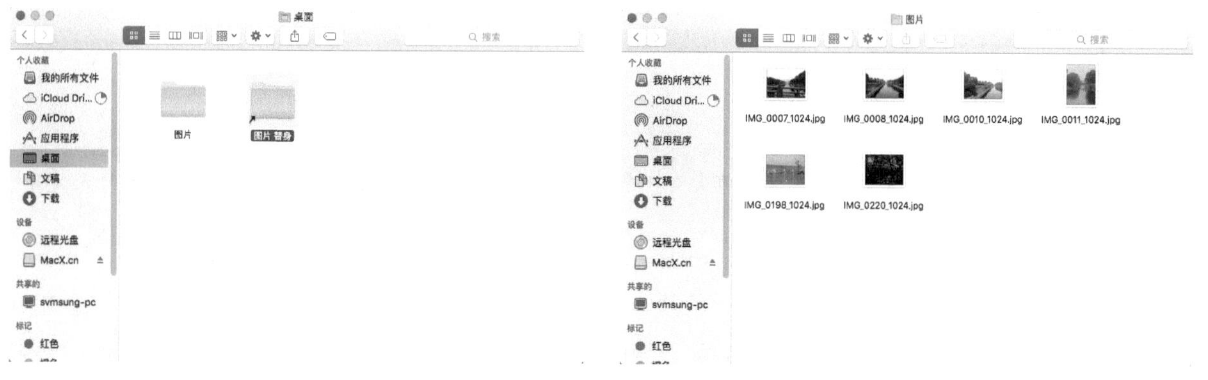

当找不到所需要的文件夹时，可以在其替身文件夹上单击鼠标右键，从弹出的快捷菜单中选择“显示原身”命令，这样系统会打开原来的文件夹并且以高亮显示。

3.4.3 更改替身的原身

替身总是永远指向它的原身，除非它的原身发生改变。替身的原身是可以设置和更改的，例如在替身文件夹上单击鼠标右键，从弹出的快捷菜单中选择“显示简介”命令。

在弹出的“显示简介”面板中单击“选择新的原身…”按钮，此时将弹出一个窗口，在窗口中选择替身的新原身为“下载”|“新文件”，再单击“打开”按钮，此时“图片替身”的原身已经被更改为“个人文件”，在“图片替身”文件夹图标上单击鼠标右键，可以看出原身已经被更改，虽然“图片替身”的名称不会改变，但是此时双击“图片 替身”图标，则会打开“新文件”，而不会再打开“图片”文件夹。

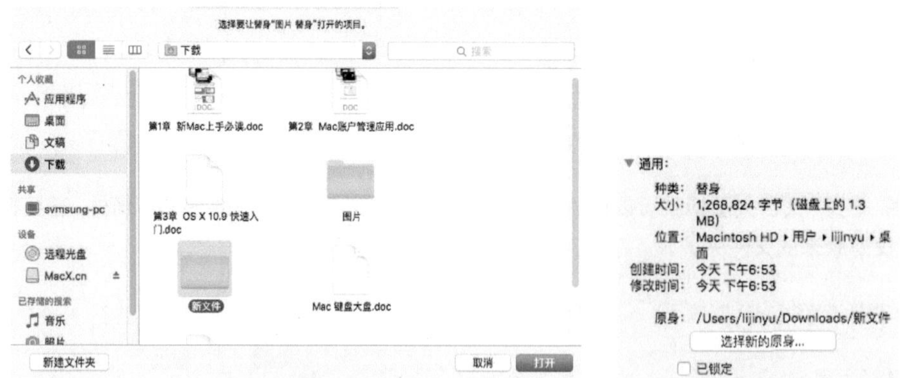

提示 所有的替身文件或者文件夹的左下角都会有一个黑色的小箭头，通过此箭头可以快速区分原文件还是替身文件。

3.4.4 自动保存与历史版本

在工作和学习的过程中最怕的莫过于因为断电、硬件伤害或者软件问题导致未及时保存的文件发生丢失的现象，在OS X中，系统可以设置自动保存，在一定程度上避免因不可抗拒的因素造成数据丢失的现象。

例如，在平时的文档编辑过程中，当单击关闭文档按钮之后，会弹出一个对话框，提示用户将所做的修改进行保存，而如今在系统编好设置中，我们可以把提醒关闭掉，将其更改为自动保存。

单击Dock工具栏中的“系统偏好设置”图标，打开“系统偏好设置”窗口，然后单击“通用”图标，在面板中确认取消“关闭文稿时要求保存更改”复选框，此时关闭文稿时系统不会再提示，将自动保存文稿。

OS X支持文档历史版本的保存，用户可以轻松将文档恢复至某一个历史版本，而不必担心修改所造成的数据丢失。

例如，打开一个经过多次编辑的文本文档，选择菜单栏中的“文件”|“复原到”|“浏览所有版本”命令。

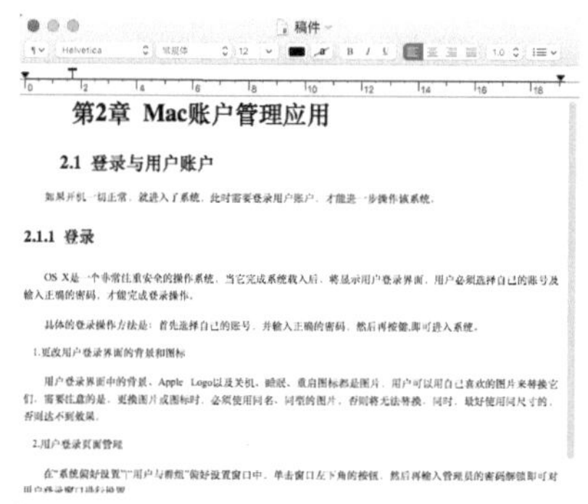

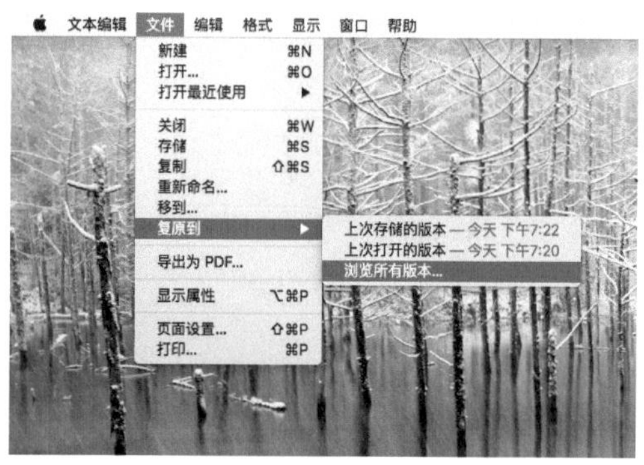

此时将跳转至新的界面中，左侧的窗口为当前文档内容，右侧则显示了多个历史版本的文档内容，单击右下角的辅助工具，选中想要恢复的版本，再单击“恢复”按钮即可，如果单击“完成”按钮，则不会发生修改而直接返回。

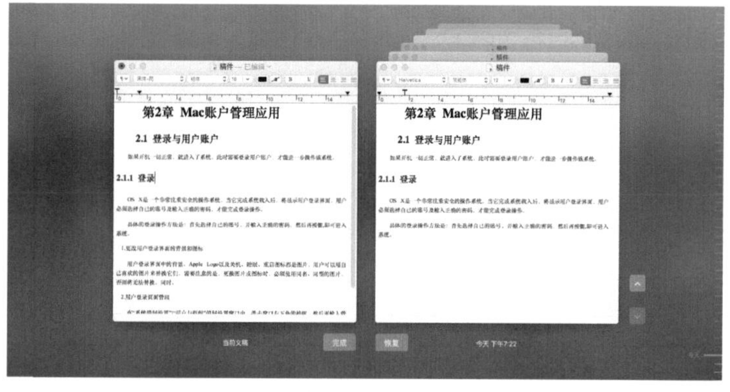

提示 无论恢复至任何版本，当前文档是不会丢失的，它会被作为历史版本之一保存。

3.4.5 设置光盘、硬盘符号的显示位置

光盘、U盘、移动硬盘、iPod或已连接的服务器图标，可以显示在桌面或Finder的边栏中，如果没有显示可以在Finder的偏好设置中更改。

单击Dock工具栏中的Finder图标，启动Finder，选择菜单栏中的“Finder”|“偏好设置”命令。

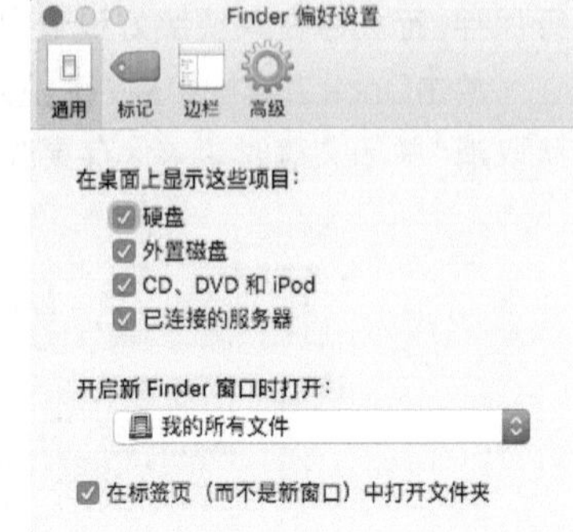

在弹出的面板中，选择“通用”标签，确认勾选“硬盘”“外置磁盘”“CD、DVD和ipod”“已连接的服务器”前面的复选框。

切换至“边栏”标签，在设备中确认勾选“硬盘”“外置磁盘”“CD、DVD和ipod”前面的复选框，此时在左侧边栏中可以看到显示的相应的图标。

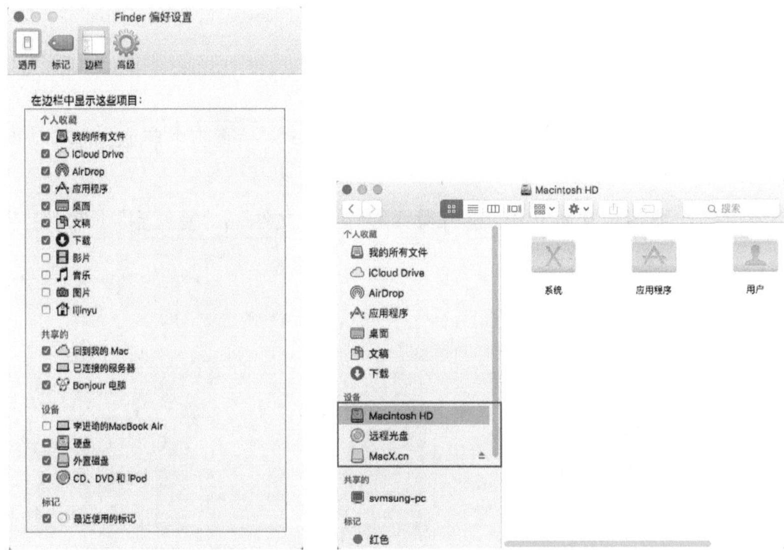

3.4.6 推出U盘、硬盘

系统中的各类盘符会显示在相应的位置，用户可以以访问本地文件的方法对其中的文件进行访问。

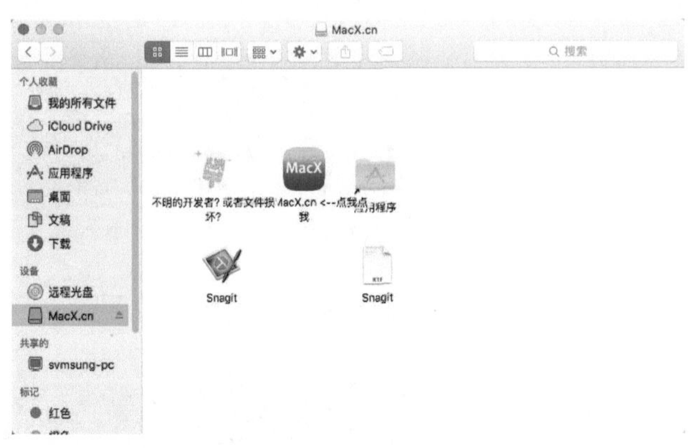

在移除U盘、硬盘之前，需要在OS X中将其推出，在桌面或边栏中选中相应的图标，在其图标上单击鼠标右键，从弹出的快捷菜单中选择“推出xxx”即可将当前U盘退出；也可以选中图标将其拖至“废纸篓”中。

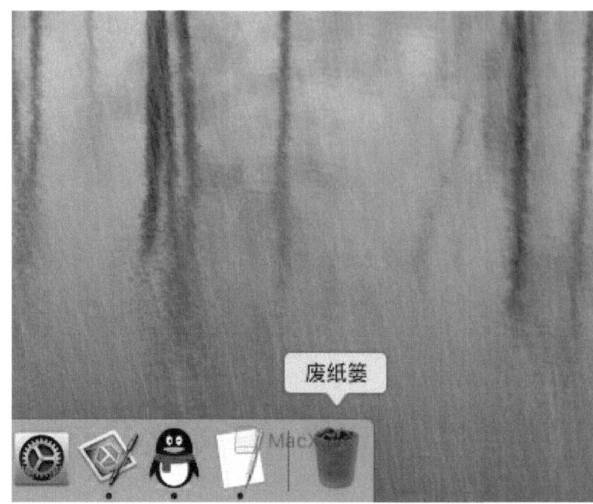

在Finder中，在左侧的边栏中单击盘符后面的按钮同样可以将其推出。

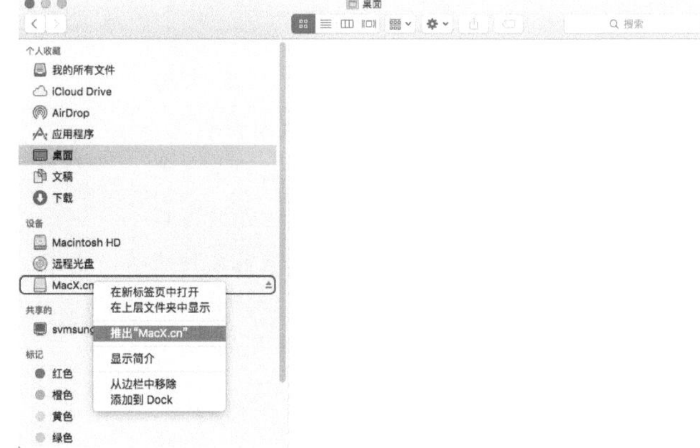

提示 部分U盘、移动硬盘的文件系统为NTFS，而在OS X中，这些移动硬盘都是只读的，即只能读取，不可写入，需要将其格式转换为FAT32后才能正常读写。

3.4.7 快速查看

OS X为用户提供了一个快速预览的功能，快速预览比打开文件的速度更快，可以对文档、图片和音乐等文件进行实时预览。

单击Dock中的图标，在弹出的窗口中选择一个图片文件，按下空格键可快速预览所选中的文件。

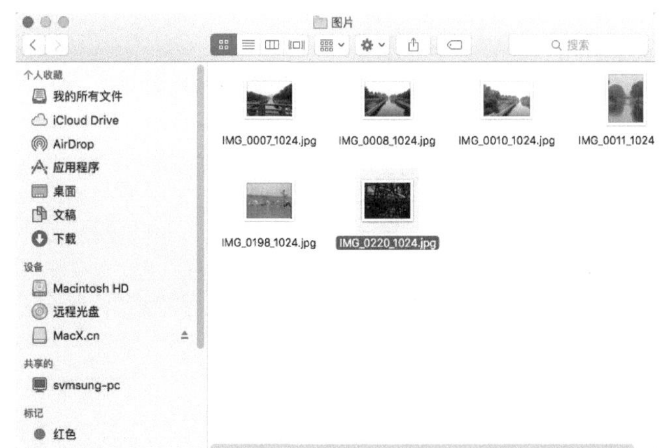

同样，选择一个音乐文件，按下空格键，此时音乐将自动播放，并且在预览的界面中可以实现暂停、音量调节等基本功能。

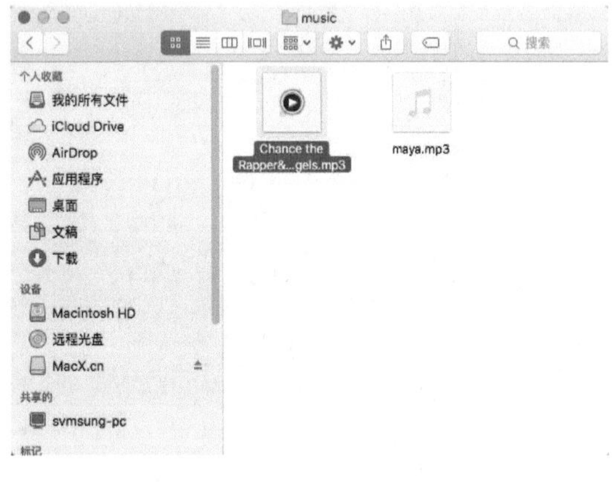

提示 在预览窗口中单击右上角的 使用"iTunes"打开 按钮可以在iTunes播放音乐文件，单击共享 按钮，可分享当前音乐文件。苹果公司相当重视分享功能，在OS X中，在所有打开的窗口中，如果带有 按钮，都可以将当前文件快速分享。

和音乐、图片文件一样，文件夹和其他文本类文档都可以被快速预览，当预览文件夹的时候，在预览窗口中可以显示当前文件夹的大小及项目数，并且包含了上次的修改时间等信息及分享按钮。

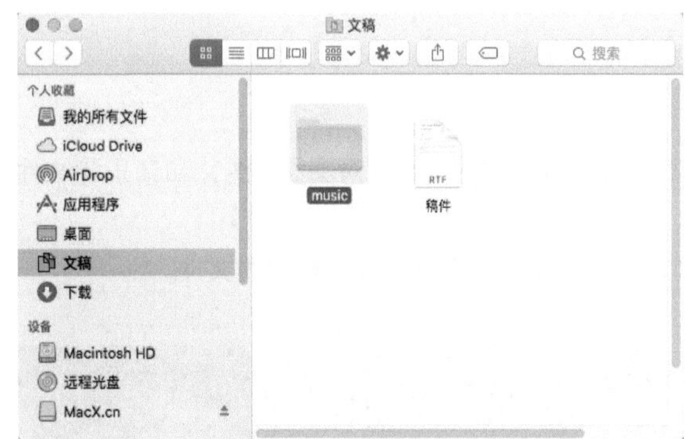

在预览文本类文件时，可以直接看到所有的文本内容，同样具有分享功能。

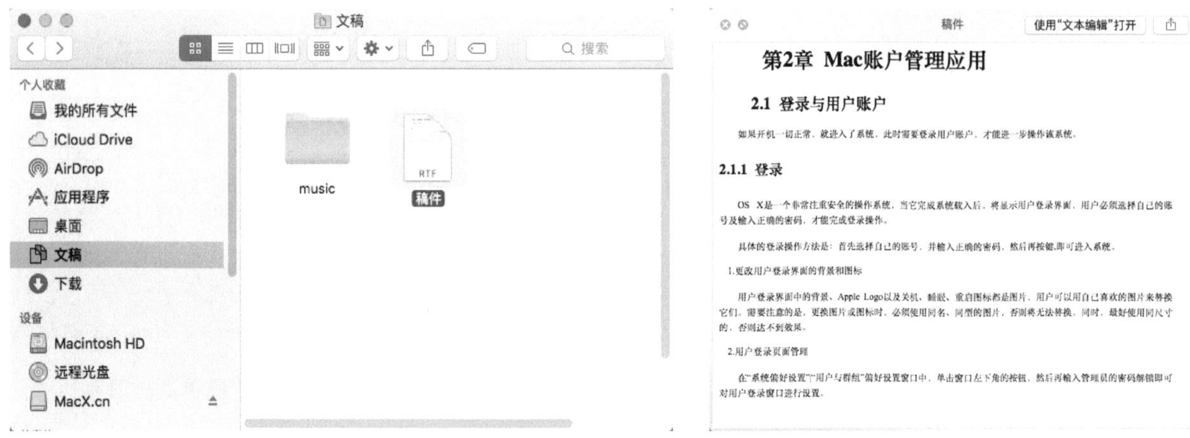

3.5 使用Launchpad管理应用程序

使用Launchpad可以更加快速地打开、移动、删除应用程序，同时也提供了更好的应用程序分类管理方式。

3.5.1 启动Launchpad

单击Dock工具栏中的Launchpad图标即可启动Launchpad，此时可以看到应用程序图标都会整齐地排列在上面。

Mac默认的应用程序图标都会放在Launchpad的第1页，若图标很多，超过1页可显示的数量，系统就会自动出现第2页，用户可通过手指滑动手势来切换屏幕，来查看第2页的应用程序。

在Launchpad中，如果想执行某个应用程序，单击该图标即可打开，同时会关闭Launchpad。另外，单击没有图标的地方，也可以关闭Launchpad。

3.5.2 调整应用程序的位置

Launchpad中的应用程序会自动进行排序，如果我们常用的应用程序被排到了后面，则可按住该应用程序图标，然后再将其拖动到合适的位置，此时原位置的程序图标会自动弹开，以腾出空间来插入图标。

如果要将图标移到Launchpad的下一页或上一页，同样可以使用拖动的方式，将程序图标移动到屏幕边缘，系统就会自动进入另一个页面。

3.5.3 应用程序的管理

Launchpad中布满了密密麻麻的图标，不免让人觉得眼花缭乱，此时我们可以把相同性质的程序放在同一个文件夹中，以便于我们管理应用程序。

打开Launchpad，移动光标到某一个想要放进文件夹的应用程序图标上，就像拖动文件一样用按住程序并拖动到要放在同一文件夹的程序图标上。

这里示范的是把“颜色测色计”程序和“活动监视器”程序放在一起。当“颜色测色计”程序和“活动监视器”程序重叠时，文件夹会自动出现。

3.5.4　在Launchpad中快速删除应用程序

如果某些应用程序已经不经常使用，就可以将它们从Launchpad中删除。

按住任意一个图标一会儿，则Launchpad中的所有图标都会开始抖动，然后单击要删除的图标左上角的按钮即可将其删除。

3.6　使用Mission Control管理窗口与桌面

在使用电脑的过程中，经常会同时打开多个应用程序，这样就使得我们想要快速找到自己所需要使用的窗口，变成了一件十分困难的事。Mission Control功能的出现正好解决这一难题。

3.6.1　启动Mission Control

启动Mission Control的方法有以下3种。

- 单击在Dock工具栏上Mission Control图标。如果在Dock工具栏上找不到该图标也不需要烦恼，我们可以从应用程序的文件夹里面把它找回来。
- 使用键盘最上排的快捷键，但是快捷键的位置会依Mac计算机的新旧而有所不同，这部分会在稍后进行介绍。
- 使用触控板的手势来启动。

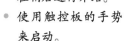

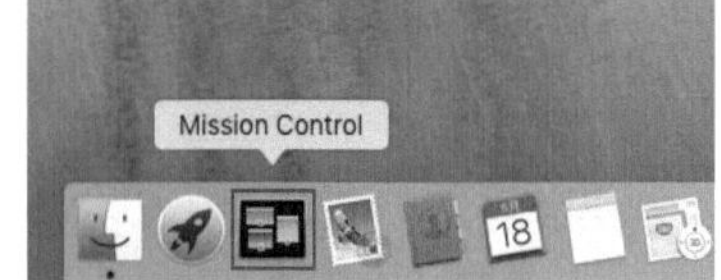

提示　在Mac OS X Leopard、Mac OS X Snow Leopard等版本中，使用Exposé、Dashboard、Spaces分别管理窗口、控制面板和多桌面。而在新的OS X中，这3个组件已经被整合为一个组件——Mission Control。只要掌握这个组件的使用方法，即可灵活地调配窗口、迷你程序和多桌面，大幅提升工作效率。

3.6.2　Mission Control界面简介

启动Mission Control后，我们先来认识Mission Control界面。

❶Dashboard迷你程序专用桌面：该桌面为Widget小工具专用的桌面。

❷用户桌面：用于放置非全屏应用程序窗口的桌面空间。单击对应的桌面图标即可切换至相应的桌面。

❸全屏应用程序：在Mission Control模式下，全屏应用程序跟桌面一样在顶部占有一个桌面图标，单击相应的全屏桌面图标，即可切换至相应的应用桌面。

❹添加空白用户桌面：单击该加号"+"图标即可新增一个空白桌面。OS X最多能提供16个用户桌面，足以满足绝大多数工作应用需求。

❺按应用程序归类的窗口：Mission Control中部的位置将显示当前桌面的窗口。用户直接单击应用程序窗口相应的缩图，即可切换至对应的窗口。

3.6.3 浏览应用程序窗口

启动Mission Control时，会一口气把所有窗口都展示出来，而且还贴心地做好了分类，只要是属于同一个程序的窗口就会被归类在一起，让用户一眼就能看到自己想要找的窗口。

将光标滑过各个窗口，会发现被光标指到的窗口周围都会发出蓝光。先停留在某个看不清楚或被其他窗口挡住的窗口上，接着按下空格键，就可以看到原本看不清楚的窗口被放大而且显示到最前面，这样就不会错过任何一个隐藏的窗口了。

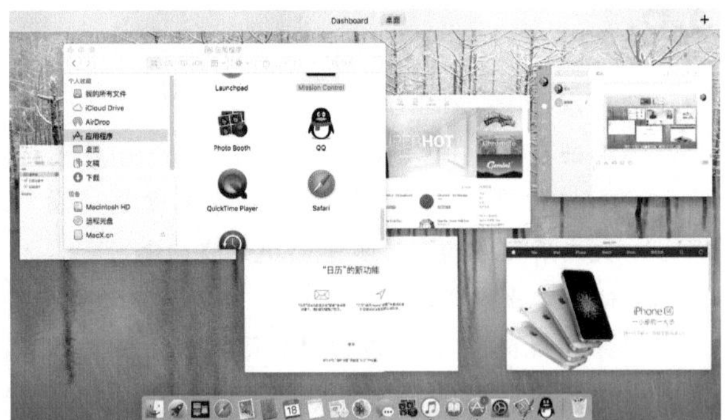

3.6.4 创建桌面

Mission Control不只是帮用户管理窗口，还可以让计算机可以使用多个桌面。你是否幻想过拥有多个屏幕桌面，一个处理工作、一个上网、一个玩游戏……多个桌面可以做的事情太多了，不过这些愿望Mission Control全都可以帮你实现。

要使用多个桌面，首先还是启动Mission Control。在Mission Control模式中将光标移到右上角，会发现"+"图标。

单击“+”图标，将创建一个空白桌面，多次单击，将创建多个空白桌面。

要把程序窗口放到新创建的空白桌面中也十分简单，启动Mission Control后，直接把程序拖动到右上角的“+”图标上，释放鼠标后即可创建一个空白桌面来放置刚刚拖动过来的程序窗口。

提示　除拖动程序窗口到“+”图标上以外，将程序窗口直接拖动到新创建的空白桌面，也可将窗口移动到新的桌面空间。

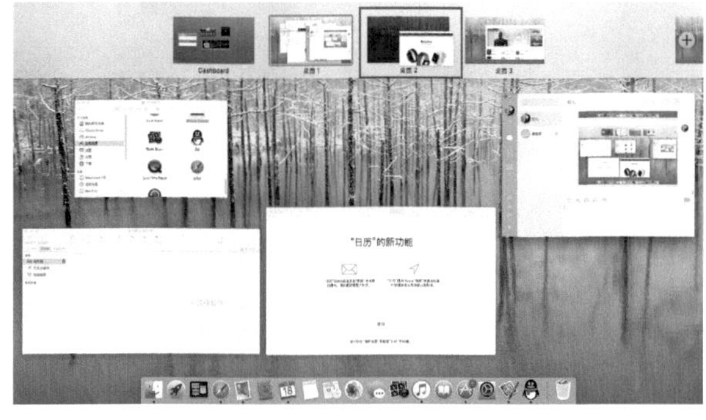

3.6.5　删除桌面

若想要删除已创建的桌面，首先将光标移动到想要删除的桌面缩略图上稍等片刻，看到桌面缩略图的左上角出现了一个“删除”按钮，单击该按钮即可删除此桌面。

3.7 使用Dashboard上的小程序

Mac OS X提供了许多运用桌面的功能，让用户能从桌面快速启动应用程序、打开常用文件、查找指定的文件等，只要熟练地掌握这些功能，使用Mac就会更加得心应手。

3.7.1 启动Dashboard

启动Dashboard的方法有以下几种。

- 使用键盘中的快捷方式，根据不同的主机，系统默认的快捷键分别是F4或F12。
- 如果Dock工具栏上有Dashboard图标，则直接单击该图标。
- 使用设置好的屏幕4边触发角。
- 使用触控板的手势切换桌面空间，Dashboard被默认为是Mission Control桌面空间的第1页。

如果觉得开启Dashboard快捷方式不符合我们的使用习惯，则可以在“系统偏好设置”|“Mission Control”窗口中进行调整。还可以设置将Dashboard显示为其中一个桌面空间。

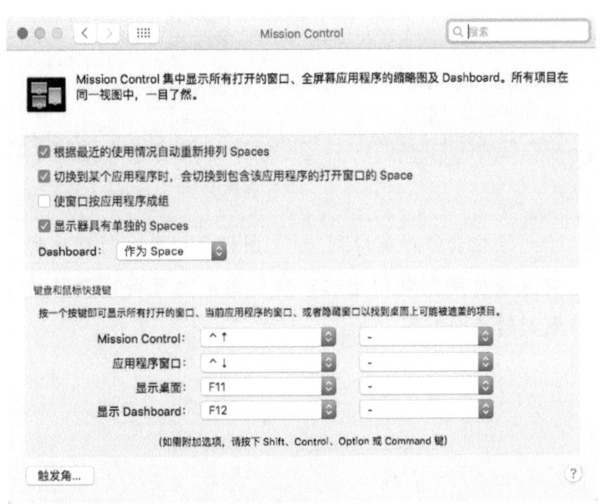

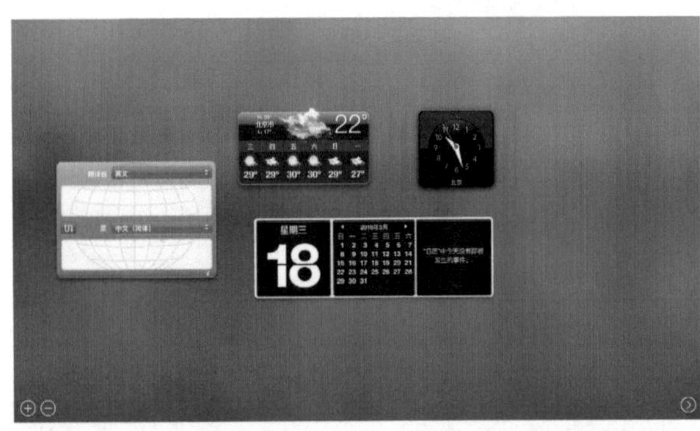

> 提示 在老版本的OS X里，Dashboard是悬浮在主窗口之上的，这样便于在打开Dashboard的同时还可以阅读主窗口上的信息。如果要改回这样的设置，可取消“系统偏好设置”|“Mission Control”窗口中的将“Dashboard”设置为“作为叠层”选项。

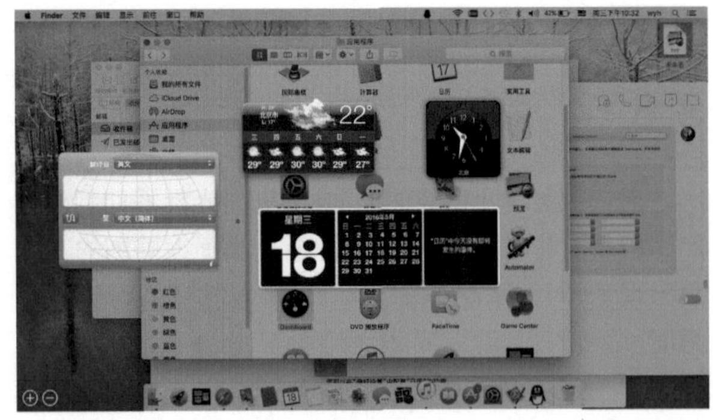

3.7.2 添加Dashboard小工具

在Dashboard中有多个Widget（小工具），OS X内置了近20个Widget。但第一次启用的时候，Dashboard只会显示默认的几个小工具，如果要添加更多的小工具，可单击屏幕左下角的加号按钮，将进入工具库。如果要添加工具库中的小工具，直接单击工具图标即可。

3.7.3 删除Dashboard小工具

要想删除Dashboard上的小工具，可单击屏幕左下方的减号⊖按钮，此时Dashboard上的所有小工具的左上角将显示为叉号⊗按钮，单击该按钮即可删除相应的小工具。

3.7.4 下载Dashboard小工具

除了Mac内置的小工具外，在Apple中还有更多实用、有趣的小工具可供免费下载使用，用户可随时下载。

启动Dashboard之后，单击屏幕左下角的加号⊕按钮，将进入工具库。然后再单击“更多Widget”按钮，系统将会自动打开Safari并进入Apple网站。

在打开的Dashboard Widgets页面中，选择要下载的小工具，然后单击Download按钮即可下载。

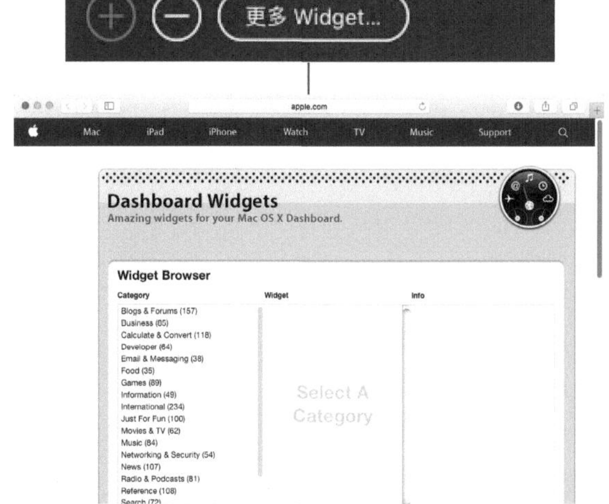

3.7.5 将Widget放到桌面上

如果想将Widget放到桌面上，可以单击Dock工具栏中的“系统偏好设置”图标，打开“系统偏好设置”窗口，然后单击“Mission Control”图标，打开“Mission Control”偏好设置窗口，设置“Dashboard”为“作为Space”选项；如果设置为“关闭”则不再显示Widget桌面。

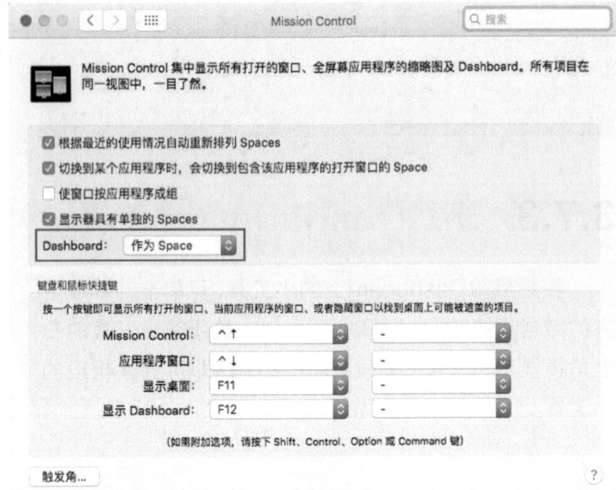

第 4 章 文件管理员——Finder

电脑的日常操作，离不开文件的储存和调用。在苹果的OS X系统中，Finder是苹果系统的文件管理员，访问磁盘、局域网共享、移动存储设备等位置的文件，都是通过它来完成的。本章介绍使用Finder的各项操作技巧，让你也能做好文件的管理工作。

4.1 认识Finder窗口

为方便操作，先来认识一下Finder窗口的组成。单击Dock工具栏中的Finder图标，即可打开Finder窗口。

❶红绿灯按钮：其功能分别为关闭窗口、最小化窗口及自动调整窗口。

❷窗口标题：用于显示窗口的名称，方便用户识别不同的窗口。

❸上一页/下一页按钮：打开上一层/下一层文件夹，当前目录必须还有父文件夹上一页按钮才能生效；必须打开过当前目录中的某个子文件夹，下一页按钮才能生效。

❹功能按钮：用于提供应用程序最常使用的部分功能。

❺搜索栏：提供窗口内容搜索功能。在搜索栏中输入关键字，就能筛选出与关键字相关的内容。

❻边栏：显示常用的个人文件夹名称、存储设备名称和局域网主机名称。

❼内容区域：用于呈现内容信息。Finder文件管理窗口的内容区域将显示各种文件以供用户查看。

在默认情况下，OS X中Finder窗口下方的“状态栏”是隐藏起来的，要打开Finder状态栏，可执行菜单栏的“显示”|“显示状态栏”命令。

> **提示** 当打开多个窗口时，按下option+⌘键的同时，单击桌面上空白的区域，即可将除Finder窗口以外的所有窗口隐藏起来。

4.2　利用专属文件夹存放文件

当文件越来越多时，我们就必须对其进行分类，以便于日后管理。此时，可以创建新文件夹来存放文件。下面来看一下个人文件夹的创建方法。

4.2.1　创建新文件夹

打开Finder窗口，然后在边栏中选择要存入文件夹的分类项目，如“文稿”项目，接着单击鼠标右键，在弹出的快捷菜单中选择“新建文件夹”命令，即可创建一个“未命名文件夹”。

提示　右键单击文件或文件夹，然后在弹出的快捷菜单中的“标签”区域中，选择所需要的颜色即可。

4.2.2　重命名文件夹

创建了新文件夹后，我们需要根据该文件夹内存放的文件来为其重新命名。首先单击要进行重命名的文件夹，接着单击文件夹下方的文件名，以确定当前的选择区域为文件名并输入新的文件名。

> **提示** 第一次单击文件夹与第二次单击的时间要有一定的间隔，否则会变成“双击”，就会打开文件夹。

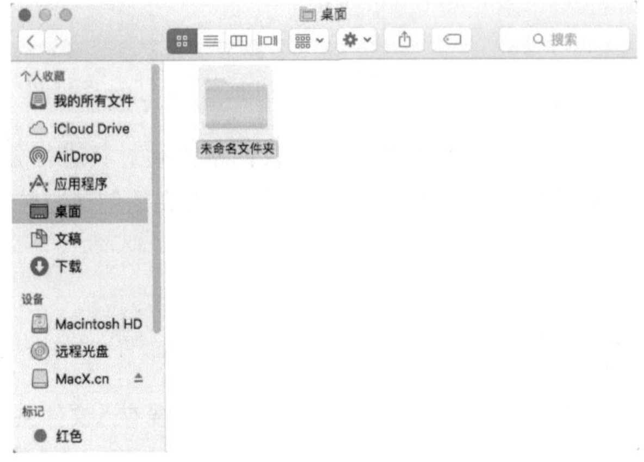

4.2.3 查看文件夹的属性

在Finder中创建文件夹后，要如何在不打开该文件夹的情况下查看其属性呢？

首先选择要查看的文件夹，然后右键单击该文件夹，接着在弹出的快捷菜单中选择“显示简介”选项，接着在弹出的“xxxx简介”窗口中，就可查看文件夹的种类、位置和创建时间等属性。

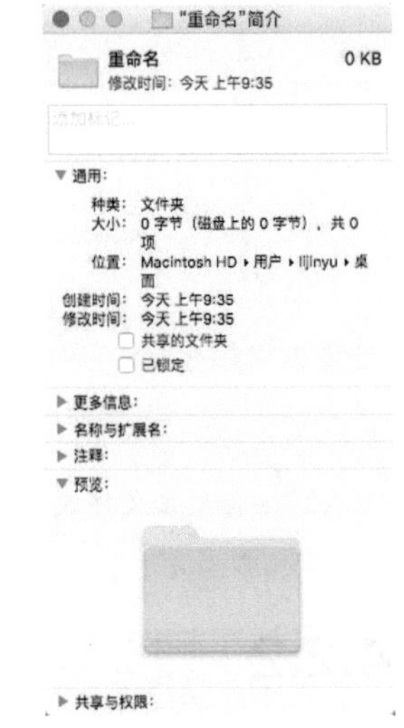

4.2.4 文件夹的大小和数量

在Finder中查看文件的大小和数量有以下两种方法。

- 方法1：选中要查看的文件夹，接着按下空格键即可查看该文件夹的大小和所包含的项目数。

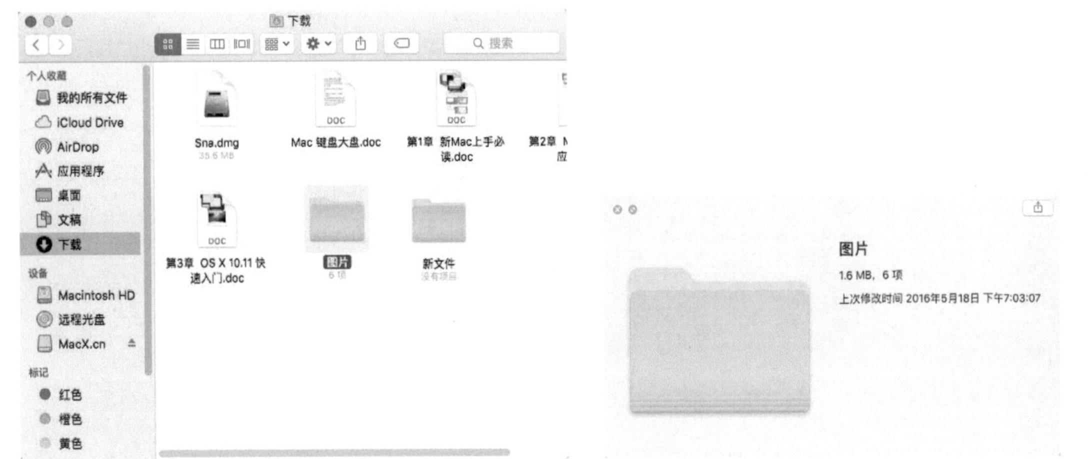

- 方法2：选择要查看的文件夹，然后右键单击该文件夹，接着在弹出的快捷菜单中选择“显示简介”选项，接着在弹出的“××××简介”窗口中，即可查看该文件夹的大小和所包含的项目数。

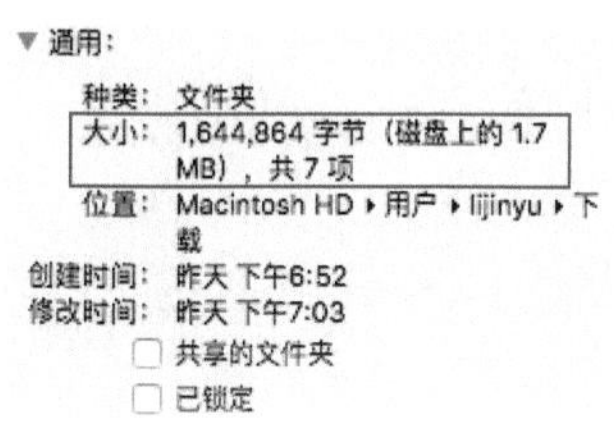

4.2.5 隐藏文件

在创建文件时，有时我们不希望该文件在Finder窗口中被其他人看到，此时就可以将该文件隐藏起来。

在对新建的文件进行存储时，给文件命名时，在名称前加上“.”，即可隐藏该文件。接着在弹出的对话框中单击“使用‘.’”按钮。

提示　需要注意的是，此方法只对新创建的文件起作用，而无法对重命名的文件起作用。

4.2.6 查看被隐藏的文件或文件夹

打开某个程序，如“文本编辑”，按“⌘+O”快捷键，打开“xx”窗口（xx随存储该文件或文件夹的位置不同而不同），然后再按“shift+⌘+.”快捷键即可显示出隐藏的文件。

4.2.7 新建Finder窗口

当屏幕中只有一个Finder窗口，但又不能满足用户的需求时，可通过以下几种方式来新建Finder窗口。

- 打开Finder后，按⌘+N快捷键，即可新建一个Finder窗口。
- 在Dock中的Finder图标上单击鼠标右键，从弹出的快捷菜单中选择“新建Finder窗口”即可。
- 执行Finder应用程序栏中的“文件”|“新建Finder窗口”命令即可。

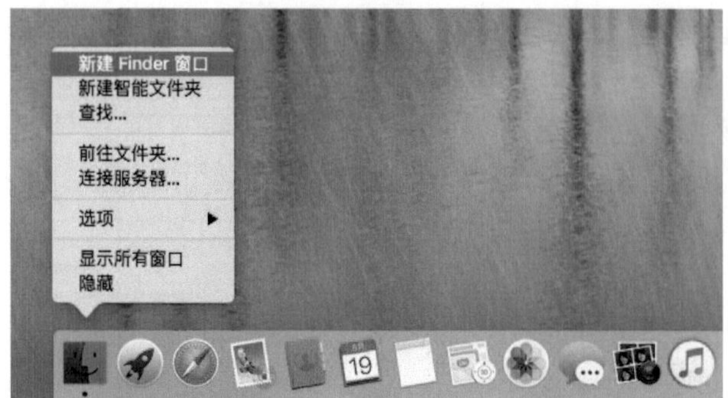

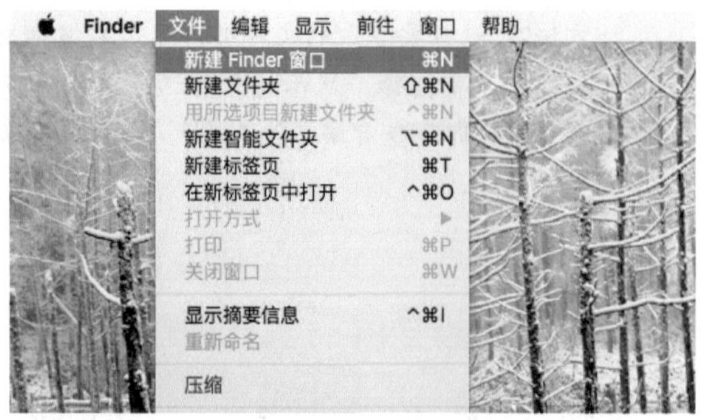

4.2.8 更改打开Finder的默认文件夹

打开Finder窗口时，默认将显示“我的所有文件”项目。如何用户想更改打开Finder的默认文件夹，可执行Finder应用程序栏中的“Finder”|“偏好设置”命令，打开“Finder偏好设置”窗口，切换到“通用”标签，在“开启新Finder窗口时打开”下拉列表中设置Finder的默认文件夹即可。

4.2.9 文件的排序

对文件进行排序也就是对其进行二次排列，在Mac中有以下几种排序方法。

- 单击Finder工具栏上的排列图标，然后再选择一种排序的方式即可。
- 按住option键的同时，在Finder窗口的空白处单击鼠标右键，然后从弹出的快捷菜单中选择“排序方式按”命令即可。
- 执行Finder应用程序栏中的“显示”|“排序方式按”命令即可。

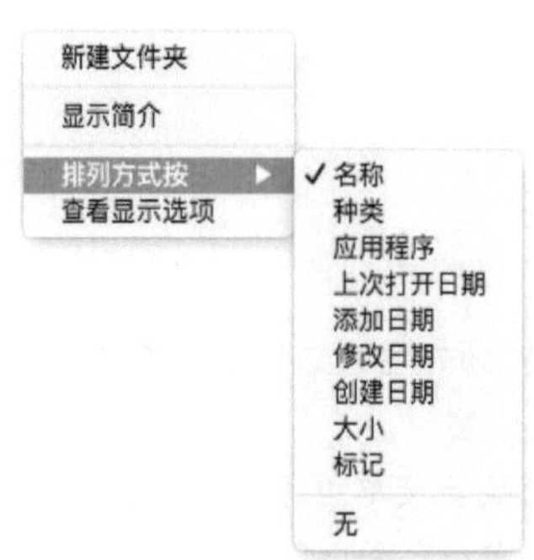

4.2.10 查找文件夹

利用查找功能可以快速查找文件，打开Finder窗口，按⌘+F组合键，将搜索条件设为“种类”是“名称”。

单击窗口右上角的+按钮添加搜索条件，单击条件设置框，从弹出列表中选择“名称”命令。

将“名称”设置为“匹配”“图片”，然后再按下return键，即可找到需要的文件。

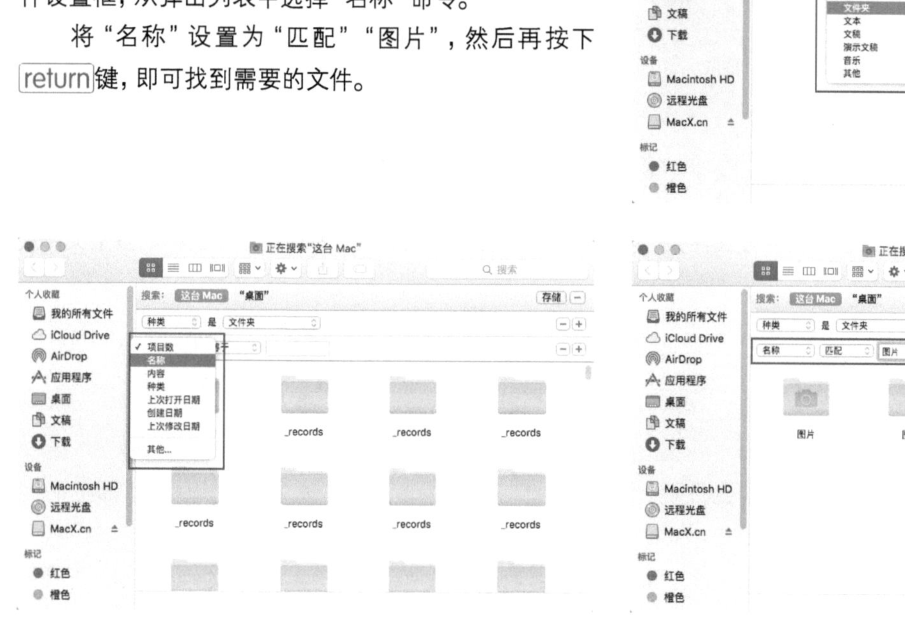

4.3 移动文件与文件夹

移动操作是做好文件管理最基本的技巧，要想将文件从原来的位置移到另一个位置，或者将多个文件同时移进一个文件夹等都需要用到移动操作。

4.3.1 一次移动一个文件或文件夹

在Finder窗口中，如果在一个页面中同时看到目标文件夹与源文件夹，则可以利用拖动的方式，将目标文件夹移至源文件夹中。

首先选中目标文件夹（日记），然后将其拖动至源文件夹中（个人），即可完成一次移动一个文件夹的操作。

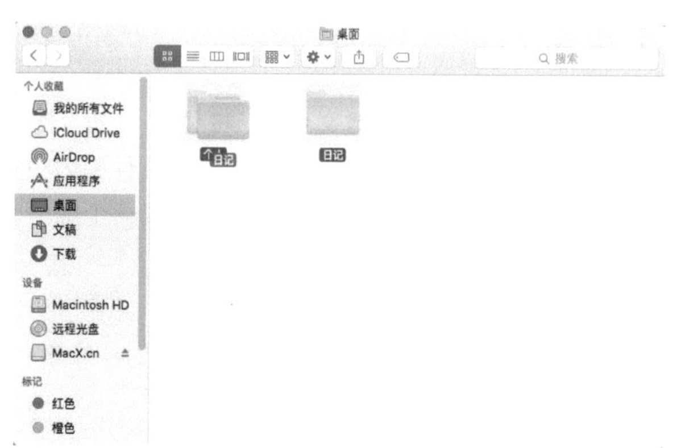

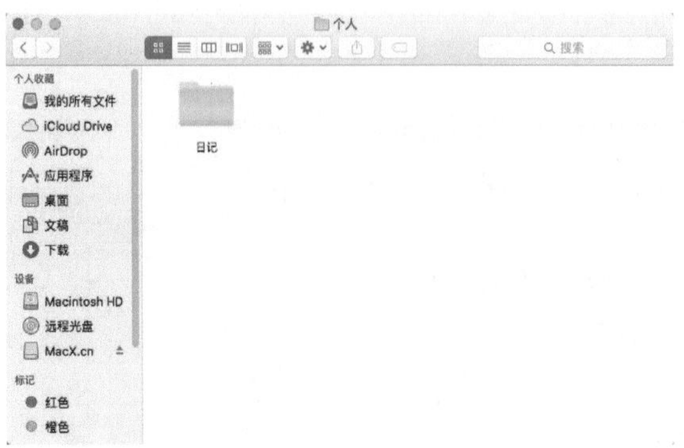

4.3.2 一次移动多个文件或文件夹

首先按住鼠标并拖动以选择多个文件或文件夹，然后将其拖动至源文件夹中，即可完成一次移动多个文件夹的操作。

4.4 拷贝文件与文件夹

在使用的电脑的过程中，以防电脑出现意想不到的问题，所以需要先备份文件，此时执行拷贝操作即可。

4.4.1 以拖动的方式拷贝文件或文件夹

选择要拷贝的文件或文件夹，按住option键，然后把它拖动到要存储的文件夹图标上（或者在文件夹内的空白处），此时在此文件或文件夹图标上会出现一个加号+符号，释放后即可完成拷贝操作。

提示 在拖动文件或文件夹的过程中，按下esc键可中断拷贝操作。

4.4.2 通过命令拷贝文件或文件夹

在要拷贝的文件或文件夹上，单击鼠标右键，即可弹出快捷菜单，再选择“拷贝xxxx”命令。

然后打开要存放该文件或文件夹的项目，在空白处用两个手指在触板上单击，并在弹出快捷菜单中，选择“粘贴项目”命令，即可完成拷贝操作。

提示 在弹出的快捷菜单中有一个“复制”命令，该命令是在当前位置克隆所选文件或文件夹，产生对应的副本，这与Windows系统下的复制效果完全不同。

4.5 删除与恢复已删除的文件或文件夹

一些不需要的文件或文件夹，留着只会占用磁盘空间，此时就可以将其删除。但有时一不小心误删除了文件或文件夹，此时就需要将其恢复。

4.5.1 删除文件或文件夹

选择要删除的文件或文件夹，然后用两个手指在触控板上单击，在弹出的快捷菜单中选择“移到废纸篓”命令即可。

提示 选择要删除的文件或文件夹后，按下⌘+delete快捷键也可将其删除。

4.5.2 恢复已删除的文件或文件夹

如果一不小心将文件或文件夹误删除了，只要在清空废纸篓之前将废纸篓打开，找到刚删除的文件或文件夹，再用两个手指在触控板单击，在弹出的快捷菜单中选择“放回原处”命令，则可恢复该文件至原始保存位置。

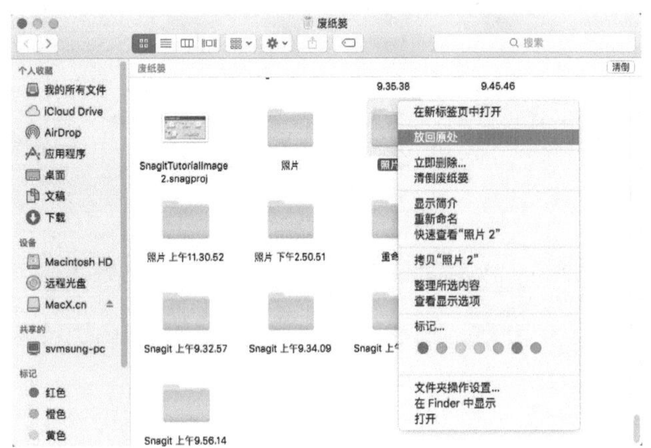

4.5.3 清空废纸篓

将文件或文件夹删除到废纸篓中，并没有真正地删除，它们依然被保留在电脑中，因此只有彻底地删除它们才能释放磁盘的空间。

在打开的“废纸篓”窗口中，单击窗口右上角的“清倒”按钮，然后在弹出的对话框中单击“清倒废纸篓”按钮即可。

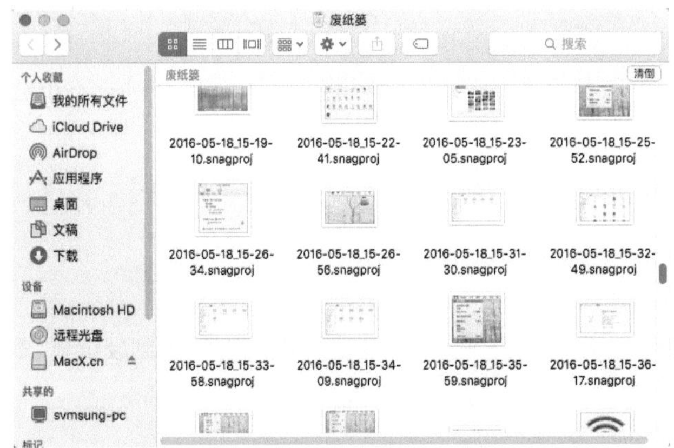

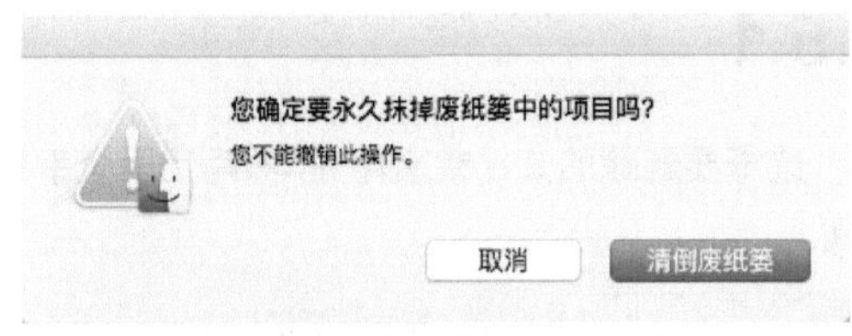

> **提示** 除此之外，用户还可以在Dock工具栏上的“废纸篓”图标上，用两个手指在触控板单击，以弹出快捷菜单，然后再选择“清倒废纸篓”命令，然后在弹出的对话框中单击“清倒废纸篓”按钮即可。

4.6 将文件转换为PDF

在Mac中任何文件都可以转换为PDF，以便于日后查看。这里以“文本编辑”为例进行介绍。

首先打开“文本编辑”程序，然后单击程序菜单中的“文件”|“导出为PDF”命令，接着在弹出的对话框中输入要存储的名称并选择要存储的位置，最后单击“存储”按钮，即可将“文本编辑”转换为PDF。

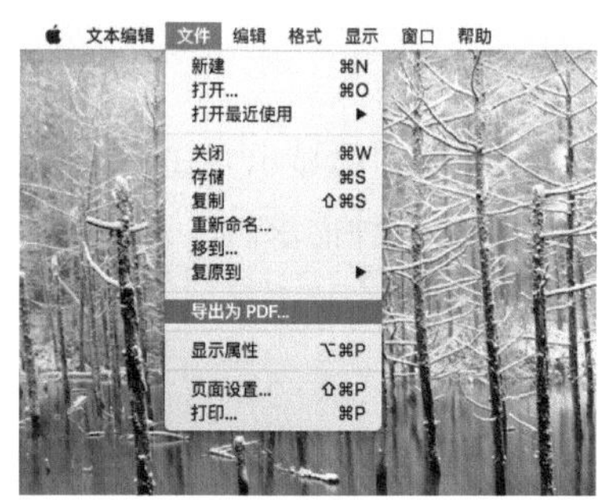

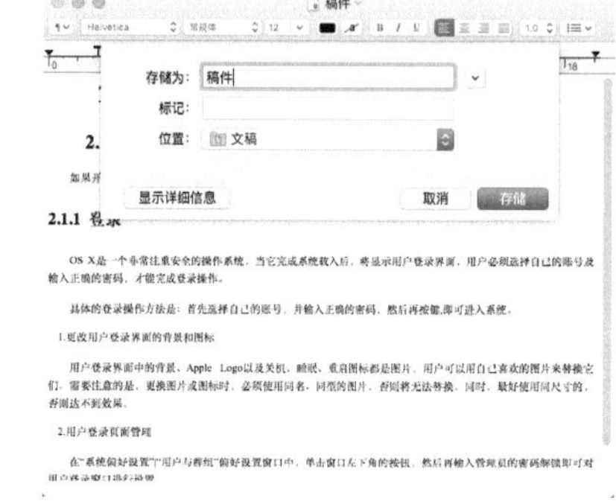

4.7 访问与推出移动设备

目前，电脑上用的移动设备主要有U盘、光盘和移动硬盘等。将这些设备和电脑连接后，系统就会自动识别它们。

4.7.1 访问移动设备

将移动设备与电脑连接后（这里以U盘为例来进行介绍），再打开Finder窗口，在边栏就可以看到与移动设备相对应的名称，单击要访问的设备名称，然后就可以在右侧的窗格中浏览该移动设备中的文件、文件夹。

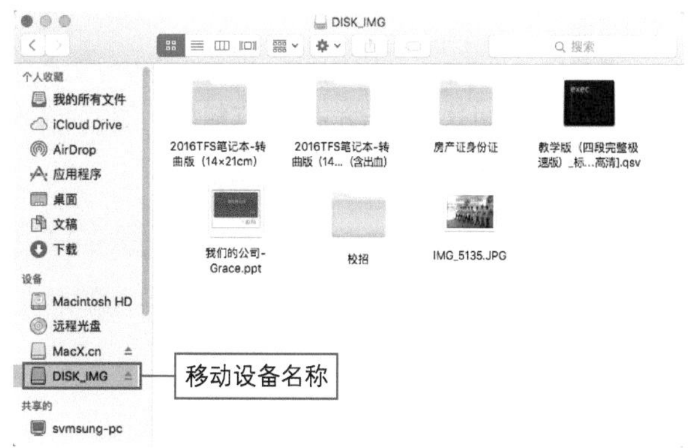

4.7.2 推出移动设备

当我们不再需要使用移动设备时，可以先在系统中推出它们，然后再断开物理连接，以免里面储存的内容损坏或丢失。

单击在Finder窗口边栏的移动设备名称的右侧的推出图标⏏，即可将相应的移动设备推出。

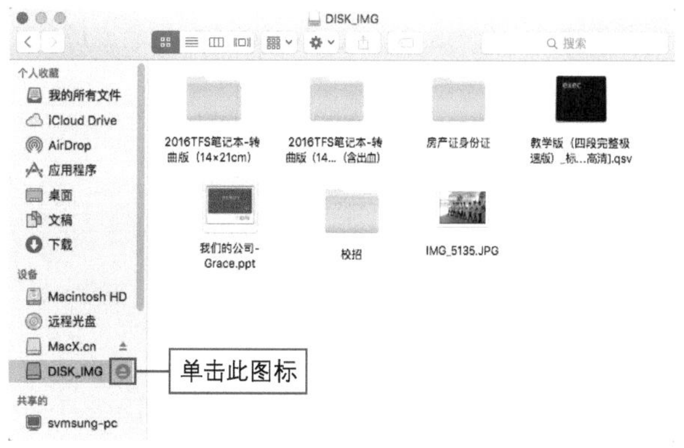

4.8 切换文件的显示方式

前面章节已经介绍过Finder窗口有4种不同的显示方式，这些显示方式各有特点，用户可根据名称、日期来显示文件，以适合我们工作中的各种需求。

4.8.1 以图标方式显示

单击Finder窗口上方的 ⠿ 按钮，当前目录中的文件就会以图标的方式显示。如果是图像、PDF电子书一类的文件，文件图标会以文件内容缩略图的方式显示。此时，通过图标缩略图就能快速分辨出文件的类型。

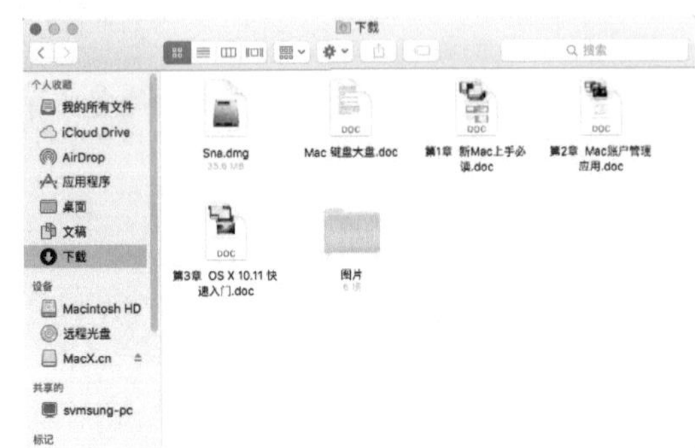

4.8.2 以列表方式显示

单击Finder窗口上方的▤按钮，当前目录中的文件会以列表的形式显示，通过这种显示方式可以了解每个文件的修改日期、大小、种类和添加日期等详细信息。

4.8.3 以分栏方式显示

单击Finder窗口上方的▥按钮，当前目录中的文件会以分栏的形式显示。通过这种显示方式可以清楚地看出每个文件的层级结构。

4.8.4 以Cover Flow方式显示

单击Finder窗口上方的▥按钮，当前目录中的文件会以Cover Flow的形式显示。这种显示方式适合浏览照片、影片等，在此模式中可以清楚地看到图片的内容，并且能了解到每个文件的详细信息。

4.9 文档预览——Quick Look

在Finder的默认值中，文件的内容会直接显示在文件的图标上面。除此之外，还可以通过Qucik Look功能来快速预览文件。

4.9.1 快速预览某个文件

如果要用Quick Look预览某个文件，选中文件之后，直接按空格键，就会弹出Quick Look窗口。

在预览窗口中，单击左上角的按钮，可以用全屏幕的方式浏览，从而更清楚地预览文件内容。预览过程中，如需退出全屏状态，按下esc键即可返回原画面。

提示 在用“预览”应用程序或是Quick Look预览某个文件时，按下⌘+I快捷键，即可弹出一个信息窗口，其中包含很多与文件相关的信息。

提示 如果要直接以全屏幕的方式预览，在选中文件之后直接按option+空格键快捷键即可。

4.9.2 预览多个文件

如果要预览同一目录下的多个文件，那么在选择这些文件后，直接按下空格键，同样会出现预览窗口。不过此时预览窗口上会出现几个新的按钮。

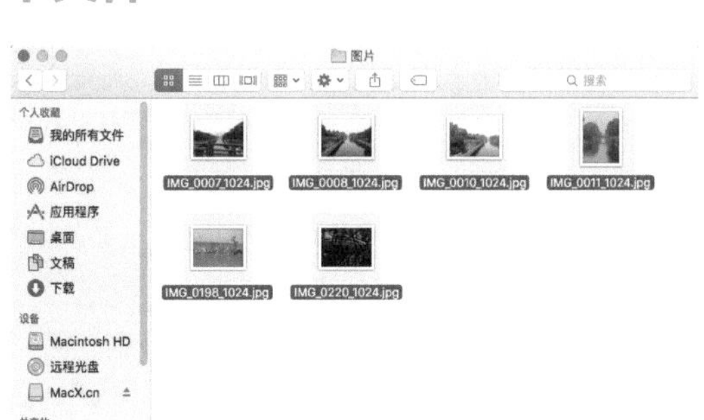

<	单击此按钮表示预览上一个文件，另外，按下键盘上的←按键也可切换到上一个文件
>	单击此按钮表示预览下一个文件，另外，按下键盘上的→按键也可切换到下一个文件
	单击此按钮将显示所选文件的所有缩略图

4.10 Finder的搜索功能——Spotlight

当我们要访问某些文件或文件夹，但又忘记了它的存储位置时，就可以借助OS X内置的超强的Spotlight搜索功能，Mac即可快速把用户想要的文件找出来。

4.10.1 使用关键词来搜索

如果知道要查找的文件或文件夹的完整名称，那么打开Finder窗口后，在右上角的搜索栏内输入名称，马上就可以在下面的窗格中列出找到的项目。

如果我们记不清项目的完整名称，而是以名称中的一部分作为搜索关键词，那么找到的结果可能会非常多。这就需要进一步指定条件，缩小搜索范围。

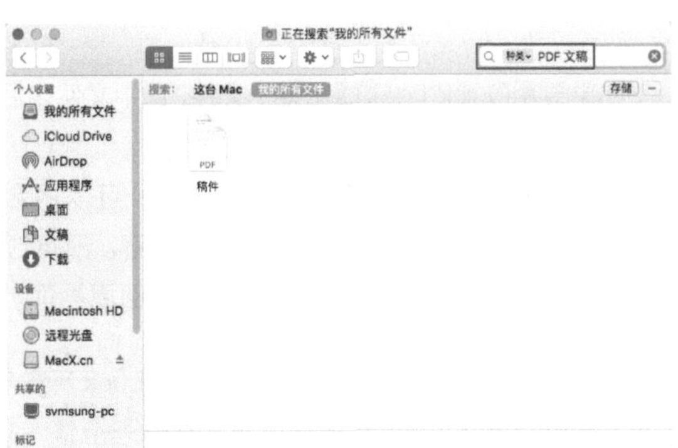

4.10.2 存储搜索操作

如果要把搜索结果存储成一个搜索文件，可单击“存储”按钮，默认的搜索文件夹存储位置是“硬盘”|“用户”|“个人专属”（你的账户简称）|“资源库”|“存储的搜索”，在存储对话框中勾选“添加到边栏”选项，这个搜索文件夹就会自动加入到边栏的“搜索目标”里面。

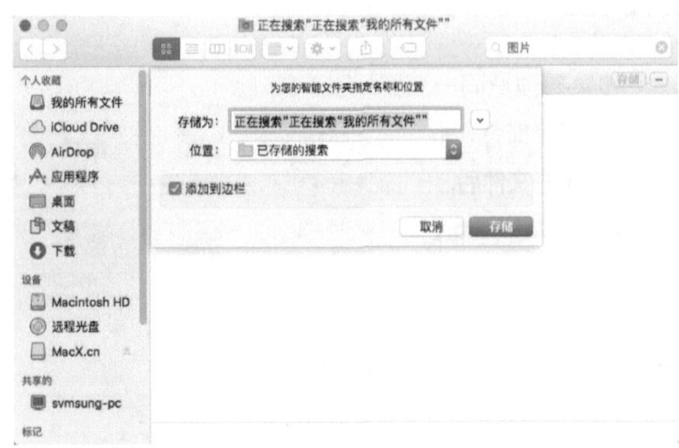

第 5 章

Mac个性化设置

刚使用OS X系统的用户，最好先根据个人的操作习惯对系统进行一些必要的个性化设置，以让日常的电脑操作更加得心应手。本章先从最基本桌面环境设置、各种系统内置的实用功能开始，到最后个性化的设置，带领大家体验这个全新的操作系统。

5.1 桌面环境设置

Mac系统默认的桌面外观非常的炫，也非常的酷，但对着它久了，难免会产生腻的感觉。不过，不用担心，苹果系统和Windows 系统一样，可以让我们根据自己的喜好，随意更换桌面背景，下面就让我们来对桌面的外观进行个性化的调整吧！

5.1.1 桌面设置

1. 整理桌面上文件

Mac桌面文件默认从桌面右侧开始排列，以图标方式显示，可以随意摆放和重叠，这是因为Mac的默认排序方式为“无”。如何想让桌面文件保持有序的排列，通过3种方式进行管理，即整理、整理方式按和排序方式按。

具体来说，要选择这3种方式，可以通过以下两种途径进行。

- 在桌面空白处，单击鼠标右键，然后从弹出的快捷菜单中选择“排序方式”。
- 在Finder应用程序菜单中，执行“显示”|“整理”“整理方式按”或“排序方式”命令。

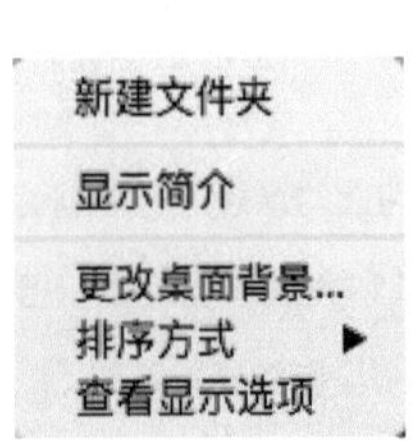

2. 将文件放入新建文件夹

要想将文件放入新建文件夹，传统的方式是，必须先新建一个文件夹，然后再利用拖动的方式来完成。但在Mac中这一操作变得加直观、方便和人性化。

具体来说，在Mac中可以通过以下两种方式来完成将文件放入新建文件夹中。

- 选中文件，然后单击鼠标右键，从弹出的快捷菜单中选择“用所选项目新建文件夹（4项）”命令。

- 执行Finder应用程序菜单中的“文件”|“用所选项目新建文件夹（4项）”命令。

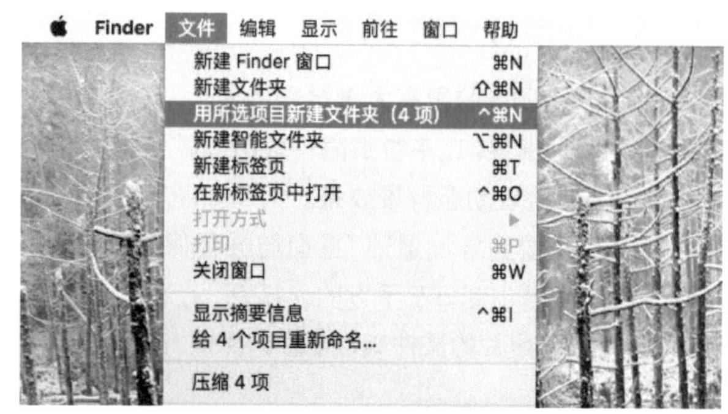

3. 设置桌面背景图片

前面章节介绍过，从“系统偏好设置”|“桌面与屏幕保护程序”偏好设置窗口中，可设置系统内置的图片为桌面背景，下面就来介绍如何将我们的照片设置为桌面背景。

同样打开“系统偏好设置”|“桌面与屏幕保护程序”偏好设置窗口。单击窗口左下角的+按钮，在打开的对话框中选择保存照片的文件夹，接着选择自己满意的照片，然后单击“选取”按钮。

单击“选取”按钮后，即可返回“桌面与屏幕保护程序”窗口，此时可以看到所选文件夹内所有照片的缩略图，选择要设置为桌面背景的图片，然后选择图片在桌面的填充方式即可。

充满屏幕：保持图片的原始比例，然后将图片放大或缩小到填满整个屏幕。如果图片的宽高比和屏幕的宽高比不一致，则这种填充方式将对背景图像进行裁剪处理。

适合于屏幕：保持图片的原始比例，然后放大或缩小图片直到照片在屏幕中完整显示。当图片的宽高比和屏幕的宽高比不一致时，这种填充方式会使桌面的上下或左右两侧出现背景色。

拉伸以充满屏幕：图片的宽度和高度将自动扩大或缩小到与屏幕的宽度和高度一致的尺寸。如果图片的宽高比和屏幕的宽高比不一致，则这种填充方式会使背景图像失真。

居中：保持图片的原始比例，并让照片居中显示。

平铺：保持图片的原始比例，如果图片的尺寸比屏幕尺寸大，则图片将居中显示，并且只显示出桌面大小范围的内容；如果图片尺寸比屏幕尺寸小，则将在桌面上显示多张照片。

4. 动态背景的使用

如果用户的电脑里有大量精美的图片，可以将它们都设置为桌面背景，让系统每隔一段时间就更换一张图片作为背景，实现动态背景效果。

打开“系统偏好设置”|“桌面与屏幕保护程序”偏好设置窗口。单击窗口左下方的+按钮，在打开的对话框中选择保存照片的文件夹，接着选择照片，然后单击“选取”按钮。

返回“桌面与屏幕保护程序”偏好设置窗口后，选择“更改图片”选项，然后在其右侧的下拉菜单中选择更改图片的时间，如每15分钟。默认将按缩略图列表中排列的顺序来更换背景图片，当然还可以选择“随机顺序”选项，则系统将会在该文件夹中随机选择一张图片作为桌面背景。

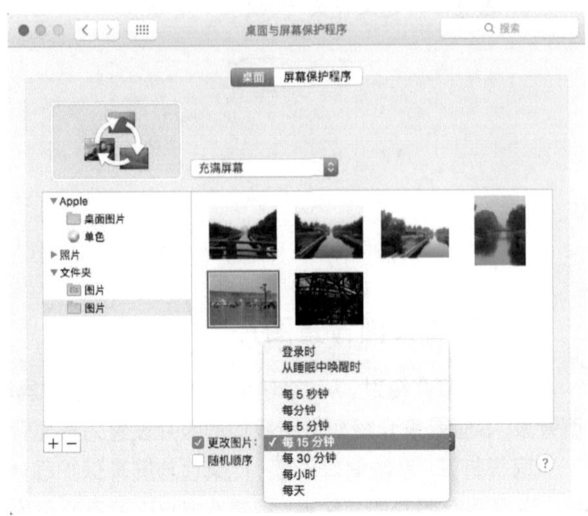

5.1.2 屏幕设置

1. 放大屏幕

放大屏幕是指放大屏幕上的内容。Mac中放大屏幕包含整体放大和窗口放大。

放大屏幕有以下两种方式。

- 按住control键，滚动鼠标滚轮即可。（放大修饰键可以在“系统偏好设置”|“辅助功能”|“缩放”窗口中设置）
- 按住option+⌘+=快捷键或者option+⌘+-快捷键，来执行放大和缩小屏幕的操作。默认情况下，每按一次放大一倍或缩小为原来的1/2，若按住不放将连续放大和缩小屏幕。

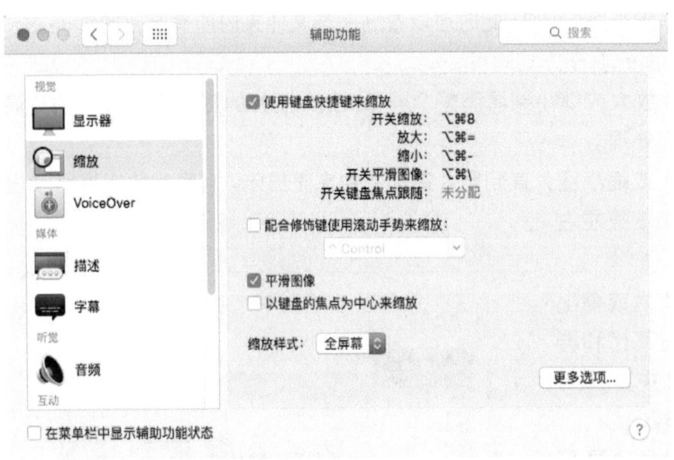

2. 放大窗口

当我们在放大屏幕时，也可以使用窗口进行局部放大（在“系统偏好设置”|“辅助功能”|“缩放”窗口中，设置“缩放样式”为“画中画”）。

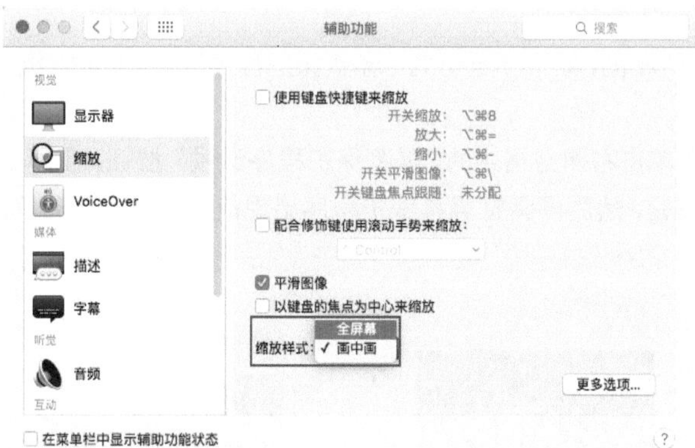

3. 让屏幕失去色彩

单击Dock工具栏中的“系统偏好设置” 图标，打开“系统偏好设置”窗口，再单击“辅助功能” 图标，打开“辅助功能”偏好设置窗口。接着在左侧的列表中选择“显示器”选项，然后再选中“使用灰度”复选框，即可使电脑失去色彩。取消选中的“使用灰度”复选框，即可使电脑恢复多彩的世界。

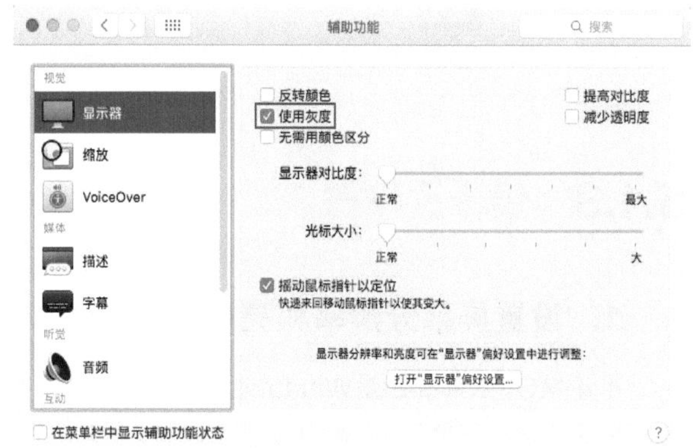

4. 设置屏幕保护程序

在使用电脑的过程中，当电脑处于闲置状态时，我们可以启用屏幕保护程序，让系统自动播放屏幕保护画面，以保护屏幕。

打开“系统偏好设置”|“桌面与屏幕保护程序”偏好设置窗口，再切换到“屏幕保护程序”标签。

屏幕保护程序分为两个类别，其一是幻灯片显示，其二是屏幕保护程序。

（1）幻灯片显示

在“屏幕保护程序”标签的左侧，其上半部分为“幻灯片显示”，用户可根据自己的喜好选择幻灯片显示的方式，并且可在右侧窗口中预览幻灯片显示的效果。

接着在“来源”右侧的下拉菜单中选择幻灯片的图片来源；然后再“开始前闲置”右侧的下拉菜单中选择幻灯片出现前电脑闲置的时间。

(2)屏幕保护程序

在“屏幕保护程序”标签的左侧，其下半部分为“屏幕保护程序”，用户可根据自己的喜好选择屏幕保护程序的样式。

如这里选择“光舞”，接着单击右侧空格中的“屏幕保护程序选项”按钮，在弹出的对话框中设置颜色、流、浓度和速度等参数，单击“好”按钮，然后再调整屏幕保护程序出现前电脑的闲置时间。

5.1.3 显示器设置

1. 设置屏幕分辨率和亮度

不论是OS X系统还是Windows系统，一般都会自动调整分辨率为最适合当前屏幕大小的分辨率，如果分辨率不符合自己的视觉习惯，则可以手动调整。另外，每个用户对屏幕亮度的视觉感应有所不同，因此，也要根据自己的视觉习惯手动调整为合适的亮度。

首先单击Dock上的“系统偏好设置”图标，打开“系统偏好设置”窗口，再单击“显示器”图标。

然后在打开的设置窗口中，先选择“显示器”标签，再点选“缩放”选项，在展开的列表框中选择一种适合当前显示器大小的分辨率。而拖动“亮度”滑块则可调整屏幕的亮度。

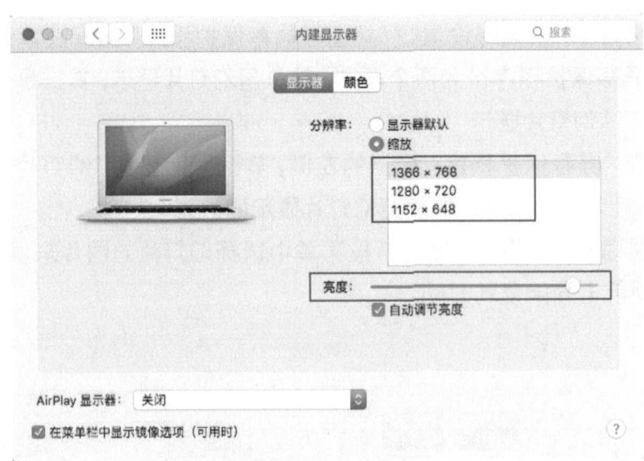

2. 设置对比度

默认情况下，Mac采用的是正常的对比度，一般不需要设置。但为了满足不同视觉用户的使用要求，也可以对其对比度进行设置。

单击Dock工具栏中的“系统偏好设置”图标，打开“系统偏好设置”窗口，再单击“辅助功能”图标，打开“辅助功能”偏好设置窗口。接着在左侧的列表中选择“显示器”选项，然后拖动“显示器对比度”滑块即可。

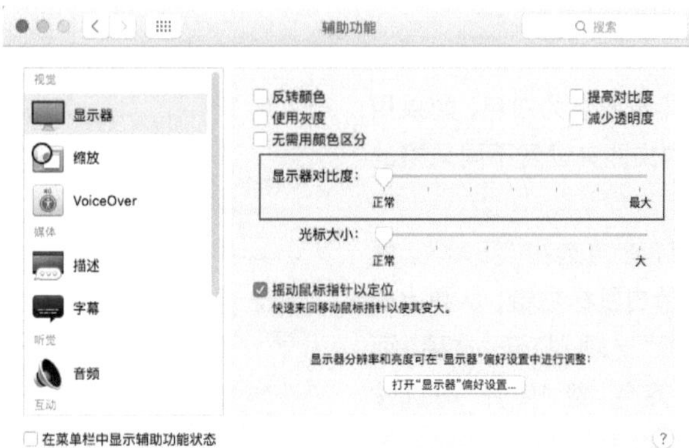

5.1.4 调整鼠标光标大小

如果用户觉得苹果系统默认的鼠标光标太小，则可通过调整以使其适合我们视觉感观。

单击Dock上的“系统偏好设置”图标，打开“系统偏好设置”窗口，然后再单击“辅助功能”图标。

在打开的“辅助功能”窗口中拖动“光标大小”右侧滑块，即可根据需要放大光标。

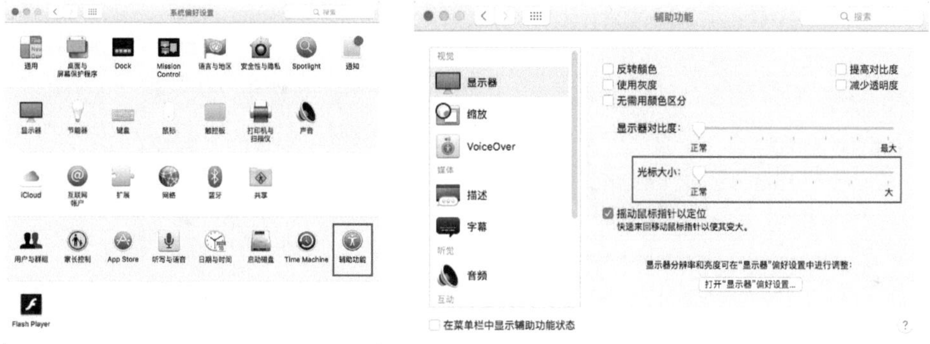

5.1.5 设置是否显示滚动条

用惯了Windows 系统的用户，刚接触OS X系统时会有诸多的不习惯，比如窗口或页面中的滚动条，在Windows 系统中它总是自动显示在屏幕的右侧，但在OS X系统中则可根据需要设置是否显示滚动条。

单击Dock上的“系统偏好设置”图标，打开“系统偏好设置”窗口，然后再单击“通用”图标。

在打开的“通用”窗口中，可根据需要在“显示滚动条”选项组中，选择滚动条显示的方式。

5.1.6 更换文件夹的背景颜色

在Finder窗口中，默认的背景颜色为白色，如果用户对此不满意，还可以为不同的文件夹设置不同风格的背景颜色。

首先在边栏选择一个项目，这里选择“下载”，然后在右侧的内容区域的空白处单击鼠标右键，从弹出的快捷菜单中选择“查看显示选项”选项，打开“文稿”面板，接着在“背景”区域选择“颜色”或“图片”单选按钮，即可将文件夹的背景颜色更换为自己喜欢的颜色或图片。

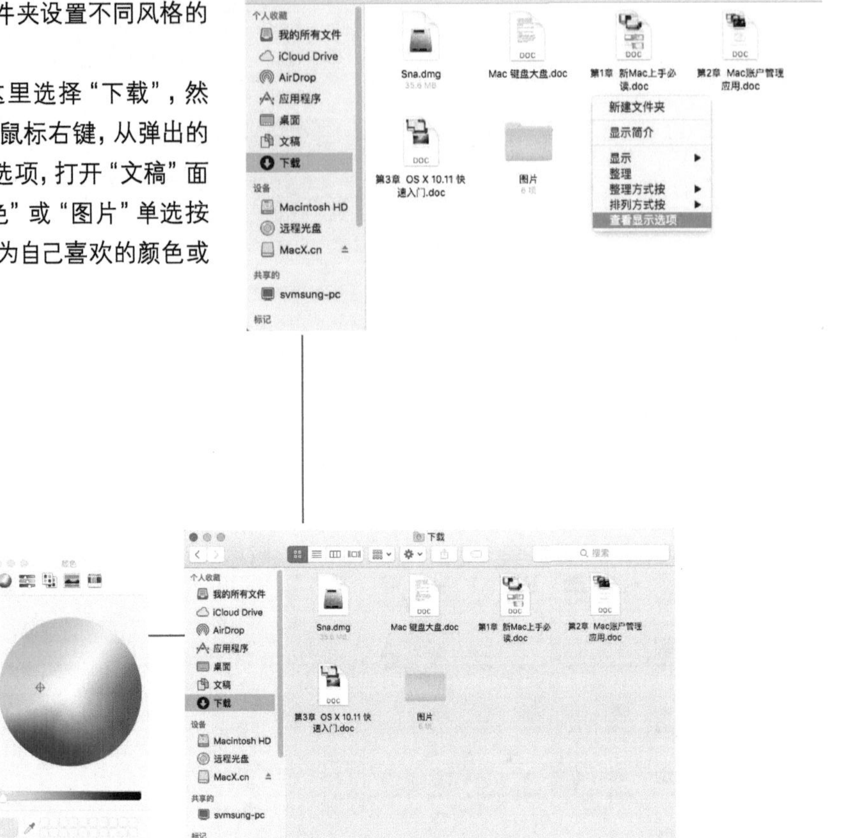

> **提示** 更换文件夹的背景颜色或图片只能对以图标 ⊞ 方式显示有效。而且需要注意的是，设置好的图片仅对当前文件夹有效。

5.2 Dock的设置

为了使Dock更加美观，并且让它更适合自己的使用习惯，可以对其进行个性化调整，如放大图标、自动隐藏、更改到桌面左边等。

5.2.1 开启Dock图标的放大效果

默认情况下，Dock上的所有应用程序图标的大小都是保持不变的，不过我们可以对其进行设置，使其自动放大当前指向的图标，以提高视觉效果。

在Dock分割线位置单击鼠标右键，从弹出的菜单中选择“启用放大”命令，然后再将光标悬停到Dock工具栏的某个应用程序图标上，该图标就会放大显示，而相邻的图标大小则依次递减。

5.2.2 自定义Dock图标大小

对于Dock上应用程序图标的大小，我们可自行对其进行调整，让它呈现我们想要的最佳显示效果。

在Dock分割线位置单击鼠标右键，从弹出的菜单中选择“Dock偏好设置”命令。

在打开的“Dock”窗口中，拖动“大小”右侧的滑块，即可调整Dock工具栏中应用程序图标的大小；选择“放大”复选项，拖曳滑块调整放大比例，即鼠标指向图标时，图标自动放大的最大比例。

提示 要调整Dock工具栏上的大小时，不一定非要打开Dock工具栏偏好设置才能调整。将光标移至分隔线上，当其变为双向箭头时，按住触控板并拖动分隔线就可以进行调整。

5.2.3 在Dock中添加与移除应用程序

Dock工具栏是用来存放常用的程序和堆栈，因此我们可以把常用的程序或堆栈添加到Dock工具栏中，也可以将不常用的程序和堆栈从Dock工具栏中移除。

1. 添加应用程序

向Dock工具栏中添加应用程序有以下两种方法。

- 将Launchpad应用程序图标拖动到Dock工具栏中，以分隔线为分界点。
- 在Finder|“应用程序”窗口中，首先选中应用程序，然后再按control+shift+⌘+T快捷键，即可将应用程序添加到Dock工具栏中。

提示 Mac会自动识别添加的应用程序，如果是程序则被添加到分隔线的左侧，如果是文件则被添加到分隔线的右侧。

- 如果是已经启动的程序，则在Dock中的该程序图标上单击鼠标右键，然后在弹出的快捷菜单中选择“选项”|“在Dock中保留”选项即可。

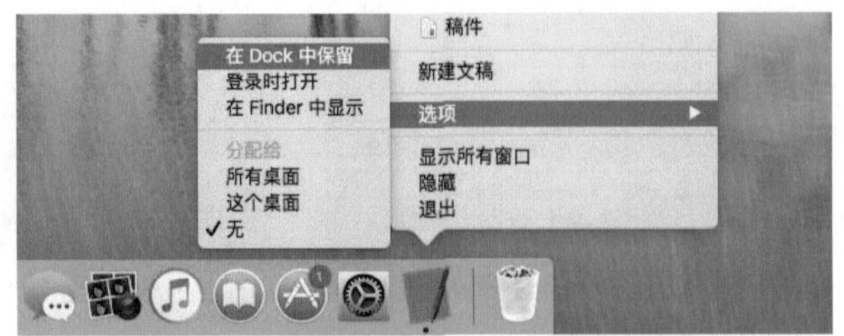

2. 移除应用程序

移除Dock工具栏中的应用程序有以下方法。

- 直接将程序图标拖动到废纸篓中。
- 将应用程序图标拖离Dock工具栏，然后释放鼠标。

> 提示　当程序已经启动，移除Dock上的程序图标时，程序图标并不会消失，只有等到程序退出时图标才会从Dock工具栏中消失。

- 在Dock工具栏中的应用程序图标上单击鼠标右键，然后在弹出的快捷菜单中选择“选项”|“从Dock中移除”选项即可。

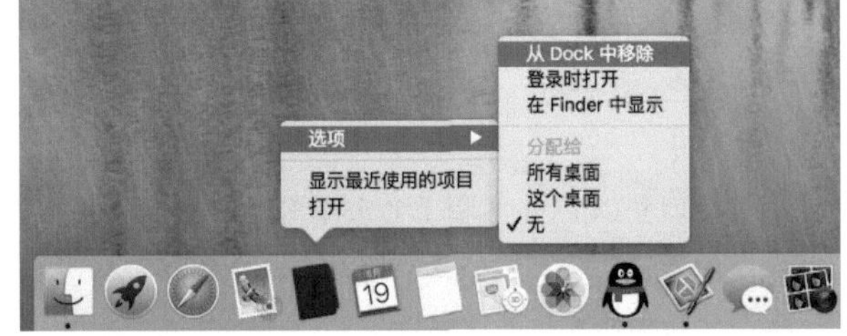

5.2.4 移动Dock工具栏中的图标

在Dock工具栏中，除Finder和废纸篓图标外，其他的图标都可以随意拖动，可以重新排放它们的位置。

5.2.5 调整Dock的位置

默认情况下，Dock上会在屏幕下方一字排开，但是我们可以根据自己习惯和需要将它调整到屏幕的左侧或者右侧。

首先单击Dock上的“系统偏好设置”图标，打开“系统偏好设置”窗口，再单击“Dock”图标。在“置于屏幕上的位置”中选择“右边”选项，即可将Dock调整至屏幕的右侧。

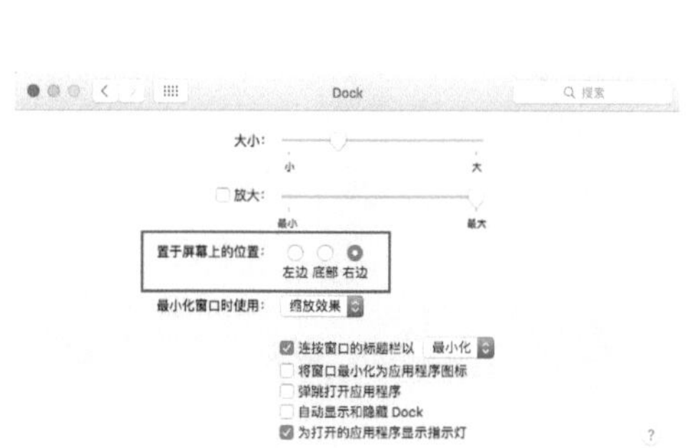

5.2.6　显示与取消程序指示灯

当应用程序启动后，程序指示灯就会在Dock中的程序图标的下方点亮。

打开“系统偏好设置”|“Dock”偏好设置窗口，选中窗口下方的“为打开的应用程序显示指示灯”复选框，即可显示程序指示灯；如果取消该复选框，则可取消程序指示灯。

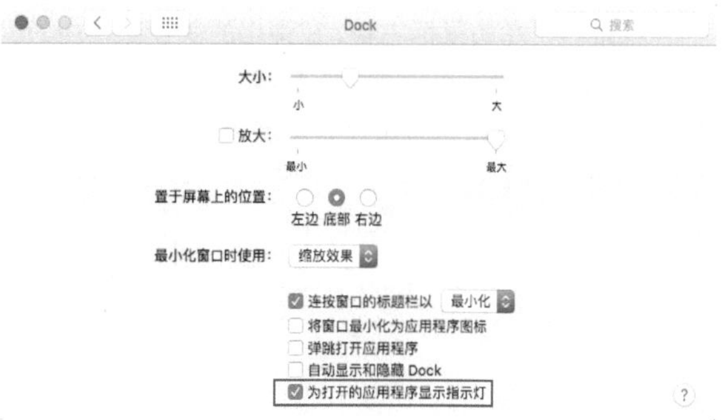

5.2.7　隐藏Dock

对于使用MacBook的用户，如果觉得屏幕过小，而Dock工具栏又太占用空间，则可以将其隐藏，从而为应用程序窗口腾出更多的空间来显示内容。

在Dock分割线位置单击鼠标右键，从弹出的菜单中选择 “启用隐藏”命令，即可将Dock工具栏隐藏。

5.3　堆栈的设置

堆栈是指在Dock上文件夹的替身，用于快速访问文件和文件夹。堆栈位于Dock分隔栏的右侧。

5.3.1　设置堆栈的显示方式

堆栈的显示方式是指堆栈图标在Dock上的显示方式。有“堆栈”和“文件夹”两种显示方式。

- 堆栈：是指以图标形式显示堆栈文件夹中的所有项目，并按照设定的排序方式进行排列。

- 文件夹：是将堆栈显示为Finder中文件夹的图标形式，文件夹图标是什么这里就显示什么。

设置堆栈显示方式的操作为：在堆栈上单击鼠标右键，从弹出的快捷菜单中，通过选择“显示为”选项组中的“文件夹”或“堆栈”即可。

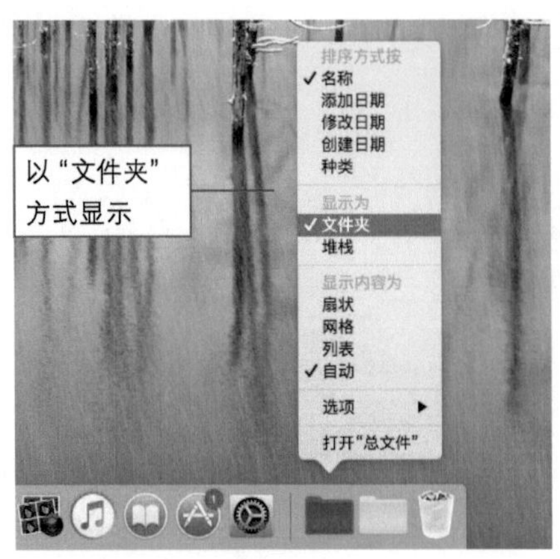

5.3.2 设置堆栈内容的显示方式

堆栈内容的显示方式是指单击堆栈时，文件的显示方式。

在堆栈上单击鼠标右键，在弹出的快捷菜单中，可以通过“显示内容为”选项组中进行选择。

- 扇状：是以扇状来显示堆栈内容。
- 网格：是以网格来显示堆栈内容。

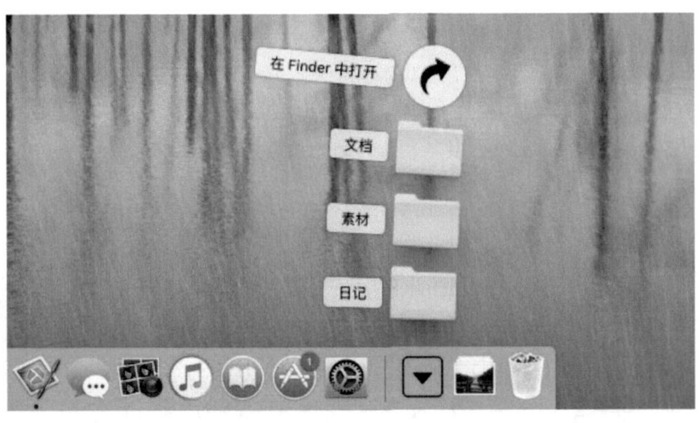

- 列表：是以列表来显示堆栈内容。
- 自动：是以扇状或网格来显示堆栈内容。

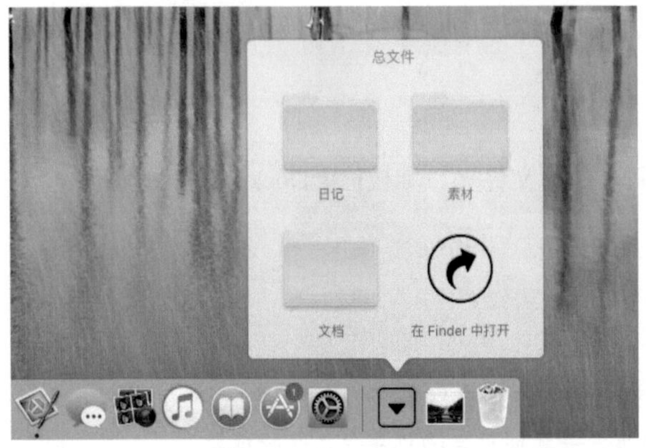

5.3.3 设置堆栈内容的排序方法

在堆栈上单击鼠标右键，在弹出的快捷菜单中，可以通过“排序方式按”选项组中进行选择，包括“名称”“添加日期”“修改日期”“创建日期”和“种类”5种排序方式。

5.4 Finder窗口的个性化设置

Mac OS X系统中的Finder相当于Windows系统中的资源管理器，其主要的功能是管理计算机里所有的文件与文件夹。同样的，我们也可以对Finder进行设置，使其更加符合我们的使用习惯。

5.4.1 自定义Finder边栏

Finder窗口设计的精巧之处就是其左侧的边栏。这个简单利落的边栏功能可方便我们迅速存取特定的文件夹。

单击应用程序菜单中的Finder，在弹出的应用程序菜单中选择“偏好设置”命令，打开“Finder偏好设置”窗口，先单击“边栏”图标，然后在“在边栏中显示这些项目”列表框中设置需要在边栏中显示的选项。

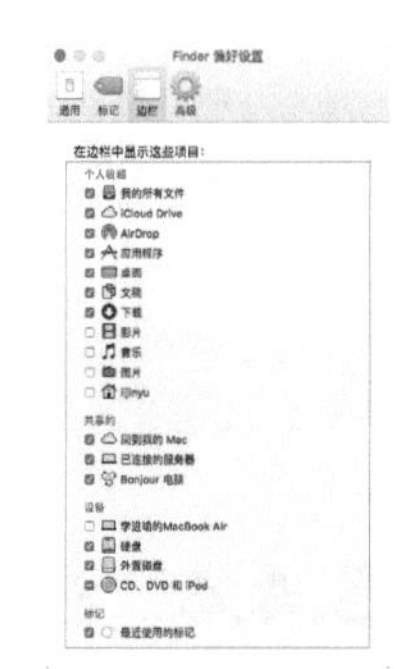

5.4.2 显示文件的扩展名

电脑使用一段时间后，在电脑中必然会保存不同格式的文件，当我们急需某种特定格式的文件时，却不知道电脑中文件的格式。此时，我们可以先让系统显示所有文件的扩展名，然后以扩展名为关键字在搜索栏中进行搜索即可。

打开任意一个Finder窗口，单击应用程序菜单中的Finder，在弹出的应用程序菜单中选择“偏好设置”命令，打开“Finder偏好设置”窗口，先单击“高级”图标，然后再选中“显示所有文件扩展名”选项即可。

5.4.3 Finder窗口工具栏的设置

默认情况下，在Finder窗口上方的工具栏中只有向前、向后、显示、任务、排列和共享等少数几个功能按钮，为方便操作，我们可以将其他经常使用的功能按钮也放到工具栏上。

打开Finder窗口，执行应用程序栏中的“显示”|“自定工具栏”命令，将打开一个工具面板。

在打开的工具面板中可以看到多个功能按钮，只需把自己常用的功能按钮（如“新建文件夹”功能按钮）拖动到面板上方的工具栏区域中，即可把它添加到工具栏上。

而对于工具栏中极少用到的功能按钮，可以将其拖动到工具栏区域外的任意位置，释放鼠标后即可将它从工具栏删除，比如将刚才添加的“新建文件夹”按钮再拖动删除。

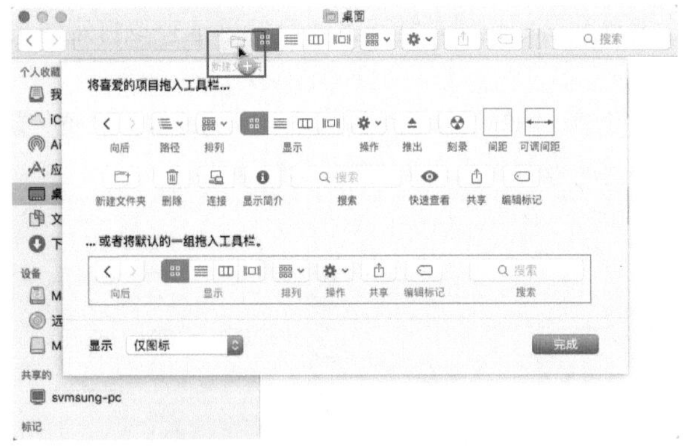

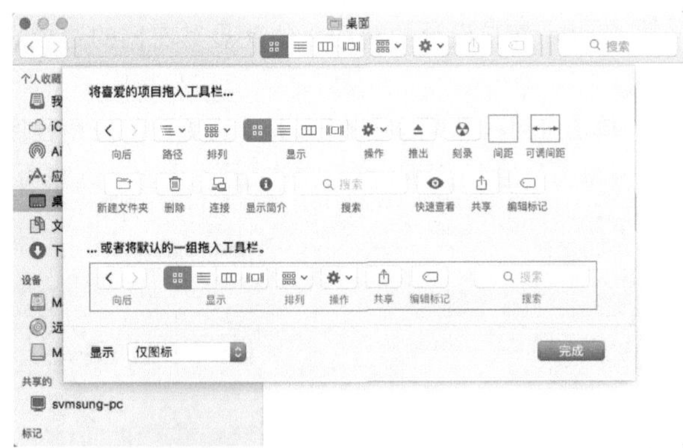

5.4.4 隐藏Finder窗口的边栏

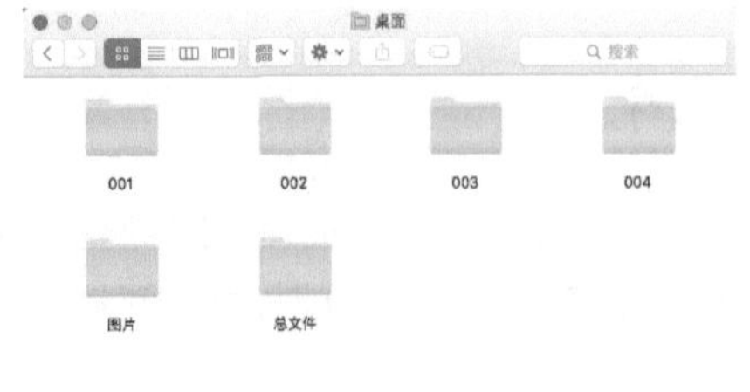

默认情况下，打开Finder窗口时，会在左侧显示边栏，如果用户打开窗口时，觉得边栏占用了窗口太多位置，可以临时将边栏隐藏。

执行应用程序栏中的“显示”|“隐藏边栏”命令，即可临时将边栏隐藏起来。

当需要恢复显示边栏时，再次执行应用程序栏中的“显示”|“显示边栏”命令即可。

5.4.5　在Finder窗口中显示路径栏

如果要在Finder窗口中显示路径栏，首先要打开Finder窗口，然后单击应用程序菜单栏中的“显示”|“显示路径栏”命令。此时，就可在文件显示区域的下方显示路径栏。

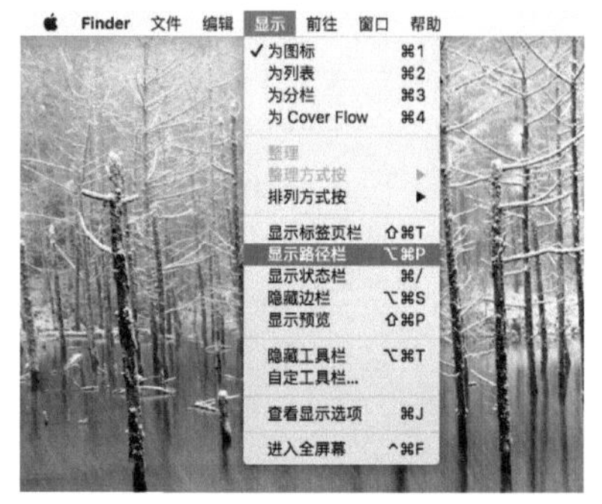

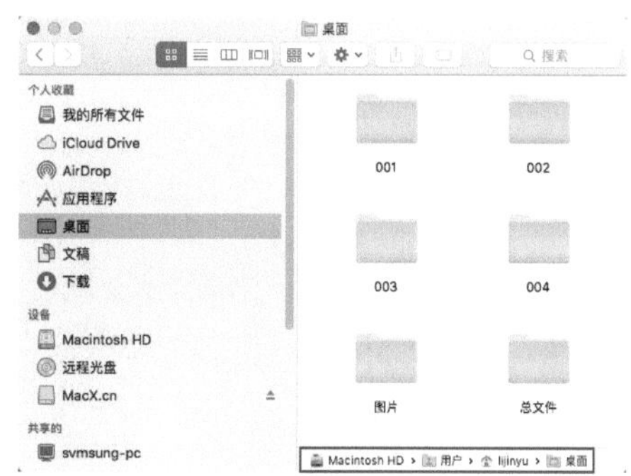

5.5　系统声音的设置

在播放或录入声音时，我们可以根据实际需要，随时调整苹果电脑的扬声器音量以及麦克风的音量，以适合我们的听觉习惯。

5.5.1　调整系统音量

在电脑操作的过程中，我们可以分别调整提示音量，以及播放多媒体的音量，以使其符合我们的需求。

单击Dock工具栏中的“系统偏好设置”图标，打开“系统偏好设置”窗口，然后单击“声音”图标。

将打开的“声音”偏好设置窗口切换到“声音效果”标签，拖动“提示音量”右侧的滑块，可以调节系统警告音音量大小；而拖动“输出音量”右侧的滑块，则可以调节电脑播放多媒体音量的大小。

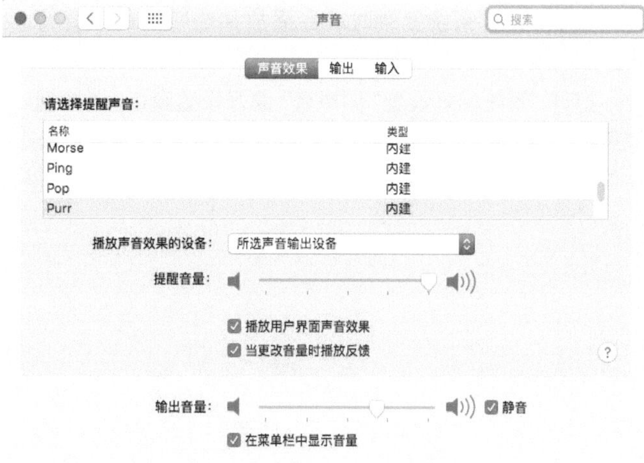

5.5.2　调整麦克风的音量

在与朋友进行网络语音聊天或者使用麦克风录制声音时，我们可以手工调整音量的大小。

打开“系统偏好设置”|“声音”偏好设置窗口，切换到“输入”标签。拖动“输入音量”右侧的滑块，可以调节麦克风音量的大小。

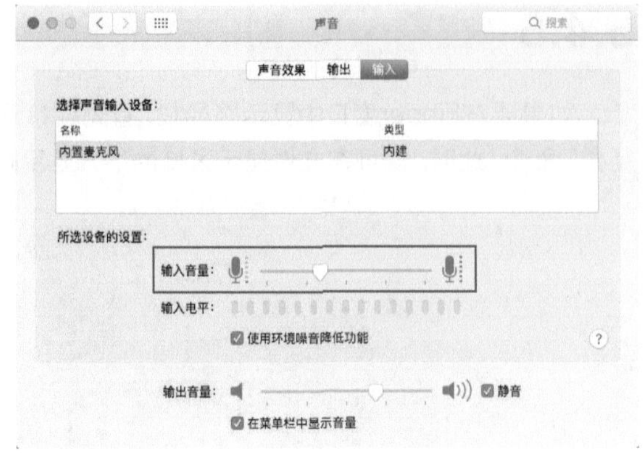

5.5.3 调整声音输出

打开“系统偏好设置”|“声音”偏好设置窗口，切换到“输出”标签。在这里可以设置输出音量及左右声道的平衡。

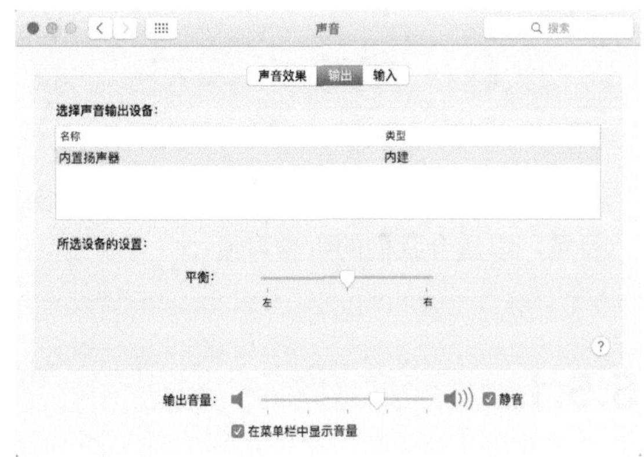

> 提示 也可以单击系统菜单栏中的 🔊 图标来调整输出音量。

5.5.4 调整声音音效

在进行某些操作的过程中，系统会播放一些声音特效作为提示，比如系统登录时就会播放某些特定的声音特效。

打开“系统偏好设置”|“声音”偏好设置窗口，切换到“声音效果”标签。在这里可以设置音效种类、音量大小及在何种情况下使用音效。

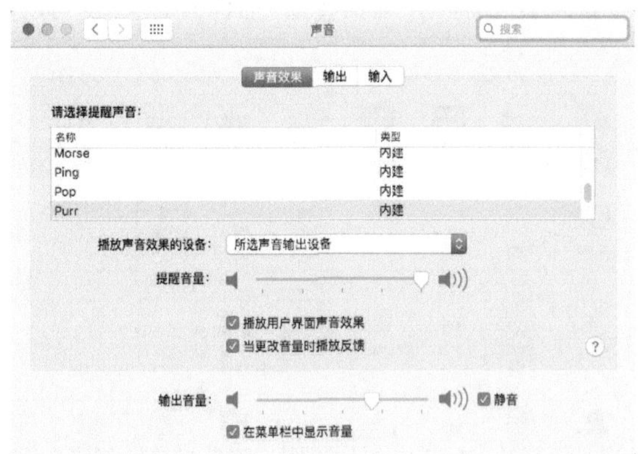

5.6 日期、时间与语言管理

系统默认的日期与时间不一定是正确的，或者并不是以自己最习惯的方式来显示，这时可通过设置对其进行调整，使其符合我们的需求。

5.6.1　更改日期与时间

单击Dock工具栏中的“系统偏好设置” 图标，打开“系统偏好设置”窗口，然后再单击“日期与时间” 图标。

在打开的“日期与时间”偏好设置窗口中，切换到“日期与时间”标签中，首先取消选中的“自动设置日期与时间”选项，然后单击要设置的年、月、日，或者小时、分钟和秒钟，直接输入正确的数字即可达到修改目的。如要修改月份，则可以选择月份，然后输入正确的月份即可。

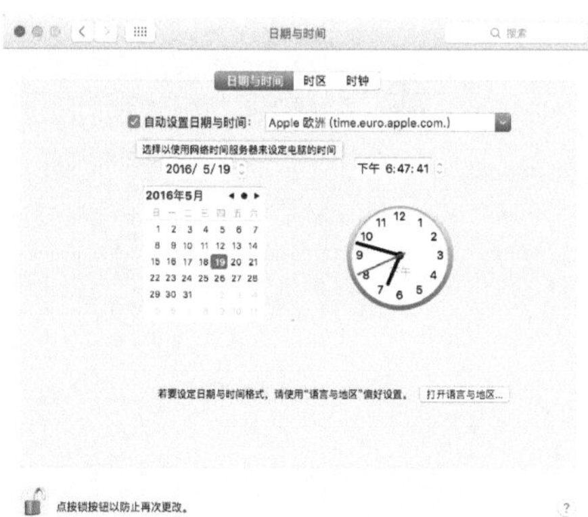

5.6.2　设置日期与时间的显示方式

默认情况下，在菜单栏中将以12小时格式来显示时间，而且也不会显示具体的日期、秒钟等信息。如果想将默认的显示方式更改为24小时格式，则可通过手动进行调整。

在打开的“日期与时间”窗口中，切换到“时钟”标签，然后在各选项组中勾选我们所需要显示的选项即可。如以数码方式显示24小时格式时钟，并且同时显示日期和星期几。

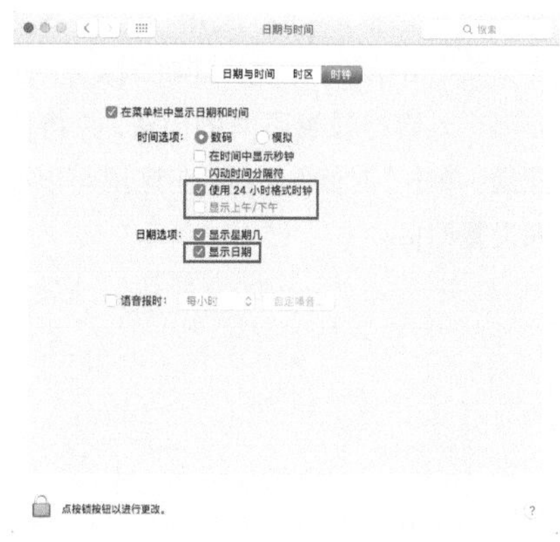

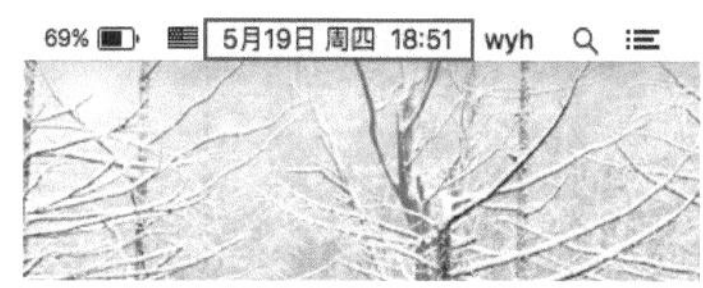

5.6.3　更改时区

单击Dock工具栏中的“系统偏好设置” 图标，打开“系统偏好设置”窗口，然后再单击“日期与时间” 图标。

在打开的“日期与时间”偏好设置窗口中，切换到“时区”标签，在地图上单击自己所在的位置或者在下方的下拉列表中选择与自己最接近的城市，均可设置与目前最接近的时区，这一点对于经常旅行、出差的人士十分有用。

> **提示** 勾选“使用当前位置自动设定时区”复选框之后，系统会自动为用户选择最合适你当前位置的时区，前提是你的计算机连接互联网。

5.6.4 语言与地区

单击Dock工具栏中的“系统偏好设置”图标，打开“系统偏好设置”窗口，然后再单击“语言与地区”图标。

在打开的“语言与地区”偏好设置窗口中，在左侧选择用户所使用的语言，比如“简体中文”，单击下方的+图标可以添加语言，在这里，我们选择“繁体中文”，单击“添加”按钮，此时系统会询问我们“您想将中文（繁体中文）作为首选语言吗？”单击使用“繁体中文”按钮，此时首选语言就更改成功。

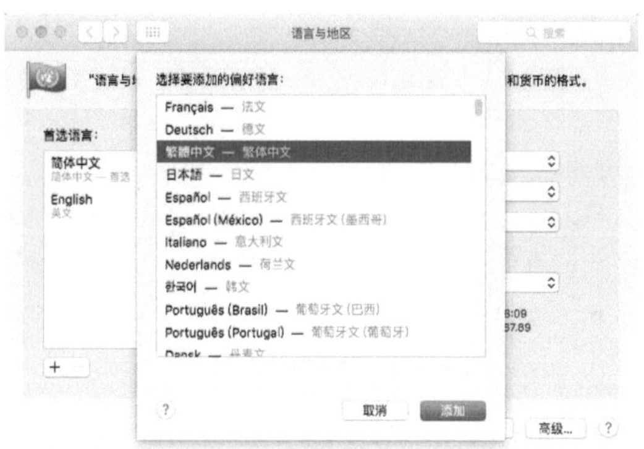

在右侧单击“地区”后面的下拉列表，可以从弹出的列表中选择所在的州及国家。

单击右下角的“高级”按钮，此时将弹出一个带有3个标签的新对话框，单击“通用”标签，在这里可以设置用户的格式语言、货币等，单击“日期”标签，在这里可以根据所在地或者个人喜好设置不同的历法，并将任意一天作为新一周的开始；单击“时间”标签，在这里可以根据日期所设置的结果来设置时间。

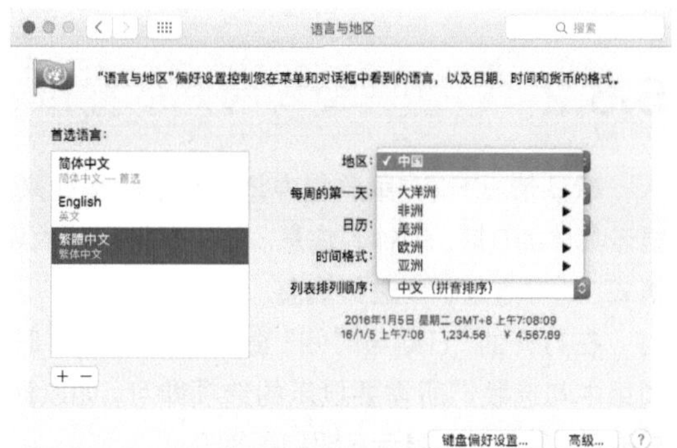

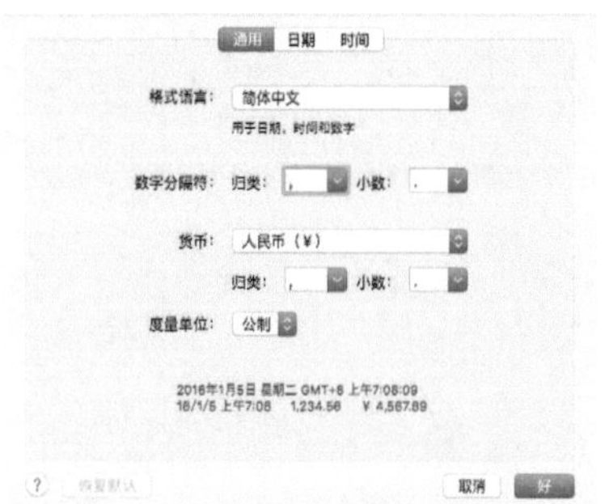

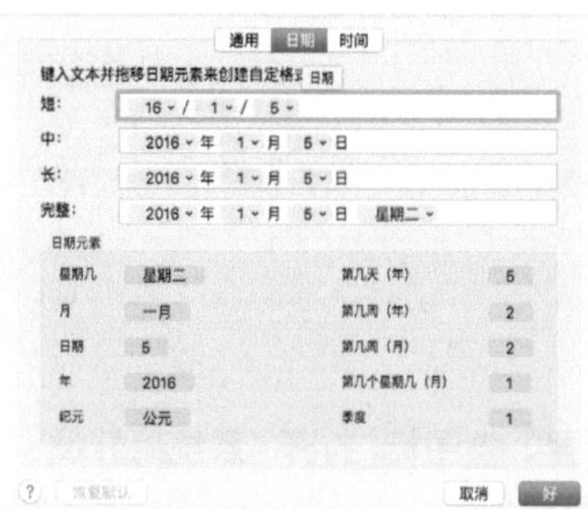

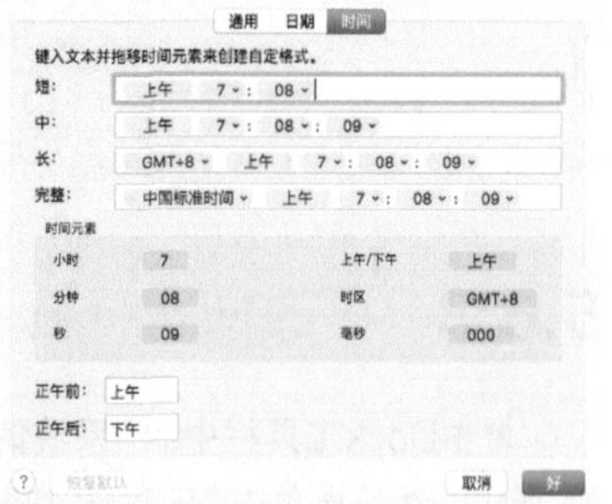

5.7 语音朗读、识别和VoiceOver

语音识别和朗读是OS X中一个非常实用的功能，只需要在系统偏好设置中将其开启，就可以实现在任何输入文本的位置通过语音来实现文本的输入，以及朗读已存在的文本，包括通过声音来控制系统的操作。

5.7.1 听写与语音

单击Dock工具栏中的“系统偏好设置” 图标，打开“系统偏好设置”窗口，然后再单击“听写与语音” 图标。

在打开的“听写与语音”偏好设置窗口中，切换到“听写”标签中，确认选择“听写”后面的“打开”单选按钮，再选择下方的您所使用的“语言”，最后设置“快捷键”，完成之后当需要使用语音输入文本时，按下您所设置的快捷键即可。

下面以“备忘录”为例，我们来使用此项功能完成一段文本的输入。首先单击Dock中的 图标打开备忘录，选择程序菜单栏中的“编辑”|“开始听写”命令，或者按下刚才您所设置的快捷键即可开始文本输入，此时将出现一个“Siri图标”，直接对着麦克说话即可显示输入的文字，语音输入完毕后单击Siri图标上的“完成”按钮即可完成语音至文本的转换。

> **提示** 在“听写”选项标签中，勾选“使用优化听写”复选框后可以允许在离线的情况下使用和进行带有实时反馈的连续听写，但前提是需要下载一个离线数据文件。

5.7.2 朗读

在打开的“听写与语音”偏好设置窗口中，切换到“文本至语音”标签，在这里可以设置朗读的系统噪音、朗读速率，包括设置提醒选项及更改按键。如果选中“按下按键时朗读所选文本”选项，可以在所选择任何文本中单击鼠标右键，从弹出的快捷菜单中依次选择“语音”|“开始朗读”命令。

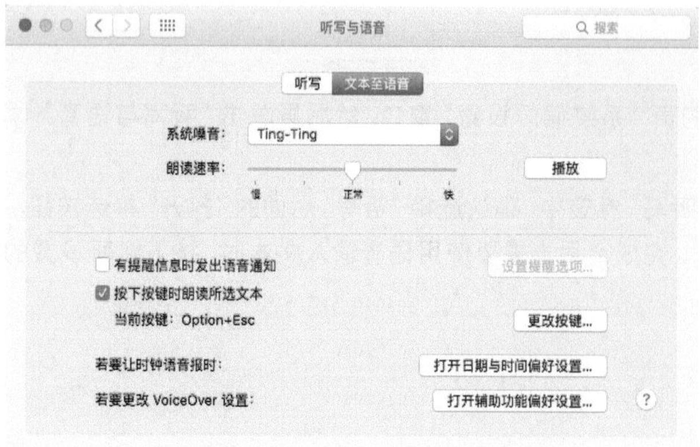

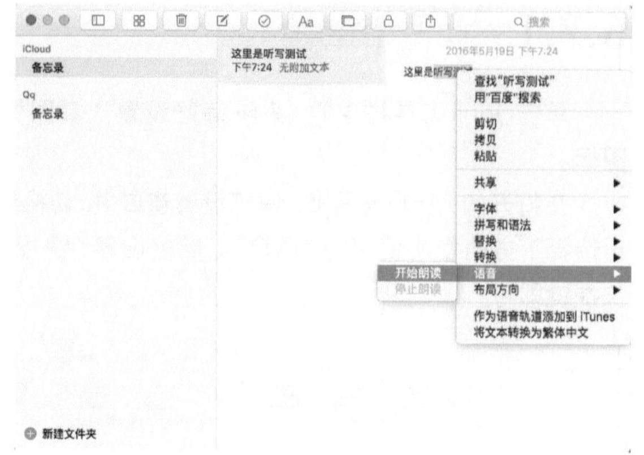

5.7.3 VoiceOver

VoiceOver是苹果公司推出的一款针对视力受损或者有学习障碍的用户进行语音控制系统的软件，它可以读出网页、Email、文本内容，并且描述系统的工作情况，使用户仅靠听觉即可掌握Mac OS X系统。

单击Dock工具栏中的“系统偏好设置”图标，打开“系统偏好设置”窗口，然后再单击“辅助功能”图标。

在弹出的窗口中的左侧选择“VoiceOver”，在右侧勾选“启用VoiceOver”复选框，此时将弹出一个“VoiceOver”对话框，同时伴随系统所播放的使用提示 。

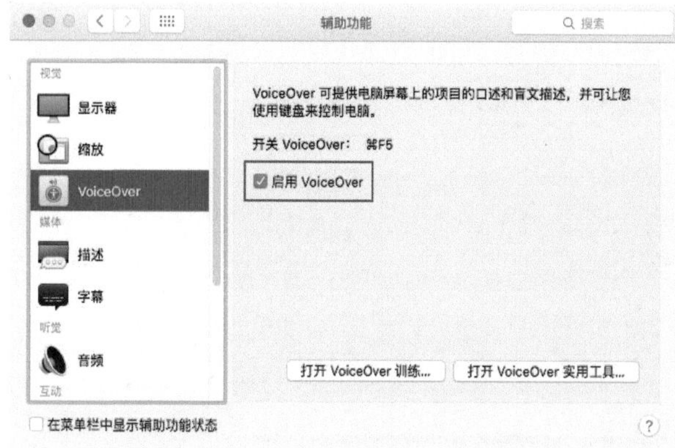

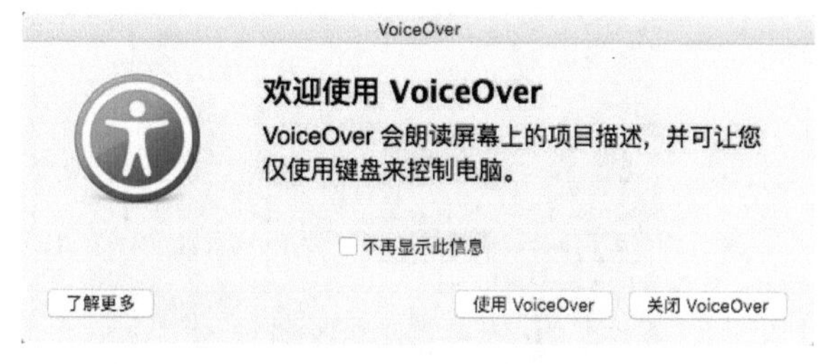

单击“打开VoiceOver 实用工具”按钮，即可打开“VoiceOver 实用工具”对话框，此时可以对VoiceOver进行相关设置。

5.8 查看CPU状态

Mac系统带有一个类似于Windows系统进程管理的功能，就是Mac中独有的“活动监视器”，它所显示的硬件运行信息更加丰富。

它可以显示在桌面上，让用户实时了解计算机CPU的使用率及状态。

5.8.1 程序窗口中查看

单击Dock工具栏中的“Finder”图标，在出现的窗口中单击左侧边栏中的“应用程序”，在右侧窗口中打开“实用工具”之后双击“活动监视器”图标，将其打开，在这里可以十分直观地观察CPU的运行状态及使用率。

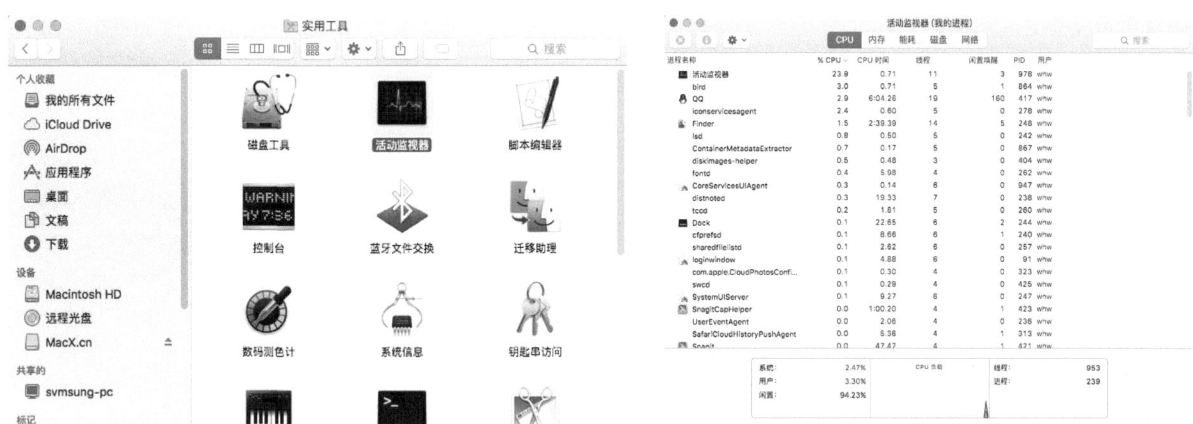

5.8.2 Dock中查看

选择菜单栏中的“显示”|“Dock图标”命令，在出现的子菜单中选择想要显示的信息，比如选中“显示CPU使用率”，此时在Dock中可以看到CPU的使用率，当选择其他几个命令时，在Dock中则显示相应的信息。

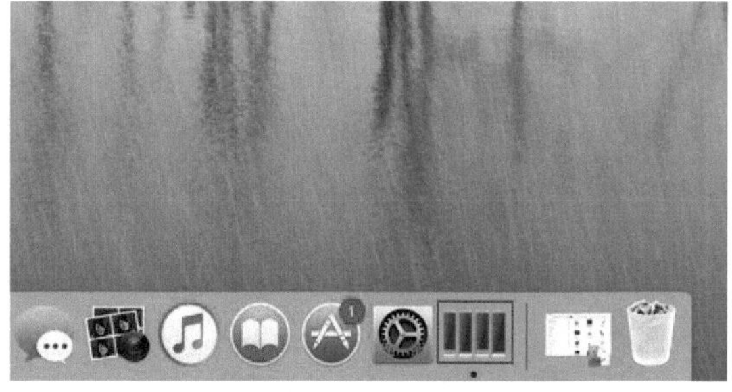

5.9 快速切换耳机和麦克风

Mac笔记本电脑中只有一个3.5毫米的音频接口，它同时具备线路输入和音频输出的功能，假如要对这两种功能进行切换，这里有两种方法可以实现。

5.9.1 偏好设置中设置

单击Dock工具栏中的“系统偏好设置”图标，在出现的面板中单击“声音”图标，此时将弹出“声音”设置面板。

在“声音”设置面板中，单击“播放声音效果的设备”后面的下拉列表，在弹出的列表中选择相对应的选项，即可在播放声音类型之间切换。

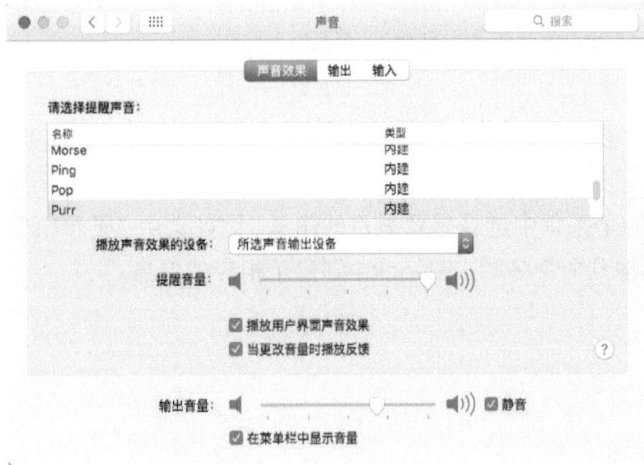

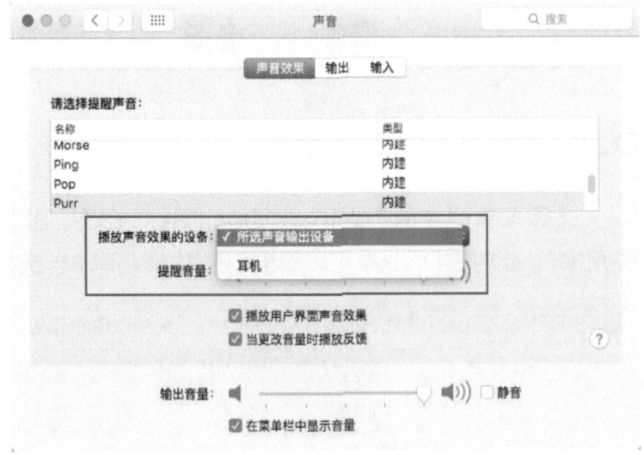

5.9.2 菜单栏中设置

此外还有一种方法，按住option键单击右上角的图标，在出现的菜单中可以选择需要的声音输入、输出设备。

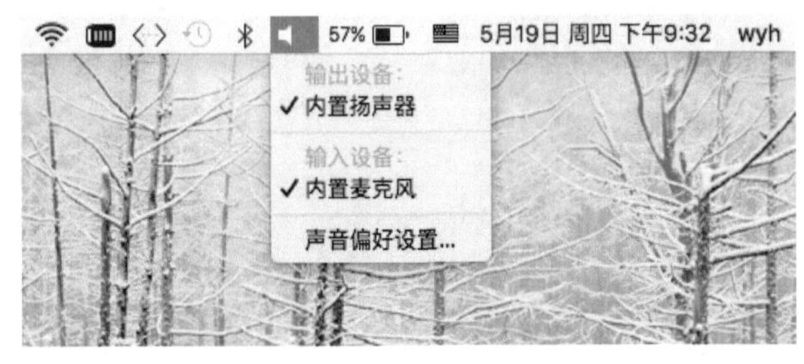

提示 假如在计算机中安装了第三方的声音扩展软件，在设置声音的时候可以看到这些设备，利用丰富的第三方软件可以强化声音设备性能。

提示 在选择不同设备的过程中，插孔处不要有耳机、麦克风或者其他设备插入，在设置项里是看不到这些设备的，当然也无法选择。

5.10　开机启动项设置

使用过Windows系统的用户都知道通过定期清理开始菜单启动文件夹里的开机自动启动程序列表，可以控制哪些程序是否需要开机启动。

5.10.1　偏好设置中更改

在Mac系统中同样有开机自动启动程序设置功能，单击Dock工具栏中的“系统偏好设置”图标，在出现的面板中单击“用户与群组”图标，此时将弹出“用户与群组”设置面板。

单击面板左下角图标，在弹出的对话框中输入密码，单击“解锁”按钮，将实现解锁，假如未给系统设定密码，可直接单击“解锁”按钮即可解锁。

解锁完成之后单击“登录项”标签，在下方的列表框中选中相应程序单击下方的 − 图标，即可将其移除，之后再“启动”之后就会看不到这个程序了。

提示 只有管理员及以上账户才可以进行此项操作，普通用户和访客均无此项权限。

列表中程序名称前方的复选框功能并非决定程序是否在登录时打开，而是控制程序在打开时是否会隐藏，通俗来讲，就是程序打开时窗口是否会显示，假如不显示就是窗口最小化状态，用户可以通过勾选应用程序前方的复选框来选择程序打开时是否出现相应的窗口。

提示 在列表框中可以看到有的程序名称后方带有一个叹号的警示标志，此标志表示系统无法找到当前程序，同时它有可能是已经被卸载的程序，只是部分文件还保留在计算机中，对于此类程序可以直接从列表框中将其清除。

在“登录项”标签的设置面板中单击下方的+按钮，在弹出的窗口中找到想要开机启动项的程序位置，选中其图标，单击右下角的“添加”按钮，即可添加开机启动项。

技巧 选中想要添加开机启动项的程序图标，将其拖至“登录项”设置面板中的列表框中，这样可以实现快速添加。

5.10.2 Dock中添加

在Dock中，在想要添加开机启动项的程序图标上单击鼠标右键，从弹出的菜单中选择“选项”|“登录时打开”命令即可完成程序开机启动项的添加。

技巧 通过删除部分不需要的开机启动项，可以加快系统开机时间，提升效率。

5.11 扩展功能设置

5.11.1 新浪微博

单击Dock工具栏中的“系统偏好设置”图标，打开“系统偏好设置”窗口，然后再单击“互联网账户”图标，在弹出的面板中右侧位置选择相应的账户，比如“新浪微博”，在弹出的面板中输入名称及密码后点击“登录”按钮，之后根据用户网速稍等片刻将自动登录当前微博账号，单击界面左下角加号+按钮，可以添加多个账号。

5.11.2 Safari（搜索）

在Safari浏览器中，可以直接在地址栏中输入网站名称，浏览器就会自动连接到这个网址，同时可以输入要搜索的关键词，浏览器会自动识别并给出搜索结果，Safari支持Google、百度、Bing等知名搜索引擎。

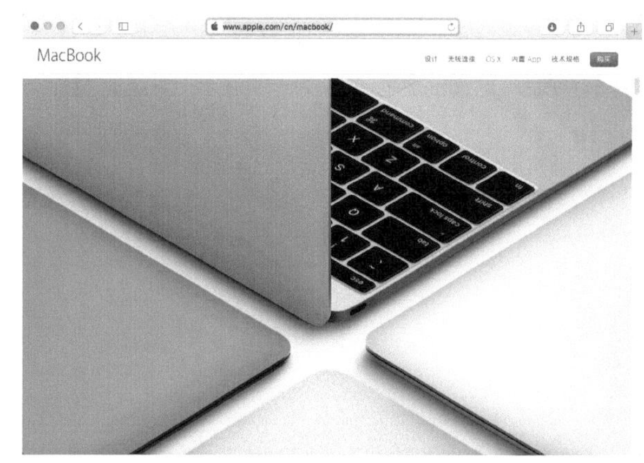

选择程序菜单栏中的“Safari”|“偏好设置”命令，在弹出的面板中切换到“搜索”标签，在“搜索引擎”后方的列表中选择一种默认的搜索引擎即可更改浏览器默认的搜索引擎。

5.11.3 智能文件夹

智能文件夹是OS X 中十分有特色的功能，比如用户在计算机中保存了很多音乐文件，并且将不同的音乐分别放在数个文件夹中，如果频繁地播放这些音乐，在某段时间内想找出最近2天内的音乐可以用到这个智能文件夹功能，可以凭大概记忆手工寻找这些文件夹，还可以使用搜索框，OS X可以将用户的这些操作进行保存形成一个智能的文件夹，在以后再次寻找这些音乐的时候，可以单击该文件夹，即可找出之前2天内播放过的音乐。

单击Dock中的图标，当弹出窗口以后，在菜单栏中选择“文件”|“新建智能文件夹”命令，然后再单击窗口右上角的按钮，添加搜索条件，在弹出的搜索条件选项中，选择“种类”为“图像”，此时窗口中将出现很多图片文件。

再次单击窗口右上角的按钮，此时将弹出新一行的搜索条件，在弹出的搜索条件选项中，将条件设置为“创建日期”“在过去”“2天内”，此时窗口中的图片文件是最近2天内创建的，最后单击“存储”按钮，将弹出的新窗口中“存储为”后面的名称更改为“最近2天创建的图片”，再单击“存储”按钮保存。

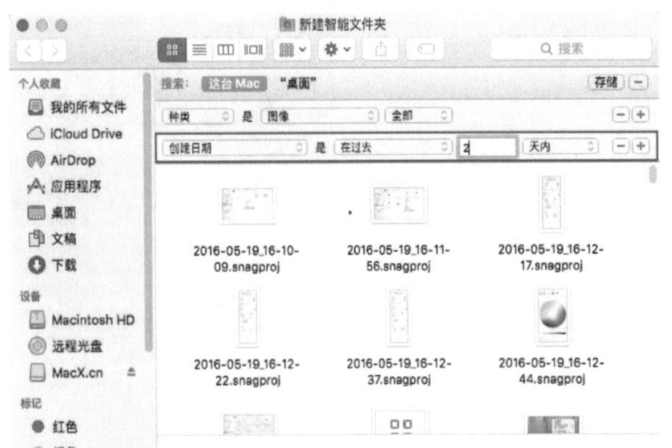

此时在左侧的栏目中多了一个“最近2天创建的图片”选项，选中该选项，就可以快速打开最近2天创建的图片文件。

> **提示** 智能文件夹只保存搜索条件，其搜索结果是不固定的，如果用户在两天内创建过另外的图片文件，当再选中该选项时，只会显示最新创建的图片文件。

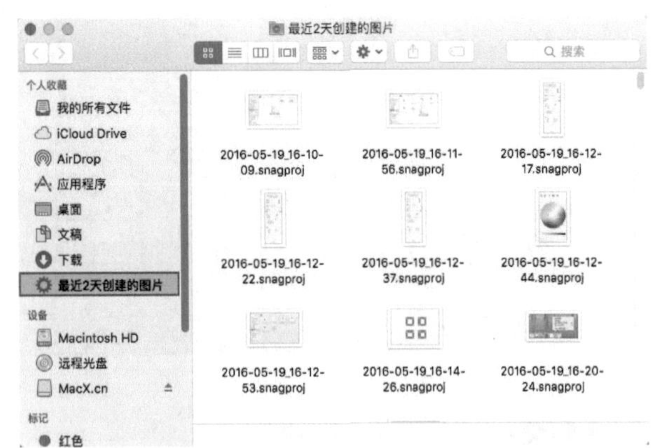

5.11.4 文本摘要工具

在一些文字处理软件中具备文本摘要功能，它可以将很长的一段叙述或者文本归纳成简洁的几句话以概括这些主体思想，比如大名鼎鼎的Adobe公司所开发的排版软件InDesign，当他们在进行文字排版过程中需要对一些很长的文字进行简单的归纳，这时就需要用到“摘要”功能了。

令人开心的是Mac也为用户提供了这项功能，它对于整天面对大量文本的工作者而言可以大幅提升工作效率。

使用这个功能之前首先需要启动它，单击Dock中的“系统偏好设置”图标，在出现的面板中单击“键盘”图标，此时将弹出“键盘”设置窗口。

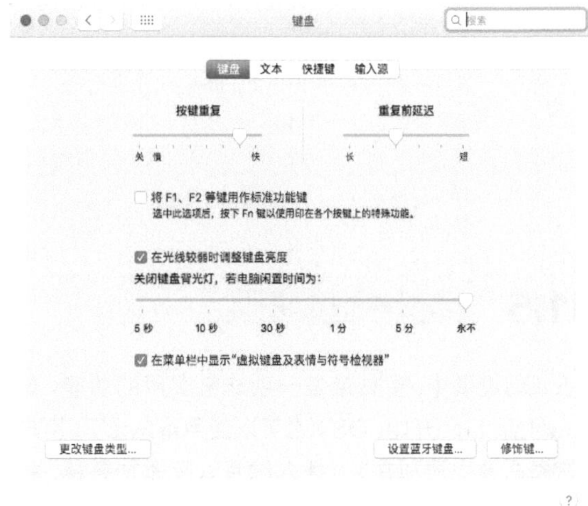

单击面板上方的“快捷键”标签，单击左侧边栏的“服务”，在右侧的列表中勾选“摘要”复选框，完成之后关闭窗口。

当确认启用“摘要”服务之后，可以在“文本编辑”程序中选中文本，选择菜单栏中的“文本服务”|“编辑”|“摘要”命令。

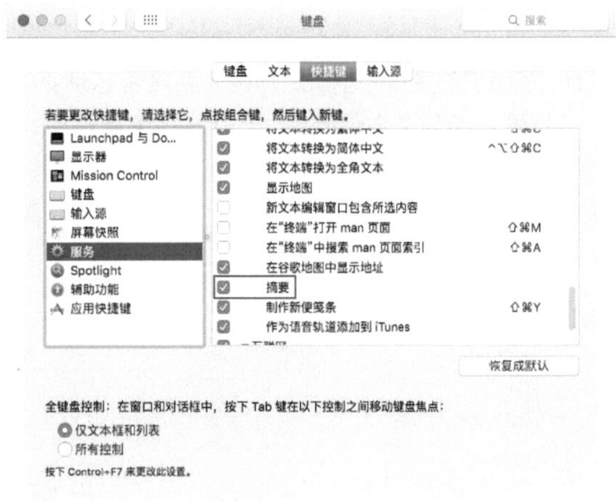

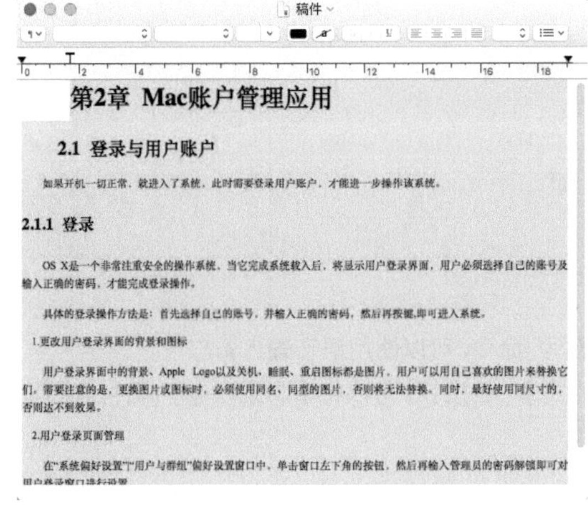

第2章 Mac账户管理应用

2.1 登录与用户账户

如果开机一切正常，就进入了系统。此时需要登录用户账户，才能进一步操作该系统。

2.1.1 登录

OS X是一个非常注重安全的操作系统。当它完成系统载入后，将显示用户登录界面，用户必须选择自己的账号及输入正确的密码，才能完成登录操作。

具体的登录操作方法是：首先选择自己的账号，并输入正确的密码，然后再按键即可进入系统。

1.更改用户登录界面的背景和图标

用户登录界面中的背景、Apple Logo以及关机、睡眠、重启图标都是图片，用户可以用自己喜欢的图片来替换它们。需要注意的是，更换图片或图标时，必须使用同名、同型的图片，否则将无法替换。同时，最好使用同尺寸的，否则达不到效果。

2.用户登录页面管理

在“系统偏好设置”|“用户与群组”偏好设置窗口中，单击窗口左下角的按钮，然后再输入管理员的密码解锁即可对

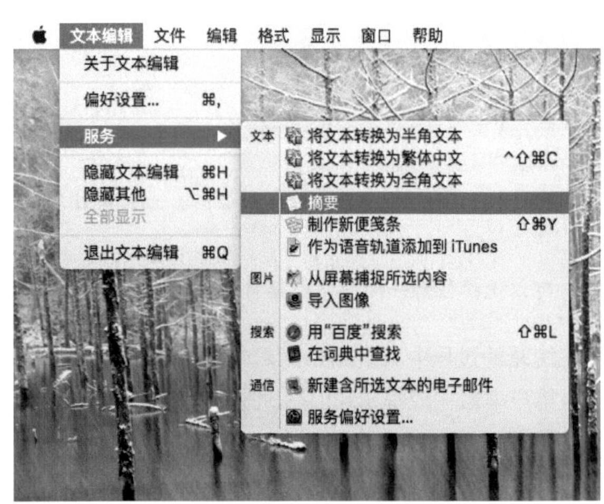

当执行完“摘要”命令之后将弹出“摘要”对话框，在摘要对话框中，选择“句子”或“段落”单选按钮可以把文本摘要作为一系列不连续的句子输出或作为一系列段落输出，而更改“摘要大小”滑块可以调整要文本中留存多少原始文本。

摘要
如果开机一切正常，就进入了系统，此时需要登录用户账户，才能进一步操作该系统。
...OS X是一个非常注重安全的操作系统，当它完成系统载入后，将显示用户登录界面，用户必须选择自己的账号及输入正确的密码，才能完成登录操作。
具体的登录操作方法是：首先选择自己的账号，并输入正确的密码，然后再按键,即可进入系统。
...更改用户登录界面的背景和图标
用户登录界面中的背景、Apple Logo以及关机、睡眠、重启图标都是图片，用户可以用自己喜欢的图片来替换它们。需要注意的是，更换图片或图标时，必须使用同名、同型的图片，否则将无法替换。
...在"系统偏好设置"|"用户与群组"偏好设置窗口中，单击窗口左下角的按钮，然后再输入管理员的密码解锁即可对用户登录窗口进行设置。
句子
段落
1 摘要大小 100%
清除全部

5.11.5 Notes备忘录

在iOS设备中，备忘录是一项非常实用的功能，自从Mountain Lion开始，OS X也可以使用备忘录了，用户可以在备忘录中添加文字、插入图片以及添加链接，并且还可以把部分事件钉在桌面上。

单击Dock中的备忘录图标，打开备忘录应用程序，假如Dock中没有，可以在“Finder”|“应用程序”中打开，在出现的窗口中单击底部的新建备忘录。

当输入新的备忘录以后，选择程序菜单栏中的“备忘录”|“服务”|“从屏幕捕捉所选内容”命令，将当前屏幕中的截图添加到备忘录中。此外，还可以选择“导入图像”命令，在备忘录中插入图片。

技巧 可以选择任意一幅图像直接将其拖至正在编辑的备忘录中。

在编辑的过程中，选择程序菜单栏中的“编辑”|“开始听写”命令，可以使用语音输入备忘录。

当用户编辑完成备忘录以后，还可以通过单击工具栏中的共享按钮，可以将备忘录以电子邮件或者信息的形式发送出去。

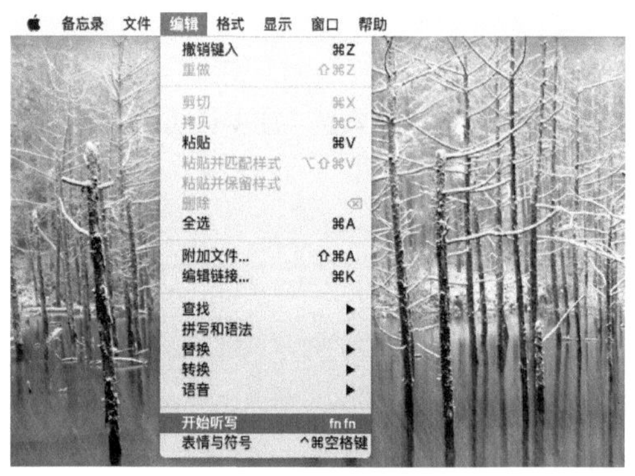

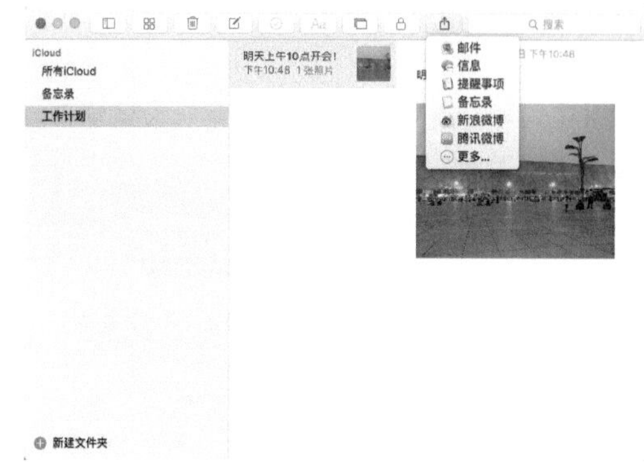

备忘录可以分类保存在不同的文件夹中，选择程序菜单栏中的“文件”|“新建文件夹”命令，可以在备忘录中新建一个全新的文件夹，以便于分类管理所建的备忘录。

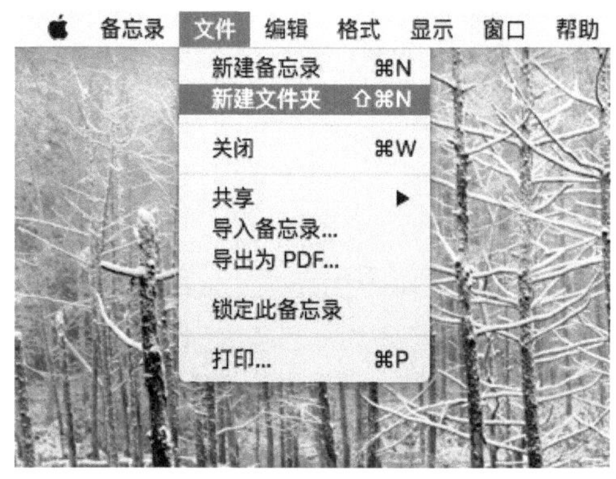

5.11.6 文档同步

文档云服务是OS X中的一项特色功能，在最新的OS X El Capitan中，文本编辑、预览、以及苹果特色的办公三套件Keynote、Pages、Numbers都支持文档云服务，打开相应的应用程序时，会显示一个面板，此时会提示用户哪些文档在iCloud上，哪些存放在本地硬盘上，下面以文本编辑应用程序为例来介绍iCloud在实际工作中的应用。

单击Dock中的图标，然后单击“文本编辑”图标启动应用程序。在“文本编辑”应用程序界面中单击左下角的“新建文稿”按钮，在弹出的文本编辑框中添加文字等相关信息，然后选择菜单栏中的“文件”|“存储”命令，此时将弹出一个对话框，在这里可以选择将文档同步到iCloud中或者存放在本地硬盘中。

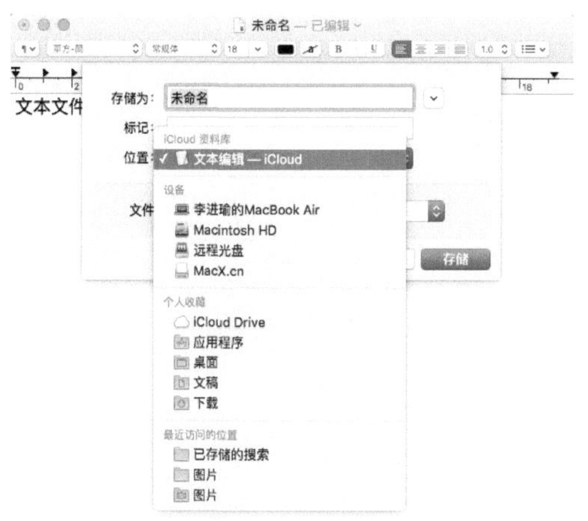

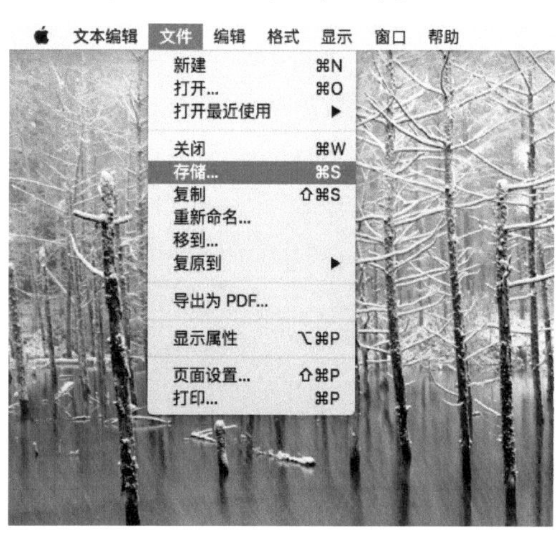

5.11.7 菜单栏的透明设置

打开“系统偏好设置”|“辅助功能”偏好设置窗口，在窗口中勾选或者取消勾选“减少透明度”前面的复选框，可以打开或者关闭菜单栏的透明效果。

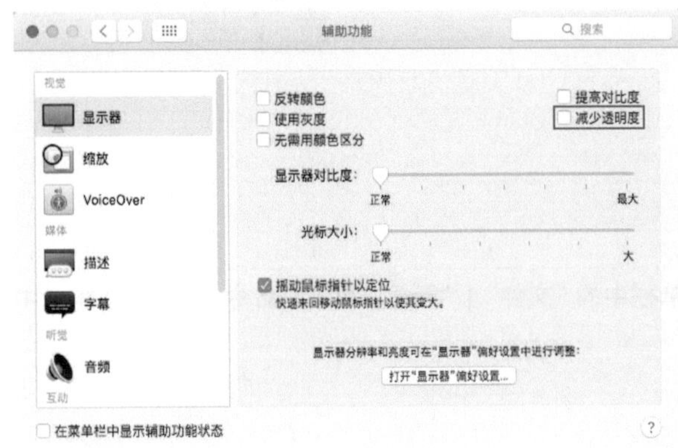

5.11.8 创建签名

使用“预览”程序可以在预览的图片中添加自己的签名，它不但可以通过触控板手写直接输入签名，还能够通过Mac中的摄像头捕捉到手写签名，十分好用。

单击Dock中的“Finder”图标，在出现的窗口中单击左侧边栏中的“应用程序”，双击“预览”图标将其打开，此时“预览”程序将自动运行，选择菜单栏中的“工具”|“注解”|“签名”|“管理签名”命令。

在“管理签名”面板中单击“触控板”标签，单击“点按此处以开始”，然后在触控板上直接书写签名，完成后，按键盘上的任意键结束书写，单击“完成”按钮完成签名创建。

除了使用手写外，还可以通过摄像头捕捉签名，单击“摄像头”标签，根据提示在一张白纸上签名，然后将白纸放在摄像头的捕捉范围内，签名压在左侧蓝色基线上，这样系统就会自动捕捉并识别签名，当捕捉完成之后单击“完成”按钮即可将捕捉到的签名保存。

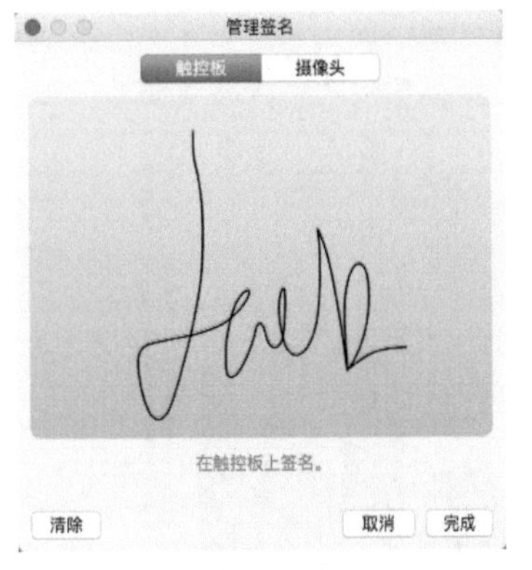

管理签名

创建签名

5.11.9　在PDF中添加签名

打开一个PDF文档，选择菜单栏中的“工具”|“注解”|“签名”命令，可以将出现的子菜单中刚才所创建的签名添加到PDF文档中。

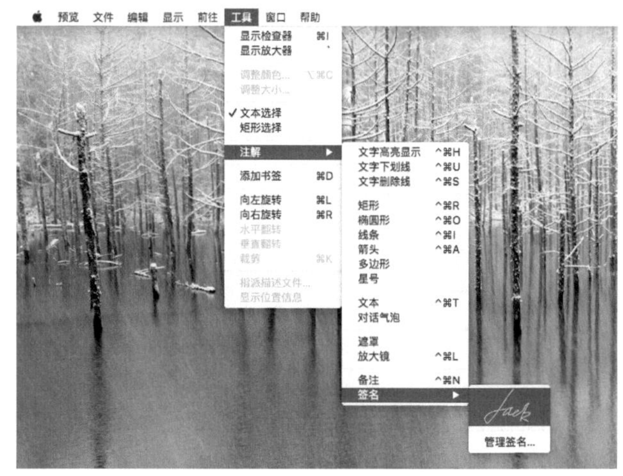

5.11.10　禁用触控板

在装有Windows系统的大部分笔记本电脑中，可以通过按下快捷键的方法将其触控板关闭，而在Mac系统中除了复杂的触摸选项设置以外也有方法将其禁止，但是前提是必须有外接鼠标，这个设置并不明显。

单击Dock中的“系统偏好设置”图标，在出现的面板中单击“辅助功能”图标，此时将弹出“辅助功能”设置面板，选择“鼠标与触控板”选项，勾选“有鼠标或无线触控板时忽略内建触板”前的复选框，这样在有鼠标连接的情况下触控板将被禁用。

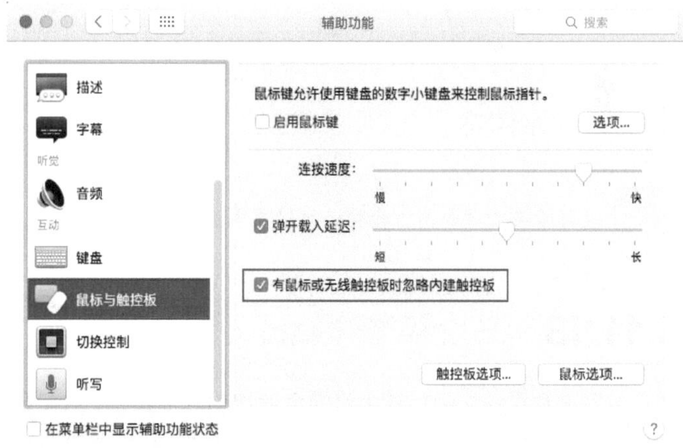

5.11.11　向朋友推荐App

在Apple Store中，假如发现了一个著名的程序，而恰好自己和朋友都需要，可以单击程序图标右侧的向下方向的小箭头，在弹出的菜单中选择“告诉朋友”，然后在弹出的对话框中输入朋友的邮箱地址，再输入正文信息，单击“发送”按钮即可。

> 提示　除了可以直接使用“告诉朋友”的方法通知朋友，还可以选择“复制链接”后将链接发送给朋友，另外还可以选择“用信息分享”利用信息将当前程序的下载地址分享出去。

5.11.12 存储对话框显示模式

Mac默认的存储对话框有两种模式，分别为迷你模式和扩展模式。迷你模式相对比较简单，只能输入想要保存的文件名称、位置等，并没有太多选项，而扩展模式下的对话框会显示一个文件列表窗口等其他选项，这样可以方便用户将存储的文件与系统中已经存储的文件作对比，并且在选择存储位置的时候更加直观，单击存储对话框中的⌄按钮即可在扩展模式和迷你模式之间切换，用户每次在存储文件的时候系统默认为迷你模式。

提示 在任意带有“取消”按钮的对话框中按下command+快捷键可以将对话框取消。

5.11.13 禁止某些功能键

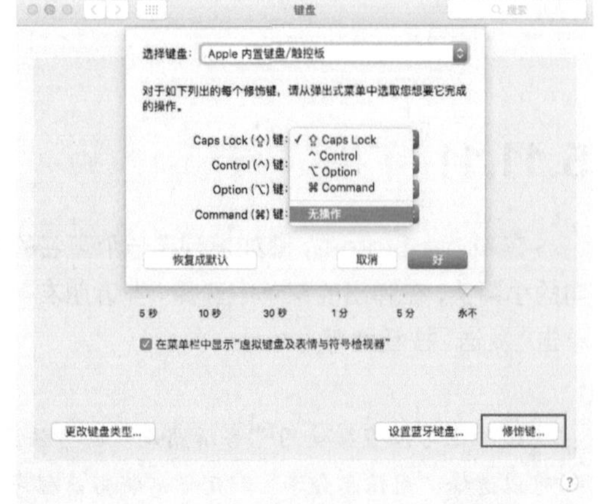

有些用户在打字的过程中经常会误按到其他按键，然后就得及时修正，这样既麻烦又浪费时间，其实在Mac中是可以禁止某些功能键的，如在输入文本的时候不想使用Caps Lock（大小写转换）键，此时可以用以下方法禁止这个按钮。

单击Dock中的“系统偏好设置”图标，在出现的面板中单击“键盘”图标，此时将弹出“键盘”设置面板，单击“修饰键”按钮，单击“Caps Lock 键”后方的下拉列表，选择“无操作”后单击“好”按钮即可，假如想启用这个按键，可以将其恢复成原来的设置，或者单击面板左下角的“恢复成默认”按钮，以同样的方法可以将其他不想使用的按钮禁止。

5.11.14　将程序最小化至当前程序图标

在以往的Mac系统版本中，单击应用程序窗口左上角的最小化按钮即可将程序最小化至Dock中的程序图标上，在最近的版本系统中苹果公司做了全新的设计，当单击程序窗口最小化按钮时它将最小化至Dock中的右侧废纸篓附近位置。

如果想回到之前的最小化效果，可以在系统偏好设置中更改。单击Dock中的“系统偏好设置”图标，在出现的面板中单击“Dock”图标，此时将弹出“Dock”设置面板。在出现的“Dock”设置面板靠底部位置勾选“将窗口最小化为应用程序图标”前的复选框即可。

5.11.15　显示或隐藏Dock

单击菜单栏左上角的图标，在弹出的菜单栏中选择“系统偏好设置”命令，在弹出的设置面板中勾选“自动显示和隐藏Dock”复选框，此时Dock将隐藏，将光标移至桌面底部边缘，Dock将显示。

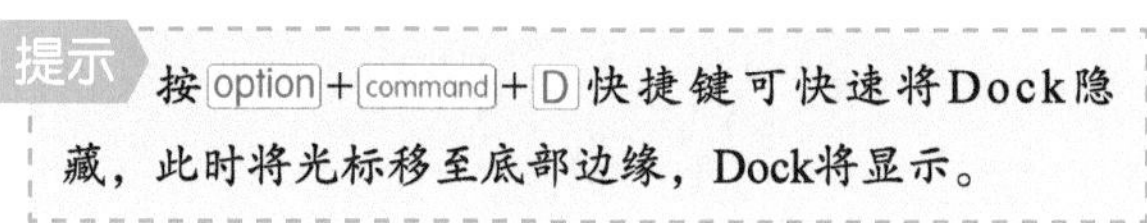

提示　按option+command+D快捷键可快速将Dock隐藏，此时将光标移至底部边缘，Dock将显示。

5.12　进阶功能设置

5.12.1　GateKeeper

苹果公司从OS X 10.8版本开始引入了新的安全功能，我们可以通过此项功能来享受它带给我们对应用程序控制的便利。

单击Dock工具栏中的“系统偏好设置”图标，打开“系统偏好设置”窗口，然后单击“安全性与隐私”图标，在弹出的面板中切换到“通用”标签，单击面板左下角的解锁按钮，在弹出的对话框中输入密码进行解锁，如果没有密码可以直接单击“解锁”按钮。

当解锁完成之后，可以通过“允许从以下位置下载的应用”中选择一个选项，比如勾选“Mac App Store”单选按钮，那么只有确认是Mac App Store的程序才允许被安装运行，是一种比较严格的安全防护选项，如果勾选“任何来源”单选按钮，则完全没有防护。

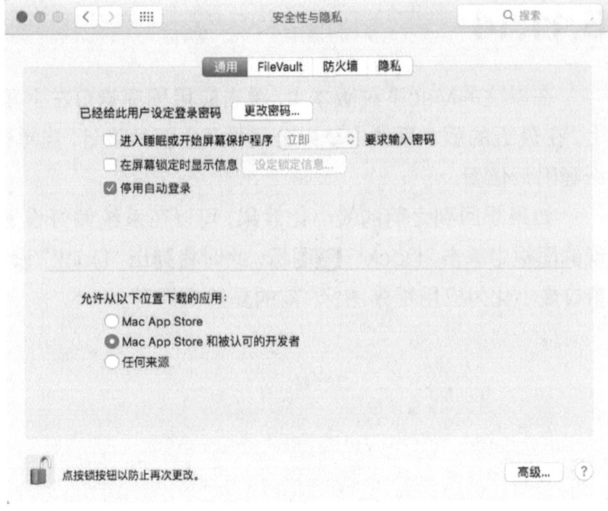

提示 “Mac App Store”是指苹果公司开发的程序，所以是最安全的官方程序，“Mac App Store和被认可的开发者”是指每一位注册过苹果开发者的账号并且已经经过验证过的开发者，所以此类程序仍然比较安全的，而“任何来源”则是允许任何程序，这其中包括了所有可以在OS X中运行的程序，从安全角度来讲是一种完全开放式没有防护的选项，当勾选此项之后在安装程序的时候会弹出一个询问对话框，建议一般用户选择“Mac App Store和被认可的开发者”选项。

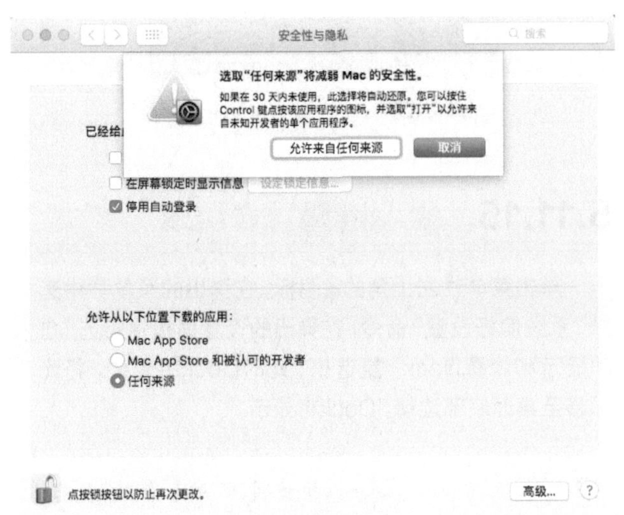

5.12.2 Airplay镜像

Airplay镜像功能可以将用户的 Mac上的内容通过Apple TV传输至相连接的投影仪、电视机，或者外接显示器上，这样就可以通过电视机和家人或者朋友一起分享喜欢的内容。

如果需要启用Airplay镜像，需要检查设备是否支持Airplay镜像，单击Dock工具栏中的“系统偏好设置”图标，打开“系统偏好设置”窗口，然后再单击“显示器”图标，在窗口左下角位置有一个“在菜单栏中显示镜像选项（可用时）”选项，此时说明该设备支持Airplay镜像功能。

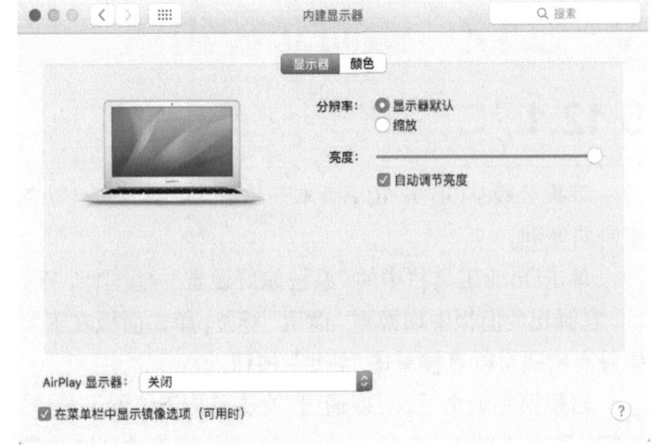

5.12.3 逐秒播放视频

使用QuickTime Player的用户都知道，在播放视频的时候，单击播放进度条上任意位置即可跳转至当前位置，这种方法可以快速跳转至自己想看的关键片段，如果在播放进度条上某个位置按住鼠标左键，再左右稍微拖动它将往前或者往后，这样就可以快速播放视频，松开鼠标后将恢复正常。

提示 *在播放过程中单击暂停按钮，此时分别按键盘上的向左或者向右快捷键，可以逐帧播放视频。*

5.12.4 启用ROOT（根）账户

单击Dock工具栏中的“系统偏好设置”图标，打开“系统偏好设置”窗口，然后单击“用户与群组”图标，打开“用户与群组”设置面板，单击“登录选项”。

单击窗口左下角的图标，在弹出的对话框中输入密码以解除设置锁定。

解除锁定之后，在右侧单击底部的“加入”按钮，此时将弹出一个对话框提示用户输入“服务器”地址，再单击

对话框中的“打开目录实用工具”按钮，此时将弹出“目录实用工具”对话框。

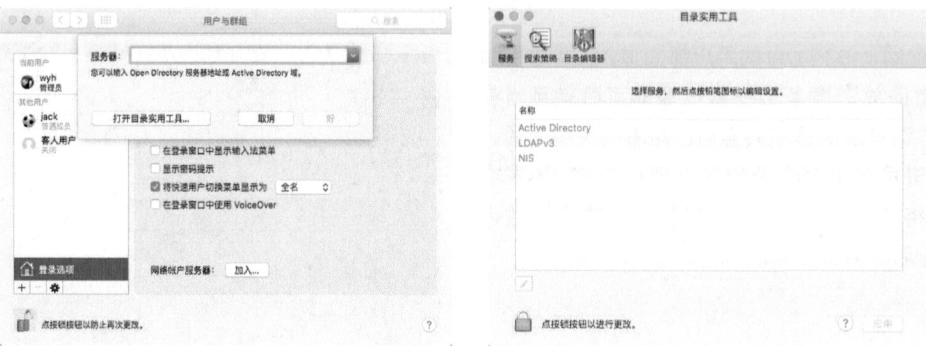

在弹出的目录实用工具对话框中单击窗口左下角的🔒图标，在弹出的对话框中输入密码以解除设置锁定，输入完密码之后单击右下角的“修改配置”按钮。

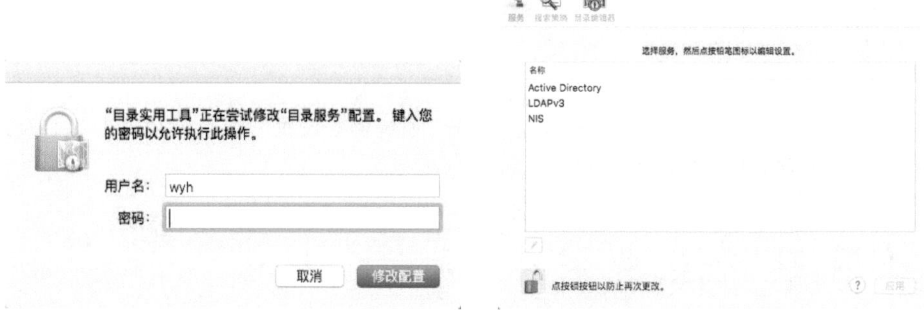

选择菜单栏中的“编辑”|“启用Root用户”命令，将会弹出一个窗口提示用户为所创建的root用户创建一个密码。

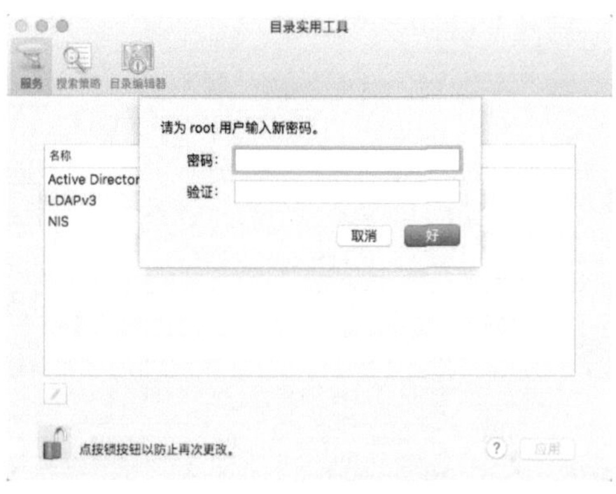

创建密码完成之后单击“好”按钮，单击菜单栏中的按钮，从弹出的菜单中选择“注销XXX”命令，将当前用户注销，此时在登录界面的菜单中会发现多一个“其他”图标。

5.12.5 反转显示器颜色

按 option + command + F5 快捷键可快速打开"辅助功能"面板，勾选"反转显示器颜色"前面的复选框，单击"完成"按钮，此时显示器颜色将被反转，这个功能对于夜晚看某些文本文档是有一定帮助的。同时左右拖动"调整对比度"滑块可以调整对比度。

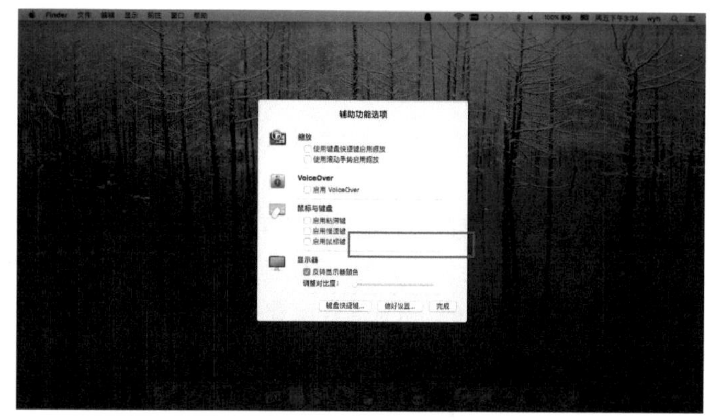

5.12.6 不受软件更新打扰

Mac的更新速度很快，隔不久就提示用户系统中有需要更新的程序，对于处在繁忙工作中的用户可能不需要这些更新，可能他们更多时间是使用Mac来进行设计、音频制作等工作，这时在工作过程中有更新提示是让人很不爽的一件事，它会打扰到用户正常的工作，通过关闭这些更新提示就可以不受其打扰了。

单击Dock中的"系统偏好设置"图标，在出现的面板中单击"App Store"图标，此时将弹出"App Store"窗口，取消"自动检查更新"前的复选框即可让Mac停止自动检查更新，这样在工作过程中也不会受其打扰了。

提示 当一段工作结束的时候可以前往"App Store"面板中，勾选面板中的"自动检查更新"前的复选框，让计算机保持最佳的运行状态。

5.12.7 旋转显示角度

Mac中的"显示器"内置了一项隐藏的功能，它可以将当前显示的内容进行"90度""180度""270度"旋转。

单击Dock中的"系统偏好设置"图标，在出现的面板中按住 option + command 快捷键并单击"显示器"图标，此时将弹出"显示器"设置面板。

在"显示器"设置面板中，单击"旋转"后面的下拉列表，在弹出的列表中可以选择"标准""90°""180°""270°"，当选择不同的选项时，当前屏幕中所显示的内容会按照所选择的角度旋转。

提示 当选择不同角度之后，将弹出一个对话框，询问用户是否确认旋转，单击“确认”键即可确认旋转，单击“复原”键即可复原至标准显示模式，假如不做任何选择，系统将在15秒之后自动复原。如果您未看到该选项，说明您的电脑不支持此功能。

5.12.8 为系统偏好设置添加快捷键

在使用Mac的过程中，可能经常使用“系统偏好设置”这个功能，除了单击Dock中的图标之外，还可以选择菜单栏中的命令，如果能为其定义一个快捷键，那么就可以随时使用快捷键打开“系统偏好设置”了。

首先单击Dock中的“系统偏好设置”图标，在出现的面板中单击“键盘”图标，此时将弹出“键盘”设置面板，单击面板上方的“快捷键”标签。

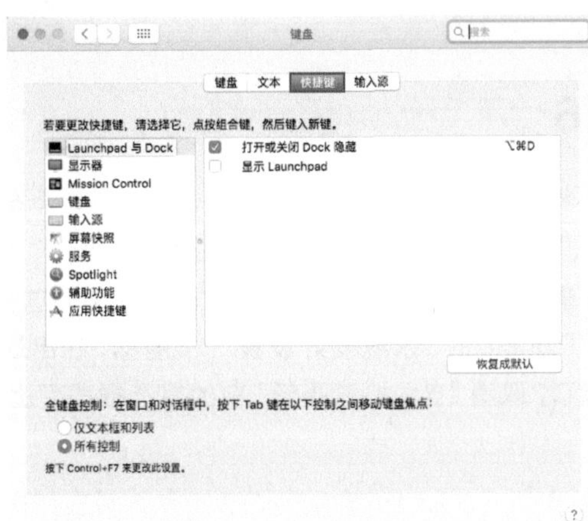

在“快捷键”设置面板中，选择“应用快捷键”选项，单击下方的+按钮，在出现的对话框中，在“菜单标题”后面的文本框中输入一个菜单名称，如输入“系统偏好设置”，在“键盘快捷键”的文本框中单击然后按下自己想要定义的快捷键，单击“添加”按钮即可，建议用户在定义快捷键的时候注意不要与其他热键或者已经定义的快捷键起冲突。

当为“系统偏好设置”定义好快捷键之后可以在“快捷键”下方的列表框查看。

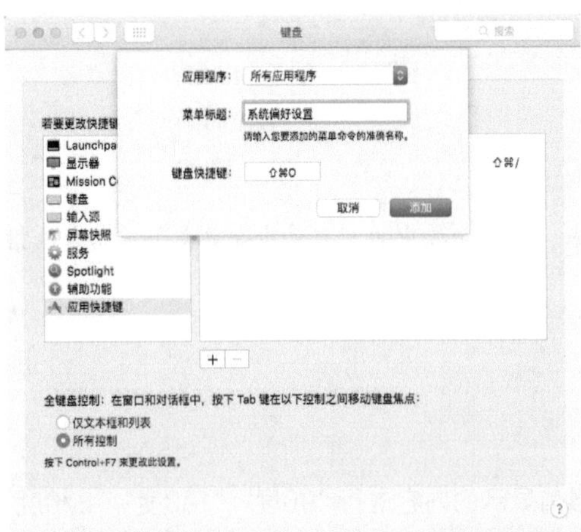

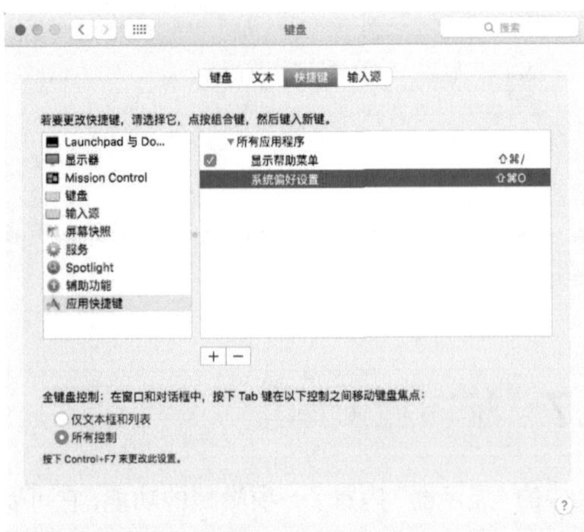

提示 利用此种方法可以为任何一个想定义快捷键的程序定义快捷键，前提是必须保证应用程序名称正确无误。

5.12.9 Spotlight的设置

单击Dock工具栏中的“系统偏好设置”图标，打开“系统偏好设置”窗口，然后再单击“Spotlight”图标。

在打开的“Spotlight”窗口中，可以对搜索结果进行设置，也可以将一些文件、文件夹等不想被搜索到的结果排除在范围之外。

设置十分简单，可以对所列出的项目进行勾选，以便于Spotlight对相关类型进行搜索；可以通过拖动所选中的项目进行排序，在这个窗口中的排序将直接影响到Spotlight的搜索结果，在窗口的底部位置为快捷键的定义方式，“Spotlight菜单快捷键”为调出系统右上角Spotlight搜索框，而“Spotlight窗口快捷键”为调出Spotlight的搜索窗口，如果某些文件夹或者文件保存有个人隐私，不想被Spotlight搜索出来，可以单击“隐私”标签，将需要排除在外的文件夹拖入至列表中，或者单击页窗口底部的+按钮添加。

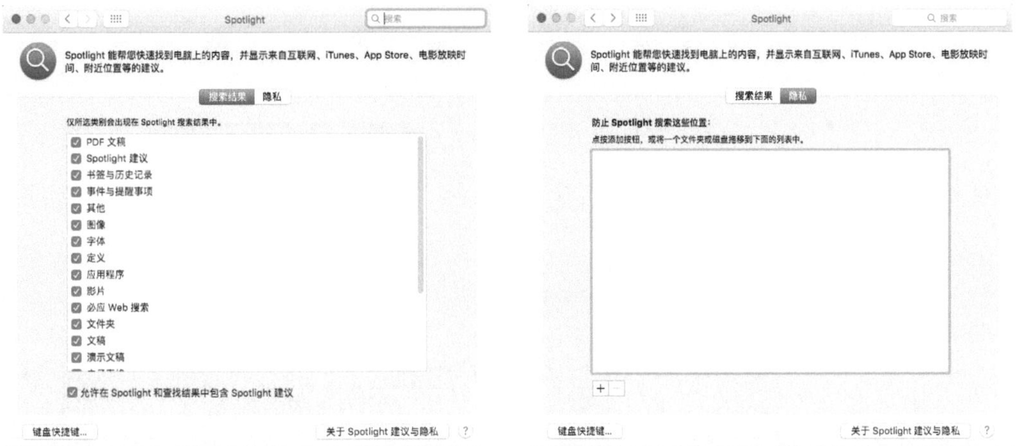

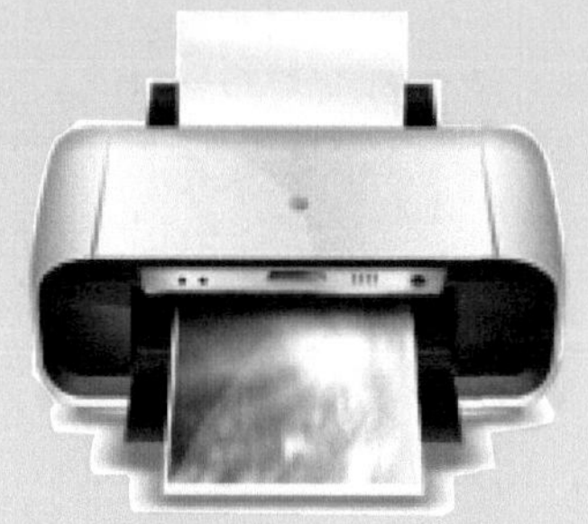

第 6 章 输入法的使用及文件的打印管理

要想在OS X系统中编辑文件，除了安装输入法以外，还要学会输入法的使用。本章介绍输入法的使用以及打印文件等实用技巧。

6.1 输入法的设置

Mac中的输入法都是通过“系统偏好设置”|“语言与文本”|“输入源”进行设置的，包括启用输入源、在系统菜单栏中显示输入源、更改输入法快捷键等。

6.1.1 启用输入法

要使用输入法，首先就要启用输入法。打开“系统偏好设置”|“语言与地区”设置面板，单击“键盘偏好设置”，在“输入源”下方的列表框中选择需要的输入源。

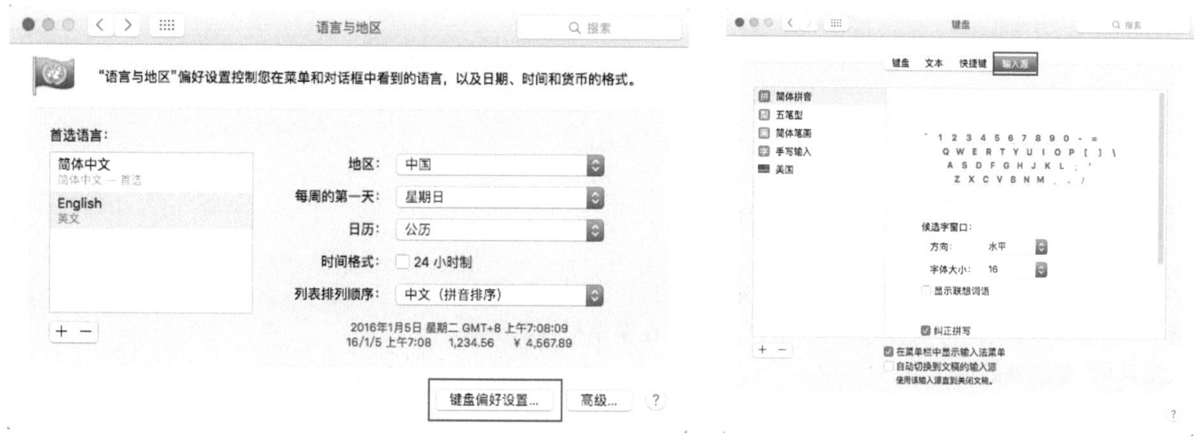

提示 Mac中的输入法，无论是系统自带的，还是安装的第三方输入法，都必须要先启用才能使用。

6.1.2 切换中英文输入法

在OS X中默认的输入法是英文输入。如果要输入中文，必须先切换为中文输入，此时，单击系统菜单栏中的图标，在弹出的菜单中再选择输入法。

6.1.3 使用快捷键切换输入法

如果每次都必须通过单击图标才能切换输入法，那么这将是一件十分烦人事，此时，可以熟记切换输入法的快捷键。

按⌘+空格键可选择上一个使用过的输入法

五笔型　简体拼音　美式英文

▲ 按option+⌘+空格键可依顺序选择菜单中的下一个输入法

6.1.4 停用输入法

如果不想在输入法系统菜单中看到某个输入法，或者不想按⌘+空格键切换某个输入法，就可以将该输入法停用。打开"系统偏好设置"|"语言与地区"|"键盘偏好设置"设置面板，然后取消选中的要停用的输入法即可。例如，要停用"五笔画"输入，选择"五笔型"选项后，单击下方的减号−图标，将其删除即可。

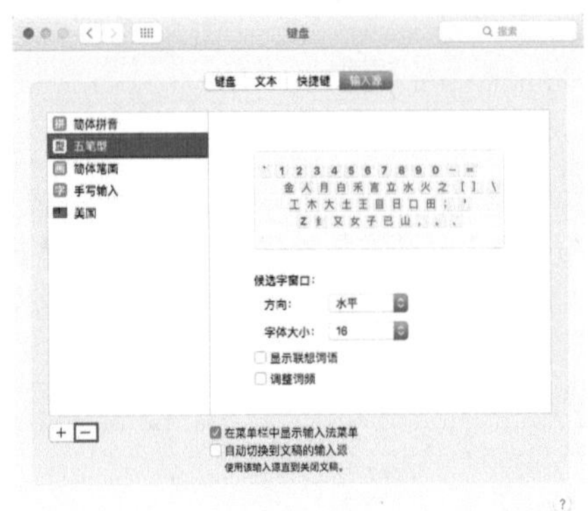

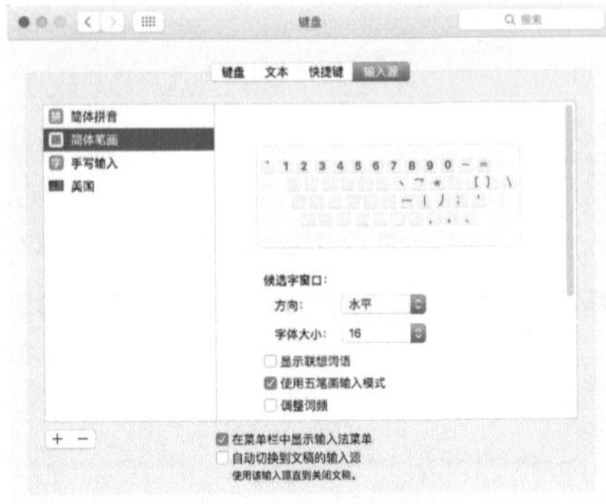

6.1.5 在系统菜单中显示输入源

如果想让输入法显示在系统菜单中，则打开"系统偏好设置"|"语言与地区"|"键盘偏好设置"窗口，选中"在菜单栏中显示输入法菜单"复选框即可。

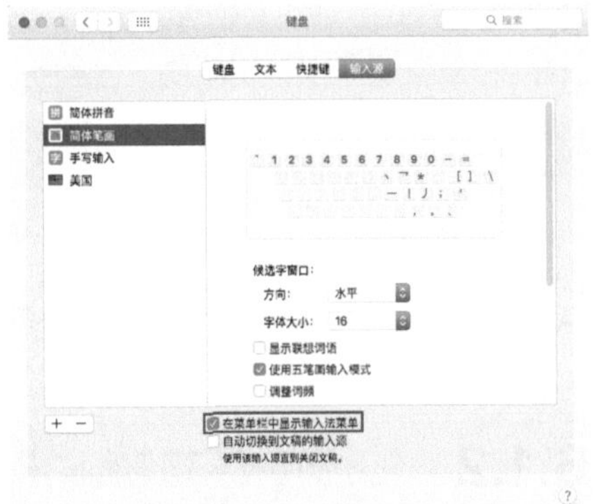

6.1.6 设置输入法切换快捷键

很多Windows用户都已习惯使用control+空格键来切换输入法，但在Mac中，切换输入法也用该快捷键。如果想变成其他的快捷键，则可打开"系统偏好设置"|"语言与地区"|"键盘偏好设置"窗口并切换到"快捷键"标签中，在左侧的列表框中选择"输入源"，然后再将右侧列表框中"选择上一个输入源"的快捷键更改为自己需要的即可。

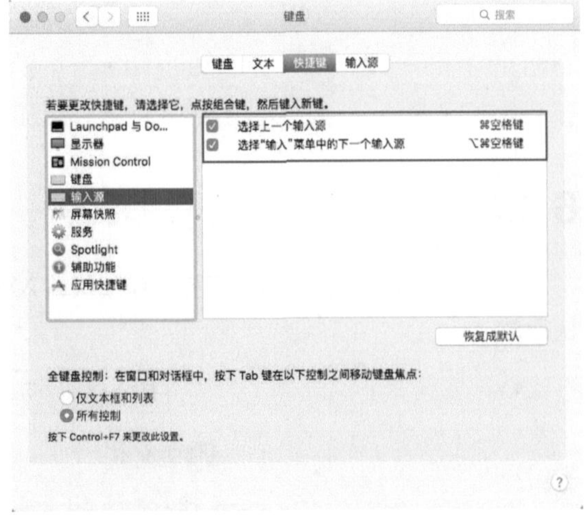

6.2 系统中自带的中文输入法的使用

OS X系统中自带的中文输入法与传统的输入法相比有了很大的改进，大大提高了用户输入文字的效率。

6.2.1 输入中文

在拼音输入模式下，当我们输入的输入码对应多个相关的中文字符时，就会出现候选列表。候选列表将列出输入码对应的所有文字符，我们可以选取需要的一个或多个字符。

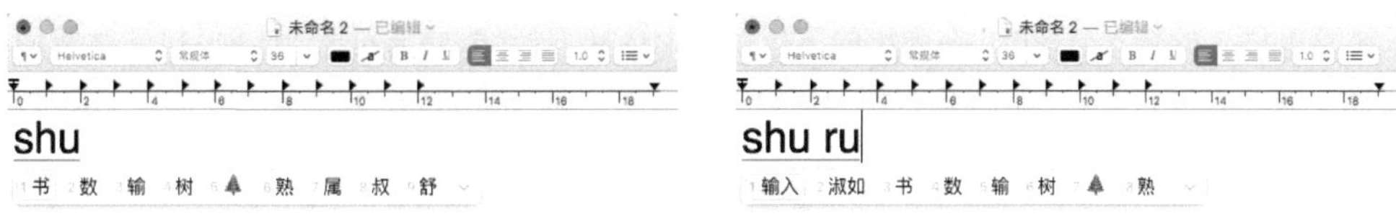

6.2.2 手动选字、词

有时拼音输入法自动选字、词的功能，并不能完成我们想要的文字的输入，此时就需要进行手动选字。如输入“开心词典”，当出现别字时，可以单击右侧的向下箭头 ，选择正确的文字即可。

6.2.3 输入英文和数字

在中文输入法中，如果需要输入英文字母，此时，不需要来回切换输入法，只要按下caps lock键即可在中文输入法模式下输入英文字母和数字了。要再次输入中文时，只要再按一次caps lock键即可。

提示 如果要输入大写的英文字母，则同时按caps lock+shift快捷键，即可输入大字的英文字母。

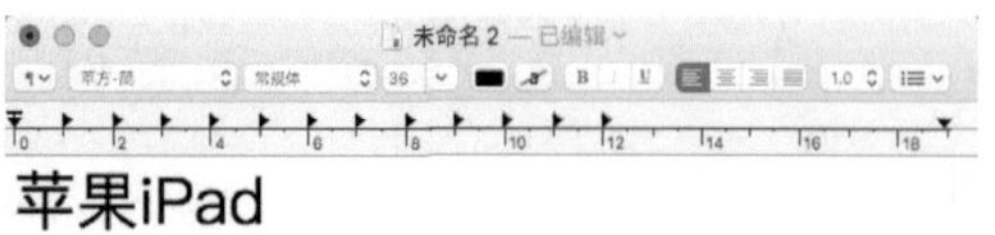

6.2.4 输入特殊字符

在输入文本时，常常需要输入一些特殊的标点符号，如各种箭头、数学公式符号、货币符号和表情符号等，这些符号一般无法通过键盘直接输入。不过不用担心，OS X系统集成了大量的常见符号，供我们在需要时直接调用。

单击系统菜单栏上的输入法图标，在弹出的下拉菜单中选择"显示表情与符号"选项，打开字符面板后，在左侧列表中选择要输入的符号类型，然后在右侧的窗口中把对应的符号拖动到"文本编辑"程序窗口要输入符号的位置即可。

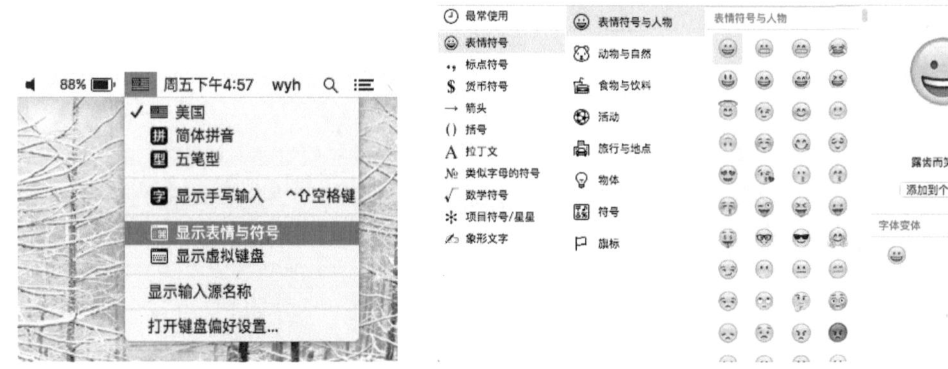

6.2.5 简繁转换

在Mac中输入任何简体或繁体中文文本时，都可将其相互转换。

选中要转换的文本，单击鼠标右键，从弹出的菜单中选择"将文本转换为简体中文"或"将文本转换为繁体中文"命令，即可实现简繁的转换。

如果按shift+control+⌘+C快捷键可以快速将简体转换为繁体。

6.3 安装第三方输入法

安装第三方输入法与安装其他软件的方法一样。通常输入法源程序是一个pkg或dmg安装包，直接对其双击，即可完成装。需要注意的是，安装完成后，必须要启用才能使用。

6.4 打印文件与打印机管理

打印机是办公最常用到的设备，要想让文件显示在纸上就必须靠打印机来完成，在Mac中设置打印机的方法非常简单。下面，我们就来看看在OS X系统中如何配置、共享及管理打印机，并用它来完成打印工作。

6.4.1 连接本地打印机

首先把打印机接上Mac计算机上。目前市面上大部分打印机都采用USB接口，使用USB线将打印机连接到Mac上。

接着单击Dock工具栏中的"系统偏好设置"图标，打开"系统偏好设置"窗口，然后单击"打印机与扫描仪"图标。

在"打印机与扫描仪"窗口中，单击加号+按钮，打开"添加"窗口，此时，系统会自动搜索目前连接到Mac上的打印机，并显示打印机的型号与连接方式，如果OS X本身已经内置了这台打印机的驱动程序，下方的"使用"字段中就会显示出这台打印机的型号，选择该打印机后，单击"添加"按钮即可。

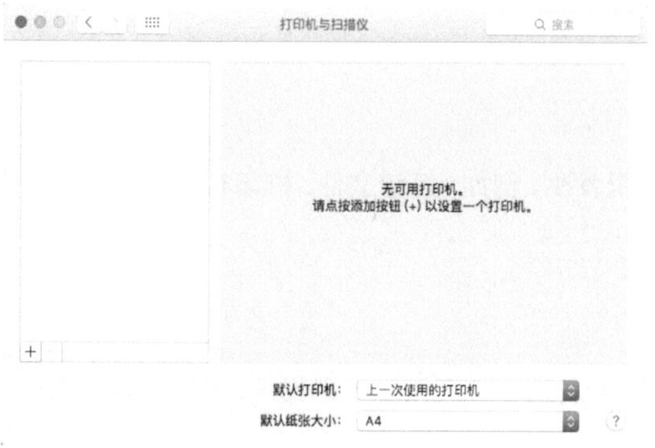

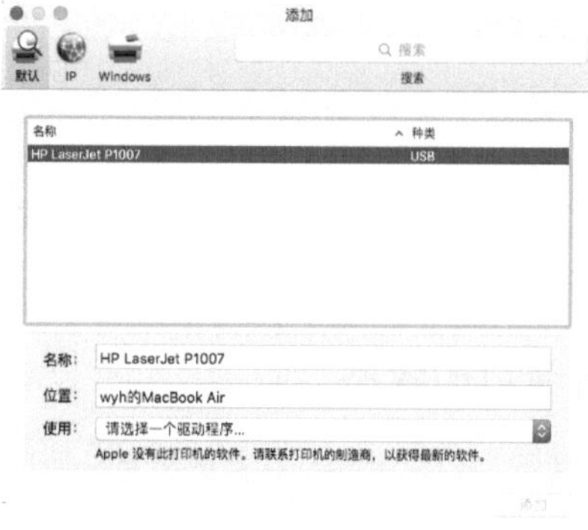

6.4.2 打印文件

打印机连接好之后，接下来就来试试将计算机里的文件打印出来。

打开Finder程序，然后再切换到文件所在的文件夹。接着双击要打开的文件，将文件打开。

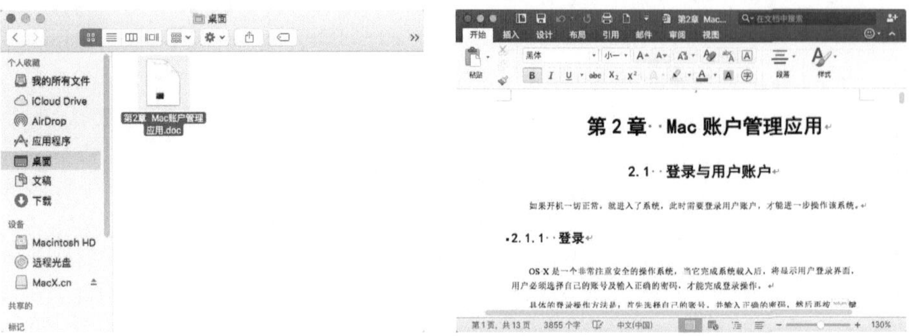

单击应用程序菜单中的"文件"|"打印"命令，然后在弹出的对话框中可以预览打印在纸上的效果。

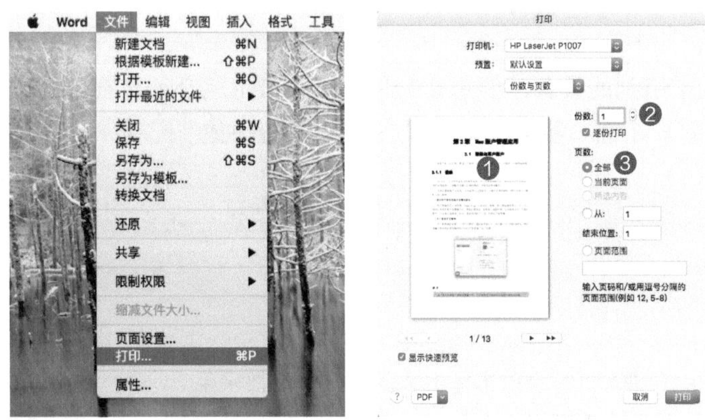

❶预览区域：可预览文件的打开效果。

❷份数：可直接输入想要打印的份数，默认为1份。

❸页数：设置打印的范围，默认为打印文件的全部页数。

确认打印设置无误后，单击预览对话框右下角的"打印"按钮，此时在桌面的Dock中会出现打印机图标，表示该文件正在打印中。

6.4.3 查看文件的打印状态

在打印文件的过程中，有时可能会有一些突发情况发生，例如，打错文件、打印机中缺纸等，此时，我们可以查看文件的打印状态并对其进行调整。

1. 查看打印状态

当已经执行"打印"命令，并且已经有一段时间了，却发现文件还没被打印出来，此时可以单击Dock中的打印机图标，打开打印文件窗口来查看当前的打印状态。

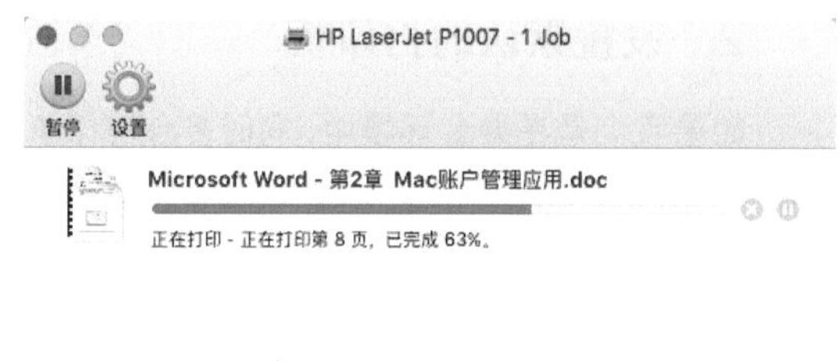

2. 暂停打印

如果在我们已经“打印”命令后，才发现用于打印的纸放错了，此时可以在打印文件窗口中暂停打印机的此次打印作业。

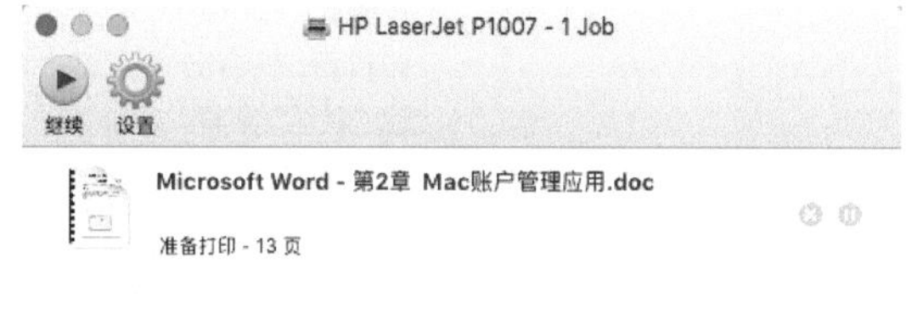

3. 取消打印

如果在浏览文件时，不小心执行了“打印”命令，但此文件并不需要打印，此时，我们可以取消此次的打印作业。

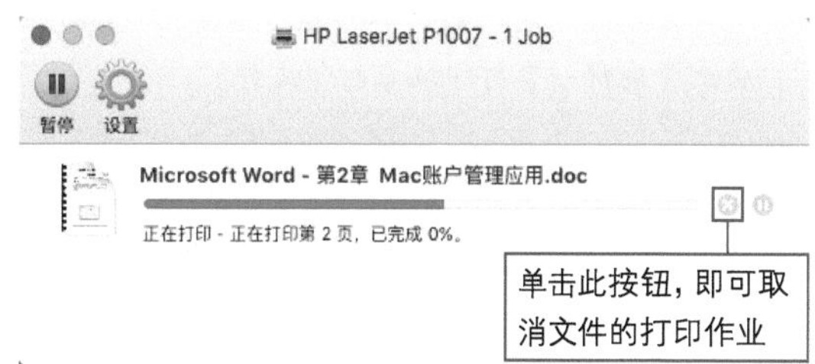

6.4.4 打印机的管理

当我们在打印大量的文件之前，应该先检查打印机墨水的剩余量，以免出现文件打印到一半时，没有墨水的尴尬场景。也可以为Mac设置默认的打印机。

1. 查看打印机的墨水剩余量

单击Dock工具栏中的“系统偏好设置”图标，打开“系统偏好设置”窗口，然后单击“打印机与扫描仪”图标，打开“打印机与扫描仪”窗口。

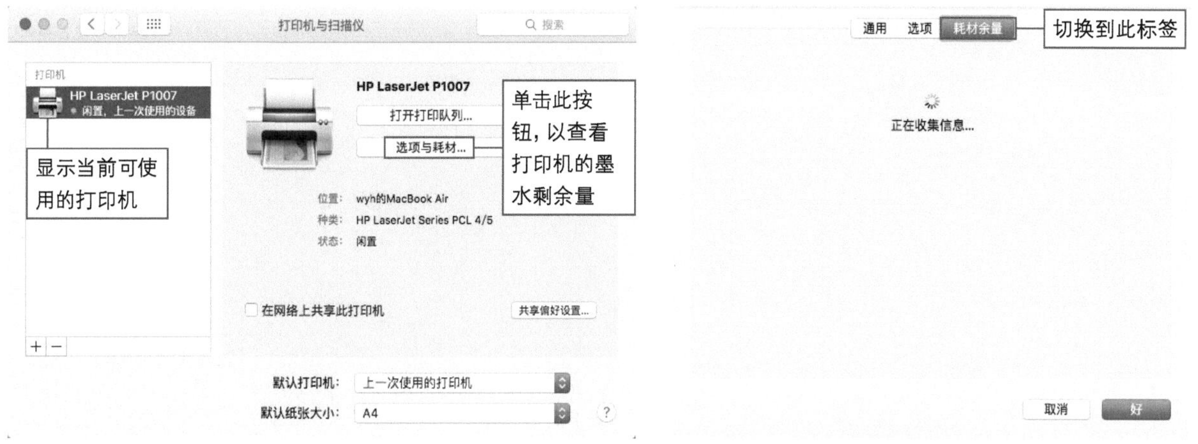

2. 设置默认的打印机

如果我们是在办公环境中，同时多台打印机可供使用，此时就可以指定一台作为该Mac计算机的默认打印机。在打印时，如果不特别指定，就会使用这台默认的打印机来打印文件。在“默认打印机”下拉列表中选择需要设置为默认的打印机即可。

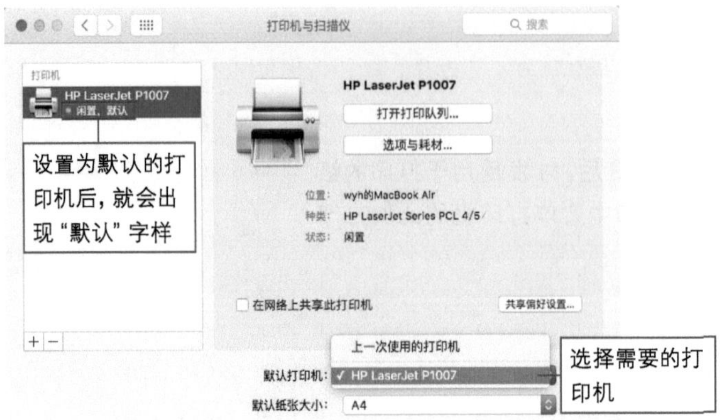

提示 如果将“默认打印机”字段设置为“上一次使用的打印机”，则系统会自动记忆上一次使用的打印机，然后就会用那一台打印机来打印文件。

第 7 章 Mac的网络世界

现在几乎家家户户都是用ADSL宽带或光纤上网，可以说是连接Internet最普遍的方式。本章从认识各种网络设备开始，通过OS X认识因特网，让用户随时都能享受网络带来的便利。

7.1 以太网

除了通过无线传输以外，其他网络都必须用到Mac主机上的以太网络端，通过RJ-45 网线连接；不仅是Mac主机，其他的网络设备，包括上面提到的ADSL、CABLE调制解调器等，都是使用以太网络进行连线的。

7.1.1 PPPoE（ADSL宽带连接）

ADSL是一种使用电话线作为传输媒介的宽带接入服务。如果家里申请了ADSL宽带上网，而且仅供一台Mac或者通过集线器让几台计算机同时上网，那么在Mac里面就要进行ADSL的网络设置。

1. 连接或断开PPPoE

首先，将接入端的网络接口以有线方式接入电脑的网络接口，单击Dock工具栏中的“系统偏好设置”图标，打开“系统偏好设置”窗口，然后单击“网络”图标。

在打开的“网络”偏好设置窗口中，单击左侧的加号+按钮，从弹出的对话框中，从“接口”下拉菜单中选择“PPPoE”，再单击“创建”按钮。

在“账户名称”和“密码”字段中分别输入办理ADSL时配发的账户名称和密码。完成设置后，一般会提示需要重新启动网络服务，此时单击“应用”即可。

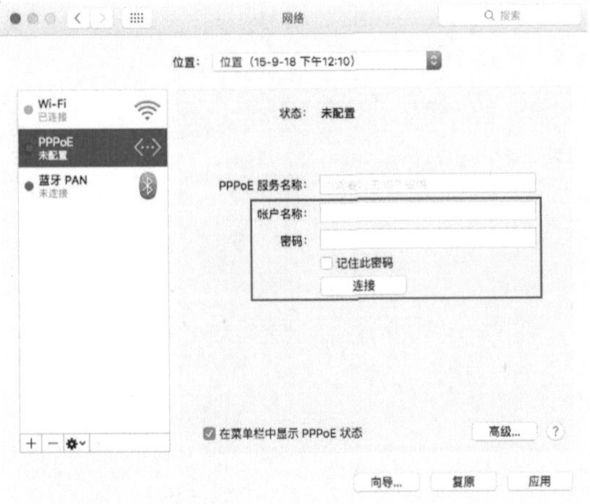

2. 查看IP

查看IP有以下两种方法。

- 通过“网络”偏好设置窗口中查看：打开“系统偏好设置”|“网络”偏好设置窗口，单击网络列表中“已连接”的网络，在右侧“状态“区域即可看到当前连接的IP地址。
- 通过“系统信息”查看：打开“Launchpad”|“AirPort实用工具”，在“互联网”位置单击，即可看到当前连接的IP地址。

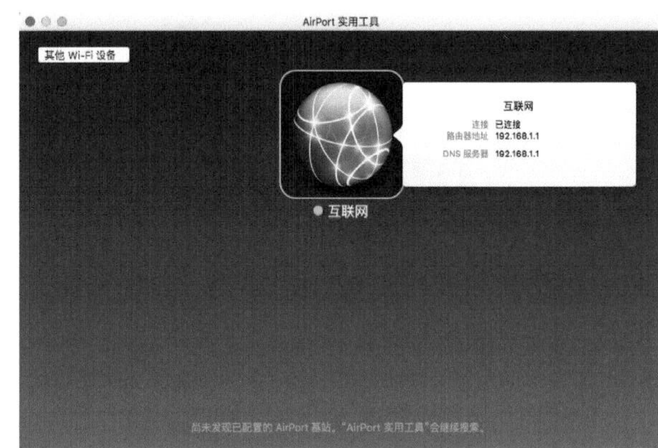

3. 查看网络连接时间

打开“系统偏好设置”|“网络”偏好设置窗口，单击网络列表中已连接的PPPoE服务，即可看当前连接的时间。

4. 网络的高级设置

打开“系统偏好设置”|“网络”偏好设置窗口，单击网络列表中要设置的网络，然后单击“高级”按钮，即可对网络进行高级设置，包括Wi-Fi、TCP/IP、DNS、WINS、代理和硬件等。

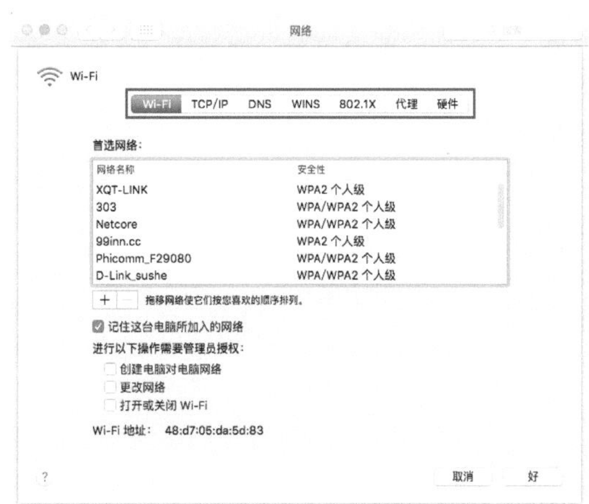

7.1.2　局域网设置连接

如果一个网络环境里有两台以上的计算机需要上网，同时传送数据的话，创建局域网则是最佳的解决方案。局域网可以实现文件管理、应用软件共享、打印机共享、工作组内的日程安排、电子邮件和传真通信服务等功能。

下面将介绍局域网的基本概念，同时讲解基本的架设方式。

一般无线基站本身也具备路由器的功能，而且能同时提供无线与有线连接，操作原理和路由器一样。

在局域网中，每台计算机都有属于自己门牌号：IP地址，如果要把数据送到特定的计算机，就必须先知道对方的地址。在OS X中"网络"会检测局域网里的所有计算机。

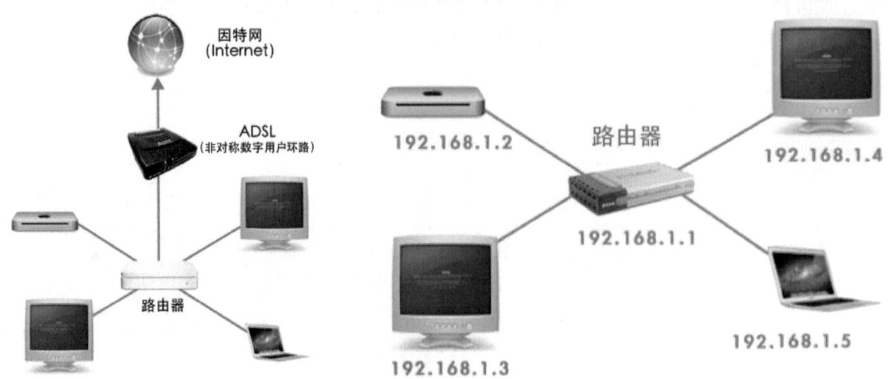

7.1.3 设置网络所在位置

如果用户的Mac是笔记本，在家是用ADSL上网，而到公司却要设置为局域网络连接，此时利用"位置"的设置就可以轻松切换各种上网设置项。

首先，打开"系统偏好设置"|"网络"窗口，在"位置"字段，打开下拉菜单，然后选择"编辑位置"命令。

在弹出对话框在，单击加号+按钮，接着输入新位置的名称，例如"公司"。

添加完成之后就会多出一组新的网络设置项，这样就不会把该网络设置项和其他组设置项混淆了。设置好各个位置的上网方式后，如果要更换Mac笔记本的上网位置时，单击屏幕左上角的"苹果菜单"按钮，在弹出苹果菜单中选择"位置"|"公司"命令，就可以直接切换各个位置的上网设置项了。

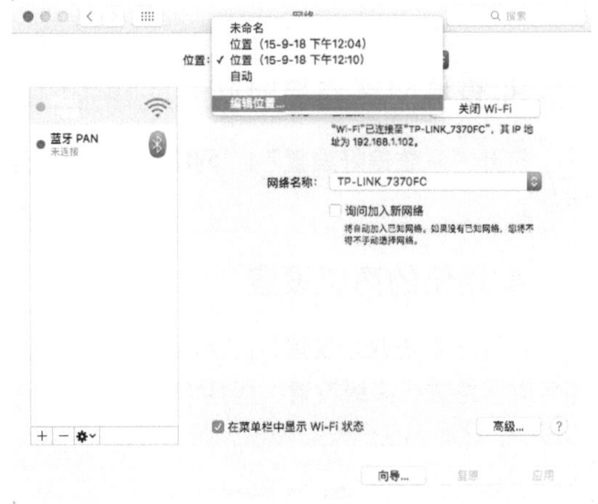

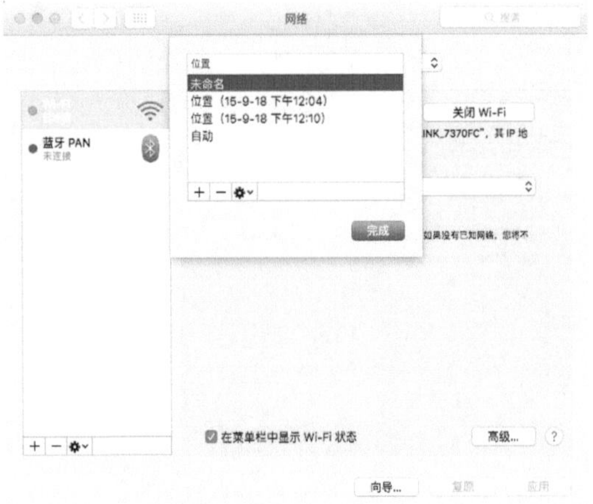

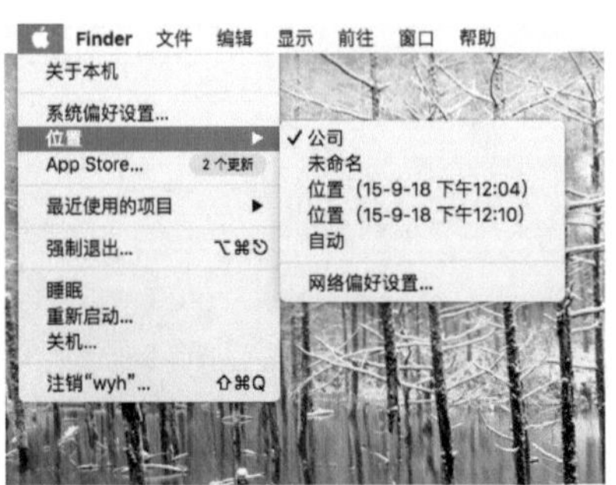

7.2 Wi-Fi（Airport无线网络）

如果要用Mac和其他计算机进行网络连接，但是一时又找不到无线基站该怎么办呢？此时可以通过Mac内置的Airport无线网络功能来解决这一个问题。

7.2.1 创建Wi-Fi

如果两台计算机要进行无线数据传输，直接单击菜单栏上的Airport图标，然后在弹出的菜单中选择“创建网络”命令。

选择“创建网络”命令后，系统将自动打开一个对话框，然后设置这台Mac的名字，此时这台Mac就等于是虚拟服务器了。

当Mac创建了网络后，其他计算机的无线网络菜单里就会显示这台Mac主机的选项，单击该选项就可以建立连接。

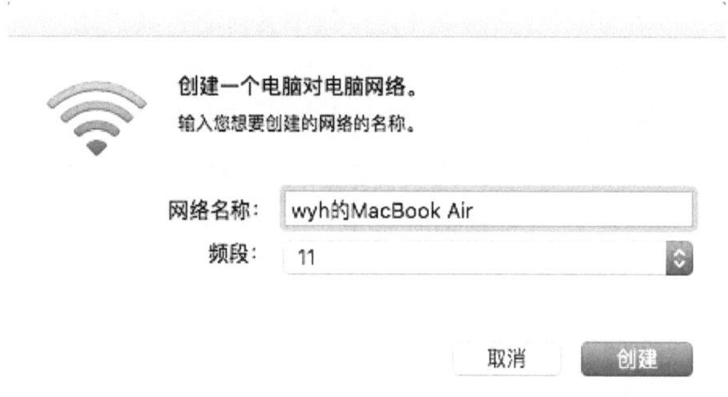

7.2.2 查看无线网络详情

按住option键的同时，单击系统菜单栏中的Wi-Fi图标，即可看到当前连接的无线网络的无线环境，包括模式、频道、安全性和传输速率等详情。

7.2.3 Wi-Fi的管理权限

如果想要设置只有管理员才能使用Wi-Fi，则打开“网络”偏好设置窗口，在网络列表中选择“Wi-Fi”，再单击“高级”按钮，然后切换到“Wi-Fi”标签中，选中“打开或关闭Wi-Fi”复选框。此时当用户再打开Wi-Fi时，需要输入管理员密码才能连接。

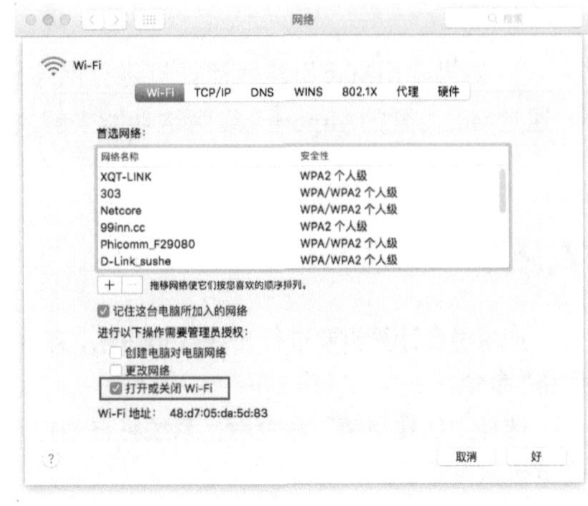

7.2.4 关闭Wi-Fi

Mac默认打开Wi-Fi后，就不会自动将其关闭，即使是关机后再重新启动，Wi-Fi都会自动打开，并且自动搜寻周围的无线网络。

要关闭Wi-Fi，有以下两方法。

- 单击系统菜单栏中的Wi-Fi图标，然后在弹出的列表中选择“关闭Wi-Fi”即可将其关闭。
- 打开“系统偏好设置”|“网络”偏好设置窗口，在网络列表中选择“Wi-Fi”，然后再单击“关闭Wi-Fi”按钮。

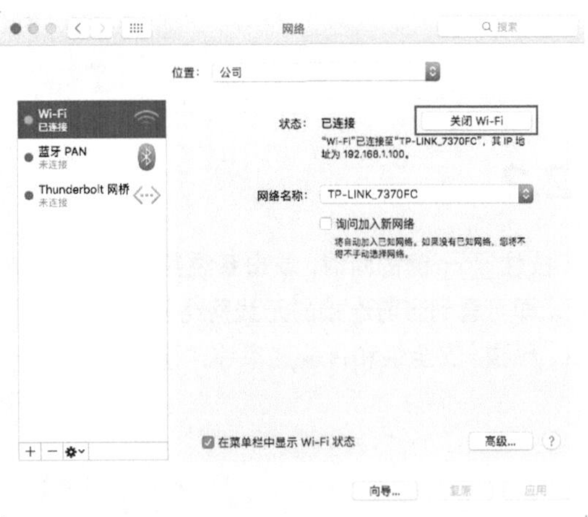

7.3 Safari网页浏览器

OS X El Capitan搭配Safari上网，具有超快的解析速度且支持GPU硬件加速显示技术，功能完全不输于Chrome、Opera、Firefox等第三方浏览器。而除了基本的浏览功能之外，Safari还集成了RSS阅读器、互联网剪报等实用的小功能，以协助用户更方便地获取最新的网页信息。

7.3.1 体验Safari浏览器

Safari是OS X上默认的浏览器，最大的特色就是执行速度快，操作界面简洁。通过Safari可以浏览网站、下载图片与文件等。而它特有的Cover Flow式预览、多点触手势控制、与Mac系统紧密整合的内置RSS阅读器给用户提供无与伦比的便捷。

1. 认识Safari界面

Safari是苹果公司设计的浏览器，继承了苹果软件精神中的简单易用风格。Safari使用起来非常直观，只要了解一些按钮的功能就能很快上手。

单击Dock工具栏中的Safari图标，系统会自动打开Safari的默认首页Apple网站。

2. 浏览网站

在地址栏中输入想要浏览的网址，然后再按下return键，即可打开想要浏览的网站。

> 提示　如果想选中地址栏中的网址，可单击网址左侧的图标，即可快速选中整个网址。或者在地址栏中连续单击3次，也可快速将网址选中。

7.3.2 使用书签收集网站

每个网站的网址都是长长的一大串文字，即使你的记忆力再好，也无法将所有网址都记住。为了方便再次访问，我们可以使用“书签”功能，将这些网站收藏起来。当想要再访问这些网站时，即可快速连接。

Safari可以将用户喜爱的网页地址添加到“书签”“个人收藏”或“书签菜单”中。直接单击添加的网站链接就可以打开网页。在看到想要收藏的页面时，单击“共享”按钮，从弹出的菜单中选择“添加书签”选项，弹出对话框默认会将页面添加到“书签”中，也可以通过下拉菜单来指定添加的位置，单击“添加”按钮即可。

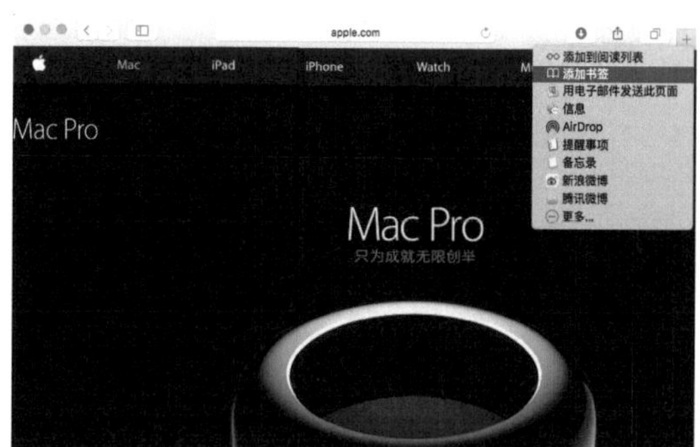

单击“添加”按钮后，在应用程序菜单中的“书签”菜单中就可以选择刚添加的书签，直接单击该名称即可打开该网页。

如果是将网页添加到“书签菜单”的链接，则单击“共享”按钮，从弹出的菜单中选择“添加书签”选项，在弹出对话框中选择“书签菜单”选项，再单击“添加”按钮即可。

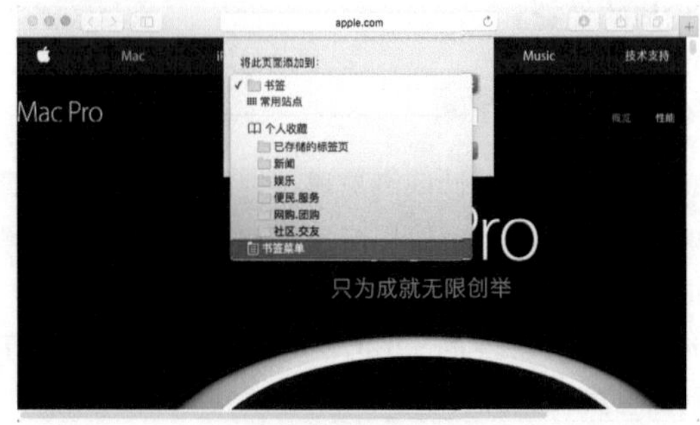

单击“添加”按钮后，此时单击“显示边栏”图标，即可在“书签菜单”中看到刚添加的网址名称，直接单击该名称即可打开该网页。

7.3.3 Top Sites预览网页

Top Sites是Safari贴心设计的默认页面，在电脑的使用过程中，它会根据访问网页的频率，记录经常使用的网站，让用户更方便地打开经常浏览的网页，所以也称为常用站点。

如果要改变Top Sites显示的网站，将鼠标指针移至当前网页预览图的左上角并稍作停留，再单击左上角的锁定，锁定的网页就会永久地保留在这个位置。

7.3.4 搜索网站与网页内容

如果想在网络中找出自己感兴趣的网页，或者是要查找资料，都必须用到搜索技巧，本节将介绍网站与网页内容的搜索技巧。

1. Safari的网站搜索功能

Safari默认会以百度搜索引擎来搜索网站，只要在地址栏中输入想要查询的条件，就可以快速找到所需要的信息。

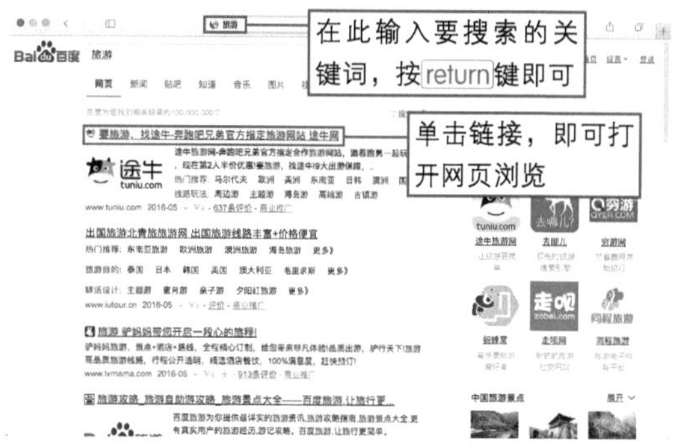

2. 搜索网页内容

当我们打开网页浏览内容时，如果想从中找到特定的内容，或者想了解某个关键词的确切位置，则可以利用Safari的“行内搜索”功能。执行Safari应用程序菜单中的“编辑”|“查找”|“查找”命令，在页面中打开搜索栏。

在打开的搜索栏中输入想要查找的关键词，此时，除关键词以外，整个网页的内容将会变暗，而关键词则会以黄色和白色的标签形式来显示。

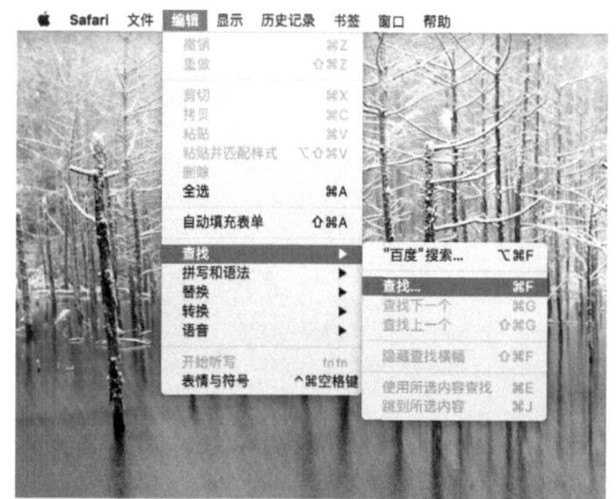

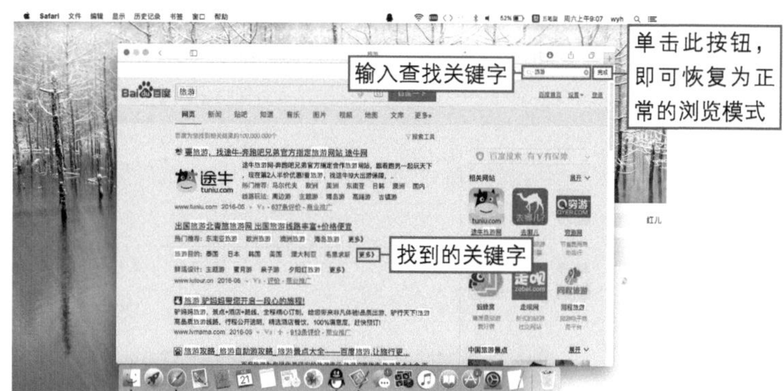

7.3.5 存储图片与下载文件

当我们浏览网站时，经常会看到网页中漂亮的图片，此时我们可以直接把它存储下来。另外，还有一些供用户下载的文件或软件等，都可以使用Safari将其下载或存储到自己的电脑中。

1. 存储图片

要想将网页中的图片保存下来，其操作非常简单，只要将图片以拖动的方式拖动到桌面或其他文件夹即可。

2. 下载图片

用户还可以在想要下载的图片上单击鼠标右键，在打开的快捷菜单中选择“存储图像为”命令，然后再选择要存储的位置即可。

7.3.6 将网页图片作为桌面背景

在Safari中浏览网页时，如果看到一张自己十分喜爱的图片，可将其作为桌面背景，以供自己欣赏。其操作方法是，在该图片上单击鼠标右键，从弹出的快捷菜单中选择“将图像用作桌面图处”命令即可。

7.3.7 管理历史记录

Safari浏览器还有一个独特的功能，就是可以记录访问过的每一个页面，以便于我们日后进行快速访问。

1. 查看历史记录

在Safari浏览器中，可使用下面方法查看历史记录。

执行Safari应用程序菜单栏中的“历史记录”，在展开的中即可查看历史记录。

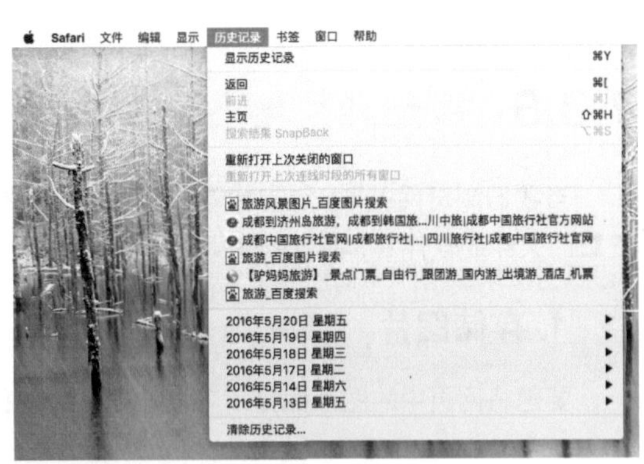

2. 清除历史记录

可以用下面方法清除历史记录。

执行Safari应用程序栏中的“历史记录”|“清除历史记录”命令即可。

7.3.8 订阅RSS

现在的互联网信息不是太少，而是太多。打开网页，各种各样的信息让我们眼花缭乱。此时，可以使用RSS技术，先快速获得大量信息标题，RSS是新一代的网络新闻标题浏览技术，有点像我们每天看报纸一样，先浏览一遍标题，发现很感兴趣的内容再翻开来仔细阅读，增加了获取特定信息的速度。

1. 如何知道网站提供了RSS服务

并不是每个网站都提供RSS订阅服务，当我们访问一个网站时，可以通过以下方法来辨认该网站是否提供RSS服务。

第一是看页面上是否有RSS图标或相关的图文链接。有的话，单击对应的图标或链接，即可进入RSS浏览页面。

第二是观察地址栏右侧是否有蓝色的RSS小图标，如果有则说明此栏目支持RSS服务。单击此图标，也可切换至RSS浏览页面。

2. 如何订阅RSS

进入RSS页面后，单击“共享” 按钮，在弹出的菜单中选择“添加书签”命令，然后再选择存储该页面的位置，即完成订阅操作。

订阅成功后，在“书签栏”就会出现该RSS摘要的链接。以后需要浏览订阅的RSS获得信息时，只需要打开对应的书签即可。

3. 如何删除已订阅的RSS信息

如果我们不想再订阅某个RSS信息了，可以在菜单栏中选择“书签”|“编辑书签”命令，打开书签编辑面板，选择要删除的书签，单击鼠标右键打开快捷菜单，然后选择“移除”命令，即可删除已订阅。

7.3.9 备份Safari书签

如果用户在浏览网页时，所添加的书签内容十分有用，可将其进行备份，以便日后可以直接打开并浏览。

执行Safari应用程序菜单栏中的“文件”|“导出书签”命令，将书签导出并保存。

7.4 Safari其他功能

除了前面讲解的功能，Safari还有很多其他的功能，下面将比较常用的功能一一讲解。

7.4.1 阅读器功能

许多网页在排版的时候，由于美观或者宣传的需要，需要在页面中添加很多背景、图片和广告等信息，它们会吸引浏览者的注意力，影响阅读体验，而Safari自带的阅读器功能可以在一定程度上帮助用户解决这个问题，它可智能地过滤掉广告以及许多与内容正文无关的部分，并且重新对内容进行排版，让使用者拥有更好的阅读体验。

阅读器并不是支持所有的网页，当用户在浏览网页时，如果发现搜索栏左侧有“阅读器” 按钮时，则表示此网页支持阅读器方式阅读，如果当前网页不支持该功能将不会显示该按钮，此时单击此按钮即可进入阅读器模式。再次单击“阅读器”按钮或按下esc键停止使用阅读器。

隐藏阅读器视图

中文维基百科再次被屏蔽

中文维基百科的域名zh.wikipedia.org于5月19日被关键字屏蔽和DNS污染，目前从中国已无法访问中文维基百科，中文维基百科的域名也无法解析出正确的IP地址，而英文维基百科目前未受影响，可以正常访问。

上一次针对维基百科的屏蔽发生在2013年，之后维基百科的IP地址进行了调整，使得稍后其又能正常访问。本次针对维基百科进行了DNS污染之后，即使维基百科再调整IP地址，也无法正常从中国访问，除非中国用户修改本地的Hosts文件或使用DNSCrypt等工具来反制DNS污染。

7.4.2　阅读器列表功能

当用户经常需要了解大量的新闻、股票等信息的时候，这些信息有的需要简单浏览，有的需要长时间阅读并理解，这时候Safari能够为我们提供一种保存网页快照方便以后进行查询的功能。

当打开一个页面的时候单击浏览器右上角的“共享” 按钮，在弹出的菜单中选择“添加到阅读列表”选项，可以将当前网页添加至阅读列表供以后查看。

将当前网页添加至阅读列表之后，单击“显示边栏” 图标，显示左边栏，然后单击 标签，在阅读列表中可以看到被添加的网页。而直接单击该选项，即可打开网页。

7.4.3　显示所有标签页视图

当用户在Safari中打开很多页面时，仅通过标签页标题是很难快速了解各个页面的内容的，而如今它为我们提供了一种新的视图显示方式，可以让用户快速浏览各种标签页中的内容。单击Safari标签右上角的“显示所有标签页” 按钮，即可让浏览器显示所有的标签页。

7.4.4　Safari中的分享按钮

Safari为用户提供了分享功能，单击地址栏右上角的“共享” 按钮，可以在弹出的菜单中选择不同的分享方式。

7.4.5 隐私

当使用Safari浏览某些网页时，如果登录功能显示异常，可以尝试清除网页数据以便重新打开。当Safari启动以后，选择菜单栏中的“Safari ”|“偏好设置”命令，在出现的面板上方单击“隐私”标签，单击“移除所有网站数据”按钮，在弹出的面板中单击“现在移除”按钮即可将数据清除。

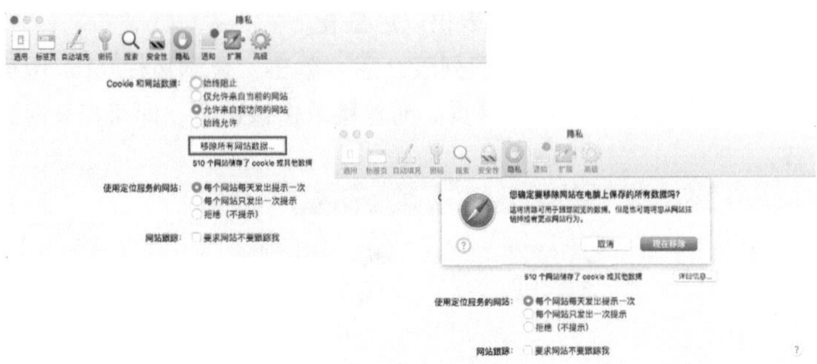

如果只想删除部分网站数据，可以单击“详细信息”按钮，在列表中选择需要移除的网站数据，单击“移除”按钮即可，单击“全部移除”按钮可以将所有数据移除。

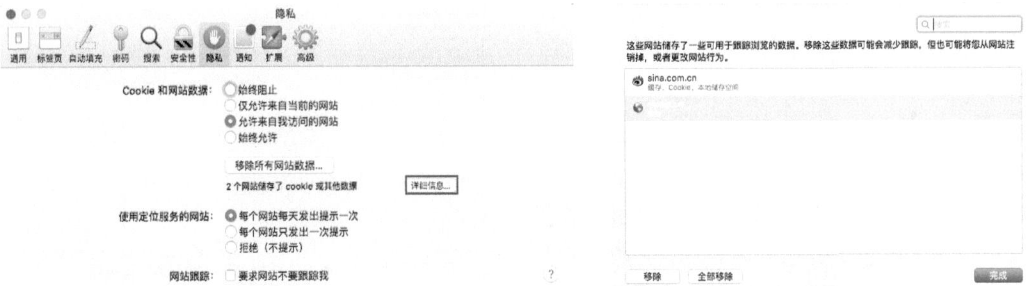

7.4.6 通知

当用户访问某个带有通知、提醒事项的网页的时候，比如新浪微博，会弹出诸如“@”“私信”此类标签，这时Safari会自动探测到这种功能并提示用户是否将此通知加入网页通知中。此项设置是可以更改的，当Safari启动以后，选择菜单栏中的“Safari ”|“偏好设置”命令，在出现的面板上方单击“通知”标签，在下方的列表框中可以更改每个网页的提醒“允许”还是“拒绝”。

单击右下角的“通知偏好设置”按钮，可以打开关于通知中的提示样式、显示的位置、播放声音及标记应用图标等。

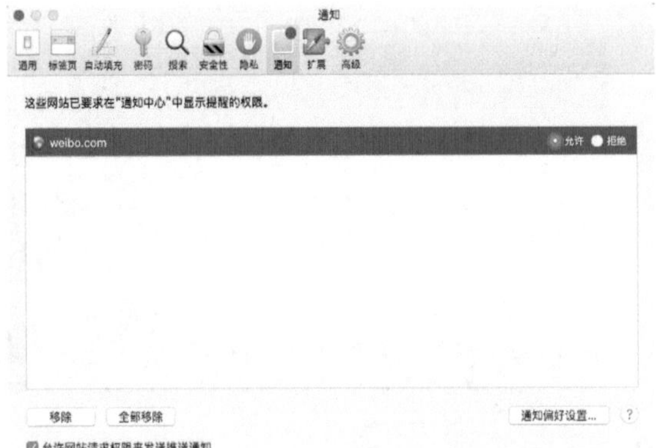

7.4.7 密码

Safari集成了网站登录过程中的密码管理功能，当用户登录网站时，Safari会提示用户是否存储此密码。

当Safari启动以后，选择菜单栏中的"Safari "｜"偏好设置"命令，在出现的面板上方单击"密码"标签，在下方的设置窗口中勾选"自动填充用户名和密码"复选框之后，当登录到需要使用密码的网站之后，此时系统会记住用户所填写的用户名和密码，在下次登录网页的时候就无需再次输入密码了，同时在下方的列表框中显示用户登录并记住密码的网页记录，单击右下角的"移除"按钮，可以将选择的记录移除。

7.4.8 自动填充

Safari集成了网站登录过程中所遇到的文本自动填充功能，当Safari启动以后，选择菜单栏中的"Safari "｜"偏好设置"命令，在出现的面板上方单击"自动填充"标签，在设置面板中，当用户勾选了每一个允许自动填充Web表单后面的项目前的复选框之后，再单击"编辑"按钮，可以针对当前设置项目的自动填充表单进行设置。

7.4.9 扩展

在Safari中可以安装很多强大的第三方插件来满足用户的浏览体验。当Safari启动以后，选择菜单栏中的"Safari"｜"偏好设置"命令，在出现的面板上方单击"扩展"标签，在设置面板中，单击右下角的"取得扩展"按钮，可以自动前往插件下载地址，下载自己喜欢的插件，勾选"自动更新来自Safari扩展库的扩展"复选框之后可以自动更新用户所安装的插件。

7.5 Safari使用技巧

Safari是OS X上的默认浏览器，也是系统自带的浏览器。

7.5.1 无痕浏览

当有多人使用同一台Mac的时候，使用自己的账号登录，当别人使用这台Mac上网时，可以看到之前用户所遗留的历史记录、表单等信息，除了在将计算机交给别人使用之前切换自己的账户之外还有一种方法可以避免别人看到自己的所遗留的历史记录、表单等信息，这个方法就是Safari本身自带的“无痕浏览”功能。

单击Dock中的Safari图标，启动Safari浏览器，当出现浏览器窗口之后选择菜单栏中的“文件”|“新建无痕浏览窗口”命令，将打开无痕浏览器窗口，在使用该浏览器窗口查看网页将不会产生任何痕迹。

如果已经产生历史记录，可以单击菜单“Safari”|“清除历史记录”命令，此时将弹出一个对话框，询问用户是否要清除历史记录，并可以通过“清除”菜单选择要清除的时间点，比如“过去一小时”“今天”或“所有历史记录”等，设置完成后，单击“清除历史记录”按钮，可以将前面浏览的信息删除。

7.5.2 完整保存网页信息

有时候浏览到自己感兴趣的页面想保留下来，此时可以在网页中直接单击鼠标右键，在弹出的快捷菜单中选择“将页面存储为”命令，假如对Windows中的Internet Explorer浏览器熟悉的话，其使用方法是和它几乎相同的。或者在页面中直接按⌘+S快捷键也可以直接保存网页。

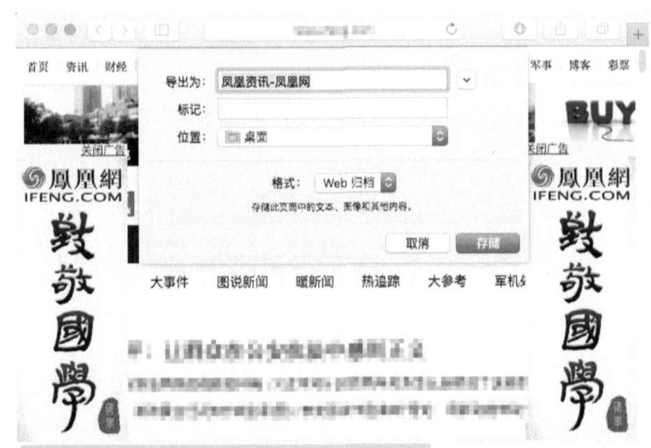

> 提示　在弹出的对话框下方“格式”后面单击会出现一个带有两个选项的下拉列表，如果想在保存页面的同时也保存页面上的媒体文件，比如图片、文本等项目，则需要选择“Web归档”，这样利用文本编辑器打开这个保存的网页文件会发现这个网页是利用不同代码来实现的，在这里可以看到代码所相对应的网页项目。假如只对页面上的文字内容感兴趣，则可以选择保存为“页面源码”格式。这样可以节省很多空间。

7.5.3　保存为PDF

在OS X下所有的文档、网页和图片浏览的程序中，可以随时将所需要的项目保存为PDF，不需要安装任何第三方软件。

比如单击Dock中的Safari图标，启动Safari浏览器，当出现浏览器窗口之后选择菜单栏中的“文件”|“打印”命令，此时浏览器窗口中将弹出一个关于打印选项的对话框，在左下角位置可以看到“PDF”按钮。

单击左下角的“PDF”按钮，在弹出的菜单中选择“存储为PDF”选项，此时将弹出一个新的窗口，在窗口中可以选择想要保存的位置、标题等信息，设置完成之后，单击“存储”按钮可以将其保存为PDF文件。

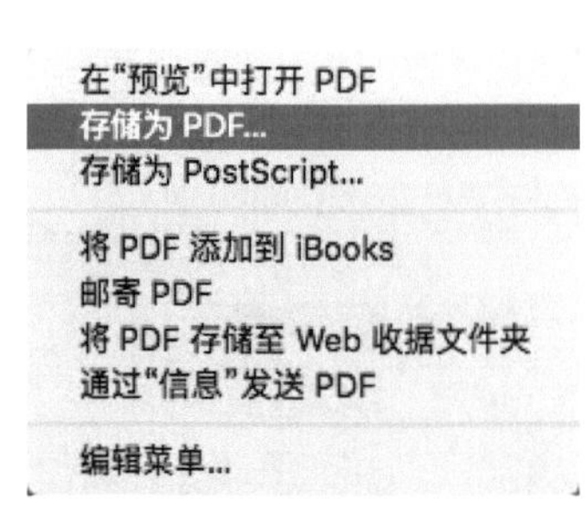

7.5.4 创建Dashboard Widget

在Mac中的Dashboard为用户提供了很多非常实用的Widget，这些Widget是可以添加和删除的，在这里讲解一下如何通过Safari在Dashboard创建Widget。

单击Dock中的Safari图标，启动Safari浏览器，当出现浏览器窗口之后，打开一个网页，在这里将网页中部分区域作为Widget添加至Dashboard中，而且这部分最好是时时更新的部分，就可以无需启动Safari在Dashboard中查看实时更新的消息了。

选择菜单栏中的“文件”|“在Dashboard 中打开”命令。

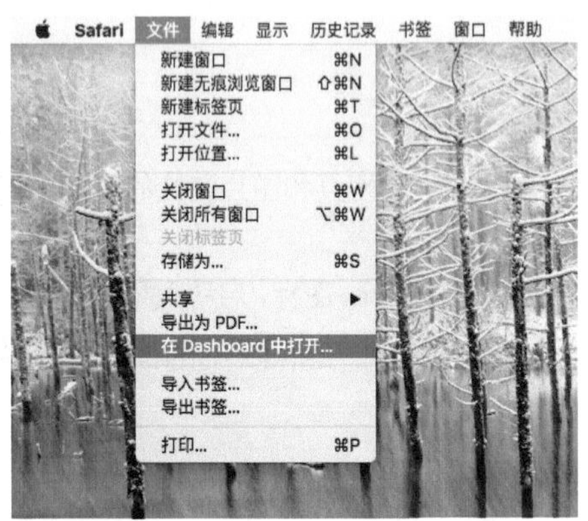

执行完命令之后将光标在当前网页中移动，会显示白色的矩形框，它具有自动判断网页区域的功能，如果需要自己定义区域，则单击鼠标左键后放下白框，通过拖曳鼠标的方法来选定需要放入Dashboard的区域，调整完成后可以单击窗口上方紫色条目右侧的“添加”按钮。

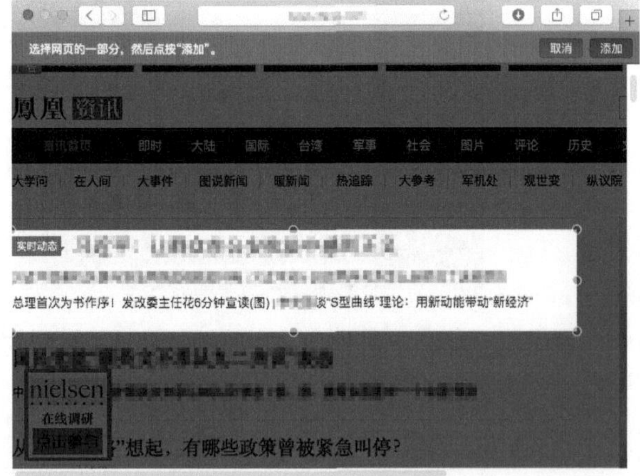

此时可以看到刚才所选取的区域变成了一个Widget被添加至Dashboard中，以后每次单击Dock中的Dashboard图标，都可以前往Dashboard中看到实时自动刷新的信息。

提示　假如想手动刷新所添加的Widget，可以在Dashboard中按command+R快捷键，此时将出现一个很炫的动画效果，然后可以看到“正在载入剪辑…”的提示。

7.5.5 生成音乐Widget

每个用户在工作或者学习的过程中大都喜欢在后台播放自己喜欢的音乐放松心情，在这里讲解一下如何制作出音乐Widget。

首选打开任意一个音乐网站，这里以百度音乐为例。单击Dock中的Safari图标，启动Safari浏览器，当出现浏览器窗口之后，查找到百度音乐的主页，在主页中选中一首想要听的音乐，单击播放按钮，此时将弹出一个新的播放器窗口。

选择菜单栏中的“文件” | “在Dashboard 中打开”命令，此时页面中将显示一个白色的矩形框，将鼠标移至页面左上角以选中部分区域并单击鼠标，如果感觉框不符合要求，可以拖动矩形框周围的控制点调整矩形的大小，单击右上角的“添加”按钮，就可以将其添加至Dashboard中，此时就可以在Dashboard中听自己喜欢的音乐了。

在Dashboard中的Widget右下角单击“i”图标，此时会当前Widget会变成一个稍小的窗口，单击窗口左下角的“编辑”按钮，此时可以调整所选取的网页在Widget中显示的区域，分别单击6个缩览图可以在不同的外观样式间进行切换。

7.5.6 巧用Safair自带的网页开发工具

在一般情况下开发工具是给开发人员使用的，并不针对个人用户，但有的时候我们也可以享受这项功能带来的便利，比如在访问某些网页的时候看着自己喜欢的图片、文字想保留下来，无奈网站并不提供下载，这时就用到了开发工具了。

利用开发工具可以将用户所喜欢的任何图片、文字等项目下载到自己的计算机中。

首选单击Dock中的Safari图标，启动Safari浏览器，当出现浏览器窗口之后，选择菜单栏中的“Safari”|“偏好设置”命令，此时将弹出设置面板。

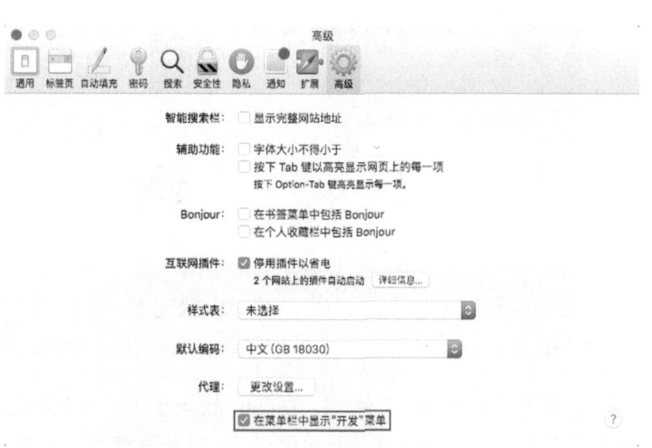

单击“高级”标签。在下方勾选“在菜单中显示“开发”菜单，此时菜单栏中将多出一个“开发”命令。

有了开发工具之后，在使用浏览器的时候就可以利用“Web检查器”来查看网页上的项目了，选择菜单栏中的“开发”|“显示Web检查器”命令，可以在浏览器中看到关于检查器的功能区域。比如在“资源”标签中的“图像”文件夹中，可以找到相关的图片将其下载。

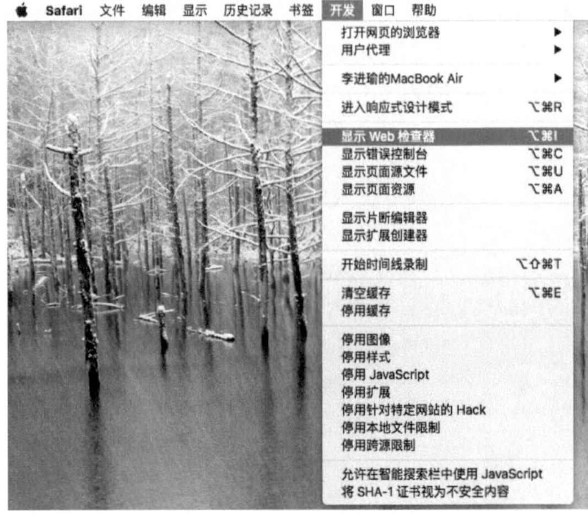

7.5.7　关于iTunes的小秘籍

在iTunes偏好设置的“高级”页面中可以指定资料库位置，也可以在启动iTunes的时候进行创建或者选择，按住option键，同时单击Dock上的iTunes图标，此时将弹出一个窗口，提示用户创建新的资料库或者选择已有的资料库。

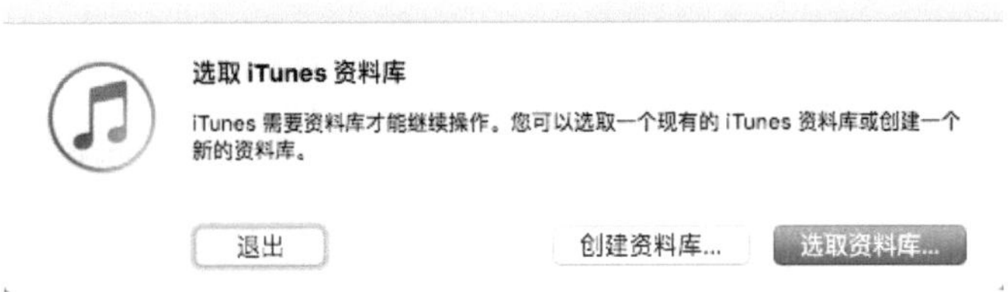

有时候用户会给iTunes安装一些诸如显示歌词这样的小插件来拓展功能，但由于插件多为第三方开发，这时就会出现一些难以预料的稳定性、兼容性的问题，当有这种顾虑的时候，可以将这些错误排除，同时按住option + ⌘键的时候单击Dock上的iTunes图标，此时将弹出一个询问对话框，提示用户iTunes将以安全模式运行，单击“继续”按钮运行程序，同时用户所安装的插件将暂时被停用。

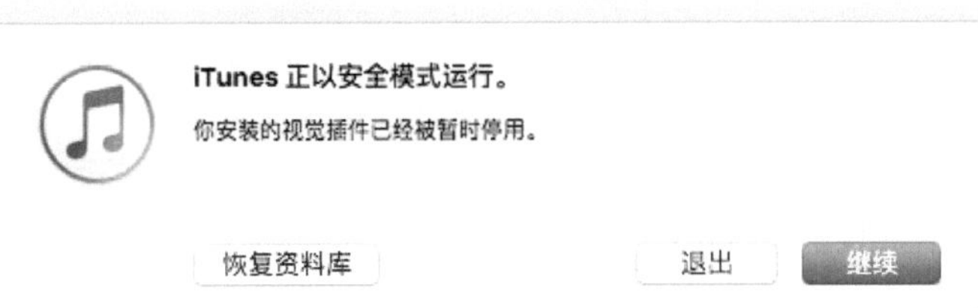

7.5.8　关于Automator

Automator是OS X中的一个相当不错的程序，它可以用来建立一个工作流程，可以让系统自动执行某一流程。例如，Mac在网络上有一个共享的图片文件夹，每当这个文件夹有新的图片加入的时候，需要将这个图片添加到iPhoto中，这样相当麻烦，此时可以通过Automator创建一个完成自动化的流程，可以让Mac自动监视文件夹的变化情况从而做出回应，除此之外，它还可以在右键菜单中创建命令从而方便地执行某一流程，许多第三方软件也支持Automator，并且提供相关操作接入口。

首先打开Automator，单击Dock中的Finder图标，在打开的窗口左侧边栏中选择“应用程序”，然后在右侧双击“Automator”图标打开程序，此时将弹出一个界面提示用户选取所有创建的文稿类型，Automator共内建了7种模版来简化创建过程，选中所想要创建的类型之后，单击“选取”按钮即可开始创建，单击左下角的“打开现有文稿”按钮，可以打开已经创建好的文稿。

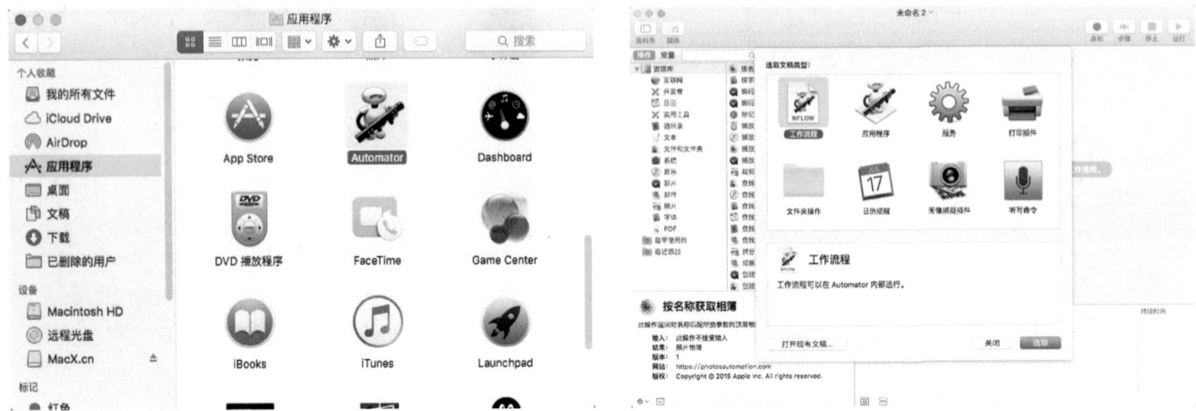

创建完成之后进入Automator主界面，主界面主要分为4个区域，区域1包含了所要选取创建的文稿的位置，区域2是选中的项目信息，区域3是创建工作流程的应用界面，区域4则是所创建的工作流程日志例如在左侧选中要创建工作流程的程序拖动到右侧创建工作流程的区域中，再单击右上角的“录制”按钮。

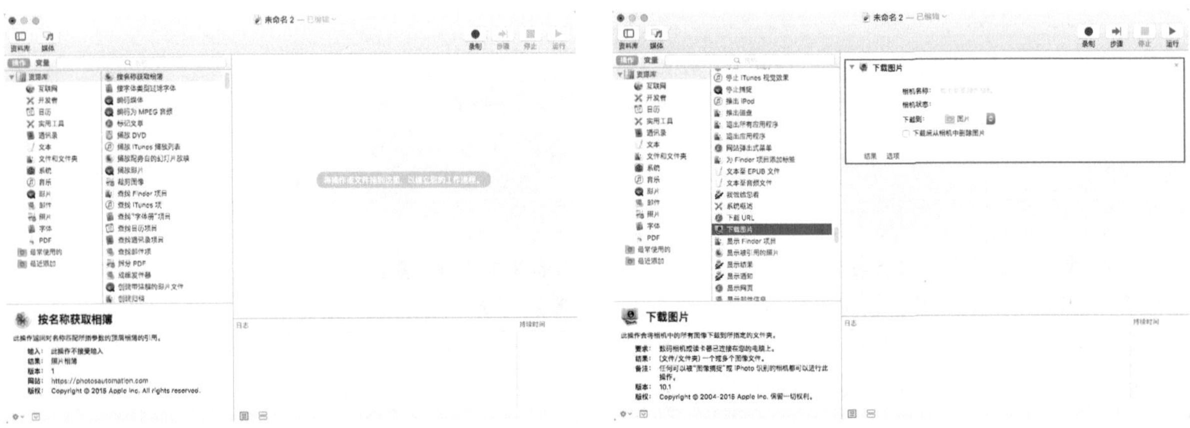

这时，会弹出一个提示对话框，系统将提示Automator想利用辅助功能来控制这台电脑，此时单击“打开系统偏好设置”按钮，将弹出“安全性与隐私”面板，单击面板左下角的🔒按钮，在弹出的对话框中输入密码并单击“解锁”按钮解除设置锁定，在右侧的列表中勾选“Automator”前面的复选框。

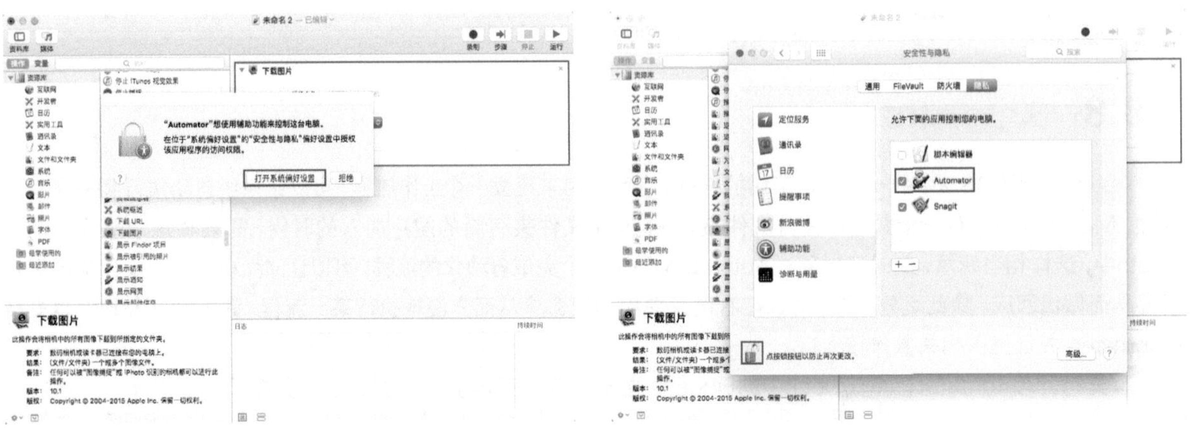

设置完成之后关闭“安全性与隐私”面板，再单击Automator右上角的“录制”按钮，将出现一个黑色提示框，提醒用户正在创建工作流程，单击面板右侧的方块按钮即可停止录制，再回到Automator窗口中可以看到所创建的工作流程。

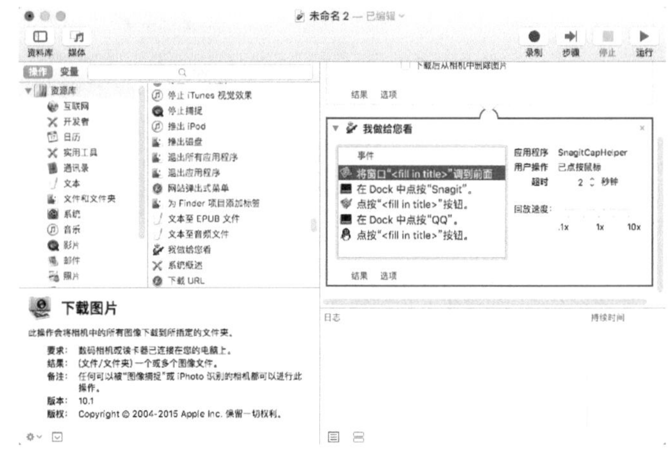

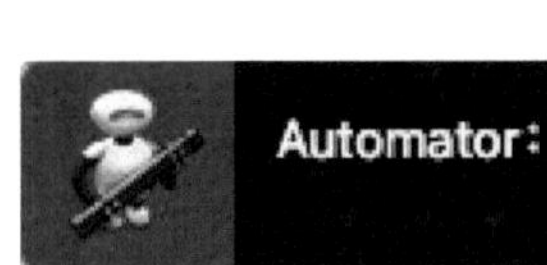

7.5.9　设置足够安全的密码

在Mac中，关于密码的设置项是比较丰富的，苹果公司一向不建议用户使用例如生日、学号和邮箱地址等个人易泄露的数字或字母当作密码，在Mac中的密码设置过程中可以通过密码助理获得帮助以创建合适并相对较安全的密码。

当用户在不知道自己需要创建什么样的适合自己使用的密码时，可以单击密码输入框后面的按钮，打开“密码助理”来获得帮助或建议。

在“密码助理”设置框中，单击“类型”后面的下拉列表可以选择所创建的密码类型，当选择一种类型之后，可以在下方的“提示”框中看到和所创建的密码相关的提示信息。

7.5.10　巧用“服务”菜单

服务菜单首次出现在Snow Leopard中，这也是当初系统菜单栏中最大的变化，如今在最新版本系统里面我们依然可以享受这个功能带来的便利。

“服务”菜单的出现就是让当前应用程序能够享受其他应用程序提供的功能，从另一个角度来讲“服务”功能可以看作是为在Mac中运行的诸多应用程序之间相互交流和访问所建立的一个纽带。

例如，启动“备忘录”，选择菜单栏中的“iTunes”|“服务”|“从屏幕捕捉所选内容”，此时将自动弹出“选择部分抓图”面板，在屏幕上拖动鼠标捕捉需要的图像，即可将其添加到备忘录中。

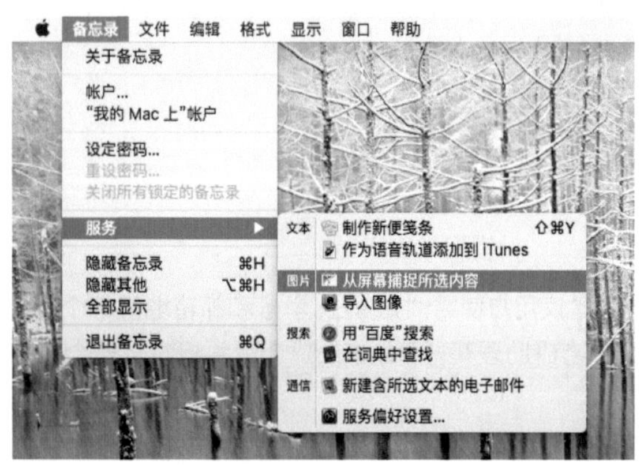

7.5.11 巧用“帮助”菜单

在Mac中通常会遇到一些不明白或者难以解决的问题，或者有时候想快速找到自己所需用的功能，此时可通过系统自带的“帮助”功能来解决这些小问题。它的使用方法极为简单，只需要选择菜单栏中的“帮助”命令即可，用户可以随时在任何程序运行的情况下使用此命令。

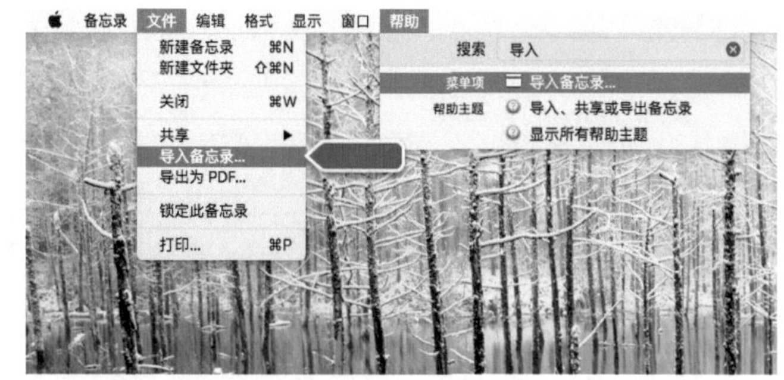

当选择此命令以后，在弹出的下拉框中输入想要查找的功能关键词即可，假如此应用程序提供了对应的功能菜单，则这个菜单就会自动以高亮状态显示，还可以通过按键盘上的方向键来移动高亮显示的条目，选中想要查看的条目按return键即可。

7.5.12 利用Deep Sleep将Mac OS X休眠

单击Dock中的Safari图标，启动Safari浏览器，找到Deep Sleep的下载页面。

由于页面中仅提供两个下载文件，一个程序包，另外一个是PDF文件，在这里只需单击程序包图标即可开始下载。

下载完成之后会出现一个关于程序的安装提示，单击"安装"按钮开始安装，安装完成后程序将作为一个Widget自动出现在Dashboard中。

在Dashboard中单击Deep Sleep图标，就会被添加至Dashboard主界面中。

单击Deep Sleep图标右下角的"i"会跳转至用户名和密码输入框，输入用户名和密码之后单击"OK"按钮确认生效，此时单击Deep Sleep图标，计算机就会进入休眠状态，按任意键可使计算机从休眠中激活回到正常工作中。

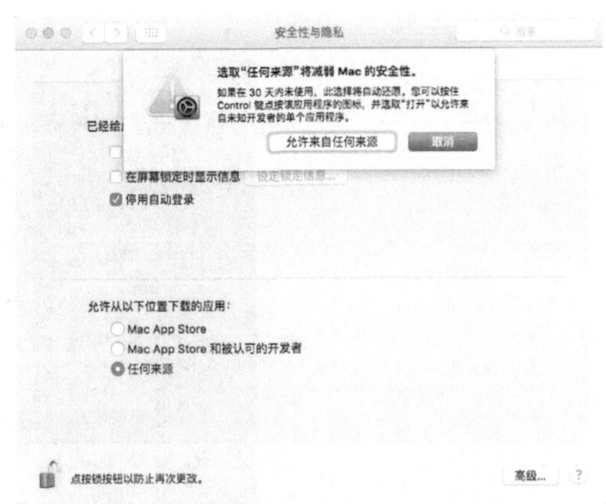

提示 假如下载后发生无法安装的情况，可以单击Dock中的“系统偏好设置”图标，在弹出的面板中单击“安全性与隐私”图标，单击左下角的按钮解除锁定，然后选择“任何来源”前的单选按钮，在弹出的提示面板中，再单击“允许来自任何来源”按钮，这样可以在Mac中安装来自任何地方的程序。

提示 在默认情况下，建议用户选择选择“Mac App Store”或者“Mac App Store和被认可的开发者”选项，这两个选项能够在一定程度上保证程序来自于可信任的发布方，并在最大程度上保证系统的安全，假如遇到不符合此种要求的程序，在安装的过程中无需打开设置，只需要在安装包上右击鼠标，在弹出的快捷菜单中选择“打开”命令，此时系统会提示此程序为来自不信任的开发者，此时只需要在保证安装包来源安全即可继续安装。

7.6 共享

Mac中的共享不仅仅可以进行文件共享，还可以进行屏幕共享、打印共享、Web共享和互联网共享等。

单击Dock工具栏中的“系统偏好设置”图标，打开“系统偏好设置”窗口，然后单击“共享”图标，打开“共享”偏好设置窗口，在该窗口中可能对共享进行统一的管理。

在Mac中对文件的共享主要分为本机中共享和在局域网共享。

7.6.1 本机中共享

有多个用户同时使用一个电脑，要在本机中共享，有以下两种方式。

- 如果要将文件共享给其他用户，则需要将该共享文件放入“/用户/共享”文件夹或者直接放在用户主目录下。
- 如果要将文件投递给某人，只需将该文件拖入“/用户/该用户的主目录/公共/投件箱”文件夹即可。

7.6.2 在局域网中共享

在局域网中共享文件夹有以下两种方式。

- 单击Dock工具栏中的“系统偏好设置”图标，打开“系统偏好设置”窗口，然后单击“共享”图标，打开“共享”偏好设置窗口并选中“文件共享”复选框。

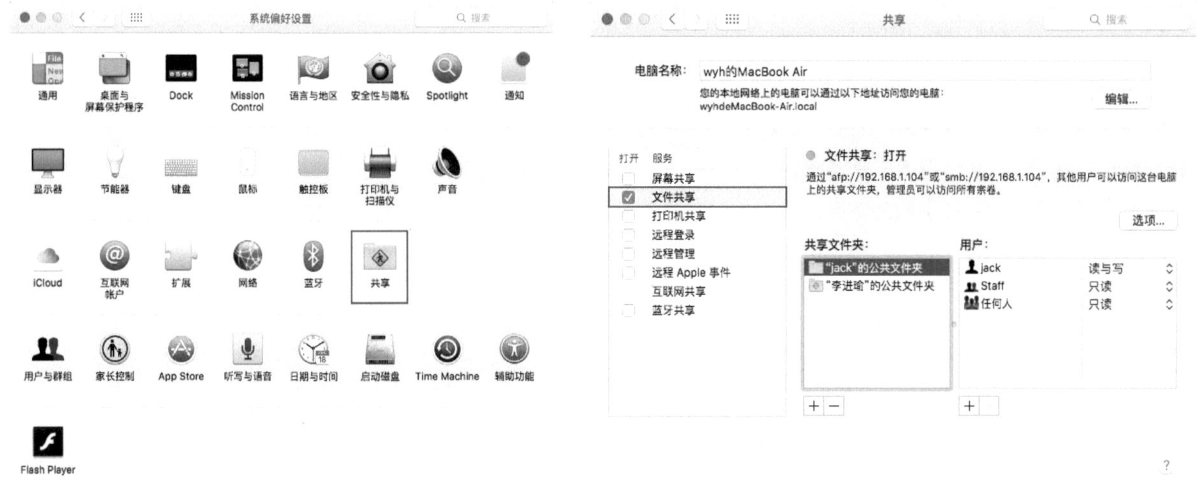

- 选中文件夹，单击鼠标右键，从弹出的快捷菜单中选择“显示简介”命令，在打开的“显示简介”窗口中可以看到“共享与权限”项目。

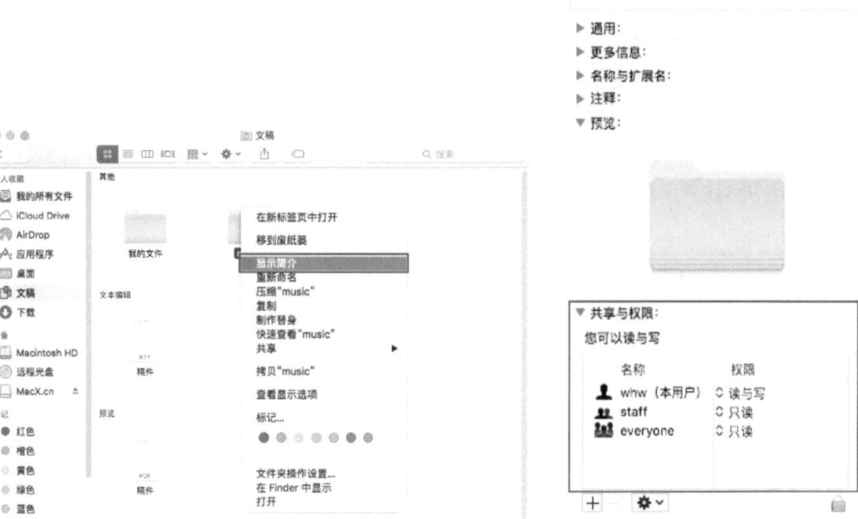

7.6.3 查看共享地址

文件共享后，就要告诉对方你的服务器地址或者电脑名称，这样对方才能找到共享的文件。在共享文件时，Mac会直接告诉你服务器地址和电脑名称，通过该服务器地址或名称，对方就能访问了。

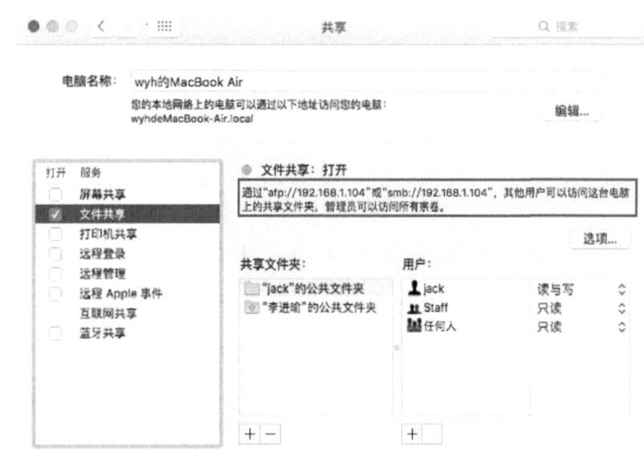

7.6.4 查看共享文件夹

单击Dock工具栏中的“系统偏好设置”图标，打开“系统偏好设置”窗口，然后单击“共享”图标，打开“共享”偏好设置窗口并选中“文件共享”复选框，在“共享文件夹”下方的列表中，即可查看到共享的文件夹。

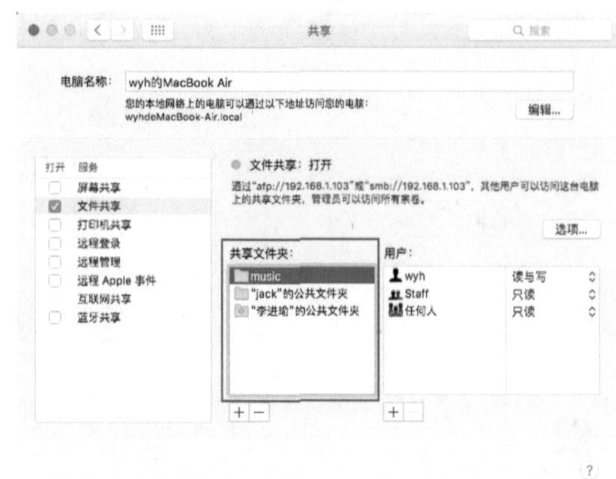

7.6.5 访问共享

在Mac中访问共享有以下3种方式。

- 当Mac连接网络时，它会发现局域网内的所有共享电脑和共享文件夹，并将其电脑名称或地址显示在Finder的“共享的”项目下，单击共享即可进行访问。
- 执行Finder应用程序栏中的“前往”|“连接服务器”命令，在弹出的“连接服务器”窗口中，输入服务器地址，再单击“连接”按钮即可。
- 打开Safari，在地址栏中输入服务器地址，然后再按return键即可进行访问。

7.6.6 查看共享帮助

在Mac中查看共享的帮助有以下两种方式。

- 单击Finder应用程序栏中的“帮助”命令，并输入“共享”，即可查看到有关“共享”的帮助。
- 单击Dock工具栏中的“系统偏好设置”图标，打开“系统偏好设置”窗口，然后单击“共享”图标，打开“共享”偏好设置窗口，然后单击窗口右下角的?按钮。

7.7　SS登录

7.7.1　远程登录（设置被登录端）

首先需要对被登录的Mac进行设置。单击Dock工具栏中的"系统偏好设置"图标，打开"系统偏好设置"窗口，然后单击"共享"图标，在出现的面板左侧勾选"远程登录"复选框，此时在右侧将出现可以登录这台电脑的提示：若要远程登录这台电脑，请键入"ssh whw@192.168.1.103"。

在下方的选项中，Mac为用户提供了允许哪些用户访问的设置项，勾选"所有用户"前的单选按钮，可以允许所有用户登录这台Mac；勾选"仅这些用户"前的单选按钮之后，需要在下方的列表框中添加相应的用户或选择现有的用户。

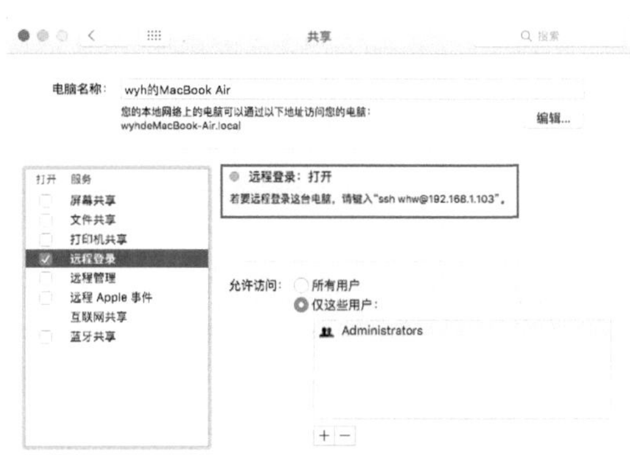

7.7.2　Mac远程登录

当被登录端设置完成之后，再看如何使用SSH登录到目标Mac。

单击Dock中的Launchpad图标，在出现的界面中双击"其他"｜"终端"图标

此时将弹出"终端"窗口，选择菜单栏中的"Shell"｜"新建远程连接"命令。

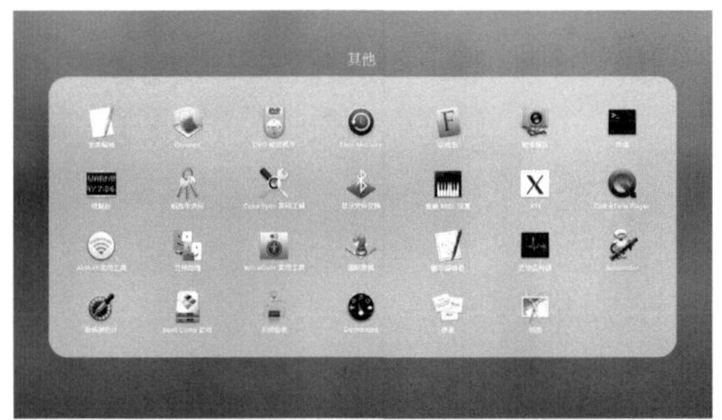

在弹出的“新建远程连接”窗口中，选择“安全Shell”，在选择服务器名，在下方输入该服务器相对应的登录账户名，然后选择登录类型，设置完成之后单击“连接”按钮。此时将弹出相应的控制界面，在里面输入“yes”后，按return键确认，系统会提示用户输入密码，输入正确的密码之后再次按return键确认，稍等片刻就登录成功了。

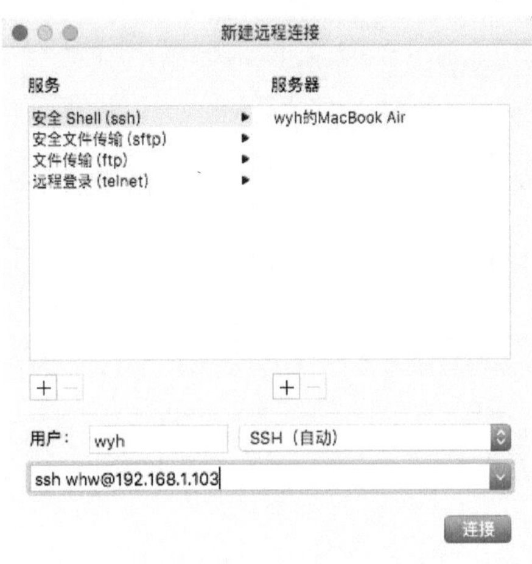

ssh whw@192.168.1.103 — -ssh whw@192.168.1.103 — 80×24

```
The authenticity of host '192.168.1.103 (192.168.1.103)' can't be established.
ECDSA key fingerprint is SHA256:2m5+CfXITAtW396mSbj34CZ2CDeMo4IidwK7RrQMT6I.
Are you sure you want to continue connecting (yes/no)?
```

7.8 文件共享

通过文件共享设置，Windows和Mac可以互访对方文件夹中的资料。

7.8.1 设置共享文件夹

1. 设置Mac端

如果要实现共享，首先需要打开“共享”。单击Dock工具栏中的“系统偏好设置”图标，打开“系统偏好设置”窗口，然后再单击“共享”图标。

在弹出的界面左侧列表中勾选“文件共享”前面的复选框，此时界面上方将显示“电脑名称”，如果感觉名字复杂不容易记忆，可以手动输入新的名称。在下方的“共享文件夹”下方列表框中显示当前已经被共享的文件夹，单击下方的＋按钮，可以添加新的共享文件夹。

选择好想要共享的文件夹之后，单击“添加”按钮，即可将其变为共享文件夹，可以在“用户”区设置访问该文件夹的用户及权限。

单击“选项”按钮，可以选择“使用SMB来共享文件和文件夹”或者“使用AFP来共享文件和文件夹”。

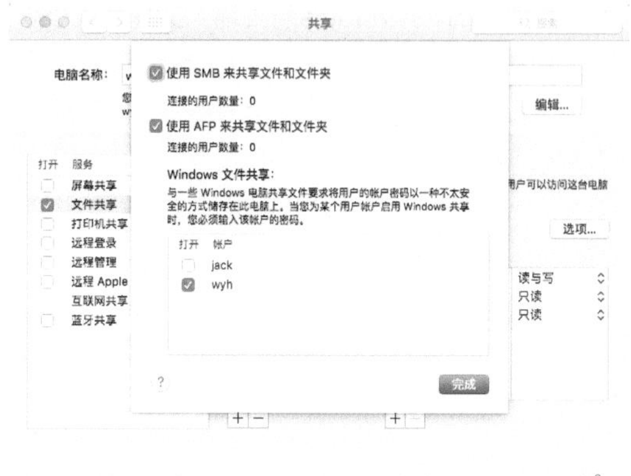

当完成共享设置之后，还需要对网络进行设置，单击Dock工具栏中的“系统偏好设置”图标，打开“系统偏好设置”窗口，然后单击“网络”图标，在弹出的界面左侧选择“Wi-Fi”，在右侧单击“高级”按钮。

在弹出的“高级”窗口中，选择“WINS”标签，设置“工作组”为“WORKGROUP”，再单击下方的+按钮，输入所在的局域网路由器地址，比如“192.168.0.16”，完成之后单击“好”按钮即可。

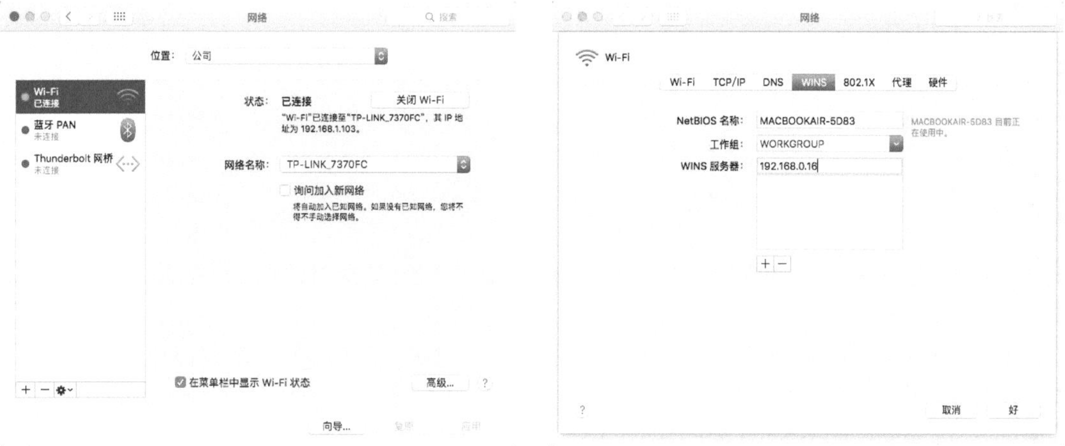

2. 设置PC端

为了避开Windows自带的防火墙，需要将其关闭才能让Mac访问PC，在Windows桌面中单击左下角的“开始”菜单，在弹出的程序列表中选择“控制面板”选项。

在弹出的窗口中单击“系统和安全”|“Windows防火墙”。

在弹出的“Windows防火墙”左侧列表中选中“打开或关闭Windows防火墙”选项，在弹出的对话框中选择“关闭Windows防火墙”前的单选按钮，完成之后单击“确定”按钮。

实现互访功能的同时，Mac和PC应该处于同一工作组中，刚才在Mac中设置了工作组，同样在PC端也要设置。

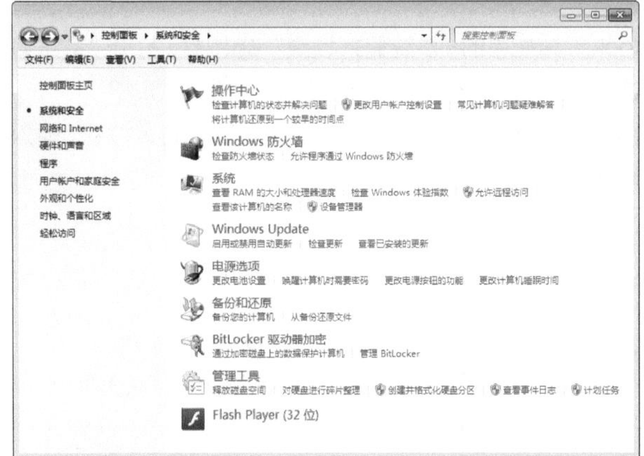

在Windows桌面中单击左下角的“开始”菜单，在弹出的程序列表中选择“控制面板”选项，在弹出的窗口中单击“系统和安全”|“系统”。

在弹出的系统窗口中可以看到当前计算机处于WORKGROUP组中，若不是同一工作组，可以单击“更改设置”将当前计算机添加至WORKGROUP组中。

设置完成后还需要设置网络和共享中心。

在Windows桌面中单击左下角的“开始”菜单，在弹出的程序列表中选择“控制面板”选项，在弹出的窗口中单击“网络和Internet”|“网络和共享中心”，在弹出的窗口中单击左侧列表中的“更改高级共享设置”。

在弹出的高级共享设置对话框中，选择“启用网络”和“启用文件和打印机共享”，完成之后单击“保存修改”按钮。

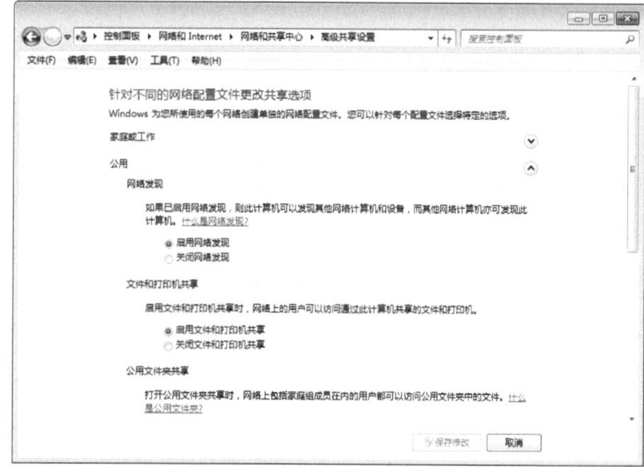

当所有的设置完成之后就可以选择共享文件夹了，在需要共享的文件夹上单击鼠标右键，在弹出的快捷菜单中选择“属性”，在弹出的属性面板中选中“共享”标签，再单击下方的“共享”按钮。

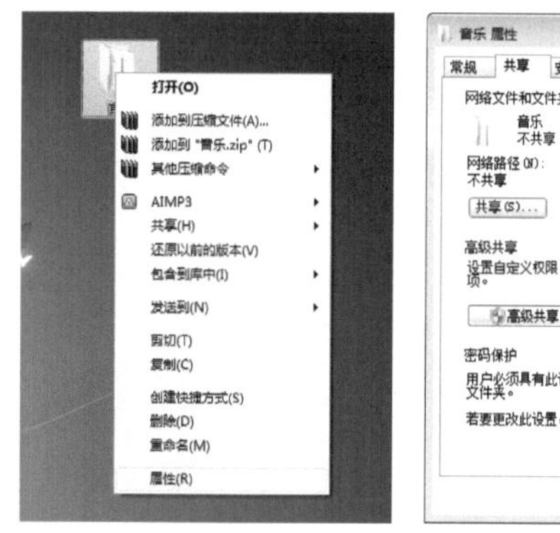

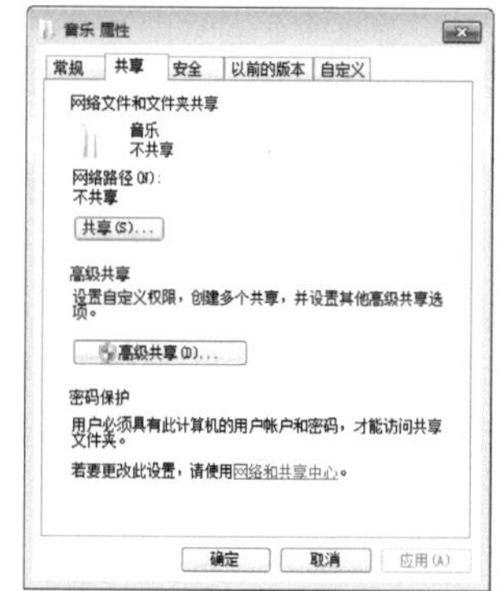

在弹出的“文件共享”对话框中，在下拉列表中选择用户，然后单击“添加”按钮，之后在“权限级别”中修改共享权限，完成之后单击“共享”按钮。

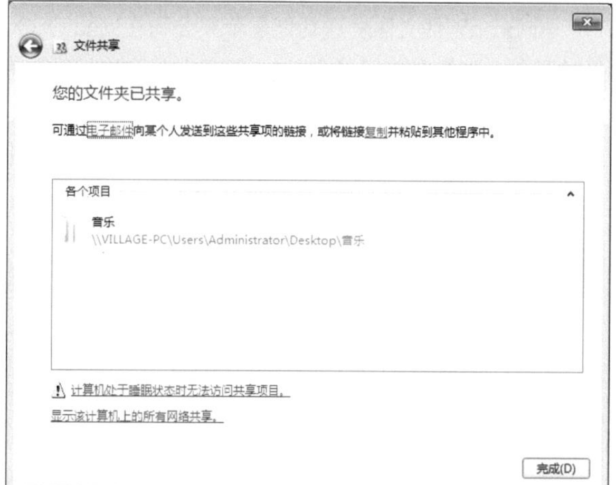

7.8.2 屏幕共享

屏幕共享是OS X中随机附带的一项新功能，它可以让一台Mac轻松远程控制另外一台Mac。

要想使用此功能，首先需要设置被控制端的Mac。单击Dock工具栏中的“系统偏好设置”图标，打开“系统偏好设置”窗口，然后再单击“共享”图标，在出现的窗口左侧勾选“屏幕共享”前面的复选框，在右侧可以看到用于屏幕共享的 位置，单击下方的+按钮添加用于共享的系统登录账户。

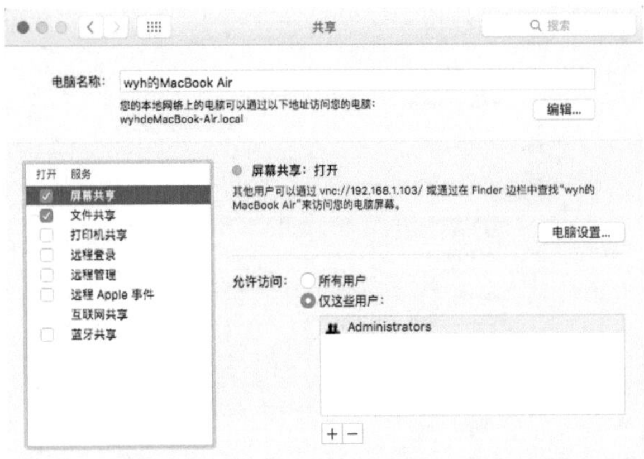

当添加完成之后打开“Finder”再选择菜单栏中的“前往”|“连接服务器”命令，在弹出的对话框中输入“服务器地址”再单击“连接”按钮，之后会弹出一个对话框提示用户输入登录的账号和密码，输入正确的账号和密码之后即可连接成功。

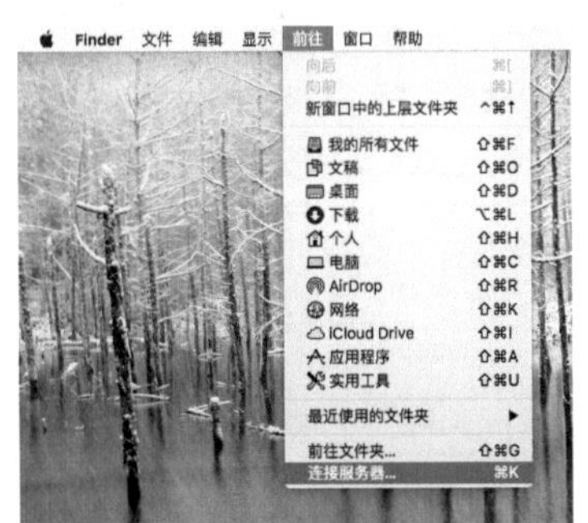

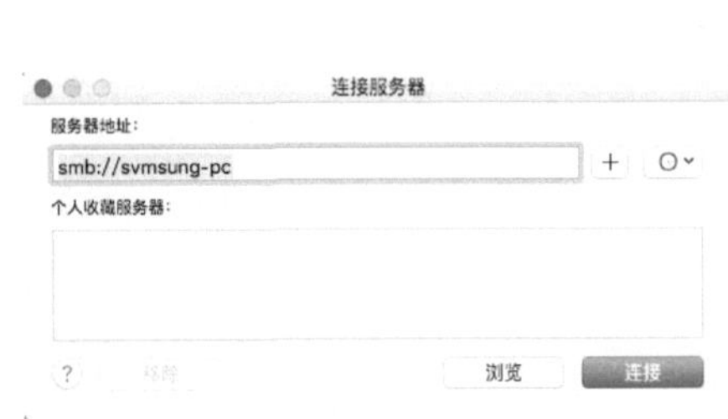

7.8.3 AirDrop无线文件发送

AirDrop无线文件发送功能是苹果公司在Mac OS X 10.7 Lion版本开始开发的一项全新功能，它的最大特点在于只要两台机器都在使用AirDrop，就可以进行文件互传，有点类似于蓝牙传输，即使不在同一局域网，只要有互联网接入并同时开启 Wi-Fi，在Finder左侧边栏中单击AirDrop图标，Mac即可自动发现用户周围30英尺（约9m）范围内的其他AirDrop用户，假如需要共享某个文件，只需将文件拖入某个联系人的名字下方即可。

单击Dock工具栏中的Finder图标，启动Finder，单击左侧边栏的AirDrop，或者选择菜单栏中的“前往”|“AirDrop”命令。

如果附近还有其他Mac用户打开了AirDrop，它就会出现在打开的窗口中，如果需要给对方发送文件，只需将文件拖至当前窗口中的联系人头像上即可发送。

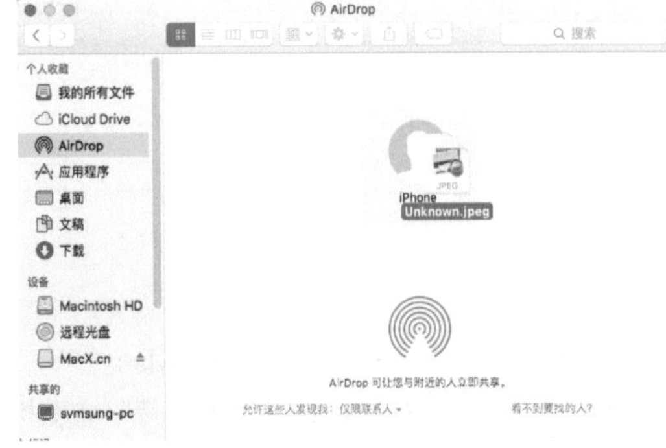

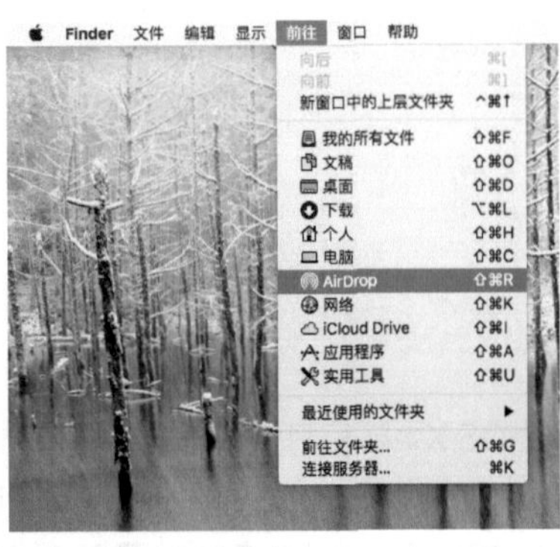

提示　若想使用AirDrop功能，需要Mac OS X 10.7 Lion及以上的版本系统。

第 8 章 方便快捷的即时沟通功能

本章主要讲解Mac中方便快捷的即时沟通方法的使用，如邮箱的申请与设置、邮件的接收与发送、信息发送与文字聊天等，涉及利用FaceTime与亲朋好友视频通话的方法，蓝牙的使用与文件的互相传送。

8.1 电子邮件管理——邮件

电子邮件是我们生活中重要的联络工具，不论是工作上的联系，还是亲朋好友之间的往来，几乎都会用到它。而Mac内置的Mail软件能更有效率地收发、管理电子邮件。

8.1.1 申请免费邮件账户

在使用E-mail之前，必须先申请一个E-mail账户。如今各大知名网站如Google、网易等都提供免费电子邮箱服务，我们可以向这些网站申请，这里以网易为例来讲解申请邮件账户的方法。首先打开网易首页，然后单击“注册免费邮箱”。

申请163邮箱时，按照界面的指示输入需要的资料就可以了。其中，申请成功的“用户名”就是163电子邮箱账户。

申请好邮箱后，你会拥有一份电子邮件账户资料，包含E-mail账户（xxx@gmail.com）、密码、收件服务器和发件服务器的网址等。

8.1.2 设置邮件账户

单击Dock工具栏中的“邮件” 图标，即可启动“邮件”程序。单击菜单中的“邮件”|“添加账户”命令，打开“选取邮件账户提供商”，选择自己申请的账户提供商，比如上节申请的网易邮箱，这里就选择“163网易免费邮”选项，然后单击“继续”按钮。

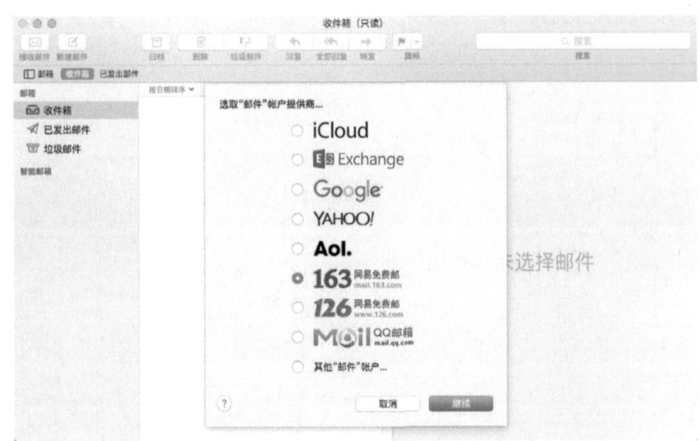

选择刚才所创建的邮箱账户之后，在各字段中输入相应的信息（刚刚申请成功的E-mail账户与登录密码），再单击“设置”按钮。

Mail会智能探测该邮箱域名可用的收发邮件服务器，并尝试自动完成随后的设置。一般情况下，我们只需要确认一下就可以了。

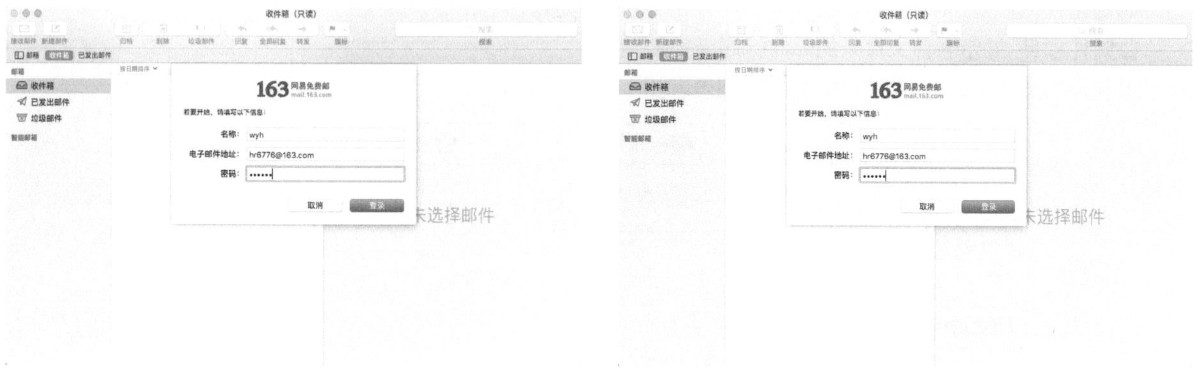

8.1.3 接收设置

每次启动“邮件”时都会自动接收新邮件，默认每5分钟检查一次。如果用户想将其设置为手动接收邮件，有以下3种方法。

- 单击工具栏上的“接收邮件”按钮即可。
- 执行“邮件”应用程序菜单栏中的“邮箱”|“接收新邮件”命令。

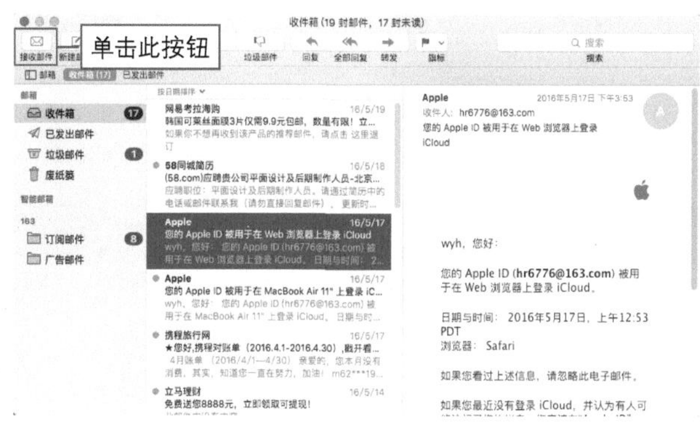

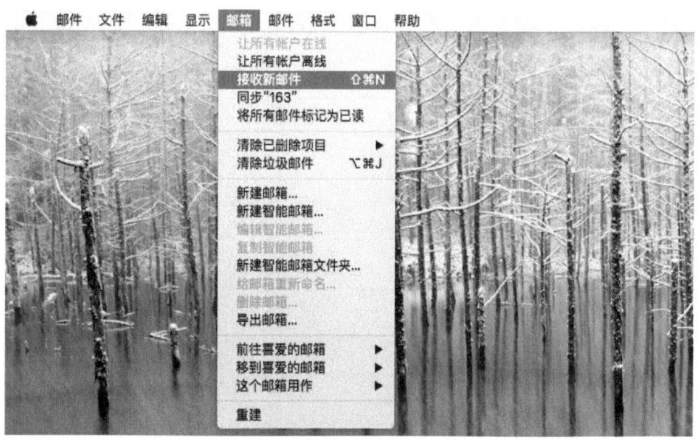

- 在Dock栏的“邮件”图标上单击鼠标右键，然后再从弹出的快捷菜单中选择“接收新邮件”命令。

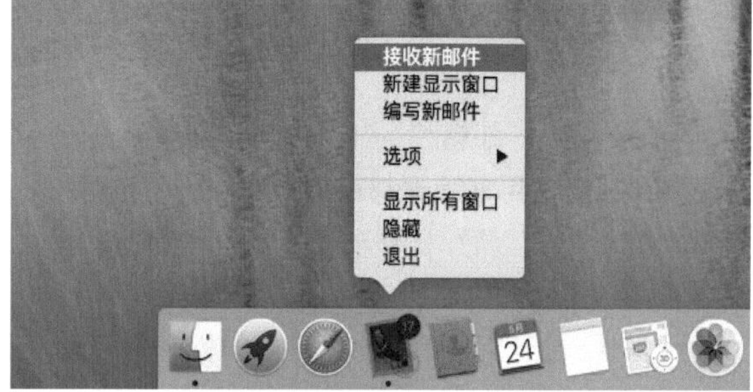

8.1.4 邮箱操作

启动Mail，桌面会自动显示“邮件”程序的主界面。主界面使用全新的三行、三栏式设计，为宽屏做了明显优化。用户可以方便地在不同邮箱、邮件和内容之间切换，还可以将自己认为重要的邮件，加上书签以便快速取阅。

❶标题栏：显示当前所选邮箱的概要信息。

❷工具栏：提供常用的工具按钮，以完成写信、收信、回复和转发等邮件操作。

❸搜索栏：输入关键字后，可搜索包含此关键字的邮件。

❹书签栏：显示邮件书签，以方便快速取阅。

❺邮箱栏：显示当前邮箱内的文件夹结构及邮件基础信息。

❻邮件项目：显示当前文件夹的邮件标题及简要信息。

❼邮件预览区：显示当前选中邮件的详细内容。

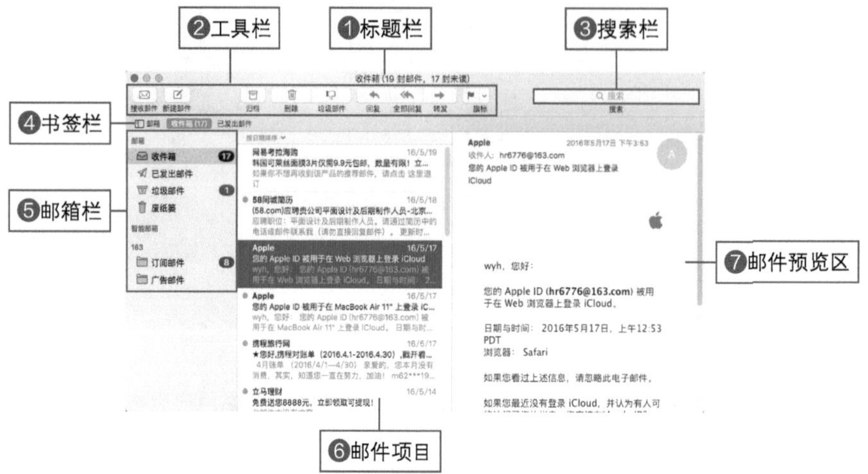

"工具栏"用来放置常用的邮件管理功能，如果要调整工具栏中的项目，可以通过"邮件"应用程序栏上的"显示"|"自定工具栏"命令，利用拖放的方式新建或移除工具栏的项目。

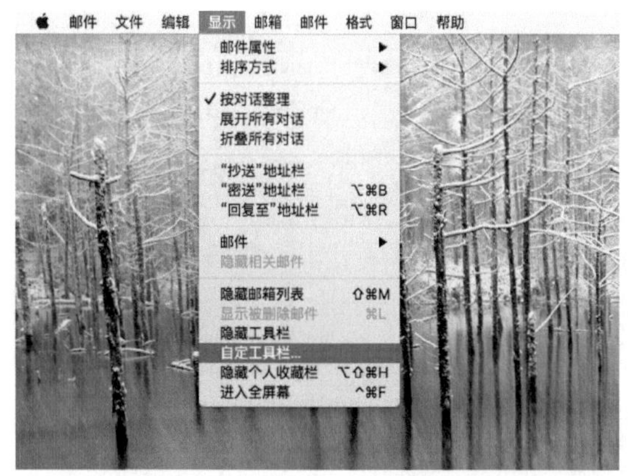

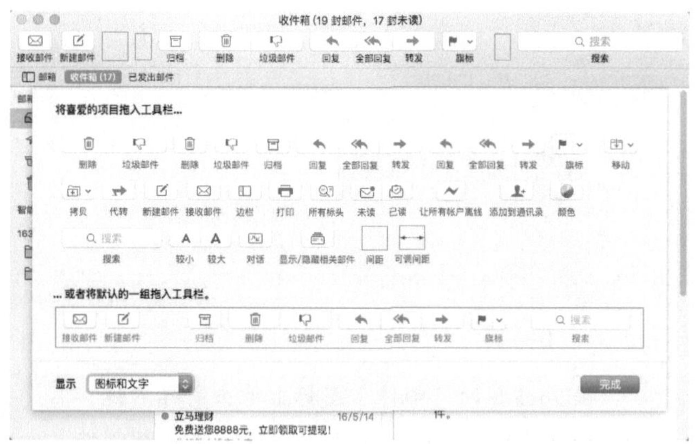

"邮件"的"邮箱栏""邮件项目"与"预览邮件区域"三者是用来管理邮箱与邮件，在邮箱栏中选择特定的邮箱之后，邮件项目就会列出该邮箱里面的所有邮件，单击某特定的邮件，"预览邮件区域"就会显示出这封邮件里面的图文内容。

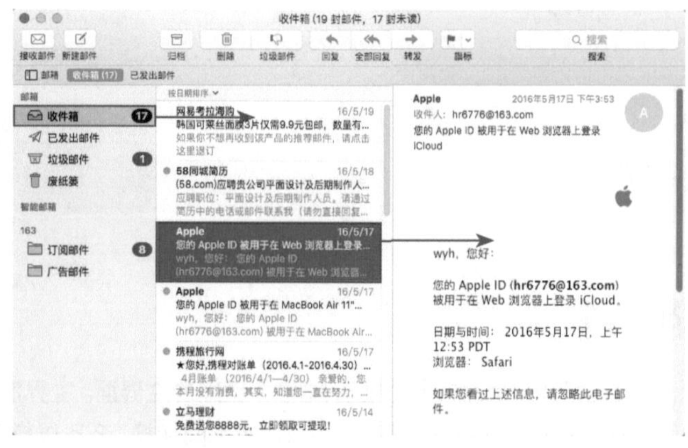

默认情况下，接收的邮件会显示两行内容以供预览，如果想要增加预览内容，可在“邮件”应用程序菜单栏中的“偏好设置”的“查看”项目中进行设置。除了可以设置行数外，也可以在这里设置页面中打开邮件其他显示数据。

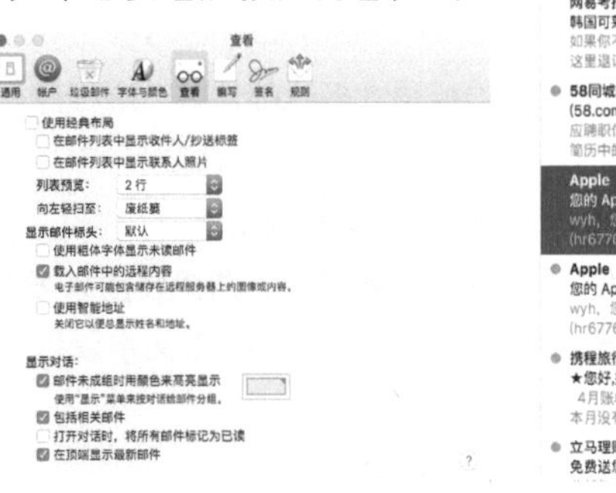

“提醒”就是“旗标”，可以用来做简单的标记，单击工具栏上的“旗标”按钮，就可以新建一则提醒。添加了提醒之后，这则信息显示一个旗标标识作为提醒。可以单击标签栏的“有旗标”，邮件项目就会只列出提醒的部分。

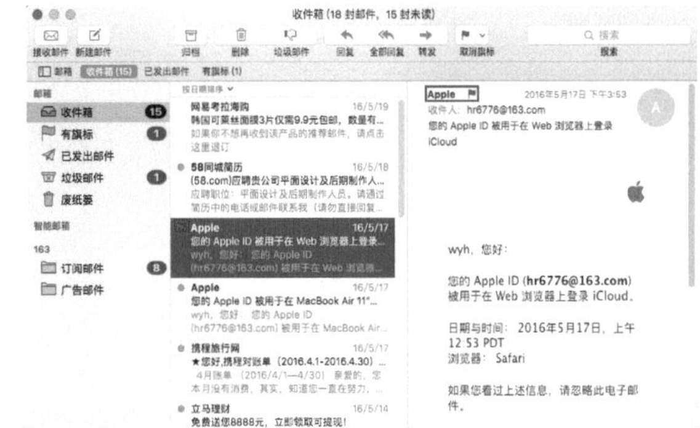

8.1.5 邮件管理

“邮件”默认以对话方式显示邮件。该功能会将有关某一主题讨论的邮件，整理为一个对话组，然后自动隐藏回复邮件中相同的内容，只显示每封邮件的新内容。

1. 收取邮件

在收取邮件时有一次收取多封邮件，“邮件”会贴心地把所有往来相关的邮件整理成一个项目，并在“邮箱栏”中的邮件预览窗口右侧标记数字，数字代表有多少封未读的邮件，而在“邮件项目”列表中会以蓝色的小圆作为标记。

2. 管理垃圾邮件

有时E-mail服务会遇到很多垃圾邮件，不用担心，“邮件”会自动帮我们筛选，刚开始“邮件”会有一段学习期，这时候它认定的垃圾邮件会保留在邮箱里显示成黄色并在发件人右侧显示废纸篓图标。如果“邮件”不小心把一般邮件误判为垃圾邮件，则可单击邮件标题旁的“非垃圾”按钮即可。

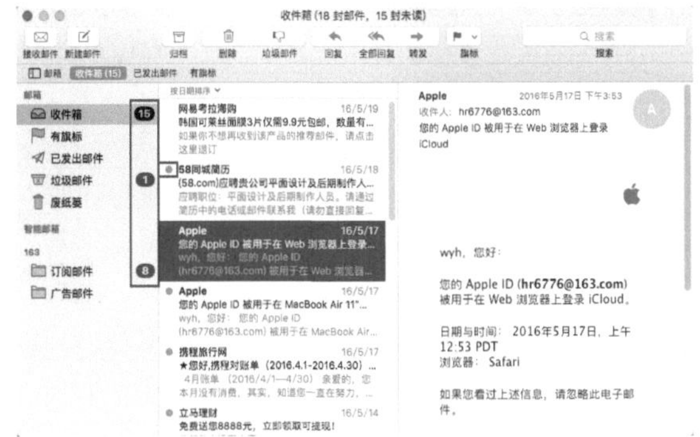

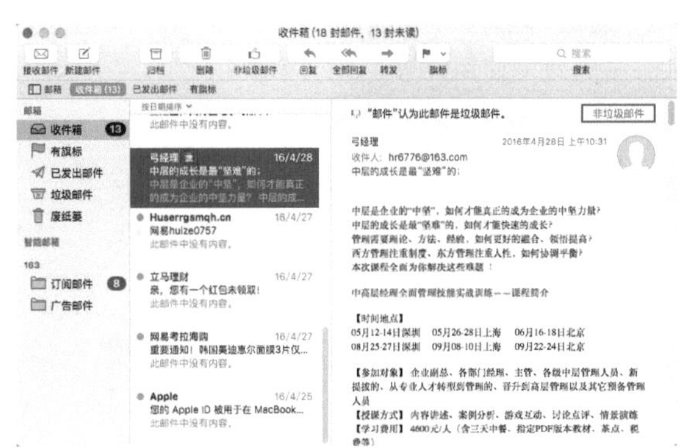

8.1.6 发信、回信与添加附件

“邮件”的外寄邮件功能跟大多数邮件客户端程序基本相同。

1. 编写新邮件

如果要发邮件，则先在“邮箱栏”中选择要用来发邮件的E-mail邮箱，接着单击“新建邮件”按钮，即可创建一封空白邮件。分别在收件人、主题、正文字段填写邮件相关内容，然后将信写好，再单击左上方的“发送邮件”按钮，即可将邮件发送出去。

提示 如果觉得邮件不够漂亮，可以单击“显示或隐藏信纸面板”按钮，展开信纸模版，套用合适主题的信纸。

2. 抄送及密送

许多邮件除了需要送给寄件人外，还需要给直属上司或留存备份等。虽然电子邮件允许将多个邮件地址列为收件人，将邮件同时寄送到多个地址。但这样处理有一个缺点，过了一段时间，寄件人不容易分清哪一个才是真正需要处理邮件的人。因此，可以将需要过目、留存备份等需要的收件地址设为“抄送”。

如果要同时把邮件寄给很多人，但是又不想让大家都看到所有收件人的名单，就可以利用“密送”功能。密送的功能与抄送近似。唯一不同在于，使用“抄送”功能，每一位收件人均可看到抄送列表，可以清楚了解这封邮件抄送给了谁。而使用“密送”功能，收件人就无法查看到抄送列表了。

要想在邮件上添加“抄送”“密送”字段，需要单击“选择可见的标头栏”按钮，再选择“‘抄送’地址栏”“‘密送’地址栏”选项，显示“抄送”和“密送”字段后，输入电子邮件地址即可。如需要添加多个抄密、密送地址，各地址间使用分号“;”分隔即可。

3. 转发邮件

如果想把“邮件”里面已经有的邮件转发给朋友，可以先选取邮件再单击“转发” 按钮，即可将当前所选邮件内容作为新邮件内容，并将原邮件主题加上Fwd作为新邮件主题。用户只需要填上收件人信息，然后再单击左上方的“发送邮件” 按钮，即可将邮件发送出去。

4. 回复邮件

如果想要回复别人发来的邮件，单击“回复至给所选邮件的发件人” 按钮，Mail程序将会自动新建一个邮件，此邮件具有以下特点。

- 将当前所选邮件的主题，加上前缀Re作为默认主题，方便对方了解这是一个回复某主题的邮件。
- 将原寄件方，设置为收件人，免去手动设置收件人的工作。
- 将当前所选邮件的正文附在此邮件的末端，免去手动复制原邮件内容的工作。

提示 单击“全部回复” 按钮，可回复给所选邮件的所有收信人。“回复”与“全部回复”的差异在于，“回复”功能仅将邮件回复给寄件人，而“全部回复”功能，除了将回复给寄件人，还回复给所有抄送人。也就是说，“全部回复”功能可以让所有收到此邮件的用户，都收到你的回复信息。

8.1.7 搜索邮件

“邮件”的搜索功能十分强大，当用户在搜索框中输入内容时，“邮件”就会自动猜测用户的意思，然后再进行搜索并显示出结果。例如，当用户在搜索框中输入今天时，“邮件”就会知道用户是想要查找今天的邮件。

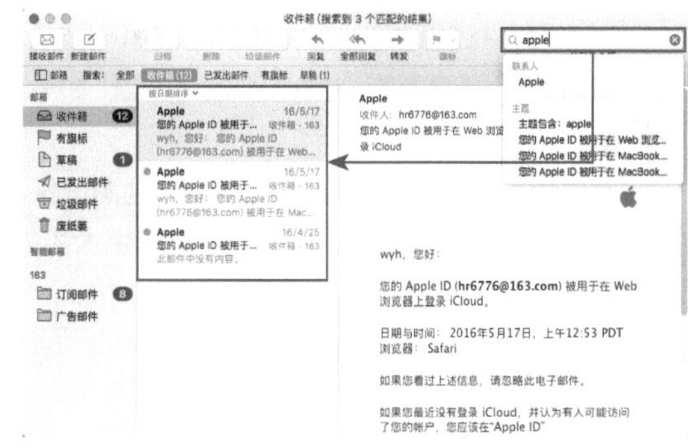

8.1.8 创建智能邮箱

智能邮箱就是将符合某一条件的邮件显示出来以便于用户快速查看，其本身并不存储邮件。它的优点就是并不占用过多的存储空间，而仅仅是将符合条件的邮件筛选出来。

创建智能邮箱有以下两种方法。

- 执行“邮件”应用程序菜单栏中的“邮箱”|“新建智能邮箱”命令即可。
- 在“邮箱栏”的“智能邮箱”右侧，单击“显示”左侧的加号⊕按钮，然后设置特定的条件，即可设置邮件的相关条件，用智能邮箱将会大大提升邮件的管理效率。

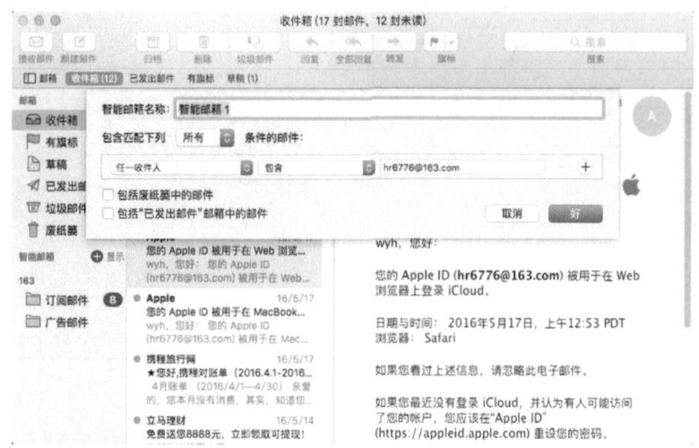

8.1.9 添加书签

书签功能非常方便，除了能帮忙快速分类邮箱外，它真正的功能就如同Safari上面的“书签栏”一样，比如可以将“订阅邮件”拖放到“书签栏”中将其制作为书签。

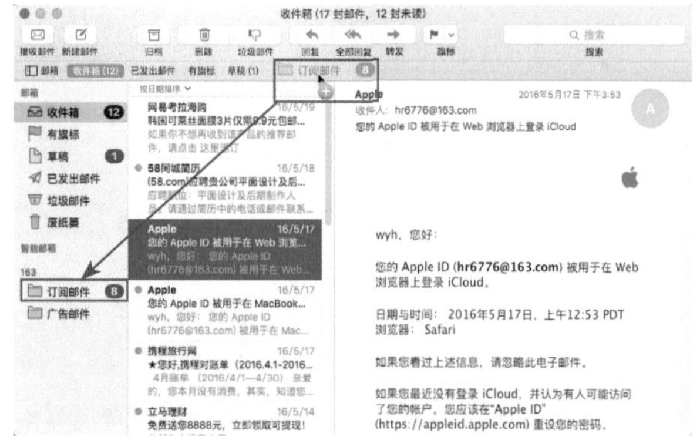

8.1.10 过滤垃圾邮件

网络上充斥着各式各样的垃圾邮件，尽管邮件服务器商已经花了无数精力去整治垃圾邮件，但是垃圾邮件还是像灰尘一样，不知不觉间漂进我们的邮箱。如果不做好防范措施，会给用户的管理邮件工作造成极大的困扰。对此，Mail的垃圾邮件过筛功能，将为我们筑起另一道垃圾邮件的防线。

在“邮件”程序菜单中，执行“偏好设置”命令，在打开的窗口中，单击“垃圾邮件”图标，在此即可对垃圾邮件进行设置。

首先建议修改系统默认的垃圾邮件过滤设置，将免除垃圾邮件过滤的第一、第三个项目选中，以避免地址簿内重要用户的通信以及知道你名字的其他陌生人的邮件被过滤掉。除此之外，最好选取“在应用我的规则前过滤垃圾邮件”复选项，以避免垃圾邮件混进智能邮箱。

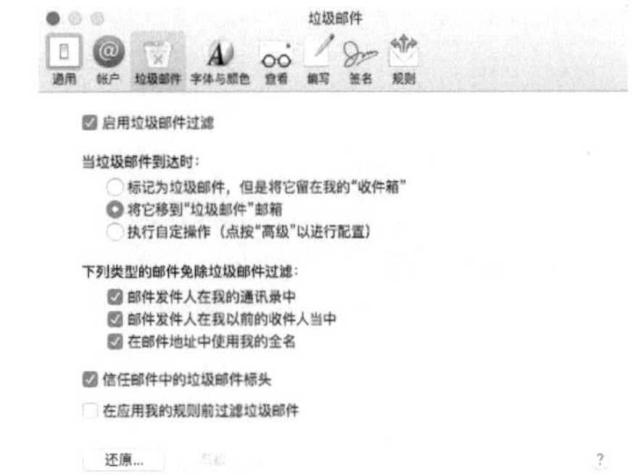

8.2 Mac即时通信——信息

"信息"是OS X系统自带的聊天工具，使用它可以与在线的好友进行文字、表情及视频聊天，它还支持文件的实时改善与接收功能。

8.2.1 申请"信息"账户

在使用"信息"之前，必须先申请"信息"的账户。单击Dock工具栏中的"信息"图标，打开"信息"窗口。

如果用户是第一次启动"信息"程序，则会在程序窗口中弹出"iMessage设置"对话框，以提示我们使用Apple ID来创建账户，这也是"信息"程序默认的账户类型。

> **提示** 只有在第一次登录"信息"时，系统才会弹出"iMessage设置"对话框以供用户设置账户。以后再次打开"信息"时，系统会自动登录，用户也不必再次输入账户和密码。

此外，"信息"还支持AIM（AOL Instant Messaging）、Yahoo!、Google Talk以及Jabber4种账户，新用户任意注册一种服务即可。

单击应用程序菜单中的"信息"｜"偏好设置"命令，切换到"账户"窗口，单击左侧列表下方的 + 按钮进入"账户设置"页面，然后在"账户类型"下拉列表中选择一种账户类型，再输入账户及密码，单击"完成"按钮即可申请一个新的账户。

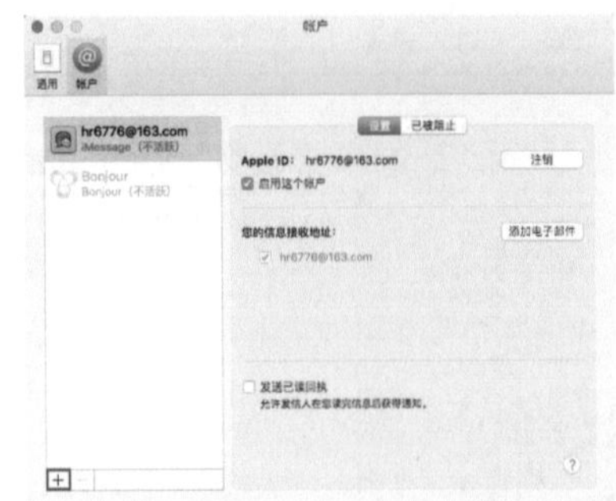

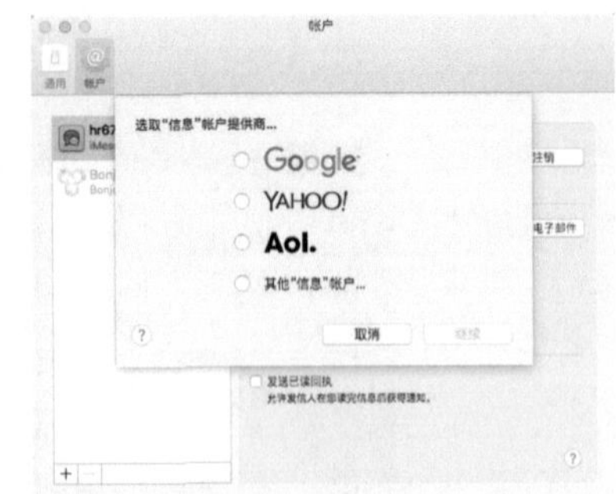

账户申请成功后，即可登录该账户。这里我们就以iMessage的账户类型作为模版进行介绍，其他类型的操作方法与其类似。

8.2.2 添加好友

与其他聊天软件一样，“信息”同样需要将好友添加至列表才能聊天。不过需要注意的是，用户必须先行通过其他途径获知好友的“信息”账户名称才能将他们添加为好友。

在“收件人”栏中输入想要添加为好友的账户，按return键确认。如果该账户名是正确的，则显示为蓝色标签；如果该账户名不正确，则显示为红色标签，此时就需要用户重新输入。

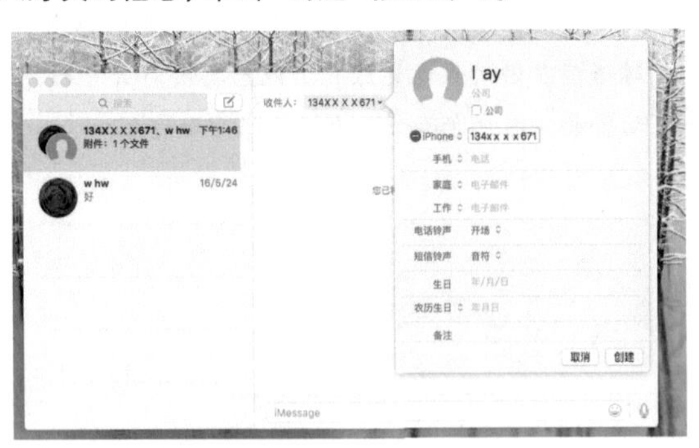

如果输入的账户名称不正确，可以单击该账户名称，将会弹出一个菜单，从菜单中选择“创建新联系人”命令，输入好友的信息，单击“创建”按钮即可。

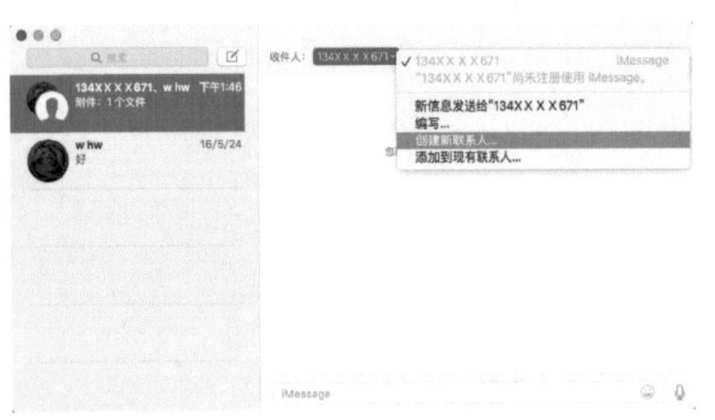

需要注意的是，添加完成后，不需等候对方确认，即可将其添加为好友，单击“编写新信息”按钮，然后在“收件人”右侧的联系人⊕菜单中，选择选择刚创建的好友，就可以进行聊天了。

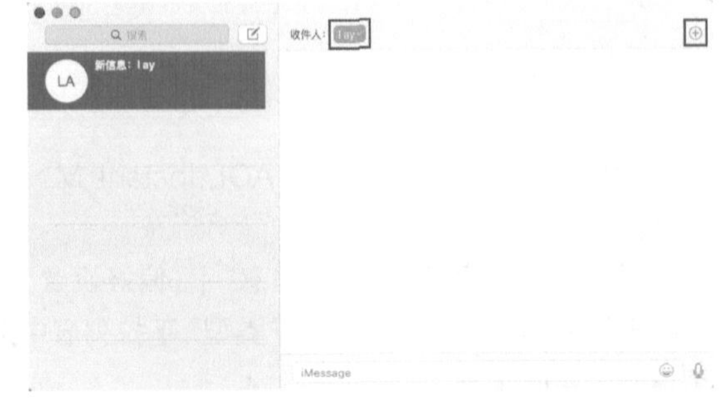

8.2.3 与好友进行文字聊天

“信息”中的文字聊天操作相当简单，只需在右侧的联系人菜单⊕中，选择想要对话的好友，在右侧窗格下方的输入框中输入文字内容，再按return键即可发送给对方。双方的聊天内容将呈现于聊天对话框内，以供用户查阅。

我们还可以向好友发送可爱的表情。单击输入框右侧的表情图标☺，然后在弹出的表情列表中选择表情，再按return键发送即可。

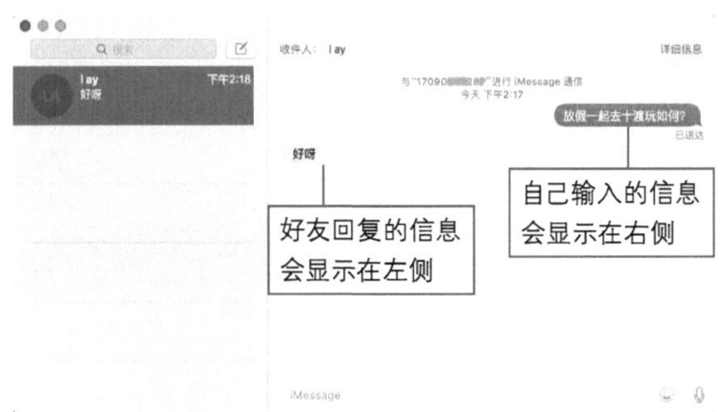

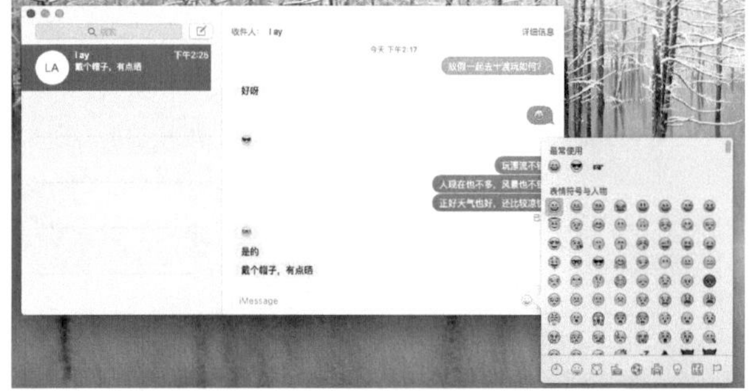

8.2.4 与好友视频聊天

“信息”跟其他即时通信软件一样支持视频聊天。不过需要注意的是，“信息”是通过苹果系统中的FaceTime来跟好友进行视频聊天的。

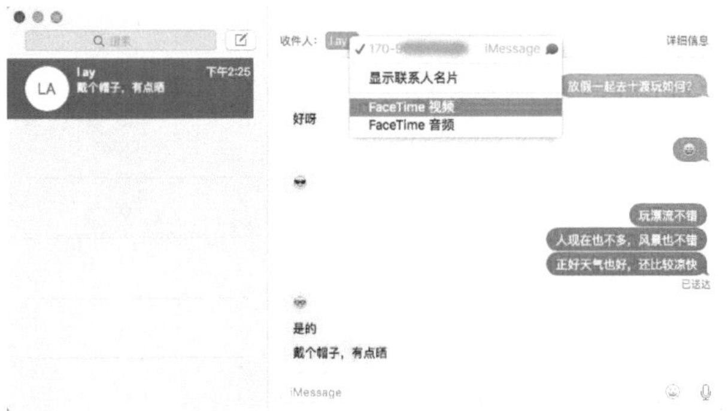

“信息”中的视频聊天的操作也很简单，在聊天好友名字位置单击鼠标右键，从弹出的快捷菜单中，选择“FaceTime视频”命令，即可发出视频聊天邀请，待对方应答后，即可呈现双方形象开始视频聊天了。

8.2.5 创建新信息

如果我们新认识了一个朋友，需要在“信息”中与其聊天，则单击搜索框右侧的“编写新信息”☑按钮，接着在右侧窗格的“收件人”字段中输入这个朋友的账户名称，或从右侧的联系人菜单⊕中选择想要对话的好友，然后再输入文字信息即可。

然后在此输入朋友的账户名

先单击此按钮

8.2.6 删除聊天记录

有时，我们想将某些聊天记录删除可以在左侧的聊天好友列表中，找到要删除的好友聊天记录选项，将光标移到该列表上，单击“删除” × 按钮，接着在弹出的提示对话框中，单击“删除”按钮即可。

8.3 尽情享受视频通话——FaceTime

FaceTime与Windows系统中的QQ的视频聊天类似，只要邀请联系人，就可以与对方进行面对面的视频通话。

8.3.1 登录FaceTime

FaceTime如今已经内置在OS X中，我们可以通过设备上的视频镜头使用FaceTime功能，让我们随时都能与亲朋好友进行视频聊天。

单击Dock工具栏中的FaceTime图标，即可打开FaceTime窗口。

打开FaceTime窗口后，立刻就会看到设备镜头对着的物体（或自己）的影像。

8.3.2 与好友视频聊天

登录FaceTime后，在左侧的搜索栏中输入好友的姓名、电子邮件地址或电话号码，在好友名称右侧会显示FaceTime和电话两个图标，单击FaceTime图标，即可邀请好友进行视频聊天了。

邀请好友进行视频聊天以后，等待对方接受邀请，此时的FaceTime界面会显示为等待状态。待好友接受邀请后，FaceTime的画面就会变为好友的影像，而此时，自己的影像则变为缩略图显示在左上角，此时就可以视频聊天了。

8.4 蓝牙

蓝牙以公元10世纪统一丹麦和瑞典的一位斯堪的纳维亚国王的名字命名。对手机而言，与耳机之间不再需要连线；在个人计算机中，主机与键盘、显示器和打印机之间可以摆脱纷乱的连线，可以实现智能化操作。

8.4.1 打开蓝牙

若想在Mac中打开蓝牙，可通过以下两种方式。

- 单击菜单栏中的蓝牙图标，然后在弹出的列表中选择“打开蓝牙”命令。
- 单击Dock工具栏中的“系统偏好设置”图标，打开“系统偏好设置”窗口，然后单击“打开蓝牙”按钮，在打开的“蓝牙”偏好设置窗口中单击“打开蓝牙”按钮。

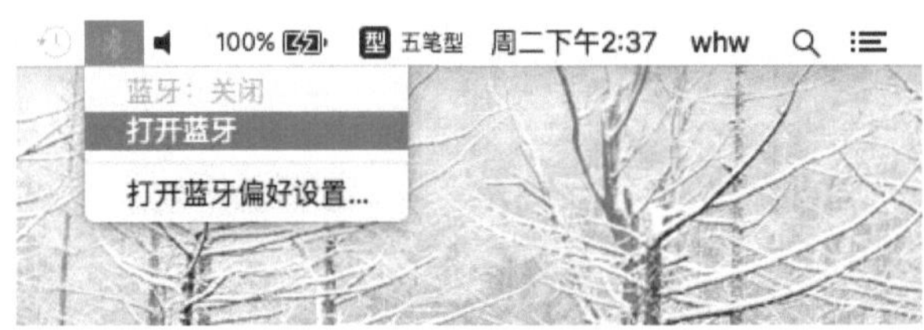

提示 蓝牙一旦打开，除非手动将其关闭，否则不管是注销还是重启，蓝牙都一直处于打开状态。

8.4.2 在菜单栏中显示蓝牙状态

默认情况下，在Mac的菜单栏中会显示蓝牙的图标，如果用户将蓝牙从菜单栏上移除了，那么就需要重新显示

蓝牙状态了。

单击Dock工具栏中的"系统偏好设置"图标，打开"系统偏好设置"窗口，然后再单击"蓝牙"图标，在打开的"蓝牙"偏好设置窗口中选中"在菜单栏中显示蓝牙"复选框即可。

8.4.3 查找和连接蓝牙设备

在Mac中查找和连接蓝牙设备有以下两种方法。

- 打开蓝牙，单击菜单栏上的蓝牙图标，在弹出的列表中选择"打开蓝牙偏好设置"命令。
- 在出现的面板中可以看到右侧所有设备的列表，并且Mac会自动刷新以查找周围的设备。
- 选中列表框中的设备，单击鼠标右键，从弹出的菜单中选择"连接到网络"即可与当前设备连接。

8.4.4 发送文件

要想给其他蓝牙设备发送文件，可通过以下方法来操作。

单击菜单栏上的蓝牙图标，在弹出的列表中选择"将文件发送到设备"命令，再选择要发送的文件，按return键确认，然后再从设备列表中选择一个设备，再单击"发送"按钮即可。

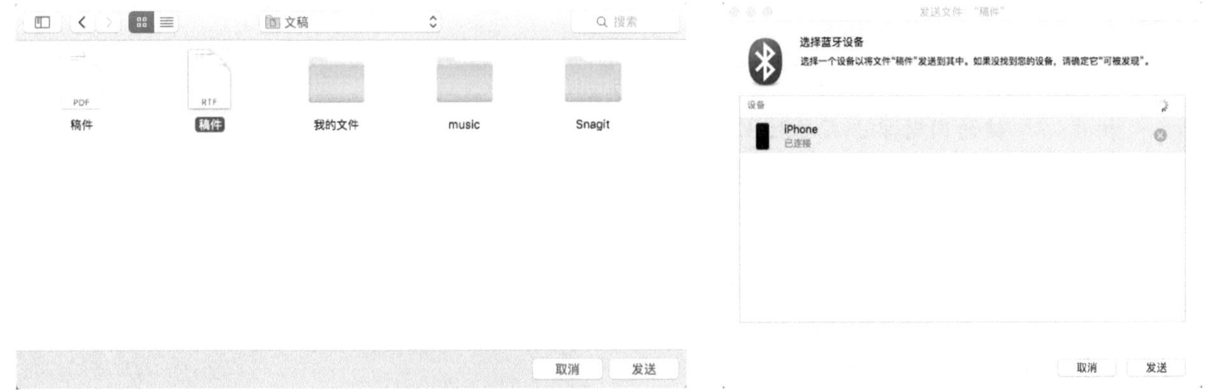

8.4.5 使用服务菜单为蓝牙发送文件

单击Dock工具栏中的“系统偏好设置” 图标，打开“系统偏好设置”窗口，然后单击“键盘”图标，在打开的“键盘”偏好设置窗口中切换到“快捷键”标签，在左侧列表框中选择“服务”选项，然后在右侧的列表框中选中“将文件发送到蓝牙设备”复选框，就可通过服务菜单为蓝牙设备发送文件了。

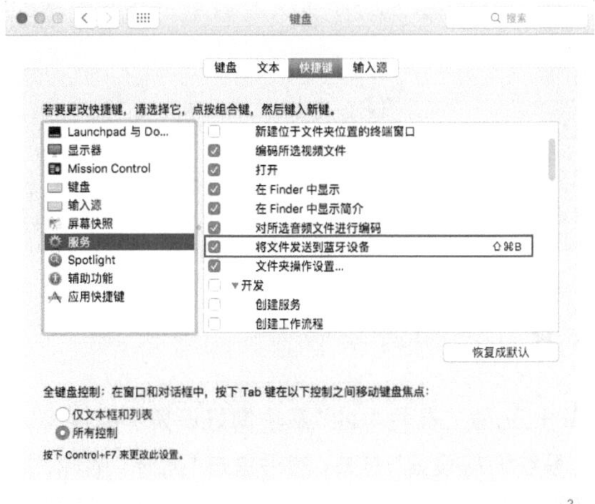

8.4.6 移除已连接的设备

要想移除已经连接的设备，可以使用以下方法。

单击Dock工具栏中的“系统偏好设置” 图标，打开“系统偏好设置”窗口，然后单击“蓝牙”图标，打开“蓝牙”偏好设置窗口，将光标移至想要移除的设备名称右侧，当出现关闭 图标时单击此图标，在出现的对话框中单击“移除“按钮即可。

8.4.7 查看蓝牙的版本

要想查看当前使用的蓝牙的版本，可通过以下两种方式进行。

- 按住option键的同时单击菜单栏上的蓝牙图标，从弹出的列表中就可以看到蓝牙的版本。
- 单击屏幕左上角的“苹果菜单”按钮，在弹出苹果菜单中，按住option键的同时单击“系统信息”命令，然后在打开的窗口中选择“硬件”选项组中的“蓝牙”项目，所以查看到本机蓝牙的所有信息。

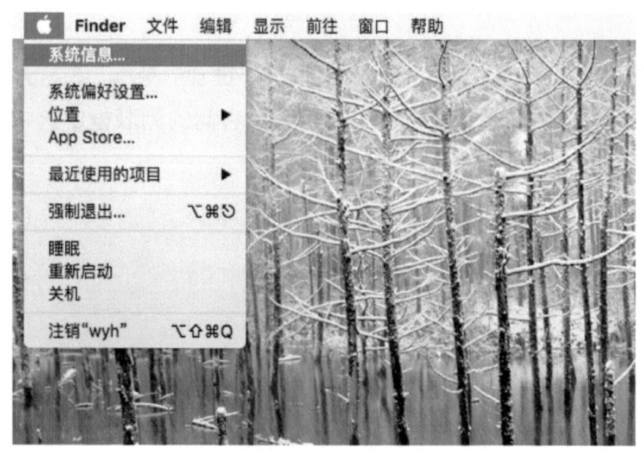

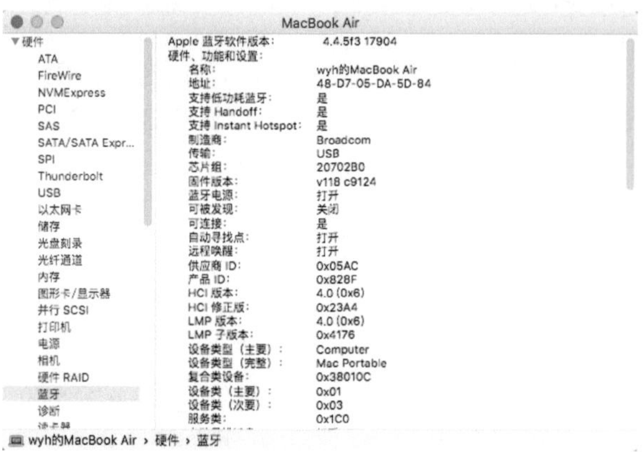

8.4.8 利用蓝牙设备唤醒电脑

单击Dock工具栏中的“系统偏好设置”图标，打开“系统偏好设置”窗口，然后单击“蓝牙”图标，打开“蓝牙”偏好设置窗口。单击“高级”按钮，在弹出的高级窗口中选择“允许蓝牙设备唤醒这台电脑”复选框。

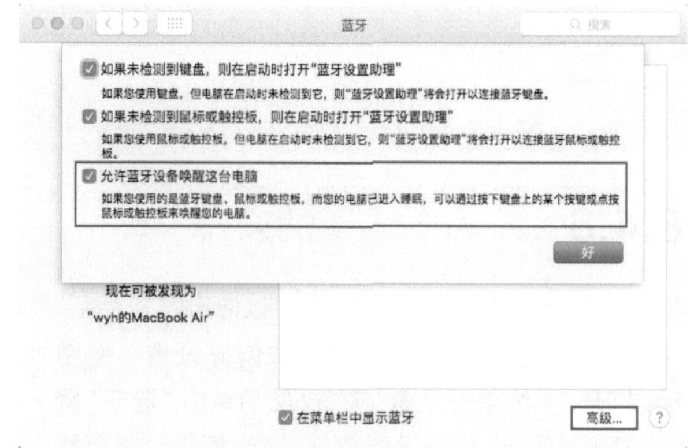

第 9 章 Mac的办公伴侣

iWork是苹果公司推出的Office软件套装，它包含Pages、Numbers和Keynote三个软件，分别用于文件的编辑和排版、电子表单的处理及幻灯片的制作，最终发布的文件可以和用户量最大的MS-Office良好兼容。

办公是电脑最主要的用途之一，作为新学苹果电脑的用户，如何才能在苹果系统中轻松自如、高效地完成办公室任务呢？本章我们就来看看Mac上有哪些适用的办公室软件，能帮助各位抢占商业先机。

9.1 电子文档——Pages

Pages专门负责文件的编写与排版工作，相对于InDesign、Quark等专业排版软件，Pages提供了一个较为简单的排版选择，我们可以用它制作各种信函、信封、履历、报告、简报、小册子、传单、海报、卡片、名片和证明等图文件案。懒惰一点儿的人甚至可以直接应用默认模版就能制作出精致而独特的印刷品。

9.1.1 认识Pages的操作界面

单击Dock工具栏中的Pages图标，打开Pages程序。

Pages的操作界面相当简洁，从上到下分别为标题栏、工具栏、格式栏、导航边栏和编辑区域几大块的内容。

❶标题栏：显示文件的名称。

❷工具栏：编辑时常用的功能键都在这里，单击鼠标右键，在弹出的快捷菜单中选择“自定工具栏”命令，可以进行调整。

❸格式栏：快速调整字体、字号、大小、颜色和对齐方式等格式，不用的时候也可以将其隐藏。

❹导航边栏：依序列出文件中的所有页面，可以在此任意调整顺序，在此可快速跳转到指定的页面。

❺编辑区域：即时显示当前文件的编辑、排版状态。

9.1.2 创建文件

在创建文件时，如果我们对文件没有一个满意的版式，此时就可以利用模版来创建文件。运行Pages后，首先选择一个合适的模版进行编辑，这里可以根据自己制作文件的需求从导航边栏中选择各种类型的模版（双击打开模版）。当然，如果用户是排版高手也可以由空白页面从无到有来创建文件。

9.1.3 编辑文件

选好模版样式后，编辑区域就会出现一个看似已经完成的文件，这样设计的用意是Pages先告诉我们做出来的版面会是什么样子。接下来我们就用自己的图片和文字内容去替代模版中的内容。

首先，把文字部分更换为我们自己的内容，在相应的位置输入文字内容即可，Pages会根据已有的排版方式将文字内容应用上相应的格式。

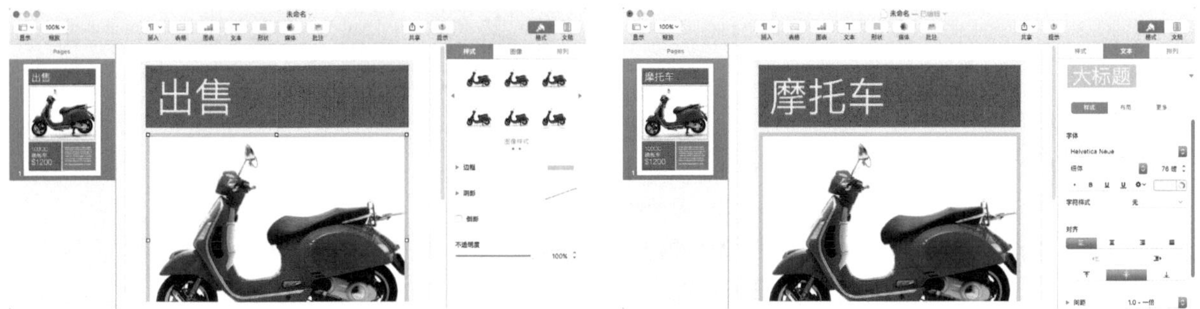

文字部分更改完成后，接着就来更换图片内容。在模版中选择要替换的图片，然后在“格式栏”中选择“图像”标签，单击“替换”按钮，然后从打开的面板中选取合适的照片即可将其替换。

9.1.4 Pages的其他基本操作

Pages的功能十分强大，创建好文件后，还可以对其进行设置，以满足我们的工作需要。

1. 设置内容的样式

基本的版面编排好之后，如果对文件中内容的样式不太满意，则可以进一步对其进行修改。首先用鼠标单击要修改的文字字段，接着单击格式栏上“格式”按钮打开样式列表，就可以根据段落、字符或列表里的选项来更换样式。

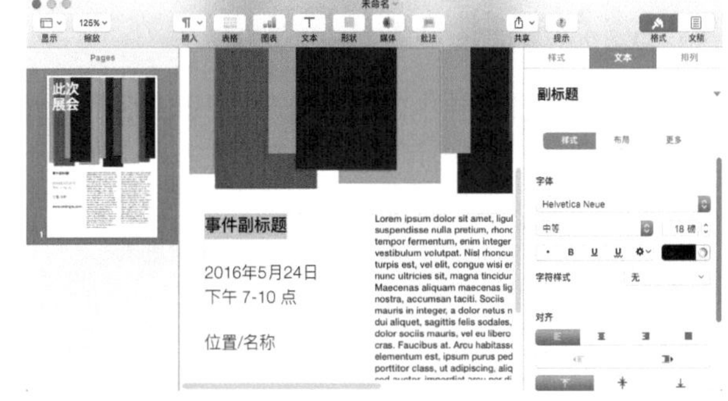

2. 调整图片的绕排方式和文本样式

如果编排的文件里面有图合并的部分，Pages也可以让我们设置图片绕排的各种方式。首先单击新编辑区域中的图片，接着单击格式栏上“格式”按钮打开样式列表，就可以根据段落、字符或列表里的选项来更换排列样式。最后再根据需要选择一种合适的绕排方式即可。

如果对新编排文件里的文本内容的样式不满意，则可先用鼠标单击要修改的文字字段，接着单击格式栏上的“排列”标签，最后再根据需要进行相应地调整。

3. 插入文本框

有时我们需要在图片中添加一些说明文字，以此来突出该图片的重点。可以单击工具栏上的“文本”按钮，即可弹出文本框，接着在文本框中输入需要的文字。

4. 插入图形

在对文件进行编排时，如果需要插入各式各样的图形、图表等，可以单击工具栏上的“形状”按钮，然后在弹出的菜单中选择要插入的图形，最后在文件中进行绘制即可。

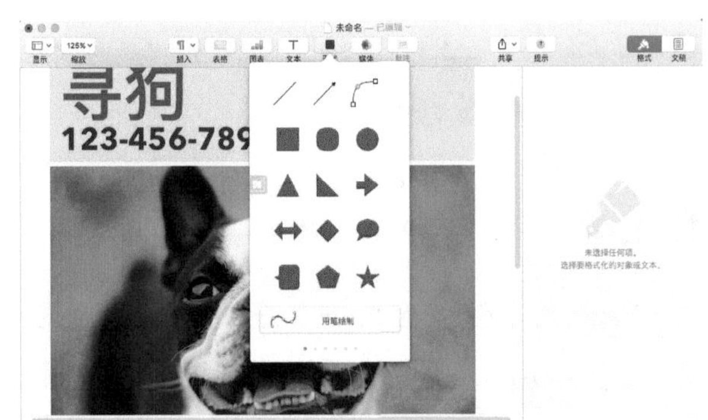

5. 添加批注

批注是补充文件中内容的说明，以便日后了解创建时的想法，或供其他用户参考。单击工具栏上的“批注”按钮，Pages会自动弹出“批注”面板，并且还会弹出批注框，然后在批注框中输入批注的内容即可。

6. 跟踪修改

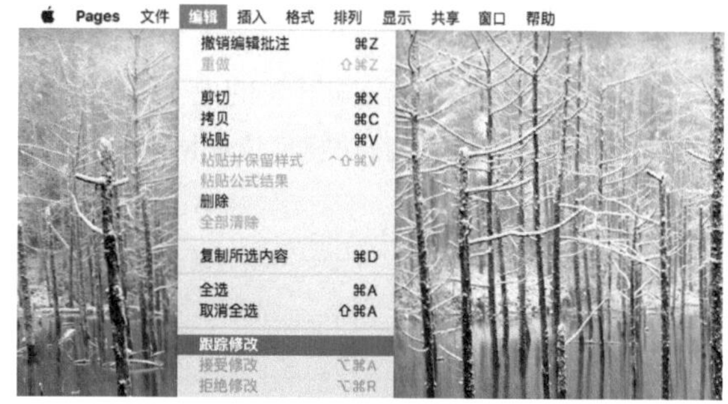

如果要跟同事或朋友合作编辑一份文件，可以单击应用程序菜单栏上的“编辑”|“跟踪修改”命令。这样，当任何人更改了文件的某部分内容，都会详实地记录在“批注”面板里。如果要关闭跟踪，单击应用程序菜单栏上的“编辑”|“关闭跟踪”命令即可。

7. 显示或隐藏导航边栏

如果我们所编排的文件只有一个页面，则可以将导航边栏隐藏，这样就可以让窗口只显示编辑区域。单击工具栏中的“显示”按钮，然后在弹出的下拉菜单中取消选中的“页面缩略图”即可。

8. 全屏幕查看

当文件的所有内容都已经添加或修改完成之后，可通过全屏幕清晰地查看文件的内容。直接单击窗口左上角的“全屏”按钮即可。

提示 全屏幕可以让想要专注地编辑文件的用户避免被其他程序干扰。

9.1.5 共享文件

利用Pages编辑好文件以后，可以让文件变得更加的美观。我们也可以跟其他人分享“劳动成果”，此时就需要我们将该文件共享。需要注意的是，必须对方也用iWork这套软件。完成编辑工作后，单击工具栏上的“共享”按钮，即可将Pages文件共享。

Pages支持各种主流的文件格式，如果只想把做好的文件导出给其他人看，而不想该文件被其他人修改的话，需将其导出为PDF格式；而用Word、RTF、纯文本等格式导出文件后，都可以被其他人修改，可根据自己的需求选择适合的格式导出。

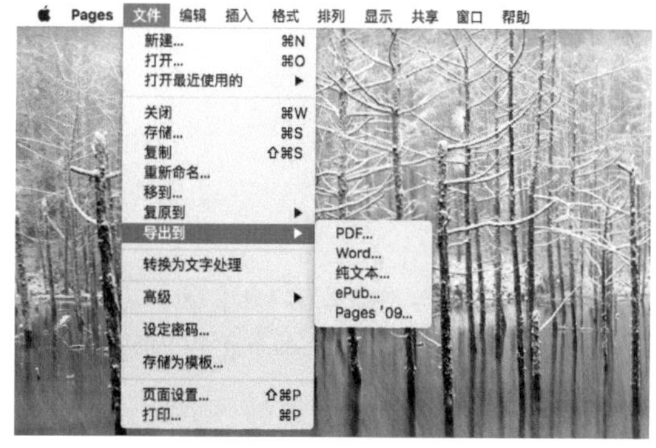

9.2 电子表格——Numbers

Numbers是苹果公司开发的电子表单应用程序，作为办公软件套装iWork的一部分，与Keynote和Pages捆绑出售。它的功能定位和Microsoft的Office系列里的Excel一样，用来制作电子表格，它的操作方式与Excel类似。

9.2.1 认识Numbers的操作界面

Numbers功能强大，应用层面也相当广，这里我们只做简单的入门介绍，其他更深层次的操作，就留待用户熟悉Numbers的功能以后自行探索了。

单击Dock工具栏中的Numbers图标，打开Numbers程序。

如果用户对Excel已经有简单或者深入的操作经验，那么打开Numbers后的第一件事就是熟悉这个新软件的窗口设计，新建窗口之后会发现它的界面相比之前更加简洁舒适。

默认情况下，打开Numbers程序会出现一个“模板选取器”窗口，可以直接选择一个模版进行编辑（双击打开模版）。这里我们先选择“制图基础知道”模版。

打开默认的模版文件后，主窗口会出现该文件的编辑区域，而导航边栏中的“表单”列表中则会显示该文件里面包含的所有表单和其中的表格。在这里我们可以发现文件、表单和表格的关系，一份文件可以包含很多个表单，而一个表单列又包含了多个表格。

提示 Excel中一个工作簿里可以包含多个工作表，分别储存不同的数据、图表。而在Numbers里面，“工作表”这个功能由表单充当了，并且每个表单下面会列出所储存的表格、图表名称，更方便用户的管理工作。

选择顶部的“预算”“客人名单”“供应商”和“待办事项列表”，即可切换至当前的视图中进行编辑。

9.2.2　在模版中编辑Numbers文件

如果要在文件里面增加一个新的表单，可以单击面板工具栏中的“表格” 按钮，在弹出的选项中选择一种自己喜欢的表格布局，此时将自动添加一个表格。

当我们创建新的表单时（除模版外），系统所呈现的就是一张空白的表单。

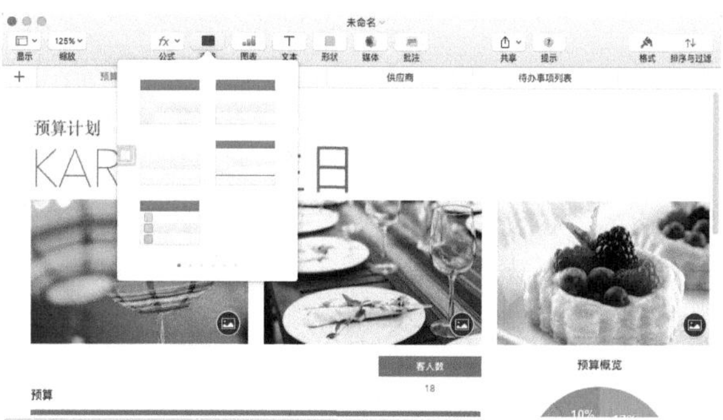

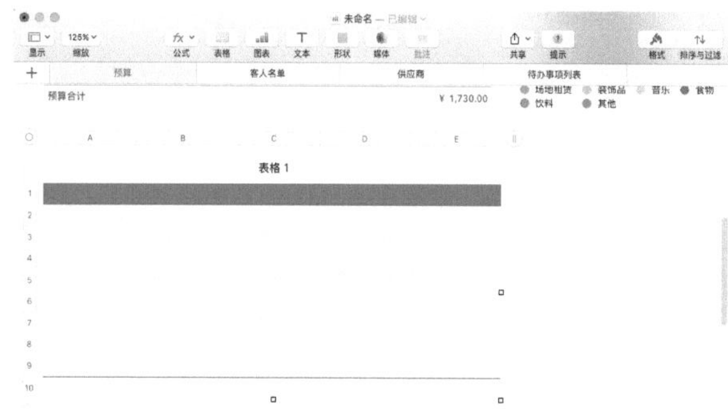

1. 创建空白表单

在大多数情况下，我们要根据手中已有数据来重新创建一个空白的表单，此时就可以在“模板选取器”窗口中选择“空白”，即可创建一个空白的表单。

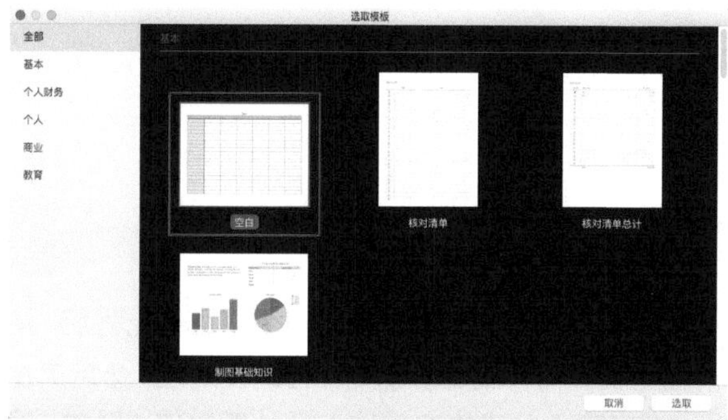

2. 删除部分表格

从新建的空白表单中可以看到，其单元格填满了整个编辑区域，这也使得单元格非常的小，增加了输入和查看数据时的难度。此时我们就可以删除一部分表格，以减少查看数据时的难度。

将鼠标指针移至表格右下角的控制柄上，按住鼠标向上拖动到合适的位置，然后再释放鼠标，删除部分多余的表格。

3. 调整表格的行高列宽

删除部分表格后，只是减少了表格的数量，但整个表格可能过大或过小，此时可以将光标移至表格左上角◎处单击鼠标，然后在右下角位置当光标变成双箭头样式的时候拖动，这样即可快速地调表格中各行的行高列宽。

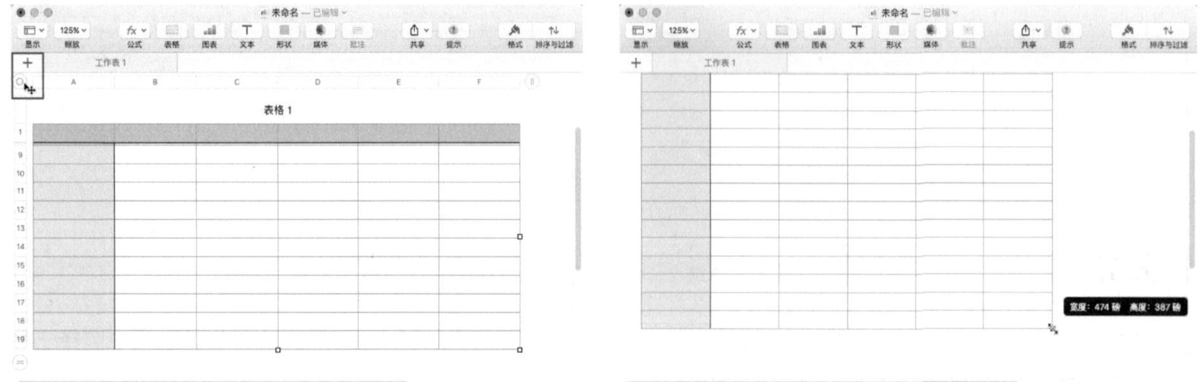

9.2.3 使用公式

Numbers的计算功能非常强大，在选择相关数据和运算函数后，表格就会自动帮我们进行运算，并得出对应的计算结果。

首先，在制作好的表格里面，单击一个空白单元格，例如，B8单元格，然后单击工具栏中的“函数”按钮，在弹出的下拉菜单中选择我们所需的运算种类（这里选择“最大值”），即可得出计算结果。

另一种计算方法是，单击一个空白单元格后，按键盘上的=键，此时界面中会出现公式栏，然后用在Excel中输入公式的方式输入要计算数值。例如，想要对B2~B7单元格区域求和的话，输入就是“=SUM（B2:B6）”，或者直接用鼠标拖动出要进行求和的范围（在B2按住鼠标，拖动到B7）。此外，公式也可以输入到编辑栏中，最后再按return键即可得出计算结果。

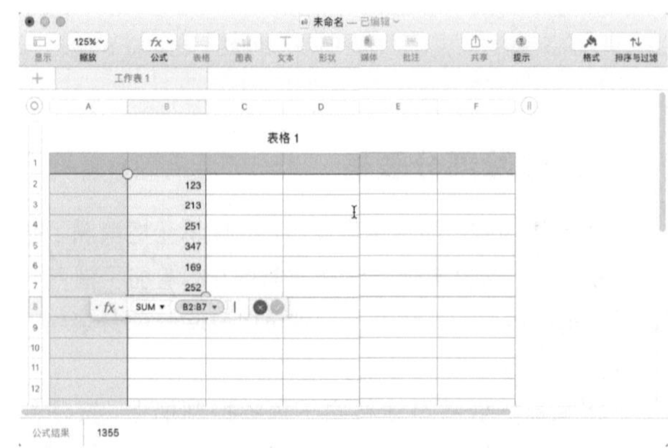

9.2.4 制作图表

如果要制作一个与表格相关的图表，可在选择表格后，单击工具栏上的“图表”按钮，然后在弹出的下拉菜单中选择要用的图表类型，这样一个精美的图表就会出现在同一个表单中。

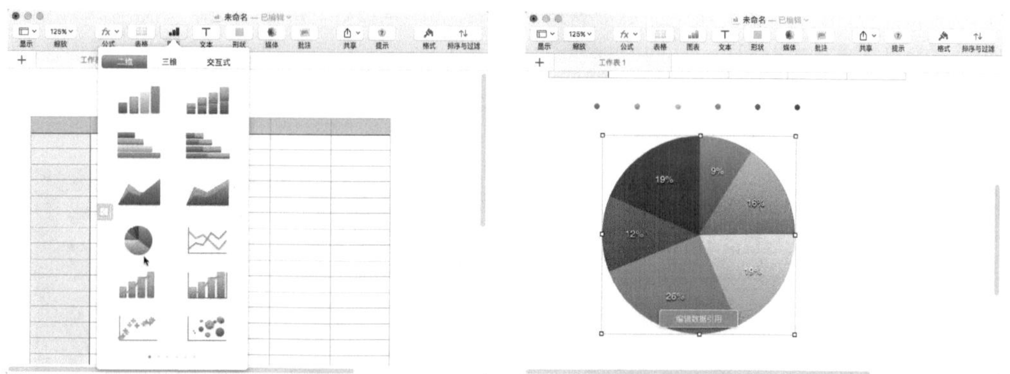

9.3 幻灯片——Keynote

Keynote不仅支持几乎所有的图片字体，还可以使界面和设计更加图形化，利用其制作的幻灯片也更容易夺人眼球。另外，Keynote还有三维转换，幻灯片在切换的时候用户便可选择旋转立方体等多种方式。

9.3.1 认识Keynote的操作界面

Keynote能提供完整的Mac解决方案，其演示文稿功能强大，所制作出的幻灯片可谓美轮美奂。这里我们只简要说明它最为突出的一些特色。

❶标题栏：显示文件的名称。

❷工具栏：编辑时常用的功能键都在这里，单击鼠标右键，在弹出的快捷菜单中选择“自定工具栏”命令，可以进行调整。

❸格式栏：快速调整字体、字号、大小、颜色和对齐方式等格式，不用的时候也可以将其隐藏。

❹导航边栏：依序列出文件中的所有页面，可以在此任意调整顺序，可快速跳转到指定的页面。

❺编辑区域：即时显示当前文件的编辑、排版状态。

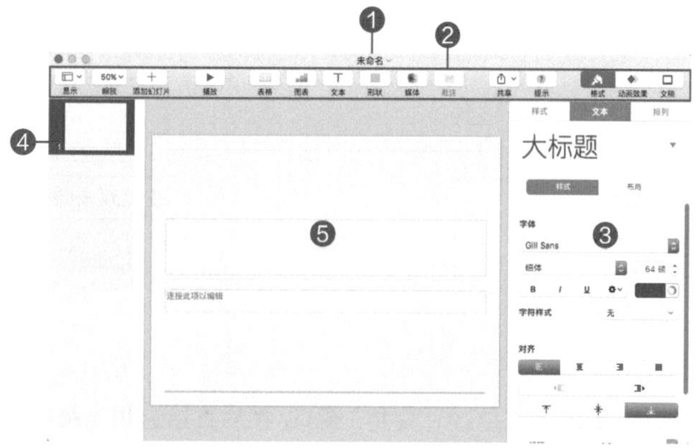

9.3.2 创建幻灯片

Keynote的基本操作与PowerPoint相似，但是，Keynote更重视演示文稿呈现的整体性，所以打开Keynote程序后，首先弹出“选取主题”窗口，让我们选择一个合适的主题模版，双击即可选择该主题。

进入Keynote之后，如果对该主题不满意想要更换主题，可以单击右上角的“文稿” 按钮，在弹出的下拉菜单中重新选择自己满意的主题即可。

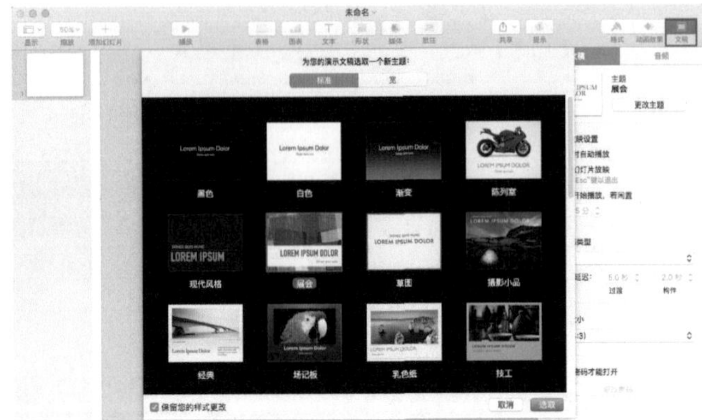

1. 选择母版

针对不同的演示主题，Keynote提供了相应的模版，在模版上设计幻灯片，可以为每一张幻灯片快速套用不同的母版版式，既可以提高工作效率，也不失个性化，单击右侧的“编辑母版幻灯片”按钮即可。

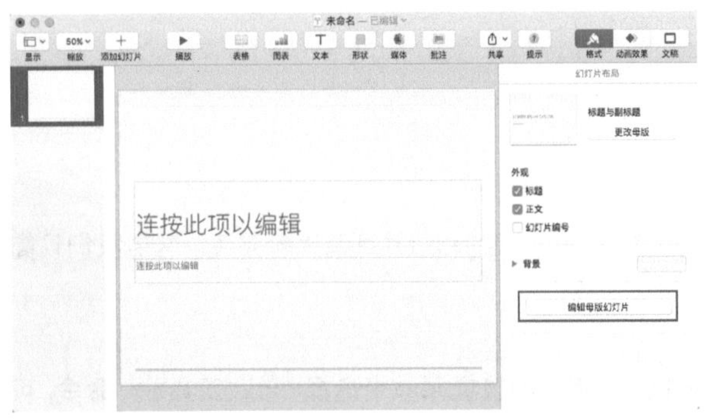

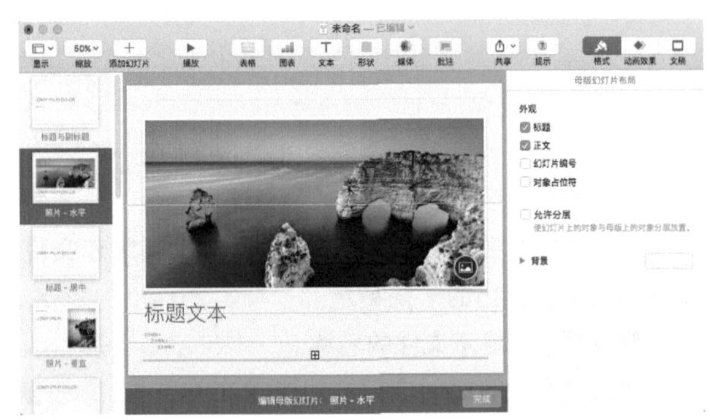

2. 编辑幻灯片

Keynote的幻灯片制作方式非常简单，直接在界面上的文本字段中双击就可以编辑了。另外，单击工具栏上的“文本框”可在Keynote的编辑区域创建一个文本框，以输入不同的内容。

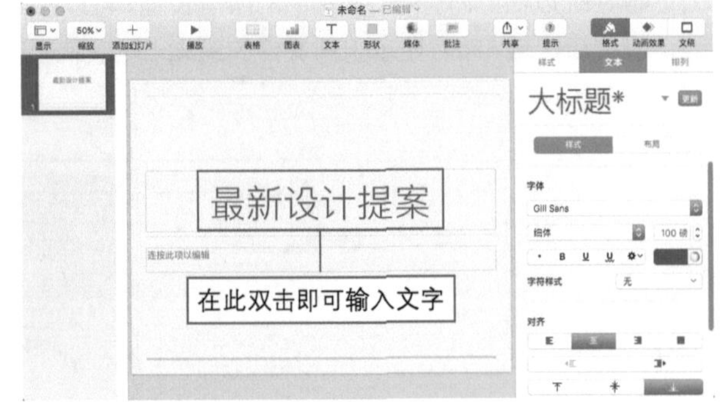

3. 添加更多媒体

单击工具栏上的“媒体” 按钮，可以打开“媒体”窗口，然后直接选用电脑中的媒体文件即可。

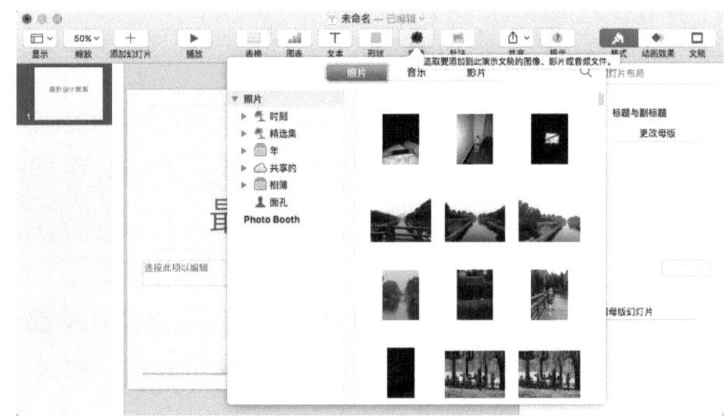

4. 新建幻灯片

一个成功的幻灯片怎么可以只有单张幻灯片呢? 单击工具栏中的 "添加幻灯片" ＋ 按钮, 将弹出一个幻灯片列表, 从中选择一张幻灯片, 即可新建一张空白的幻灯片。

新建了多张幻灯片后, 如果要调整幻灯片的显示顺序, 直接在导航边栏中拖动幻灯片缩略图来更改顺序就可以了。

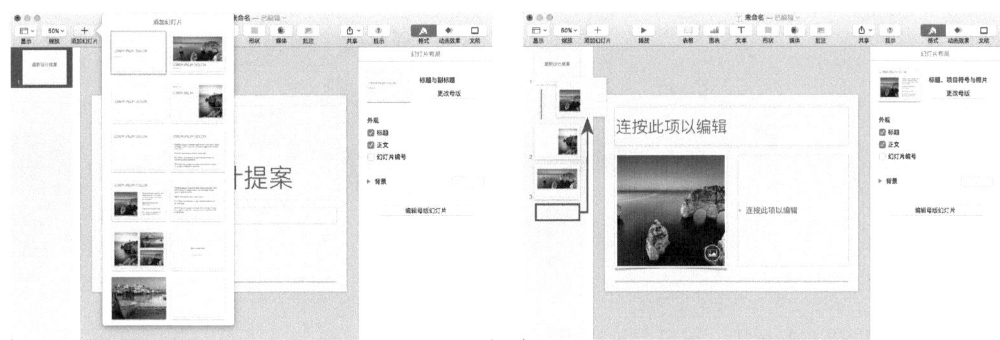

9.3.3 添加过渡特效

幻灯片做好后, 先单击工具栏上的 "播放" 按钮预览一下效果, 如果感觉其过于平淡, 就来为它添加绚丽的特效吧!

设置幻灯片的过渡特效时, 先选择左侧 "幻灯片" 导航栏的一张幻灯片, 这个特效会在转换到下一张幻灯片时显示。选择幻灯片后, 单击右上角的 "动画效果" 按钮, 再单击下方的 "添加效果" 按钮, 在出现的列表中选择一个自己喜欢的动画效果即可。

9.4 其他办公软件——Office 2016

iWork虽然简单又好用, 完全能满足一般用户的演示文稿、文字处理与计算三大办公需求。但是, 一提到文件兼容性与高级功能, Office还是有其独到之处。不用担心, 我们可以在电脑中安装Mac版的Microsoft Office, 相较于以前的版本, 2016版在性能上更显出色, 操作界面更具亲和力。

9.4.1 Office 2016办公套件

最新版Office 2016提供Mac版本，这套办公套件的基本操作与Windows版本的操作几乎相同。本节将带领各位窥探Office办公套件的主将——Word的本领，看看它的窗口布局以及各种新增的功能。

1. Microsoft Word

Microsoft Office是全球使用人数最多的办公软件套装，国内职场办公几乎都会用到这套软件。从功能上来说，Mac版的Microsoft Office 2016并不逊色于PC版，只是功能区的布局有了较大改变。不过不用担心，用户只要会用Windows版的Word，相信Mac版的Word也会瞬间上手。

（1）选择模版

在Dock中单击Microsoft Word图标，打开Word，首先会弹出“Word文档库”窗口，在该窗口中列出了各式各样的模版，双击满意的模版即可进入Word。

（2）从模版新建

当我们选择模版并进入Word后，还可以从模版新建文档。

单击工具栏中的“文件”按钮，即可弹出“Word文档库”窗口，供我们重新选择模版。

（3）Word窗口全览

Mac版的Microsoft Office 2016，在设计上主要包含工具栏、功能区、编辑区以及显示方式。只是在功能区的布局上有了较大改变。

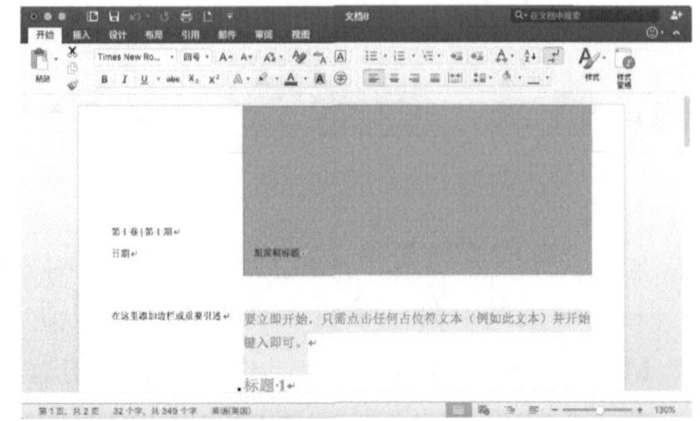

（4）功能区

功能区把Word需要用到的编辑功能，归纳为8个类别：开始、插入、设计、布局、引用、邮件、审阅和视图，单击每个类别的标签，其下方就会列出所有可用的工具。

例如，在文档中创建了表格对象，并在编辑区选择了该对象，则在功能区中就会出现有关该对象的设置标签，方便用户进一步进行编辑操作。

（5）切换显示视图

Word右下角的4个按钮是用来切换文档显示视图的。从左到右依次为页面视图、Web版式、大纲视图和草稿视图，单击不同的按钮将切换到不同的视图中。

2. 其他Office软件

（1）Microsoft Excel

Mac版的Microsoft Excel和Windows版的Excel一样，功能十分强大，操作方式也基本相同，有了这套方便的软件，我们就可以带着心爱的Mac到办公室甚至是出差了。

与Microsoft Word一样，首先选择一个合适的模版，然后就可进入Excel工作簿进行操作了。

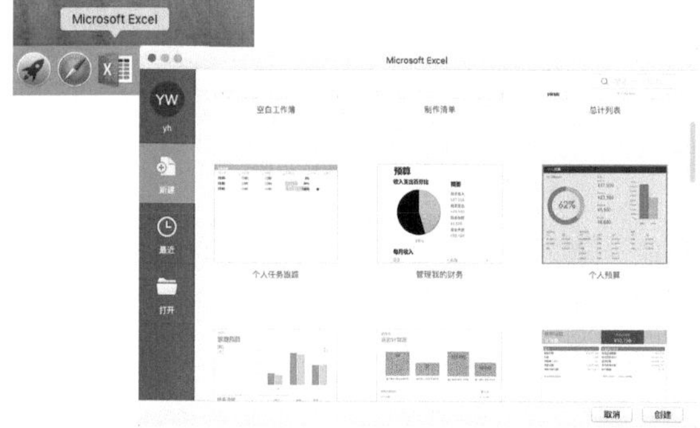

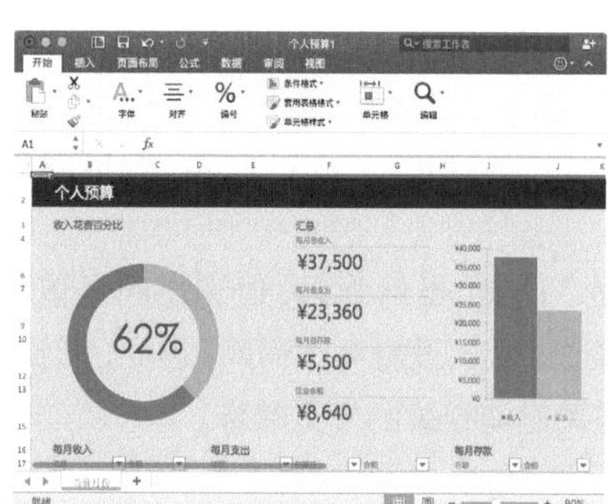

（2）Microsoft PowerPoint

PowerPoint是每个Windows用户演示文稿的最佳伙伴，Mac版的Microsoft PowerPoint也和Windows上的类似，用户可自行进行进一步探索。

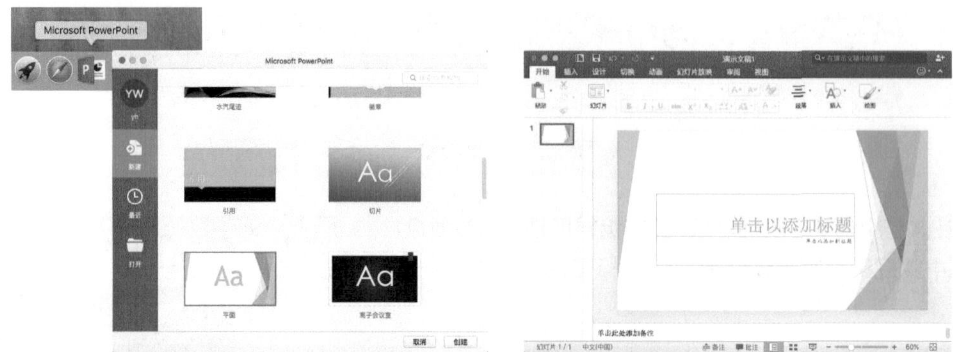

（3）Microsoft Outlook

如果需要收发Hotmail的邮件，或者喜欢用单一程序整合E-Mail、日历和地址簿，用户可以选择使用与Windows版的Outlook类似的Microsoft Outlook。

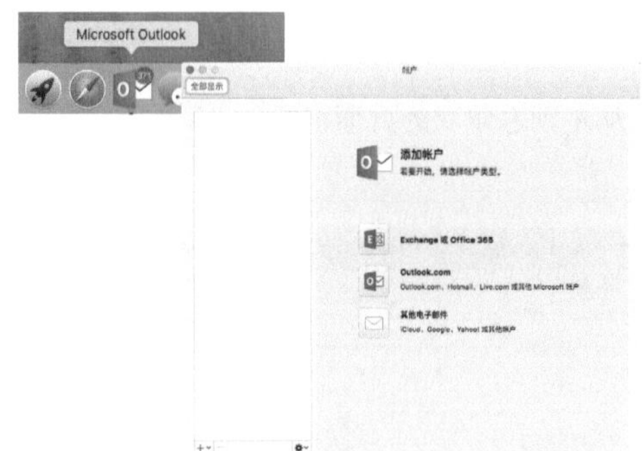

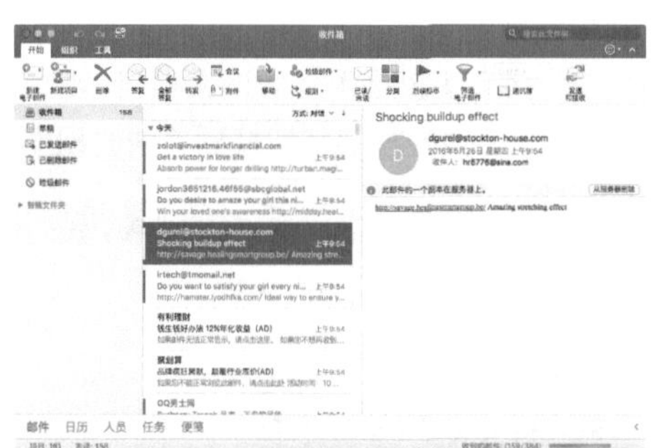

9.4.2 Mac的翻译软件

在使用电脑的过程中，大部分用户难免会有中英文互译的需求。即便是英语水平非常高的用户，也难免会碰到一些不了解的英文单词，虽然OS X是内置多国语言的操作系统，不过，并不是每个用户都精通所有语言。这时就要好好利用Mac上的各种翻译资源。除了内置的翻译程序，还有免费的英译中软件。

1. Mac内置的“词典”

如果要更进一步提升语言实力，一套完善的英英字典或日日字典绝对是必备品，Mac中内置的“词典”就是其中之一，它如同一个知识宝库。如果要使用该套“辞典”，可以单击Dock工具栏中的Launchpad图标进入Launchpad界面，双击“词典”图标即可打开该程序。

内置的“词典”虽然强大，但遗憾的是该程序只能进行中文查询，默认没有英文词库，因此，无论用户在搜索框中输入的关键词是中文还是英文，最后搜索到的结果都将只有与关键词相关的中文解释。

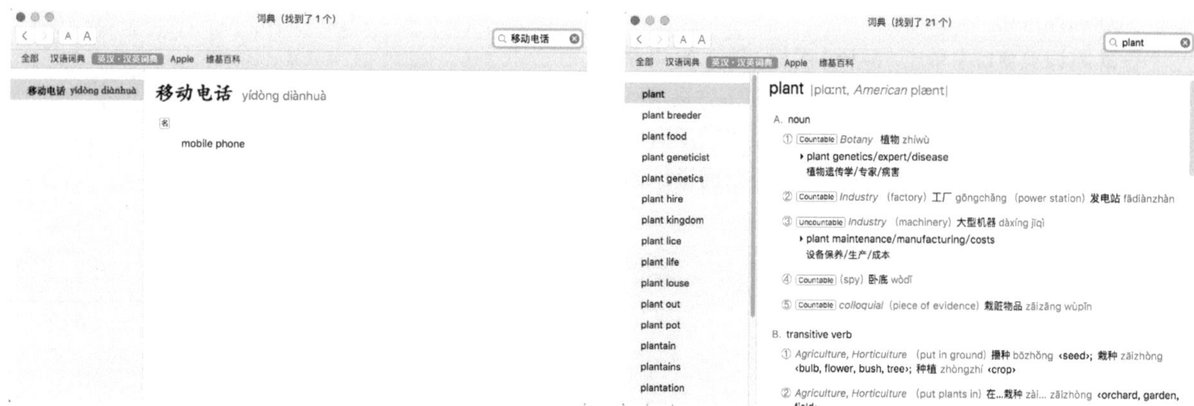

2. 欧路词典

互联网上流行的翻译软件很多，这里推荐一款免费的工具——欧路词典。欧路词典是一款专门为苹果系统开发的翻译软件，读者可自行进行下载。

下面我们就来看看欧路词典的基本使用方法。

(1) 中英文单词互译

启动欧路词典后，在左上角的搜索框中输入中文或英文单词，按return键确认，马上就可以看到对应的英文意思，或者中文单词。

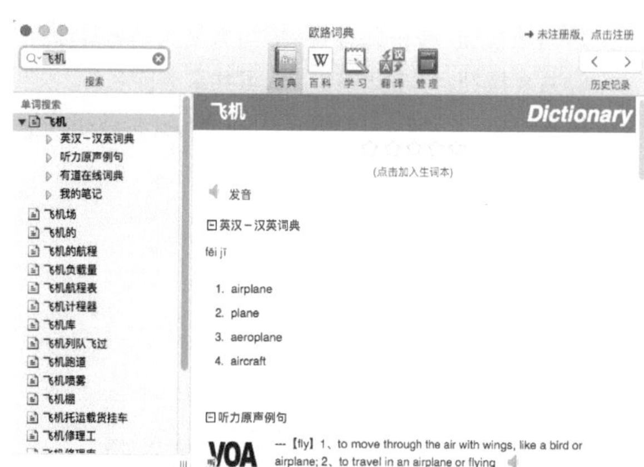

(2) 百科全书

在欧路词典窗口中单击“百科”图标，即可看到与搜索关键词相关的所有知识性内容。

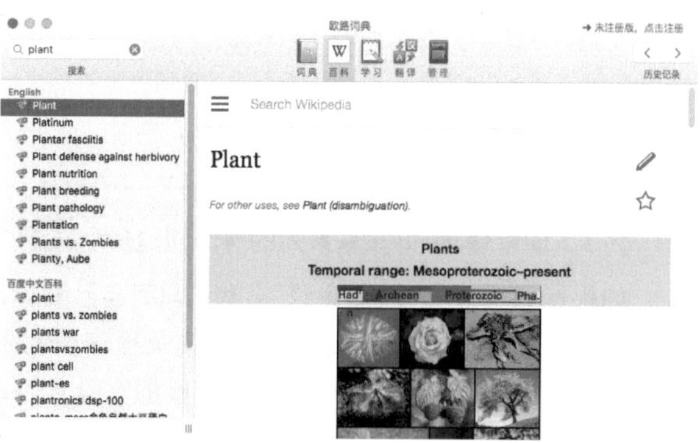

（3）翻译短语

在欧路词典窗口中单击“翻译”图标，输入要翻译的句子，然后单击“开始翻译”按钮，即可在下方显示出对应的中文或英文。当然，对于句子翻译，当前所有的翻译软件都无法得到准确的翻译结果，所以翻译结果仅供用户参考。

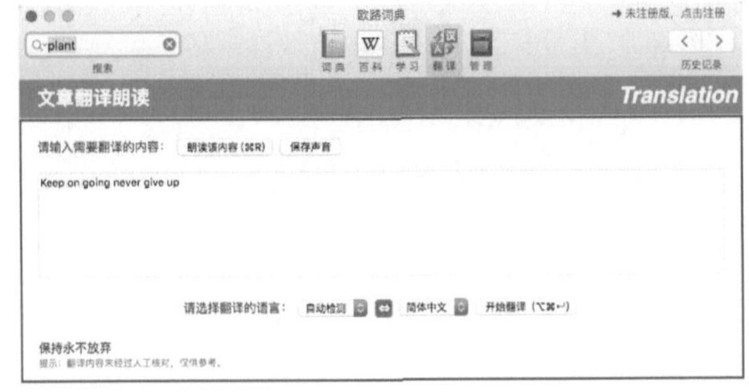

9.5 名片管理员——通讯录

给朋友写E-mail时，每次都要手动输入E-mail会不会太慢、太麻烦了呢？如何有效地管理这些联系人，并且在需要时能快速调出相关的记录？OS X系统提供的“通讯录”功能可以帮助我们很好地解决这个问题。

9.5.1 通讯录的操作界面

OS X的通讯录就是一本电话簿，里面的每一个联系人的资料被称为名片。单击Dock工具栏中的“通讯录”图标，即可打开通讯录程序。

❶联系人列表：在该列表中，将显示全部的联系人。

❷添加按钮：单击此按钮，即可创建新名片。

❸编辑按钮：单击此按钮，即可编辑当前名片。

❹共享按钮：单击此按钮，即可共享当前名片。

❺资料显示区域：每个联系人的个人资料就是一张名片，显示在该区域中。

9.5.2 添加联系人

为了方便管理，最好按联系人的身份创建多个群组，然后添加联系人信息，并把各个联系人放到对应的群组中。

如果是第一次使用“通讯录”，默认只有自己和苹果中国两个联系人，此时，我们可以添加联系人。单击Dock工具栏中的“通讯录”图标，打开通讯录程序。然后单击窗口下方的 + 按钮，从弹出的菜单中选择“新建联系人”命令，进入添加联系人页面。然后再根据字段名称输入相应的内容。

各字段相关的内容都输入完毕后，单击“完成”按钮，即可完成联系人的添加操作。

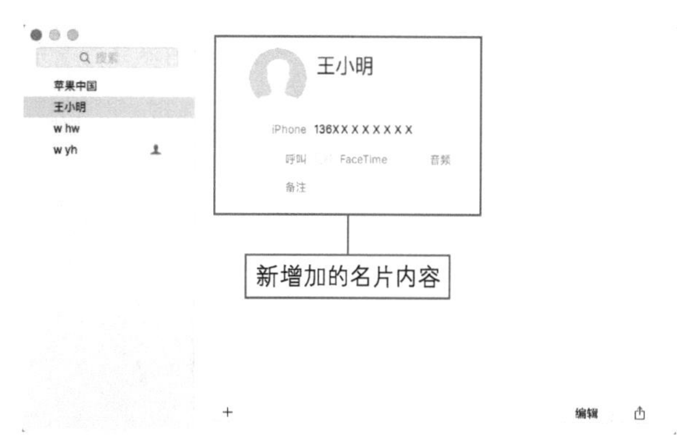

9.5.3 编辑名片内容

建立好名片后，当联系人的数据有变动时，我们可以在“通讯录”的名片内容中进行修改。例如，要添加联系人的照片，可以在联系人的头像上单击，在弹出的列表中选择一张图片作为联系人的头像。

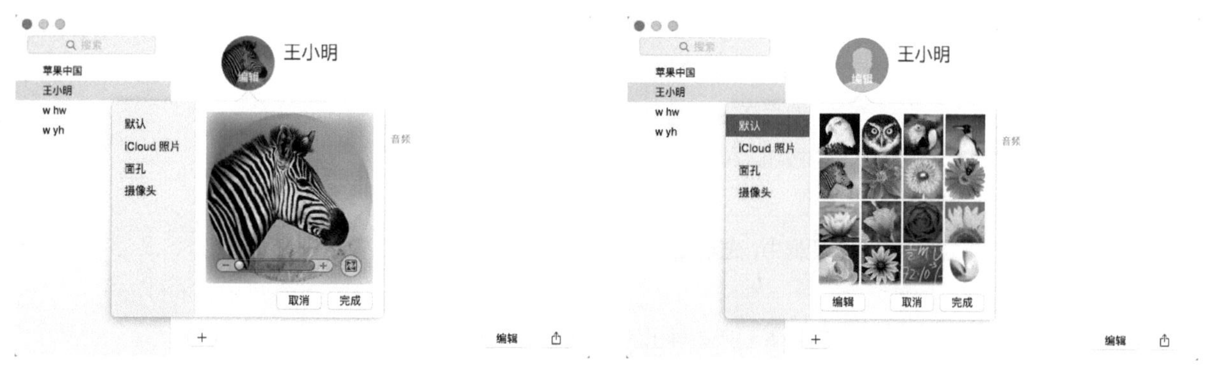

对图片编辑完毕，单击“完成”按钮，此时所编辑的图片就成为了联系人的头像了。

编辑好联系人的名片后，如果对联系人名字的显示位置不满意，此时可单击应用程序菜单栏中的“通讯录”|“偏好设置”命令，在弹出的“通用”偏好设置窗口中即可选择名字的显示位置。如这里将名字显示顺序为“名，姓”。

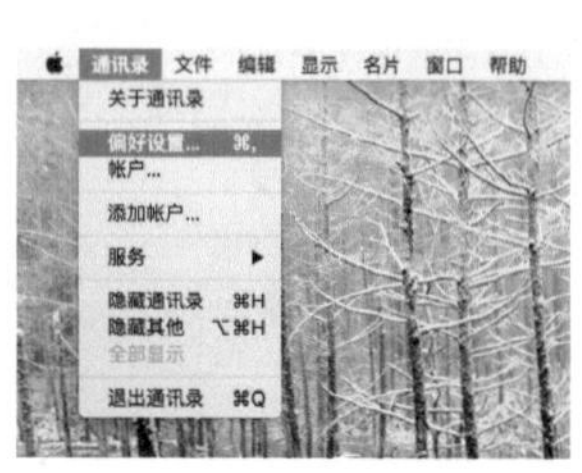

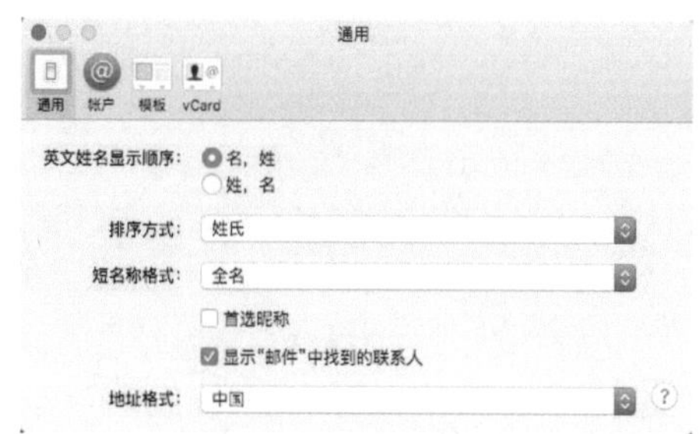

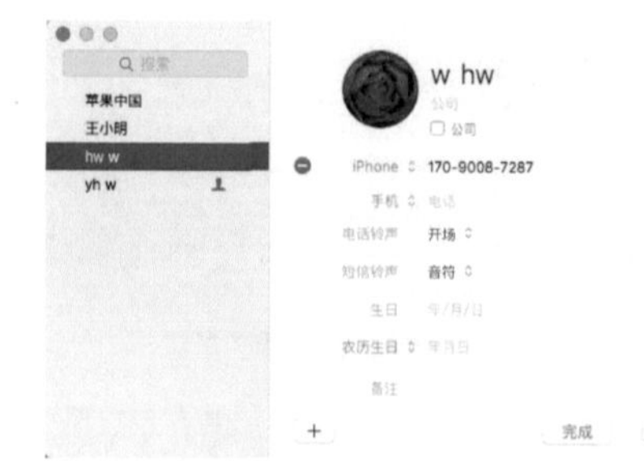

9.5.4 删除联系人

对于失效的联系人信息或是已经不需再联络的联系人，我们最好将它删除，以免以后发送信息给该联系人时，把信息发送到错误位置或者和正确的联系信息相混淆。

首先在联系人列表中选中要删除的联系人，接着在应用程序菜单栏中选择的“编辑”|“删除名片”命令，然后在弹出的提示对话框中单击“删除”按钮，即可删除联系人。

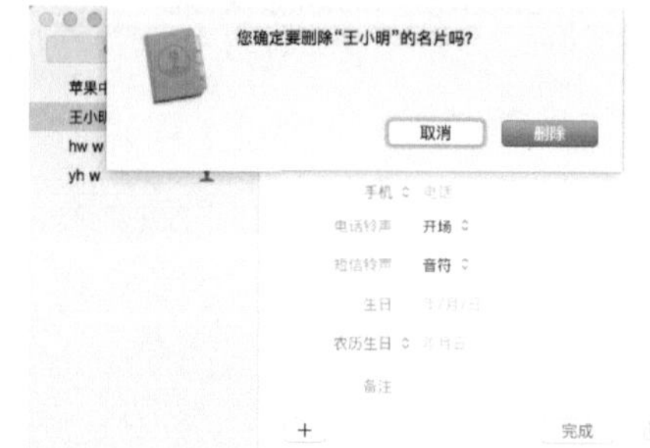

9.5.5 导入Windows联系人信息

如果用户曾在PC上建立过Windows联系人，我们可以通过“导出”功能，将Windows中邮箱里的联系人导入Mac“通讯录”中。

打开PC上的电子邮件程序——Windows Live Mail，首先单击左侧窗格中的“联系人”选项，然后在打开的“联系人”窗口中，单击“菜单”右侧的下拉按钮，在弹出的下拉菜单中选择“导出”|“名片”命令。

接着在弹出的“浏览文件夹”对话框中，先新建一个文件夹，再对其重命名。

最后打开刚刚建立的文件夹，就可以看到所有导出的名片了。

9.5.6 将联系人名片导入通讯录

将Windows中的联系人数据都转换成名片后，就可以将这些名片发送到Mac计算机中。打开“通讯录”，选择应用程序菜单中的“文件”|“导入”命令，然后再选择从Windows中发送过来的文件夹。

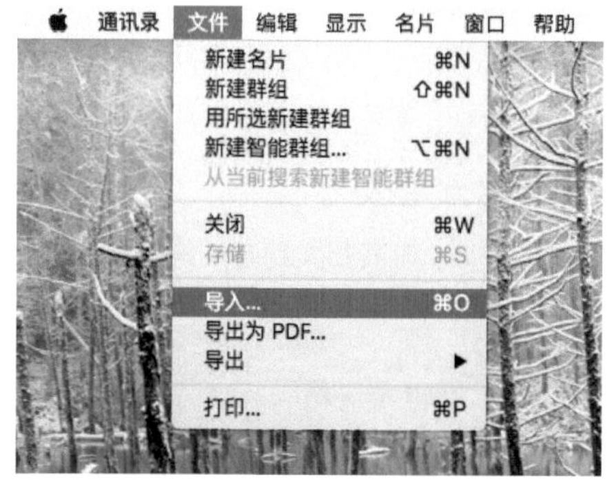

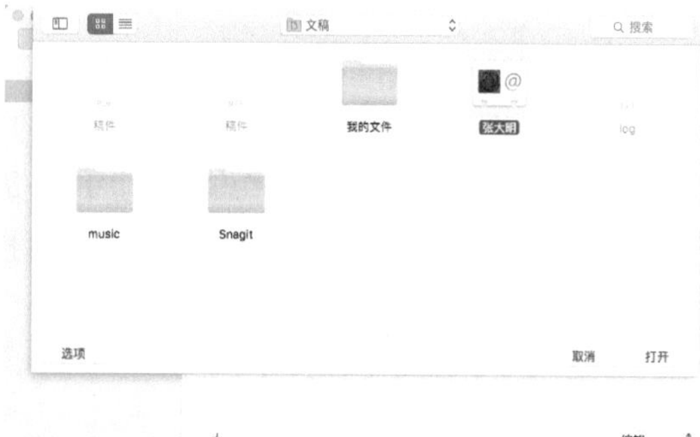

选择要导入的联系人，单击“选项”按钮，接着在“文本编码”下拉列表中选择“简体中文（Windows OS）”选项。

接着单击“打开”按钮，然后在弹出的提示对话框中，单击“添加”按钮，即可导入联系人名片。

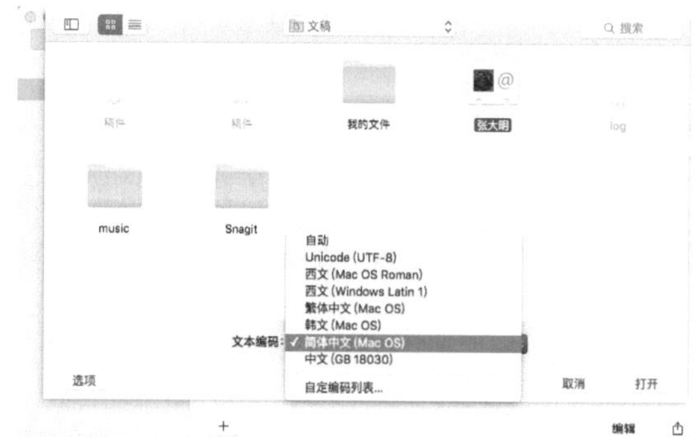

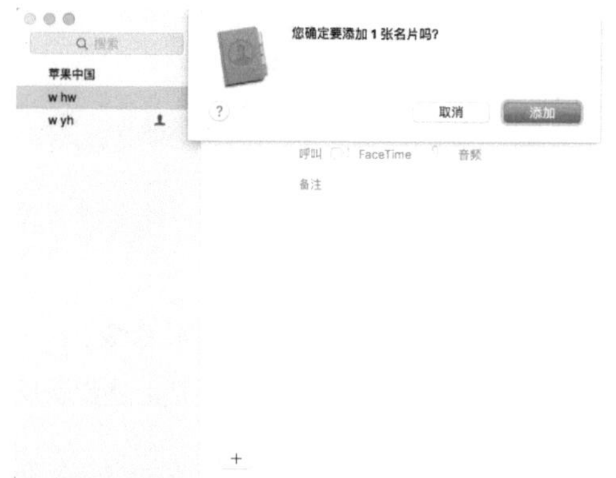

9.5.7 创建联系人群组

当联系人的数量越来越多时，我们可以将他们进行分组。例如，家人、朋友和同事等都可以各成一个群组，这样也方便我们查找联系人。

执行应用程序菜单中的“文件”|“新建群组”命令，即可在“通讯录”中创建一个未命名的群组。

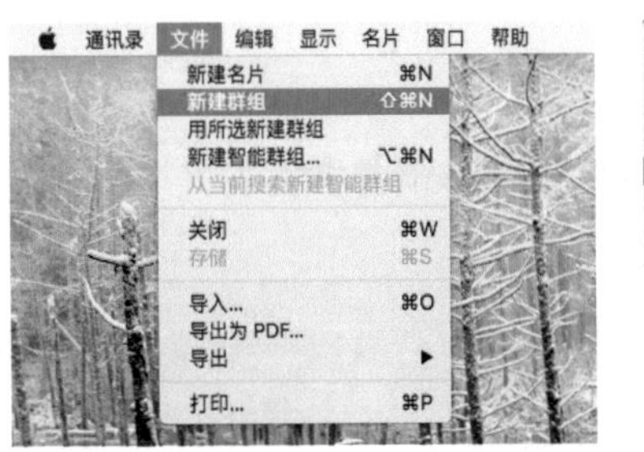

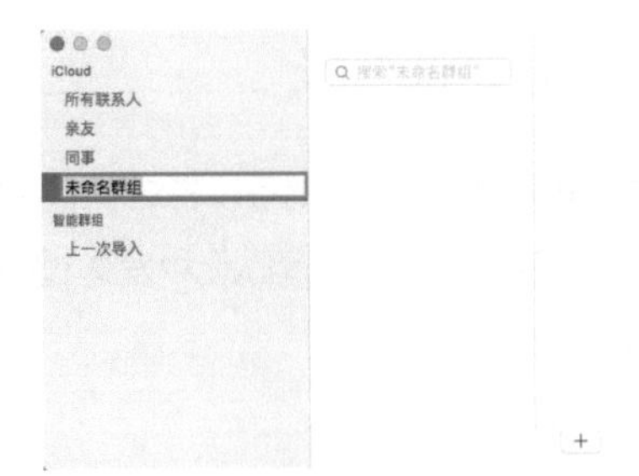

创建新群组后，根据联系人的归类为该组输入一个组名。例如这里命名为“驴友”。

建立好群组后，还可以从所有联系中选出朋友的名片，再利用拖动的方式，将其归类到刚创建的群组中。

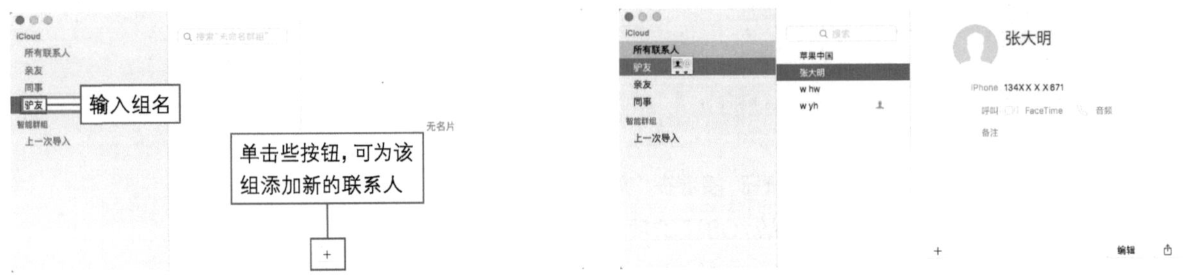

如果不小心拖动错了，将同事的名片拖动到了“亲友”群组中，不用担心，我们可以选中群组中的名片，然后再执行“编辑”|“撤销添加到群组”命令，即可将该名片从群组中删除。

9.5.8 备份通讯录

如果要把“通讯录”里所有名片备份起来，可选择应用程序菜单栏中的“文件”|“导出”|“通讯录归档”命令。

接着，给文件取个名字，并选择存储的位置，所有名片就都导出到归档中。如果以后需要恢复，只要把上述步骤反过来，将归档“导入”即可。

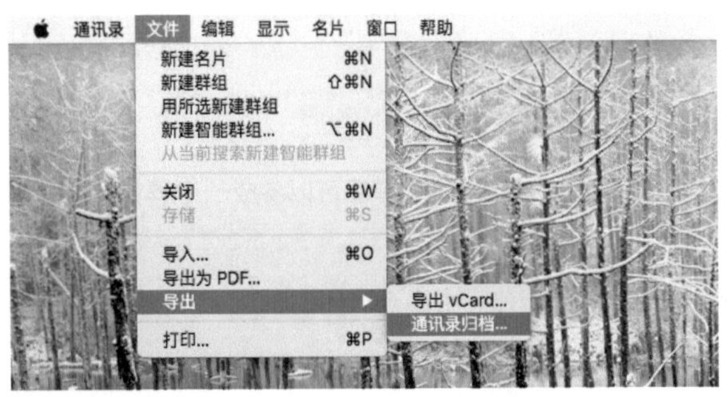

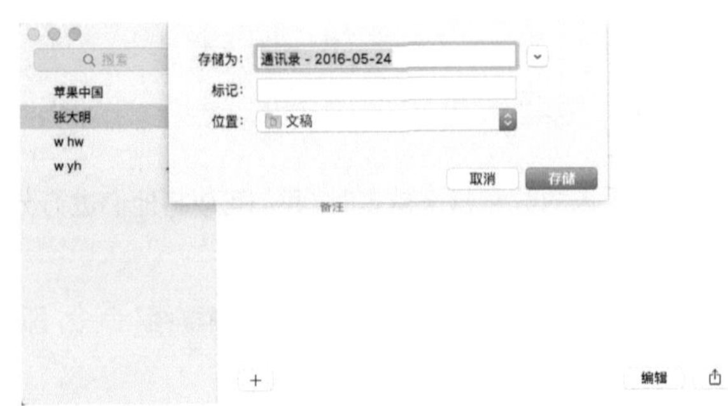

9.6 生活管家——日历

在日常生活中，每个人都会把自己的工作计划、行程安排得井井有条，充分利用每一分钟，让每一天都过得很充实。在Mac系统里面，又要怎样适当地安排时间来配合这些行程呢？答案当然是系统自带的“日历”数字助理了。

9.6.1 日历的操作界面

“日历”程序就像一本万能的日历，用户可以随时打开它来记录工作、会议、出差事宜、朋友聚会和集体活动等大大小小的事项，而且还能设置提醒。

单击Dock工具栏中的“日历”图标，即可打开“日历”程序。

此图标会显示当天的日期

它的界面原则上可分为3个重要项目栏，以及用来进行操作的上下功能栏，要理解这套软件非常容易。

❶日历事件：显示所有事件分类名称、颜色或共享状态。

❷创建快速事件：只需在字段中输入字符串，例如“电影 周五晚7点”，“日历”就会聪明地在星期五的日期中新建该事件。

❸切换显示单位：可以根据个人的喜好，切换不同的显示单位来新建与浏览事件。

❹搜索框：当我们在“日历”中创建了多个事件时，可通过搜索框快速查找特定的事件。

❺事情显示区域：可根据不同的显示单位显示不同的界面，在“年”显示界面下，双击想要新建事件的日期会进入到“月”显示界面；在“周”与“月”的显示下，单击想要新建事件的日期则可快速新建事件。

❻切换日期：除了帮助我们快速回到当天的“今天”按钮，左右箭头则会根据显示单位不同而变更为前后日、前后周、前后月与前后年。

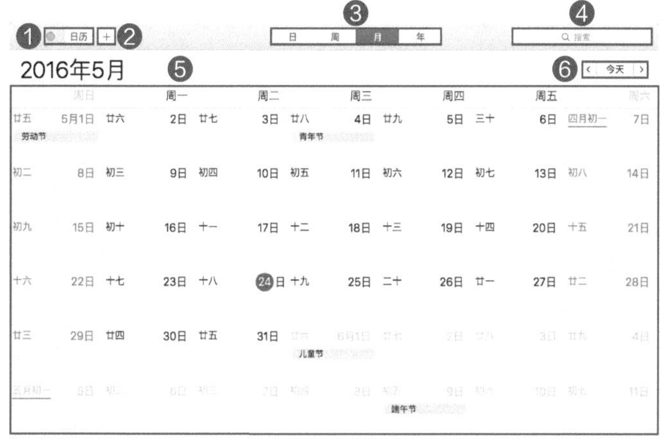

9.6.2 创建日历类别

开始创建日历前，第一件事就是先设置日历的类别，以免“日历”的界面被工作事务、生活杂事给塞满，使人眼花缭乱。

单击应用程序菜单中的“文件”|“新建日历”|“iCloud”命令，然后选择要新建日历类别的位置，接着输入该类别的名称，例如家庭、工作和活动等。

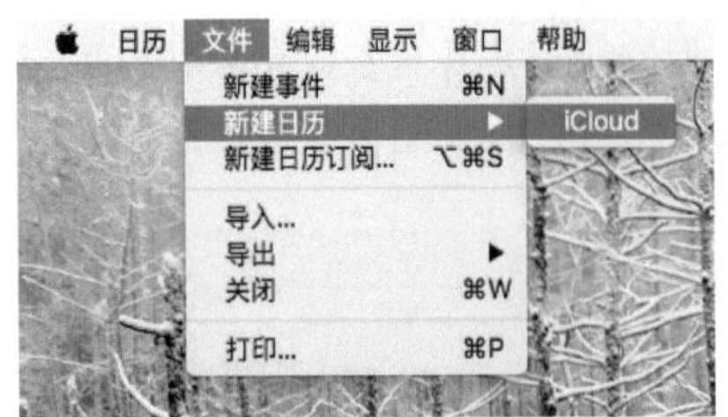

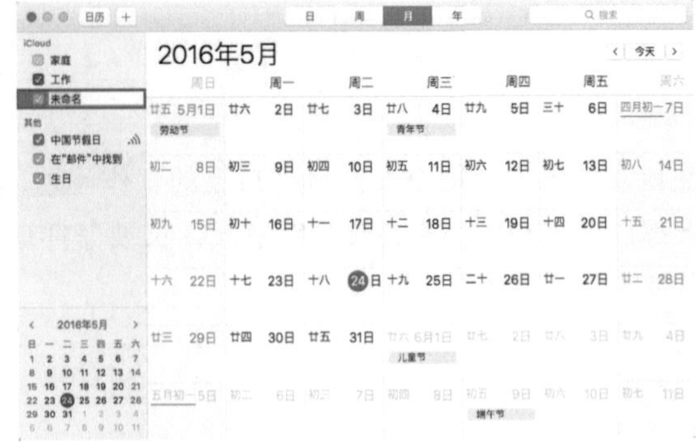

9.6.3 新建事件

设置完日历类别后，接着就是创建日历了。在“日”“周”和“月”这3种显示模式下，只需双击“日历”中的日期，即可新建事件。

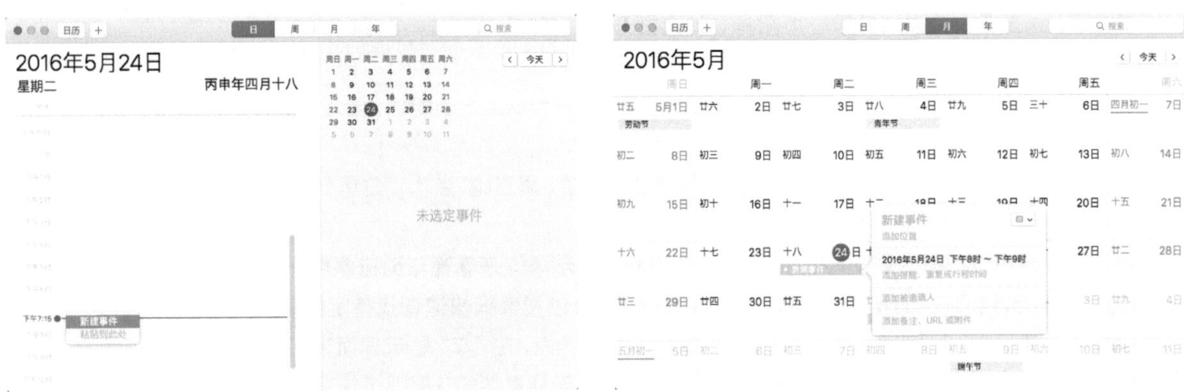

除了在日期中双击来新建事件以外，还可以通过以下几种方法来新建事件。

- 在日期中，单击鼠标右键，在弹出的快捷菜单中，执行“新建事件”命令。
- 单击界面左上角的“创建快速事件” + 按钮，即可快速新建指定日期的事件，例如新建“今天”的事件。
- 执行应用程序菜单栏中的“文件”|“新建事件”命令，也可快速新建指定日期的事件。

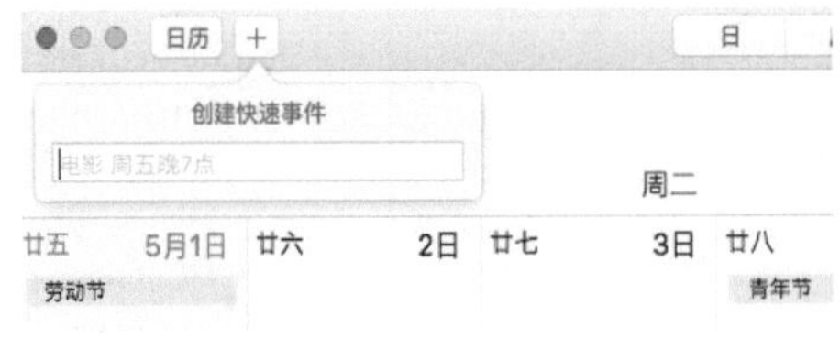

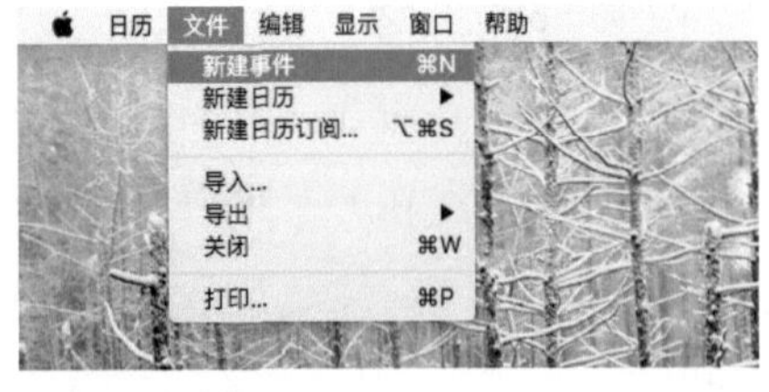

9.6.4 编辑事件

新建好事件的标题后，下面就来编辑事件的内容。

在“日历”中双击已创建好的事件，会弹出以下对话框。

接着来设置事件的发生时间。在时间位置单击，展开时间设置区，如果该事件要进行一整天，则可勾选“全天”选项；如果该事件只进行几个小时，则取消勾选的“全天”选项，再设置开始与结束的时间。

如果有在通讯录中要邀请的朋友，则可添加被邀请人，然后再给他们发邮件或信息。

9.6.5　设置周期性事件

在日常生活中，有些事件是每周、每月都固定要做的。例如，每周要开一次例会；每月都要缴的水费、电费等。此时，我们就可以根据事件的周期性，让其“自动重复”，并为这些事件设置提醒。

假设每个月都要出去学钢琴，那么接下来我们将“学习钢琴”事件，设置为“每月”要发生的事件。

设置完成后，返回到“日历”界面，即可看到，从设置当月开始，以后每月的同一天都加上了“学习钢琴”事件。

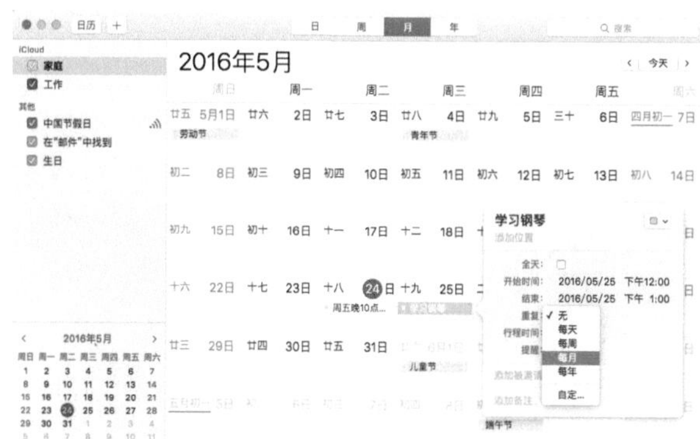

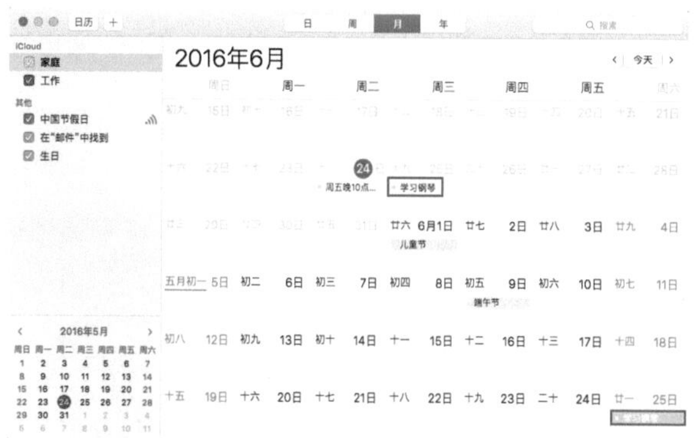

9.6.6　设置闹钟提醒

为避免某些事件遗忘执行，可以为之设置提醒，等到事件即将开始时，就会收到提醒通知。例如，在事件执行的前一段时间发送提醒邮件、播放声音或通过脚本运行指定的提醒程序等，双击打开事件。

如果要设置闹钟，用鼠标在“提醒”右侧单击，即可弹出提醒方式菜单，选择“自定”选项，然后再选择“带声音的信息”。

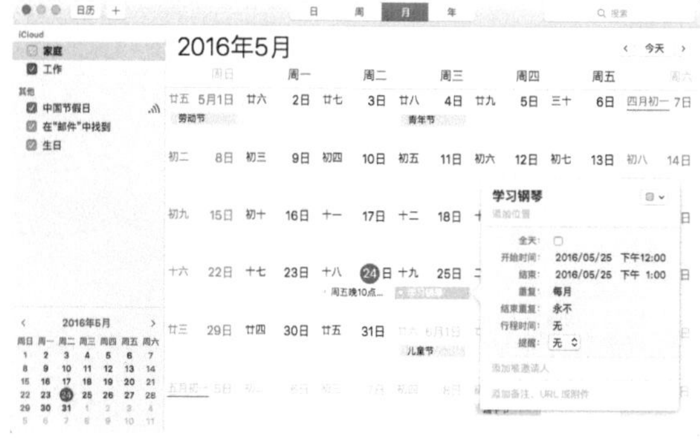

当我们选择“带声音的信息”后，就会出现闹钟提醒的设置，包括用哪种声音提醒，以及多久之前提醒等，设置完成后，下次查看该事件的详细信息时，就会显示闹铃的信息。

设置好闹钟提醒后，时间一到“日历”就会提醒我们该做的事情。即使我们没有打开“日历”程序，系统还是会自动弹出提醒界面。

9.7 私人秘书——提醒事项

如果某些工作还没有决定具体时间，但是它十分重要，例如“交工作月报”。对于这种时间未定的待办事项，OS X系统中的“提醒事项”程序就显得相当有用了。

9.7.1 提醒事项的操作界面

单击Dock工具栏中的“提醒事项”图标，即可打开“提醒事项”程序。

执行“显示”|“隐藏边栏”菜单命令，则程序仅显示提醒事项列表。

执行“显示”|“显示日历”菜单命令，会在边栏的底部显示日期。

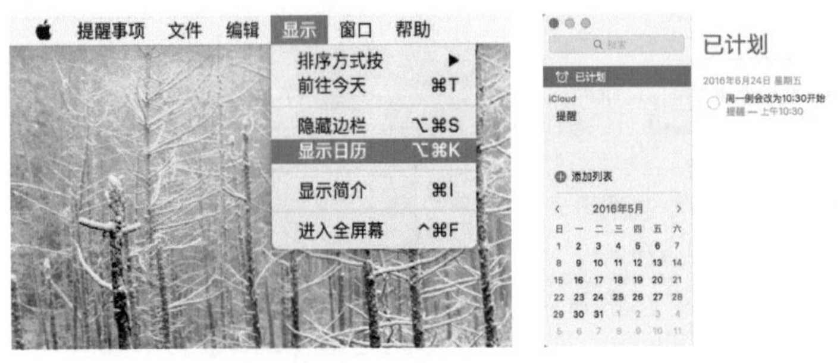

单击边栏下方的“添加列表”⊕按钮，即可新建一个提醒事项列表。

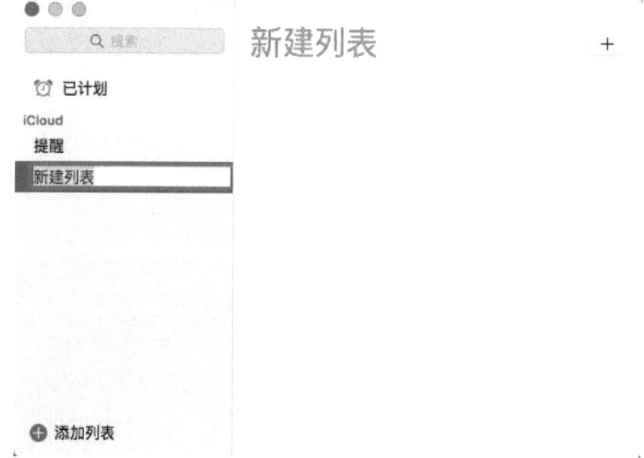

9.7.2 新建提醒事项

用鼠标在边栏选择一个“提醒事项”，单击列表右上角的“新建提醒事项” + 按钮，即可新建一个提醒事项，输入事项内容，按return键确认输入。

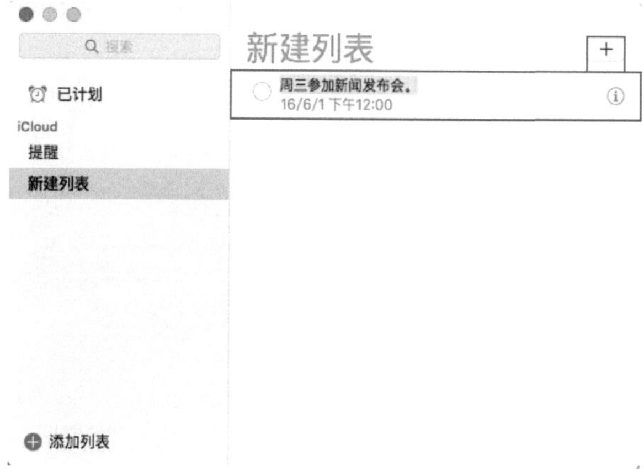

9.7.3 编辑提醒事项

创建好事项后，如果有需要添加或删除内容的地方，我们可对其进行编辑。有以下3种打开编辑窗口的方法。

- 单击提醒事项右侧的“显示简介”ⓘ按钮，即可打开编辑窗口。
- 在提醒事项中，单击鼠标右键，然后从弹出的快捷菜单中选择“显示简介”命令即可。

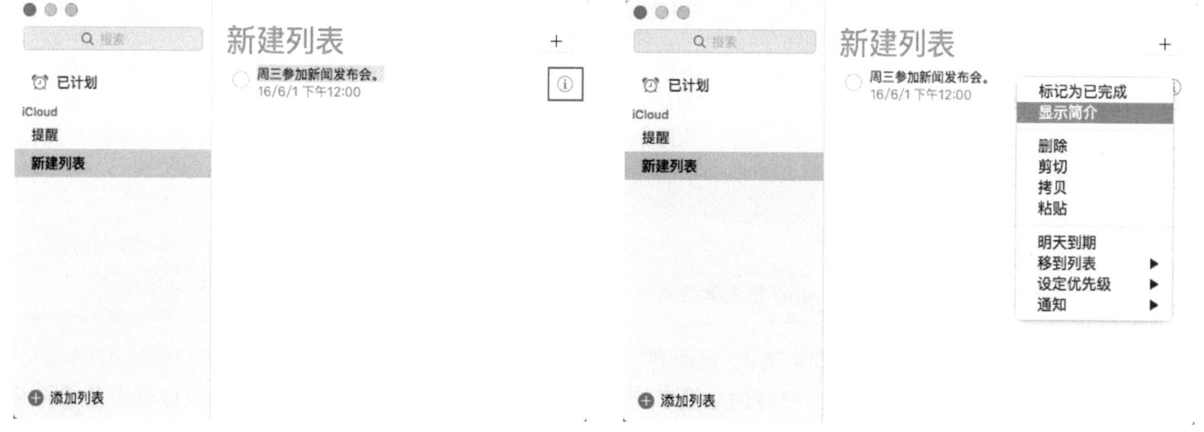

- 双击提醒事项，即可打开编辑窗口，以显示该事项的简介。

参加新闻发布会是一件很重要的事，因此，这里将该提醒事项的“优先级”设置为“高”，表示该事项具有极高的重要性。

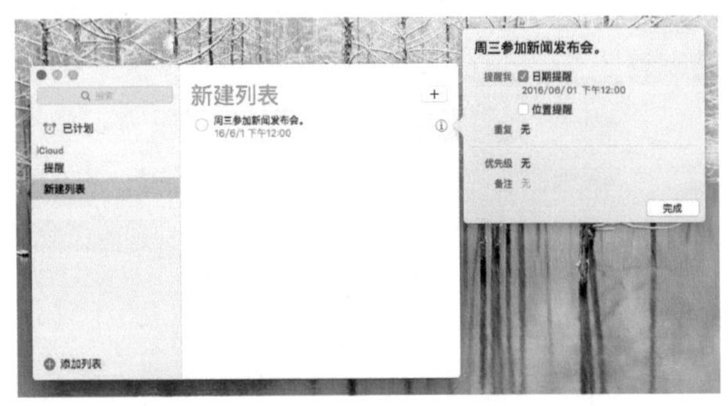

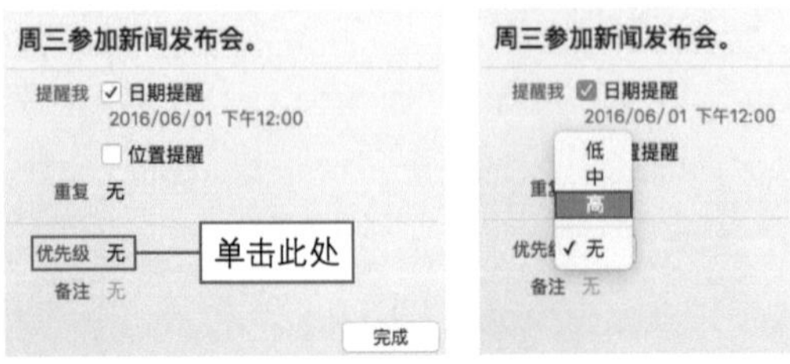

将提醒事项设置为高优先级之后，将在列表中该事项的左侧出现3个惊叹号。3个惊叹号表示高优先级，两个惊叹号表示中优先级，1个惊叹号表示低优先级

有时候，有些提醒事项需要为其添加备注，以提醒我们该事项需要注意的细节之处。

新建列表

!!! 周三参加新闻发布会。
16/6/1 下午12:00

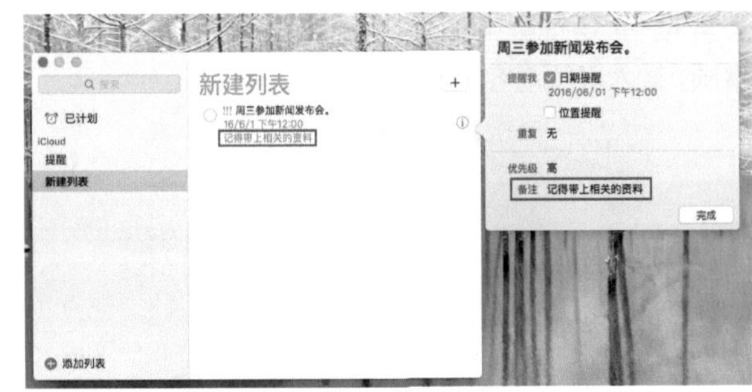

9.7.4 完成与删除提醒事项

当某个事件正在发生时，就会弹出提醒窗口。

如果已完成某个提醒事项，则可将其标记为已经完成了的事项。首先在该事项中单击鼠标右键，然后在弹出的快捷菜单中选择“标记为完成”命令即可。此时，会显示一个提示信息，提示1个已完成，单击“显示”链接，可以看到已经完成的提醒事项。

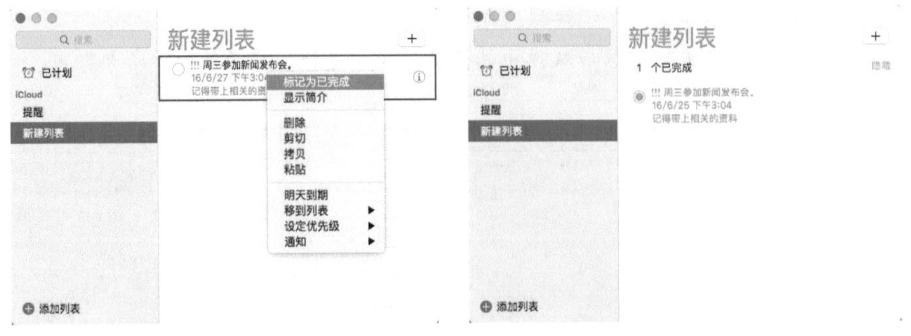

> 提示 选择某个已完成的提醒事项左侧的紫色单选框◉，可以快速将该提醒事项标记为已完成。

单击边栏中的“已计划”类别，即可进入“已计划”列表，可以查看已经完成的提醒事项。

提醒事项已经完成后，就没有再提醒的必要了，可以将它们删除，以便让提醒事项列表中只保留未完成的提醒事项。方法为在提醒事项上单击鼠标右键，从弹出的菜单中选择“删除”命令即可。

9.7.5　新建与删除列表

当需要提醒的事件越来越多时，为了更加便于管理，我们可以将各事项进行分类。

1. 创建并重命名列表

单击“提醒事项”程序窗口边栏中的“添加列表”按钮，即可在边栏中创建一个新的列表，默认状态下是可以直接输入新名称的，如果已经确认，则可以在该列表名称上单击鼠标右键，在弹出的快捷菜单中选择“重新命名”命令。然后输入新的类别名称，按return键确认即可。

2. 删除列表

在类别列表中，如果不再需要某个列表时，或者该列表中的所有提醒事项都已经完成了，此时就可以将该类别列表删除。

首先在该类别列表上单击鼠标右键，在弹出的快捷菜单中选择“删除”命令即可，如果该列表中已经有创建的提醒事项，则会弹出一个确认对话框，如果确认删除只需要单击“删除”按钮即可。

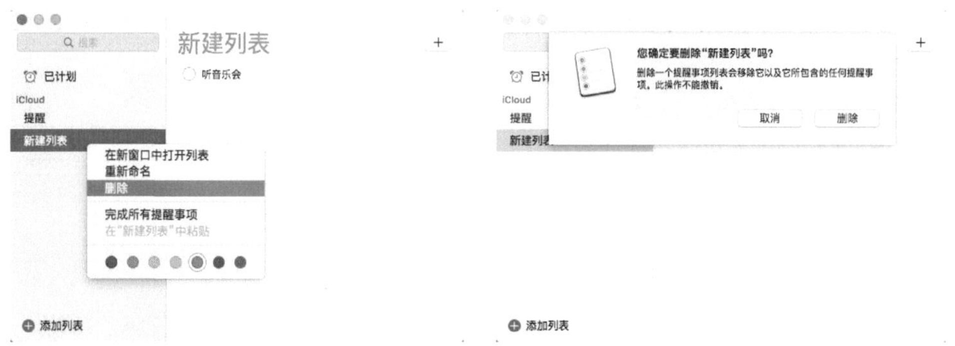

9.7.6 设置提醒事项

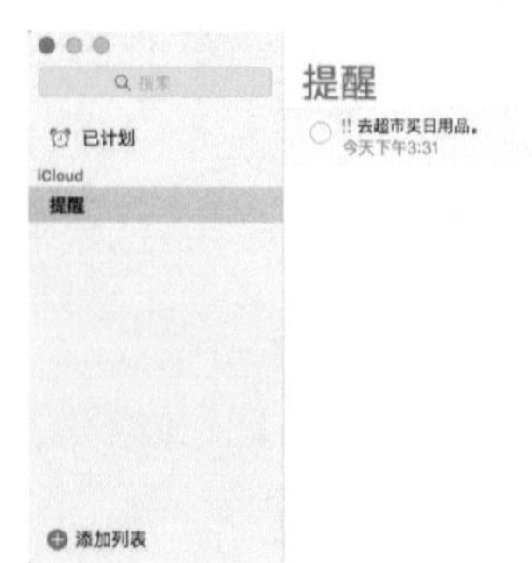

和通知中心类似，提醒事项也是从iOS中迁移到Mac系统中的，区别在于在Mac系统中名字被更改为提醒事项，它的最大特点是可以结合用户所在的位置和当时的时间触发一些动作，例如，用户添加了一条去超市买日用品的提醒，从这时开始用户的随身iOS设备通过定位功能发现用户到家之后就会启动闹铃提醒用户晚饭后去商场。

单击Dock中的“提醒事项”图标，打开提醒事项应用程序，假如Dock中没有可以在“Finder”|“应用程序”中打开，然后在右侧的列表中输入新的提醒事项。

双击刚才添加的条目，可以在弹出的小窗中设置触发条件，包括触发的时间、地点、重复次数以及优先级。当满足触发条件时，系统就会在桌面右上角通知位置发出消息提醒用户，此时可以单击“关闭”按钮完成此项提醒事项，也可以单击“以后”按钮来延长提醒时间。

9.8 私人助理——备忘录

使用OS X系统中的“备忘录”功能可以记下一切事项。它如同我们的私人助理一样，帮助我们记录生活中大大小小的琐碎事情，其简洁大方的输入界面让人随性书写。

9.8.1 备忘录的操作界面

单击Dock工具栏中的“备忘录”图标，即可打开“备忘录”程序。

❶工具栏：备忘录常用的工具都在这里，如创建备忘录、删除等。

❷搜索框：输入关键字，即可快速搜索相关的备忘录。

❸文件夹：用来整理备忘录的文件夹列表。

❹备忘录列表：通过该列表可快速选择要查看的备忘录。

❺内容编辑区域：在该区域输入备忘录内容。

9.8.2 新建备忘录

新建备忘录只需单击备忘录工具栏中的“创建备忘录” 按钮，或者在编辑区域单击（此方法只能在第一次创建备忘录时有效），然后直接输入备忘的内容，即可在备忘录列表中。

9.8.3 创建文件夹

当我们创建的备忘录过多时，为了方便查找与便于管理，可以通过创建文件夹并为其取一个贴近主题的文件名即可。

单击应用程序菜单中的“文件”|“新建文件夹”命令，即可在备忘录窗口中打开边栏，并创建一个文件夹。

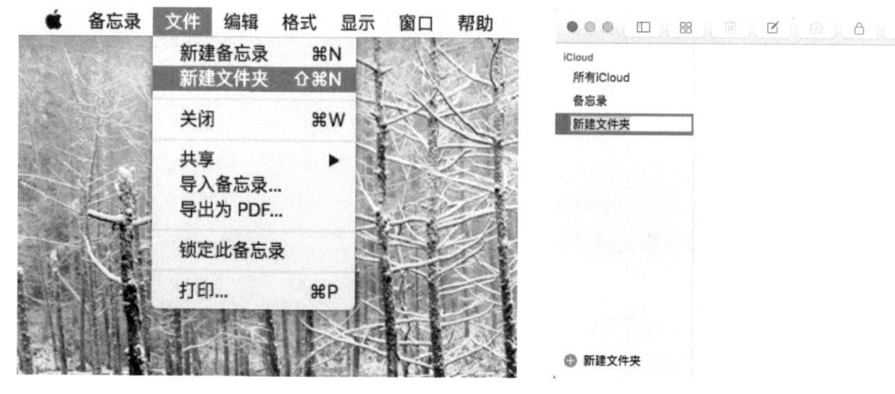

创建新的文件夹后，可根据备忘录的归类为该文件夹输入一个文件名。如这里将其命名为“工作计划”。

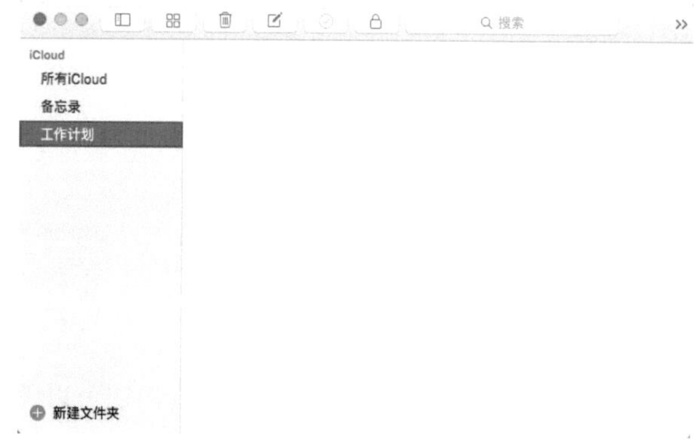

9.8.4 移动备忘录

建立好文件夹后，就可以从备忘录中选出与文件夹相关的备忘录，再利用拖动的方式，将其归类到刚创建的文件夹中。

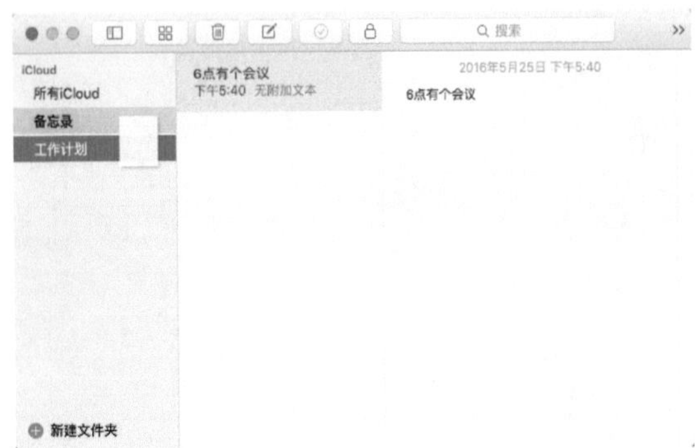

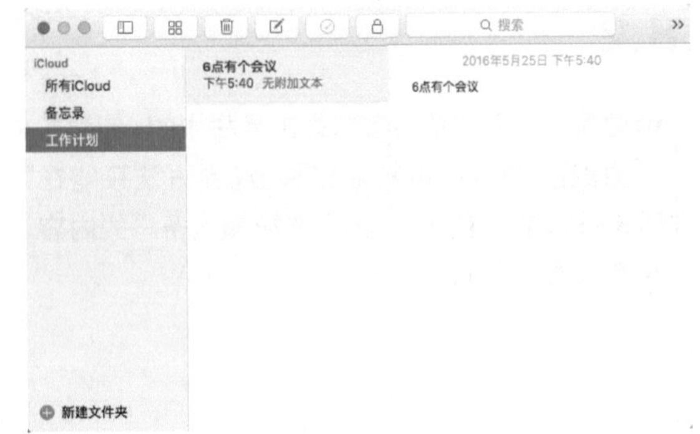

9.8.5 共享备忘录

如果某个备忘录需要共享给其他的亲朋好友，可以单击工具栏中的“共享”按钮，然后在弹出的菜单中选择一种方式即可。

9.8.6 删除备忘录

如果已经不再需要某个备忘录时，或者某个备忘录已经过期了，此时就可以将该备忘录删除。

首先在该类别列表中，在要删除的备忘录上单击鼠标右键，在弹出的快捷菜单中选择“删除”命令即可。

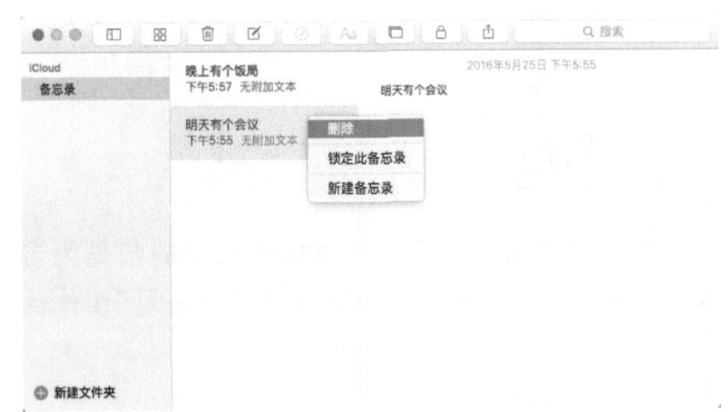

9.9 便笺

便笺是Mac中十分实用的小工具，它可以随时帮用户记录容易忘记或者需要去做的事情，使用方法非常简单。启动便笺会打开所有的便笺，并且可以收起便笺，还可以将其设置为“浮动”，这样它就会显示在所有窗口的上方而不会影响到当前正在进行的工作。

单击Dock工具栏中的Finder图标，启动Finder，在出现的窗口左侧选中“应用程序”，在右侧双击“便笺”图标，打开应用程序，在初次使用“便笺”时会出现一个帮助信息，如果无需参考可以直接将其关闭。

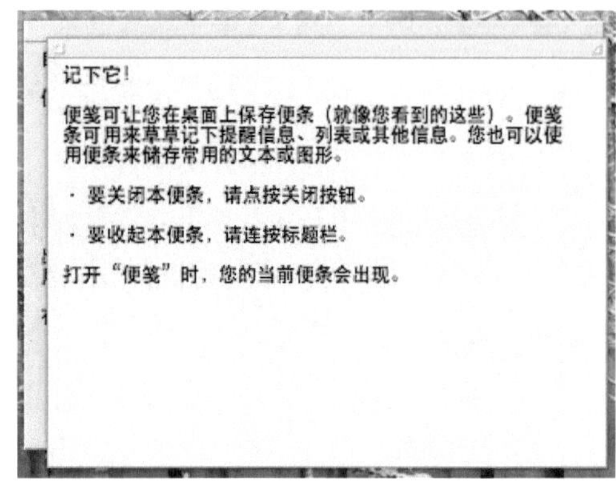

提示　当关闭帮助便签时，会弹出一个对话框询问用户是否要丢弃便笺，直接单击“不存储”按钮可以直接关闭。

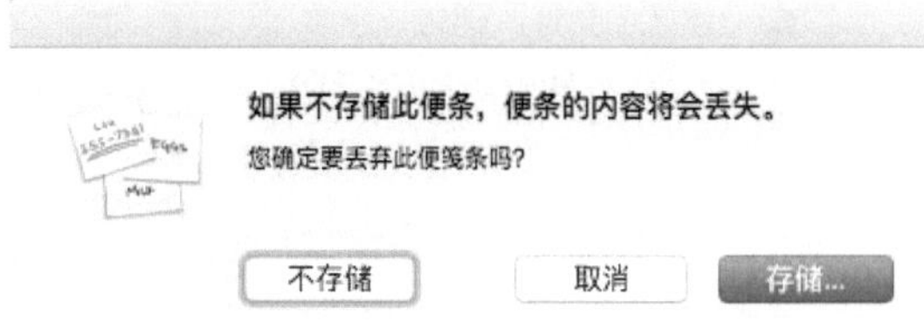

9.9.1　新建便条

选择程序菜单栏中的“文件”|“新建便条”命令，可以新建一个便条。

在新建的便条中添加文本，在编辑的过程中，单击鼠标右键，从弹出的菜单中选择“导入图像”命令，添加图片项目。

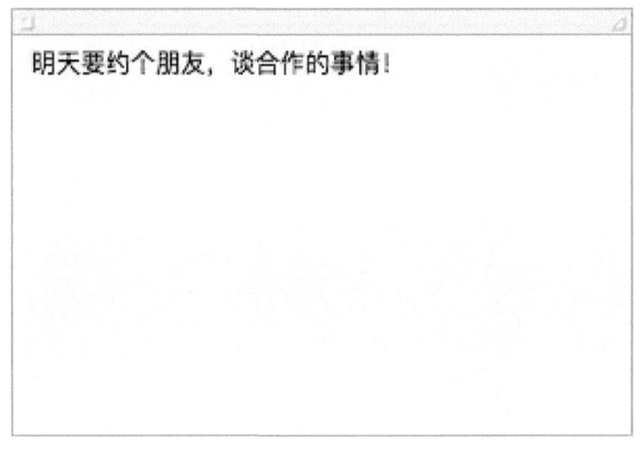

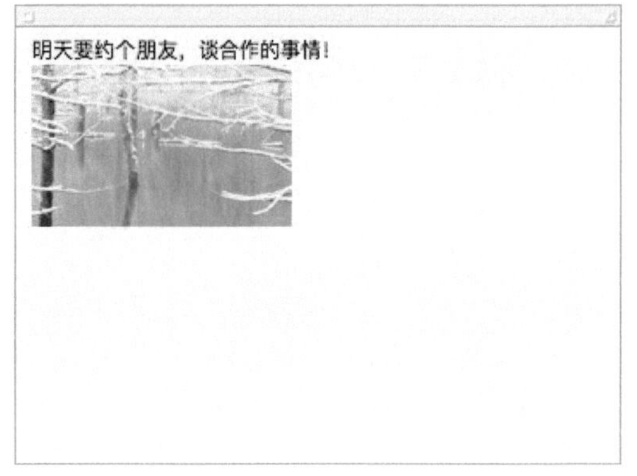

9.9.2　修改便条属性

在编辑的过程中，选择菜单栏中的“便条”|“浮动窗口”命令，可以将窗口设置为浮动，当窗口为浮动时，不管操作其他哪个应用窗口，便条窗口永远浮在其他窗口的上方。

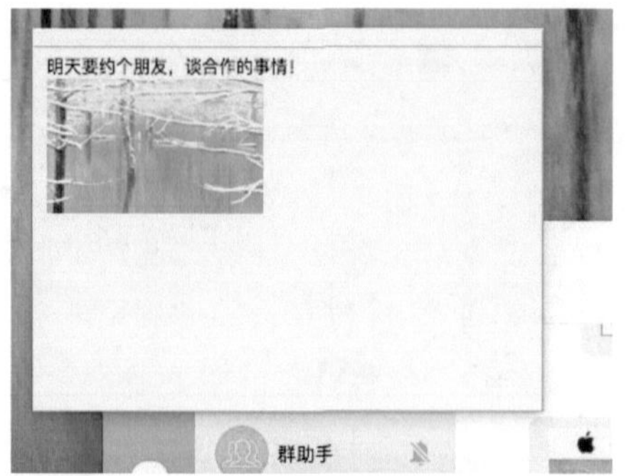

选择菜单栏中的“便条”|“半透明窗口”命令，可以将便笺的编辑窗口实现半透明化。

选择菜单栏中的“颜色”命令，在弹出的下拉菜单中可以选择所喜欢的颜色。

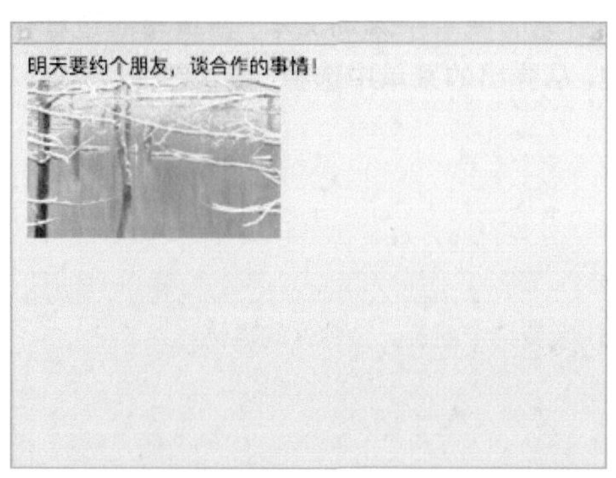

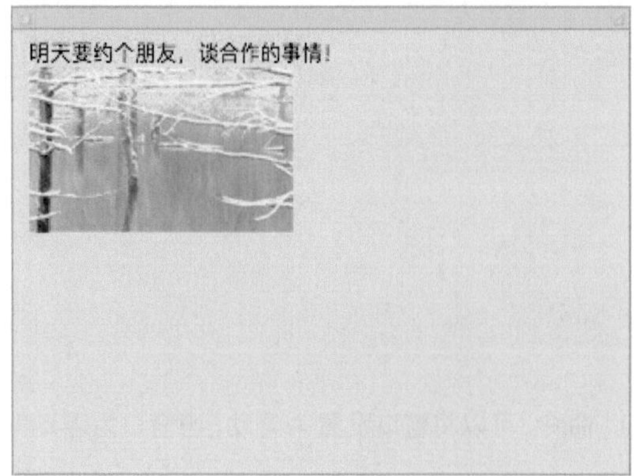

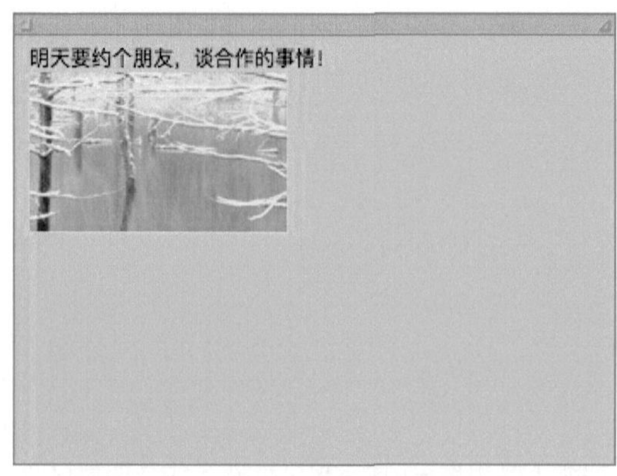

此外“便笺”还有一个的十分实用的隐藏功能，双击窗口上方的栏目可以将其折叠以节省出更多的空间，当需要还原时，再次双击相同的位置即可将窗口还原。

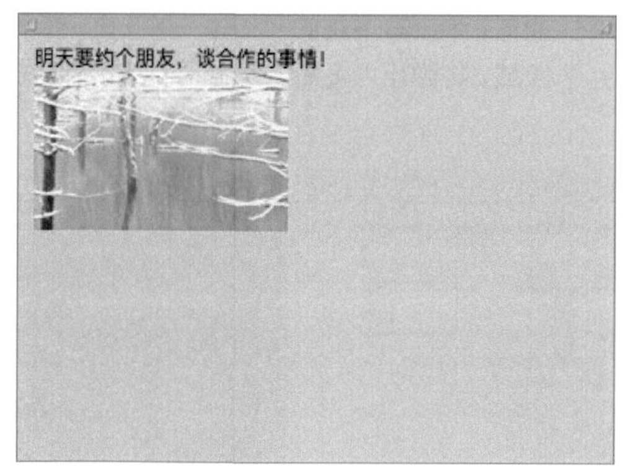

选择菜单栏中的“字体”，在其命令中可以对编辑的文字进行详细的设置，比如字体、大小、颜色等。

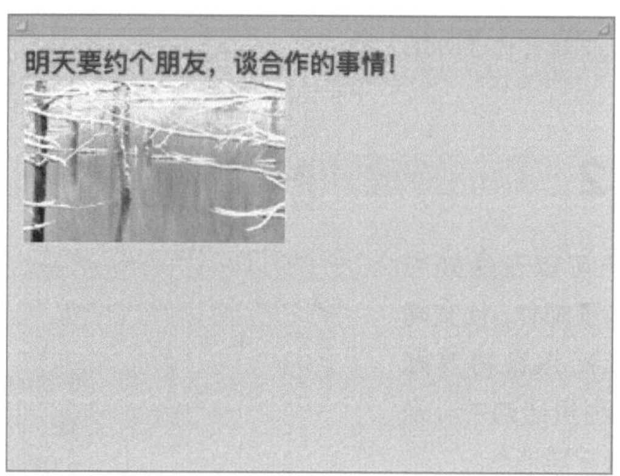

9.10　通知中心

从OS X 10.8开始，新增了一项新的通知中心功能，这个功能是依照iOS开发得来的，它可以帮助我们随时关注邮件、微博和即时通信等相关动态。

9.10.1　打开通知中心

在桌面中单击菜单栏右上角的“通知” ≔ 按钮，将弹出通知中心面板，单击其中显示的条目即可跳转至相应的页面。

假如不希望被通知打扰，可以将通知中心设置为“免打扰”模式，单击右下角的“设置” 按钮，或单击“系统偏好设置”|“通知”图标，打开“通知”面板，单击面板中的 区域，将弹出“通知”边栏，将“勿扰模式”设置为开即可。

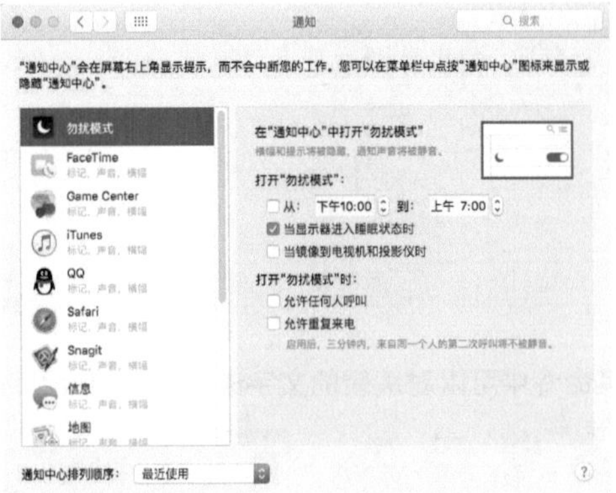

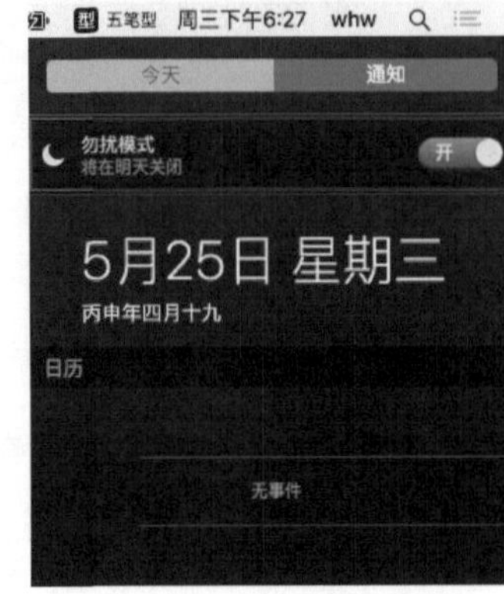

技巧 按住option键单击菜单栏右上角的 按钮，可以快速在“免打扰”模式和正常模式中进行快速切换。

9.10.2 添加被通知的项目

用户可以在通知中心添加电子邮件、社交网站、以及新浪微博等账户，以便利用通知中心来提醒或者管理消息。

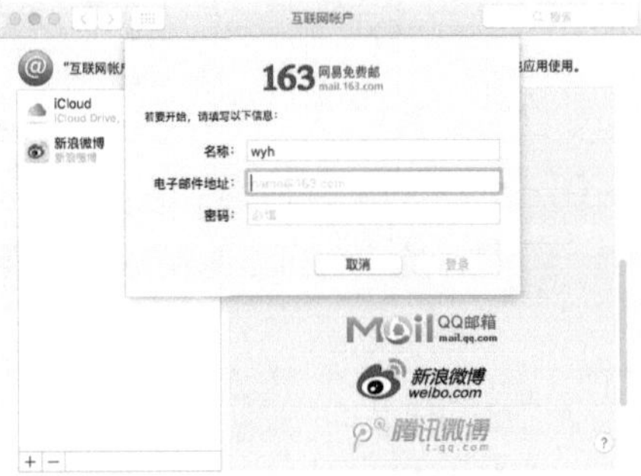

如果需要添加电子邮件或者新浪微博账号，可以单击Dock工具栏中的“系统偏好设置” 图标，打开“系统偏好设置”窗口，然后单击“互联网账户” 图标，在弹出的面板中右侧位置选择相应的账户，比如“163网易免费邮”，在弹出的面板中输入名称及电子邮件地址等信息后单击设置。

9.10.3 设置通知方式

可以单击Dock工具栏中的“系统偏好设置” 图标，打开“系统偏好设置”窗口，然后再单击“通知” 图标，在弹出的面板左侧选择要设置的应用程序，在右侧选择提示样式为“无”“横幅”“提示”，在下方选择“在通知中心中显示”最近的几个项目，还可以设置不同的通知排序方式。

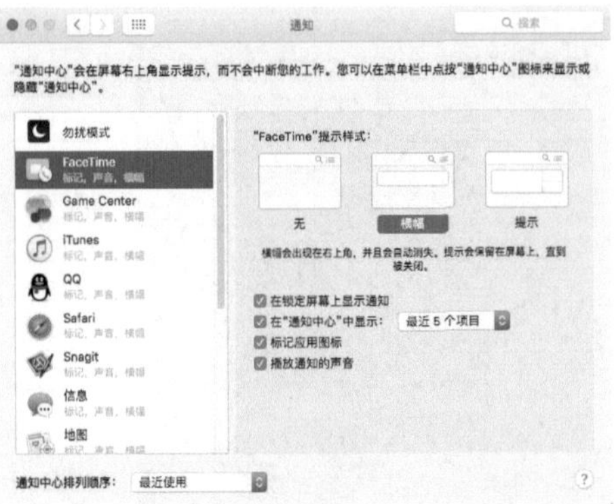

9.11 Game Center游戏中心

Game Center（游戏中心）是苹果公司开发的供游戏玩家进行游戏及社交的网络平台，在这里，除了整合很多各类精品游戏之外，还可以邀请好友在线一起畅玩。

9.11.1 登录游戏中心

单击Dock工具栏中的Launchpad图标，然后在出现的Launchpad界面中单击Game Center图标，然后会弹出游戏中心主界面，输入Apple ID和密码，单击"登录"按钮即可登录游戏中心。

当新注册用户初次登录时会显示相关条款，确认勾选"我已经阅读并同意这些条款和条件"前面的复选框，再单击"接受"按钮，之后在出现的面板中创建一个昵称，如果勾选下方的"公开档案"复选框之后，可以将资料公布，同样其他玩家可以看到你的个人档案，其中包括真实的姓名，将在公开的排行榜上显示。单击"继续"按钮。

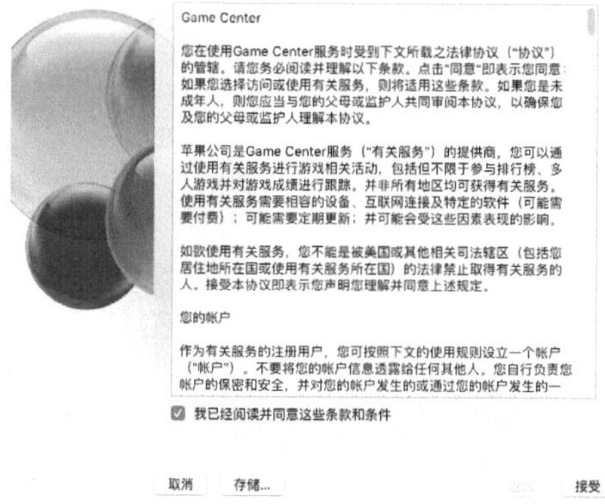

如果所创建的昵称已经被占用，此时系统会提示用户该昵称已经被使用，需要更改，单击"获得昵称建议"，此时系统会自动创建一个新的可以使用的昵称。

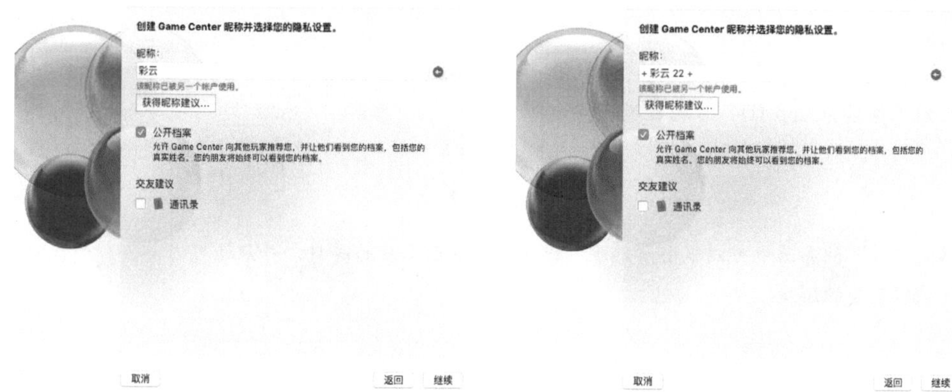

设置完昵称之后就可以成功登录游戏中心主界面，在主界面中输入状态，输入完成之后按return键即可更新。

单击头像编辑，可以选择一个图片，可以更改头像。

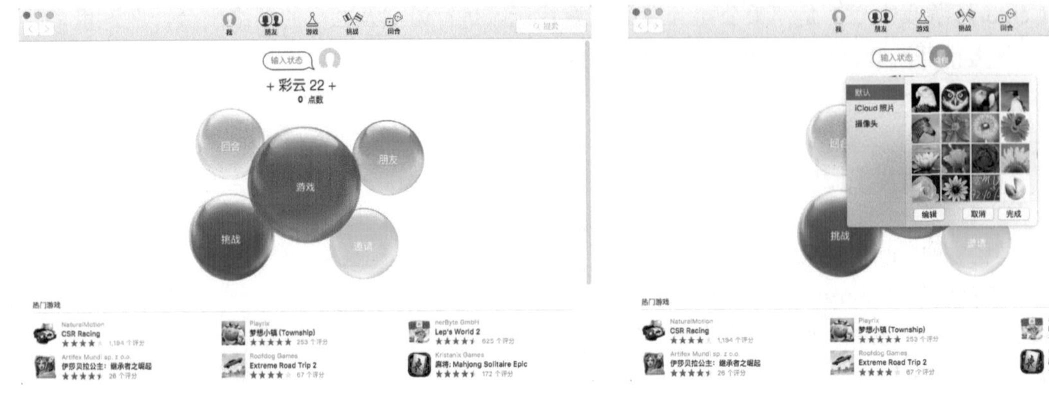

9.11.2 开始游戏

在游戏中心界面中单击喜欢的游戏图标即可启动相对应的游戏程序，此时就可以开始游戏了。

如果该游戏没有在系统中安装，系统会自动切换到“游戏”标签，选择自己喜欢的游戏，单击“获取”按钮。

系统会自动打开App Store，单击“获取”|“安装App”。此时会弹出Apple ID登录框，在登录框中输入账号及密码，再单击“购买”按钮，系统就会自动下载游戏程序包。

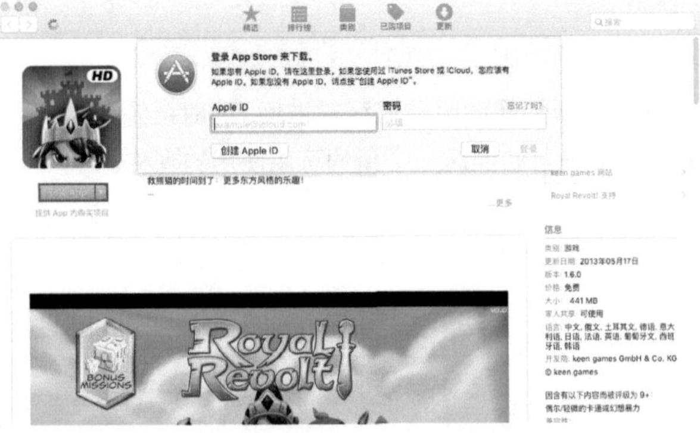

提示 当用户已经登录过App Store，此时再下载游戏程序包时就无需登录App ID，且此时不会弹出登录框。

提示 在“游戏中心”的界面中可以单击“游戏”标签，查看已下载的游戏，并且还可以单击“App Store ”进入App Store下载所喜爱的游戏。

也可以直接在App Store中下载自己喜欢的游戏，当游戏下载完成之后单击“游戏”标签，选择所下载的游戏，单击该游戏图标即可进入该游戏。

单击游戏图标之后，在出现的新界面中再单击右侧的“玩游戏”即可启动相对应的游戏程序。

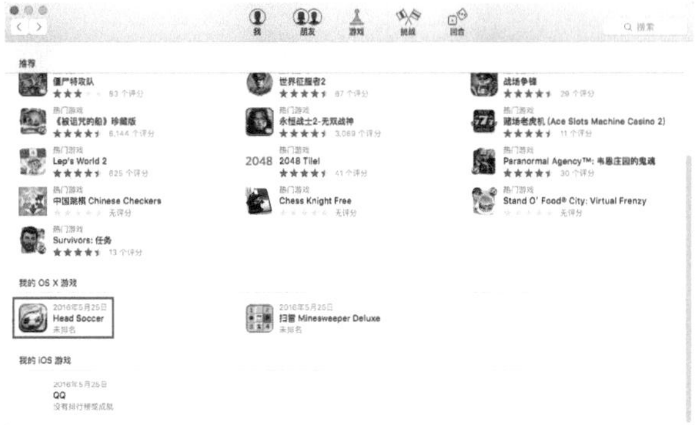

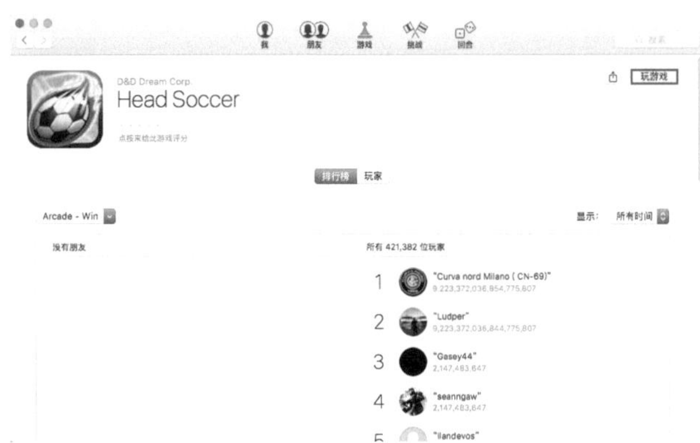

9.11.3　添加好友

在游戏中心界面上方位置单击“朋友”标签，如果是新注册用户，此时还没有好友，可以单击“添加朋友”按钮，在弹出的界面中，输入对方的App ID，再单击“发送”按钮即可。

此时，当前账户的好友会收到一个邀请，单击“邀请”标签，单击“接受”按钮即可和对方成为好朋友。

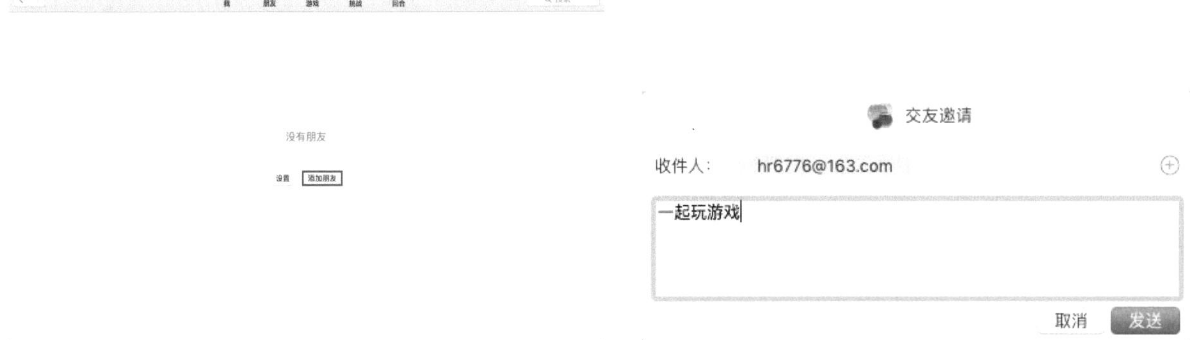

第 10 章
在线商店——App Store

App Store是Apple的在线软件商店，里面包罗万象，各种实用的应用软件、工具及好玩的游戏，应有尽有。本章我们来学习如何下载并安装所需要的各个软件。

10.1 浏览并搜索软件

App Store就像一个聚宝盆，我们所需要的各种应用软件、工具都在其中，本节将带领大家学习如何在App Store中挖到自己心仪的宝贝。

10.1.1 App Store的操作界面

单击Dock工具栏中的App Store图标，即可打开App Store窗口。

在App Store窗口的上方有5个图标，单击不同的图标可进入相应的页面。

❶精选：App Store推荐的最新、最热门的应用程序。

❷排行榜：App Store中应用程序销售的排行榜。

❸类别：可根据不同的类别来罗列应用程序，以方便查找。

❹已购项目：在该页面显示用户下载过的应用程序。

❺更新：用户下载或购买的应用程序如有更新版本，就可在此处进行更新。

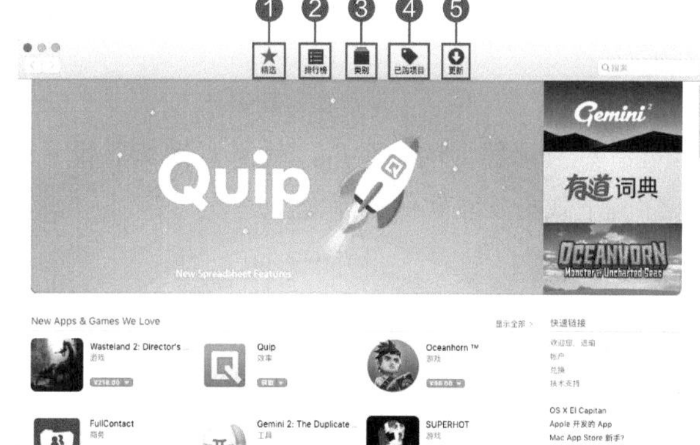

10.1.2 根据类别浏览软件

如果想快速浏览应用程序，可以通过类别来实现。

切换到“类别”页面，即可看到以不同类别来显示的应用程序，然后根据我们的需求进一步浏览应用程序。如要想浏览娱乐类的应用程序，则单击“娱乐”类别即可。

进行“娱乐”类别页面后，再单击感兴趣的娱乐程序，可进入该娱乐程序的简介页面，在页面中可以浏览该娱乐程序的经典画面及详细说明。

10.1.3 搜索软件

如果用户已经知道了某款软件的名称，还可以用关键词来进行搜索。在窗口右上角的搜索框中输入要搜索游戏的关键词，如搜索关键词“QQ音乐”，然后再按return键确认。系统会自动列出与关键词相关的应用程序，以供用户选择。

10.2 下载并更新软件

找到所需要的软件后，就需要将其下载下来，这样该软件才能为我们所用。接下来，我们就来体验下载与安装软件的流程。

10.2.1 下载免费软件

App Store是一款非常人性化的软件，在它窗口的右侧，为我们列出了付费软件与免费软件，这样一来，就大大地提高了我们选择软件的速度。

在右侧找到“免费”列表，该列表中列出了免费软件下载量在前十名的软件。

如果该列表中没有我们所需要的软件，可单击“显示全部”按钮，即可在页面中显示全部的免费软件。

单击我们感兴趣的软件右下角的“获取”按钮，再单击“安装APP”按钮，接着在弹出的对话框中输入Apple ID和密码，单击“登录”按钮即可下载该免费软件。

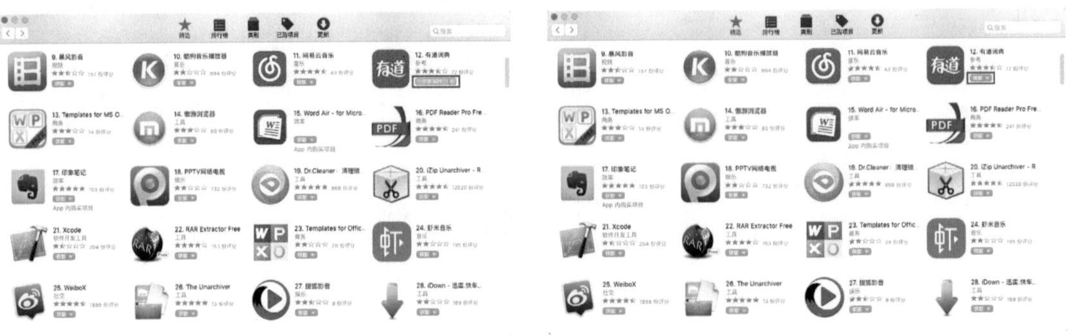

提示　下载软件时，系统自动将下载程序转到后台进行，用户还可以继续进行其他操作。

下载软件时，软件图标显示为灰色不可用状态，并在图标下方显示下载进度条。下载完成后，还原为软件的本身的颜色。

软件安装好后，双击该软件图标即可打开该软件。

10.2.2 下载付费软件

下载付费软件的流程与下载免费软件的流程基本相同。首先在右侧找到“付费”App排名列表，将鼠标指针移至软件上，即可看到该软件的价格。如果用户账户中的金额足以购买该软，则可按下载免费软件的方式进行购买。

10.2.3 更新软件

如果我们下载过的软件有更新版本时，在Dock工具栏中的App Store图标的右上角会显示一个红色的数字以示提醒。

在App Store窗口中，切换到“更新”页面，单击“更新”按钮，即可开始进行更新，更新时会显示更新进度条。

提示 更新完成后，App Store图标上的红色数字会就消失。

10.3 创建Apple ID

如果用户已经拥有了Apple ID，则不需要再申请，直接使用即可。如果用户没有Apple ID，则需要先申请创建Apple ID以便日后下载或购买软件。

10.3.1 创建Apple ID

打开App Store后，先单击窗口右侧“快速链接”列表中的“登录”按钮，然后在弹出的提示对话框中单击“创建Apple ID”按钮，进行进一步设置。

进入“欢迎光临App Store”页面后，单击“继续”按钮，进行进一步设置。

进入“条款与条件以及Apple的隐私政策”页面，先勾选“我已阅读并同意以上条款与条件”复选框，然后再单击“同意”按钮，进行进一步设置。

进入“创建iTunes Store账户（Apple ID）”页面，先认真填写个人资料，然后单击“继续”按钮，进行进一步设置。

进入“提供付款方式”页面后，先选择一种付款方式，再填写账单寄送的详细地址，然后单击“创建Apple ID”按钮，进行进一步设置。

进入“验证您的账户”页面，同时系统会发送验证E-mail到之前指定为Apple ID的邮箱中。此时我们要立刻打开该邮件完成验证。

打开刚收到的电子邮件并验证，单击邮件中的“立即验证”链接文字，进行进一步设置。

打开验证“我的Apple ID”页面，输入之前设置的Apple ID与密码，然后单击“验证地址”按钮。

接着会看到“电子邮件地址已验证”的提示页面，这表示Apple ID已经申请完成了，单击“返回the Store”按钮，返回到App Store窗口。

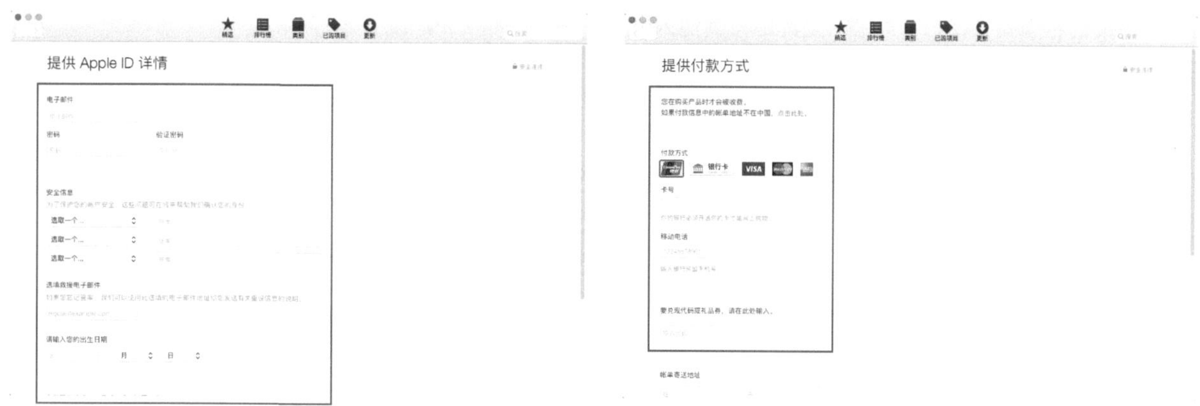

10.3.2　登录与注销Apple ID

1. 登录Apple ID

除了下载和更新时可以登录Apple ID，我们还可以使用另外一种方法来登录Apple ID，即单击应用程序菜单栏中的“商店”|“登录”命令，即可弹出登录提示对话框。

登录后，这个Apple ID就会自动存储在Mac中，即使关闭App Store或重新启动Mac，Apple ID仍然会记录在其中。如果我的Mac不止一个用户，则启动App Store后，单击应用程序菜单栏中的“商店”|“显示我的账户XXX”命令，即可查看当前登录的是哪一个Apple ID。

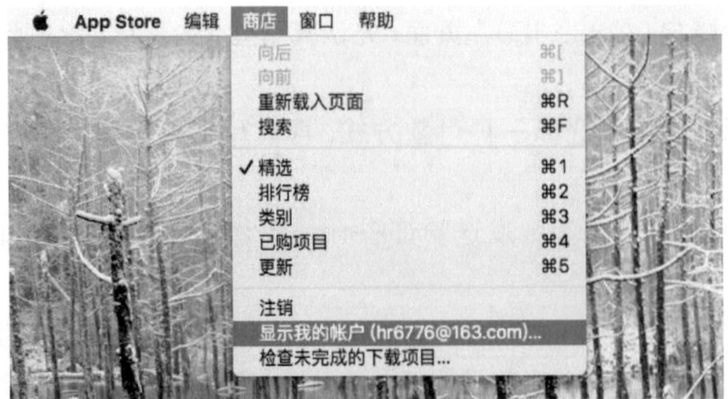

2. 注销Apple ID

如果已经填写了银行卡数据，尤其是与其他人共享计算机时，则需要我们更加谨慎了。当我们不在使用App Store时，就一定要注销用户账户，以确保银行数据的安全。

在还没有退出App Store时，单击应用程序菜单栏中的“商店”|“注销”命令，将我们的Apple ID注销。

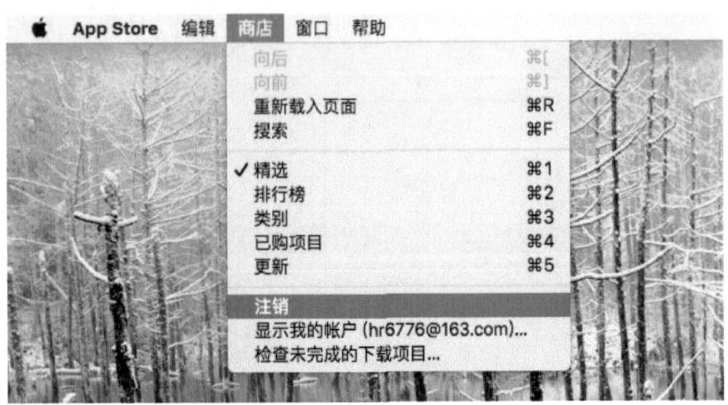

第 11 章 Mac的数字、影音世界

传统的音乐总是附着在某种实物介质上供人们消费和欣赏，数字音乐的出现打破了这一传统。数字音乐，是用数字格式存储的，可以通过网络来传输的音乐。无论被下载、复制、播放多少遍，其品质都不会发生变化。

每一台Mac都预装了包含照片、iTunes、QuickTime Player和Photo Booth的应用，而每个应用都有各自擅长的用途，使用这些应用软件，用户不仅能轻易浏览、分享数码相片、数码短片，还可以听音乐、拍摄有趣的照片和视频。

11.1 多媒体音乐中心——iTunes

iTunes是一款数字媒体播放应用程序，是用户播放Mac和PC上所有媒体文件，并将其同步到iOS设备上的最佳方式。同时，它还是用户的虚拟商店，能随时随地满足一切娱乐所需。

11.1.1 iTunes的操作

iTunes是一个娱乐多面手，它不仅是一个功能丰富的音乐播放器，更是一个集媒体资源管理、移动设备资源同步、在线数字商店于一身的应用中心。重新设计过的iTunes界面，几乎拿掉了其他多余的颜色，让整个界面看起来更方便简洁。

1. 认识iTunes的界面

单击Dock工具栏中的iTunes图标，即可打开iTunes窗口。

❶播放控制按钮：提供播放、停止、前一首、后一首4个播放控制功能。

❷音量调节滑块：用于调节音量的输出大小。

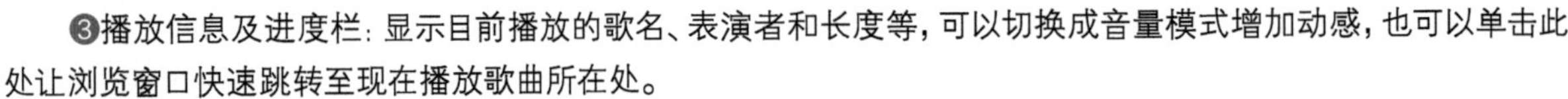

❸播放信息及进度栏：显示目前播放的歌名、表演者和长度等，可以切换成音量模式增加动感，也可以单击此处让浏览窗口快速跳转至现在播放歌曲所在处。

❹搜索栏：输入关键字即可搜索iTunes中保存的数字资源。

❺项目列表：提供多个不同的项目模块，如资料库类型、iTunes Store、设备名称、局域网上共享的资料库与播放列表，单击各来源即可在主窗口切换。

❻音乐列表：在项目列表中选取项目后，该项目的歌曲、影片、Podcast或iTunes Store都会出现在这里。

❼播放列表：单击此按钮，将弹出一个显示当前播放的音乐列表。

2. 导入与播放音乐

如果你已经有了一些音乐，需要使用iTunes来播放，那么在播放音乐前，必须先将音乐导入到iTunes资料库中。

（1）导入前的准备工作

在导入音乐前需要注意，iTunes默认是在：/Users/用户名/音乐/iTunes/iTunes Media文件夹中。iTunes导入歌曲时会根据歌曲文件附带的歌手、专辑等信息，自动对音乐做整理分类，并将副本存至该文件夹下。随着导入媒体资源越来越多，该文件夹可能会占用数十GB甚至更大的空间。如果该位置可用空间不多，最好为iTunes Media文件夹指定一个有较大剩余空间的位置。

单击应用程序菜单栏中的“iTunes”|“偏好设置”选项，接着在弹出的窗口中单击“高级”图标，切换到“‘高级’偏好设置”窗口，单击“iTunes Media文件夹位置”右侧的“更改”按钮，然后重新选择iTunes Media文件夹的位置。

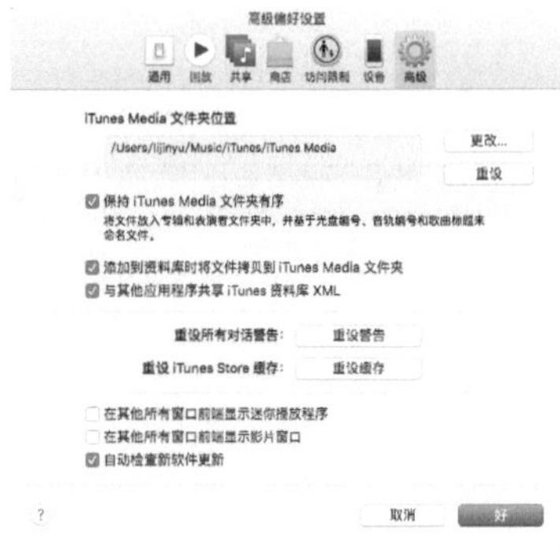

> **提示** 如果想进一步节省一些空间，不需要iTunes创建副本，则在“‘高级’偏好设置”窗口中取消“添加到资料库时将文件拷贝到iTunes Media文件夹”选项即可。

（2）导入音乐文件

iTunes既能导入单曲，也能导入整个文件夹。单击应用程序菜单栏中的“文件”|“添加到资料库”命令，然后在弹出的对话框中选择需要导入的单曲或文件夹，然后单击“打开”按钮。

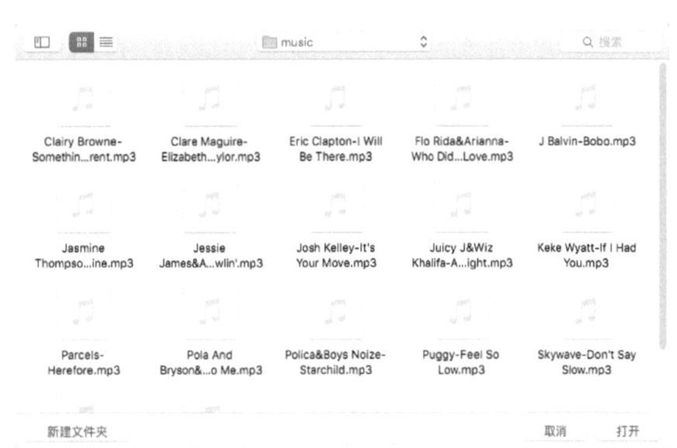

接着在右侧的项目列表中选择“音乐”项目，然后在右侧的音乐列表中，双击要播放的歌曲即可。

3. 添加歌曲的相关信息

如果想更改音乐的信息，首先选择要添加内容的歌曲，单击鼠标右键，从弹出的快捷菜单中选择“显示简介”命令，然后在弹出的对话框中的相应字段中输入需要的内容即可。

为了方便我们管理，还可以为音乐文件添加插图。切换到“插图”标签，单击“添加插图”按钮，然后再选择一个合适的图片作为该歌曲的插图，再单击“好”按钮即可。

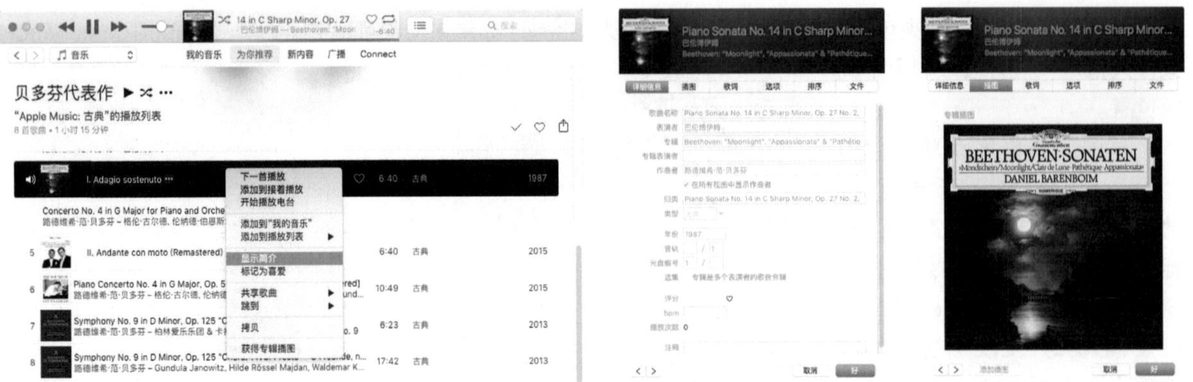

4. 创建播放列表

用户还可以根据当下的心情、喜欢等自制播放列表，来让iTunes播放自己所点选的歌曲。要新建播放列表，单击菜单中的“文件”|“新建”|“播放列表”命令。

首先单击窗口左下角的+按钮，即可在“播放列表”列表中新建一个播放列表。然后再为该列表重新命名（如这里重新命名为“英伦速递”）。

单击“编辑播放列表”，即可进行列表的编辑，选择自己喜欢的歌曲，接着单击鼠标右键，在弹出的快捷菜单中选择“添加到播放列表”|“英伦速递”命令，或者直接拖动音乐到“英伦速递”列表中，即可添加。

单击“完成”按钮，选择我们创建的播放列表，即可看到刚刚添加进来的歌曲。

5. 创建音乐专辑

如果在资料库中有非常多的音乐文件，要一一输入专辑信息，并指定封面插图，是一件非常烦琐的事。这时，我们可以利用创建专辑的方法来简化烦琐的操作步骤。

首先在“音乐”项目中选择要放在同一张专辑内的音乐文件，接着单击鼠标右键，从弹出的快捷菜单中选择“显示简介”命令，然后在弹出的对话框中单击“编辑项目”按钮，然后单击“是”按钮。

接着在弹出的对话框中的相应字段中输入该专辑的相关信息，然后在“插图”标签中，单击“添加插图”按钮来指定该专辑的封面图，最后再单击“好”按钮完成设置。

设置完成后，将显示模式切换为“专辑列表”模式，即可显示刚创建的专辑。

11.1.2 玩转iTunes

iTunes不但是一个媒体播放器及媒体管理中心，它更是获得音乐、影视资源的电子商场入口。另外，iTunes还有一个作用是将iOS设备上的信息同步到电脑中，作为备份以及实时更新。

1. 更改iTunes资源库的显示模式

iTunes资源库有4种显示模式，它们各有特色，可以满足不同的用户的使用需求。单击iTunes窗口上方的显示方式切换按钮，即可切换资源库的显示模式。

歌曲：将所有曲目以列表方式全部呈现。

专辑：将曲目按专辑加以分类，在其右侧以列表模式呈现，并用实线隔出专辑范围。

表演者：可显示当前表演者信息，当光标滑过该项目时就可以浏览其专辑封面。

类型：单击此按钮可显示当前音乐的类型。

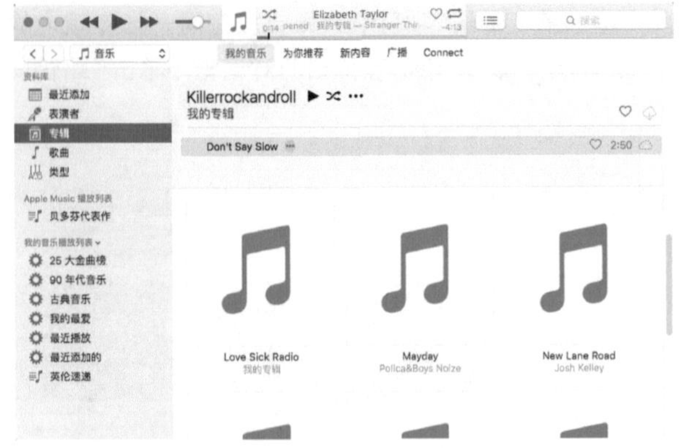

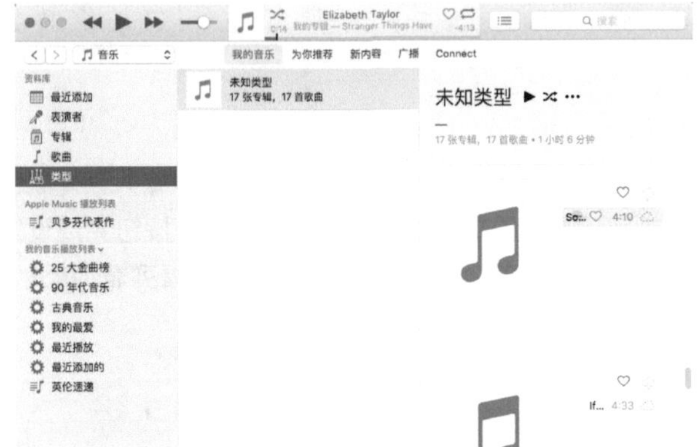

2. 从iTunes Store中获得资源

只要用户拥有Apple ID，登录后即可从iTunes Store获取海量的应用程序、教育、音乐和影片等资源。

要获得资源，首先在菜单栏中单击“账户”|“登录”命令，在弹出的对话框中输入Apple ID的账号及密码后，单击“登录”按钮即可。

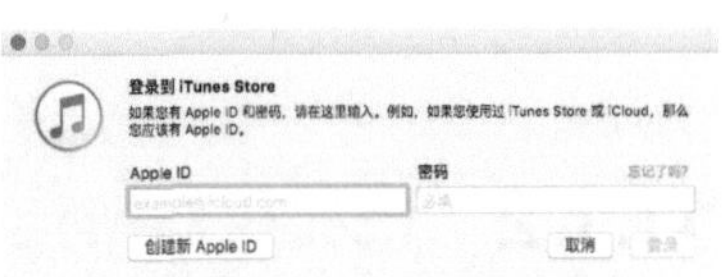

iTunes为用户提供了“为你推荐”“新内容”“广播”和“Connect”，其中“为你推荐”系统会根据用户的喜好为你推荐一些比较适合的音乐。

“新内容”则显示一些最新、最流行的音乐，以供大家欣赏。选择某个要听的项目，单击即可进入播放列表，然后双击列表中的音乐即可收听。

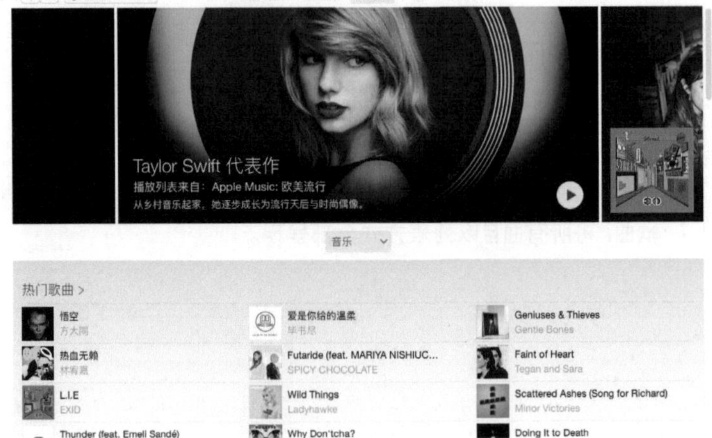

“广播”则显示一些流行的音乐电台，直接单击播放按钮，即可进入并收听当前电台。分类也比较多，比如怀旧音乐台、欧美音乐台和古曲音乐台等。

3. 管理资料库

用iTunes来管理音乐是一件十分轻松的事，只需将音乐添加到iTunes的资料库中即可。而iTunes会根据每个文件的类型将它们放到对应的目录项目中。

（1）在iTunes中添加资料

要想将资料添加到iTunes中有以下3种方式。

- 直接将文件或文件夹拖动到iTunes资料库列表或者拖动到Dock上的iTunes图标中。
- 打开iTunes，执行iTunes应用程序菜单栏中的“文件”|“添加到资料库”命令，然后选择要添加的文件或文件夹，接着单击“打开”按钮即可。
- 如果该资料是音乐，双击音乐即可将其添加到iTunes中并进行播放。

（2）在iTunes中添加列表

如果要向iTunes中添加资料，默认情况下是将资料拷贝到iTunes中，如果用户只想在iTunes中添加列表而不拷贝文件，则有以下两种方式。

- 按住option键，将资料拖动到iTunes的资料库或者拖动到Dock上的iTunes图标中即可。
- 执行iTunes应用程序菜单栏中的“iTunes”|“偏好设置”命令，在打开的偏好设置窗口中切换到“高级”标签，然后取消选中的“添加到资料库时将文件复制到iTunes Media文件夹”复选框即可。

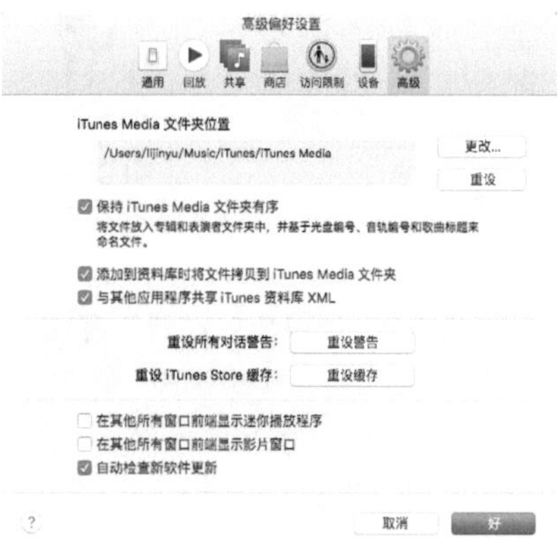

（3）查看最近添加的资料

打开iTunes，在其边栏中单击“最近添加”项目，即可查看最近添加的资料。

4. iTunes窗口的多种播放模式

（1）完整窗口

完整窗口也就是默认情况下的正常窗口，它显示完整的iTunes项目，窗口中有完整的iTunes控制方式。

（2）迷你窗口

执行iTunes应用程序菜单栏中的“窗口”|“切换到迷你播放程序”命令，即可将完整窗口切换为迷你窗口，如果此时单击“隐藏大插图” 按钮，则可以切换到更加迷你的窗口。

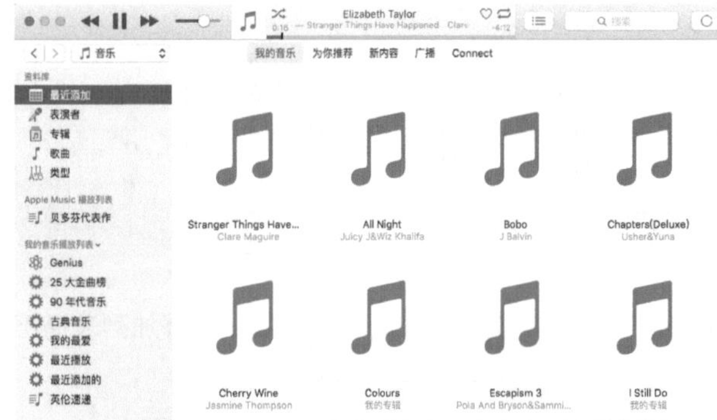

向外拖动迷你窗口的左侧边缘或右侧边缘，即可将迷你窗口切换为带专辑插图的迷你窗口。

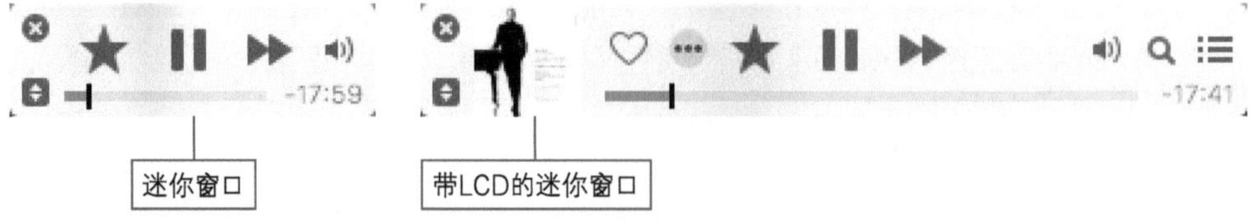

（3）屏保播放模式

单击Dock工具栏中的“系统偏好设置” 图标，打开“系统偏好设置”窗口，然后单击“桌面与屏幕保护程序”图标。在打开的“桌面与屏幕保护程序”窗口中切换到“屏幕保护程序”标签，在左侧的屏幕保护程序列表中单击“iTunes插图”，即可将iTunes插图设置为屏保。然后触发屏保即可使用iTunes屏保模式播放，将鼠标指针放在封面上单击预览即可显示大图，单击相应的专辑图片即可播放。

5. 播放控制

打开iTunes，单击“播放”按钮即可播放音乐。如果想更便捷、更全面地控制iTunes，可根据以下内容进行操作。

（1）控制iTunes

控制iTunes有以下4种方式。

- 通过iTunes窗口上方的按钮来操作。
- 通过iTunes应用程序菜单来操作。
- 通过右键单击Dock上iTunes图标，然后再从弹出的快捷菜单中来操作。
- 通过快捷键来操作。

（2）循环播放

在iTunes中循环播放包括单曲循环和全部循环两种模式。

单击iTunes窗口上方播放栏右侧循环标志，将在全部循环、单曲循环和关闭循环之间切换。

（3）随机播放

随机播放其实也是一种顺序，至少在这一播放过程中是有规律可循的。执行iTunes菜单栏中的“控制”|“随机播放”|“开”命令，然后在弹出的子菜单中选择一种随机播放的类型。

（4）设置播放时间

默认情况下，歌曲播放都是直接从开始播放到结尾，但如果想要跳过某一小段，则可以选中该歌曲，再单击鼠标右键，从弹出的快捷菜单中选择“显示简介”命令，在打开的窗口中切换到“选项”标签，然后在“开始”和“停止”文本框中输入时间，单击“好”按钮即可。

（5）可视化效果

可视化效果是一种随音律舞动的光影效果，令人目眩神迷。启动后便可以伴随音乐节奏感受光影迷离的3D动态效果。例如，根据音乐的频率、风格，用曲线等构成变幻的画面去体现音乐的内涵。

执行iTunes菜单栏中的“显示”|“显示可视化效果”命令即可。

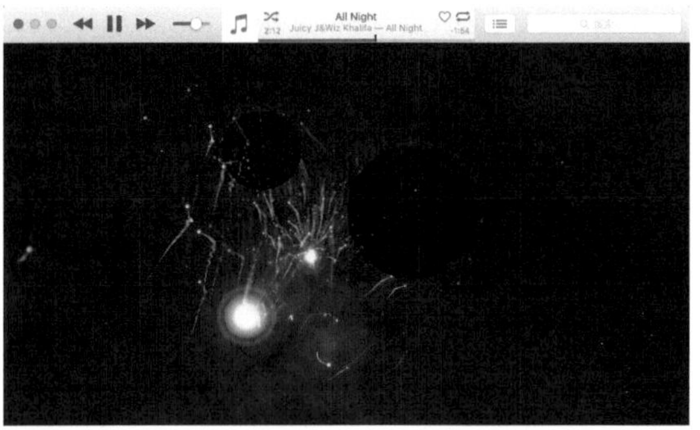

提示 并非所有的可视化效果都能以全屏查看。

6. 音量控制和音量平衡

(1) 音量控制

在iTunes中调节音量的方式有以下4种。

- 单击iTunes窗口工具栏中的音量调节按钮并拖动。
- 将鼠标指针置于调节按钮上，然后双指在触控板上左右或上下滑动即可。
- 执行iTunes应用程序菜单栏中的“控制”|“升高音量”或“降低音量”。
- 按⌘+上下方向键。

(2) 音量平衡

不同的歌曲因为音源不同，播放出来的声音大小也可能不一样，此时可以使用音量平衡来抑制突变的音乐。

执行iTunes应用程序菜单栏中的“iTunes”|“偏好设置”命令，打开偏好设置窗口，切换到“回放”标签。选中“音量平衡”复选框，再单击“好”按钮，即可启动音量平衡，并自动将歌曲的音量调节到相同的水平。

开启“音量平衡”后，在选中的歌曲上单击鼠标右键，在弹出的快捷菜单中选择“显示简介”命令，在打开的窗口中切换到“文件”标签，就会发现歌曲的音量被降低了多少dB或者提升了多少dB。

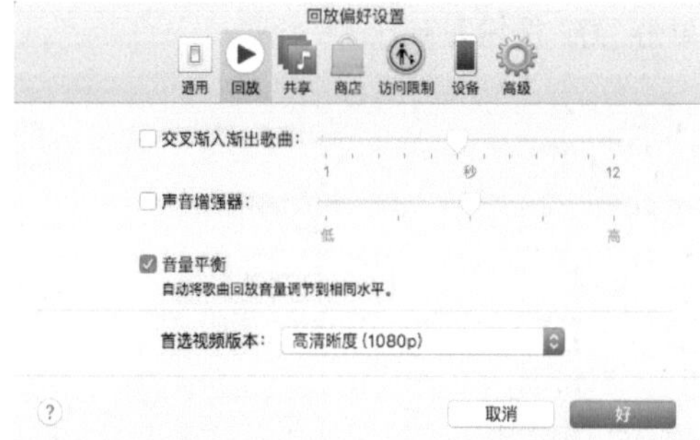

(3) 增强音量

声音增强器可以通过高速低音和高音的回响，以增强立体声效果。执行iTunes应用程序菜单栏中的“iTunes”|“偏好设置”命令，打开偏好设置窗口，切换到“回放”标签，选中“声音增强器”复选框，然后拖动滑块调整即可。

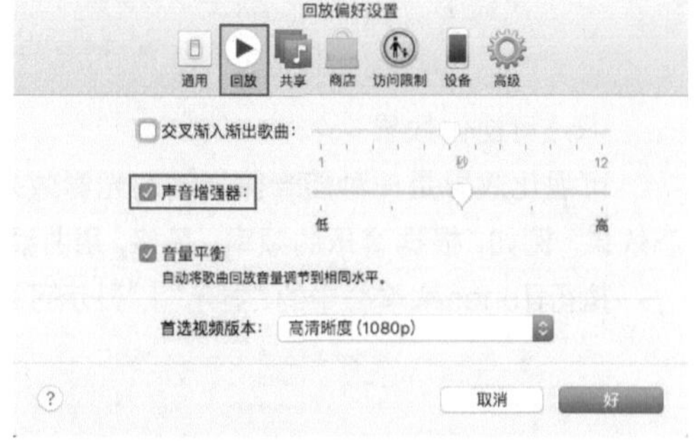

7. 均衡器

在选中的歌曲上单击鼠标右键，在弹出的快捷菜单中选择“显示简介”命令，接着在打开的窗口中切换到“选项”标签，然后在“均衡器预置”下拉列表中选择一种均衡器，这样在播放到该歌曲的时候，就会以预置的均衡器来播放。

执行iTunes应用程序菜单栏中的“窗口”|“均衡器”命令，即可打开“均衡器”面板进行查看。

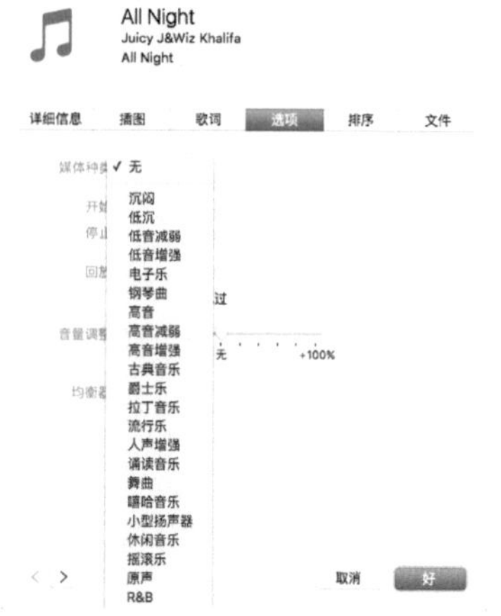

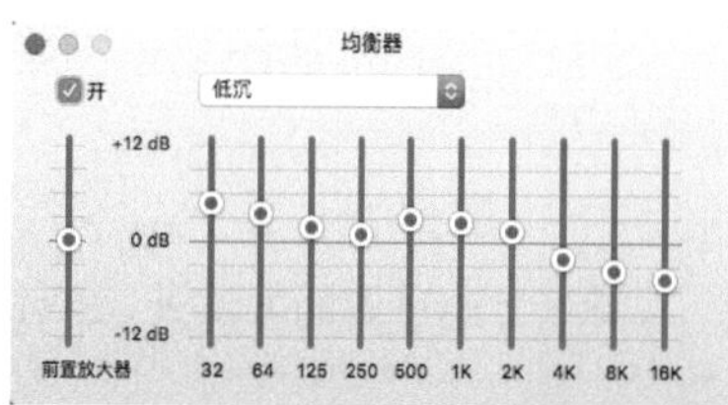

8. 对资料评价

在iTunes中我们可以对音乐、影片、电视节目、Podcast和图书等任何资料进行评分，从而选出用户最喜欢的项目。

要想对资料进行评分，可以通过以下两种方式来操作。

- 在iTunes窗口中，直接在“评分”位置单击或拖动，就可以对音乐进行评分。
- 选中要评价的项目，单击鼠标右键，在弹出的快捷菜单中选择“显示简介”命令，在打开的窗口中切换到“详细信息”标签，然后在“评分”位置拖动即可。

9. 用iTunes剪辑音乐

如果当前播放的音乐是自己所喜欢的，并想将其中一部作为铃声使用，就可以利用iTunes来剪辑。要剪辑音乐可通过以下方法进行操作。

选中要剪辑的音乐，单击鼠标右键，从弹出的快捷菜单中选择“显示简介”命令，在打开的窗口中切换到“选项”标签，然后输入“开始”和“停止”的时间，再单击“好”按钮即可。

除了上述讲解的方法外，还可以创建一个MP3格式的剪辑文件（iTunes默认创建AAC版的文件），操作方如下。

设置执行iTunes应用程序菜单中的“iTunes”|“偏好设置”命令，在打开的偏好窗口中切换到“通用”标签，然后单击“导入设置”按钮。接着在打开的“导入设置”窗口中单击“导入时使用”下拉列表，并从中选择需要的格式。然后再单击“好”按钮来完成设置。

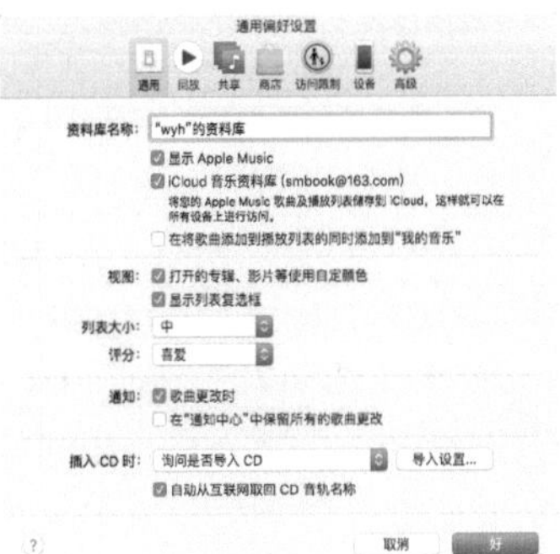

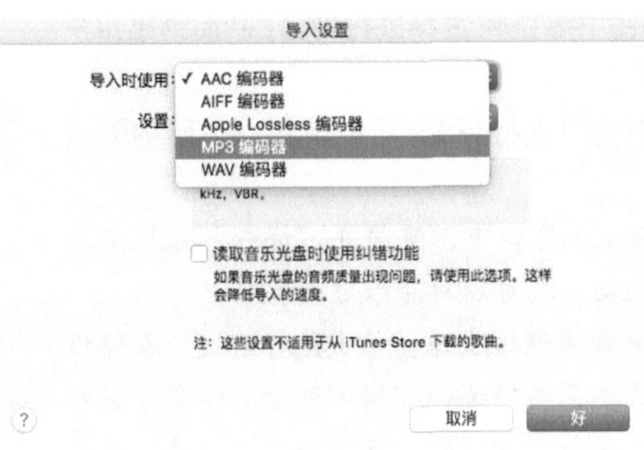

10. 利用iTunes转换视频格式

在iTunes中不仅可以播放音乐、剪辑音乐，还可以通过其将视频转换为iPod、iPhone或iPad版本。执行iTunes应用程序菜单中的“文件”|“转换”|“转换ID3标记”或者“创建AAC版本”命令即可。

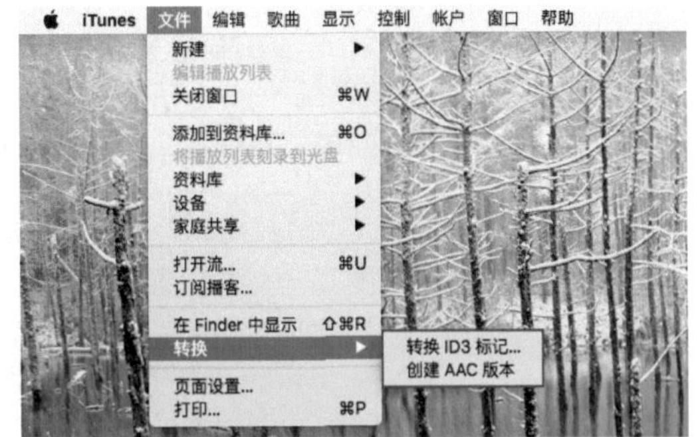

> **提示** “转换”子菜单中的命令，根据“偏好设置”中的格式设置不同会显示不同，在“偏好设置”|“通用”标签中，在“导入设置”中，可以指定导入时使用的多种格式，比如AIFF编码器、Apple Lossless编码器、MP3编码器和WAV编码器。

11.1.3 将影音文件传输到iPhone、iPad、iPod touch

如果用户还拥有其他的iOS设备，如iPhone、iPad、iPod touch，如果要将Mac中的音乐或影片传输到这些设备中，此时就必须利用iTunes的同步功能。

1. 手动传输影音文件

准备好设备，并利用USB数据线连接到Mac。注意，连接时系统会自动打开iTunes程序。这里我们以iPad为例来进行介绍。

先切换到“音乐”资料库，然后选择要同步到iPad中的歌曲，接着再按住鼠标将选中的歌曲拖动到iPad中。

连接iOS设置后，系统会自动显示设置的名称

2. 自动同步传输影音文件

如果用户觉得手动传输相对比较麻烦，则可以设置每一次将iOS设备连接到Mac时，就让iTunes自动同步传输影音文件。

默认设置下，将同步所有音乐、视频、相片、应用程序和图片等iTunes资源库中的内容。假如不想同步所有内容，那么可切换至各自标签中，然后勾选需同步的内容，再单击“同步”按钮即可同步。

11.1.4 共享影片与音乐

如果用户的家中有好几台电脑，无论是安装Mac操作系统，还是Windows操作系统，均可以方便地共享iTunes资源库。

单击iTunes菜单栏中的“文件”|“家庭共享”|“打开家庭共享”命令，在弹出的面板中设置Apple ID和密码，然后单击“打开家庭共享”按钮，即可打开家庭共享。

单击iTunes菜单栏中的“文件”|“家庭共享”|“选取与Apple TV共享的照片”命令，打开“照片共享偏好设置”对话框，指定共享的照片来源及其他选项，即可完成家庭共享设置。

提示 iTunes启动时将自动检测局域网内是否有iTunes共享资源。如果有则在左侧的项目列表中显示“家庭共享”项目，否则不显示该项目。

11.2 在Mac上浏览图片、听音乐

用数码相机拍了许多照片，或者从网上下载了很多的图片，那么要怎样在Mac中调出来欣赏呢？或者我们只想快速地听一个音乐文件，那又该如何操作呢？以上情况都不用担心，OS X El Capitan对导入、浏览图片及快速听音乐进行了充分优化，用户稍加熟悉就能完全掌握导入及浏览照片的操作。

11.2.1 浏览图片

Mac上包含了3个方便的图片浏览功能，分别为Quick Look、Finder的缩略图功能及Mac内置“预览”小程序。这里我们只针对Finder的缩略图与预览程序进行说明。

1. Finder的缩略图

Finder本身已经具备了简单的图片浏览功能，打开图像预览功能就能预览Mac的精美图片。

通常情况下，OS X已经默认启动了缩略图的预览功能。在应用程序菜单栏中选择“显示”|“查看显示选项”命令，在弹出的窗口中勾选“显示图标预览”即可。

在预览图片时，拖动Finder窗口右下角的滑块，可以调整当前预览图片的大小。

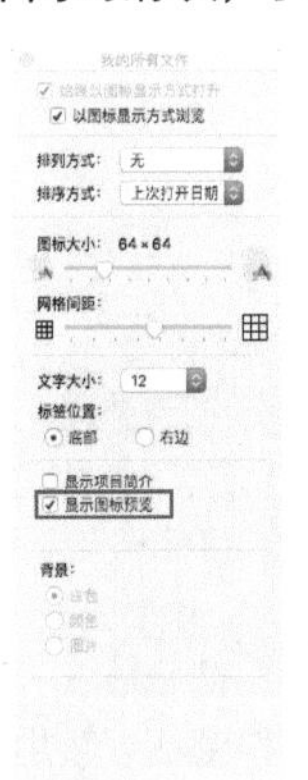

提示 如果Finder窗口右下角没有显示滑块，在应用程序菜单栏中选择“显示”|“显示状态栏”命令即可。

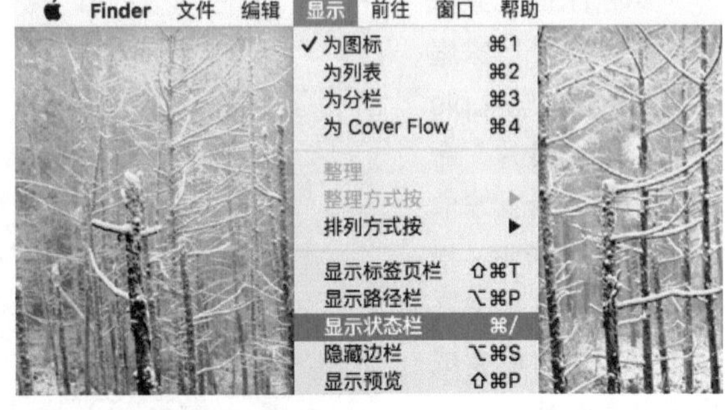

2. “预览”程序

如果要打开图片仔细浏览，可以使用系统内置的“预览”程序。OS X系统默认的图片浏览器就是“预览”程序。因此，直接双击图片就可以预览图片，同时，在Dock工具栏中会自动出现一个“预览”图标。

在“预览”程序的工具栏中提供了一些简单的图片浏览工具，包括放大、缩小等，而且可以通过自定义工具栏（应用程序菜单栏|“显示”|“自定工具栏”），可以让所有浏览功能符合自己的操作习惯。

此外，如果利用连续选取的方式让预览程序一次打开多张图片，在窗口左侧会出现一个边栏，方便选择文件浏览；按键盘上的◀、▶键即可翻阅照片。

预览程序内置的幻灯片放映适合用户浏览一系列图片。一次打开多张图片时，选择应用程序菜单栏中的“显示”|“幻灯片放映”命令即可启动。

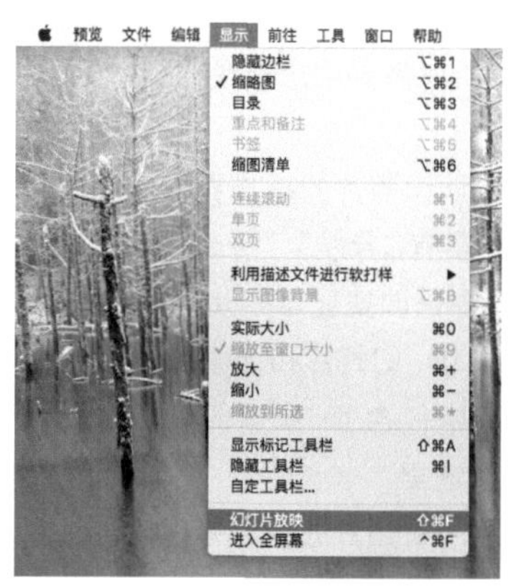

> **提示** 单击“预览”应用程序菜单中的“文件”|“从剪贴板新建”命令，然后在该菜单中选择“存储”命令即可。

11.2.2 在Mac上听音乐

通常情况下，在OS X中听音乐默认的程序是iTunes，如果只想快速地听一个音乐文件，可以直接在Finder中把鼠标光标移到音乐文件上，单击图标中间的“播放”按钮就可以直接播放了。播放中，图标会显示目前的播放进度并显示一个“暂停”按钮，单击就可以暂停。

11.3 数码的管理——照片

“照片”是Mac中的照片管理利器。使用照片管理图片，肯定比Finder管理得好，它可以将拍摄的照片依事件、地点、人物和关键字等方式进行分类，让用户可以快速地在数以千计照片中找出自己想要的部分，与身边或网络另一端的亲友一起分享。并且还可以为每个吹毛求疵的朋友提供了各类修饰照片的实用功能。

11.3.1 照片的操作界面

如果用户是第一次使用“照片”程序，那么该程序中没有任何照片，所以需要用户先将相机或硬盘中的照片导入进来，才能使照片发挥其强大的作用。

单击Dock工具栏中的“照片”图标，即可启动该程序。下面我们来认识照片的操作界面。

❶左上角功能区：根据选择的不同，此处会显示不同的功能按钮，主要有“导航”“拆分视图”和“缩放”；“相簿”用来快速返回相簿；“拆分视图”用来显示或隐藏拆分视图；“缩放”则是调整显示照片的尺寸。

❷右上角功能区：主要用来添加收藏、获取照片信息、创建、共享、编辑、幻灯片和搜索等功能按钮。

❸边栏：所有照片整理区，里面的“相簿”是整个的照片资料库，其中包含了“所有照片”“面孔”“自拍”和“视频”等多种浏览方式。如果接上数码相机或iPhone，图标也会显示在这里。

❹照片浏览区域：对应左侧边栏所选的项目，这里显示该项目里面的所有照片或视频等内容。

在照片窗口中可以看到多种自动整理方式，比较常用的包括“所有照片”“面孔”“自拍”“视频”“连拍快照”和“屏幕快照”等。

- 所有照片：显示全部照片。会根据选择的排序方式显示照片。
- 面孔：照片内置了面孔识别功能，设置几个面孔之后，照片会自动扫描所有照片，并找出这个人的照片。
- 自拍：存放所有自拍的照片。
- 视频：存放录制的视频文件

11.3.2　导入照片

打开“照片”后，必须先导入照片才能进行预览和管理。而照片的来源，可以是相机中的照片，也可以导入已经保存在电脑中的照片。

1. 导入磁盘中的照片

如果电脑中已经保存了之前拍摄的照片，则可以将这些照片导入至“照片”中，以方便我们进行管理。单击应用程序菜单栏中的“文件”|“导入”命令，接着在弹出的对话框中选择要导入的文件夹，再单击“导入前检查”按钮。

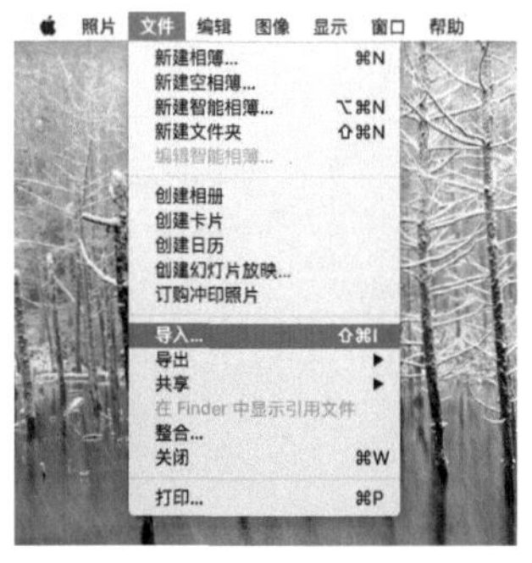

当单击“导入前检查”按钮后，照片还没有真正导入，此时可以在边栏中看到一个“导入”选项，显示导入的照片，单击“导入新项目”按钮，即可将照片导入进来。

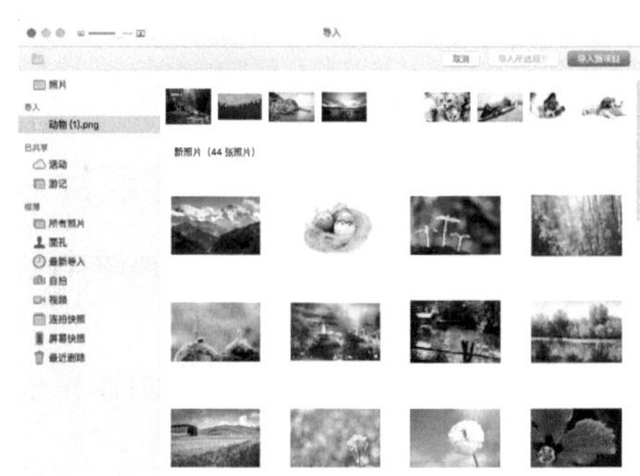

2. 创建新相簿

如果要归类的照片不在当前相簿中，则可以新建一个相簿。单击应用程序菜单栏中的“文件”|“新建相簿”命令，输入新的相簿名称，单击“好”按钮即可创建一个新相簿。

创建新相簿后，将需要加入此相簿的照片拖动至相簿中即可。

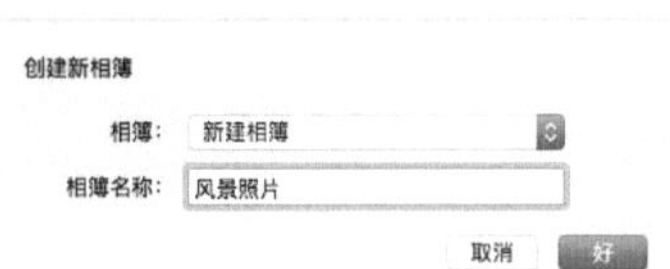

3. 重命名相簿

相簿创建后，如果对名称不满意，可以随时进行重命名，在该相簿名称位置单击将其激活，然后输入新的名称即可重命名。

4. 删除照片

在导入过程中，有时会将一些不需要的相片导入“照片”中，那么该怎样将它们移除呢？方法有以下2个。

- 选择需删除的相片，同时按⌘+delete键，即可将其删除。
- 在需要删除的相片上单击鼠标右键，从弹出的快捷菜单中选择“从相簿中移除”或“删除1张照片”命令，即可将其删除。

提示　“从相簿中移除”和“删除1张照片”命令都可以将选中的照片删除，但“删除1张照片”命令会弹出一个确认对话框，提示这些照片将从您所有设置上的“iCloud照片图库”中删除，即会将云照片也一并删除。

11.3.3 浏览照片

将照片导入后，接下来就来看看如何在“照片”程序中浏览照片。

1. 利用“相簿”浏览照片

“照片”程序会将每次导入的照片归类到一个相簿中，所以在导入照片时，要输入正确的相簿名称，以便我们日后查找。

首先在边栏中选择“相簿”项目，再根据相簿名称来查找归类的照片，然后双击即可浏览其中的照片。

2. 查看所有照片

利用相簿浏览照片时，每次只能看到一个相簿中的照片，如果要想浏览“照片”中的所有照片，则要在边栏中选择“照片”项目，此时，在右侧的照片浏览区域中，会以时间作为区分来显示所有的照片。

3. 以“幻灯片”播放照片

在照片中除了逐一浏览照片外，还可以以“幻灯片”的形式自动播放照片。

首先选择要播放的照片，单击“播放幻灯片放映”按钮，在弹出的对话框中选择要放映的效果，也可以指定音乐，然后单击“播放幻灯片放映”按钮，即可播放幻灯片。

11.3.4 编辑照片

使用数码相机拍摄的照片，如果有太暗、太亮或者歪斜等问题，不用担心，“照片”程序提供了基本而实用的编辑功能，我们可以利用该功能来改善这些有问题的照片。

要编辑照片，首先在要编辑的照片上双击鼠标，将其单独显示出来，然后单击右上角的“编辑”按钮，即可进入编辑模式。

单击照片菜单栏中的“显示”|“显示拆分视图”命令，可以显示同一相簿中的其他照片，在列表中单击某个图片，即可在右侧看到该图片的放大效果，方便用户进行编辑。

1. 增强照片

选择某个照片后，单击右侧的“增强”按钮，即可对照片进行增强处理，这种增强主要是将过暗、过亮或对比不够强烈的照片快速修复，如果单击“快速修正”标签中的“改善”按钮，照片就会自动帮我们把照片的对比度调整到最佳状态。

2. 旋转照片

当照片导入到“照片”程序时，有很多照片摆放的方向是横向的。如果相机没有自动转正功能，就可以靠下面的功能了。

选择要进行调整的照片，单击右侧的“旋转”按钮就可以将照片按逆时针方向旋转90度，每按一次逆时针旋转90度。

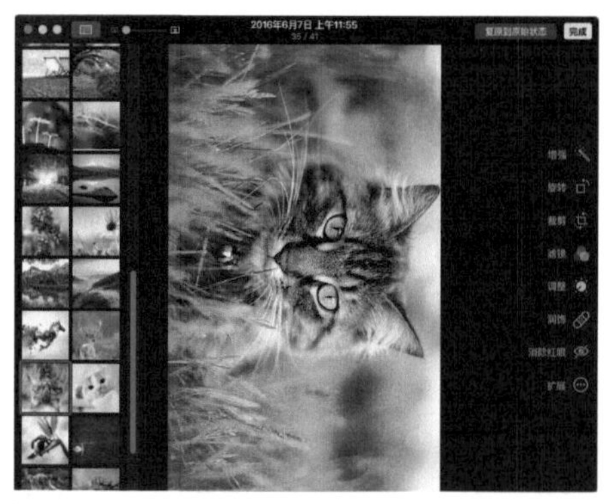

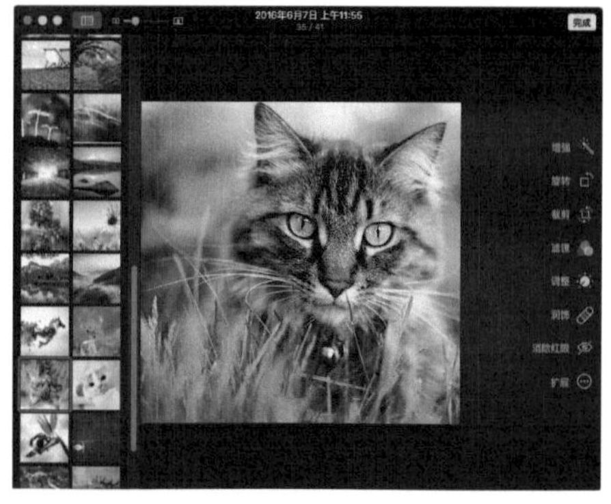

提示　如果要往顺时针方向旋转，按住 option 键的同时，单击“旋转”按钮，旋转方向就会是顺时针。

3. 裁剪照片

我们不是专业的摄影师，所以在拍照构图时，难免会有不必要的景物出现在画面中，此时就可利用“裁剪”功能将多余的背景去除。

单击右侧的“裁剪”按钮，然后拖动裁剪框来调整裁剪的范围，并可以旋转照片的角度，同时可以通过“宽和高”设置照片的裁剪比例，单击“翻转”按钮可以翻转照片，设置好要裁剪的范围后，单击“完成”按钮即可。

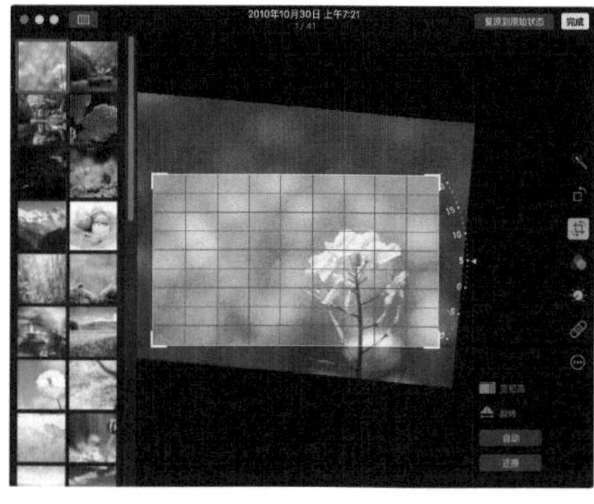

4. 为照片添加特效

如果拍摄出来的照片特别的平淡，则可以利用“滤镜”功能来为照片添加一些乐趣，来使照片换一种风格。

单击右侧的“滤镜”按钮，可以看到出现一些默认的特效，再单击特效，可看到照片的变化，直至选择到自己满意效果为止。

5. 照片的高级调整

如果用户有运用Photoshop的经验，并具有影像编修的基本知识，可以单击“调整”按钮，通过“光效”“颜色”和“黑白”选项，调整照片的曝光、高光、阴影、对比度、饱和度、强度和色调等，以更加细化的功能调整照片。

6. 润饰照片

如果我们拍出了一张十分满意的照片，但美中不足的是人物面部长了痘痘或其他斑点，影响照片的美观。不用担心，只要利用“润饰”功能，就能帮我们解决这一难题。

单击右侧的“润饰”按钮，再通过调整滑块来改变笔触的大小，然后在照片上的斑点部位进行涂抹，这样就可以使照片更加完美了。

7. 恢复照片的原始状态

无论我们对当前选中的照片进行了多少次的修改，如果我们在修改美化过程中，对之前的操作不满意，都可以将照片恢复到原始的状态。

如果之前修改后的照片已被我们存储过了，可在再次打开后，单击“复原至原始状态”按钮将照片恢复到其最原始的状态。

11.3.5 制作个性化的相册、日历和卡片

“照片”程序不仅能用来浏览照片、管理与编辑照片，它还能将我们出去旅游的照片，或者参加朋友生日等拍摄的照片，制作成一套精美的相册或者别出心裁的日历、卡片，并把它当作礼物送给朋友，这一定是件美事。

1. 制作相册

照片是用来记录生活点滴的最好方式之一，如果我们为照片添加一些生动的说明文字，然后再将其制作成相册，则更能突显当时的独特情感。

（1）创建相册

选择要制作成相册的多张照片，再单击窗口右上角的“创建或添加到相薄、幻灯片放映或冲印项目” + 按钮，然后在弹出的菜单中选择“相册”。

进入“选择相册格式”窗口，这里可供选择的样式繁多，但不同的样式均可变更颜色，可以选择满意的样式（比如这里选择经典中的28厘米×22厘米）。

选择样式后，将进入“选择相册主题”窗口，在这里显示了很多相册主题，双击自己喜欢的主题，比如这里双击“日志”相册主题，即可进入相册的制作页面。

此时会在边栏中添加一个新的相册项目，重命名该相册。默认情况下，会将照片自动分配到每个页面，如果不满意可直接拖动照片进行调整。

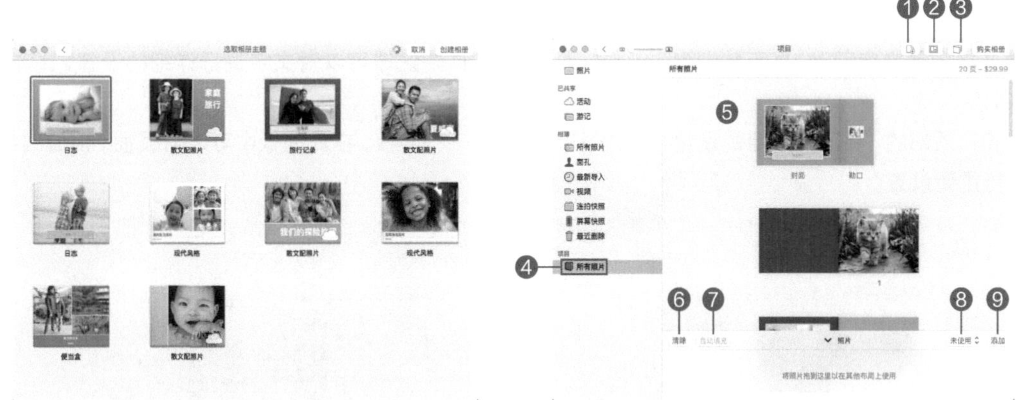

❶添加或移除此项目中的页面：单击该按钮，弹出一个菜单，用来添加或移除页面。

❷显示所选布局、照片、地图或文本选项：单击该按钮，将弹出“布局选项”面板，可以用来修改布局、照片、地图、文本和背景颜色。

❸更改此项目的设置：单击该按钮，将弹出一个面板，可以修改页数、页码和标志，并可以修改相册的主题、更改格式与大小。

❹相册名称：可以重命名相册名称。

❺所有照片：显示所有相册的封面、勒口和页面，选择相关相册内容并通过其他选项可以修改相册。

❻清除：单击该按钮，可以清除相册中所有照片，将删除的照片放在未使用的照片中。

❼自动填充：在下方的照片显示区中，如果有照片存在，单击该按钮可以将这些照片自动填充到相册中。

❽未使用/已放入：单击该按钮，显示一个菜单，可以选择“未使用”和“已放入”选项，在下方的照片区域会显示相关的照片。

❾添加：单击该按钮，将切换到“选取照片”窗口中，可以在相簿中选择一些照片，将其添加到下方的相片显示区中，通过“自动填充”为相册添加新的照片。

（2）编辑相册

双击相册中的某一页面，即可进入该页面并可以对其进行设置。在该页面中，根据选择内容的不同，可进行相应的编辑。如单击“显示所选布局、照片、地图或文本选项” 按钮，在不同的元素位置双击鼠标左键，即可快速显示该元素的修改窗口。

单击“选项”按钮，将弹出“布局选项”面板，可以在其中修改整体照片的布局和背景颜色。

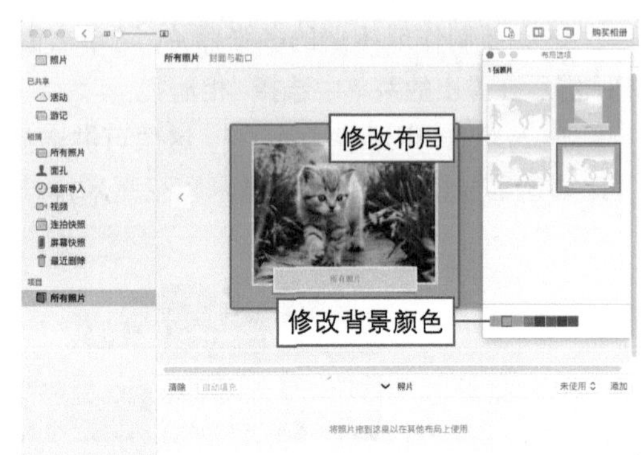

如果选择的是照片，显示的则为“照片选项”，通过滤镜可以修改照片的色彩。如果单击“编辑照片”按钮，则进入照片编辑窗口，可以对照片进行更加详细的编辑。通过“缩放和裁剪”可以缩放照片大小，裁剪照片的不同区域。

如果选择的是文字部分，显示的则为“文本选项”，通过这些区域可以对文字进行详细的设置，比如字体、字号、对齐等。

单击窗口顶部的“更改此项目的设置” 按钮，将弹出一个面板，在此面板中可以对页面、相册的主题和格式大小进行重新设置。

（3）打印相册

将精心制作的相册上传到Apple中就能打印出来，由于目前中国大陆地区并没有提供此项服务，所以我们只能将文件存储为PDF文件或者自行使用打印机打印，然后再将其装订成册。

单击应用程序菜单栏中的“文件”|“打印”命令，然后在弹出的“打印”对话框中，进行相关的设置后，再单击“打印”按钮即可。

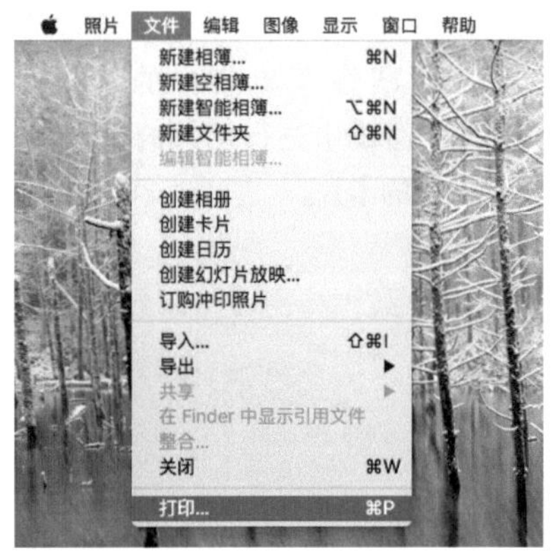

2. 制作个性化卡片

想给朋友惊喜吗？有了照片，不管是节日还是平时，我们都能给朋友带来惊喜。

选择要制作为卡片的多张照片，再单击窗口右上角的“创建或添加到相簿、幻灯片放映或冲印项目” + 按钮，在弹出的菜单中选择“卡片”命令。

此时将进入“选取卡片格式”窗口，总共有3种卡片格式，分为凸版印刷、折叠和平面，这里选择“折叠”。

选择“折叠”卡片格式后，将进入“选取卡片主题”窗口，在其中可以指定一个卡片的主题，并可以设置“横排”或“竖排”，还可以在“精选”菜单中选择不同的主题类型，此处选择第一个“圆点”主题。

双击“圆点”主题后，系统会提示正在创建项目，并显示一个进度条，显示创建的进度。

创建完成后，将进入“项目”窗口，而该窗口的应用与前面讲解的创建相册内容基本相同，所以这里不再一一

讲解，可以根据个人喜好修改卡片的布局、背景颜色、照片和文字，即可创建完成卡片。

对卡片进行编辑好后，单击应用程序菜单栏中的“文件”|“打印”命令，在弹出的“打印”对话框中进行相关的设置后，就可以轻松利用打印机打印出个性化的卡片。

3. 制作日历

如果用户有看日历的习惯，不妨利用照片来制作一个专属于我们自己的日历。

选择要制作为日历的多张照片，再单击窗口右上角的“创建或添加到相簿、幻灯片放映或冲印项目” + 按钮，在弹出的菜单中选择“日历”命令。将进入“日历项目”窗口，根据需要设置“日历”和“开始于”，然后单击“继续”按钮。

单击“继续”按钮后，将进入“选取日历主题”窗口，这里列出了很多不同的日历主题，选择自己喜欢的某个主题并双击，这里双击“现代风格”主题，即可进入“项目”窗口。

在“项目”窗口中，可以对日历的相关内容进行详细的编辑，比如文字、主题、布局和日期等，除了日期外，其他的修改和前面讲解的创建相册内容相同。

对日历的编排完成后，选择应用程序菜单栏中的“文件”|“打印”命令，在弹出的“打印”对话框中进行相关的设置后，同样可以将日历打印出来。

11.3.6 通过网络分享照片

如果用户对自己所拍摄的照片十分满意，还可以与朋友一起分享这些靓照。

首先选择要与朋友分享的照片，接着单击窗口右下角的“共享所选的照片”按钮，在弹出的菜单中选择一种分享照片的方式，（比如这里选择以“信息”为媒介，将照片与朋友分享）。然后在弹出的对话框中的“收件人”字段中，输入朋友的“信息”账户，再单击“发送”按钮即可。

11.3.7 打印照片

“照片”程序不仅可以浏览照片、编辑照片，还能将照片打印出来。需要注意的是，在打印前，要先确定打印机已与Mac连接上了，并已打开了电源。

选择要打印的照片，单击应用程序菜单栏中的“文件”|“打印”命令，然后在弹出的对话框中设置各项打印参数，再单击“打印”按钮即可。

11.4 照片的高级应用

11.4.1 地点标注

照片中的地点标注功能，可以读取照片中的地理位置信息，并且带有地图标注形式，由于部分中高端相机才带有地理位置标注功能，消费级相机并无此功能，对于拍摄的照片，可以在照片中加入地理位置标注。

单击Dock中的Finder图标，在弹出的窗口中双击“照片”图标将其启动，选中某张照片。然后单击应用程序

菜单栏中的“图像”|“调整日期和时间”命令，打开“调整所选照片的日期和时间”窗口，在此可以修改照片的日期时间，并可以通过最近的城市调整其位置。

11.4.2 选择照片库

照片可以在启动时选择或者新建照片库，按住option键的同时单击Dock中的照片图标，此时将弹出一个对话框，询问用户想要使用哪个照片库，此时可以选择所创建的不同照片库或者单击“新建”按钮新建照片库。

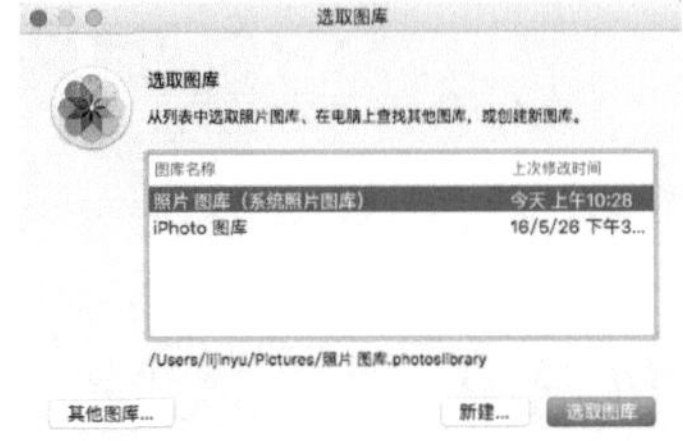

11.4.3 修复照片库

假如在“照片”程序中发生照片丢失及损坏等现象，可以在启动照片程序的时候同时按住option和⌘键并单击Dock中的照片图标，此时将弹出一个“修复图库”对话框，提示用户修复图库，单击“修复”按钮，修复照片库之后可能会导致照片排序发生变化，建议在修复之前备份照片库中的所有照片。

11.5 多媒体播放器——QuickTime Player

QuickTime是苹果公司开发的一种多媒体架构，它可以像编辑文件一样用剪贴的方式，直接对影片、声音文档进行剪辑，并导出成各种专业的多媒体格式。

11.5.1 使用QuickTime播放影音文件

单击Dock工具栏中的Launchpad图标默认情况下在Launchpad模式中，可以找到QuickTime Player图标。

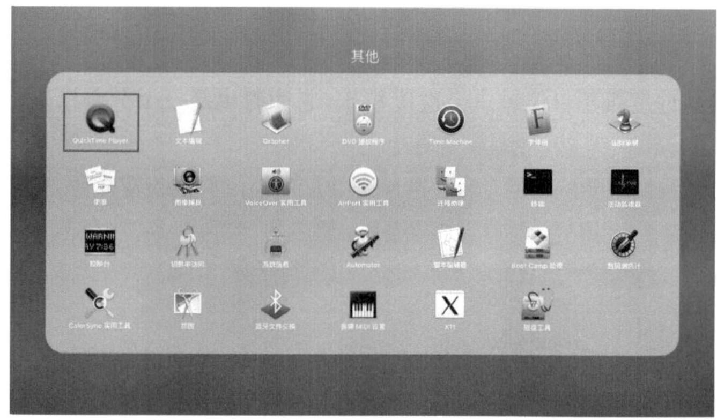

打开Finder窗口浏览多媒体文件时，如果可以看到文件的缩略图，则表示该文件可以用QuickTime Player打开和播放。

在播放影片时，单击应用程序菜单中的“显示”|“进入全屏幕”命令，即可以全屏幕来播放影片。

11.5.2 查看影片属性

在播放窗口下，单击QuickTime Player应用程序菜单中的“窗口”|“显示影片检查器”命令，将会弹出检查器面板，以显示该文件的相关信息。

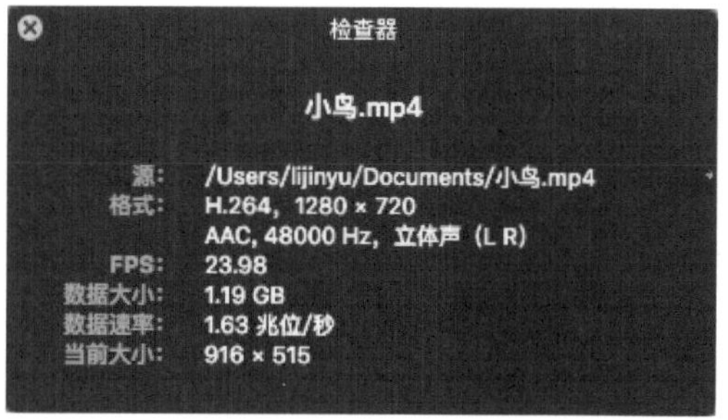

11.5.3 分离影片

QuickTime Player中的进度条不仅仅是一个进度指示，它同时也是一个分离指示，用户可以通过它对影片进行分离编辑。

将影片的进度条拖动到我们想要的位置，然后再单击QuickTime Player应用程序中的“编辑”|“分离剪辑”命令，即可将影片分离成两部分。

11.5.4 调整影片顺序

简单地说，调整影片的顺序就是对剪辑重新进行排列组合，将分离成剪辑的影片在剪辑框内移动到需要的位置即可。不仅如此，还可以将一个影片中的剪辑拖动到另一个剪辑框中，从而在另一个影片中插入该段剪辑。

11.5.5 合并影片

在QuickTime中不仅可以分离影片，还可以将各剪辑合成一个影片。合并影片的方式有以下3种。

- 在QuickTime Player中打开一个影片，按⌘+E快捷键显示剪辑，然后再将其他影片拖动到工具条中，拖入的影片将自动作为一个剪辑，当然也可对其顺序进行调整。
- 在QuickTime Player中打开一个影片，然后单击QuickTime Player应用程序菜单中的“编辑”|“将编辑添加到结尾”命令，接着在弹出的窗口中选择要添加的影片，再单击“选取媒体”按钮即可。

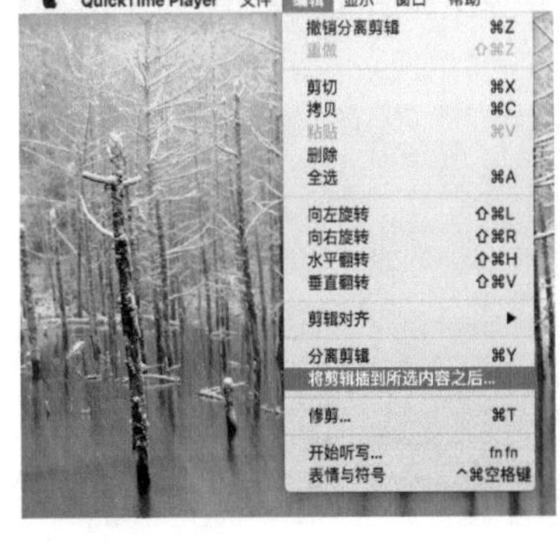

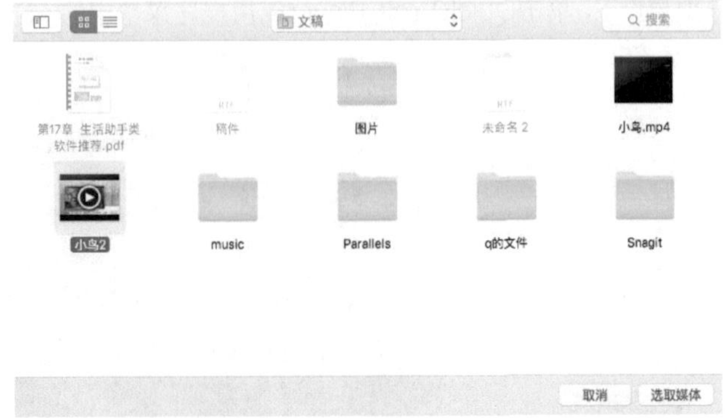

- 在QuickTime Player中打开要进行合并的影片，按⌘+E快捷键显示影片的剪辑，再按⌘+A快捷键全选另一部影片的剪辑，接着按⌘+C快捷键对选中的剪辑进行拷贝，然后再在其中一部影片中按⌘+V快捷键粘贴拷贝的剪辑即可。

11.5.6 剪辑对齐

在合并多个影片时，有时会因为影片的分辨率不同，QuickTime Player会自动对影片进行缩放和剪裁，此时画面看起来不协调。执行QuickTime Player应用程序菜单栏中的“编辑”|“修剪对齐”命令，然后再从其子菜单中选择需要的对齐方式。

11.5.7 显示剪辑

如果要查看一个影片的剪辑，执行QuickTime Player应用程序菜单栏中的“显示”|“显示剪辑”命令即可。

11.5.8 修剪影片

QuickTime Player内置了简单而又实用的多媒体剪辑功能。如果想将播放中的影片的片段剪出来另存为新文件，就可以使修剪功能。

打开QuickTime Player后，单击应用程序菜单栏中的“编辑”|“修剪”命令，然后再拖动窗口底部的黄色控制条，就可以修剪出满意的影片片段。

11.5.9 旋转和翻转影片

旋转和翻转是两个不同的概念。旋转是指在同一平面内对图像进行90度、180度和270度的旋转；而翻转则是取得图像的镜像效果。

执行QuickTime Player应用程序菜单栏中的“编辑”命令，然后再根据需要从弹出的列表中，选择旋转或翻转的方式。

11.5.10 删除影片中没有声音的部分

有时我们会发现影片开始或者结尾处没声音，此时我们所要做的就是将这部分影片删除。

要想删除某个剪辑开始或者结尾没有声音的部分，只需将该剪辑分离出来，再执行QuickTime Player应用程序栏中的“编辑”|“删除”命令，即可删除影片中没有声音的部分。

11.5.11 显示音频轨道

在剪辑影片时，执行QuickTime Player应用程序菜单栏中的“显示”|“显示音频轨道”命令，即可在工具中看到影片的音轨。通过这种方式我们就可以清楚地知道，在这部影片中哪个部分的声音最小、哪个部分的声音最大、哪个部分的没有声音。

11.5.12 转换影片格式

如果想使用QuickTime Player为影片转换格式，只需在打开影片后，执行QuickTime Player应用程序菜单栏中的“文件”|“导出”，然后在下拉菜单中选择想要导出的格式即可。

11.5.13 将影片导出为音频

如果只想听某个影片的声音，可通过以下两种方式将影片只导出为音频。

- 在QuickTime中打开影片，再执行QuickTime应用程序菜单栏中的“文件”|“导出”命令，然后将格式设置为“仅音频”，再单击“导出”按钮，即可将影片只导出为音频格式。
- 打开Finder窗口，在视频文件中单击鼠标右键，然后从弹出的快捷菜单中选择“编码所选视频文件”命令，接着在弹出的窗口中选择“Audio Only（仅音频）”，单击“继续”按钮，即可输出影片中的音频。

11.5.14 录制影片

录制影片就是通过Mac自带的摄像头录制一段视频。打开QuickTime Player，执行应用程序菜单栏中的“文件”|“新建影片录制”命令，即可弹出影片的录制窗口。单击工具条中的“录制”按钮或者按空格键，即可开始录制，录制完成后将其保存即可。

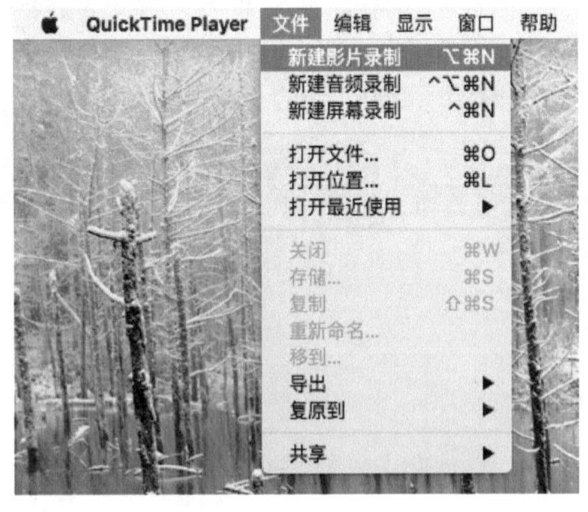

11.5.15 录制屏幕画面

除了多媒体剪辑外，QuickTime Player还提供了简单的录音、录像功能。并且还可以将制作的内容与好友分享。打开QuickTime Player后，单击应用程序菜单栏中的“文件”|“新建屏幕录制”命令，将弹出“屏幕录制”小窗口。

在弹出的“屏幕录制”窗口中，单击中间的“开始录制”按钮，则会弹出提示文字，提示我们录制全屏幕或只录制屏幕的一部分。

如果此时，我们拖动鼠标，则在页面中高光显示的部分就是要录制的区域，然后单击录制区域中的“开始录制”按钮，即可录制。

录制完成后，会立刻将影片存储在“影片”文件夹中，单击“播放”按钮，即可播放这段刚刚录制的影片。

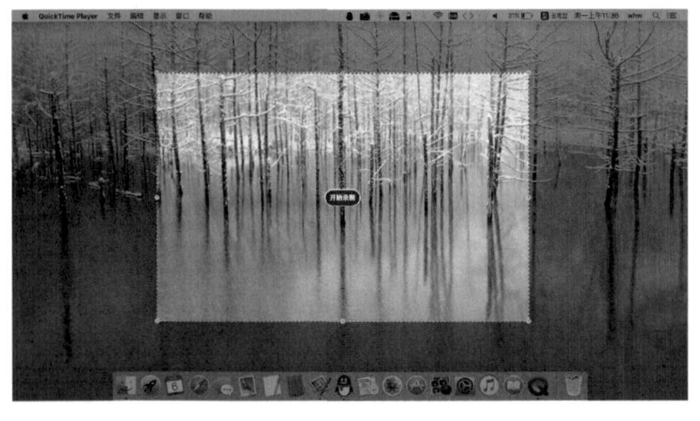

11.5.16　共享影片

当我们录制完一个影片后，可以将其上传到网络中与朋友一起分享。共享影片有以下两种方式。

利用QuickTime Player打开影片后，单击播放条上的“共享”按钮，从弹出的列表中选择要上传的网站，或者直接通过Mail发送影片。

- 也可以执行应用程序菜单栏中的“文件”|“共享”命令，然后再选择要上传的方式即可。

11.5.17　播放在线流媒体影片

当我们在网上浏览网页时，经常会看到网页中嵌入广告、歌曲MV等，此时我们也可以使用QuickTime Player来播放。因为在线的影音大多都属于流媒体，所以我们可以一边下载一边播放，也不会占用太多的磁盘空间。

在浏览的网页中，直接单击可播放的短片（有播放按钮的影片）即可播放。

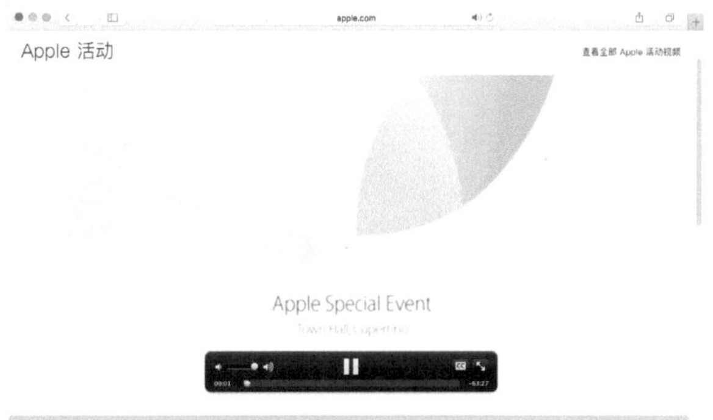

11.6　Photo Booth

Photo Booth是Mac自带的一款有趣的拍照工具，使用它可拍摄出有趣的照片和视频。

打开Photo Booth，用户会发现所有通过Photo Booth拍摄的资料都显示在照片列表中，而通过照片列表就可以了解照片的类型。

默认情况下，Photo Booth所拍摄的照片格式为JPEG，视频格式为MOV。所有照片和视频都存储在“~/图片/Photo Booth图库”中，即用户自己的图片文件夹中。在Finder的“图片”|“Photo Booth图库”上单击鼠标右键，从弹出的快捷菜单中选择“显示包内容”命令，然后在Pictures文件夹中即可进行查看。

11.6.1 拍摄照片

在Photo Booth中拍摄照片可通过单击“拍照”按钮、按return键或者⌘+T快捷键3种方式进行。

在拍摄时，按住shift键可以关闭闪光灯；按住option键可以关闭3秒倒计时；按住shift+option快捷键可以同时关闭闪光灯和3秒倒计时。

> 提示 如果要在3秒倒计时前取消拍摄，可按esc键。

如果想永久关闭闪光灯，则执行Photo Booth应用程序菜单栏中的“相机”|“启用屏幕闪光灯”命令即可（取消选中的“启用屏幕闪光灯”命令）。

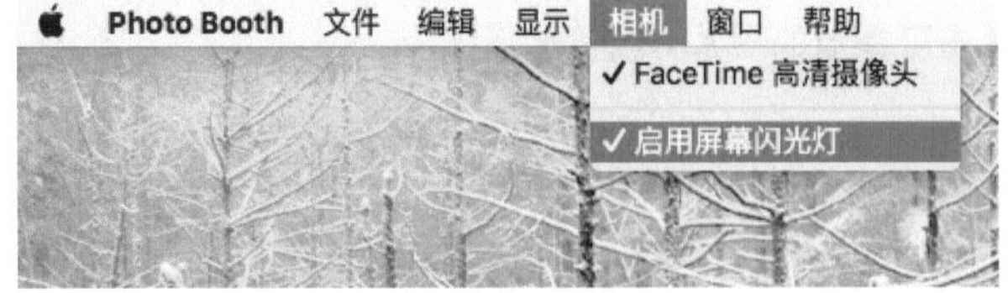

11.6.2 拍摄4联照

在Photo Booth中可以使用Photo Booth的4联拍快速地捕捉拍摄对象的瞬间表情。

1. 拍摄4联照

单击工具栏上的4联拍按钮，然后按return键即可一次连续拍摄4张照片，而且Photo Booth将这4张照片显示为一张照片。

> 提示　虽然Photo Booth将这4张照片显示为一张照片，但它们在Photo Booth图库中是以独立的照片存储的。

2. 查看其中一张照片

在预览窗口中单击4联照中的一张照片，即可单独查看该照片，再单击一次由返回4联照。

11.6.3 摄影影片

单击工具栏上的“录制影片剪辑” 按钮，然后再return键即可进行影片的拍摄。

1. 暂停拍摄

在拍摄影片的过程中，单击工具栏上的“停止”按钮或者按esc键，即可停止影片的拍摄。

2. 剪辑影片

在照片列表中单击影片即可在窗口中播放该影片。在播放过程中按空格键即可暂停播放，将鼠标指针移至播放窗口中即可显示播放进度条，拖动播放进度条中的滑块可快速调整播放的进度。

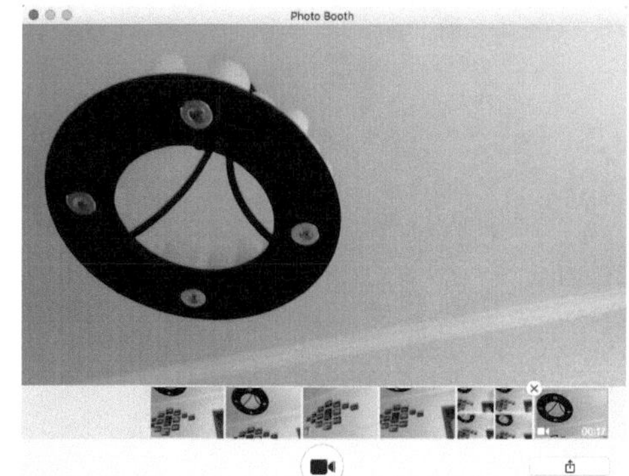

11.6.4 使用效果

为什么说Photo Booth是一款有趣的拍摄工具呢？原因就在于它的效果。使用Photo Booth的效果，可以让原本平淡的照片产生出人意料的效果。

单击工具栏中的“效果”按钮，即可显示出效果九宫格。

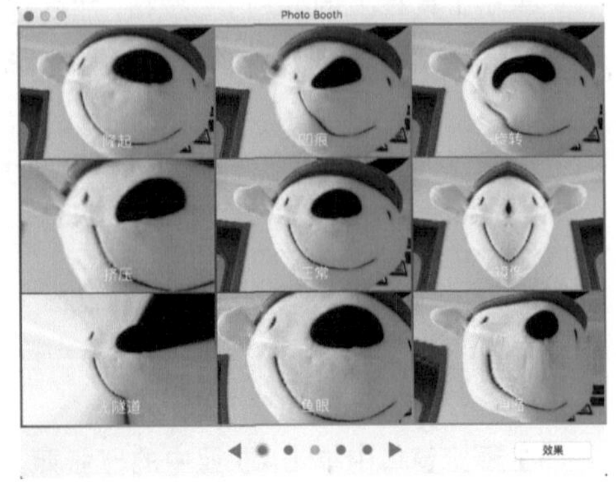

1. 预览效果

在效果窗口中，单击左右箭头按钮，即可预览上一页或下一页的效果。单击任意一个效果即可对照片使用该效果。

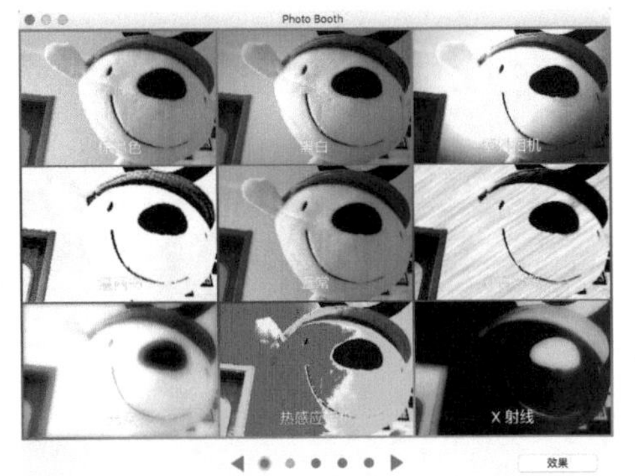

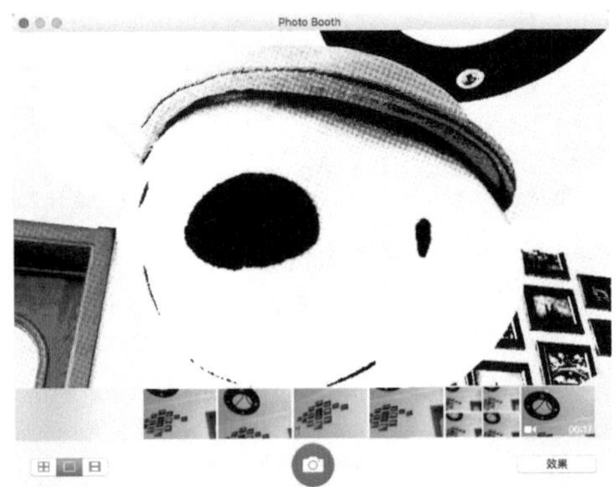

> 提示　每个效果九宫格中间的效果都是照片的原始效果。

2. 选择效果

在效果九宫格显示模式下，可以通过按数字1~9来选择不同的效果，其顺序为从下到上，从左向右。也可直接在效果九宫格中单击选择需要的效果。

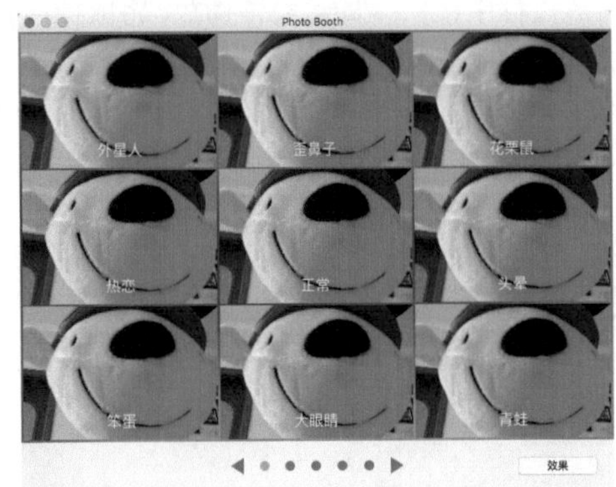

3. 自定义效果

在效果的最后一栏就是用户背景，可以将任意图片或影片拖入到用户背景中作为背景图片。当然，如果对用户背景中的图片不满意，无需删除，只要重新拖入一张图片即可。

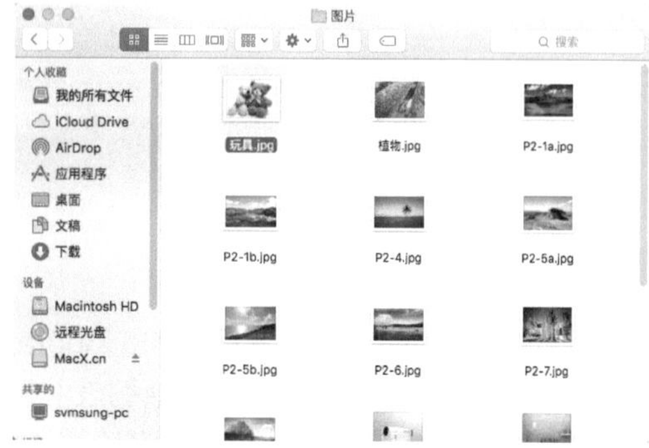

11.6.5 管理照片

在Photo Booth中，照片会以缩略图的形式显示在窗口下的照片列表中，单击不同的照片就会在预览窗口中显示。

1. 幻灯片播放

执行Photo Booth应用程序菜单栏中的“显示”|“开始播放幻灯片放映”命令，就可以以幻灯片方式查看所有的文件。

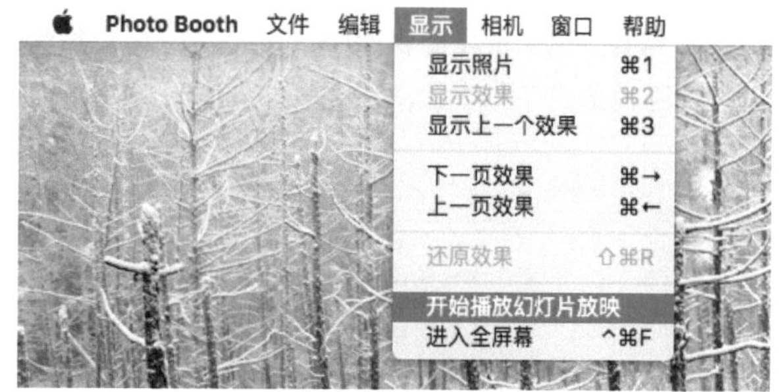

2. 选择照片

在照片列表中，单击即可选中照片，按住⌘键单击可以选择多张照片，按住shift键单击可以选择多张连续的照片。

3. 使用照片

在照片列表中，直接将照片或视频拖动到桌面或者文件夹中，即可拷贝该照片或视频。

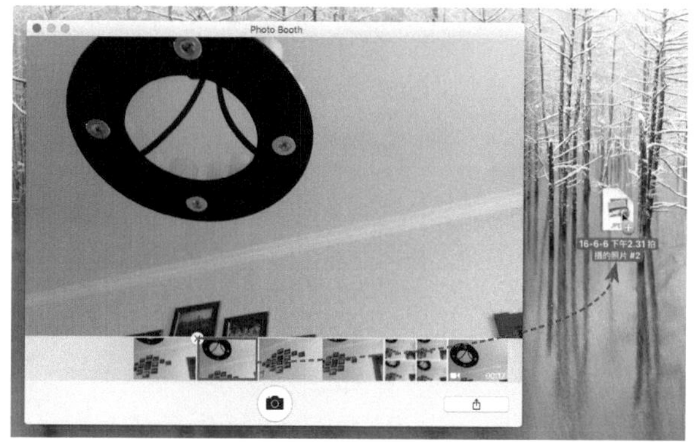

4. 翻转照片

在照片列表中先选中照片，然后执行Photo Booth应用程序菜单栏中的“编辑”|“翻转照片”命令，即可将该照片进行水平翻转。

5. 删除照片

在照片列表中选中要删除的照片，执行Photo Booth应用程序菜单栏中的“编辑”|“删除”命令或者直接在照片列表中单击被选中照片左上角的删除⊠按钮，或者按delete键，都能删除该照片。

6. 导出照片

在照片列表中选择照片，执行Photo Booth应用程序菜单栏中的“文件”|“导出”命令，在弹出的存储窗口中，选择要存储的名字和位置，即可将照片导出。然后再打开Finder窗口，即可在刚才存储的目录文件下找到此照片。

第 12 章 iCloud云存储

iCloud是苹果公司提供的数据备份与传送服务，无论有多少个Apple设备，只要我们在计算机、iPhone及iPad上设置好iCloud后，就可以通过Wi-Fi网络来解决所有数据备份与设备间数据同步的问题。

12.1 初识iCloud

iCloud就像一个能自动传输的网络磁盘，它能将Mac计算机上的数据自动上传到iCloud中。同时，还可以让用户能在所有的设备上访问日历、通讯录等更多内容。

12.1.1 为何要使用iCloud云存储

如果用户同时拥有Mac计算机、iPhone和iPad等移动设备，当遇到如传输或同步文件等这类烦琐的工作时，只要打开iCloud，它就可以代替我们来完成工作。

有了iCloud，在不需要数据线的情况下，也能完成诸如传输、同步文件的操作，从而大大提高了我们的工作效率。

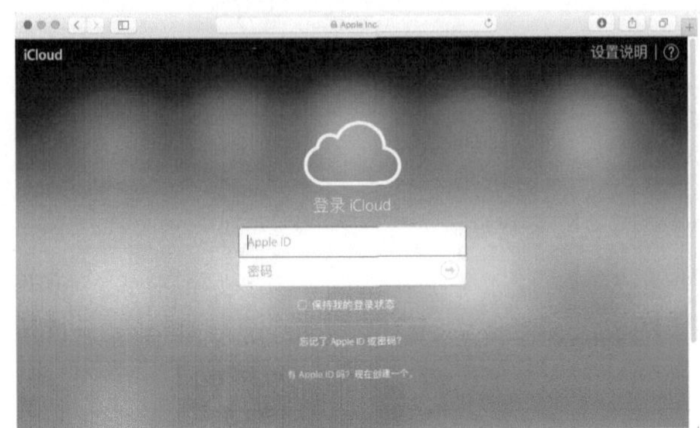

提示 需要注意的是，如果用户是在iPhone、iPod touch或是iPad中使用iCloud，则必须打开Wi-Fi网络，才能实现数据的传送。

12.1.2 iCloud兼容哪些系统

要在Mac与iPhone、iPod touch或是iPad中使用iCloud，必须先确定Mac计算机或iOS移动设备上具备了下列版本的操作系统。

- Mac OS X Lion 9.7.2或更新版本。
- iOS 6或更新版本。

提示 iCloud免费提供5GB的存储空间，所有备份iOS App、照片流等，都不计入这5GB的空间中。

12.1.3 iCloud能同步哪些文件

iCloud大致分为7大类，其共同点是只要在Mac计算机与每个iOS移动设备中登录Apple ID，就能同步接收相同的内容。

❶照片流：当用户使用一部iOS设备拍摄照片，它就会出现在用户的其他设备中。

❷文档云服务：可同步用iWork制作的文件，并让该文件在用户的Mac和所有iOS设备上保持更新。

❸Safari：可以让书签和阅读列表在用户的所有设备上保持更新。

❹日历、通讯录和邮件：跟着iCloud设置就能同步各设备的日历、通讯录和邮件。如果用户删除了一个电子邮件地址，添加了一个日历事件，或更新了通讯录，iCloud会在各处同时做出这些更改。

❺App：如果用户拥有多部iOS设备，iCloud可确保用户在需要的时候，能随时随地取用你的App。

❻iBooks：登录iCloud后，只要用户从iBookstore获得了电子书，iCloud会自动将其推送到用户所有其他的设备。

❼备份和恢复：在接通电源的情况下，iCloud每天都会通过WLAN网络对它们进行自动备份，用户却无需进行任何操作。当用户设置一部全新的iOS设备或在原有的设备上恢复信息时，iCloud云备份都能为你完成。

❽查找我的iPhone：如果用户的iPhone、iPad、iPod touch等移动设备遗失了，只需登录iCloud，在另一部设备上使用查找我的iPhone app，就可以在地图上确定遗失的位置。

❾查找朋友：用户可以允许朋友和家人看到你在哪里，也可以不让他们看到。

12.2　同步通讯录、日历、网页书签

经过前面的介绍，相信用户对iCloud的功能已经有了一个初步的了解。本节我们就来看看如何打开iCloud并同步内容。

12.2.1　启动iCloud

单击Dock工具栏中的“系统偏好设置”图标，打开“系统偏好设置”窗口，然后单击“iCloud”图标。

进入“iCloud”窗口后，输入Apple ID和密码，然后单击“登录”按钮即可登录。

12.2.2　设置同步信息

登录iCloud后，会弹出提示对话框，询问用户是否要自动设置。勾选要同步的内容，然后单击“下一步”按钮。

接着会弹出提示对话框，询问用户是否要定位目前的位置，如果想定位可以单击“允许”按钮，如果不想可以单击“以后”按钮，这里建议单击“允许”。

弹出如下窗口时，表示已经完成了初步的同步设置。窗口中已经勾选的项目就是前面自动设置好的内容，会自动上传到iCloud。

12.3 在iOS设备中打开iCloud并同步内容

前面已经介绍了将Mac中的内容同步到iCloud中的方法，下面就来看一下如何将iCloud中的内容再同步到iOS设备中（这里以iPadAir为例进行介绍）。

12.3.1 在iPadAir中打开iCloud

启动iPadAir，然后再打开Wi-Fi网络。

首先在iPadAir的主界面中单击“设置”图标，进入“设置”页面，单击iCloud项目，然后输入Apple ID和密码，再单击“登录”按钮。

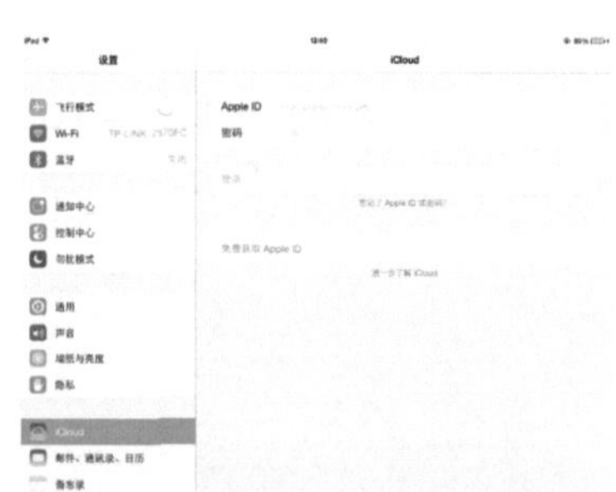

此时会弹出提示，询问是否允许iCloud使用用户的iPad位置，单击“好”按钮。这样就能启用“查找的我的iPad”，以便日后在iPad丢失时，能通过此功能查看iPad的所在位置。

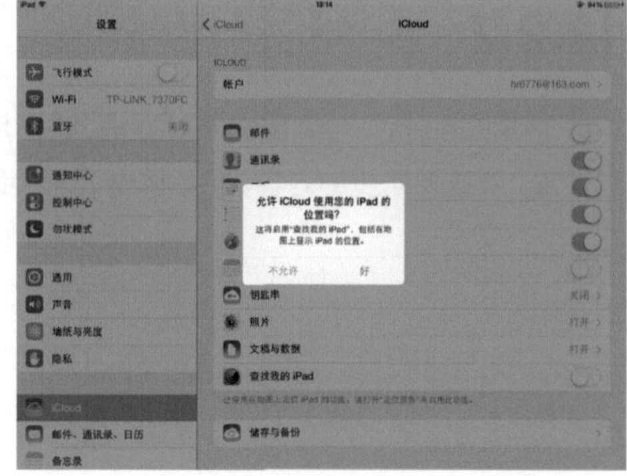

接着在iCloud页面中会自动开启要同步的项目，如邮件、通讯录和日历等。然后单击“储存与备份”项目。

进入“储存与备份”页面后，单击“iCloud云备份”项目右侧的“开关”按钮，将该功能开启。

12.3.2　在iPad Air中查看同步内容

完成同步操作后，我们就来看一下在iPadAir中同步进来的内容。按iPadAir机身上的Home键返回主界面，然后再单击“通讯录”图标，打开通讯录来进行查看。

12.4　iCloud照片流

照片流是iCloud提供的照片分享服务，只要使用带有镜头的iOS设备进行拍照，照片就会立刻上传到iCloud的照片流中，并将照片推送至你的其他设备。

12.4.1 什么是照片流

照片流是苹果云存储和同步服务iCloud中包含的一项内容，它会上传并存储用户过去30天的照片，并推送到用户设置了iCloud且已经打开照片流的iOS设备和电脑中。

▲ 图片来源为苹果网站

提示 当iOS设备的电池电量不足20%时，照片流会暂时停止上传和下载新照片，以维持电池电量。当电池电量超过20%后，它会自动恢复。

需要注意的是，"照片流"存放的是最近拍摄的1000张照片，并不是相机胶卷中的全部照片。上传到iCloud中的照片，会被保存30天。

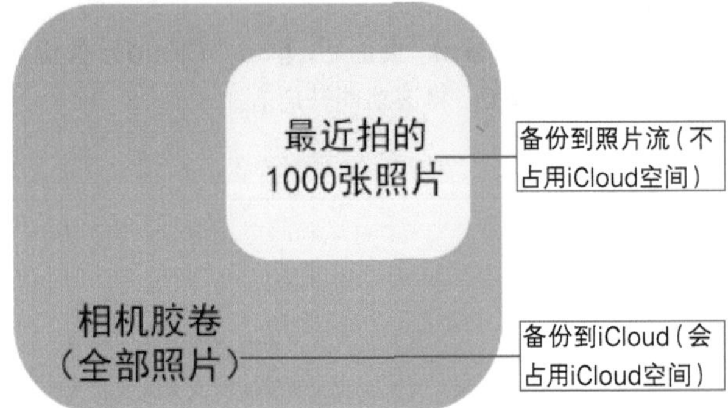

12.4.2 在Mac和iPadAir中打开"照片流"

如果想在所有iOS设备中实现分享照片的功用，就必须将所有iOS设备中的"照片流"功能打开。

1. 在Mac中打开"照片流"

单击Dock工具栏中的"系统偏好设置"图标，打开"系统偏好设置"窗口，接着单击iCloud图标，打开iCloud窗口，然后再勾选"照片"选项。

单击"照片"选项右侧的"选项"按钮，即可弹出提示对话框，然后再根据自己的需要勾选照片流选项，单击"完成"按钮即可。

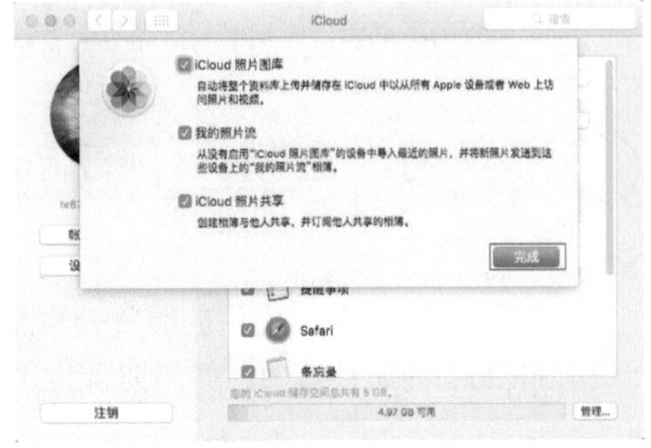

2. 在iPadAir中打开“照片流”

启动iPadAir，单击主界面中的“设置”图标。先单击“设置”列表中iCloud项目，然后在iCloud页面中选择“照片”选项。进入“照片”页面后，单击“我的照片流”选项右侧的开关按钮，将该功用开启。

12.4.3 用iPad Air拍照并同步到“照片流”相册

开启“照片流”功能后，接下来我们就试试用iPad Air拍两张照片吧！

在iPad Air的主界面中单击“相机”图标，打开相机并拍照。拍摄完照片后，按iPad Air机身上的Home键返回主界面。然后再单击“照片”图标，进入相册即可查看刚拍摄的照片。

单击此图标进行相册

单击此图标进行拍照

> **提示** 在Wi-Fi网络和“照片流”都打开的情况下，只要使用带镜头的iOS设备拍照，所拍摄的照片会自动上传至iCloud的“照片流”中。

在“照片”标签中可以看到全部的照片（包括刚刚拍摄的照片），切换到“已共享”标签，则只会看到上传到iCloud中的照片。

> **提示** 只有打开iCloud的“照片流”功能，在相册中才会显示“照片流”标签。

12.4.4 在Mac中管理“照片流”

在Mac中，只要打开了“照片流”功能，当我们使用iOS设备拍摄了照片后，就可以用iPhoto来浏览并管理这些照片。

单击Dock工具栏中的“照片” 图标，打开该程序。如果是第一次使用“照片”程序来管理“照片流”，则会弹出确认身份的询问，单击“使用iCloud照片图库”按键即可，然后就可以浏览从iCloud中同步进来的照片。

如果想让Mac自动保存“照片流”中的照片，则单击应用程序菜单栏中的“照片”|“偏好设置”命令，然后在弹出的窗口切换到“照片流”标签，再根据需要进行相关的设置。

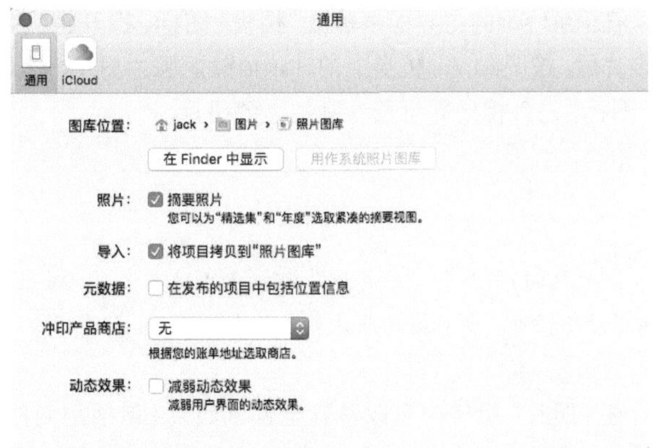

12.4.5 删除“照片流”

如果我们要将手中的iOS设备转送给好友，则应该将该设备上的iCloud账户删除，以保护我们自己的隐私。

单击iOS设备主界面中的“设置”图标。先单击“设置”列表中iCloud项目，然后在iCloud页面中单击“删除账户”选项。

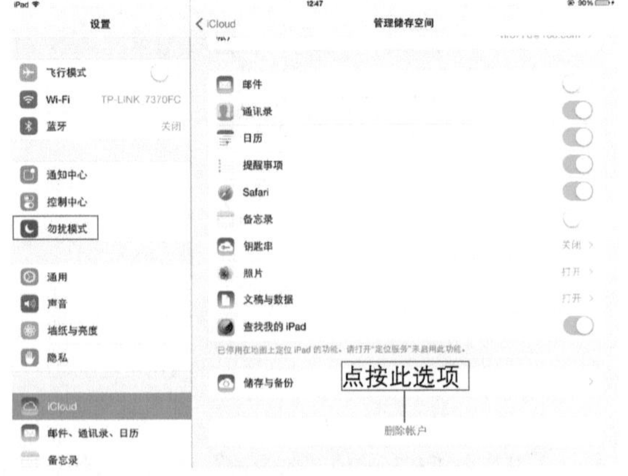

然后依次在弹出的提示框中单击“删除”和“从我的iPad删除”按钮，即可删除当前所使用的账户及信息。

12.5 管理iCloud的储存空间

使用iOS设备久了以后，所拍摄的照片也就越来越多，则上传至iCLoud中的内容也越来越多，从而使iCloud的储存空间不足，此时就需要我们好好地管理一下iCloud的储存空间了。

12.5.1 在Mac上查看iCloud的储存储存空间

单击Dock工具栏中的“系统偏好设置”图标，打开“系统偏好设置”窗口，再单击iCloud图标，打开iCloud窗口，在该窗口的底部即可看到储存空间。

在iCloud窗口的右下角，单击“管理”按钮，即可进一步对iCloud储存空间进行设置。

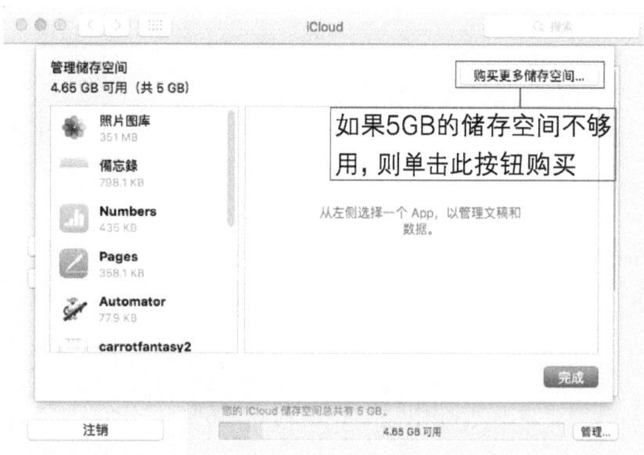

12.5.2 在iOS设备上查看iCloud的储存储存空间

单击主界面中的“设置”图标。先单击“设置”列表中iCloud项目，然后在iCloud页面中单击“储存与备份”选项。

进入“储存与备份”页面后，单击“管理储存空间”选项，进入“管理储存空间”页面，然后再选择备份的项目。

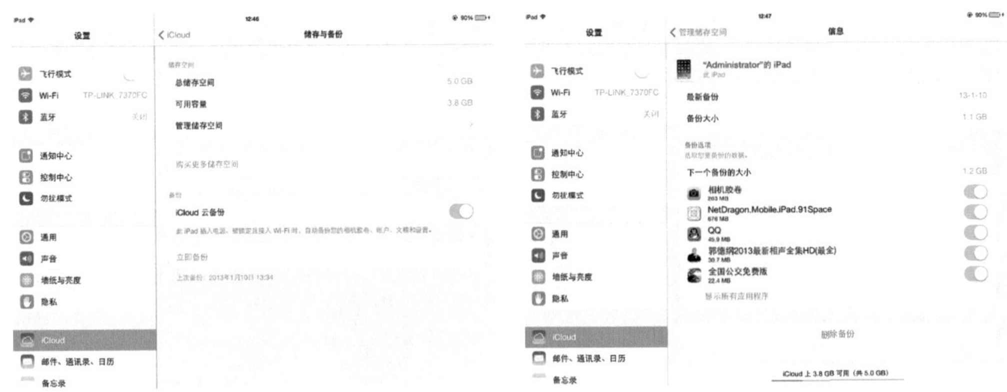

接着就可以看到详细的备份选项的数据内容。在此处可根据目前的需要，关闭该选项的备份。

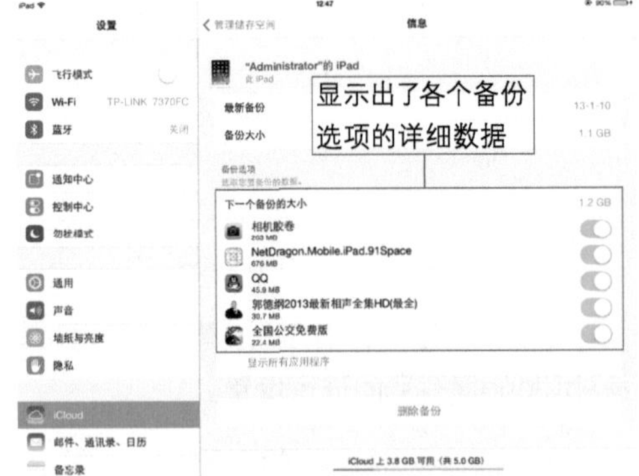

12.6 在iCloud网站浏览同步内容

在iCloud网站中不仅能浏览同步的内容，还可以在网站中编辑内容。从而方便他人登录iCloud网站时，也可以浏览用户iOS设备的内容。

12.6.1 登录iCloud网站

单击Dock工具栏中的Safari图标，打开Safari浏览器，然后找到iCloud的主页，接着在弹出的提示框中输入用户的Apple ID和密码，然后单击“登录”按钮 →，即可进入iCloud网站的首页。

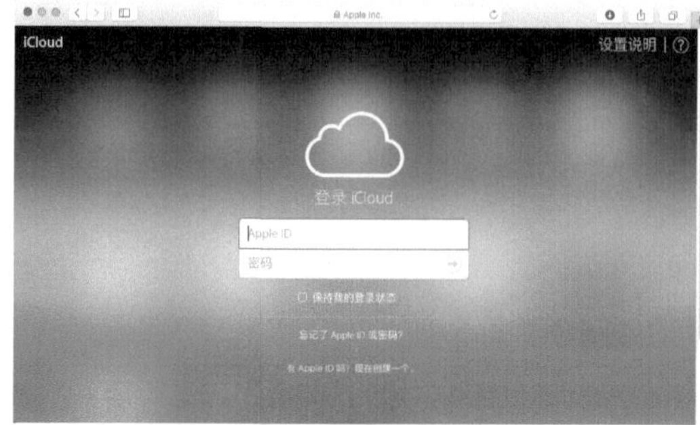

12.6.2 设置浏览同步的内容

在iCloud网站的首页上单击不同的应用程序图标，就可以浏览我们之前所设置的该应用程序的同步内容。

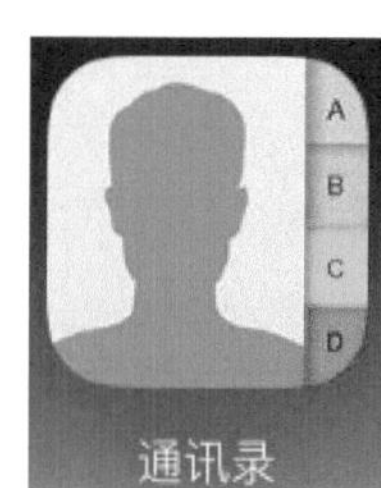

▲ 单击首页的“通讯录”图标，即可看到从Mac“通讯录”中同步的内容

▲ 单击首页的“日历”图标，即可看到从Mac“日历”中同步的内容

12.6.3 从iCloud网站恢复文件

iCloud会将我们用iOS设备所拍摄的照片自动上传至“照片流”中，但有时我们想恢复文稿和数据项，此时该如何做呢？

单击页面右上角的用户资料，在弹出的菜单中，选择“iCloud设置”命令，或单击下方的“设置”图标，进入iCoud设置页面。

单击页面底部高级选项组中的任意一个选项，比如“恢复文件”选项，接着会弹出提示面板，在该面板的上方显示4个标签，可以通过标签来选择要恢复的类别，在编辑区会显示可以恢复的文件，选择某个要恢复的文件，单击“恢复”即可。

12.6.4 关闭iPadAir中的“照片流”

在主界面中单击“设置”图标，单击“设备”列表中的iCloud项目，接着在iCloud页面中单击“照片”选项。

进入“照片”页面后，单击“照片流”选项右侧的开关按钮，将该功能关闭。

12.6.5 在iCloud网站查找用户其他的iOS设备

如何用户将iPhone、iPad、iPod touch等iOS设备弄丢了，或者是忘记将它们放在了何处，此时就可以通过iCloud网站来查找它们的位置。

在iCloud网站的首页中单击“查找我的iPhone”图标，进入“查找我的iPhone”页面，然后输入密码，单击“登录”按钮即可。

进入“所有设备”后，我们可以看到以“标准”模式显示的地图。如果不习惯以“标准”模式来显示地图，则可切换为“卫星”模式或“混合”模式。

单击页面上方的“所有设备”按钮，即可弹出所有使用该Apple ID登录的设备列表。

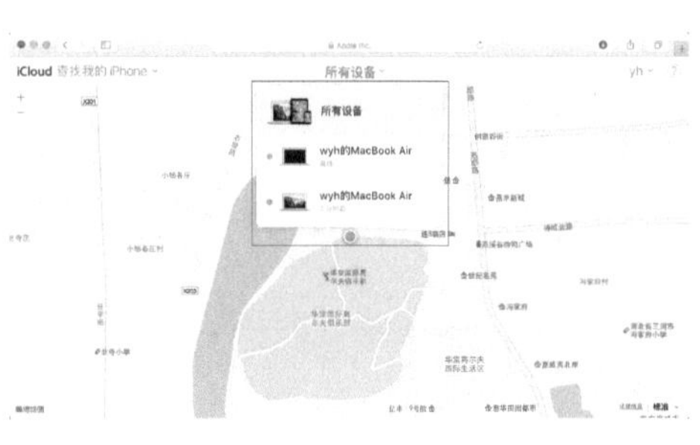

在设备列表中选择要查找的设备（如iPad），即可在地图中标示出该设备目前所在的位置。与此同时，在页面中会弹出一个定位框，还会显示相关的操作，比如播放铃声、锁定、抹掉Mac选项。

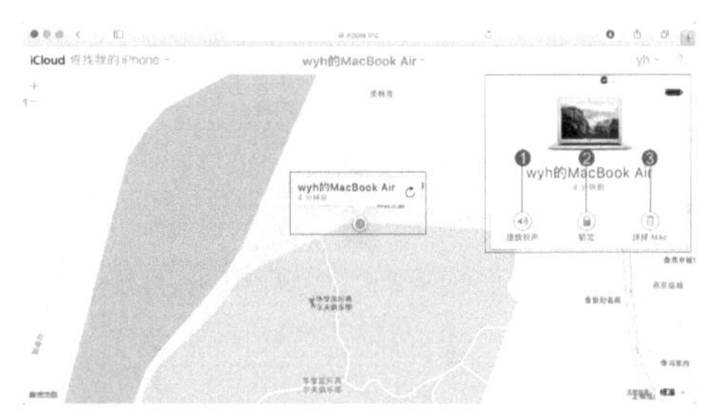

❶播放铃声：如果我们只是忘记将设备放置在何处，则可选择此选项，让设备播放铃声，以使我们听声寻物。

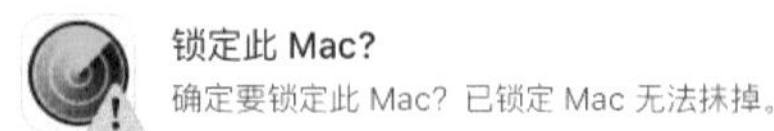

❷锁定：选择此选项，然后再输入密码，还可以根据提示输入信息，即可将丢失的设备锁定，以免个人信息外泄。电脑被锁定后，该电脑将不能再使用，并在电脑上显示我们输入的信息提示和密码输入框，只有输入正确的密码才可以正常使用电脑，如果没有密码，这台电脑就成了砖块了。

❸抹掉ipad：选择此选项，即可将设备恢复为出厂设置，同时会清除设备中的所有个人信息，如照片、电子邮件等。

第 13 章 Mac中的实用工具

在Mac中有很多实用的小工具，这些工具的功能都很丰富，本章就不一一介绍了，这里只介绍一些比较常用的工具。

13.1　计算器

Mac和PC一样，都内置了计算器，以满足用户日常生活、工作中的计算需求。

13.1.1　Mac中的计算方式

如果想通过Mac来计算，有以下3种方式。

（1）计算文本的算式。选中算式后，按shift+⌘+8快捷键，将弹出“确认服务”对话框，单击“运行服务”按钮，即可得出计算结果。（使用此种方式时，需要打开“系统偏好设置”|“键盘”偏好设置窗口，再切换到“快捷键”标签，接着在左侧列表中选择“服务”选项，然后在右侧列表中选中“获得AppleScript结果”复选框）。

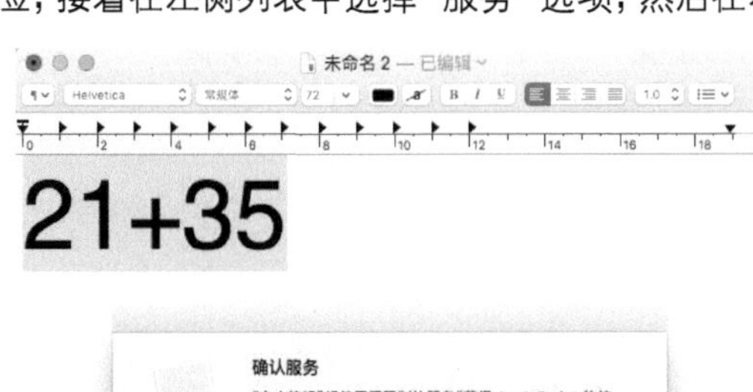

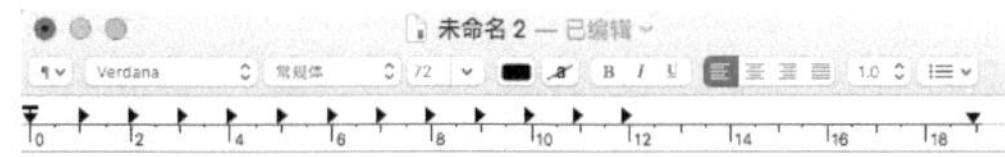

56

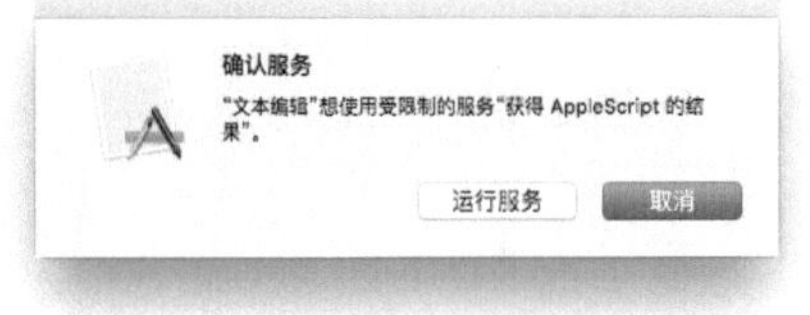

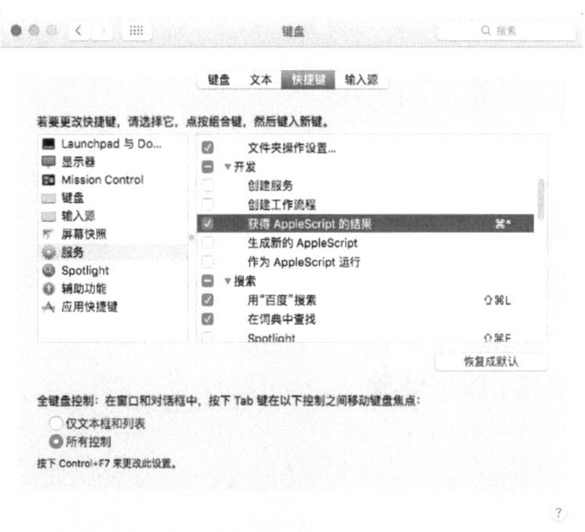

（2）使用Spotlight做计算。打开Spotlight，然后再直接输入算式，即可得出计算结果。

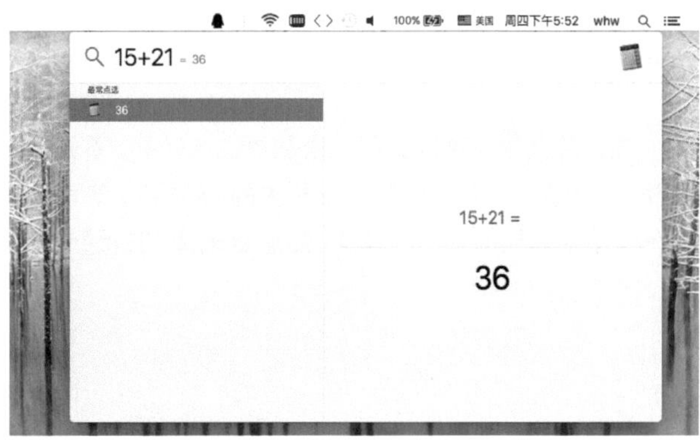

（3）使用计算器做计算。单击Dock上的Launchpad|“计算器”图标，打开计算器，然后再输入算式，并按return键，即可得出计算结果。

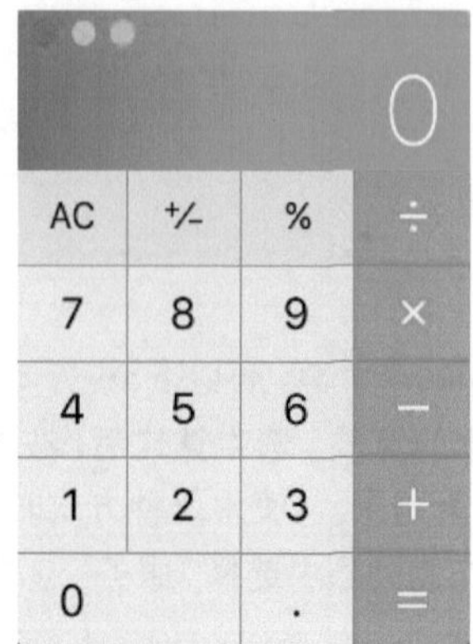

13.1.2 计算器的操作

输入算式：打开计算器，直接在计算器中输入数字和运算符即可。

获得计算结果：算式输入完毕，按return键、=键或者计算器上的等号按钮即可。

清除数字：按C键、esc键或者计算器上的C键即可将计算器清零，按delete键可删除最后一个输入的数字。

设置小数点位数：执行“计算器”应用程序菜单栏中的“显示”|“小数位数”命令，即可设置小数点的位数。

13.1.3 显示算式

执行“计算器”应用程序菜单栏中的“窗口”|“显示记录”命令，即可显示计算算式，单击“清除”按钮，即可清除计算记录。

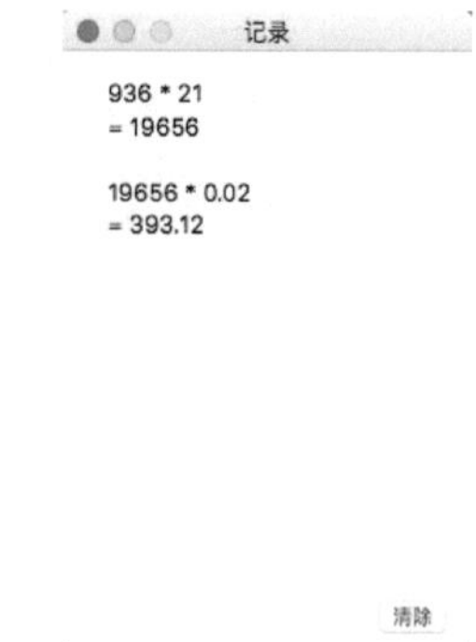

13.1.4 汇率和单位的转换

在计算器中还可以进行汇率和单位的转换。首先输入数值，再执行“计算器”应用程序菜单栏中的“转换”，就可以从弹出的菜单中选择需要的转换的单位，如这里选择“货币”命令。

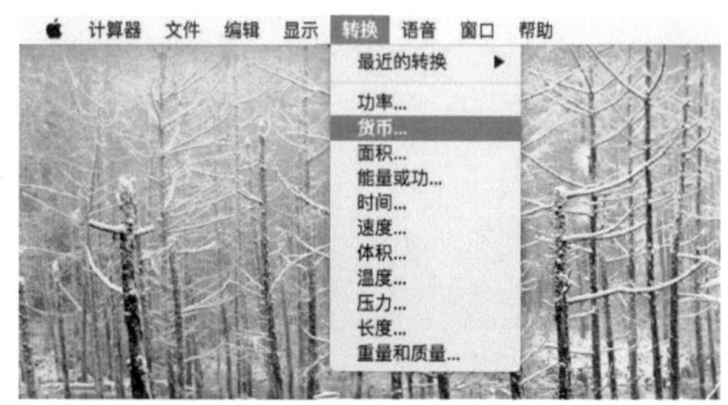

在弹出的窗口选择要转换的单位，如从“美元”到“人民币”，单击“转换”按钮即可在计算器中看到转换的结果。

13.2　数码测色计

有时，可能我们需要获取屏幕上颜色的RGB值，此时可通过“数码测色计”来完成。

打开Launchpad|“其他”|“数码测色计”窗口，将鼠标指针移至要获取颜色值的位置，即可获得该处颜色的RGB值。

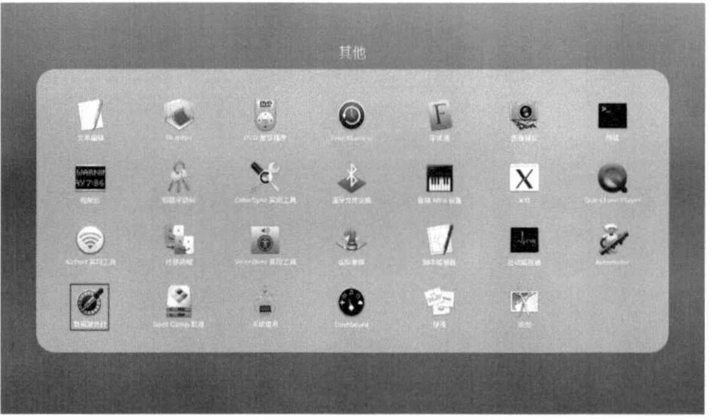

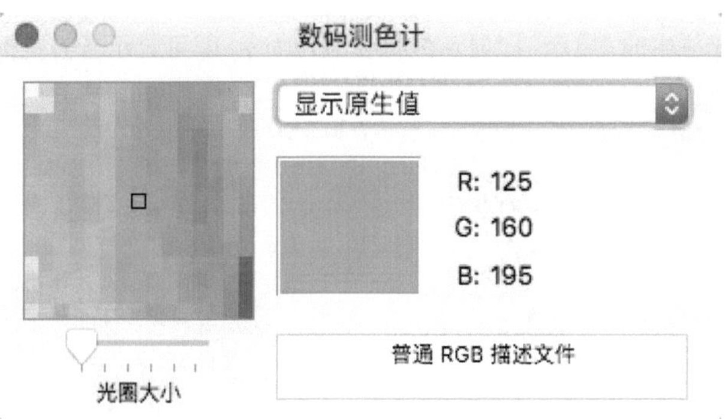

在“数码测色计”窗口中，左侧是当前鼠标指针所指位置的放大图像，拖动其下方的大小滑块可以调整光圈的大小。

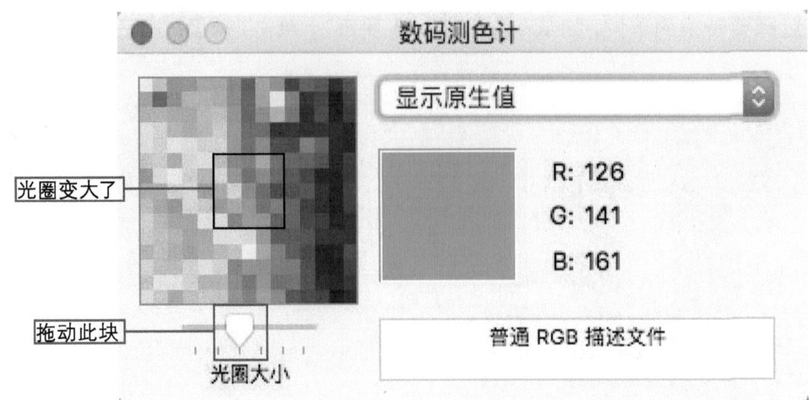

执行“数码测色计”菜单栏中的“显示”|“锁定位置”命令，即可锁定鼠标的位置。

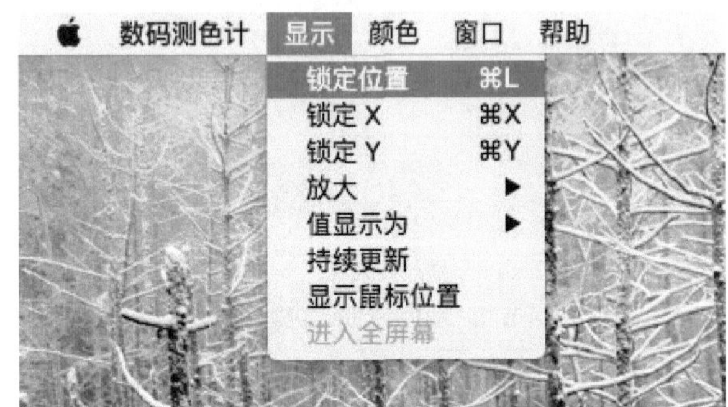

提示 选择“锁定位置”命令后，“锁定X”和“锁定Y”命令，将自动被选中。

执行“数码测色计”菜单栏中的“显示”|“值显示为”命令，可以从其子菜单中选择颜色值的显示方式。比如显示选择“百分比”，将以百分比显示。

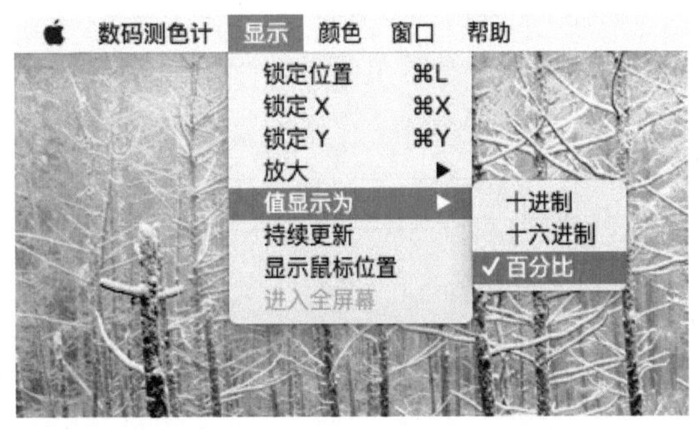

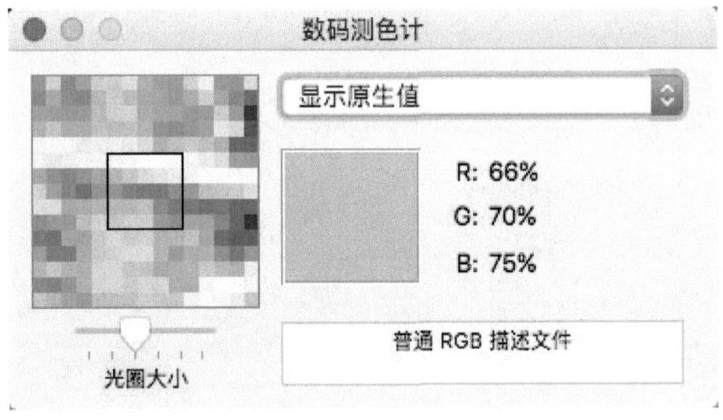

执行“数码测色计”菜单栏中的“显示”|“显示鼠标位置”命令，即可显示当前鼠标指针的坐标值。

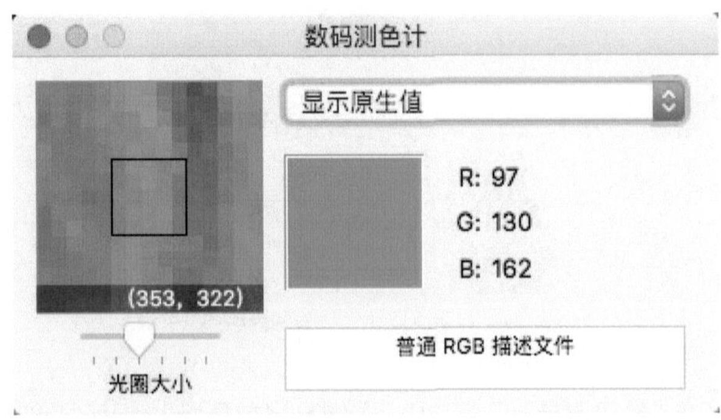

13.3 Grapher

简单地说，Grapher就是一个函数图形生成器，通过Grapher可以将方程或者函数转换为图形或动画。

13.3.1 创建新图形

打开“Launchpad”|“其他”|“Grapher” 窗口，选择需要的类型（2D图形或3D图形）以及坐标类型（平面坐标或极坐标），然后单击“选取”按钮，即可创建一个新图形模型。

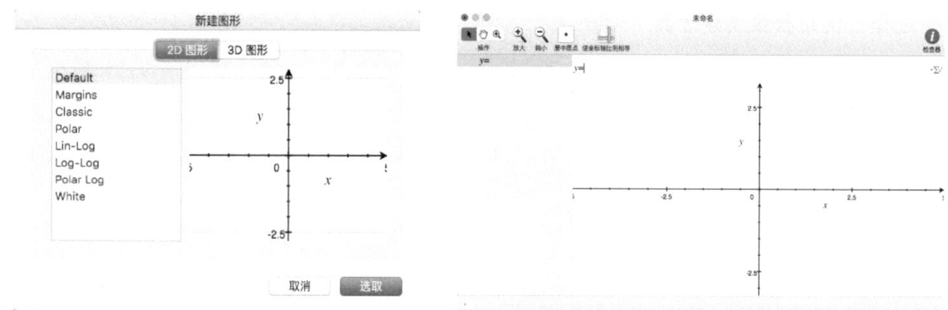

1. 新建图形

执行Grapher应用程序菜单栏中的“文件”|“新建”命令，或者按⌘+N快捷键，即可新建一个图形。

2. 新建方程

在Grapher中新建方程有以下两种方式。

- 执行Grapher应用程序菜单栏中的“方程”|“新建方程”命令。

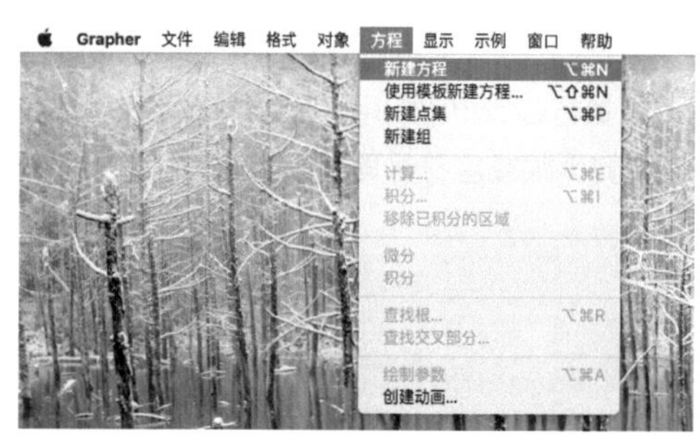

- 单击窗口左下方的加号 + 按钮，然后从弹出的菜单中选择“新建方程”命令。

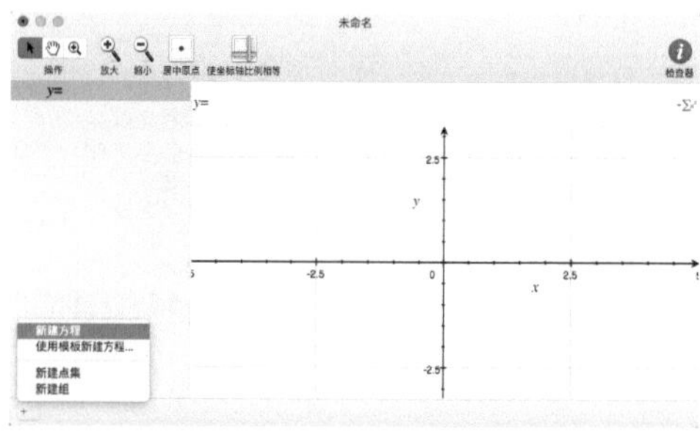

3. 使用模版新建方程

在Grapher中通过使用模版新建方程有以下两种方式。

- 执行Grapher应用程序菜单栏中的“方程”|“使用模板新建方程”命令。

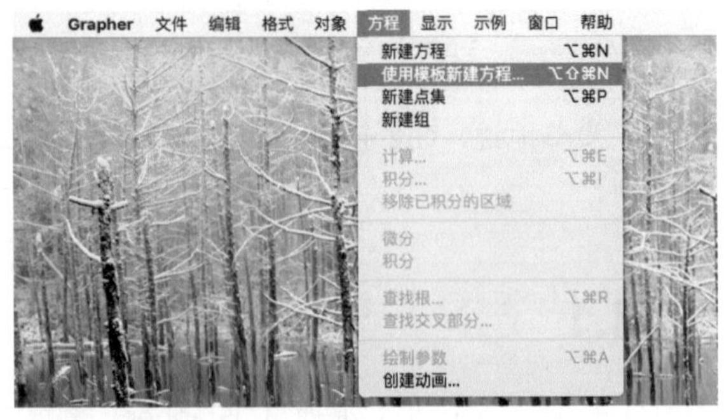

- 单击窗口左下方的加号 + 按钮，然后从弹出的菜单中选择“使用模板新建方程”命令。

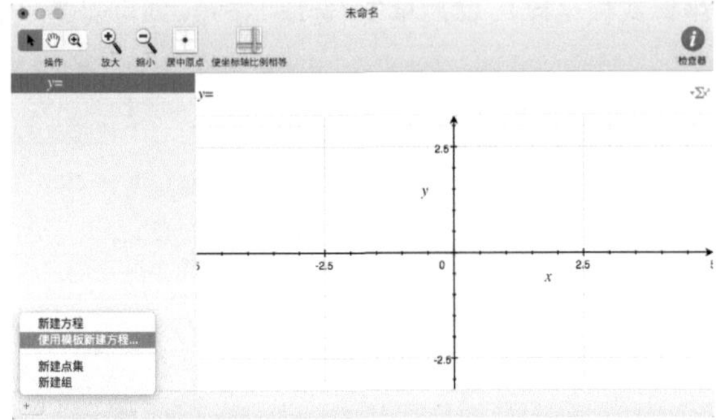

4. 输入函数和方程式

在输入函数和方程式的过程中，当输入上标或者下标时，按左、右方向键即可恢复到正常的输入状态。

单击窗口右侧的函数符号 ▾Σx²，然后单击函数并输入，将鼠标指针移到函数上即可在其下方显示出该函数的名称。

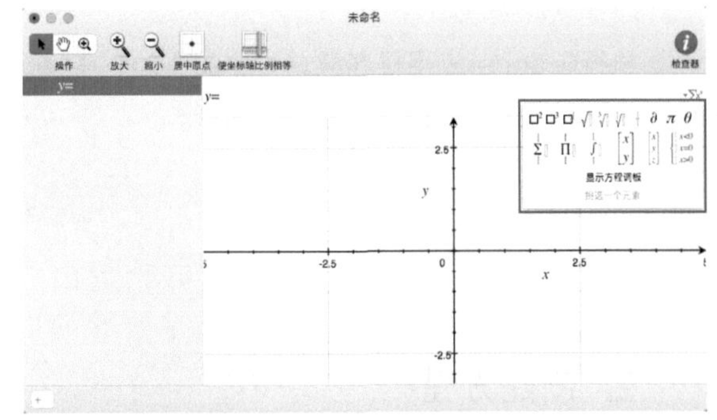

执行Grapher应用程序菜单栏中的“窗口”|“显示方程调板”命令，即可弹出“方程调板”窗口，然后单击该窗口中的函数或者符号即可将其插入。

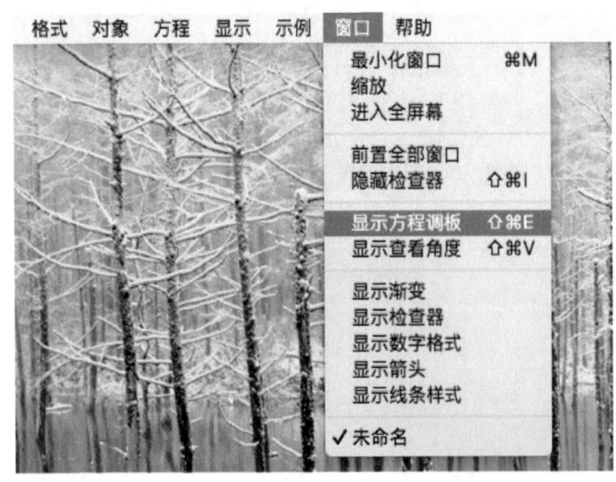

5. 更改图形类型

执行Grapher应用程序菜单栏中的“格式”|“图形模板”命令，然后从弹出的面板中重新选择一个图形类型，单击“应用”按钮即可。

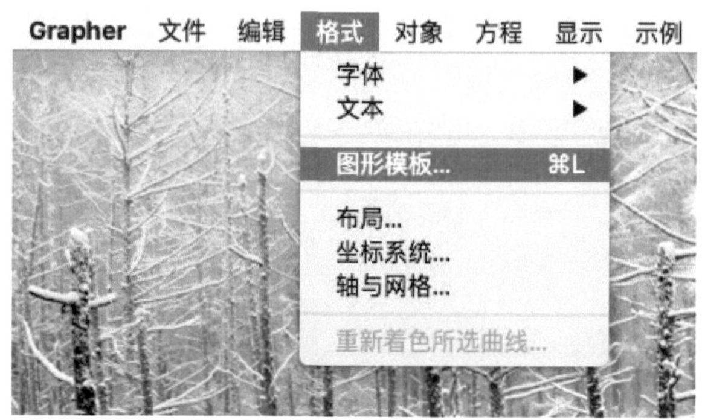

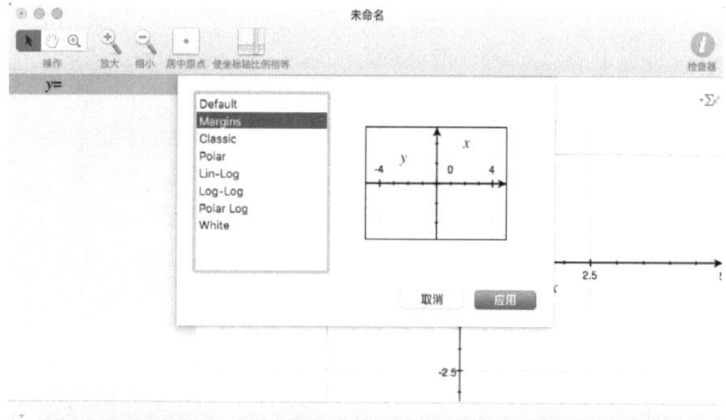

6. 更改背景颜色

如果用户对当前的背景颜色不满意，则可执行Grapher应用程序菜单栏中的“格式”|“布局”命令，然后在打开的窗口中切换到“背景”标签，在“着色”下拉列表中选择着色的方式，在“颜色”区域选择要更改的颜色，然后单击“好”按钮即可。

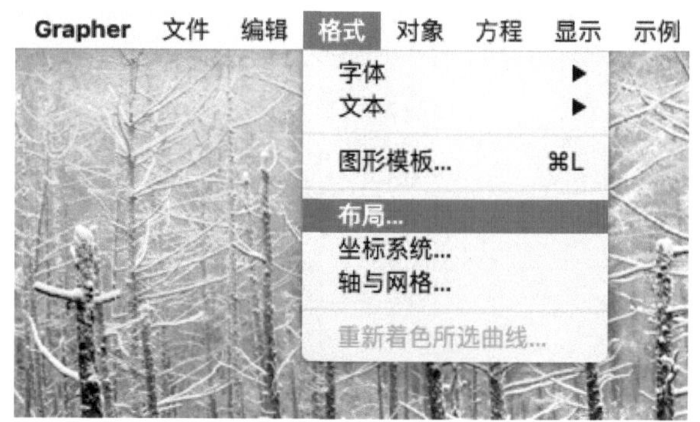

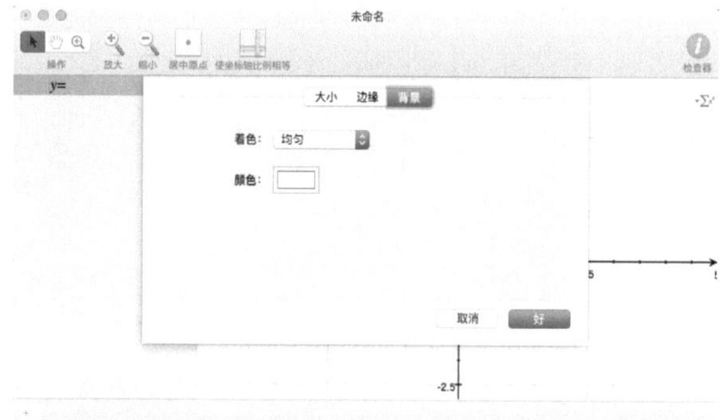

7. 在图形中添加对象

如果要在图形中添加箭头、文本等对象，则可执行Grapher应用程序菜单栏中的“对象”，在弹出的菜单中选择要添加的对象即可。

13.3.2 导出图形

绘制好所有的图形后，可执行Grapher应用程序菜单栏中的“文件”|“导出”命令，在弹出的面板中设置导出图形的名称和位置。导出的格式有TIFF、PDF、EPS、JPEG等。

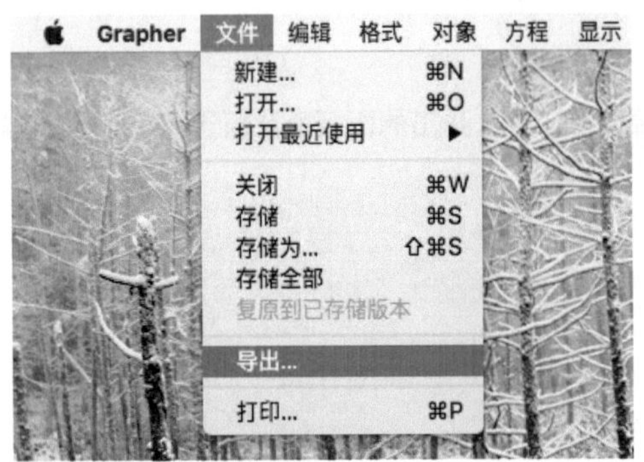

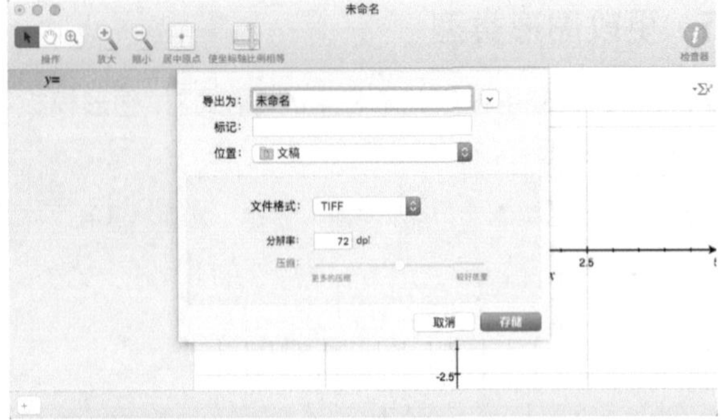

13.3.3 创建动画

如果想将制作好的图形存储为动画，则可执行Grapher应用程序菜单栏中的“方程”|“创建动画”命令，然后在弹出的窗口中设置“持续时间”“取样”和“帧的个数”等参数。

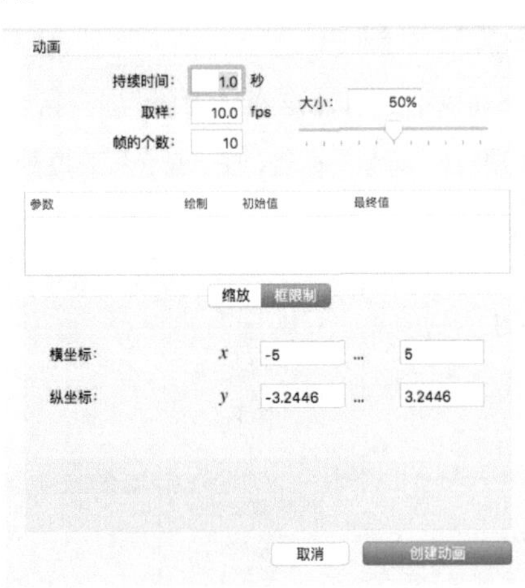

还可以在“缩放”和“框限制”标签中对动画做进一步的设置。

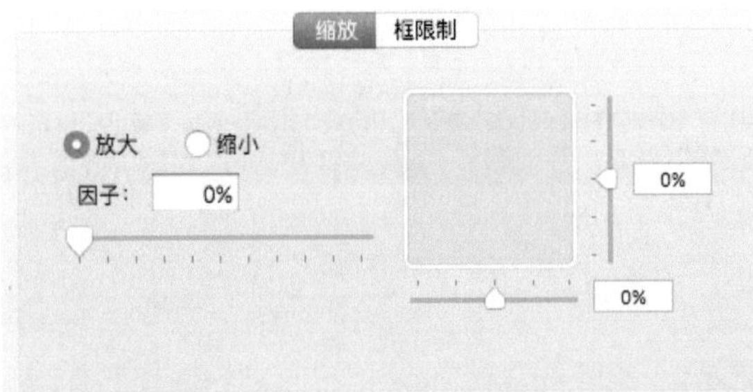

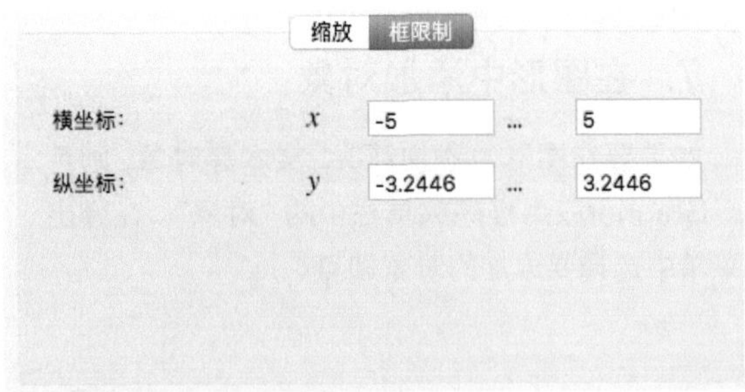

13.4 活动监视器

活动监视器相当于Mac中的任务管理器。通过活动监视器可以查看系统的资源占用情况、进程活动情况、内在占用多少、CPU占用多少等。

打开“Launchpad”|“实用工具”|“活动监视器”窗口，就可看到系统目前的资源占用情况和进程活动情况。

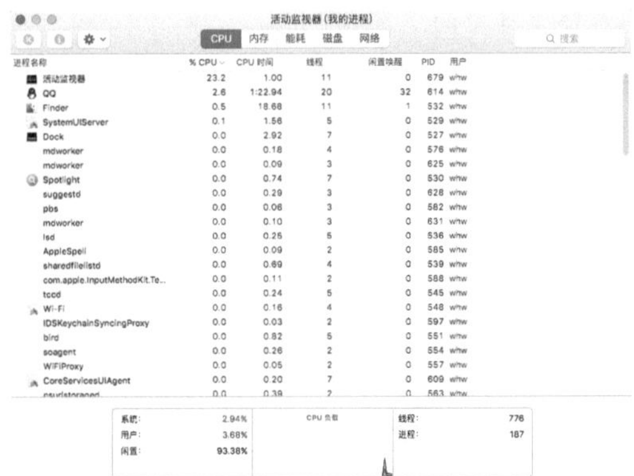

13.4.1 查看进程的详细信息

双击某个进程或选择某个进程后，单击窗口上方的“查看所选进程的信息” 按钮，即可查看该进程的详细信息。

切换到“打开文件和端口”标签，即可查看该进程使用到的所有文件和端口。

13.4.2 在桌面中显示监视器图标

要想实时监控资源的占用情况，可以将监视器图标添加到桌面中。可通过以下两种方式来操作。

- 打开“活动监视器”窗口后，在Dock的“活动监视器”图标上单击鼠标右键，从弹出的快捷菜单及其子菜单中选择要在桌面上显示的项目即可。

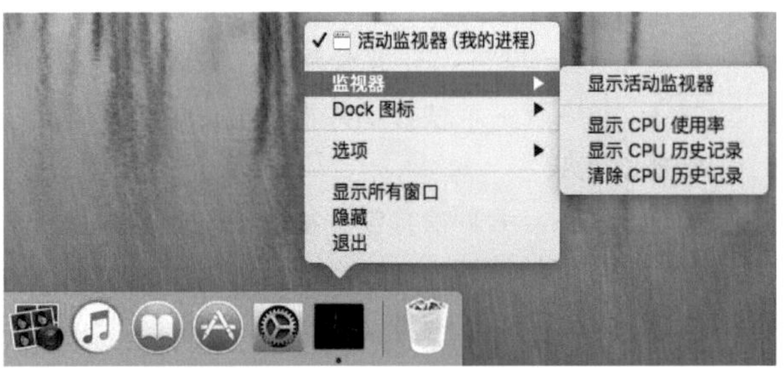

- 执行"活动监视器"应用程序菜单中的"窗口"，然后再从弹出的菜单中选择要显示在桌面上的项目即可。

13.5 截图

Mac和PC一样，都可以通过快捷键对图形进行截取，当然也可以通过截图工具来截取。下面就来介绍几种常用的截图工具。

13.5.1 使用快捷键截图

单击Dock工具栏中的"系统偏好设置"图标，打开"系统偏好设置"窗口，然后单击"键盘"图标。在打开的"键盘"偏好设置窗口中切换到"快捷键"标签，在左侧列表中选中"屏幕快照"复选框，然后在右侧的列表中设置用于截图的快捷键。

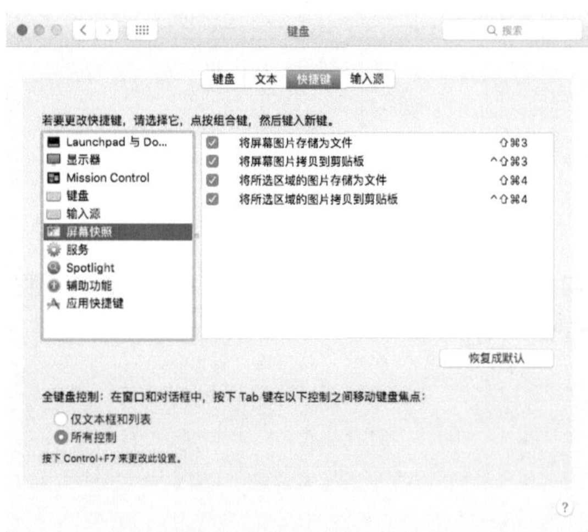

- shift+⌘+3快捷键：截取全屏幕，并以"屏幕快照 日期 时间.png"格式保存在桌面上。
- shift+⌘+4快捷键：区域截取，按下shift+⌘+4快捷键后，按住鼠标拖动将截取选中的区域，并以"屏幕快照 日期 时间.png"格式保存在桌面上。
- control+shift+⌘+3快捷键：将截取的屏幕图片拷贝到剪贴板中。
- control+shift+⌘+4快捷键：将截取的区域图片拷贝到剪贴板中。

按下shift+⌘+4快捷键并拖选出一个区域后，在不松开鼠标的情况下还可以进行以下操作。

❶移动选块

按下shift+⌘+4快捷键并拖选出一个区域后，不松开鼠标，然后按住空格键即可移动选块。

❷以当前所选区域为中心拖选

按下shift+⌘+4快捷键拖选时，按住option键并移动鼠标，即可以所选区域为中心放大或缩小区域。

❸截取窗口

按下shift+⌘+4快捷键后，再按一下空格键，此时的鼠标指针将变为一个相机图标，选定鼠标指针当前所在的窗口，然后单击鼠标即可截取窗口。

❹取消截图操作

按下shift+⌘+4快捷键后，按下esc键可取消截图操作。

13.5.2 通过“预览”程序截图

打开“预览”程序，执行“预览”应用程序菜单栏中的“文件”|“拍摄屏幕快照”命令，然后可以从弹出的子菜单中选择需要截图的方式。

❶ “从所选部分”选项：选择此选项后，拖动鼠标选择好区域后，释放鼠标就会在一个新的窗口中打开截图。

❷ “从窗口”选项：选择此选项后，将相机图标移至窗口上单击，即可在新的窗口中打开截图。

❸ “从整个屏幕”选项：选择此选项后，会在中间显示一个倒计时窗口，并开始截屏倒计时，等时间到达就会在新窗口中打开屏幕截图。

13.5.3 使用“抓图”工具截图

抓图工具是Mac中自带的一款非常实用的软件，它可以随时截取用户喜欢的画面，无论是图片还是正在编辑文本，甚至是正在播放的影片都可以利用它来截取。

单击Dock工具栏中的Finder，启动Finder，在弹出的窗口中单击左侧的“应用程序”，在右侧选择“实用工具”|“抓图”，此时程序会在后台运行，在Dock的右下角可以看到最小化的程序图标。

执行“抓图”应用程序菜单中的“捕捉”，即可从弹出的菜单中选择对应的操作。

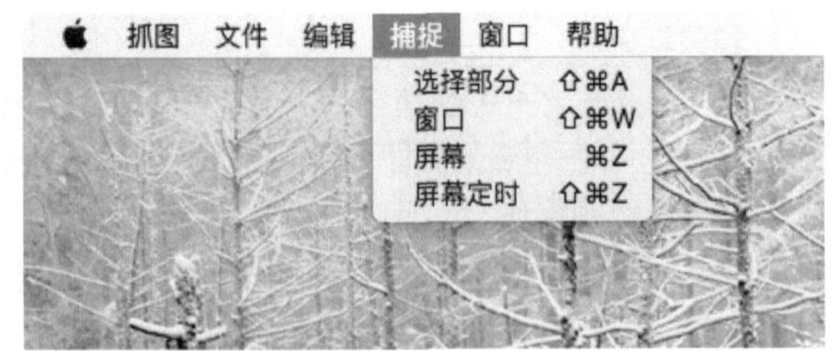

执行“抓图”应用程序菜单中的“抓图”|“偏好设置”命令，打开“偏好设置”窗口，即可在“指针类型”列表中选择所需要的鼠标图标。

选择菜单栏中的“捕捉”|“选择部分”命令，此时将弹出一个窗口，提示用户“拖动光标以覆盖想要捕捉的屏幕部分”。

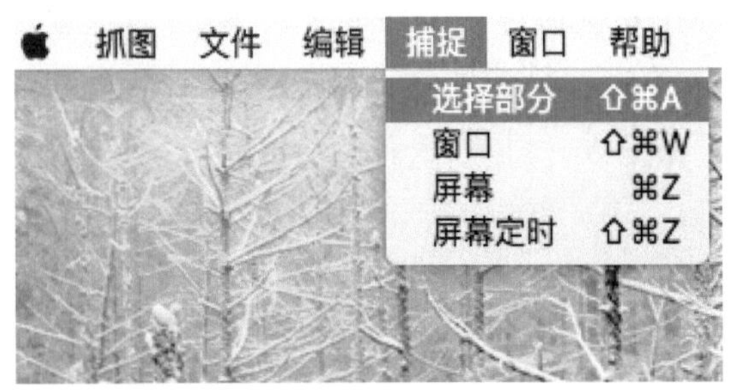

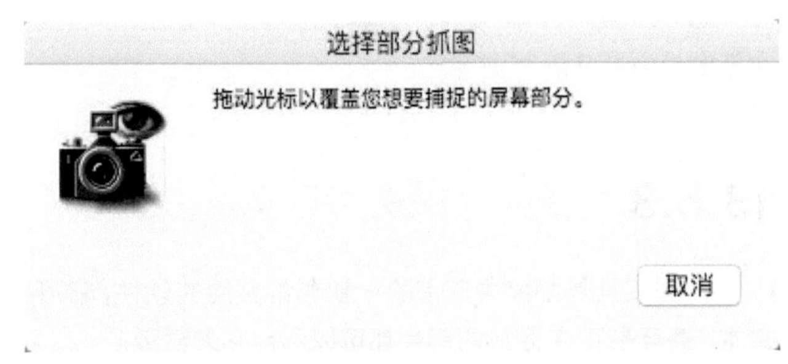

在桌面中需要截取的区域内拖动鼠标，以选中需要捕捉的图像，所选取的部分边缘会出现一个红色矩形框，松开鼠标左键就会弹出一个窗口，并在窗口中显示所截取的图像区域。

单击窗口左上角的关闭按钮，系统将会提示保存文件的名称及位置，如果不需要保存，单击“取消”按钮即可。比如将其保存的桌面上，保存后在桌面右上角位置将显示这个图片，选中该图片按下空格键可快速预览所截取的图片。

> **提示** 所截取的图片文件默认以png格式保存，其文件默认为“未命名”。

选择菜单栏中的“捕捉”命令，在弹出的菜单中选择“窗口”命令，此时将弹出一个“窗口抓图”窗口，单击“选取窗口”按钮。

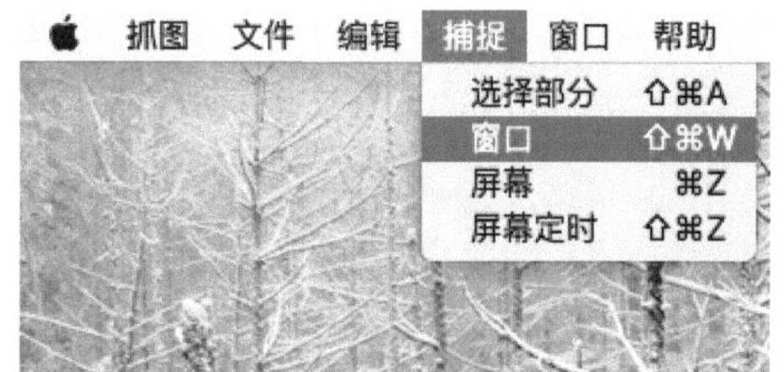

此时光标将变成一个相机样式的光标，移动光标至想要捕捉的窗口位置单击以选取窗口，和刚才抓图结果类似，此时会弹出一个抓图后的窗口，将其保存即可。

除了区域抓图和窗口抓图之外，还有屏幕抓图及屏幕定时抓图，它们的使用方法区别不大，屏幕抓图是针对整个屏幕进行抓图，屏幕定时抓图则是在启动定时器以后10秒捕捉屏幕。

第 14 章 软件的安装、移除与版本的升级

有时因为工作需要，我们必须在Mac中另行安装软件。那么要如何在Mac系统里安装软件呢？又该如何移除不需要的软件呢？其实很简单，下面就来看看在OS X中是如何进行软件的安装与卸载的。

14.1 安装软件

要安装软件，就必须先获得该软件。我们可以到App Store中购买或下载免费软件，当然还可以从网络中下载。

14.1.1 获得软件的方法

要想获得软件，大致有以下两种方法。

- 从App Store中获得：打开App Store，接着选择需要的软件，然后再登录Apple ID即可购买或是免费下载。
- 从网络上下载：在网络中搜索下载OS X系统所需要的软件。

14.1.2 安装软件的方法

在OS X系统中，软件安装文件的扩展名一般为.dmg，打开磁盘窗口，一般有以下3种安装软件的方法。

- 系统下载完软件后，会自动将其安装。
- 利用拖放快捷方式安装。
- 以向导方式安装。

1. 自动安装

如果软件可以从App Store找到，则购买或免费下载后，系统会自动为我们安装。

2. 直接双击安装

当用户从网络中下载获得应用程序后，双击.dmg图标打开窗口后，将与软件同名的图标直接拖放在边栏的“应用程序”文件夹上即可。

完成拖放后，切换到“应用程序”文件夹中，然后双击该图标即可启动程序。

3. 以向导方式安装

软件下载完毕，若其提供了安装向导，则在双击.dmg文件后，会打开已经设计好的安装流程，我们只要按照流程一步步地进行，就能顺利完成软件的安装。下面就以sogou输入法为例来进行介绍。

从网上下载完应用后，在Finder窗口中会看到下载后的文件，双击sogou.dmg文件。

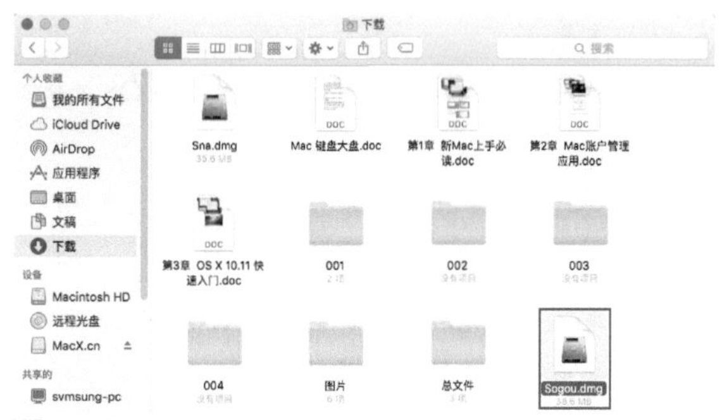

将会弹出一个关于安装协议的窗口，单击“同意”按钮，会弹出一个窗口，双击“安装搜狗输入法”按钮继续安装。

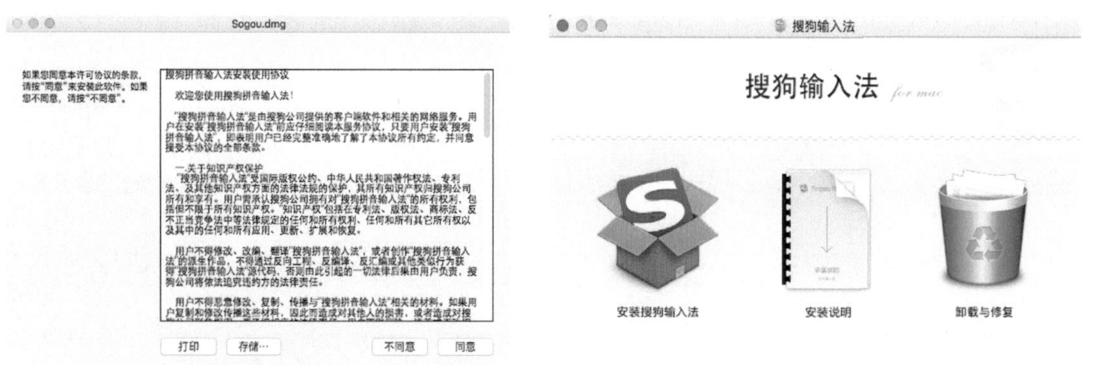

进入安装界面，虽然每个应用程序不一定相同，但基本的做法是不变的。在安装界面中单击“安装”按钮进行安装，OS X会询问计算机管理员的账户密码，根据操作完成安装即可。

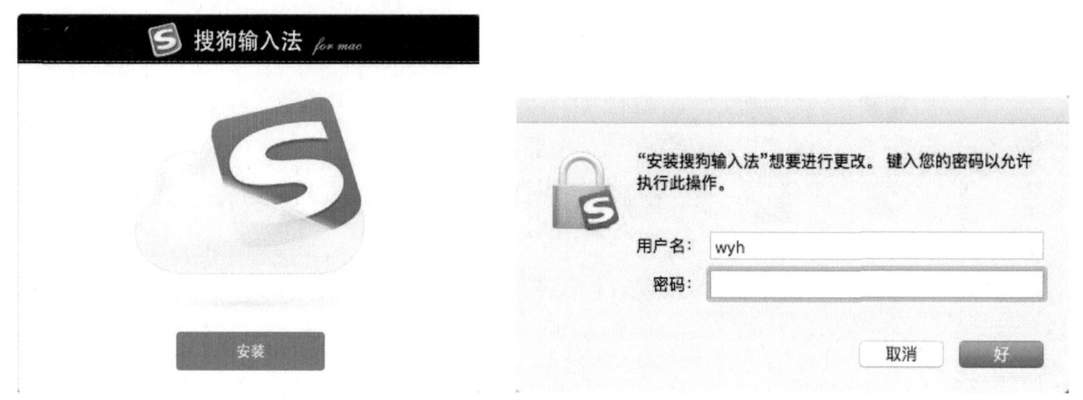

14.2　软件的卸载

和安装软件一样，卸载软件也是我们日常操作中最常做的，下面就来讲一下如何卸载软件。

1. 直接移除

如果安装软件时，是直接利用拖放方式将软件拖放到“应用程序”文件夹的，或是安装后直接在“应用程序”文件夹中的，就可以直接将软件拖动到“废纸篓”，将其移除。

2. 利用快捷命令移除

在“应用程序”文件中，选择要移除的软件，单击鼠标右键，在弹出的快捷菜单中选择“移到废纸篓”命令，即可移除软件。

3. iOS新潮的移除方式

对于从App Store下载安装的程序，还有一个比较新潮的移除方式：单击Dock中的Launchpad图标，进入Launchpad模式，然后按住某个图标不放，当图标抖动起来时，单击图标左上角的“删除”按钮，然后在出现的对话框中单击“删除”按钮即可。

4. 使用软件的自动移除程序来移除

在Finder窗口中双击“搜狗输入法”文件后，在弹出的窗口中双击“卸载与修复”按钮。

接着在弹出的提示对话框中，单击“打开”按钮，即可弹出卸载程序窗口，然后单击“卸载”按钮，即可卸载软件。

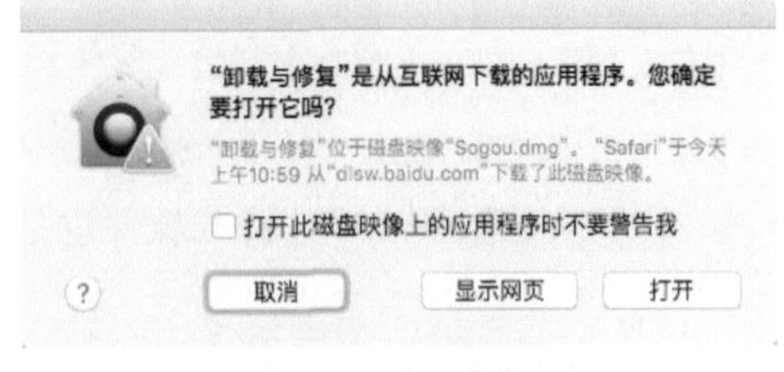

14.3 软件更新

要想启动软件更新，可以开启“自动检查更新”功能，单击Dock工具栏中的“系统偏好设置”图标，打开“系统偏好设置”窗口，然后单击“App Store”图标。

此配置页用来启动系统软件更新检查和配置更新检查策略，建议用户保留所有默认设置项，单击“现在检查”按钮，可以让系统在线连接服务器检查更新，如果开启此项，将会自动更新所有用户在App Store中购买并且有更新的应用。

提示 有时候，在使用一个应用程序打开另外一个文件时会出现错误，出现这种情况的原因很多，但是最常见的就是版本问题。如果使用低版本应用程序打开高版本应用程序所创建的文件，这种情况会更加常见，这里有一个快速有效的方法来查看应用程序版本。选中应用程序，直接按下空格键即可在出现的预览窗口中看到关于应用程序版本的详细信息。

14.4　将旧版本升级到OS X El Capitan

如果用户现在使用的Mac计算机，还是老版本的Mac OS系统，此时要怎么将其升级为最新版本的OS X El Capitan呢？本节将详细介绍升级老版本的方法。

在升级之前，我们应该先对Mac进行检查，以确保Mac能够运行OS X El Capitan。

14.4.1　查看系统是否符合升级的条件

OS X El Capitan包含了许多全新的功能，所以在升级前应该查看用户的Mac是否属于以下机型中的任一款。以下是与 OS X El Capitan 兼容的 Mac 机型。

- MacBook（2015 年前期的机型）。
- MacBook（2008 年后期的铝金属机型以及 2009 年前期或之后的机型）。
- MacBook Pro（2007 年中期/后期或之后的机型）。
- MacBook Air（2008 年后期或之后的机型）。
- Mac mini（2009 年前期或之后的机型）。
- iMac（2007 年中期或之后的机型）。
- Mac Pro（2008 年前期或之后的机型）。
- Xserve（2009 年前期的机型）。

单击屏幕左上角的“苹果菜单” 按钮，在弹出苹果菜单中选择“关于本机”命令，打开“关于本机”面板，在此面板中可以看到处理器的名称和内存的容量。

在“关于本机”面板中单击地“更多信息”按钮，进入“关于本机”窗口，接着单击“系统报告”按钮，即可查看目前使用的Mac是否符合升级的条件。

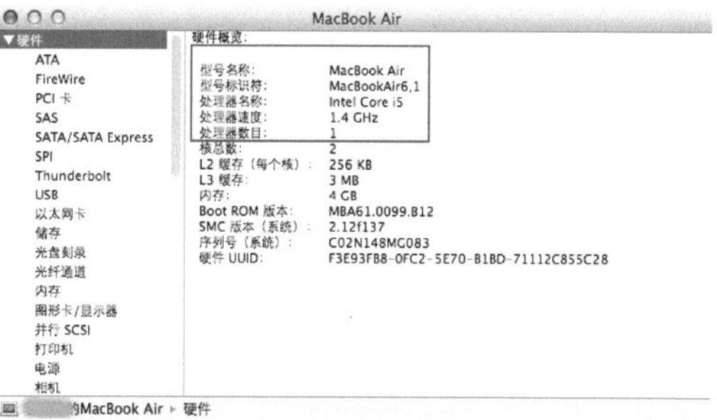

在上一步骤中，我们可以看到使用的Mac的型号为MacBook Air（不同用户所使用的机型不同）。切换到“SATA/SATA Express”项目，可以查看该Mac的容量、序列号等。

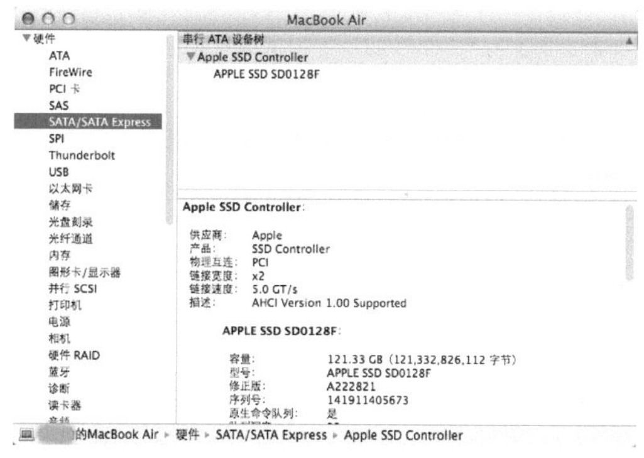

14.4.2 将旧版本系统升级为OS X El Capitan

1. 升级旧版本用户

如果用户目前使用Mac的旧版本系统（如OS X 10.9或更旧的版本），则必须要先下载OS X El Capitan系统来安装，安装后才能继续更新。

2. 升级OS X 11.4用户

如果用户目前使用的是OS X 11.4系统，则可通过如下操作，将其更新为OS X El Capitan。

单击屏幕左上角的“苹果菜单” 按钮，在弹出苹果菜单中选择“软件更新”命令，即可进入“App Store”|“更新”页面，然后再单击“更新”按钮，即可下载更新该程序。

14.5 免费安装OS X El Capitan

如果用户的Mac计算机符合上面规格，下一步就可以去App Store下载系统。

14.5.1 下载OS X El Capitan

单击Dock工具栏中的App Store图标，进入App Store在线商店。然后在右侧找到OS X El Capitan项目。

单击文字链接之后跳转至下载页面，再次单击“下载”按钮即可开始下载。

14.5.2 安装OS X El Capitan

单击“下载”按钮，然后就等待OS X El Capitan下载，共有6.21GB，其下载的速度要看用户的带宽来定。下载完毕，启动Launchpad模式，然后找到“安装OS X El Capitan”的图标，单击该图标，就开始安装了。

安装 OS X

OS X El Capitan

若要对 OS X 10.11 的安装进行设置，请点按“继续”。

继续

单击此按钮

在浏览软件许可协议后，依次单击“同意”按钮。

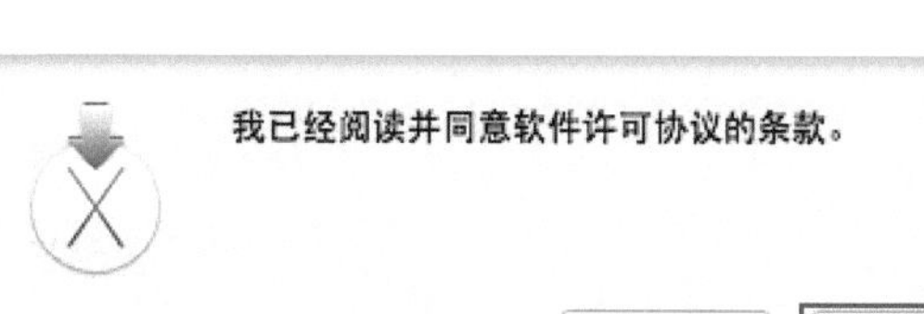

安装时系统会找到用户的启动磁盘（即Macintosh HD磁盘），接着单击“安装”按钮,安装完成之后系统会提示用户重启以完成安装。

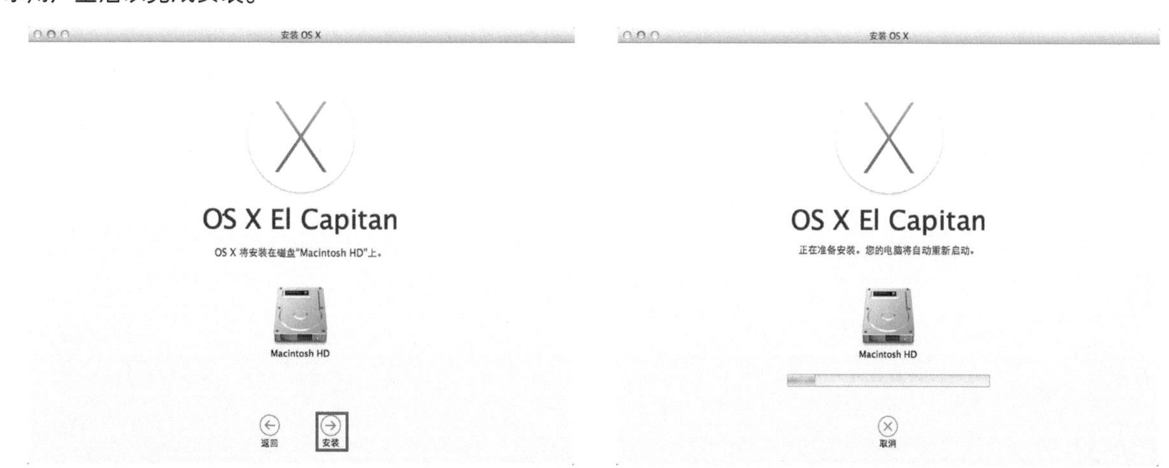

第 15 章 系统维护与备份还原

在OS X系统中，所有的安装、维护以及数据的备份还原都可以在几个步骤内完成，而且界面非常人性化，即使是初学者也可以快速上手。本章介绍系统维护和数据备份方面的内容。

15.1 系统工具

OS X为用户提供了多个实用的系统工具，帮助用户解决系统使用过程中常见的小问题。

15.1.1 强制退出

如果在运行程序的过程中发现程序卡住不动了，这时莫着急，可以尝试“强制退出”功能将程序快速果断关闭。

单击菜单栏左侧的苹果菜单图标，在弹出的下拉菜单中选择“强制退出”命令，此时将弹出一个窗口，在窗口中选中没有响应的程序，单击右下角的“强制退出”按钮即可将程序强制退出，当Finder出现这种情况时可单击右下角的“重新开启”按钮。

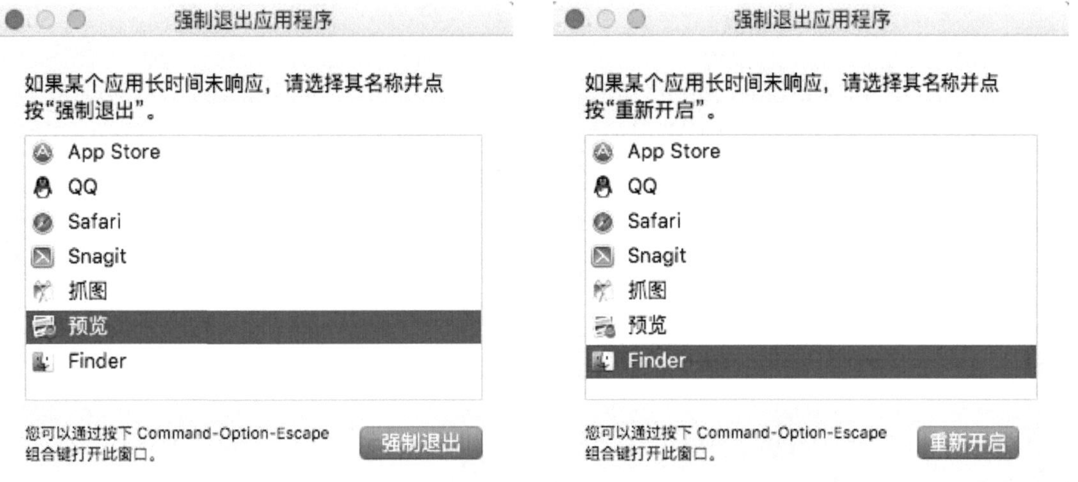

提示 当某个程序未响应的时候，可以在Dock中程序图标上单击鼠标右键，从弹出的快捷菜单中选择“强制退出”命令，也可将其退出。

15.1.2 活动监视器

Mac中的活动监视器类似于Windows中的任务管理器，单击Dock工具栏中的Finder图标，启动Finder，在出现的窗口左侧选中“应用程序”，在右侧双击“实用工具”|“活动监视器”图标，打开程序。

在弹出的窗口中可以看到当前系统中的CPU、内存和能耗等信息，切换至不同的标签可以查看相应的信息。

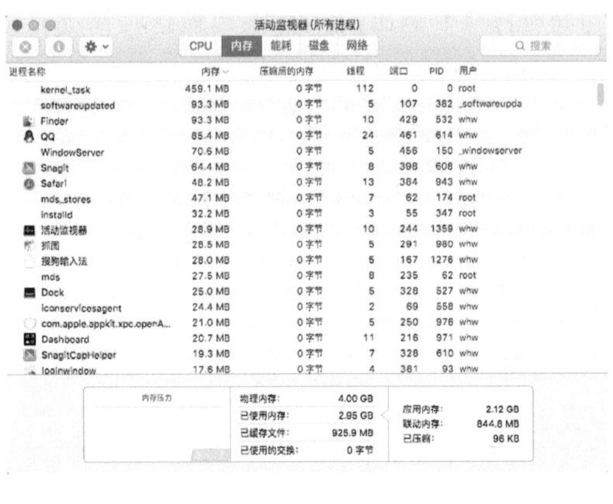

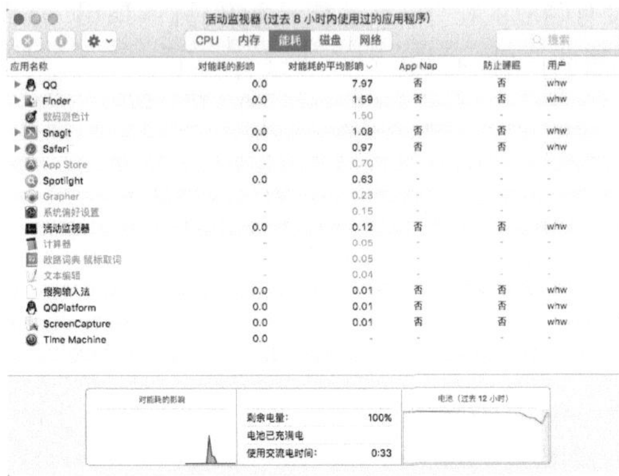

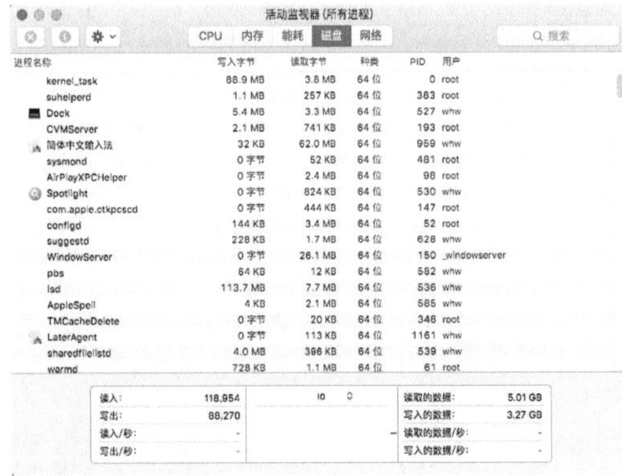

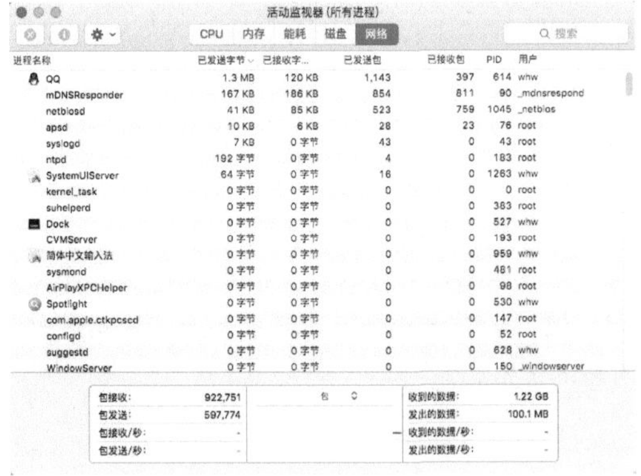

15.1.3 UNIX核心

在本书的开始部分，已经介绍过OS X的诞生过程，简单来总结，OS X就是BSD UNIX、OpenStep及Mac OS的结合体。

在 OS X中有一个“终端”命令工具，可以使用命令来管理及控制系统，单击Dock工具栏中的Finder图标，启动Finder，在出现的窗口左侧选中“应用程序”，在右侧双击“实用工具”|“终端”图标，打开程序。

在出现的窗口中的提示符后面可以输入相关命令，再按return键就可以执行该命令，如输入“pwd”命令可以显示当前文档目录，输入“cd”命令可以进入当前用户的主目录，输入“su”命令可以将当前普通用户账号切换为root管理员账号（在切换的过程中需要输入密码，root账号拥有系统的最高权限，所以此命令应慎用）。

提示　Mac中的“终端”类似于windows系统中的“命令提示符”功能。

15.2　系统与磁盘检测

OS X提供了许多实用的系统工具，可以用其来检测Mac系统，以使我们能早发现问题并早解决，从而使我们能安心地使用计算机。

15.2.1　查看Mac的硬件配备

如果要查询Mac的硬件配备，如CPU、内存和硬盘等信息，可以通过以下操作来查看。

单击“苹果菜单” 按钮，在弹出的菜单中选择“关于本机”命令，然后在“关于本机”面板中，就可以看到关于本机的详细信息。

在“关于本机”面板中，如果用户还想进一步查看关于本机的信息，单击“系统报告”按钮即可。

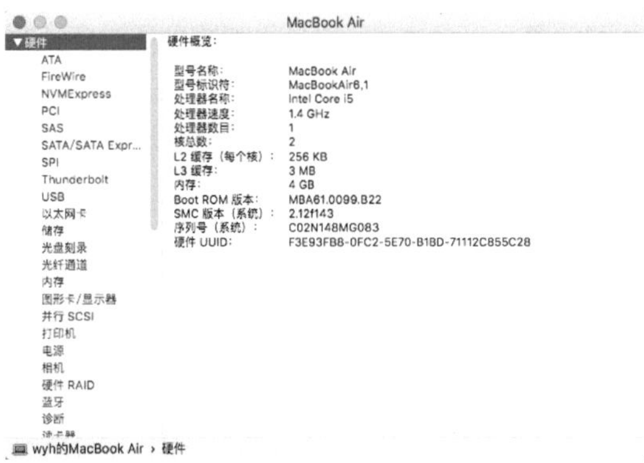

在“关于本机”窗口中，切换到“储存”标签，可查看磁盘的使用情况。如果外接了其他硬盘、U盘或光盘，在该窗口中也可查看其他设备的使用情况。

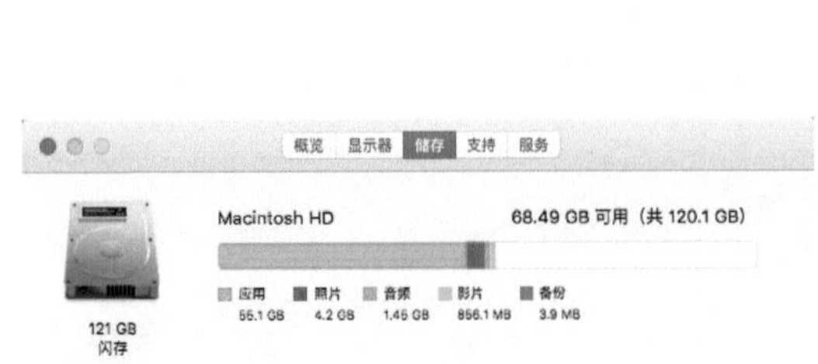

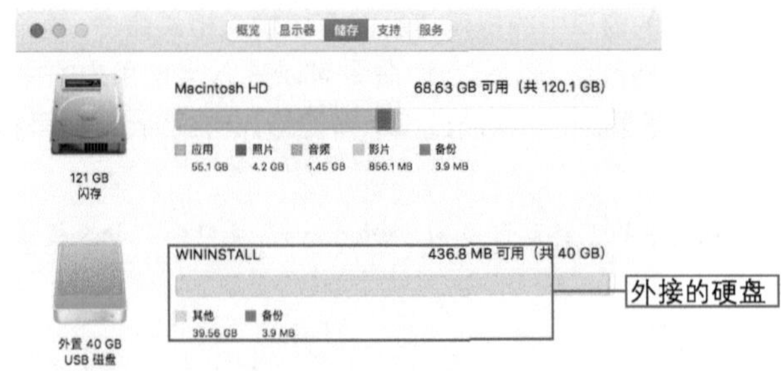

15.2.2 利用磁盘工具分区

如果要将新购买的移动硬盘接入到Mac系统中使用，首先要做的就是对硬盘进行分区和格式化。

1. 分区并格式化移动硬盘

打开Finder窗口，单击边栏中的“应用程序”项目，接着在右侧窗格中双击“实用工具”文件夹，然后在该文件夹中双击“磁盘工具”图标。

进入磁盘工具窗口后，先在边栏中选择要分区的硬盘，接着切换到“分区”标签，然后在分区布局扇形区域选择要将硬盘分为几个磁盘区。

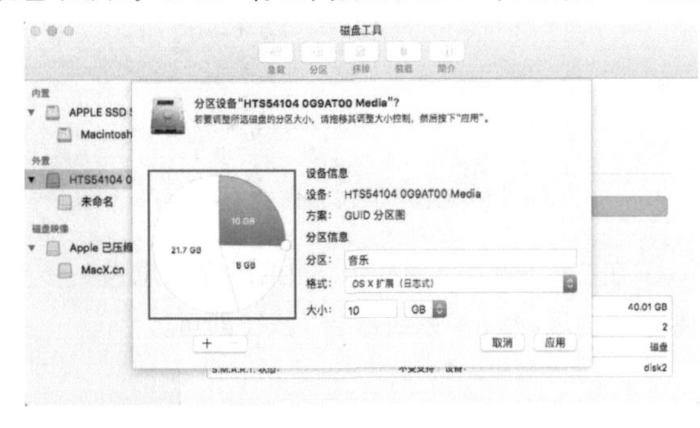

单击加号 + 按钮，可以添加分区，选中的分区将以蓝色显示，并显示当前分区的大小，可以在右侧的“分区信息”区域设置分区的名称、格式和大小。

选择一个分区后，也可以通过拖动分区上的圆形标志手动调整分区的大小，如果添加的分区过多，选择某个要删除的分区，单击下方的减号 − 按钮，即可将其删除。设置好分区后，单击“应用”按钮，即可进行分区，比如这里将磁盘分为3个分区。

然后可以看到相关的分区运行提示，当完成后，将显示一个操作成功的提示，单击“完成”按钮，完成分区。

再对其他的磁盘区进行相关的设置，设置完成后，单击“应用”按钮，会弹出确定磁盘分区的提示对话框，确认无误后，单击“分区”按钮，即可完成对移动硬盘的分区。

2. 清除磁盘内容

如果想清除磁盘中的内容，但又不想改变磁盘的分区状态，此时就可利用“抹掉”功能，将磁盘中的相关设置清除。

首先在边栏中选择要清除内容的，然后切换到“抹掉”标签，再单击“抹掉”按钮。会弹出确认抹掉磁盘区内容的提示对话框，确认无误后，单击“抹掉”按钮，即可完成对磁盘内容的清除。

3. 修复磁盘

当用户更新系统后，如果发现自己建立的文件无法打开，此时用户可通过检查与修复磁盘的权限来解决文件无法打开的难题。

首先在边栏中选择要检查的磁盘，接着切换到“急救”标签，即可执行磁盘的急救工作。

磁盘的验证完成后，如果发现问题，则单击“修复磁盘权限”按钮，即可修复磁盘的权限。

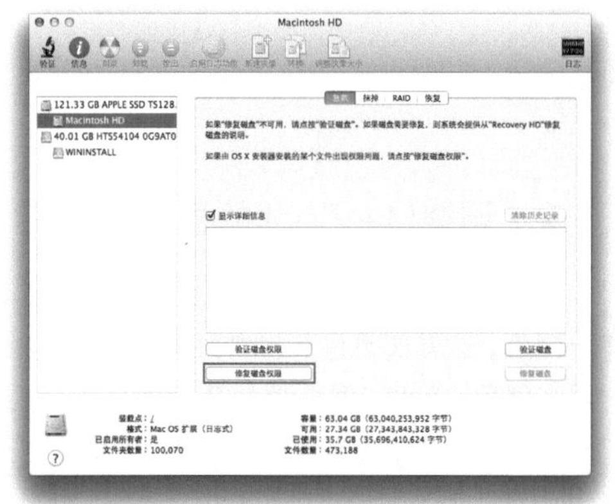

15.2.3 节省MacBook的电力

对于使用MacBook笔记本的用户来说，如何让笔记本省电是用户最为关心的问题之一，下面就介绍几种能让笔记本省电的设置方法。

1. 调整MacBook的电源设置

单击Dock工具栏中的“系统偏好设置” 图标，打开“系统偏好设置”窗口，然后单击“节能器”图标。

进入“节能器”窗口后，在“电池”和“电源适配器”标签中，可以通过拖动“此时间段后关闭显示器”滑块指定显示器关闭的时间，并可以通过下方的多个复选框，设置节能选项。

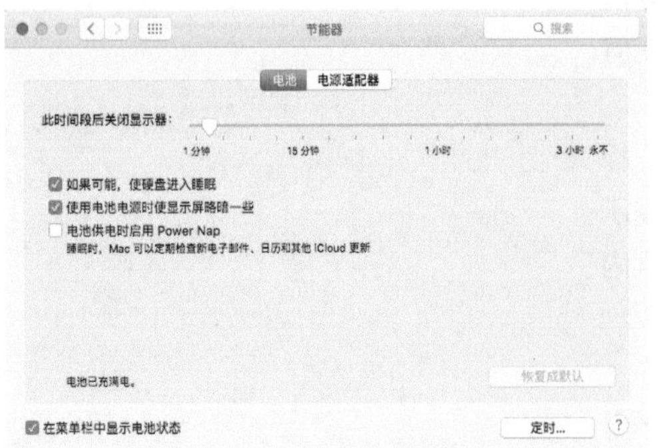

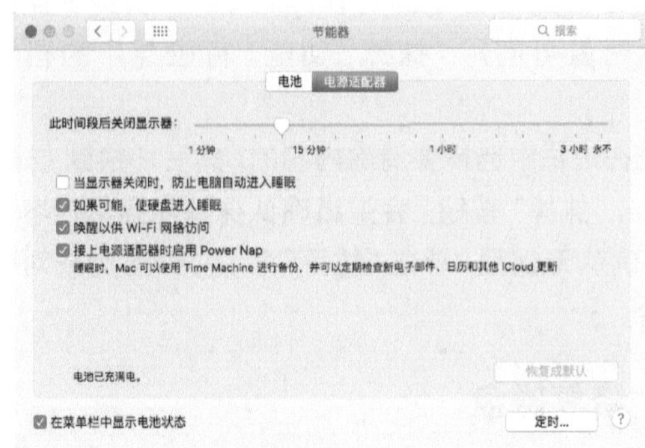

如果用户想让显示器一直处于照亮状态，或者想让硬盘在电脑进入睡眠模式后继续运转，则可将“此时间段后关闭显示器”滑块拖动最右侧，选择“当显示器关闭时，防止电脑自动进入睡眠”复选框，将其设置为永不进入睡眠模式。

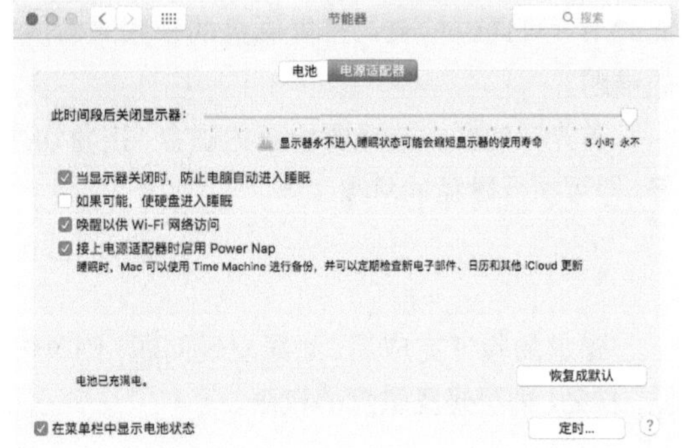

2. 调整MacBook的显示器亮度

在使用电池时，用户可以已经感觉到显示器的亮度有所降低，这其实也是节省电力的一种方法，但如果用户想在使用电池时，显示器的亮度保持不变，则可取消“使用电池电源时使显示屏暗一些”选项。

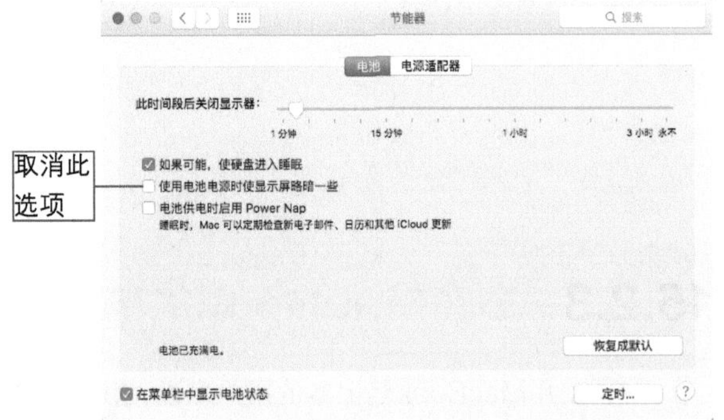

> 提示 当电池电力快用尽时（约剩5%），系统会自动提醒已经使用了备用电池电源，此时，应该立刻将所有的工作存档，并接上电源适配器。

15.2.4 系统更新

OS X连接网络后，会自动检查系统的状态。例如，有需要更新的软件时，会通知用户更新，以保证用户使用的系统或应用程序等始终处于最佳的状态。

1. 自动更新

单击Dock工具栏中的“系统偏好设置”图标，打开“系统偏好设置”窗口，然后单击“App Store”图标。

进入“软件更新”窗口后，勾选“自动检查更新”选项及其下方的子选项即可。

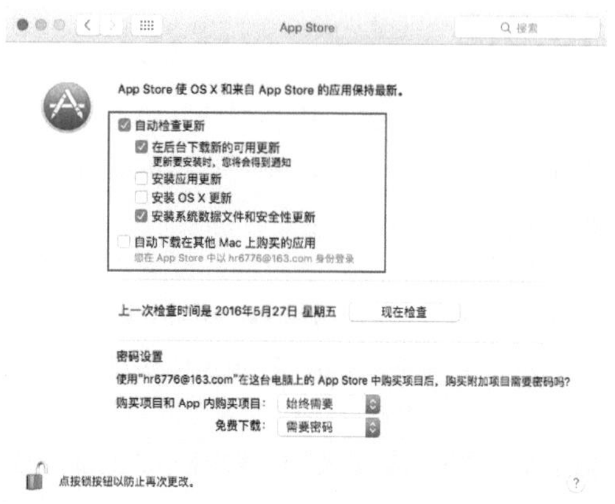

2. 手动更新

单击屏幕左上角的“苹果菜单” 按钮，在弹出苹果菜单中选择“关于本机”命令，将会弹出一个面板，在该面板中单击“软件更新”按钮，即可进入Apple Store的“更新”界面，然后再手动选择需要更新的软件即可。

15.3 提高老电脑运行速度

对于一些几年前的Mac而言，随着系统、软件的不断更新，受限于硬件配置，在运行速度方面就显得力不从心，其实这是可以在系统中进行优化的，可以在有限的配置中尽量优化系统，加快运行速度，通过以下几个小方法可以优化Mac，使运行速度加快。

15.3.1 关闭显示项目简介

显示图标项目信息时候，在简介中会显示图片分辨率以及文件夹内所包含的项目个数，这些都会占用系统资源。

在桌面中选择菜单栏中的“显示”|“查看显示选项”命令，在出现的面板中取消勾选“显示项目简介”前的复选框。

15.3.2 取消多余登录项目

开机启动项会直接影响到开机速度，假如开机时取消加载这些开机启动项，进入系统的时间自然就会加快。

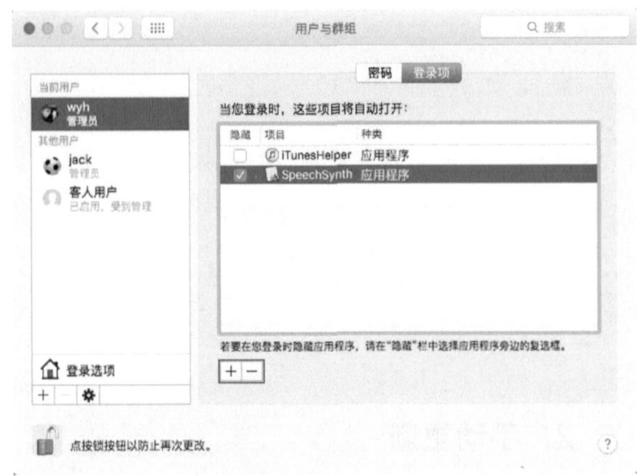

单击Dock中的“系统偏好设置”图标，在弹出的面板中单击“用户与群组”图标，在打开的设置面板中单击左下角的图标，在弹出的对话框中输入密码解除锁定，再选中左侧边栏中的当前系统用户，然后在右侧面板中单击“登录项”标签，在下方列表框中选中不需要的开机启动项目，单击底部的“从列表中移除所选项目”－按钮，即可取消这些开机启动项目，从而加快开机速度。

15.3.3 清理桌面上的文件和文件夹

桌面上的所有文件和文件夹显示的时候都需要占用一定的系统资源，可以将所有的文件及文件夹进行归类，并且移至Finder中。假如不进行繁忙的工作，桌面上完全可以不用放任何项目，桌面越干净，越节省系统资源，用户可以根据自己的需要在桌面上保留文件或文件夹。

15.3.4 保持浏览器的清爽

在Mac中最适用的浏览器非Safari莫属，一方面它是自家所开发的，另一方面它本身比较稳定、安全，简洁且不失各种实用的功能，并且不会捆绑插件。用户可以根据自己的喜好选择最适合自己的浏览器，以Safari为例，在浏览网页的时候尽量关闭不需要的标签页，同时定期清理缓存，不需要的插件也是可以删除的，这样就可以在一定程度上保证浏览速度且不会占用太多系统资源。

15.3.5 为磁盘保留5%~10%的空闲空间

很多用户认为有多大的磁盘空间就可以放多少文件，其实这个观点并不正确，保留一定的磁盘空间可以让磁盘为缓存文件、临时文件和虚拟存储预留足够的使用空间。假如磁盘常常保持装满或接近装满的状态，那么系统为了新产生的缓存文件就需要经常删除和管理之前的缓存文件，势必会造成系统运行缓慢，养成良好的文件管理习惯，合理利用磁盘空间，减小对系统运行速度的影响。

在Finder中选中磁盘盘符，在其盘符图标上单击鼠标右键，从弹出的快捷菜单中选择“显示简介”命令，即可在弹出的面板中查看当前磁盘的使用情况。

15.3.6 关闭计算大小

可以直接看到一个文件夹中内容的容量大小确实方便，但这也是十分占用系统资源的，特别是稍大的文件夹，CPU需要计算它的大小，这样就会在一定程度上减慢系统运行速度。

打开Finder以后，选择菜单栏中的“显示”|“查看显示选项”，在出现的面板中取消勾选“计算所有大小”前的复选框，这样Mac就不会计算文件大小，也就不会占用系统资源了，对于一些老Mac而言，虽然无法享受这个计算的小功能带来的便利，但是换来的是更快的运行速度，也是比较划算的。

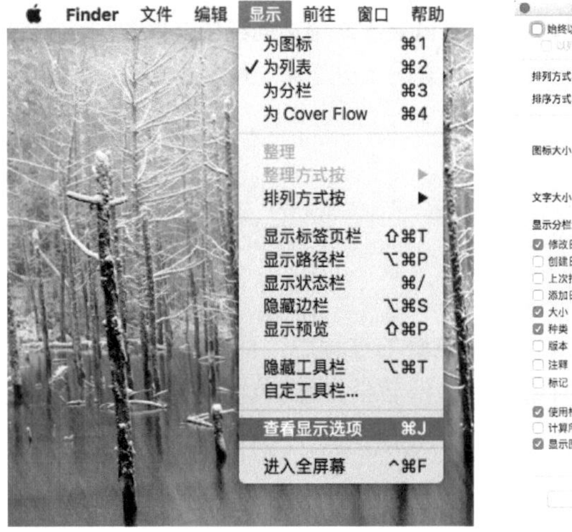

15.3.7 关闭Finder中图标预览

每个图像或者文档的缩略图都会占用系统显示与渲染资源，关闭这些显示可以让老旧的Mac表现更好。

打开Finder以后，选择菜单栏中的“显示”|“查看显示选项”，在出现的面板中取消勾选“显示图标预览”前的复选框，这样系统就会少了一项运算负担。

15.3.8 退出不使用的程序

对于新款的Mac而言，由于本身的配置就可以应付主流的程序，而对于那些配置较低的老旧款Mac而言，多一个运行程序就会加重系统运行负担，所以时常注意是否有不需要的正在运行的程序，将其退出即可提高运行速度。

15.3.9 重装系统

特别是对于老旧的机器而言，不管对系统维护得多好，随着时间增加它还是会变得越来越慢，当有一天发现自己已经无法忍受运行速度时，就可以考虑重新安装系统了。每次安装全新的操作系统都可以把原始数据尽数清空，这样可以明显加快系统的运行速度。

警告 在重新安装系统之前一定要备份磁盘中原始数据！

15.3.10 移除桌面视频文件

有时候会发现Mac的风扇突然间高速运转不停，在活动监视器中发现Finder应用所占的CPU使用率非常高。出现这种现象的原因极有可能是桌面上存放的视频文件，这是因为OS X通过“快速查看”功能预览视频文件，为了实现这种功能，Mac需要不断地访问视频文件数据，这将导致CPU占用率非常高。

解决这种问题的方法十分简单，只需要将视频从桌面上移走即可，当移走以后会使系统的运行负担明显下降。

15.4 使用Time Machine备份系统

在长期使用电脑的过程中，都免不了会碰到系统出错、崩溃，从而导致数据丢失的问题。如果用户没有备份过这些数据，那么这将会是一个“毁灭性的灾难”。为保障用户数据安全，可以使用OS X内置的备份、还原工具——Time Machine。

15.4.1 备份系统文件

使用 Time Machine，可以备份整台 Mac，包括系统文件、应用、音乐、照片、电子邮件和文稿。打开 Time Machine 时会自动备份Mac，并执行文件的每小时、每天和每周备份。

在便携式电脑上使用 Time Machine 时，Time Machine 不仅会在备份磁盘上保留所有内容的一份副本，还会将已更改文件的“本地快照”存储在内置磁盘上，因此可以恢复之前的版本。除非关闭 Time Machine，否则这些本地快照将每小时进行一次，而且它们将储存在您便携式电脑的内置磁盘上。如果意外删除或更改文件，可以使用 Time Machine 恢复。

即使 Time Machine 在便携式电脑上创建本地快照，也应该将文件备份到内置磁盘之外的位置，如外置硬盘、网络磁盘或 Time Capsule。这样，如果您的内置磁盘或 Mac 出现问题，可以将整个系统恢复到另一台 Mac，并立即在所属位置取回所有信息。

只要用户完成第一次的设置之后，那么以后就可以从备份文件中快速导入用户账户配置和数据，而无需再从零开始设置。

1. 查看系统的大小

在使用Time Machine备份前，我们需要先来查看当前系统的大小，以便于我们知道要使用多少容量的移动硬盘才能对其进行备份。

在桌面中的磁盘图标上，单击鼠标右键，从弹出的快捷菜单中选择“显示简介”命令，然后在弹出的“Macintosh HD简介”面板中，可以查看该磁盘已使用的容量。

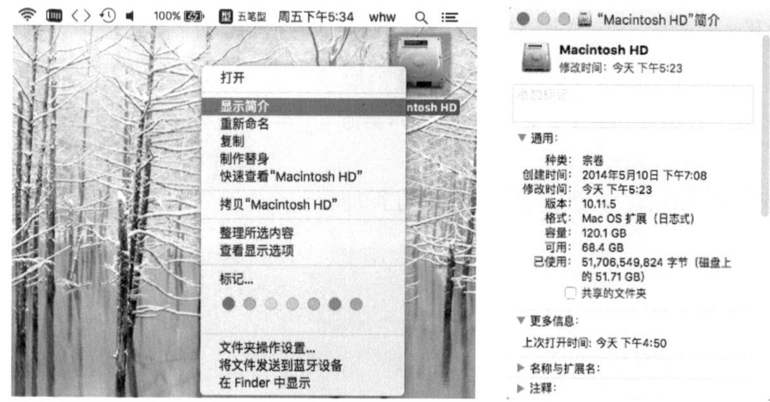

2. 设置备份磁盘

在设置Time Machine前，要先连接上移动硬盘。

单击Dock工具栏中的“系统偏好设置”图标，打开“系统偏好设置”窗口，然后单击“Time Machine”图标。

将开/关滑块左右拖动，可以开启或关闭备份。为了减少备份文件的容量，以及加快备份的速度，最好将无需备份的资料先排除。

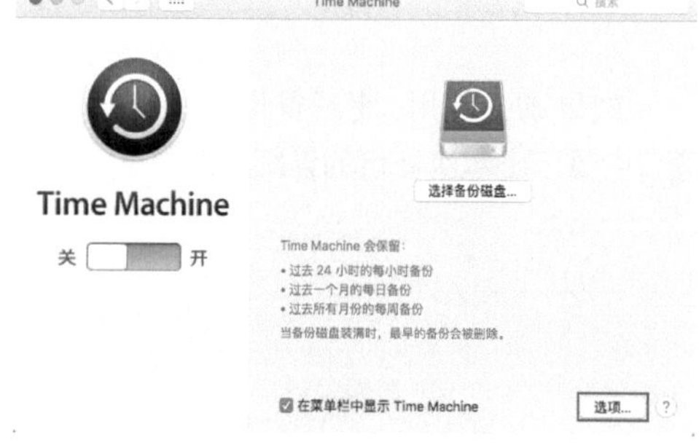

单击“选项”按钮，然后在弹出的对话框中单击加号+按钮，接着指定无需备份的磁盘或者文件夹，单击“排除”按钮，排除完所有无需备份的文件；如果不想排除已经添加的文件，可以选择该文件，单击减号−按钮，将其删除。设置完成后，单击“存储”按钮即可。

3. 开始备份

单击“选择备份磁盘”按钮，将弹出一个备份位置的面板，选择要备份的位置，比如某个磁盘或其他AirPort Time Capsule。

为了提高安全性，可以选择“加密备份”复选框进行加密备份。然后单击“使用磁盘”按钮即可开始备份。

当Time Machine的自我准备就绪后，就开始进入真正的备份操作。此时，在面板中可以看到备份的时间，还会显示一些说明文字，比如当备份磁盘装满后，最早的备份会被删除等信息。

如果用户在此过程中有其他急需完成的工作，可以单击进度条右侧的“关闭”按钮，以终止备份，也可以直接拖动开/关按钮将其关闭，终止备份。

提示 一旦终止备份，若想再次备份时，就必须重新备份，Time Machine无法接续未完成的备份。

如果磁盘空间不够，会出现一个提示对话框，提示备份失败。

如果磁盘够用，完成备份后，会在窗口中显示出本次备份的详细信息。

备份完成后，在Finder窗口中，打开该移动硬盘，即可看到装有该备份资料的文件夹。

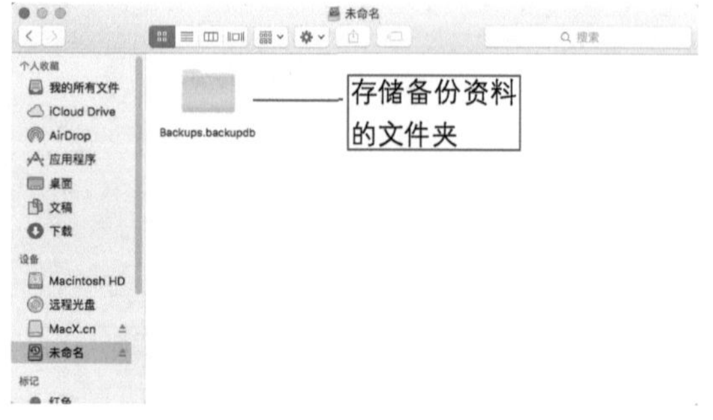

提示 如果以后要使用相同的设置建立新的备份时，只要单击系统菜单栏中的按钮，在弹出的菜单中选择“立即备份”命令，Time Machine就会对比上一次的备份，创建一个包含最近修改内容的新备份。

4. 如何解决备份时出现的问题

当用户在备份时，如果准备工作做得不够完善，那么在备份的过程中，就有可能会出现问题，这时应该如何解决呢？下来看看为大家提供的解决方法。

- 备份硬盘的格式不正确：使用Time Machine备份，必须使用Mac专属文件格式（Mac OS扩展）的移动硬盘，因此，如果不是此格式的移动硬盘，必须先使用“磁盘工具”程序将该硬盘格式化。

- 备份硬盘的容量不足：在备份的过程中，如果Time Machine告知我们该磁盘的可用空间不够，此时应该将移动硬盘中内容移至其他地方，为磁盘腾出空间。

15.4.2 利用Time Machine恢复系统文件

如果我们一不小心将电脑重要的文件删除了或者损坏了，此时也大可不必担心，我们可以通过Time Machine将其复原。

1.Time Machine界面简介

单击系统菜单栏中的按钮，在弹出的菜单中选择“进入Time Machine”命令，即可进入Time Machine。

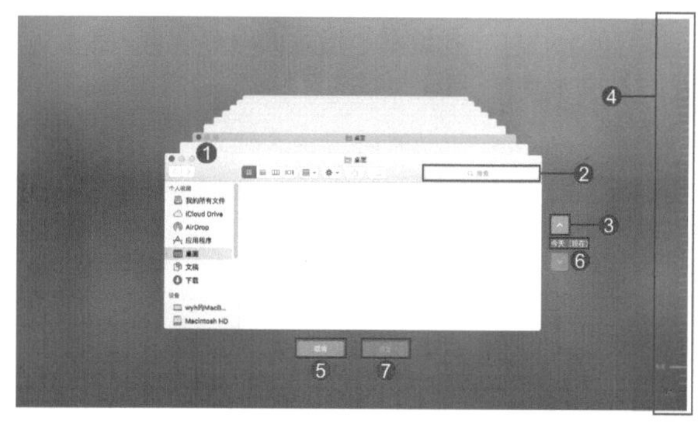

❶Finder窗口：该窗口会根据不同的备份时间来显示所存储的文件和内容。

❷搜索栏：在Time Machine的Finder窗口中，同样可以利用搜索栏来快速查找在某个时间点被删除的文件和内容。

❸时间按钮：分别单击不同方向的箭头，可以浏览Finder窗口中不同时间点的文件夹。

❹时间刻度：在此单击特定的时间时，可以快速浏览该时间点的内容。

❺取消：单击此按钮即可退出Time Machine界面。

❻时间状态：显示当前的Finder窗口处于哪一个时间点。

❼恢复：单击此按钮，可以将文件恢复到当前时间点的Finder窗口。

2. 使用Time Machine复原文件

在Time Machine界面的右侧，选择备份的时间点，接着在Finder窗口左侧的边栏中选择项目，然后在Finder窗口右侧选择要恢复的文件夹或文件，单击鼠标右键，从弹出的快捷菜单中选择“将‘XXX’恢复到”命令。

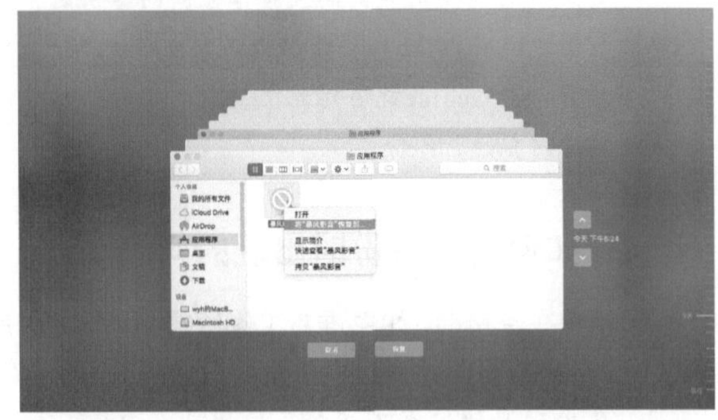

接下来需要为恢复的对象指定保存目录。在弹出的“选取文件夹”窗口中，可以选择要保存的位置，也可以单击“新建文件夹”按钮新建文件夹，为新建的文件夹命名（如这里命名为“备份还原”）并单击“创建”按钮，再单击“选取”按钮即可。

返回Finder窗口，找到刚才指定的保存位置，就会看到一个名为“备份还原”文件夹，双击打开该文件夹，即可看到已恢复的文件。

3. 搜索要恢复的文件

如果用户备份过很多文件，一时找不到自己所需要的那份备份文件，此时就可以使用Time Machine的搜索功能来快速搜索。

在Time Machine的Finder窗口中的搜索栏中输入要搜索文件的关键词。此时系统会自动显示出搜索的结果，用户再根据需要选择要恢复的文件即可。

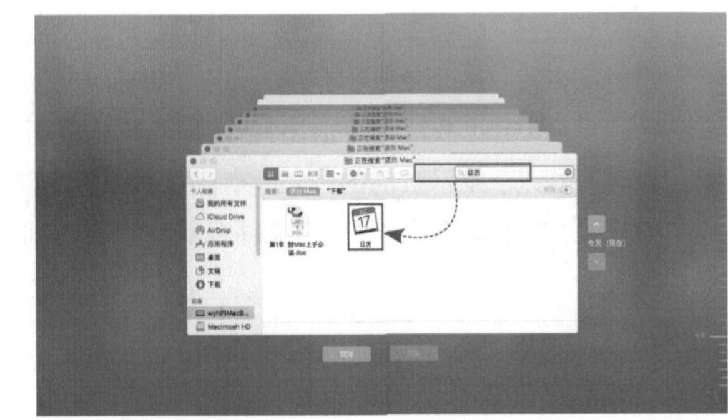

4. “本机快照”功能

在MacBook系列的笔记本中，有一种独特的功能，即“本机快照”。该功能会在每个小时针对已变动的文件建立一份备份文件，然后再存储在内置的磁盘上。

5. 使用Time Machine恢复整个系统

当系统出现问题时，只要以前用Time Machine备份过电脑，就可以通过备份快速恢复整个系统。

恢复前，首先将移动硬盘接到Mac计算机中，选取“苹果菜单 ”|“重新启动”。Mac 重新启动且听到启动声音后，按住 command 键和 R 键。当Apple 标志出现时，可以释放这些键。

进入“OS X实用工具”界面后，选择“从Time Machine备份进行恢复”选项，单击“继续”按钮。

进入“从Time Machine恢复”界面后，直接单击“继续”按钮。

进入“选择备份来源”界面后，选择之前使用外接硬盘保存备份的磁盘，然后单击“继续”按钮。

进入“选择备份”界面后，会看到列表中列出了以前创建过的所有备份点，从中选择一个要恢复的日期和时间的备份点，单击“继续”按钮。

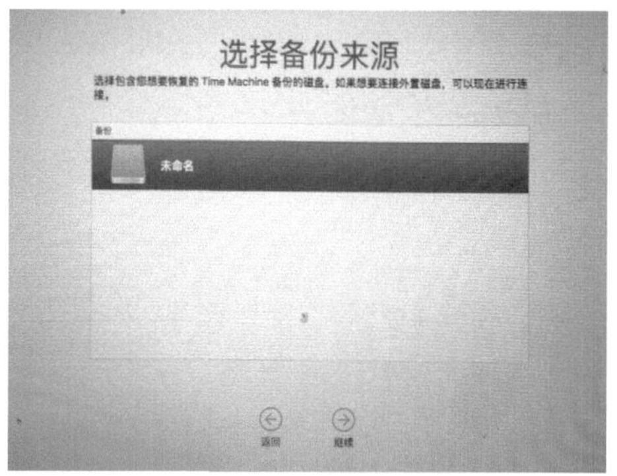

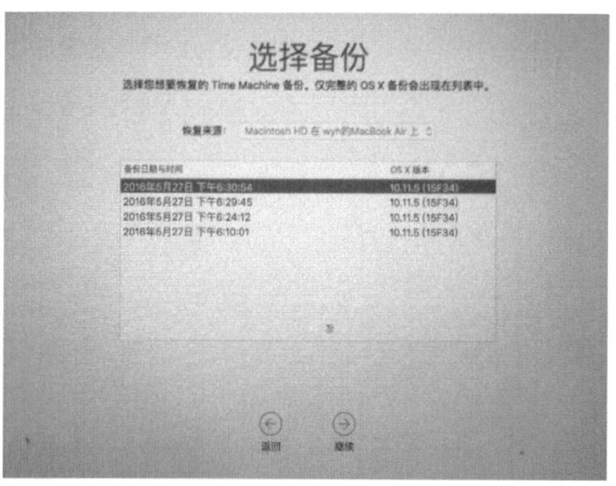

进入“选择一个目的位置”界面后，选择需要恢复的磁盘，如这里要恢复操作系统，那么就应该选择安装操作系统的磁盘，然后单击“恢复”按钮，即可开始恢复。

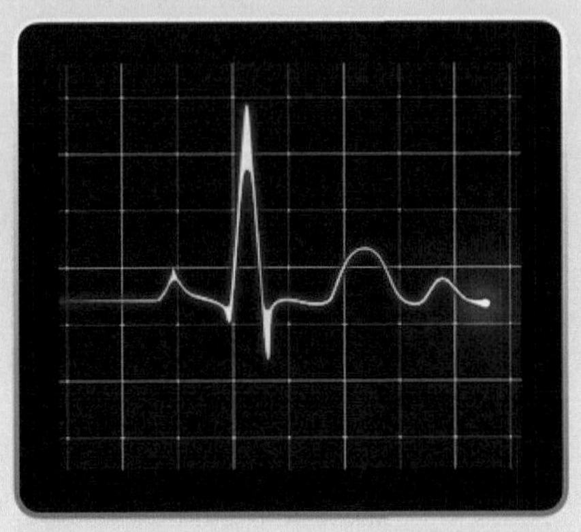

第 16 章 系统安全与故障排除

随着Mac 用户的增加，越来越多的黑客盯上了Mac窃取用户资料，使人们不得不注重安全，Mac本身在安全方面一向很出色，但是需要用户进行合理的设置才能满足个人需求。

16.1 控制台

对于接触过Windows系统的用户，控制台这个名词并不陌生，因为Windows中有类似控制台的功能。一般来说控制台并不针对普通用户，它的存在更倾向于让开发者对于计算机进行各项调试，但是由于他的后台功能十分强大，可以让普通用户做一些常用功能的了解，也可以使用它来管理自己的计算机，比如系统中程序的行为异常或者崩溃，就可以将控制台提供的日志信息保存下来并提供给能够解决问题的人，这对于快速定位问题所在有很大意义，下面就讲解一下如何使用控制台来查看及保存系统日志信息。

单击Dock中的Finder按钮，在弹出的窗口中单击左侧的“应用程序”边栏，然后在右侧窗口中打开“实用工具”，双击“控制台”图标，此时将弹出控制台主界面。

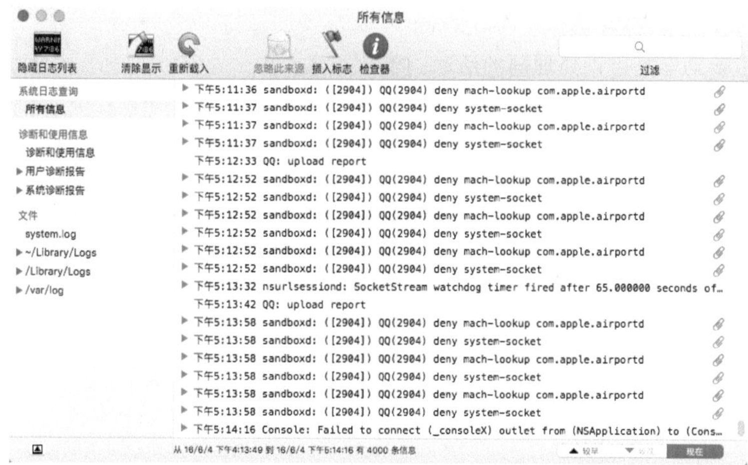

在控制台窗口中，可以看到左侧的“~/Library/Logs”和“/Library/Logs”项目，这两项尤其重要，一般情况下，假如系统或某个应用程序出现问题，需要前往这两个项目中寻找信息，它们代表了实际存在于硬盘中同名文件夹下的日志文件，可以单击其中一个项目将其展开，然后根据日志分类或者应用程序名称来查看日志。

在系统中某个应用程序或者系统出现崩溃的情况时，需要前往“~/Library/Logs”中寻找“Diagnostic Reports”，在这里可以看到包含应用程序名称、时间等信息的崩溃日志信息。

假如在控制台中发现某个应用程序经常崩溃，应该在控制台中找到相对应的崩溃日志并单击鼠标右键，从弹出的快捷菜单中选择“拷贝”再粘贴至某处发送给开发者以寻求解决方法，同时还可以将信息通过发送邮件等途径解决问题。

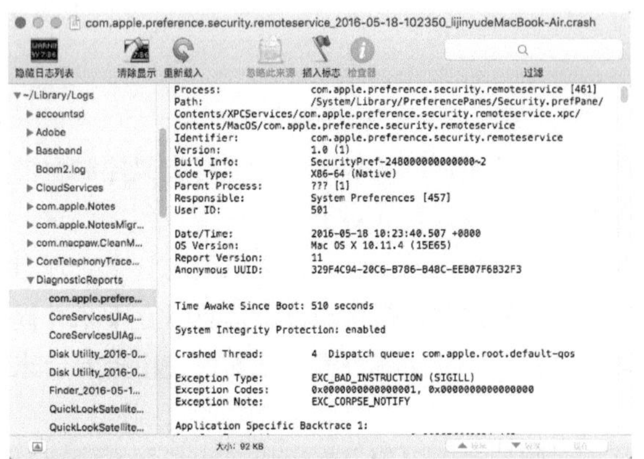

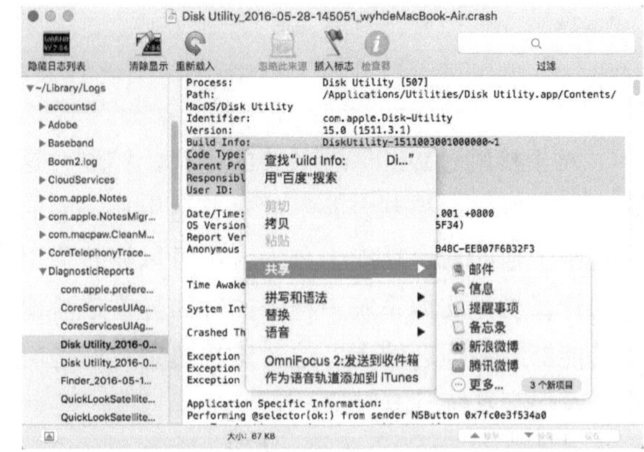

16.1.1 活动监视器

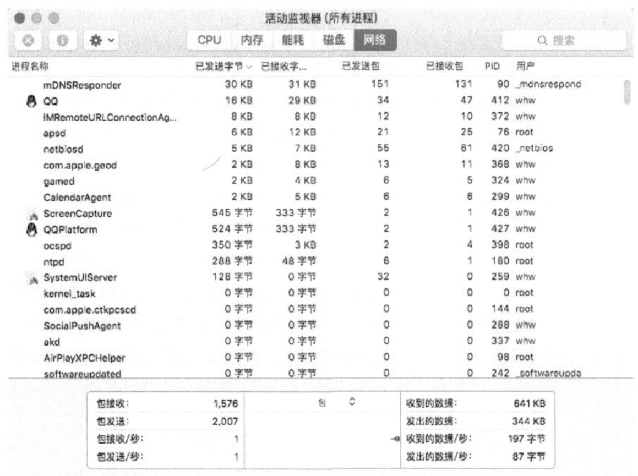

活动监视器是OS X 中自带的，类似于Windows中的任务管理器，它的主要功能是监视处理器的活动、内存、能耗及硬盘的使用率还有应用程序的运动状态，它以图形和数字结合的形式显示系统情况。

单击Dock工具栏中的Finder图标，启动Finder，在出现的窗口左侧选中“应用程序”，在右侧双击“实用工具”|“活动监视器”图标，在出现的窗口中可以看到正在运行的程序。

在列表中选中任意一个正在运行的程序（比如“QQ”）双击其名称，将弹出一个新的窗口，在窗口中可以看出程序所占用的CPU百分比和内存使用率等详细信息，单击左下角的“取样”按钮可以将程序运行的详细数据生成一份详细的日志，并且可以保存这份生成的日志，单击“退出”按钮将弹出一个新的对话框，系统将询问用户是否要退出进程，单击“退出”按钮可以将进程退出，而单击“强制退出”按钮则可以将当前程序所在的进程强行结束。

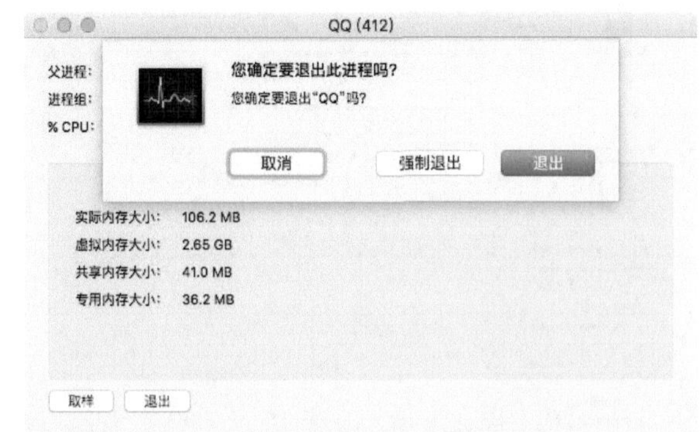

提示 在一般情况下，用户最好不要频繁地使用结束进程的方法结束某个运行的程序，除非在程序无法正常运行并且又不能强制退出的时候使用，因为一旦结束当前正在运行的进程就意味着所有的正在读写的数据被终止，一方面容易丢失数据，另一方面还有可能出现系统故障。

单击面板左上角的 按钮，在弹出的下拉列表中选择“运行系统诊断”命令，将弹出一个对话框，提示用户当前工具会将当前进程结果生成一个文件并允许Mac检查用户电脑以改进产品，单击“好”按钮即可将当前进程中的结果生成一个文件。

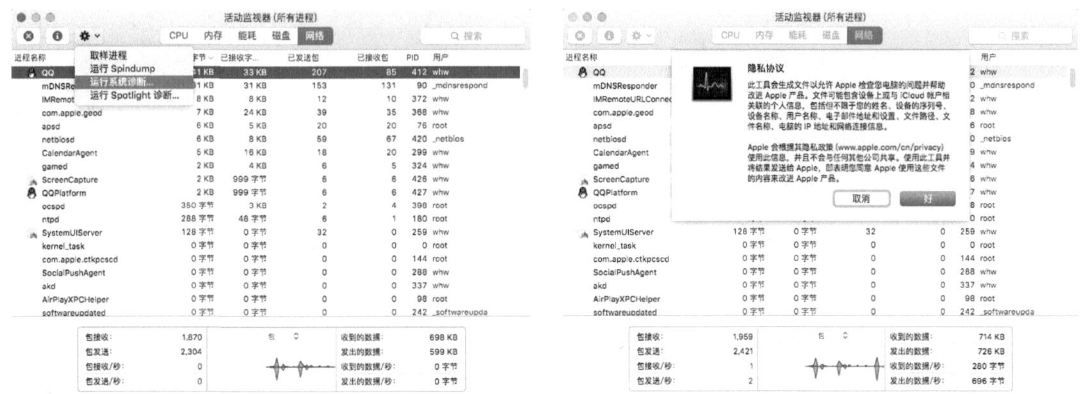

16.1.2 在快速查看中复制部分文本

在Mac中有一个十分好用的快速查看功能，它可以快速预览各种文件，包括文本、文档、PDF、图片，甚至还有音乐等项目。有时想要复制其中的部分内容，就需要打开这个文件。这样略显麻烦，在这里利用“终端”命令可以直接在快速查看中复制自己所需要的文本部分。

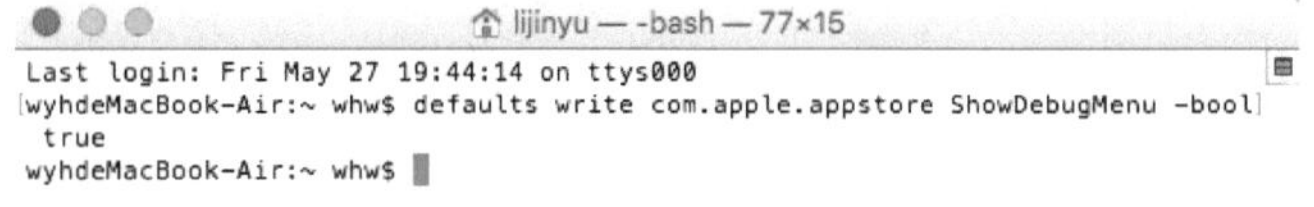

单击Dock工具栏中的Finder 图标，启动Finder，在出现的窗口左侧选中“应用程序”，在右侧双击“实用工具”|“终端”图标，在打开的终端窗口中输入以下代码：“defaults write com.apple.appstore ShowDebugMenu -bool true”，输入完成之后按return键确认，

此时选中一个文本文档，直接按下空格键打开快速查看，在快速查看窗口中可以选中自己需要的部分并且复制。

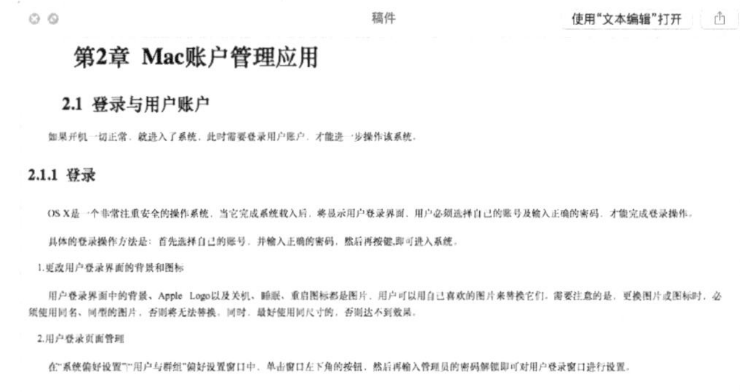

第2章 Mac账户管理应用

2.1 登录与用户账户

如果开机一切正常，就进入了系统，此时需要登录用户账户，才能进一步操作该系统。

2.1.1 登录

OS X是一个非常注重安全的操作系统，当它完成系统载入后，将显示用户登录界面，用户必须选择自己的账号及输入正确的密码，才能完成登录操作。

具体的登录操作方法是：首先选择自己的账号，并输入正确的密码，然后再按键,即可进入系统。

1.更改用户登录界面的背景和图标

用户登录界面中的背景、Apple Logo以及关机、睡眠、重启图标都是图片，用户可以用自己喜欢的图片来替换它们。需要注意的是，更换图片或图标时，必须使用同名、同型的图片，否则将无法替换。同时，最好使用同尺寸的，否则达不到效果。

2.用户登录页面管理

在“系统偏好设置”“用户与群组”偏好设置窗口中，单击窗口左下角的按钮，然后再输入管理员的密码解锁即可对用户登录窗口进行设置。

16.1.3 在通知中心添加“生日提醒”

从OS X Mavericks开始，Mac中添加了一个全新的通知功能，用户在右上角的通知中心可随时收到自己的消息及查看已发送微博等，同时通过灵活的设置，可以在通知中心添加一个“生日提醒”的功能。

单击Dock中的“日历” 图标，打开日历程序，选择菜单栏中的“日历”|“偏好设置”命令。

在打开的偏好设置“通用”面板中，勾选左下角的“显示生日日历”复选框，单击设置面板项部的“提醒”标签，单击“生日”后方的下拉表，选择“事件发生日期（比如1天前上午9时）”选项（这里可以根据自己的需要自定一个日期）。

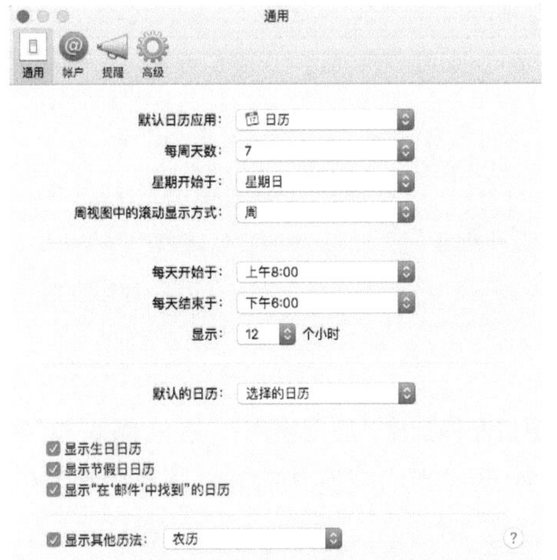

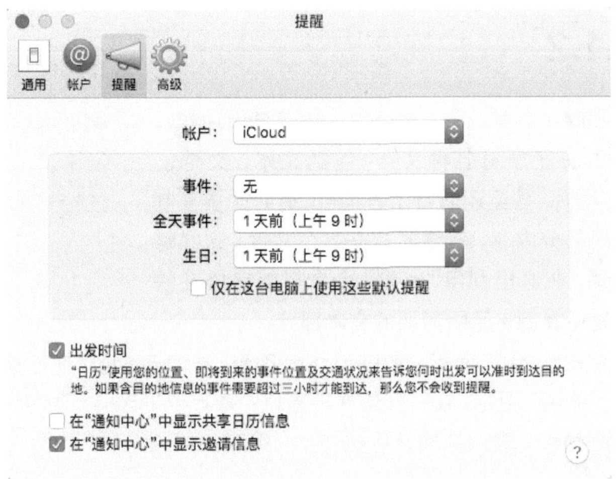

回到“日历”程序中，单击程序面板左上角的“日历”按钮，可以看到左侧边栏中出现的“生日”选项，勾选前面的复选框。

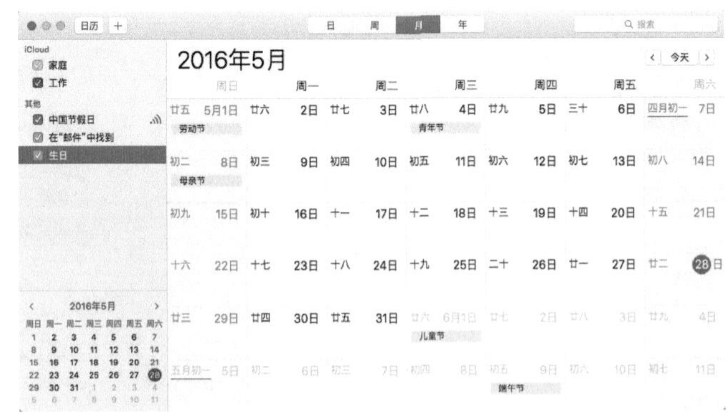

打开“通讯录”，选中自己的朋友、家人的名字为其添加生日（已添加的可以略过此项），完成之后单击底部的“完成”按钮，关闭“通讯录”面板。

当通讯录中的人物生日到来的时候，在前面的设置日期里，“通知中心”就会在右上角出现提醒。

16.1.4　查看之前连接过的Wi-Fi网络

有时候，在使用Mac的过程中可能会遇到一些关于Wi-Fi连接的问题，需要参考之前的连接方式，或者曾经接入过哪些热点，这时就需要查看Wi-Fi的连接记录了。

单击Dock中的“系统偏好设置”图标，在弹出的面板中单击“网络”图标，打开“网络”偏好设置面板。

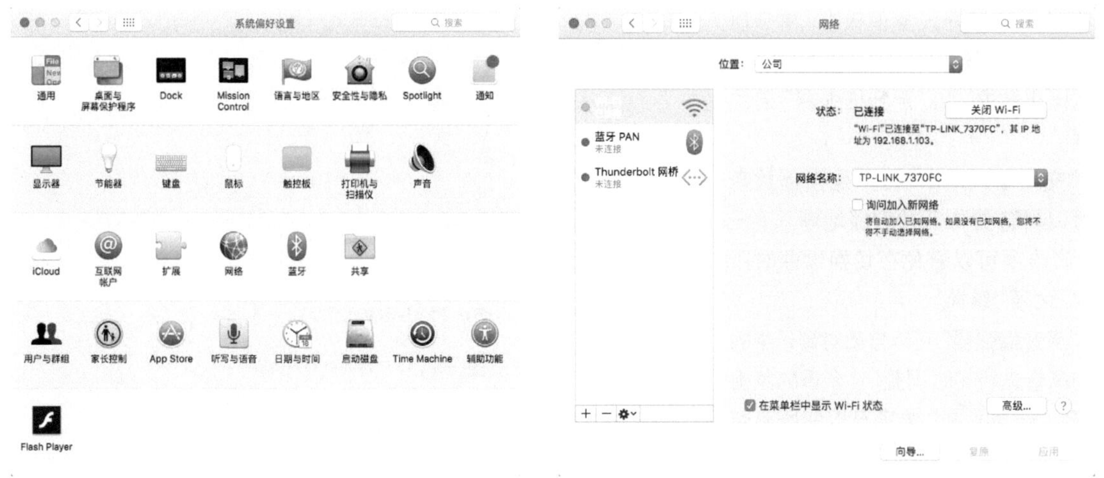

在“网络”偏好设置面板中单击右下角的“高级”按钮，即可在出现的面板中看到之前接入过的所有无线网络。

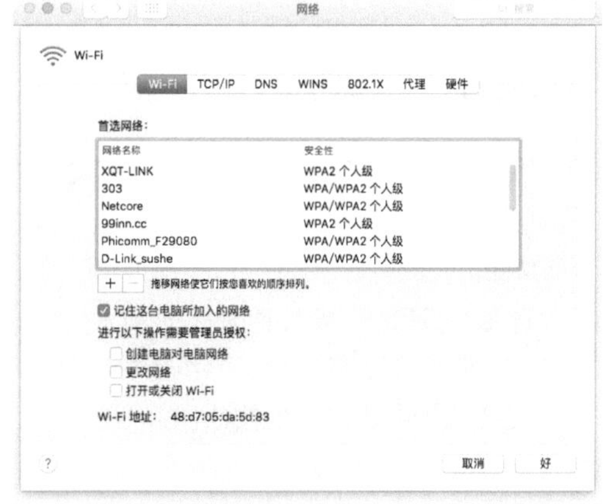

16.1.5　利用偏好设置优化iTunes音乐播放效果

iTunes是Mac中一款相当成熟的播放器，它是苹果公司自己开发的产品，经过多次版本更新，现在最新的版本功能相当强大。

通过对iTunes的偏好设置的进一步优化可以发现它具备更多符合个人使用习惯的功能。

单击Dock中的iTunes图标，打开iTunes程序，选择菜单栏中的“iTunes”|“偏好设置”命令，此时将弹出偏好设置面板。

在弹出的偏好设置面板中，单击顶部的“回放”按钮，在下方分别勾选“交叉渐入渐出歌曲”和“声音增强器”前的复选框。

“交叉渐入渐出歌曲”是指播放音乐时可以将音量降低并缓缓地渐入下一首歌，该选项可以避免在切换歌曲时所产生的“生硬”感觉。

“声音增强器”可以自动对音乐中的低音和高音进行实时调整，让音乐的氛围感更好，“音量平衡”选项可以使所有音乐在相同的音量下播放，此选项对于CD或者从CD抓取过来的音乐十分有效。

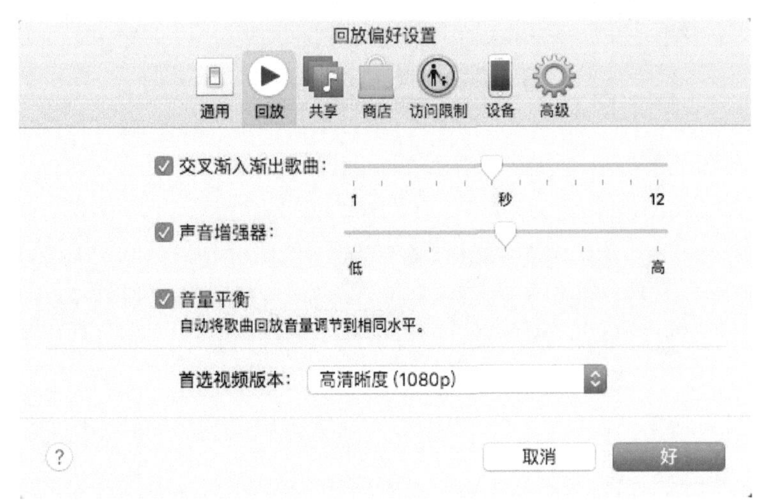

16.1.6 删除文件的快捷方法

当用户删除文件时，习惯将文件直接拖入“废纸篓”中，有时候需要删除的文件或项目比较多，拖动删除比较麻烦，其实，Mac中隐藏了很多快速删除文件的功能。

选取任何文件或文件夹，按⌘+delete快捷键可以快速将其移至废纸篓中。

在废纸篓中选取任何文件，按⌘+delete快捷键，可将废纸篓中的文件或项目恢复至原来的位置，当然还可以在所选取的文件上单击鼠标右键，在弹出的快捷菜单中选择“放回原处”命令，将删除的文件恢复到原来的位置。

在任何时候，按shift+⌘+delete快捷键，将弹出一个对话框，提示用户此项操作将彻底清倒废纸篓中的文件，单击“清倒废纸篓”按钮即可将废纸篓清空。

在任何时候，按shift+option+⌘+delete快捷键，可快速清倒废纸篓，需要注意的是，执行此项命令没有任何提示对话框。

> **警告** 在不确定废纸篓中是否还存在有用的文件时切勿按shift+option+⌘+delete快捷键清倒废纸篓，此项操作将永久清除废纸篓中的文件且不可恢复。

单击Dock工具栏中的Finder，启动Finder，在出现的窗口左侧选中“应用程序”，在右侧窗口中双击“实用工具”|“终端”图标，在打开的终端窗口中输入以下命令：“ln –s ~/.Trash ~/Desktop/Trash”，输入完成之后按return键确认，此时桌面上将出现一个“Trash”文件夹。

双击此文件夹可以看到废纸篓中的所有文件，此段代码相当于为废纸篓创建了一个快捷方式。

16.2 设置安全性能

16.2.1 发送诊断与用量

Mac和某些应用程序会采集系统和性能的日志信息，并发送给苹果或者第三方应用程序的开发者，以便于帮助他们进一步完善系统和应用程序。

单击Dock中的“系统偏好设置”图标，在出现的面板中单击“安全性与隐私”图标，单击“隐私”标签，选择“诊断与用量”选项，在确认安全的情况下，推荐选中“将诊断与用量数据发送给Apple”复选框。

在这里的隐私数据项目，除了系统默认提供的几个选项之外，还可以随着应用程序的增加而增加。

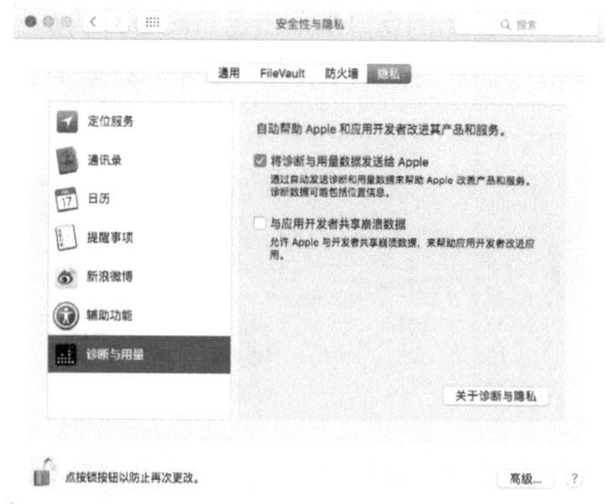

16.2.2 自动注册当前用户

单击Dock中的“系统偏好设置”图标，在出现的面板中单击“安全性与隐私”图标，单击“隐私”标签，选择“辅助功能”选项。

在面板中单击左下角的按钮设置解锁，在弹出的对话框中输入密码之后单击“解锁”按钮，再单击面板右下角的“高级”按钮，在弹出的面板中勾选“在*分钟不活跃后注销”，可以在所设定的不活跃时间内无操作的情况下注销当前用户，而勾选“访问系统范围的偏好设置需要输入管理员密码”项之后，在进行系统偏好设置的时候需要输入管理员密码。

16.2.3 防火墙

和Widows相同，OS X也为用户提供了防火墙功能，有了此项功能，可以将具有安全隐患的程序或者用户阻挡在外，单击Dock工具栏中的“系统偏好设置”图标，打开“系统偏好设置”窗口，然后单击“安全性与隐私”图标。

在弹出的面板中，切换到“防火墙”标签，单击左下角的按钮对设置进行解锁，此时将弹出一个对话框提示用户输入密码，完成之后单击“解锁”按钮。

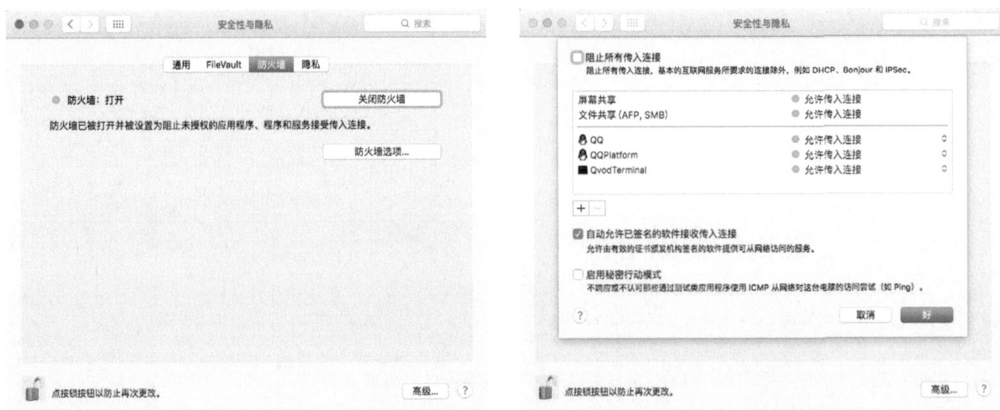

当解锁之后，单击“打开防火墙”按钮，将其打开，再单击“防火墙选项”按钮，此时将弹出一个新窗口。

在弹出的窗口中单击窗口左下角的加号+按钮，选择一个应用程序，比如暴风影音，选中暴风影音图标之后，单击“添加”按钮，此时应用程序被添加至列表中，再单击右下角的“好”按钮确认设置。

> 提示 如果勾选了“阻止所有传入连接”前的复选框，将阻止除基本服务以外的所有连接，适用于对安全等级要求较高的情况下使用。

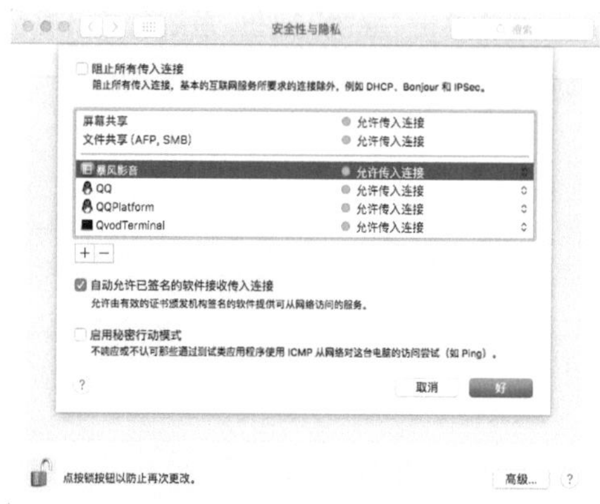

16.2.4 数据加密

单击Dock工具栏中的“系统偏好设置” 图标，打开“系统偏好设置”窗口，然后单击“安全性与隐私” 图标。

在弹出的面板中，切换到“FileVault”标签，单击左下角的按钮对设置进行解锁，此时将弹出一个对话框提示用户输入密码，完成之后单击“解锁”按钮。

在出现的面板中，单击“打开FileVault”按钮，此时将弹出一个新的窗口，选择“允许我的iCloud账号解锁我的磁盘”单选按钮，单击“继续”按钮。

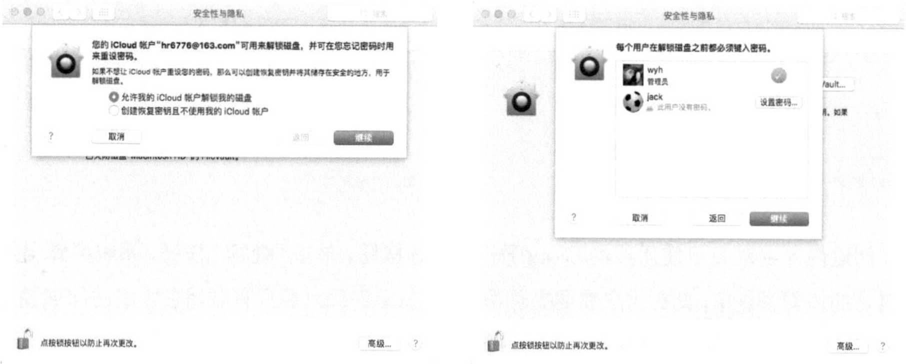

选择其中的一个用户，单击“设置密码”按钮，即可弹出设置密码窗口。因为我们是以管理员身份登录的，这里的管理员已经解锁，所以不需要再设置密码。

当设置完密码之后，单击用户名后方的“启用用户”按钮，此时原来的按钮位置将被一个绿色的对号标志所替代。

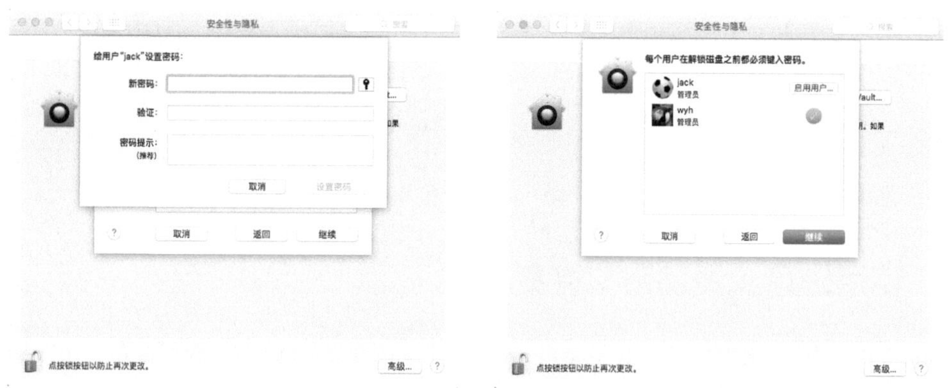

再次单击“继续”按钮，系统会弹出提示，提示重新启动电脑以开始执行加密过程。重启电脑后，会显示加密进度。

如果选择“创建恢复密匙且不使用我的iCloud账号”单选按钮，单击“继续”按钮，系统会弹出提示，显示一串文字与字母相结合的恢复密匙串，此时用户需要妥善保管，当忘记密码之后只有利用它才能访问被锁定的磁盘，单击“继续”按钮，将显示用户，再进行的设置和前面讲解就完全一样了。

16.2.5 使用磁盘工具加密文件夹

单击Dock工具栏中Finder的 图标，启动Finder，在出现的窗口左侧选中“应用程序”，在右侧窗口中选择“实用工具”|“磁盘工具”并打开。

选择菜单栏中的"文件"|"新建映像"|"来自文件夹的映像"命令，此时将弹出一个窗口，选择要加密的文件夹，再单击"打开"按钮。

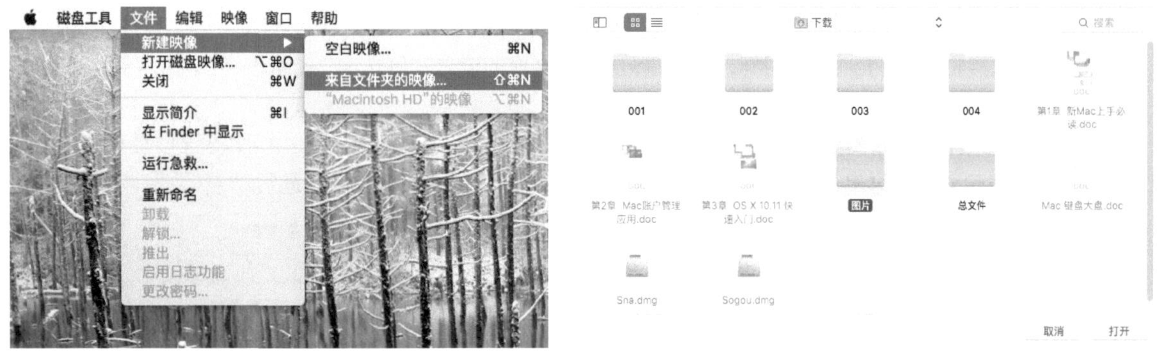

单击"打开"按钮后，将弹出对话框询问用户需要存储的位置以及加密方式，将位置更改为想要存储的位置，选择"加密"为"128位AES加密（建议）"，设置完成之后单击"存储"按钮，此时将弹出密码输入对话框，在对话框中输入密码之后，单击"选取"按钮完成设置。

将文件夹加密完成之后，可以将原文件夹删除，找到刚才所保存的映像文件夹的位置，双击文件夹，弹出要求输入密码对话框，只有输入正确的密码才能访问。

提示 如果勾选了“在我的钥匙串中记住密码”前的复选框，系统将记住密码，每当用户访问时无需输入密码，在没有别人使用这台计算机的情况下是可以勾选的，如果有多人使用这台计算机，为了安全起见建议取消勾选。

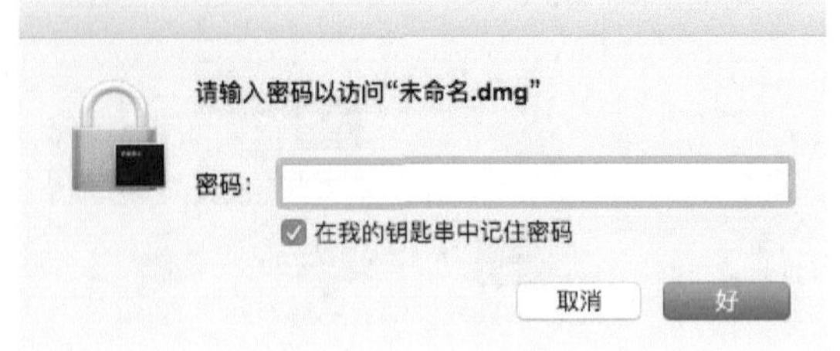

16.2.6 钥匙串访问

“钥匙串”是一个管理密码的实用程序，用户可以将常用的密码添加到钥匙串中，只要这个钥匙串处于解锁的状态，在打开应用的时候就无需输入密码，全部可以自动登录。

16.2.7 新建钥匙串

单击Dock工具栏中Finder的图标，启动Finder，在出现的窗口左侧选中“应用程序”，在右侧窗口中选择“实用工具”|“钥匙串访问”按钮并打开。

在出现的窗口中，可以看到当前系统中用户所拥有的所有钥匙串，在左侧的边栏中可以看到“登录”钥匙串显示为加粗样式，表示默认钥匙串，而右侧列表则显示了所有在该钥匙串中保存的“钥匙”。

提示 登录账户以后将自动获得一个名为“登录”的钥匙串，这就是用户默认的钥匙串，登录系统后自动解锁，该钥匙串的密码就是登录密码。

选择菜单栏中的“文件”|“新建钥匙串”命令，在弹出的对话框中输入钥匙串名称，还可以设置标记和位置，完成之后单击“创建”按钮。

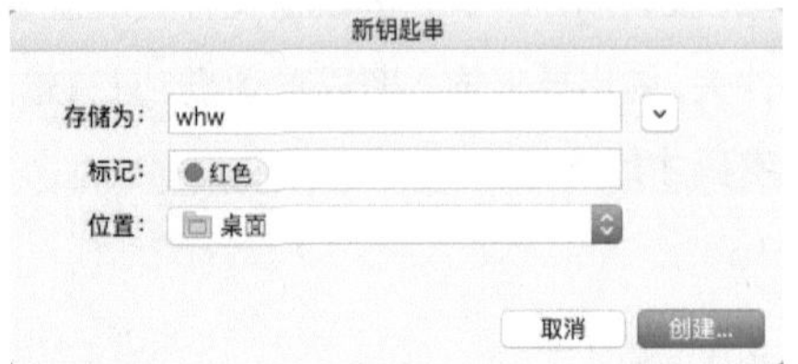

此时将弹出一个提示用户为当前用户的钥匙串创建一个新的密码的对话框，在对话框中输入密码，单击“好”按钮确认。

请为钥匙串“whw”输入新密码。

新密码：

验证：

密码强度：较好

取消　好

提示　由于苹果公司一直都很重视用户的安全，所以在创建密码的时候，如果密码过短或者不安全，系统会提示用户指定的密码不安全，需要更长或者更安全的密码，通常情况下创建的密码应多于6个字符，并且不能使用容易被猜到的单词。

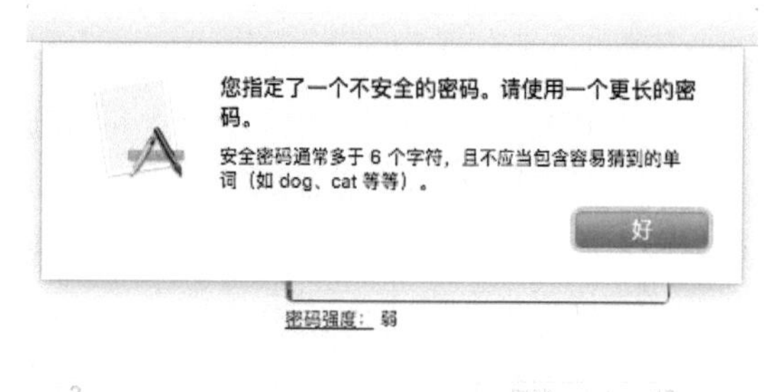

您指定了一个不安全的密码。请使用一个更长的密码。
安全密码通常多于 6 个字符，且不应当包含容易猜到的单词（如 dog、cat 等等）。
好
密码强度：弱

16.2.8　添加密码

新建钥匙串之后，就可以将密码添加到该钥匙串中了。选择菜单栏中的“文件”|“新建密码项”命令，此时将弹出一个新的对话框，提示用户设置钥匙串项的名称、账户名称和密码等信息。

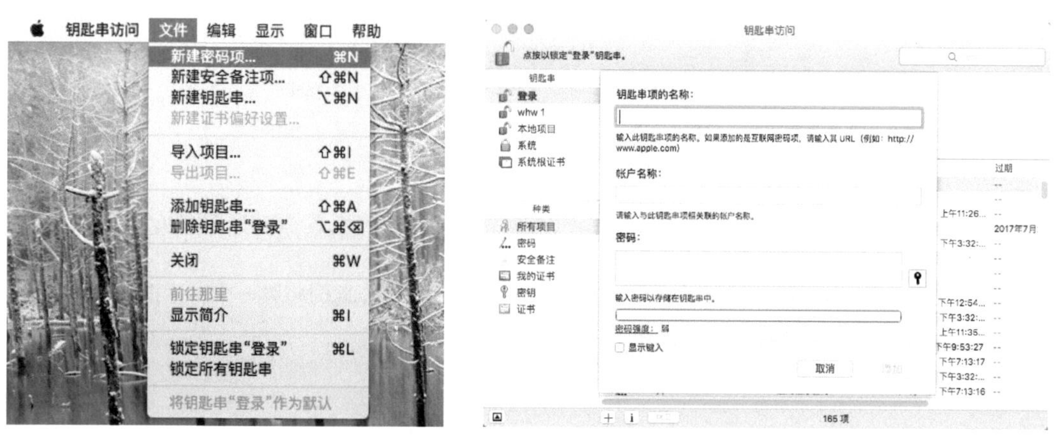

如果密码是某个网站的登录密码，则将网站地址作为该钥匙串项目名称。如果添加的是某个应用程序的密码，则该应用程序的登录界面中必须包含“在我的钥匙串中记住密码”选项。在对话框中勾选该项之后进入程序，则其密码会被添加至默认钥匙串中。

如果想要添加到此钥匙串的项目位于另外一个钥匙串中，可以直接将该项目拖至此钥匙串中，比如将“登录”钥匙串某应用程序的密码拖到刚才创建的“whw”中，此时将弹出一个对话框询问用户是否允许添加，输入密码后单击“允许”按钮即可。

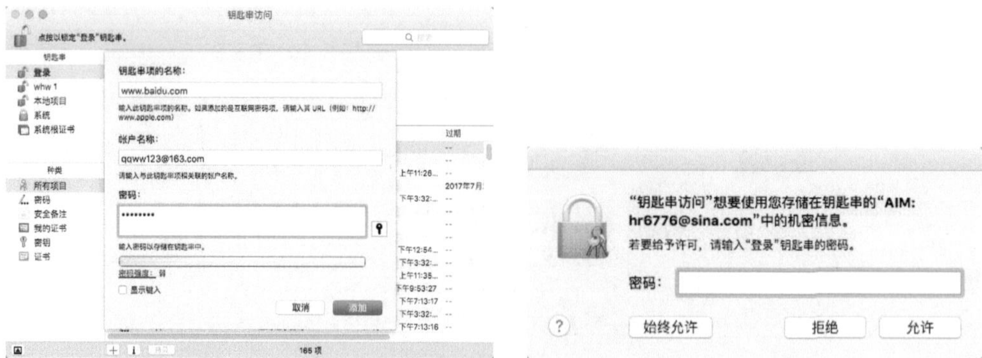

16.3 寻找Mac

当用户的Mac丢失、遗忘之后，可以通过强大的iCloud功能找回。通过它可以找到Mac所处的位置，并且帮用户锁定，同时使用另外一台Mac可以在地图上看到当前用户的Mac所处的位置，甚至可以使用随身的iPhone、iPad来查看，在iCloud中支持远程锁定、远程数据清涂、播放声音和发送消息等，这样再也不怕Mac丢失或者遗忘了。

单击Dock中的“系统偏好设置” 图标，在弹出的面板中单击“iCloud”图标，打开“网络”偏好设置面板。

在弹出的窗口右侧列表中找到“查找我的Mac”并勾选前方的复选框，此时将弹一个对话框，询问用户是否允许“查找我的Mac”的位置，单击“允许”按钮即可。

单击Dock工具栏中的Safari图标，启动Safari浏览器，然后进入iCloud的主页，登录Apple ID，在主界面中单击“查找我的iphone”即可。

16.4　常见的故障排除

无论Mac多么安全和稳定，它终究是电子类产品，凡是电子类产品都会有出故障的可能。不管是硬件方面还是软件方面，出现问题之后我们可以通过联系苹果公司的售后解决，如果软件方面出现简单的小问题时，我们可以通过自已所了解的一些排除方法来解决。

16.4.1　系统变慢

无论是Mac还是Windows，在正常使用的过程中系统运行速度变慢是一件令人抓狂的事情，例如，当工作节奏比较紧张时，对计算机的运行速度就要有一定保证，虽然Mac的配置大多属于中高端，在速度方面完全可以保证，但如果由于人为的因素造成的系统程序运行变慢，这是可以通过简单的方法来解决的。

例如，在正常使用的过程中，突然发现计算机运行速度变得卡顿、缓慢，遇到这种情况该如何解决呢？首先查看是否运行了过多的后台程序，一旦后台程序运行得过多，势必会加重系统的负担，在有限的内存空间里无法容下更多的程序，此时可以通过关闭暂不需用的程序来加快系统运行速度。观察Dock中的程序图标，发现图标底部有个小黑点的，就是正在运行的程序，此时可以在其图标上单击鼠标右键，从弹出的快捷菜单中选择“退出”命令，将程序退出即可。

还有一种方法就是单击程序菜单栏左侧的苹果菜单图标，从弹出的菜单中选择“强制退出”命令，在出现的窗口中选择需要退出的程序，单击“强制退出”按钮即可退出程序。

使用以上的方法可以保留出更多的计算机内存空间，从而加快系统运行速度。

> **提示** 由于强制退出命令多用于长时间未响应的程序，在正常情况下尽量不要使用，因为它的退出方式是强制性的，无论当前程序运行到什么程度。比如正在编辑的文本文档因为插入的图片或者声音项目比较大而发生的暂时无响应，可以稍等片刻等程序作出回应，如果在此时强制退出程序，有可能丢失未保存的工作。

16.4.2 Safair变慢

随着用户频繁地使用Safair浏览网页，长久以来会产生很多的历史记录文件，虽然这些文件表面看似无影响，但实际上它会降低系统运行速度，此时可以尝试还原Safair。

在Dock中单击Safair图标，打开Safair浏览器，选择菜单栏中的“Safair”|“偏好设置”命令，此时将弹出偏好设置面板，选择“隐私”标签，单击“移除所有网站数据”按钮，在弹出的提示对话框中，单击“现在移除”按钮即可。清除完成再次使用Safair浏览网页的时候会发现速度明显变快。

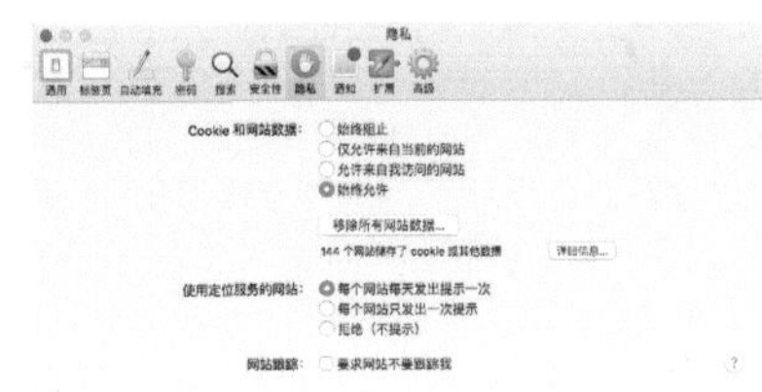

16.4.3 字体错误

如果用户在编辑完成文档之后准备打印的时候发现了文稿错误，很有可能是字体文件损坏，这时可以找到字体文件进行验证，并找到损坏的字体文件将其删除。

单击Dock工具栏中Finder的图标，启动Finder，在左侧选中“应用程序”，在右侧的窗口中双击“字体册”图标，启动程序。

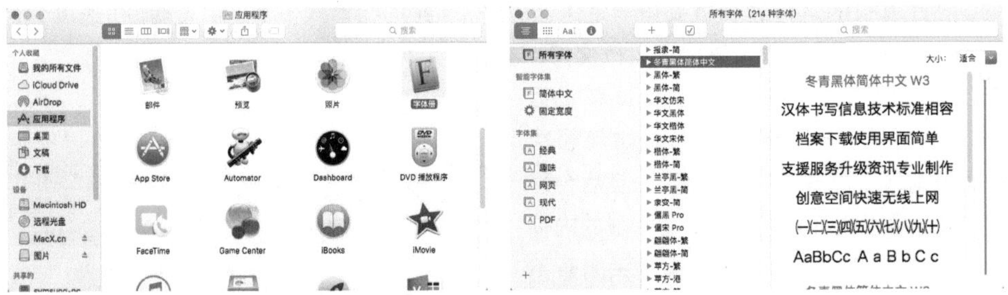

在“字体册”窗口中的列表中，选择类似的损坏字体，单击鼠标右键，从弹出的菜单中选择“验证字体”命令。

此时将弹出字体验证窗口，在窗口中可以看到系统提示用户当前字体情况，是否通过字体验证，假如验证结果显示字体发生损坏，可以选中当前字体，单击右下角的“移除选中项目”按钮。

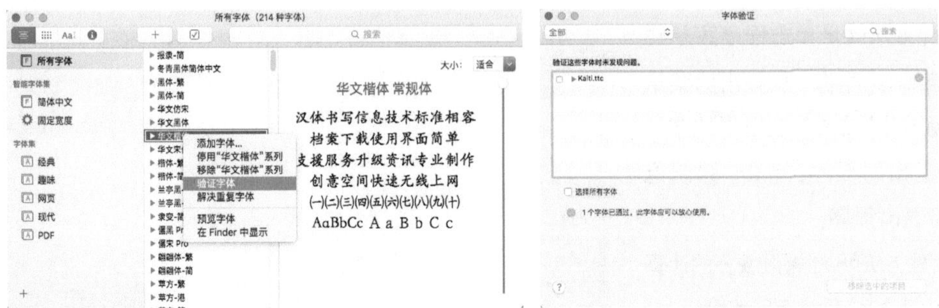

第 17 章 生活助手类软件推荐

本章为用户推荐一些比较常用的生活助手类软件，以帮助用户使工作变得更加顺手，这里重点介绍几种浏览器的使用，以及阅读器、思维导图、印象笔记和QQ聊天工具，并详细讲解下载方法及使用技巧。

17.1 Firefox（火狐）浏览器

有时官方系统中自带的浏览器不能满足我们的使用要求，这时就需要使用功能更为完善的浏览器，在这里推荐给用户一款使用十分广泛的跨平台浏览器，即Firefox，它的中文译名为火狐，它是一款功能十分强大的开源浏览器，使用Gecko引擎，可以跨越多个平台使用，例如，Mac、Windows、Linux，火狐浏览器的最大优点是强大的扩展功能，可以根据实际需求安装很多实用的插件。

首先找到Firefox的下载页面，然后找到“下载”按钮，单击按钮即可开始下载。

当下载完成之后双击安装包缩略图，即可在Mac中安装Firefox，双击缩略图之后会弹出一个窗口，双击“Firefox”即可将其启动，在Dock中可以看到快速启动图标。

此时会提示用户是否要更改默认浏览器，可以根据使用习惯来选择是否将Firefox作为默认浏览器，设置完成后就可以使用Firefox浏览所喜欢的网页了。

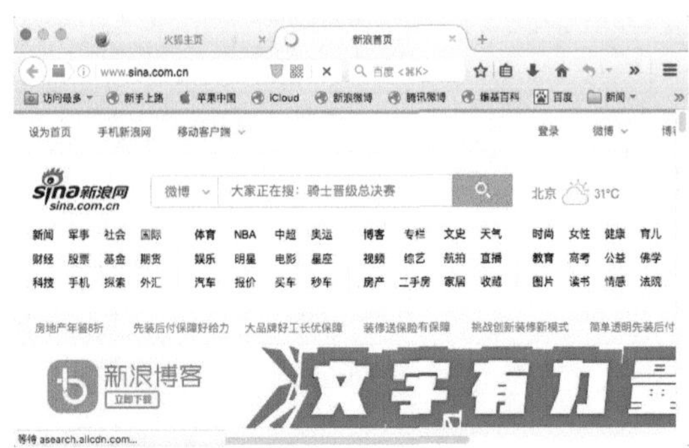

17.2 Opera（欧朋）浏览器

Opera 作为一款浏览器，功能强大、上网高效、安全、极速著称，同时也是世界上最流行的浏览器之一，由于它使用独家排版引擎Presto，所以加载速度一直是它的强项。

它具有高灵活性，由于Opera具有相当多的人性化功能，方便用户使用。它支持多页面浏览，支持换肤、鼠标手势、页面缩放以及自定义页面格式。鼠标手势是Opera首创的功能，还有快进、自动页面登录、自动填写信息、会话管理、笔记、快速设置等功能，由于具有全新的鼠标手势功能，所以在Mac中配合手势操作，是一件令人愉悦的事情，这也是越来越多的Mac用户倾向于使用Opera的重要原因之一。

另外，Opera的安全性在业内也十分有名气，Opera更新十分频繁，每次发现浏览器缺陷后都会尽快升级，从一定程度上避免了很多Bug或者漏洞，在愉悦的浏览体验的同时，在安全性方面丝毫不打折扣，据知名调查网站的调查显示，Opera浏览器的安全性多年来一直领先于其他浏览器。

找到Opera的下载页面单击页面中的“下载”按钮，即可开始下载。

下载完成之后将其解压缩，将得到程序安装包，双击程序安装包会弹出一个安装提示，可根据提示进行安装，安装完成后，在“应用程序”文件夹中会出现Opera的图标，同时在Dock上也会显示该图标。

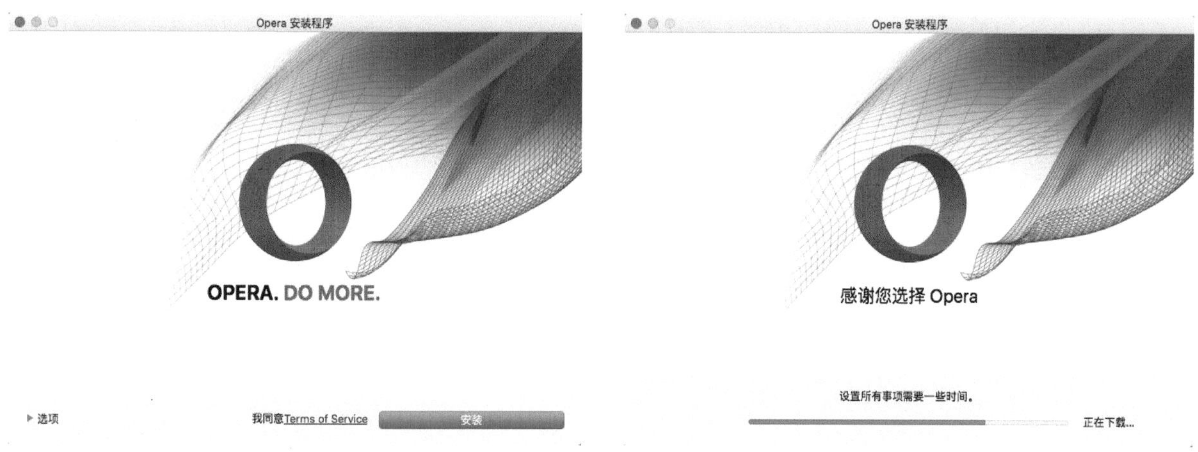

在“应用程序”窗口中双击Opera图标启动Opera，可以看到Opera浏览器的主界面。

17.3 Google Chrome（谷歌浏览器）

Google Chrome是一款十分流行的浏览器，得益于它的强大功能，在Windows和Mac两个平台中都占有一定地位，它自带的“审查元素”功能是其本身一大亮点，对于做编程或者软件开发的人员而言，这项功能十分有用，通过执行“审查元素”命令可以了解当前页面中的元素信息。

双击安装包图标可执行安装，在出现的窗口中将程序图标移至文件夹上即可完成安装。

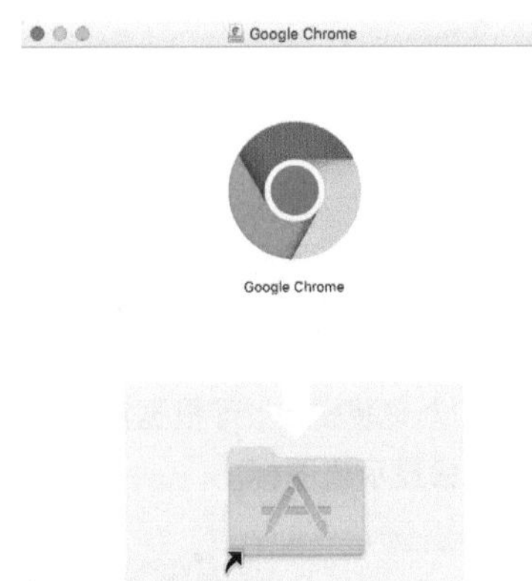

在首次打开浏览器的时候，在左上角位置可以看到“单击这里导入标签”功能，单击“开始”按钮，即可将本机中原有的浏览器标签、历史记录和表单等项目导入Google Chrome中，以方便用户快速进入正常使用状态。

导入完成之后即可浏览网页了。

在浏览的页面中单击鼠标右键，从弹出的快捷菜单中选择“检查”命令，可以看到页面右方出现的列表框，在列表框中可以看到关于页面的所有项目代码，通过修改这些代码来更改浏览器显示的方式，这也是Google Chrome的一大亮点，它可以协助程序开发人员快速有效地完成自己的工作，并且还具备测试功能。

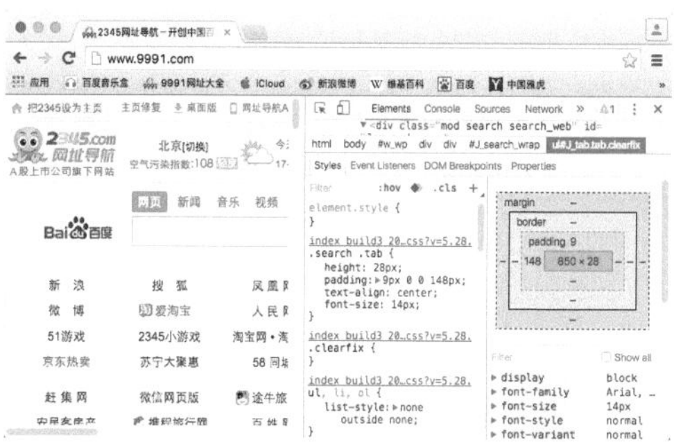

提示 选择程序菜单栏中的“视图” | “开发者”命令，可以在出现的列表中看到供开发者使用的命令，选中需要的功能可以直接在浏览器中打开。

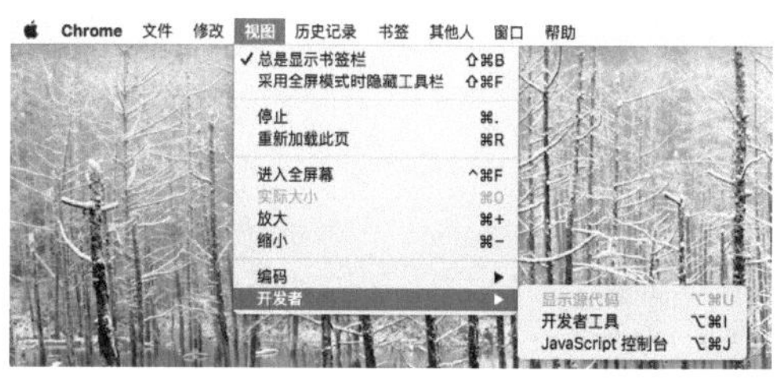

另外，Google Chrome浏览器还有一项十分强大的功能就是“云打印”功能，它可以让用户随时随地使用连接到此计算机的打印机。

选择菜单栏中的“Chrome” | “偏好设置”命令，可以看到关于chrome的设置项，单击页面底部的“显示高级设置”，在下面的选项中可以看到“Google云打印”选项，单击下方的“管理”按钮，会跳转到新的页面，单击的“添加打印机”按钮，即可跳转至添加打印机页面，根据提示添加打印机，即可完成云打印设置。

> 提示　在添加打印机的页面中，用户需要先登录账号才可以进行添加打印机操作。

17.4 Adobe Reader（阅读器）

Adobe Reader是一款由Adobe公司开发的功能强大的软件，它的主要功能是打开PDF文件，并且可以对PDF文件实现拼写检查、创建快照以及多种浏览PDF的命令，例如，缩放、平移、放大等浏览方式，并且在安全性方面Adobe Reader可以为文件设置各种安全参数设置。

双击安装包开始安装软件，根据提示将其安装，安装完成之后在Finder中的应用程序中双击“Adobe Reader”即可启动。

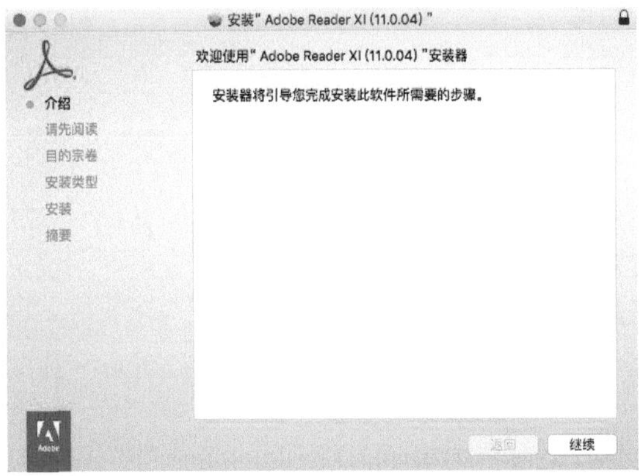

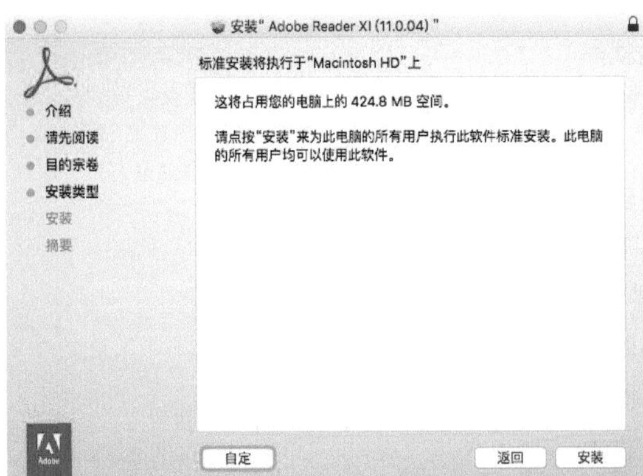

启动PDF软件之后是没有界面的，需要找到想要查看的文档并打开才可看到。

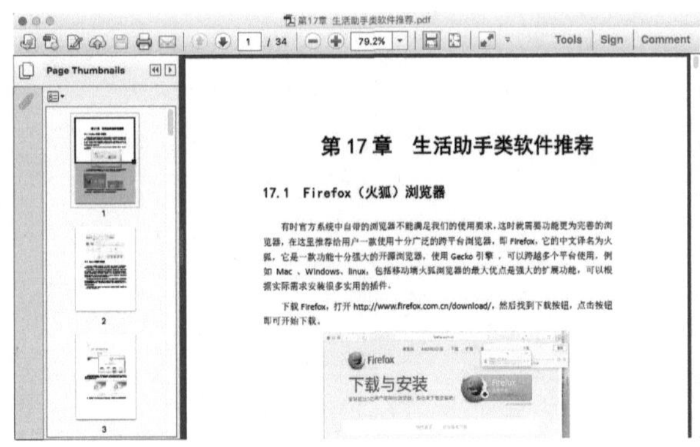

在打开的PDF文档中，主要分为2大部分，左侧是关于文档的缩览视图项，而在右侧的主界面中可以查看文档，同样在顶部可以看到关于查看的各种设置项以及各种常用按钮，比如打印、共享、查找等按钮，Adobe Reader支持鼠标滚轮操作，当滚动鼠标滚轮即可向上或者向下翻动页面，同时单击界面上方的向上或者向下按钮可以查看上一页或者下一页的内容。同时，它还支持在PDF页面中直接截取图像，按住鼠标左键在页面上想要截取的图像部分拖动以选中想要截取的内容，选中之后直接单击鼠标右键，从弹出的菜单中选择“复制图像”即可，之后可以在其他任何地方粘贴所复制的图像。

按住option键在页面中滚动鼠标滚轮可以缩放当前页面视图比例，可以将其放大以适合查看重点部分内容。在左侧边栏中的页面预览视图中可以拖动页面上的红色矩形框以定位想要查看的区域。

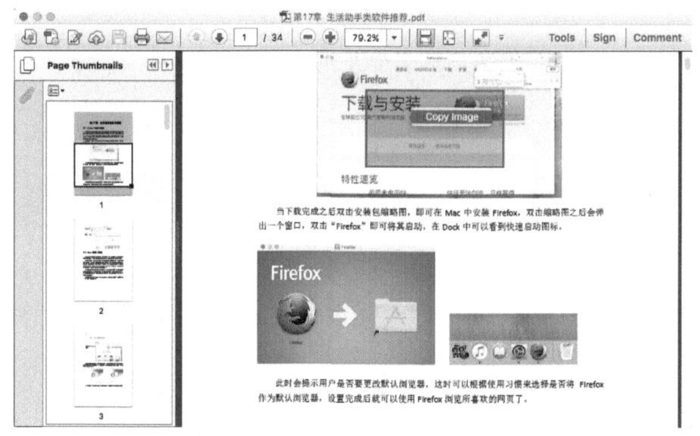

选择菜单栏中的“Adobe Reader”|“Preferences（首选项）”命令，可以打开首选项，在这里可以设置个人使用习惯等参数。

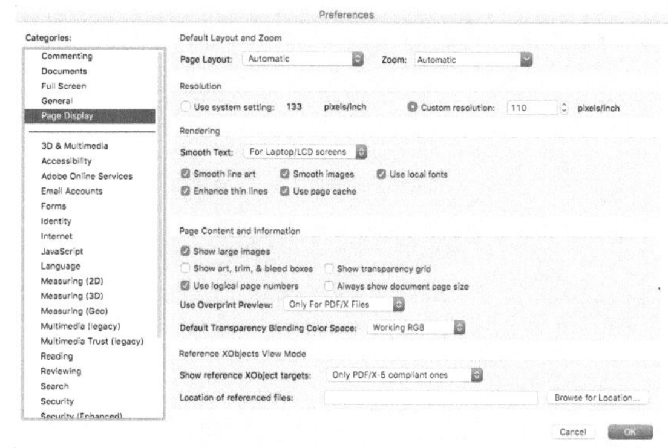

Adobe Reader支持启用计算机中的OpenGL，通过硬解码在查看一些高分辨率图像的时候提供更精细美丽的画面，在“首选项”窗口中单击左侧的“3D&Multimedia（3D和多媒体）”，在右侧可以看到关于“Preferred Renderer（首选渲染器）”的选择。

在首选项窗口中单击左侧的“JavaScript”，可以在右侧的界面中设置是否启用JavaScript，当启用了此项功能之后，它可以让用户在调用的浏览器中享受JavaScript带来的便利。

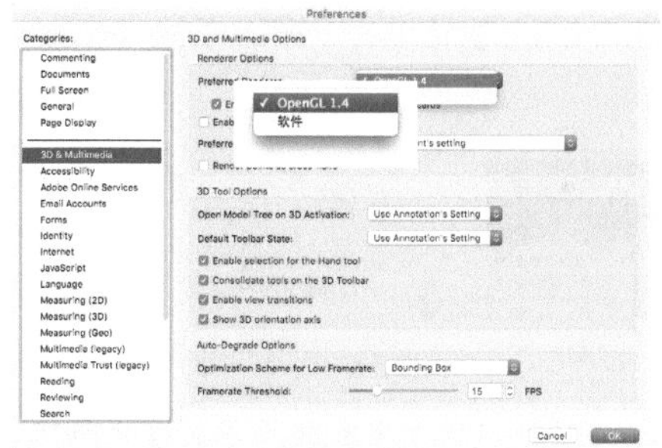

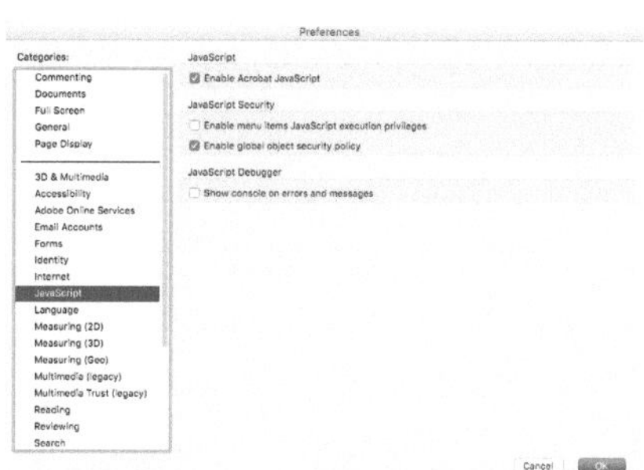

17.5 MacTubes（观看/下载视频）

MacTubes是给用户提供一种简单的观看（甚至下载）自己喜爱的YouTube视频的一款软件，它的使用方法十分简单，而且界面简洁，当安装软件并启动之后可以看到主界面，主界面分为2个部分，左侧是所观看的途径，而右侧的列表框中则显示用户所观看的视频列表，通过单击界面上方的按钮可以切换视图。

输入视频或者音乐地址可以直接收看或者收听，方法是：在软件启动的情况下选择菜单栏中“File”|“Open Video”命令，在出现的对话框中直接输入URL，单击“OK”即可开始观看。

单击软件界面左下角的+可以添加想看的视频类型，在出现的菜单中选择“New Category”命令，在弹出的子菜单中可以选择自己喜欢的类型。

选择菜单栏中的“View（视图）”|“Downloads”命令，可以打开下载至本地的所有视频列表。

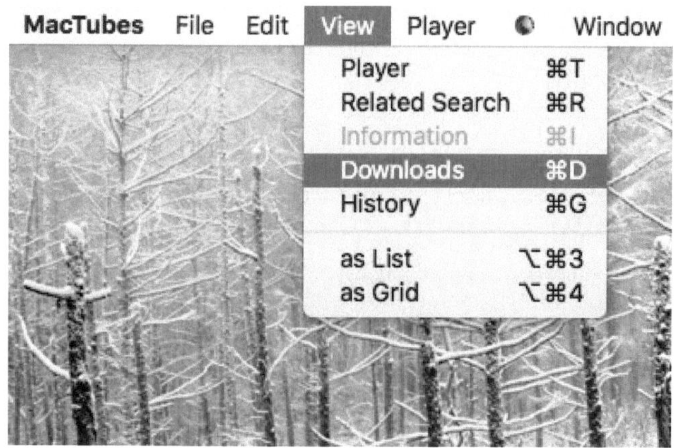

选择菜单栏中的“Player”|“Player”命令，可以在出现的列表中选择不同的播放方式，在这里共有3个选项，用户可以根据自己的使用习惯来选择适合自己的播放方式。

单击菜单栏中的图标，可以在弹出的下拉列表中选择自己所在的国家或地区，这样可以接入最近的服务器，从而以更快的加载速度观看视频，遗憾的是列表中并没有“China”选项，可以选择离我们最近的“HongKong”。

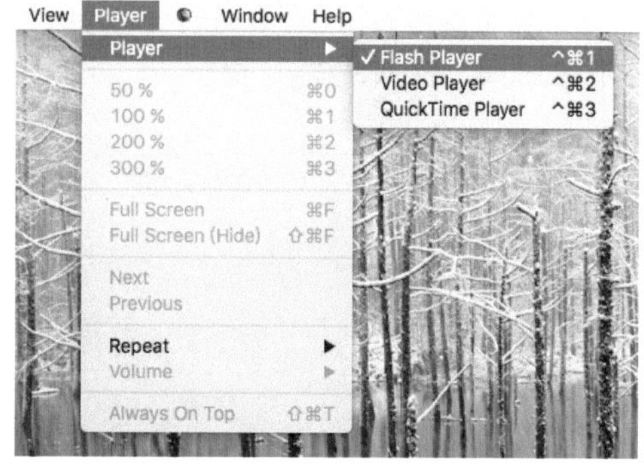

17.6 MindNode Pro（思维导图）

MindNode Pro是一款十分小巧的思维导图工具，没有烦琐的设置，响应速度很快，同时收费版本的MindNode Pro支持图像节点可视文件连接以及其他易用特性，实际上它是一个功能强大且直观的思维映射应用程序，同时具备专注性和灵活性，是进行头脑风暴和组织规划生活事务的绝佳工具，它还可以通过iCloud 进行共享。

MindNode Pro有以下优点。

单击一次即可创建新节点。

在原本无关联的节点之间创建交叉连接。

拖放即可移动或重新连接节点。

添加图片和链接到文件或网页。

在一块画布上创建多个思维导图。

画布可无限扩展，紧跟你思想的步伐。

和iOS端进行共享，随时随地处理文件。

当安装并启动软件之后，可以看到出现在主界面中的提示，单击“思维导图”旁边的加号可以新建节点，可以在新建的节点输入文本。

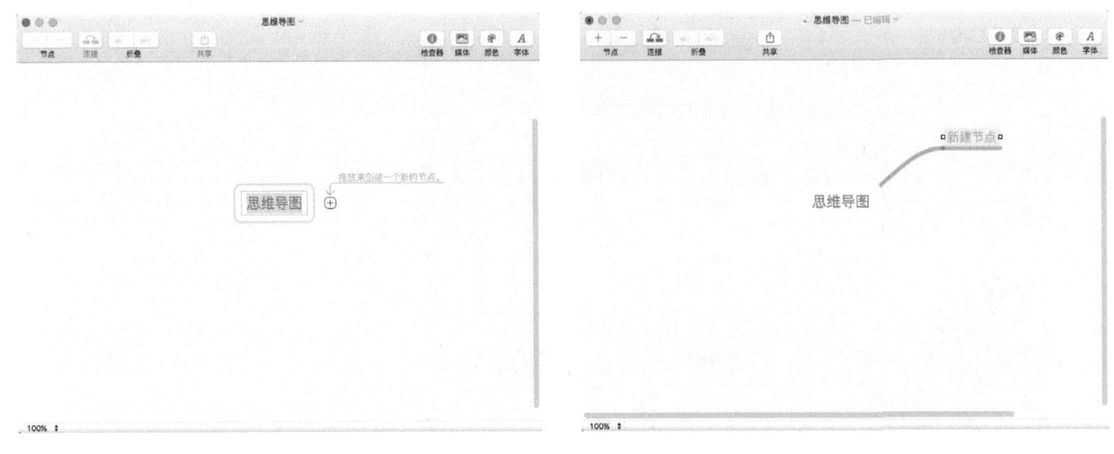

在当前的思维导图上单击鼠标右键，在弹出的列表中可以选择新建附属、新建子类等命令。

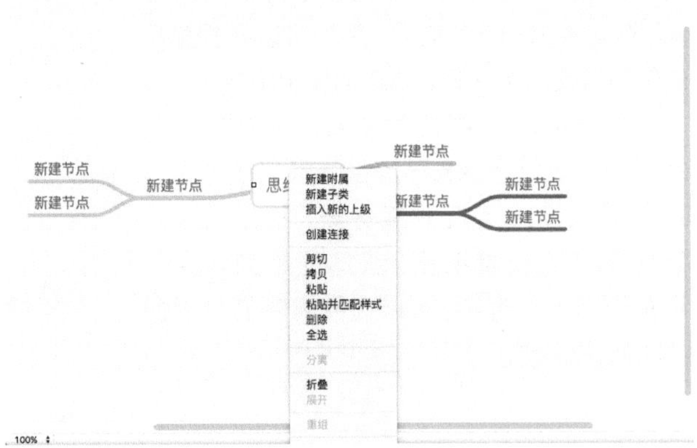

单击面板上方的“连接”按钮可以将创建的思维导图进行连接，只需要在视图中拖动光标即可完成。

单击“共享”按钮，可以将当前创建的思维导图和随身的iOS设备共享，单击此按钮之后将弹出一个菜单，选择一种分享选项即可。

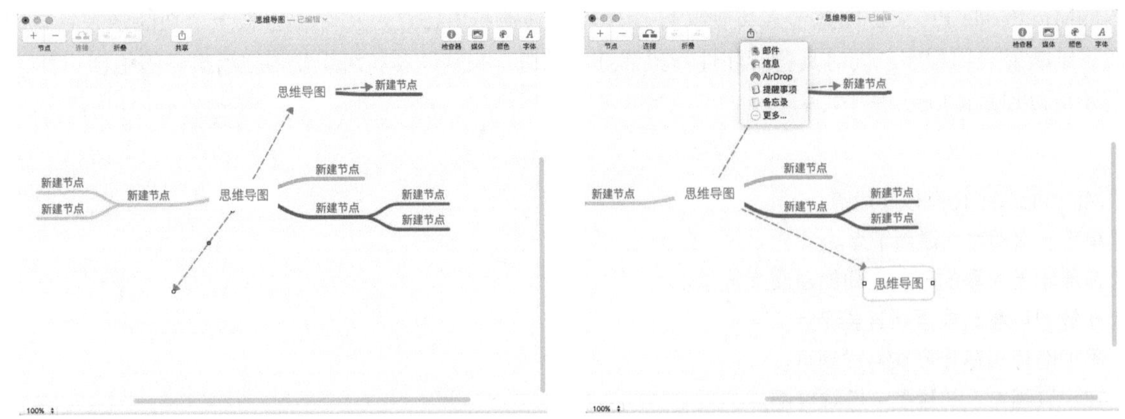

单击面板顶部的“检查器”按钮，在弹出的面板中可以选择“文档”“样式”和“文本”的选项的具体设置，例如所创建样式的外观以及文本的对齐方式等。

单击“媒体”按钮，在弹出的面板中可以选择添加图片内容，选中需要添加的图片拖至正在创建的视图中即可。

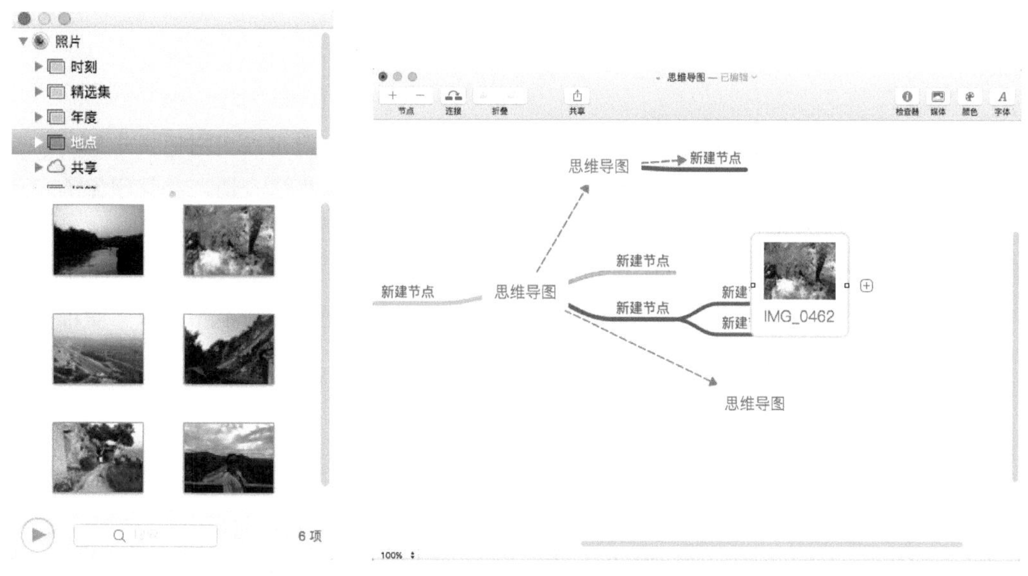

分别单击界面右上角的“颜色”和“字体”按钮，可以分别设置颜色以及字体。

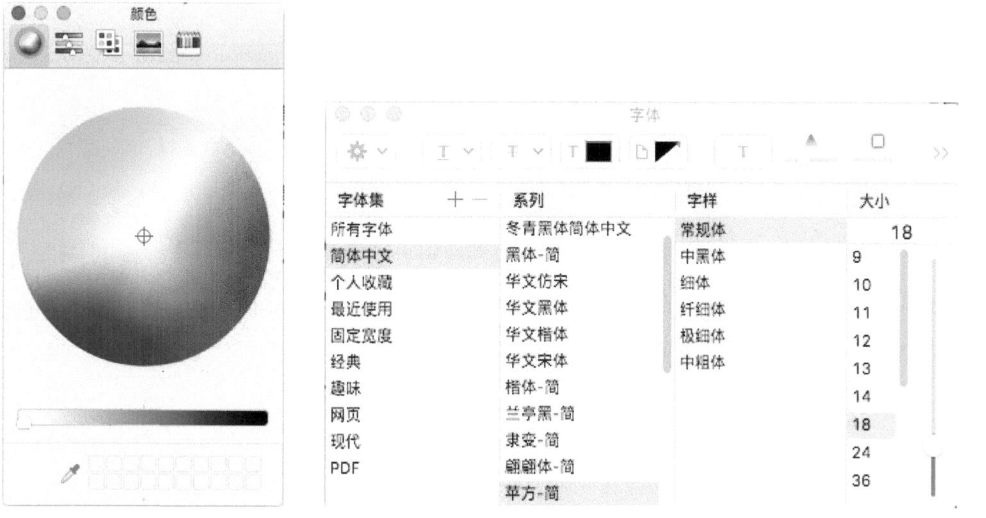

选择菜单栏中的“MindNode Pro”|“偏好设置”命令，可以打开软件偏好设置面板，在出现的面板中单击“常规”标签，可以设置链接检查、在开启后创建新文档以及检查更新，单击“快捷键”标签，可以设置软件在创建节点时的快捷键。

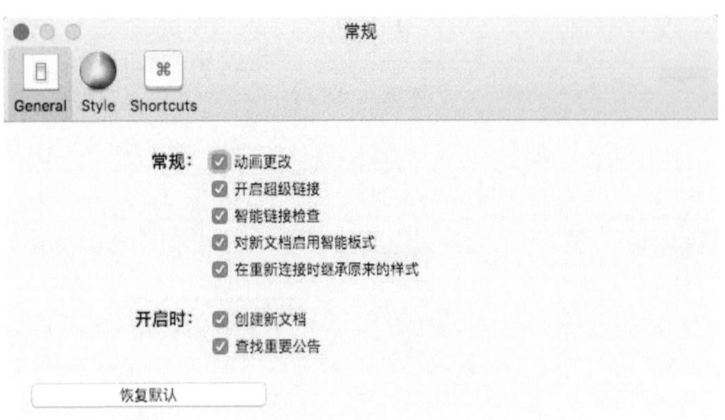

17.7 Evernote印象笔记

印象笔记能帮用户记住你想到的、看到的和体验到的一切，用户可以用它记录一条文字信息、保存一个网页、保存一张照片、截取你的屏幕。印象笔记能安全保存这一切，并且印象笔记还支持QQ浏览器、飞信短信客户端等大量第三方协作应用，是一款十分受用户喜爱的软件。

印象笔记有MAC OS X、Windows和Linux版本，还包括移动端的OS、Android、Windows Phone版本，读者可自行在网上进行下载，打开下载页面后，单击页面中的“下载Mac版”即可下载安装包，当然，也可以在App Store中下载。

下载完成之后以双击安装包图标，执行安装程序，当双击图标后会弹出一个窗口，在窗口中将Evernote的图标拖至右侧的文件夹，然后“应用程序”文件夹就会出现Evernote的图标。

双击Evernote图标，打开程序，如果是首次安装的用户还没有账户，需要先注册。

在程序右侧的文本框中输入电子邮箱、用户名及密码，单击“注册”按钮即可注册一个新的账户，然后会自动跳转至程序应用界面，印象笔记的主应用界面共分为3个主要区域，从左至右依次是功能（视图）选择、笔记设置、编辑区域。

在界面左侧分别选择笔记、笔记本、标签、地图集，将切换至不同的视图，在笔记视图中可以创建属于自己的笔记；在笔记本视图中可以查看所有创建的笔记；在标签视图中可以查看所有创建的标签；在地图集视图中可以在地图上查看笔记，使用地图集可以通过地点来管理笔记。

在笔记视图中的界面顶部可以看到“与印象笔记服务器同步笔记”按钮，单击此按钮可将创建的笔记与印象笔记服务器进行同步，单击此按钮后当所创建的笔记就会保存在服务器端，在后面位置还有“通知”图标，当用户的笔记发生活动或者共享时此处将出现通知，单击“新笔记”按钮可以创建新笔记。

此外，还可以在创建的笔记中添加图片、声音等项目。

17.8 QQ聊天工具

QQ是腾讯公司开发的一款基于Internet的即时聊天通信（IM）软件。腾讯QQ具有在线聊天、视频聊天、点对点断点续传文件以及QQ邮箱等多种功能，并可与移动通信终端等多种通信方式相连接，QQ是目前中国网民使用最多的一款即时聊天软件，其功能更适用于国内网民。

在浏览器中找到QQ的下载页面，在页面中找到“QQ for Mac”，单击下方的“下载”按钮，即可下载安装包。

下载完成之后，双击安装包图标执行安装程序，双击图标之后会弹出一个对话框，单击“同意”按钮接受安装条款，此时系统将对安装包进行验证并安装。

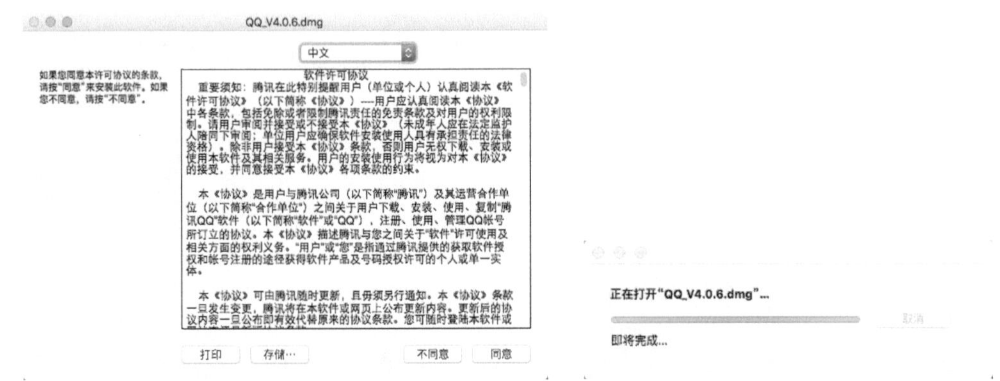

验证完成之后会弹出一个窗口，在窗口中将QQ的图标拖至右侧的文件夹，然后“应用程序”文件夹就会出现QQ的图标。

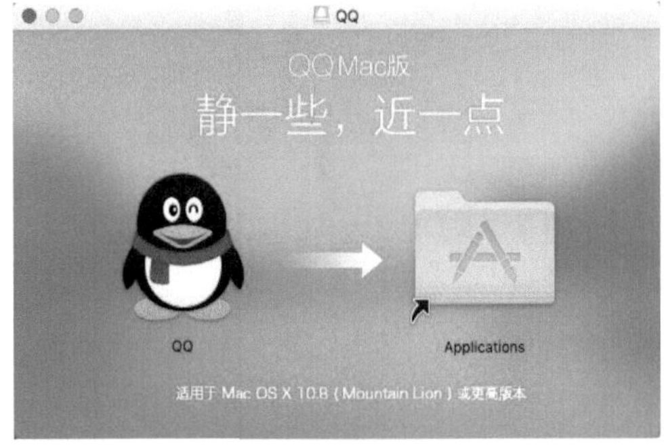

双击QQ图标，即可打开应用程序，此时在应用程序界面中输入账号和密码之后按return键即可登录，如果是首次使用该程序，需要注册账号，单击界面右下角的“注册账号”按钮，系统会打开浏览器，前往官网注册账号，在注册页面中，用户根据提示逐步填写相关注册信息，填写完成之后单击“立即注册”按钮，系统会生成一个账号，然后就可以登录QQ了。

登录完成后，可以添加好友，有了好友之后双击对方的头像，可以快速打开实时聊天窗口，在窗口中输入文字按return键快速发送给对方。还可以发送表情、声音等项目。

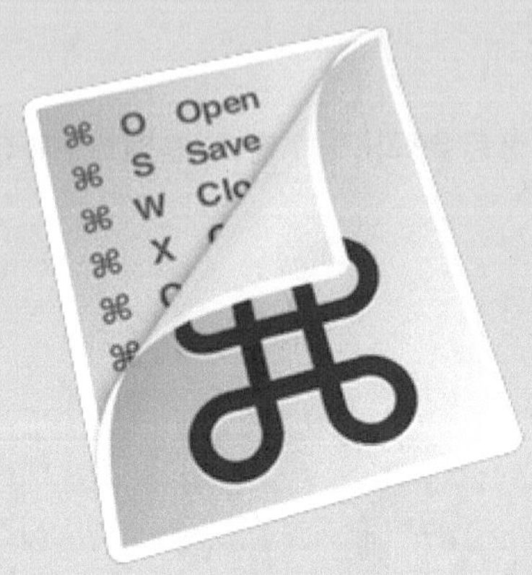

第 18 章

实用小工具类软件推荐

除了内置的工具外，Mac还提供了很多非常实用的小工具，这些工具是需要自己安装的，如快速程序启动器、提高输入效率、压缩、查看电池信息、下载工具等，本章列举了13种常用的小工具，并进行详细的使用讲解。

18.1 Alfred（快速程序启动器）

Alfred是一款十分简单易用的应用程序快速启动器软件，它能够通过简单的键盘动作来实现启动应用程序、打开文件和快速执行命令等操作，读者可自行进行下载，打开相关页面可以看到“下载”按钮，单击“下载”按钮即可下载免费的安装程序。

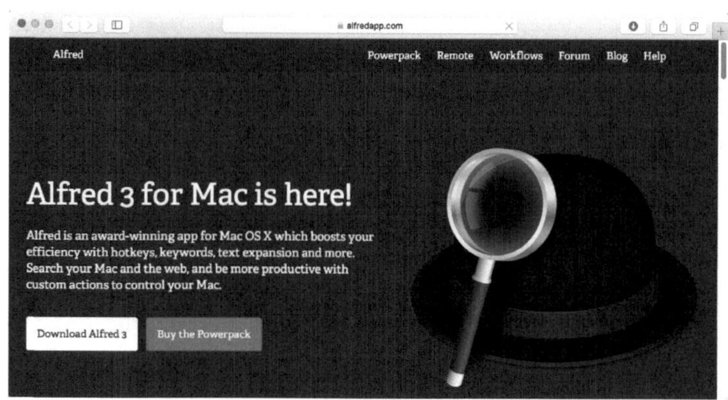

下载完成之后双击程序图标，即可快速启动软件，软件的主界面十分简洁，各功能标签简洁明了。在软件的偏好设置中，用户可以为其定义一个启动的快捷键，例如，Alt+空格快捷键，在下方有一个下拉列表框可以选择所在的国家和地区，而界面右下方是软件的版本介绍。

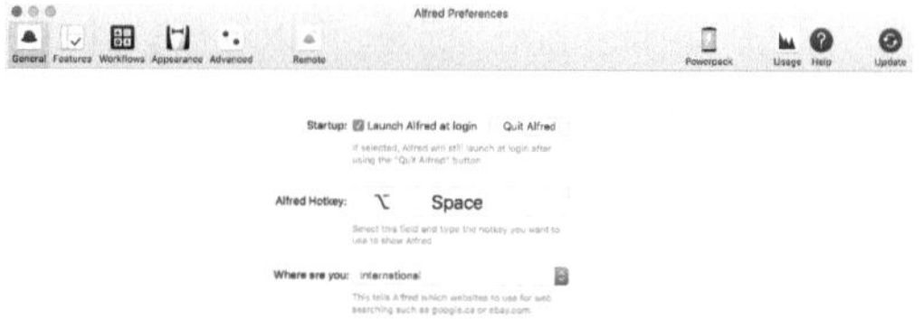

单击“Features”标签，在这里可以看到用户的程序设置项以及相关的软件搜索项，例如，选择左侧的“File Search”，在右侧的界面中可以看到关于本机中可以选择的所有文件类型。

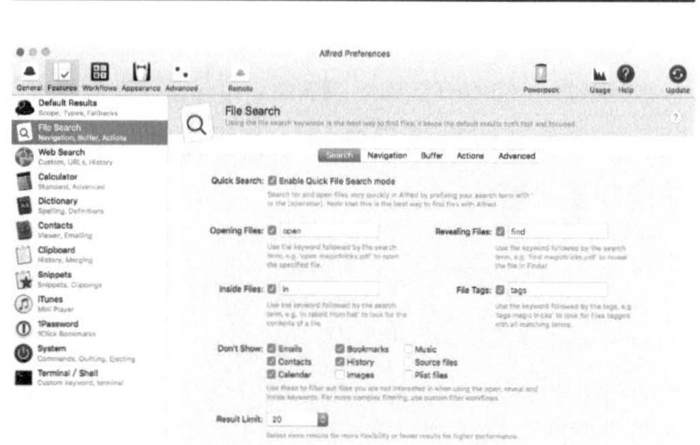

在左侧边栏中选中“Web Search”项，此时在右侧的界面中可以看到所有搜索的网站，单击“URLs/History”可以对历史记录项进行设置。

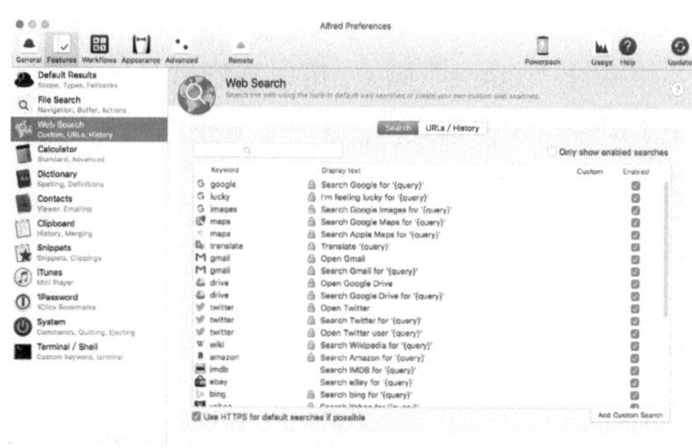

单击“workflows”可以定义用户的工作流程，在这里可以创建属于自己的工作方式。

Alfred为用户提供了多种外观样式，单击“Appearance”标签，可以看到下方右侧边栏中内置的多种样式，单击底部的加号 + 按钮可以添加更多样式。

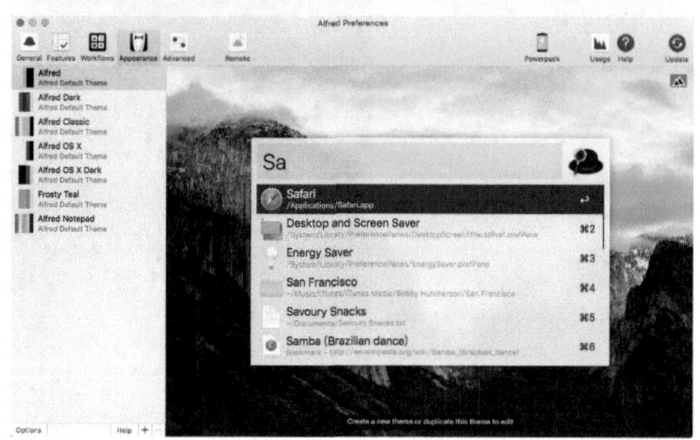

单击“Advanced”标签，可以看到软件相关设置，包括历史记录项及按键等项目的设置。

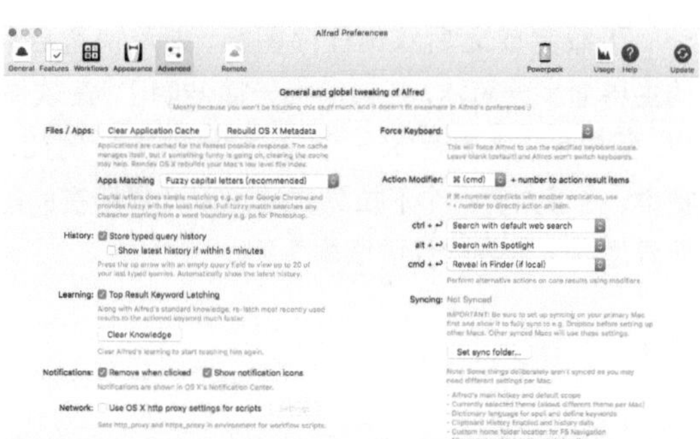

单击“Powerpack”标签，可以看到关于电池组的设置项，在这里可以激活用户的计算机电池组以获得更加强大的功能与更丰富的项目。

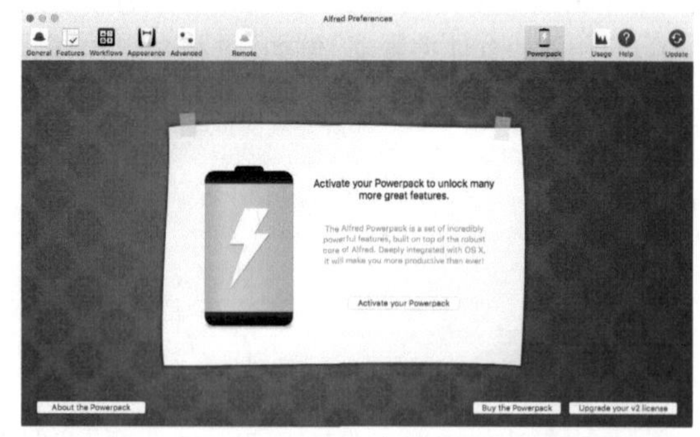

单击“usage”标签，可以看到软件的使用情况，软件记录了用户每次使用软件的时长，单击右上角的蓝色图标，可以将使用情况发送至Twitter。

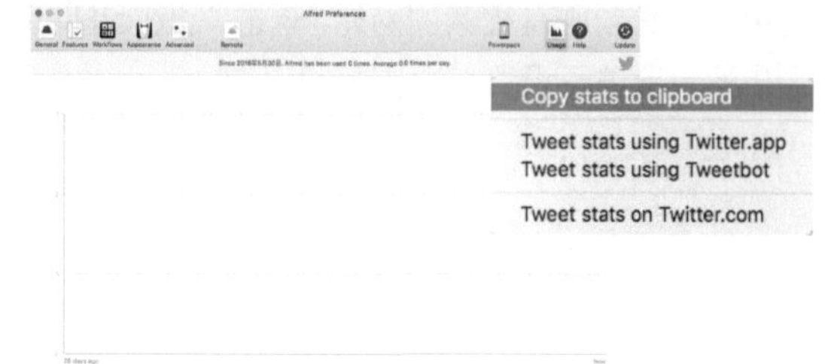

18.2 TextExpander（提高输入效率）

TextExpander是一款可以提高大量重复文字输入效率的实用软件，比如频繁输入某个地址、电话或者是其他代码命令等文本，需要将这段文字或者代码保存到一个地方，每次都需要复制或者粘贴，效率十分低下，而使用TextExpander后，把经常输入的文字添加至一个快捷文字为“myaddr”的“snippet”到“textexpander”中，当再次录入“myaddr”时， textexpander就会自动把地址全部输入到当前光标位置，当然在输入一些特殊字符时同样有效，此外TextExpander还有支持运行在iOS下的textexpander touch版本，可以在iOS设备上使用，并且支持和Mac版本同步设置。下载安装软件之后，启动软件，需要注册才可以使用，注册后即可打开该软件，可以看到如下主界面。

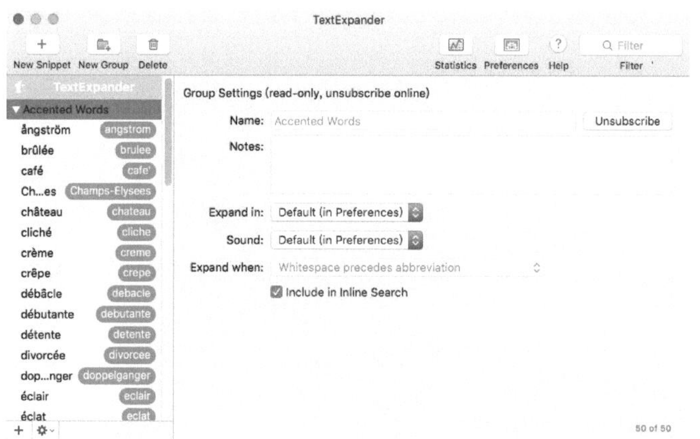

18.3 BetterZip（压缩/解压缩）

BetterZip是OS X中一款功能强大的压缩、解压缩软件，一直以来Mac力求完善，在遇到某些压缩安装包可以直接安装而无需解压，通过终端命令解压缩工作可以不依赖于任何第三方软件就可以完成，由于终端命令比较复杂且麻烦，一般用户还是需要一款简洁、高效的解压缩软件，BetterZip就是这样一款软件，它几乎可以完成任何压缩与解压缩的工作。下载软件之后双击安装包图标将弹出一个界面，提示用户将程序图标拖至文件夹中即可完成安装。打开“Finder”，在应用程序中可以看到安装的BetterZip软件图标。

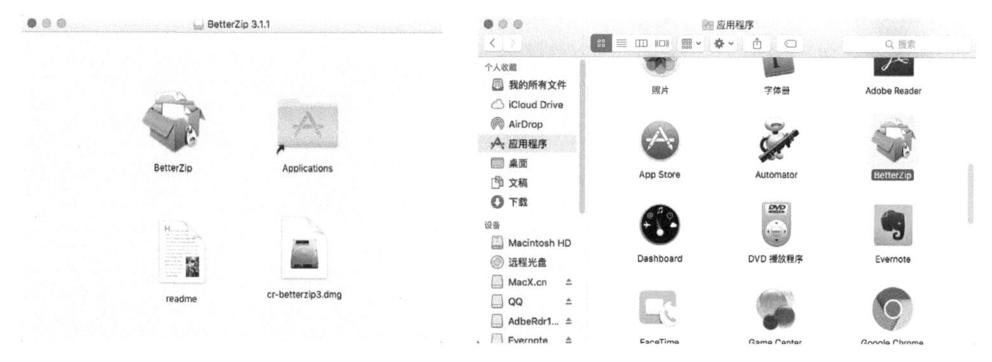

双击程序图标，打开程序，此时将出现软件的主界面，可以看到它的设计十分简洁，只有打开、保存等几项简单却十分实用的功能。

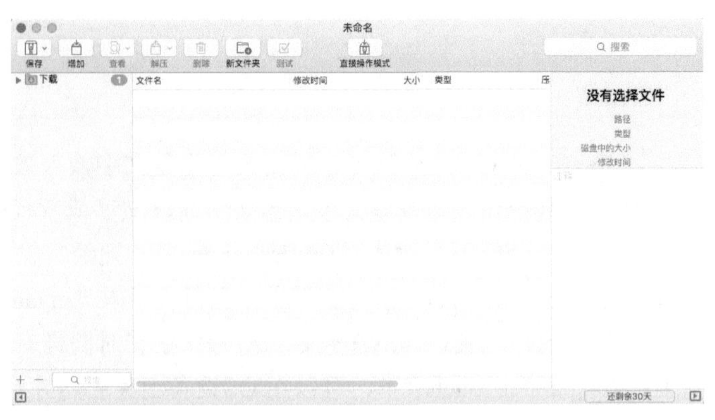

单击软件界面左下角的加号 ＋ 按钮，此时将弹出一个对话框，提示用户选择想要压缩的文件。

选中想要压缩的文件之后单击“添加”按钮即可添加文件，此时界面中的列表中将出现刚才所添加的文件，选中所添加的文件，单击左上角的“保存” 按钮，在出现的对话框中指定名称及保存的位置，在下方的选项中包括了想要压缩的格式、品质等选项，设置完成之后单击“存储”按钮即可将文件压缩后保存到指定位置。

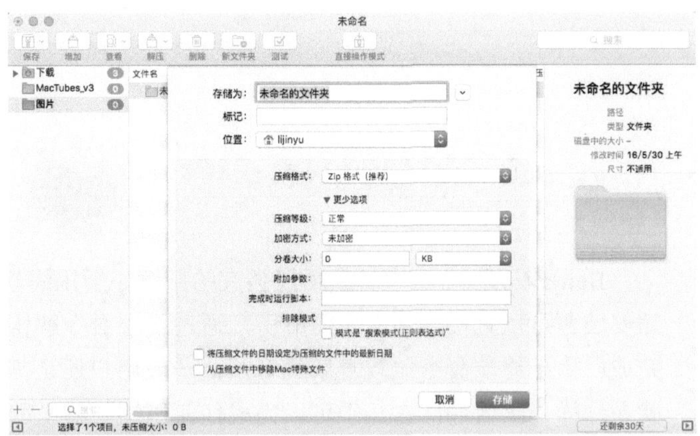

技巧 选中想要压缩的文件直接拖至软件的主界面的列表中可以快速添加文件。

单击“解压” 按钮，可以打开想要解压缩的文件，在弹出的对话框中选中想要解压缩的文件，单击“解压到这里”按钮即可。

选中已添加的文件夹，单击“删除” 按钮，可以快速将文件夹从列表中移除，单击工具栏中的“新文件夹” 按钮，可以创建新的文件夹。

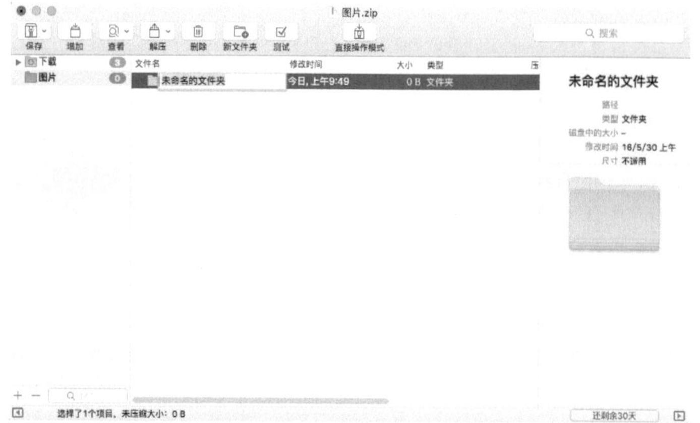

18.4 CheatSheet（快捷键）

CheatSheet是一款免费、小巧的实用工具，用于显示当前应用程序的所有快捷键，即可以通过它的显示快速地找到所需功能的快捷键，还可以使用鼠标在其窗口中单击需要的操作直接执行命令。首先打开浏览器前往官网下载程序安装包。

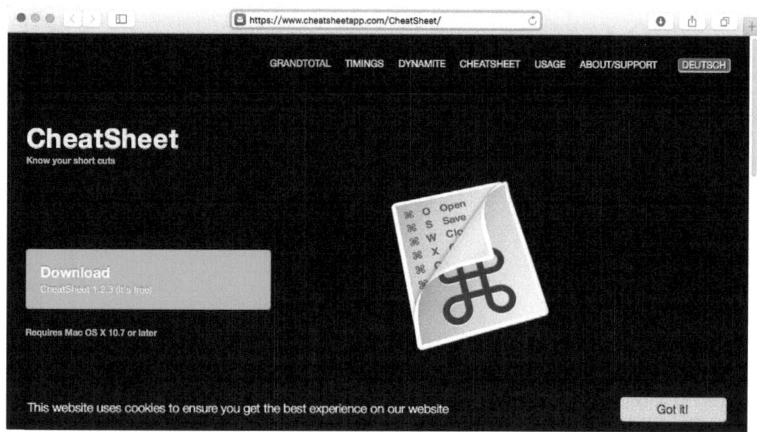

在主页中单击“Download”按钮即可下载程序安装包，下载完成之后双击安装包图标即可开始安装，安装完成之后前往Finder中的应用程序，双击软件图标即可运行程序。

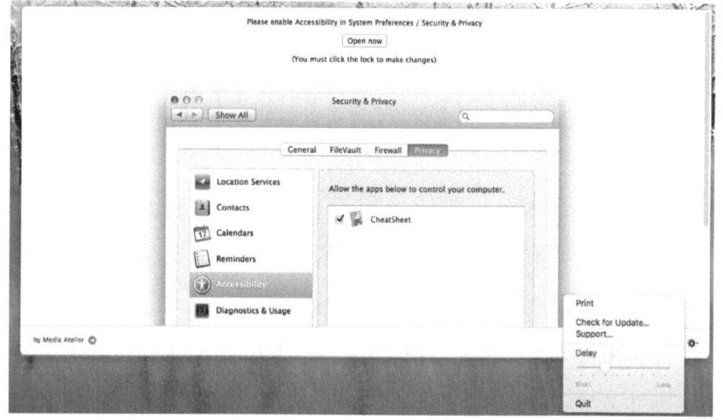

需要注意的是，这款软件本身没有任何可以设置的界面或者偏好设置，当软件运行之后长按键盘上的⌘键即可显示当前应用程序的所有快捷键操作菜单，可以在出现的窗口中找到相应快捷键，也可以用鼠标进行选择。

例如，在打开的Finder窗口下长按⌘键，可以在出现的窗口中看到提示菜单，单击窗口右下角的设置图标，可以选择打印当前菜单列表，或者按下⌘键后启动软件的延时时长设置。

18.5 coconutBattery（查看电池信息）

众所周知,Mac笔记本电脑的续航能力都很强，但是毕竟是电池,始终会有老化的一天。现在有了coconutBattery软件，可以随时查看电池初始最大容量及现在最大容量，可对电池寿命做出尽量精确的估计。

coconutBattery的界面很简单，只有电池的信息，在“Battery charge”下方可以看到“Current charge”当前电池已经充进的电量，“Maximum charge”后面是当前电池最大电量。

“Battery capacity”下方的“Cuttent capacity”后面是当前电池的容量，“Design capacity”后面则是电池的设计容量，通过对比可以看出现在的电池容量相对电池初始状态已经损失了5100mAh。

界面下方则是电池的详细信息，其中包括计算机的型号、年龄、电池的温度等信息。

单击面板不同的标签按钮，在出现的列表中可以查看电池的信息。

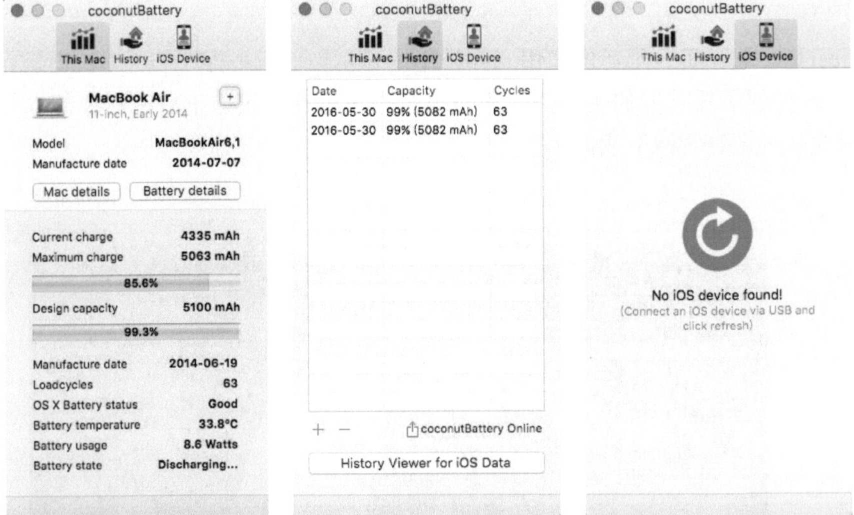

技巧 由于Mac笔记本电池为锂电池，所以在平时不用的时候一定注意保存条件，过高或者过低的温度都会降低笔记本的续航能力。

18.6 StuffIt Deluxe（压缩工具）

Smith Micro软件公司推出 StuffIt Deluxe 12，其中，StuffIt Expander 12是免费的。新版本12加入了新的压缩引擎，在压缩MP3音乐文件、高画质影像文件（PDF、TIFF、PNG、GIF 及 BMP 格式）等时，可改善StuffIt X文件格式的效率。它可压缩 24-bit 的影像而不降低影像品质，以及压缩MP3文件而不损坏音质。StuffIt的文件管理功能也可让您搜寻、预览与存取封存的资料。它会显示封存影像中的预览缩图，使您在观看时无需先解压。StuffIt Deluxe 12支持的新格式还包含Microsoft Office 2007 与 iWork；StuffIt Deluxe 现在可压缩Pages、Numbers或Keynote文件中的任何影像或声音片段。

18.7 Thunder Store（下载工具）

Thunder Store是一款在Windows端十分流行的下载软件，如今它登录了Mac，在Mac中用户也可以享受闪电般的下载速度了，一切以快速为中心是这款软件的独特之处，它使用多项强大的下载引擎作为软件的核心，在下载大文件时可以明显体会到下载速度的增加，更重要的是它是一款国产软件，同时也更符合国人的使用习惯，从界面布局到使用习惯都十分容易上手。下载并启动软件，可以看到主界面的布局，不同于Windows端花哨的界面，在Mac版的Thunder Store界面十分简洁。

它的主界面主要分为两个部分，左侧边栏可以查看相关的软件分类，右侧则显示相关的软件，单击“安装”按钮即可安装。

在窗口右上角位置，显示当前下载的软件数量，单击该区域，将显示一个下载列表，可以“暂停任务”或“移除任务”。

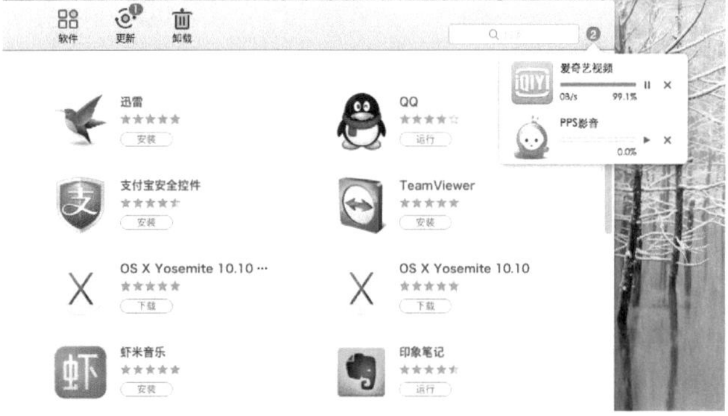

在新版本中Thunder Store还加入了一项新功能，这项新功能有些类似于App Store界面顶部显示了“软件”“更新”和“卸载”标签，通过这些标签可以切换不同的功能。

选择菜单栏中的“Thunder Store”|“偏好设置”命令，将弹出软件偏好设置面板，在面板中可以看到关于软件的所有偏好设置项，可以更新、清理或加入会员。Thunder Store在新版本中加入了会员功能，当注册账号并拥有会员功能之后可以进入高速通道进行加速下载，或者以离线下载加速的方式下载，将拥有更快的下载速度，更短的用时，但是此项服务是需要付费的。

自动更新

☑ 自动下载最新Thunder Store

☑ 自动检查应用程序更新

Thunder Store会在后台下载新的可用更新，并在下载完成时通知你

☑ 付费软件不提示更新

自动清理

☑ 安装成功后自动删除软件包

☑ 定期自动清理下载目录的软件包

会员功能

18.8 Boom（音量增强）

Boom是运行于Mac上的一款音量增强软件，它利用超强的软件算法保证了内置扬声器在不失真的情况下将最大音量上升到一定程度，对于有些用户而言，电脑中的最高音量都达不到自己的要求，这时候只需要开启Boom就可以增强音量。

下载并安装Boom之后，双击图标将其打开，它将自动隐藏并在菜单栏中显示一个和程序相同的图标。单击菜单栏中的图标，此时将弹出一个类似系统中自带的音量调节滑块，拖动它可以增加音量。

单击滑块底部的按钮，可以打开Boom设置面板。

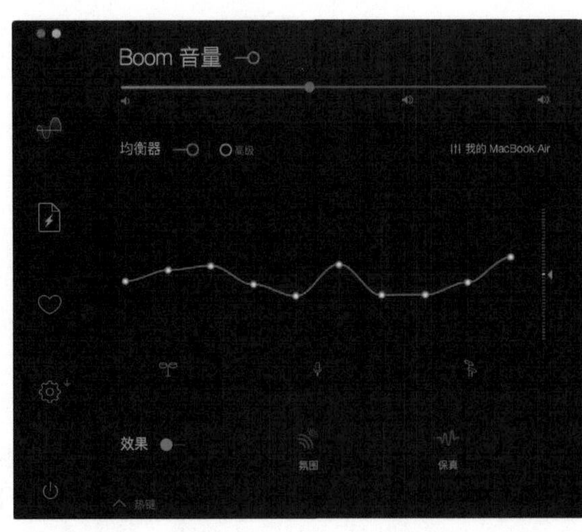

在打开的Boom设置面板中可以看到，它的界面设计十分简洁，完全没有令人眼花缭乱的设置项。

软件自带的均衡器也是一大令人欣喜的功能，拖动“均衡器”右侧的按钮可打开或者关闭均衡器，在“效果”右侧，可以选择自己喜欢的声音效果，如果对选择的效果不是太满意。还可以在均衡图形中拖动节点进行微调，如果在 图标上单击鼠标右键，从弹出的菜单中，可以选择默认的均衡器。

单击“热键”标签，将显示热键面板，显示相关的热键，并且可以自定义Boom的热键。

单击“文件音量增强” 按钮，可以设置文件增强的歌曲或视频。

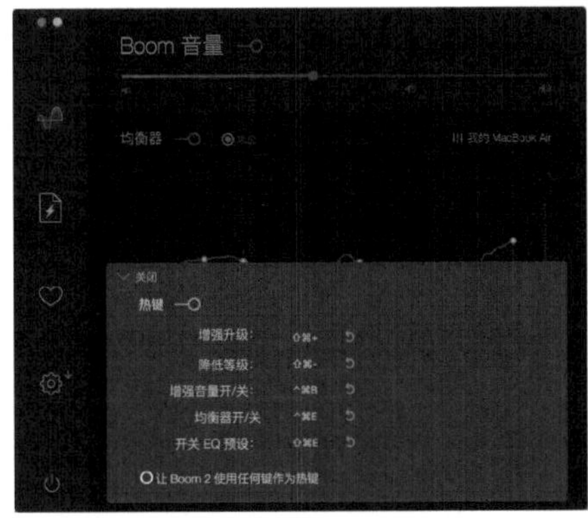

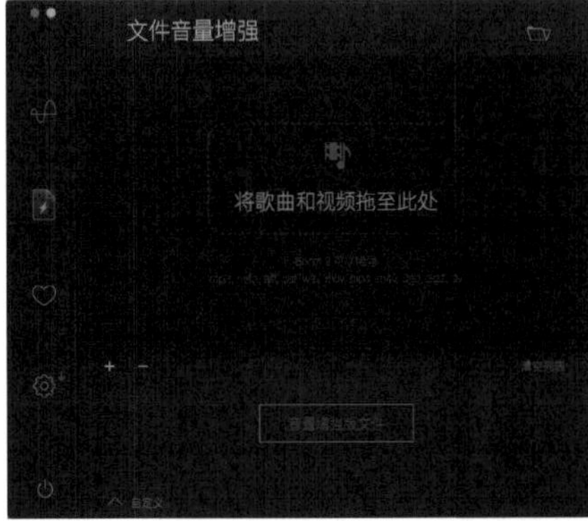

单击左边栏中的“保持联系” 按钮，可以显示“保持联系”相关选项，可以选择不同的联系方式。

单击左边栏中的“首选项” 按钮，可以显示“通用首选项”，可以设置Boom是否开机启动，并且是否关闭通知音，并可以注销和更新软件。

18.9 Speed Download（下载工具）

Speed Download号称在Mac上速度最快的下载工具，Speed Download开发者的设计理念让用户使用最少的设置以最快的速度下载文件，争取在不打扰用户的情况下完成下载任务并自动管理。单击链接后弹出 Growl通知，同时开始下载。下载后可以自动操作，比如压缩包自动解压，它还支持批量下载，并且附带专门的 FTP上传/下载工具，甚至还有带宽监视功能，正如它的名字一样，在使用它的过程中让用户可以体验快速下载的乐趣。

双击Speed Download图标，可以看到它的主界面共分为2个区域，在左侧可以看到当前下载任务、历史记录和服务等项目，在右侧是列表框，在这里可以看到正在下载或者已下载的文件，在顶部还有地址、开始和停止等功能的按钮。

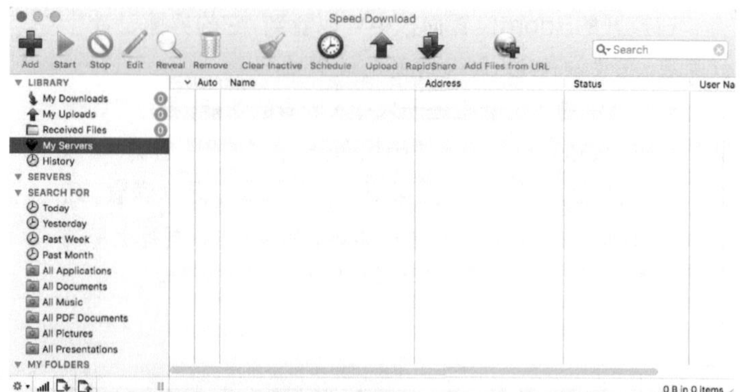

提示 当首次安装并启动软件时将弹出一个询问对话框，系统会提示用户是否将Speed Download添加至Safari中，当用户单击“安装”按钮，可以将其添加至Safari浏览器中，这样在下载某些文件时浏览器将自动激活Speed Download以更快捷的方式下载。

单击界面左上角的Add按钮，在弹出的“New Download（新建下载）”对话框中的“File URL（文件地址）”后面的文本框中输入文件地址，在下方可以选择文件下载保存的地址，在这个对话框中有一个特别的功能，单击“When done”后面的下拉列表，可以在弹出的下拉列表中选择下载完成之后需要系统执行什么操作，例如：“Do nothing（什么都不做）”“shutdown （关机）”“Sleep（睡眠）”“Quit Speed Download（退出Speed Download）”，这项功能对于多数用户而言是十分有用的，比如需要通宵下载一个超级大的文件，在不能保证下载速度的时候可以选择“shutdown （关机）”，计算机会在完成下载任务之后执行关机操作。

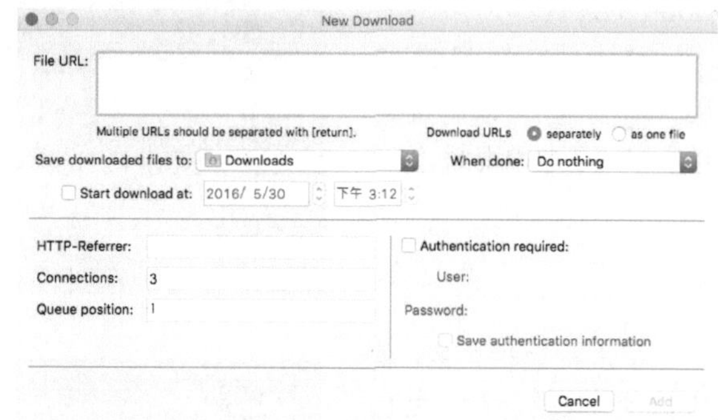

当输入地址并完成各项设置之后，单击“Add”按钮即可开始下载，在下载的列表框中可以观察出当前正在下载的文件类型、实时下载速度、大小及日期等信息。

单击界面顶部的Reveal按钮可打开当前下载的文件所在的位置。

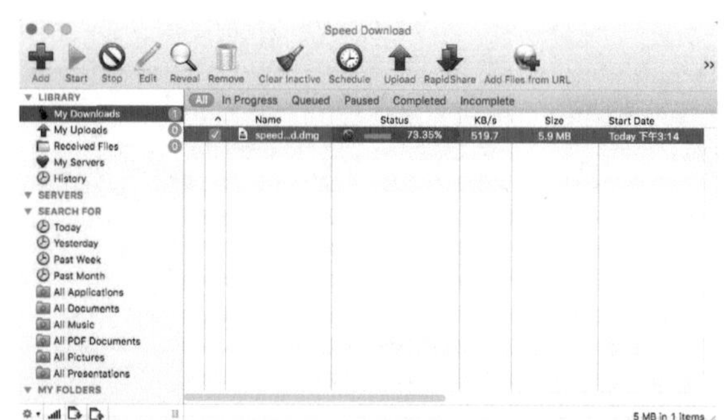

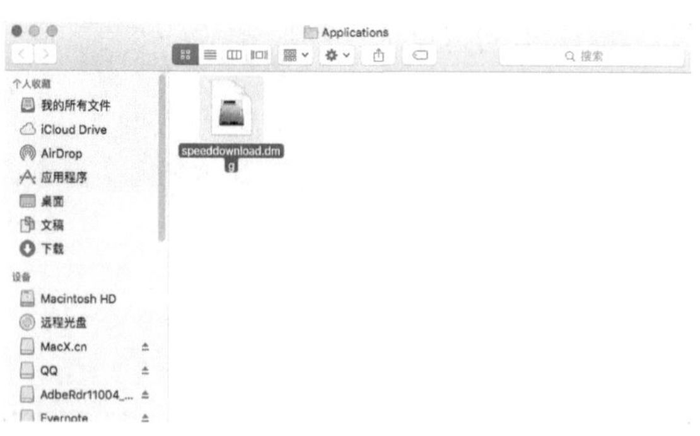

单击界面顶部的Schedule按钮，在弹出的对话框中可以自定义任务开始时间和结束时间，当设定时间段之后，Speed Download会在用户设定的时间内开始或者结束下载任务。

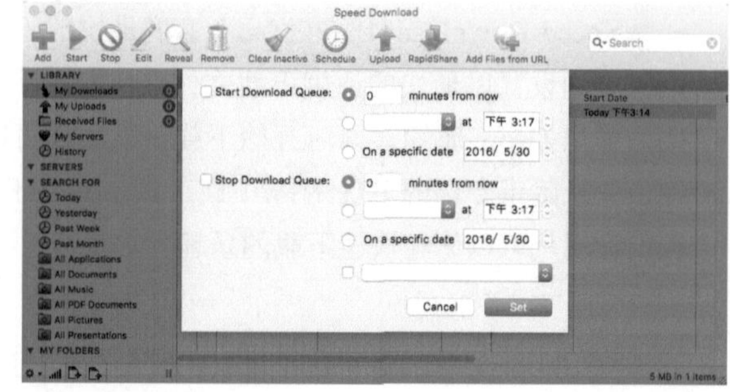

Speed Download支持用户从指定的URL下载文件，单击界面右上角的Add Files from URL按钮，在弹出的对话框中的“URL”后面的文本框中输入URL地址，单击“Save downloaded files to”后面的下拉列表，可以选择下载的文件保存位置。

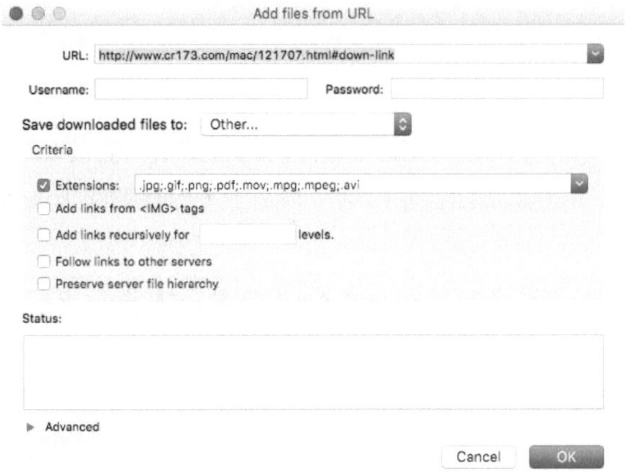

选择菜单栏中的“Speed Download”|“Preferences”命令，可以打开偏好设置面板，单击左侧边栏中的“My Downloads”，可以看到下载文件所保存的位置、下载的文件类型等设置选项。

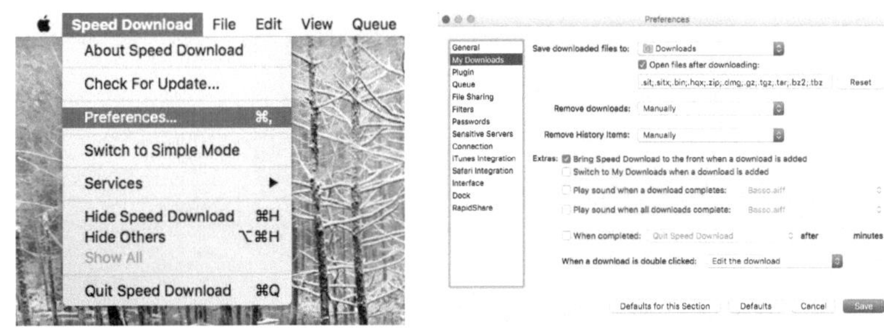

单击左侧边栏中的“Plugin”，在右侧可以设置插件，而单击“iTunes Integration”和“Safari Integration”则可以设置“iTunes”和“Safari”的关联，同样还有关于密码选项的“Passwords”和在“Dock”中显示的图标设置，由于功能和设置项比较多，读者可以仔细研究一下以便了解Speed Download的强大功能。

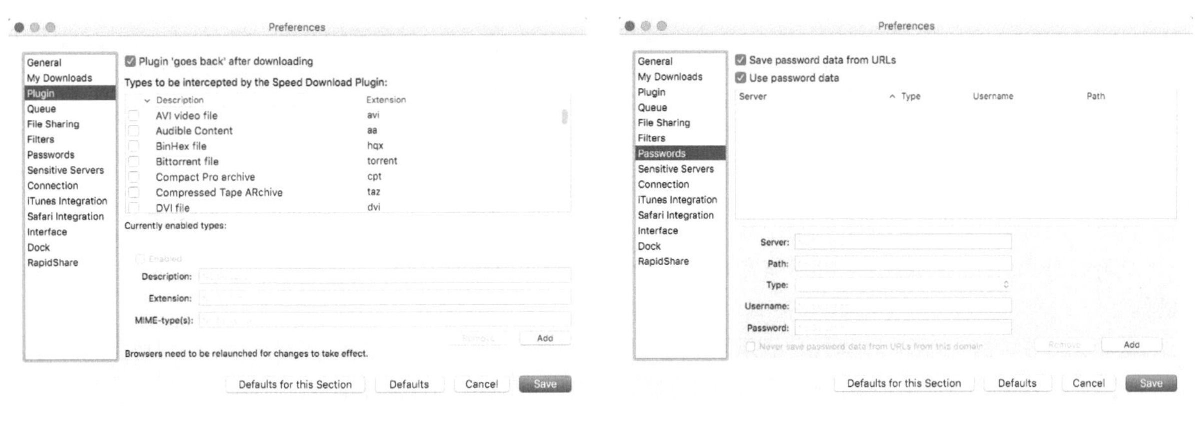

提示　单击Speed Download主界面左下角的按钮，在弹出的下拉列表中选择“Show Bandwidth Activity”命令，在出现的面板中可以查看下载任务时的实时速度。

18.10 将iTunes图标变成正在播放的专辑图像

iTunes是Mac中最好玩的播放器，它的功能丰富，如果能将Dock中的iTunes图标变成正在播放的音乐专辑插图，相信这应该是个十分有趣的个性玩法。

首先下载一个DockArt小程序，下载完成之后将其解压，此时将得到一个“DockArt.bundle”文件，然后在Dock中的“Finder”图标上按住鼠标左键，在出现的菜单中选择“前往文件夹”命令，此时将弹出一个“前往文件夹”对话框，在对话框中输入“~/Library/iTunes/iTunes Plug-Ins/”。

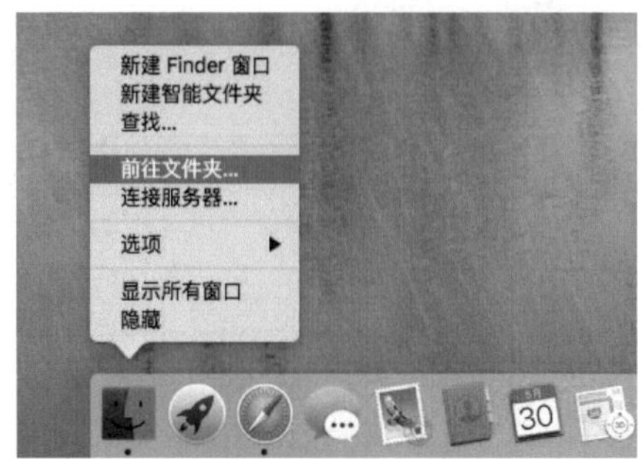

输入完成之后单击“前往”按钮，将弹出一个文件夹窗口，选中刚才解压所得到的“DockArt.bundle”文件拖至打开的空白文件夹窗口中。

此时打开iTunes，播放任意一首带有专辑插图的歌曲，在Dock中的iTunes图标将变成当前所播放的歌曲专辑插图。

选择菜单栏中的“显示”|“可视化效果”|“选项”命令，即可打开更多设置项，在设置面板中可以更改图标大小，勾选“iTunes Badge”前的复选框，还可以在专辑插图右下角显示iTunes图标。

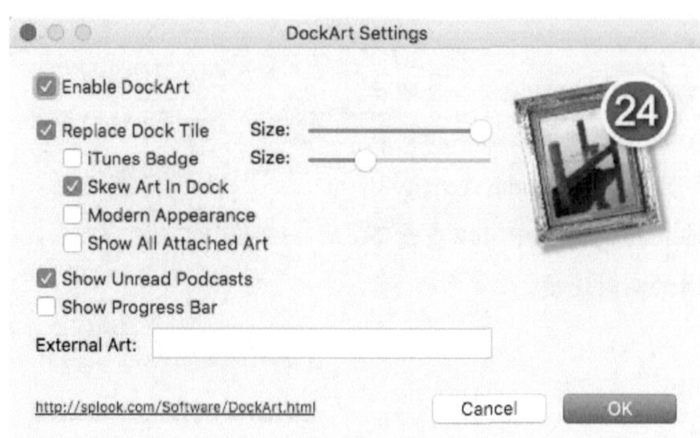

18.11　在菜单栏中添加日历功能

菜单栏中默认情况下只显示日期及时间，假如能显示日历及更加详细的信息就会更方便，“Day-O”就是这样一款软件，它十分小巧且免费。

为了使“Day-O”与本机中的时间不冲突，尽量关闭本机中的日期和时间显示。

单击Dock中的“系统偏好设置”图标，在出现的面板中单击“日期与时间”图标，此时将弹出“日期与时间”设置面板。

在“日期与时间”设置面板顶部单击“时钟”标签，在下方取消“在菜单栏中显示日期和时间”前面的复选框，此时菜单栏中的日期和时间信息将不再显示。

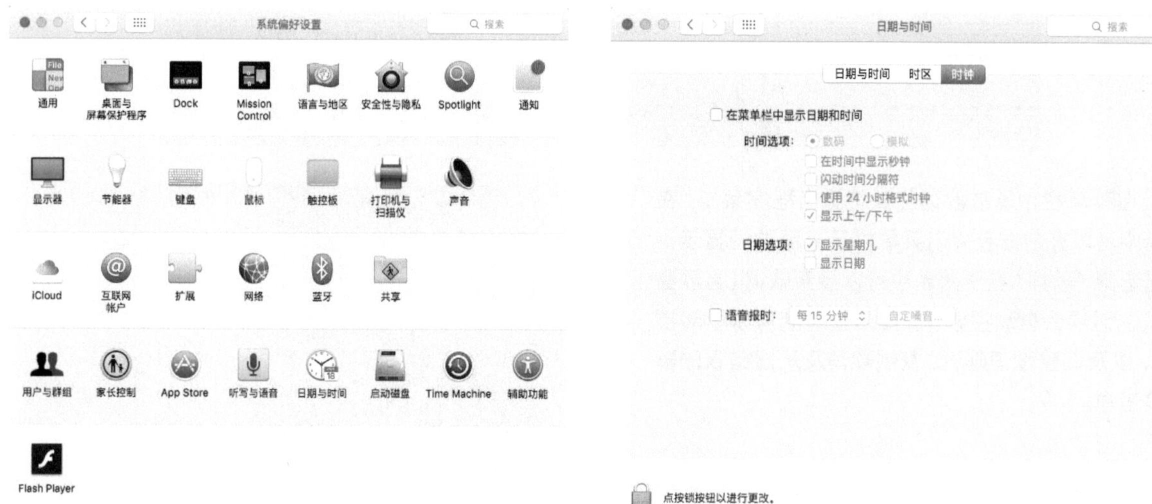

双击下载好的“Day-O”程序图标，将其打开，此时程序将自动进入后台运行，同时在菜单栏中可以看到时间和日历图标。单击此位置将弹出更详细的日历信息。

在弹出的详细信息中选择“Preferences（偏好设置）”，在弹出的面板中的文本框中可以设定日期和时间的格式，勾选“Show Icon”前面的复选框可以在菜单栏中显示日历图标，勾选“launch Day-O at login”前面的复选框，可以跟随开机启动程序。

选择“Quit Day-O”可以退出程序。

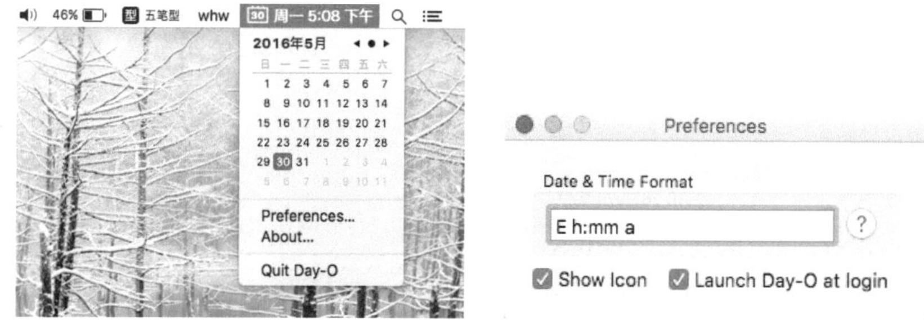

18.12　在iTunes中添加歌词显示功能

DynamicLyrics是一款在iTunes中边播放歌曲边显示歌词的软件，有了这个软件可以在欣赏音乐的同时看到实时显示的歌词。

下载完成之后双击程序图标，此时它将自动进入后台运行并在菜单栏中添加一个图标。

启动iTunes程序，选择一首歌曲并单击“播放”按钮，此时在Dock上方将出现一个半透明的矩形框，将实时显示歌曲的信息及歌词，同时在菜单栏顶部程序图标位置将会被实时歌词所取代。

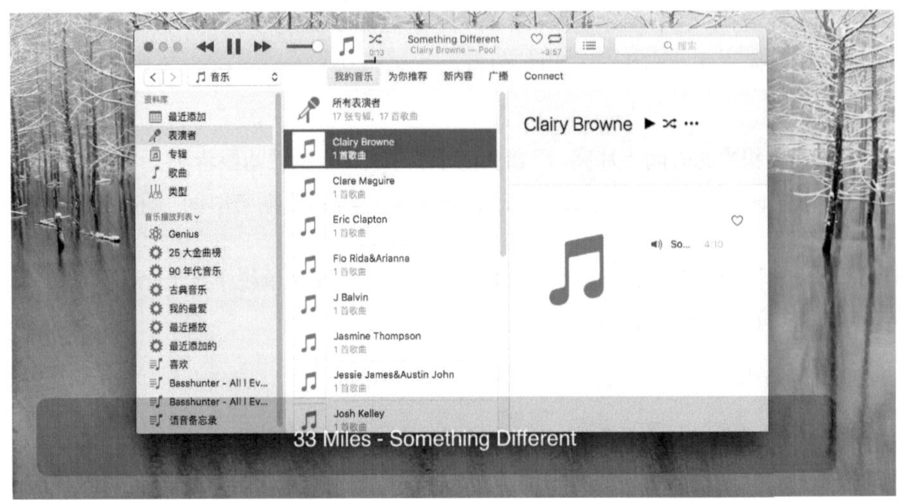

在菜单栏中单击歌词位置将弹出程序菜单，在菜单中可以开启或者关闭菜单栏及桌面歌词显示，同时选择“歌词”在子菜单中可以搜索歌词（当歌曲播放的时候会自动搜索，假如未搜索到可以手动搜索），以及调整歌词延迟、复制歌词及反馈错误的歌词等信息。

单击菜单栏中的歌词，在弹出的菜单中选择“偏好设置”命令，在弹出的面板中可以设置歌词字体、颜色和位置等信息，还可以选择是否跟随iTunes一起启动。

单击“Notification（通知）”标签，勾选“歌曲切换时显示专辑相关信息”前的复选框，可以在切换歌曲的时候显示歌曲所属的专辑信息，拖动“显示停留时间”后方的滑块可以更改专辑信息显示时间。

18.13　LittleSnapper（截图软件）

LittleSnapper为一款截图软件，可以通过菜单栏图标和快捷键来截取桌面和完整的网页页面，截取的图片会自动收录在软件的图库中，用户可以对图库中的截图添加标签、描述以及评分，也可以进行分组及智能分组，虽然Mac本身已经具备了抓图的能力，但是后续功能并不完善。

LittleSnapper的存在为用户带来了包括截图在内的诸多丰富功能，它的特点是通过图片库来管理和保存截图以及标注信息，用户可以放心地将所有经过加工的图片标注保存在这里，这里经过标注的图片还是可以更改的。

启动软件之后可以看到主界面清晰明了的布局以及快捷使用提示。

第 19 章 网络、性能评测软件推荐

本章主要讲解网络控制相关软件、性能评测与系统增强软件两大部分，首先讲解网络控制相关软件，比如远程控制、防火墙、协议数据分析等软件的使用，然后讲解性能综合评分、分屏工具等系统增强软件的使用，为Mac网络与性能评测应用提供支持。

19.1 网络控制相关软件

19.1.1 LogMeIn（远程控制）

LogMeIn是一款功能强大的远程控制软件，要想使用LogMeIn必须前往官网注册一个免费的账户，启动浏览器，找到软件并进入相关页面，在页面中单击“Try it Free（免费试用）”按钮前往注册页面。

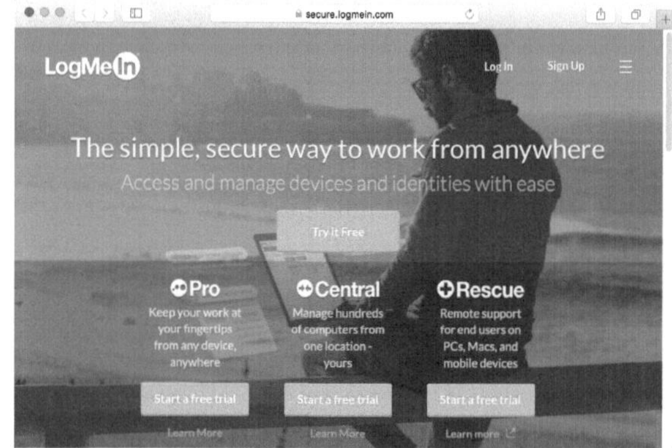

当注册过账户以后，根据提示下载软件，单击“下载和安装软件”按钮，当开始下载软件之后，页面会给出一个安装提示。

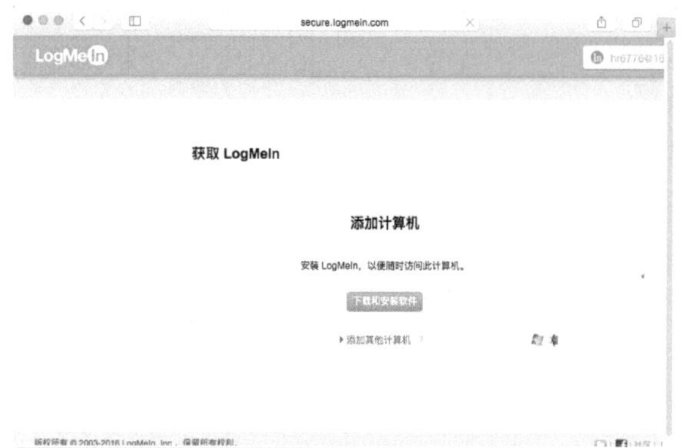

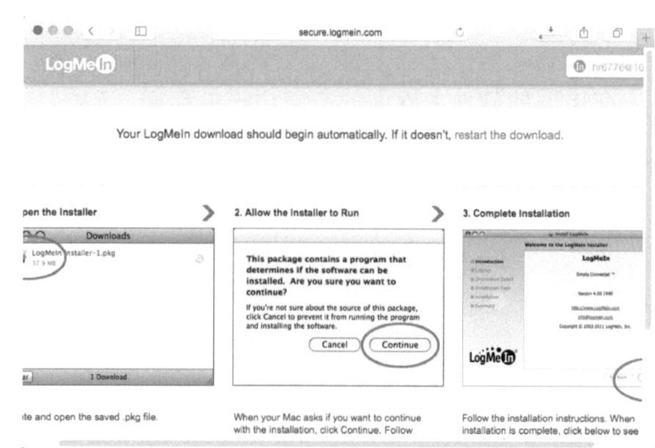

双击所下载的安装包图标，根据提示即可安装软件。

默认情况下当安装完成之后会启动软件，在软件的启动页面可以看到系统提示用户登录，并显示软件界面。

在软件的主界面的概况中可以看到当前连接的开启状态、用户名等信息。单击“发送邀请”按钮可以邀请朋友或者同事来查看或者控制计算机。

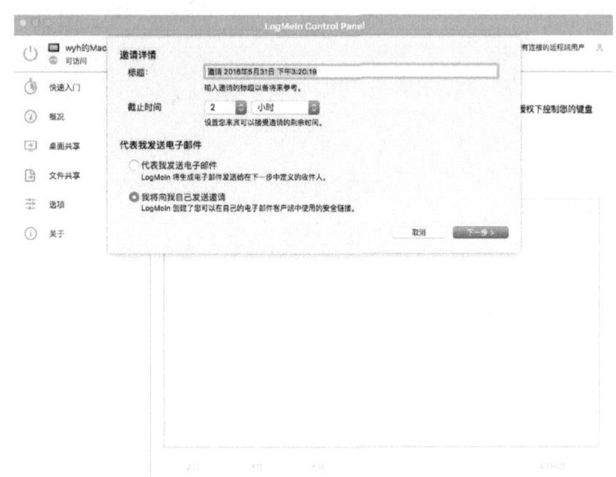

在出现的软件主界面的左侧边栏中选择“选项”，在右侧的界面中可以看到关于更改访问代码、首选项、连接和事件的详细信息等设置项。

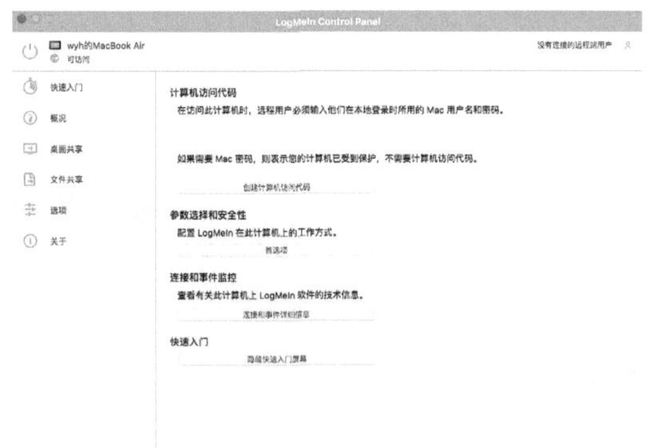

在这里需要着重强调一下，LogMeIn有一个极为方便的功能，就是支持在浏览器中对受控的计算机进行远程控制。如此一来，只需要有一个正确的账户并找到一台支持Java Applet的浏览器，就可远程控制计算机，首选确定账号登录，登录成功后在当前账户的主机列表中找到自己的主机，单击主机名称即可在浏览器中进行远程控制等操作。

> **提示** LogMeln支持移动端对主机端的控制，包括PC版、安卓版，软件的界面是中文的，所以读者可以详细研究更多的功能。

19.1.2　Little Snitch（防火墙）

Little Snitch是OS X上公认的最好用的防火墙软件，此款软件的界面设计简洁、舒适，且工作效率很高，针对一般用户有许多十分实用的功能，比如实时网络状态、流量查看和规则编辑等。

双击下载的安装包图标，可以看到窗口中有彩色和灰度两个程序图标，双击左侧的彩色图标开始安装软件。

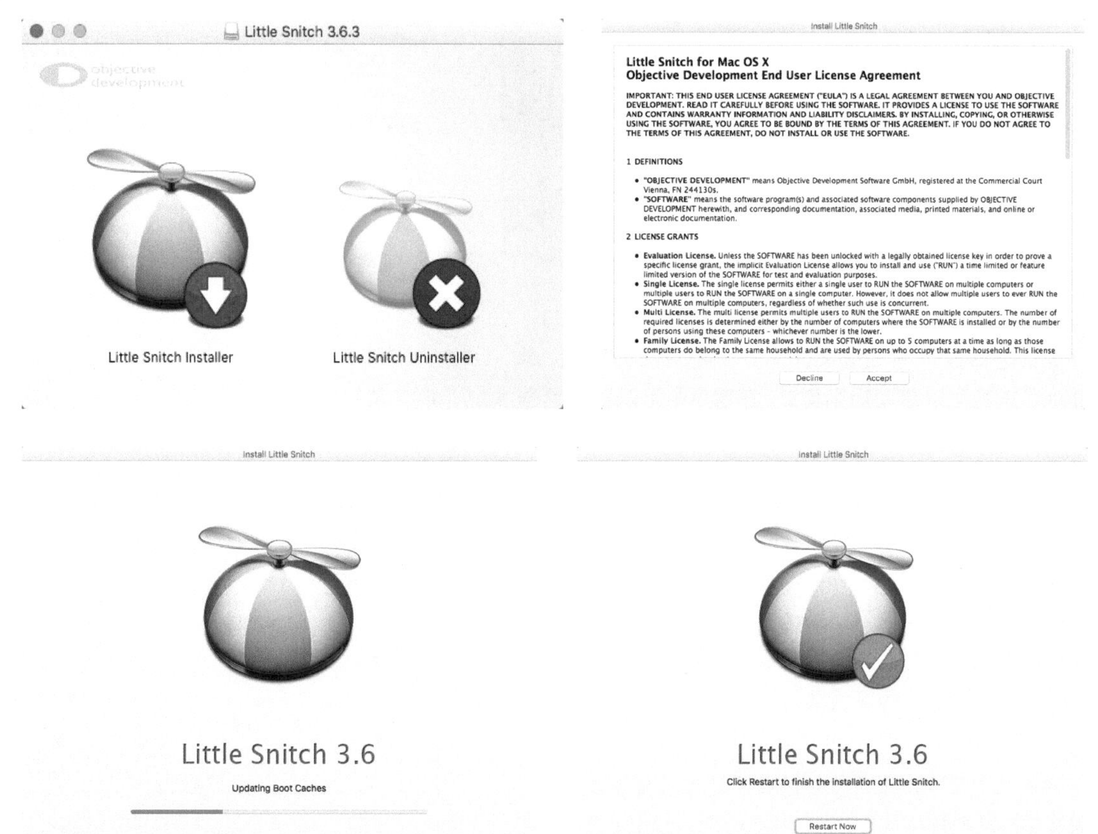

为了能够对网络端口状态进行实时监控，需要在软件安装完毕重新启动计算机才能使软件生效。计算机重启之后，假如用户的计算机已经连接至互联网，会在首次启动时弹出一个对话框，这是软件在启动后请求连接至互联网时弹出的界面，有两个主要选项，分别是“Forever（永久允许）”和“Once（允许一次）”，单击（Once）按钮还可以在弹出的列表中选择更为精确的选项。

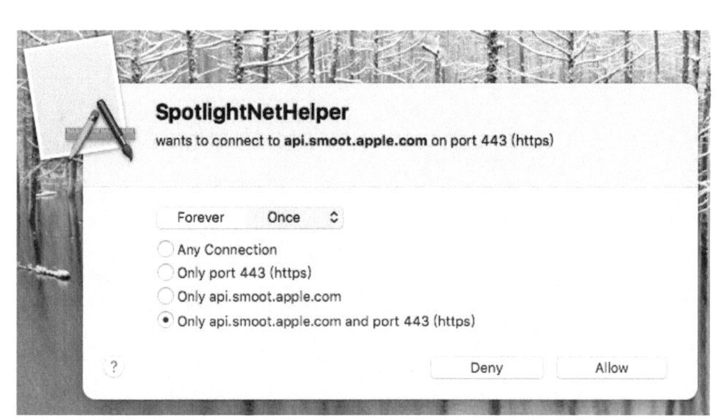

提示 单击“Once”按钮之后在所弹出的选项中，“Until Quit”表示直到应用程序退出，“Until Logout”表示在注销当前登录前有效，“Until Restart”表示在当前系统重启前有效，下面的4个选项“For *Minutes/Hours”分别代表在指定的有效时间，而每个主选项下方有4个副选项。

当选择某一选项之后，将光标移至面板上方可以显示一个“Show Details”按钮，单击此按钮可以看到此次连接的详细信息。

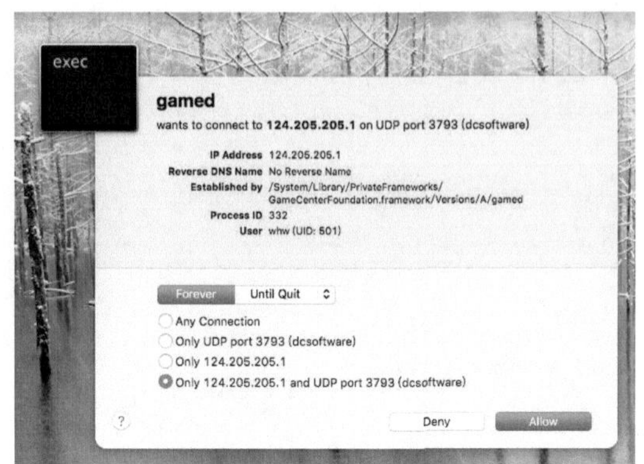

在使用Little Snitch的过程中会频繁地出现此类窗口，当用户每次选择一个选项就会创建一个相对应的规则，单击“Allow”按钮可以启动规则窗口，在窗口中可以看到这些规则。

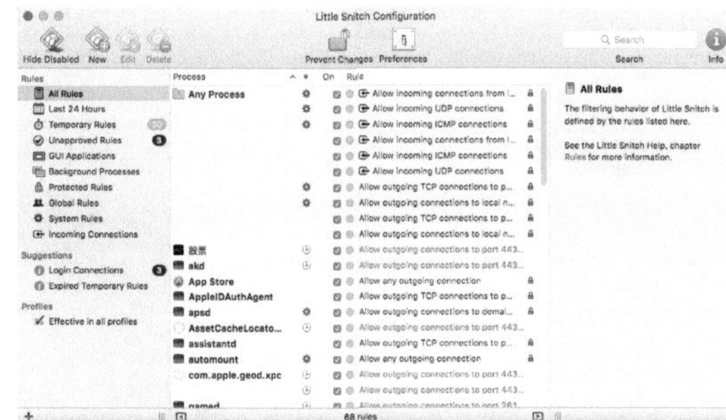

在规则列表中选中任意一条规则，窗口右侧边栏中会显示与此规则关联的应用程序信息。

提示 单击规则窗口右上角的ⓘ按钮同样可以显示当前所选中的规则的详细信息。

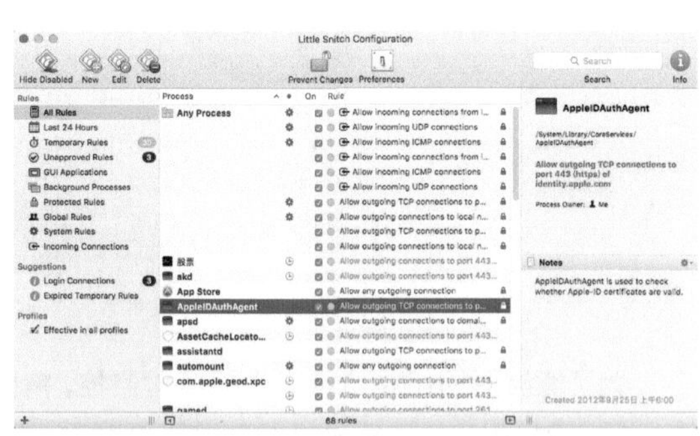

在规则窗口上方位置分别单击、、按钮可以新建、编辑、删除规则。

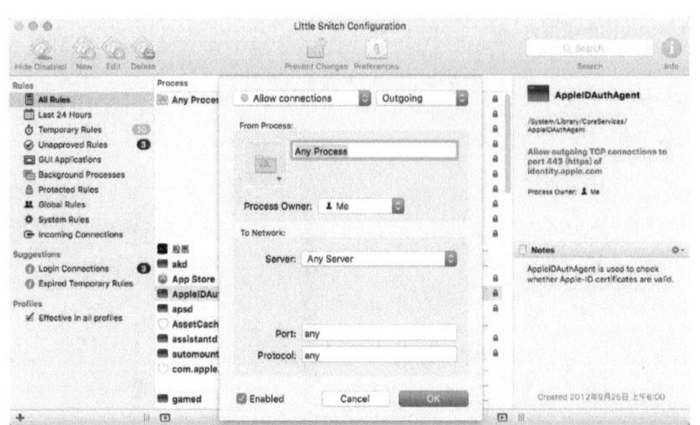

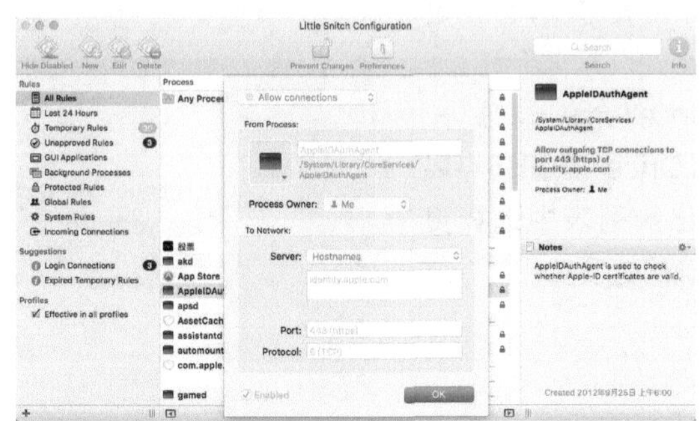

单击选项栏中的按钮，可以打开偏好设置窗口，单击程序图标右侧的“Stop”按钮开启或者关闭网络过滤器。

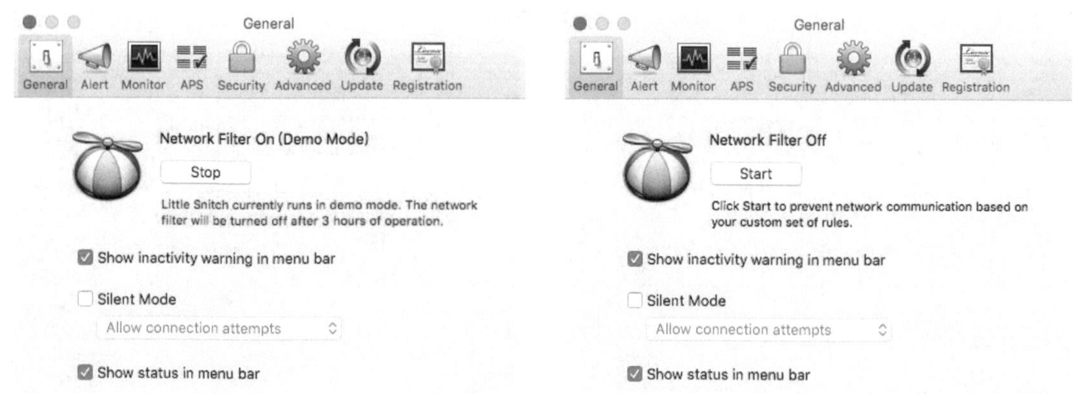

在偏好设置窗口中单击按钮可以显示当前设置的警告方式，单击“Detail Level”下拉列表，可以看到所有连接的详细信息。

在偏好设置窗口中单击按钮可以看到系统中进程或者应用程序的网络连接动态，可以勾选“Network Monitor”后面的“On”或者“Off”打开或者关闭，勾选“Keyboard shortcut”前的复选框在后面的文本框中可以设置显示/关闭Monitor的快捷键。

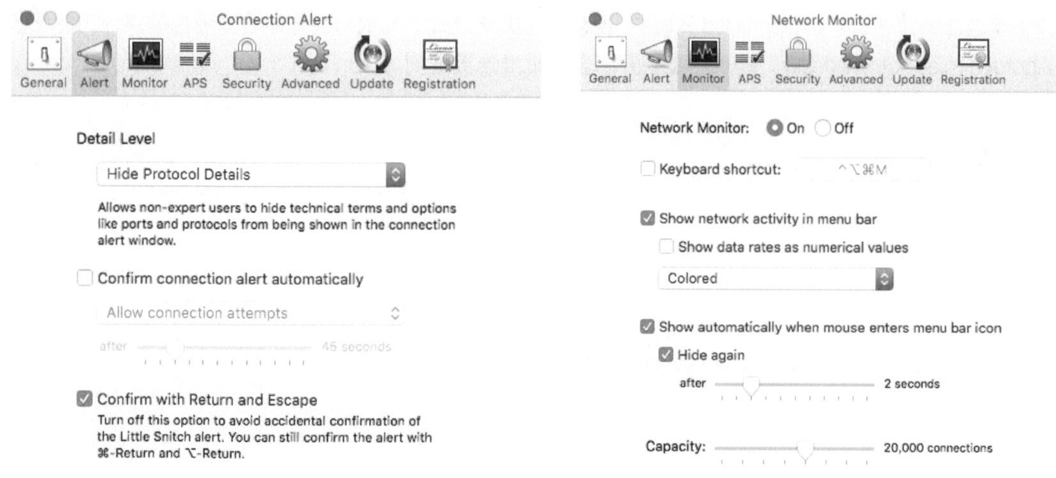

Monitor窗口共分为3个重要部分，面板底部的3个按钮分别代表“显示控制”“隐藏或显示网络活动图”和“显示网络连接详细信息”。

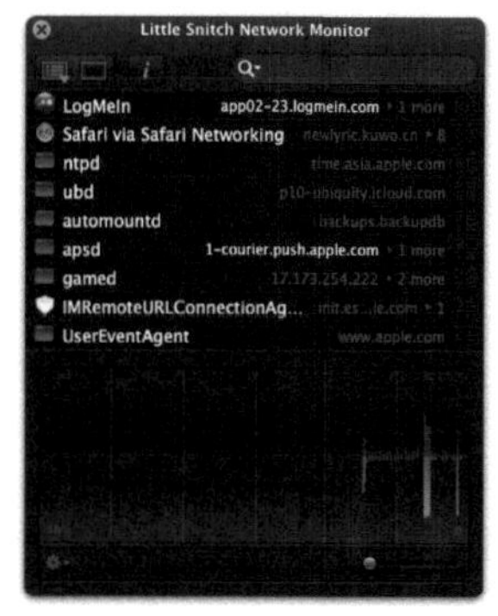

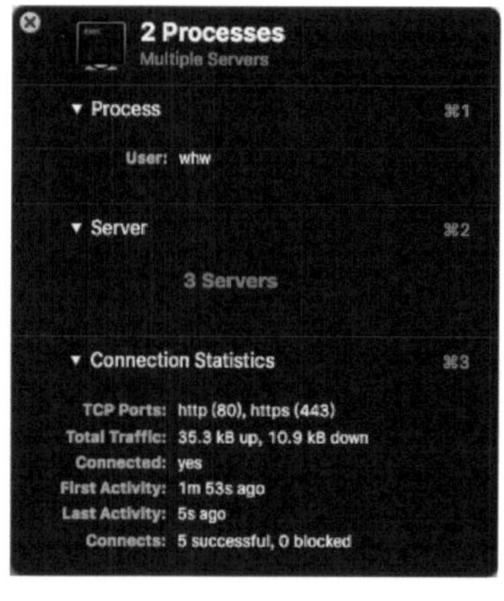

网络活动图是Little Snitch 中新加入的功能，它非常直观地显示出当前网络的上传/下载状态。除此之外，它还记录了应用程序的启动、退出时间，将光标移至视图上即可显示。

在偏好设置窗口的顶部位置单击按钮可以打开高级设置窗口，在此面板中只有两个选项，“Mark rules from connection alert as unapproved（通过警告自动设定允许/拒绝的连接条件自动设定为未经批准）”，可以在规则编辑器窗口中单击左侧边栏的“Unapproved Rules”查看，此类未经批准的规则会显示一个蓝色的点作为标记。

“Approve rules automatically”则表示是否开启自动批准连接规则。

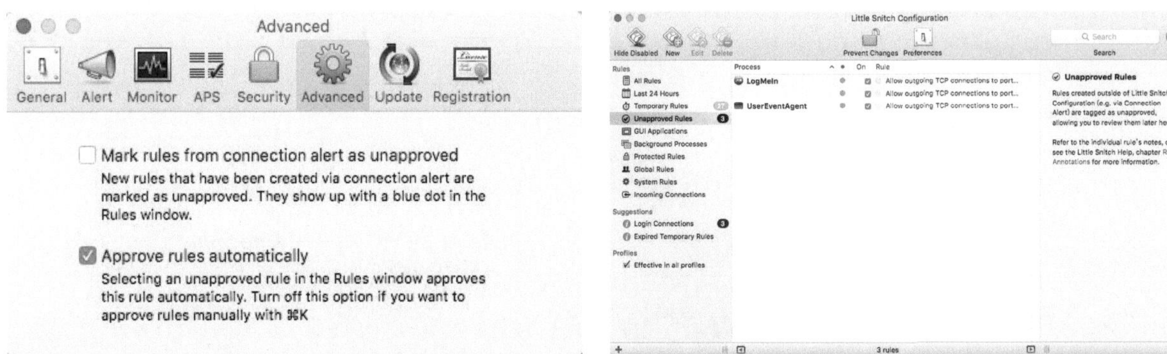

提示 在未勾选“Mark rules from connection alert as unapproved（通过警告自动设定允许/拒绝的连接条件自动设定为未经批准）”的情况下，规则窗口中的“Unapproved Rules”列表中不会显示相关项目。

在规则编辑窗口顶部位置单击按钮，可以将当前设置锁定，假如需要更改则单击此按钮，在弹出的对话框中输入密码解除锁定。

提示 假如未设置密码直接单击“好”按钮可以直接解除锁定。

单击偏好设置中的“”按钮，可以设定软件自动检查更新的频率，单击下方的“Check Now”按钮可立即检查更新。

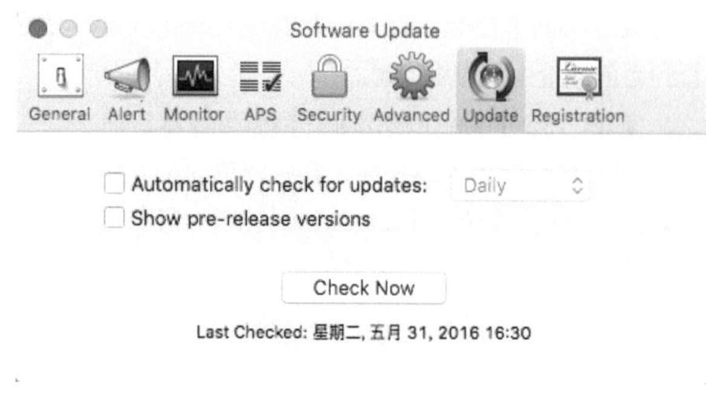

由于Little Snitch并非免费软件，单击偏好设置面板上方的按钮，可购买或注册软件。

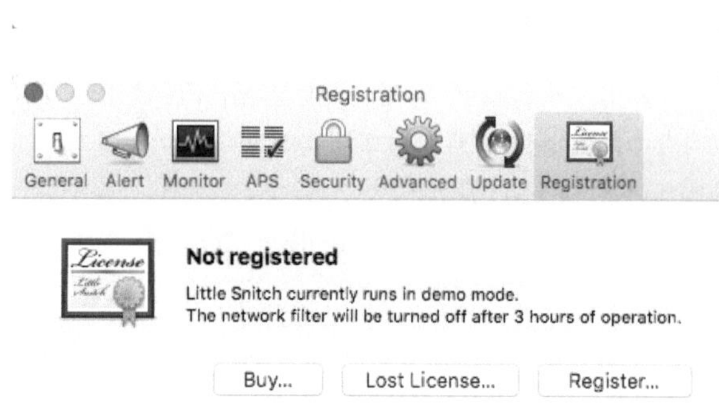

19.1.3 HTTPScoop（协议数据分析）

HTTPScoop是一款非常实用的协议数据分析工具，在平时的工作中通常称之为“抓包”，顾名思义，本款软件可以帮助用户了解当前系统中有哪些HTTP连接，并获得这些连接的详细信息，通过HTTPScoop软件可以与服务器无间隙的打交道，还有一个很大的便利之处就是可以利用它来抓取App Store中应用的下载地址。

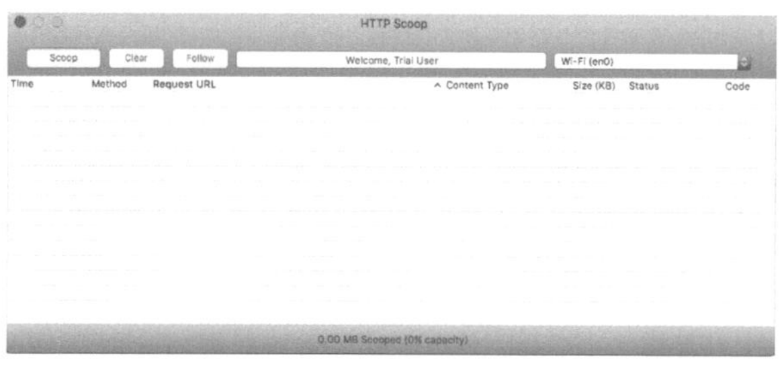

下载完程序安装包之后双击，将其安装，完成之前前往Finder中的应用程序中找到软件图标，双击并打开，此时可以看到软件的主界面。

首先选择一个可以选择的网络接口，例如，en0或者en1，在OS X中，如果计算机同时存在有线网络和无线网络，则en0代表有线网络，而en1则代表了无线网络。例如，打开网页版新浪微博之后，在主界面中单击“Scoop”按钮即可开始监听，稍等片刻就可以在列表中看到当前活动的HTTP连接。

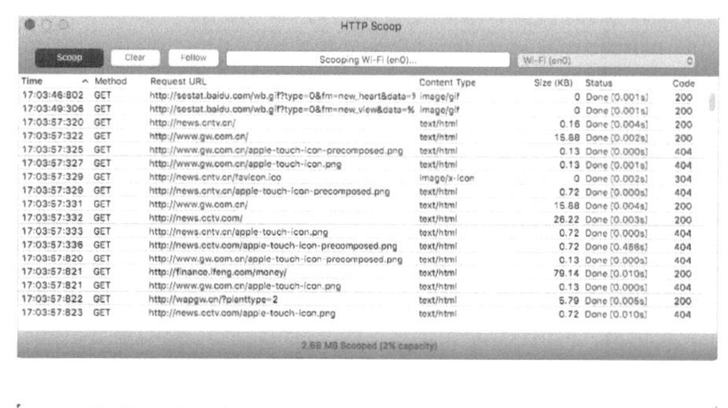

> **提示** 在单击Scoop按钮进行监听的时候，系统会提示用户输入密码以继续，输入密码之后单击“好”即可开始监听。

在监听的窗口中，双击其中的一个地址可以看到当前地址中的详细信息。

单击“Summary（总结）”标签可显示当前地址的HTTP请求的大致信息，其中包括URL、参数等，可以在右侧的“Parameters”方的列表中看到参数信息。

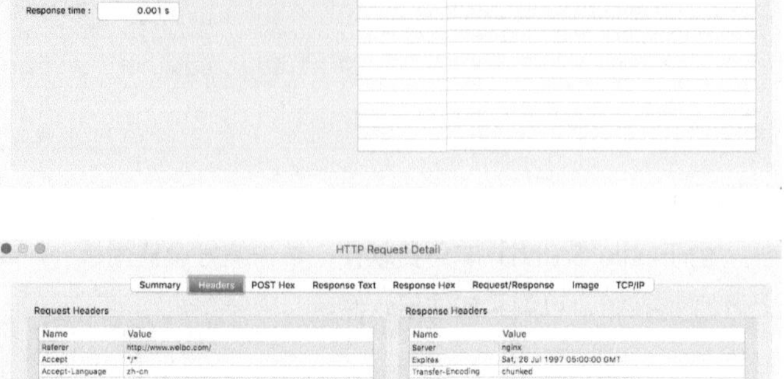

单击“Headers”标签，可以查看HTTP请求/响应中的Header信息，很多服务需要值（Value/Name）对Header做出响应。

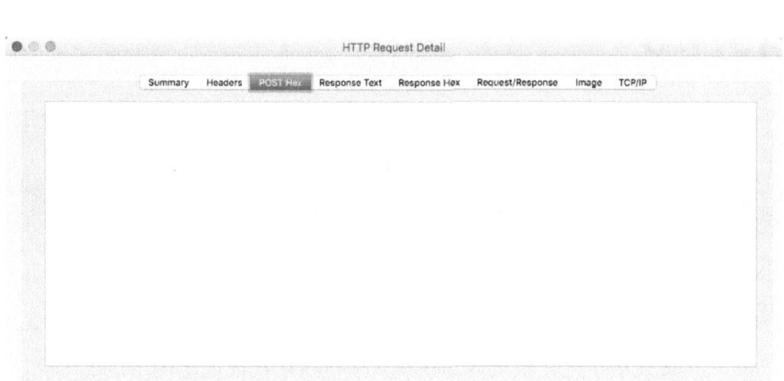

单击“POST Hex”标签，可以看到POST十六进制编码界面，很多HTTP协议使用POST方法向服务器发送数据，在这里可以看到发送的情况。

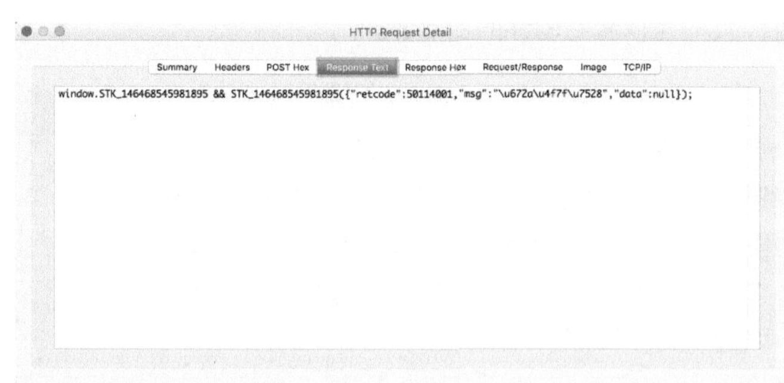

在“Response Text”标签下方的界面中可以看到服务器对于请求所返回的文本数据。

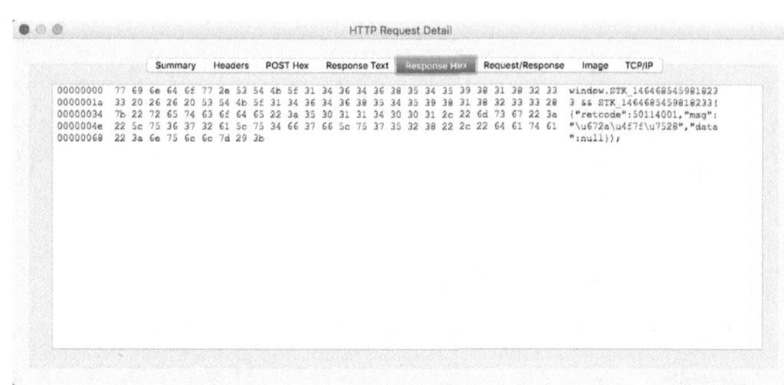

单击“Response Hex”标签，在下方的界面中显示响应文本的十六进制编码信息。

在“Request/Response”标签下方的界面中可以观察请求的HTTP头、参数和响应文本。

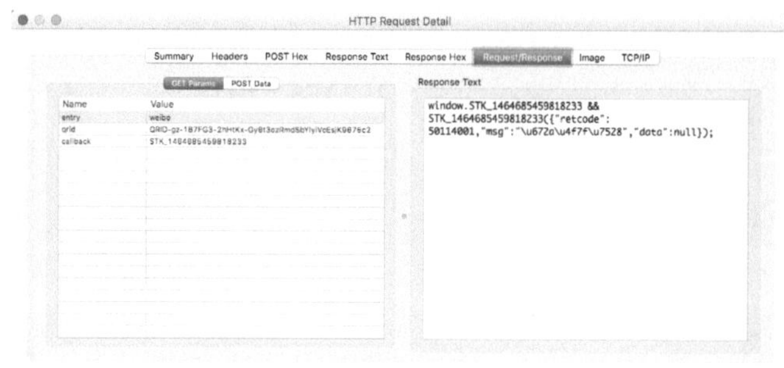

在“Image”标签下方的界面中可以看到请求所获得的图片。

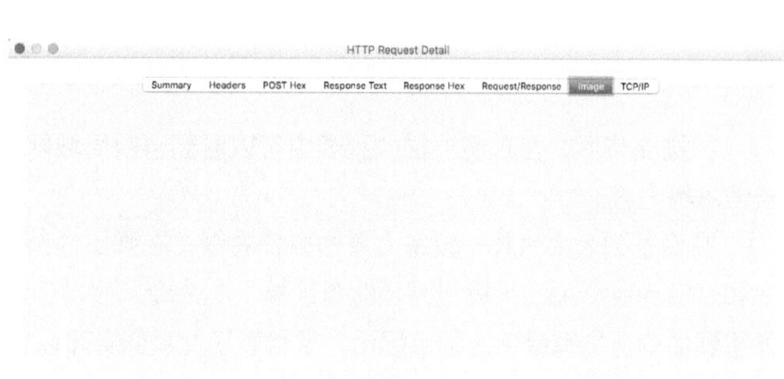

单击“TCP/IP”标签，在下方的界面中可以看到显示此HTTP所请求的TCP/IP数据包，假如想分析此HTTP请求与响应的底层数据，在这里可以搜索到有用的信息。

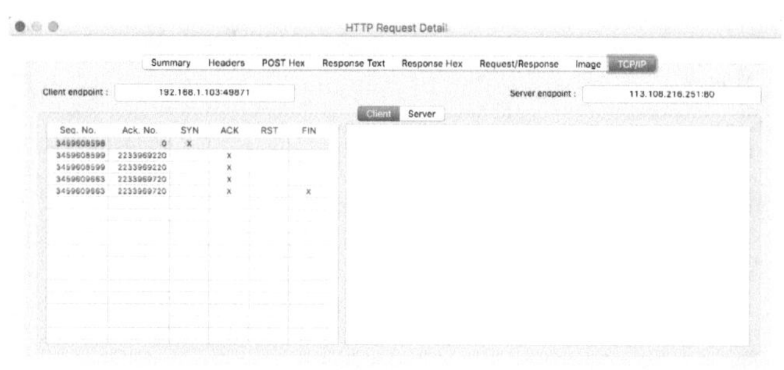

本软件有一项最实用的功能就是可以使用Safari浏览App Store中应用的网址，此项操作十分简单，由于HTTPScoop为我们提供了这项实用的功能，所以只需要简单的操作即可完成对App Store中HTTP的抓取。

首先启动App Store，在窗口中单击上方的“排行榜”，即可在下方的界面中看到所有软件的排行榜。

19.1.4　iNet（显示网络连接）

iNet是一款具有人性化的界面的显示Mac本地网络连接的小工具，它能为用户提供与Mac所连接的网络中的设备相关信息，它的使用方法很简单，十分容易上手。

安装完成之后在Finder中的应用程序中双击软件图标，启动应用程序，在弹出的主界面中可以看到关于本机的一些基本信息。

在主界面中单击左上角的“Scan Network”按钮，可以直接对当前局域网中的设备进行扫描，iNet扫描的结果十分精准，即使是新加入局域网的设备都可以出现在扫描结果中。

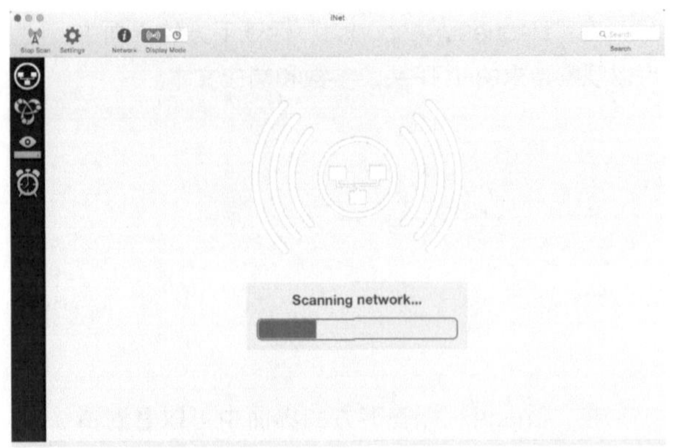

扫描完毕后，在左侧边栏的列表中可以看到当前局域网中的所有设备信息，包括了设备的IP、主机名称以及服务信息等内容。

在设备列表中的某一设备上单击鼠标右键，在弹出的菜单中可以选择“Edit Name/icon（修改名称/图标）”命令和“Connect via…（通过某项服务连接）”命令，在“Connect via…”的子命令中可以选择常见的服务类型，假如某项命令前方有绿色的圆点标记，就代表了此项服务可以在目标设备上正常开启并连接使用。

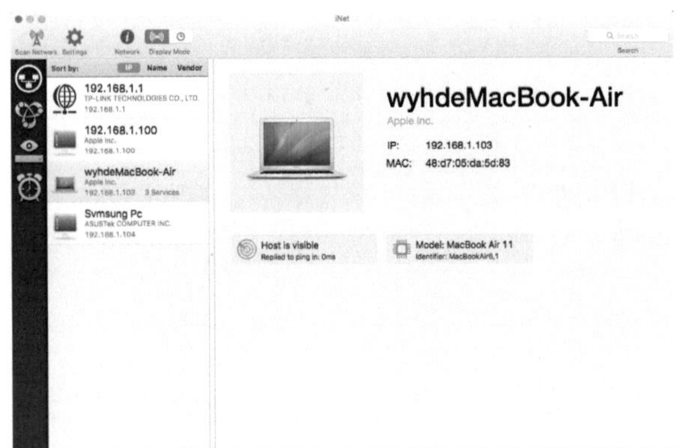

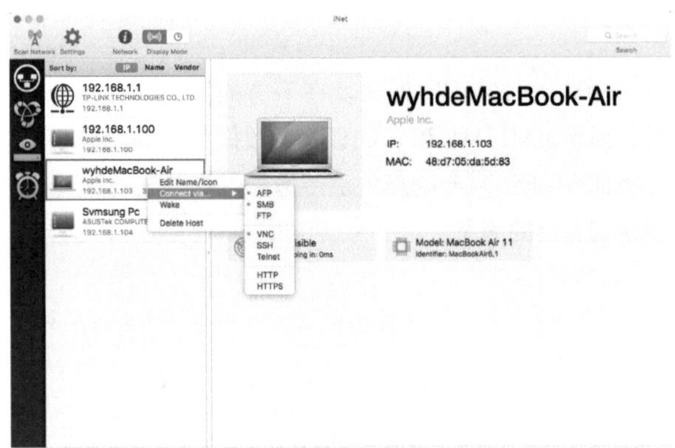

在软件主界面左侧边缘单击Bonjour按钮，此时iNet会显示此局域网中所有已发现的Bonjour服务。

Bonjour服务具有自动广播、发现服务的协议的功能，此时单击左侧边缘的Details按钮，iNet会自动搜索并显示详细的路由器使用信息。

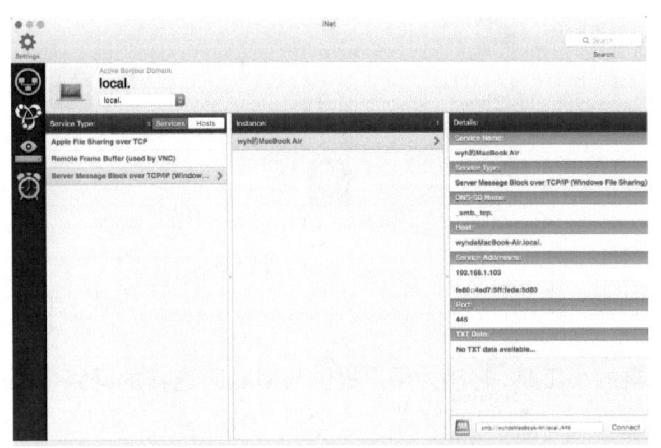

当用户在局域网中扫描Bonjour服务或者路由器信息界面时，可以通过单击左上角的按钮，对扫描方式、结果显示等项目进行设定，在局域网扫描的状态下，可以随时更改扫描时的IP地址范围及局域网选择。

在Bonjour中，单击左上角的按钮，可以选择Bonjour扫描域或者以手动的方式添加Bonjour域。

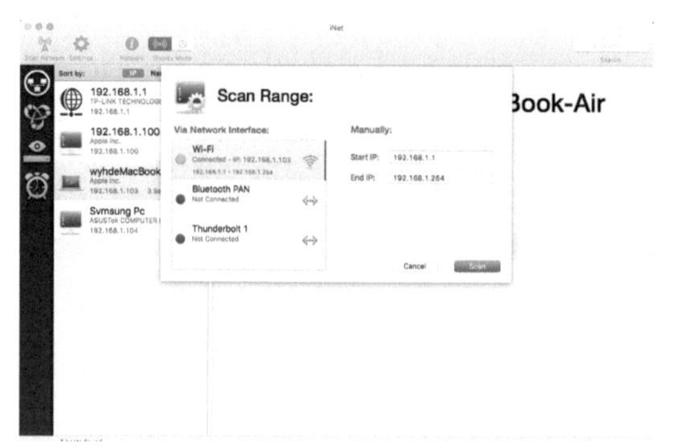

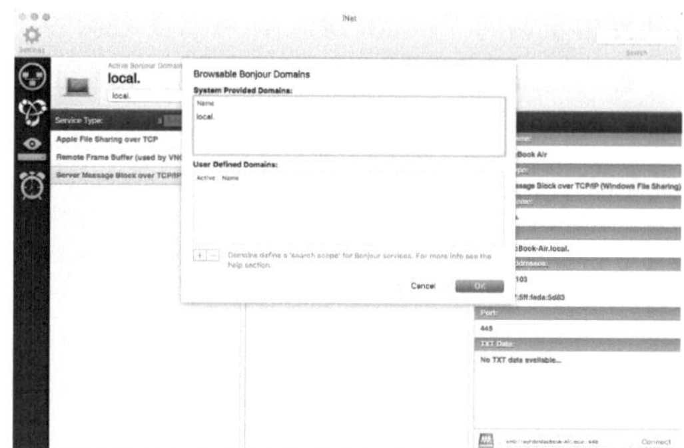

在路由器状态下，可以选择SNMP协议读取目标域，默认使用public。

19.1.5　iStumbler（无线信号搜索工具）

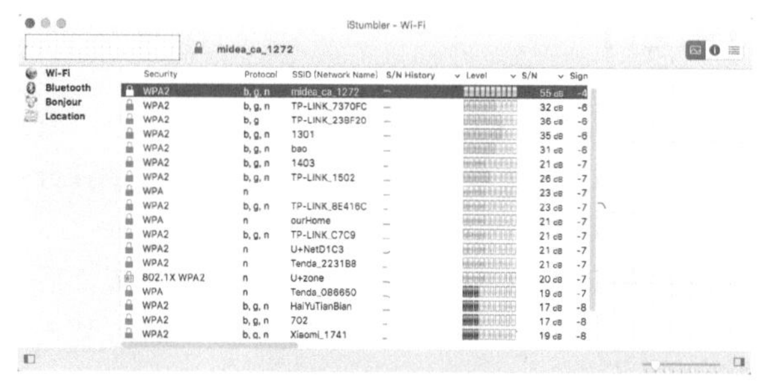

iStumbler是Mac OS X平台中一款领先的无线信号搜索工具，提供插件帮助寻找AirPort网络、蓝牙设备、Bonjour服务以及Mac本地信息。

安装完毕双击其图标打开软件，可以看到十分简洁的主界面，在主界面左侧显示当前计算机连接的类型，当选择“AirPort”可以看到后面列表中的所有无线信号，在无线信号的列表中有连接类型、名称和信号强度等信息。

提示　双击无线连接名称后面的信号强度条，可以显示更为详细的信息。

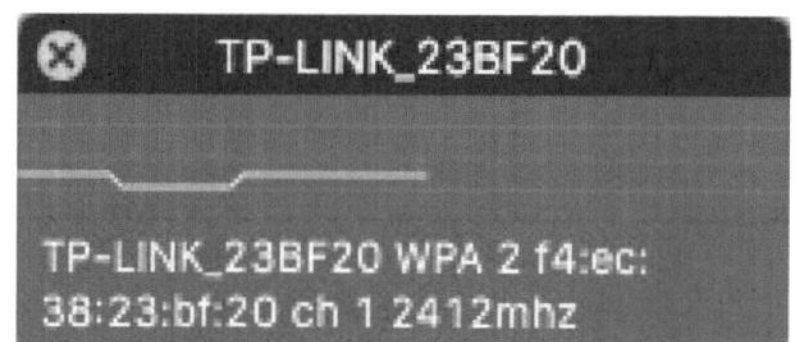

选中左侧的“Bluetooth”，在右侧列表中可以看到当前所有与本机连接的蓝牙设备，在这个列表中还可以看到蓝牙设备的类型、名称以及地址。

单击界面右上角的 ↗↙ 按钮，可以打开关于本机的蓝牙设置，单击“Pair”按钮可以进行配对。

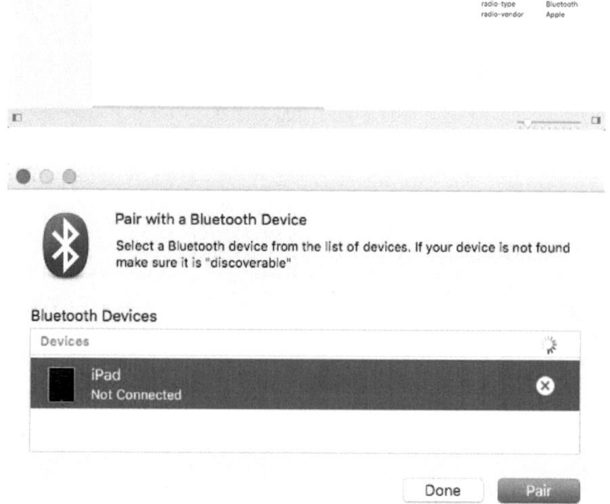

选择界面左侧的“Location”，可以在右侧的列表中，看到无线设备所在的地理位置，单击右上角“Maps”按钮，从下拉列表还可以选择加载浏览器，在浏览器中以卫星视图的方式来查看。

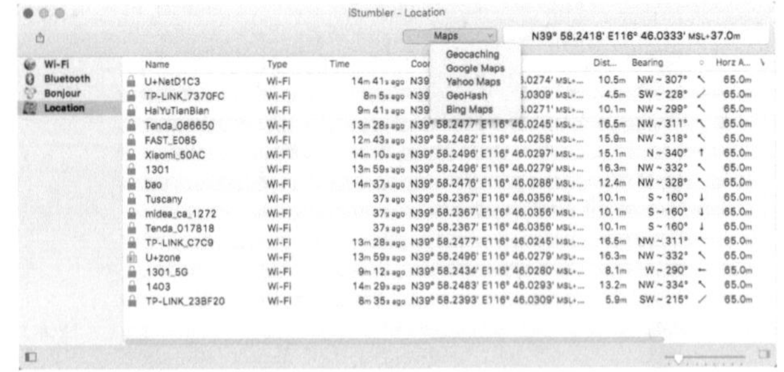

19.2 性能评测与系统增强软件

19.2.1 Xbench（性能综合评分）

Xbench是OS X系统下的性能综合评分软件，它的使用方法十分简单，可以单独运行某些部分的评分测试，比如磁盘、内存等性能。

首先双击下载的程序安装包，当安装完成之后前往Finder的应用程序中找到应用程序图标，双击启动。

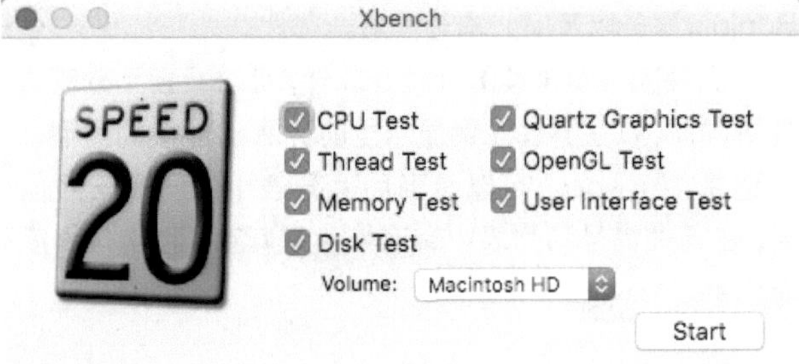

在软件的主界面中直接单击“Start”按钮即可开始测试计算机性能，测试结束结果会以文本形式出现在窗口中。

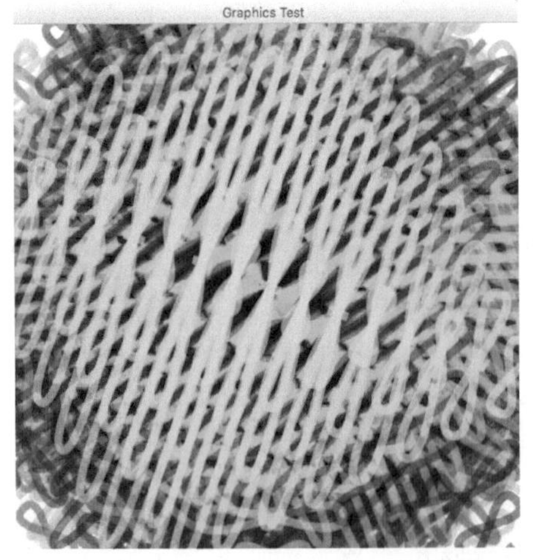

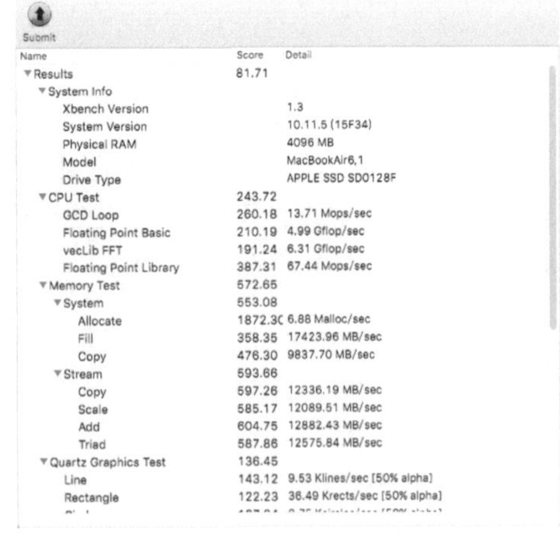

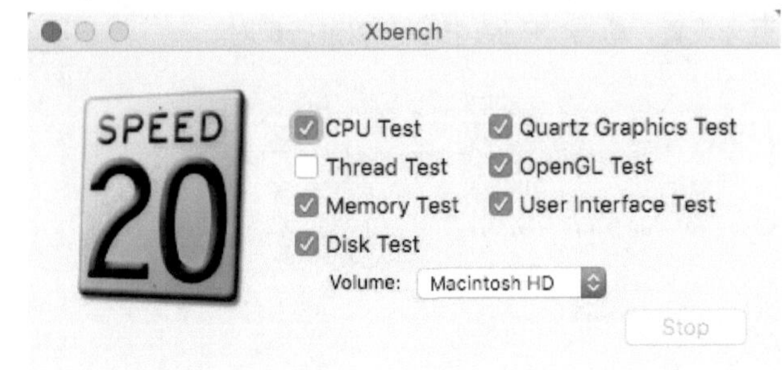

> **提示** 从10.7系统版本开始，Xbench不支持Thread Test，所以在测试的过程中可以将其取消以求更精确的测试结果。

测试完成 后单击左上角的按钮可以将测试结果输出，在下方的窗口中可以选择计算机型号、计算机名称。

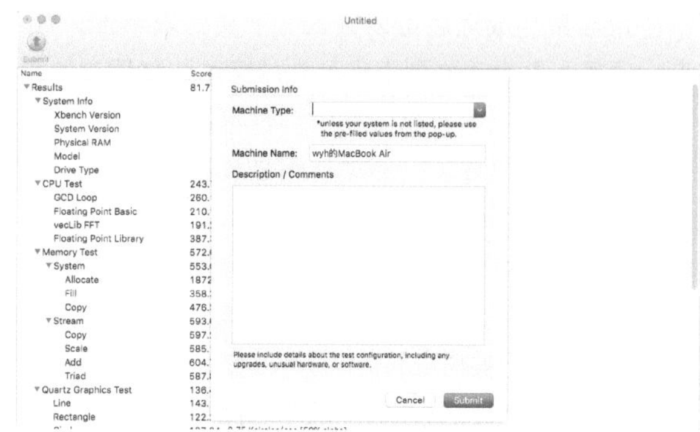

19.2.2 OmniFocus（生产力）

在Mac中，OmniFocus是一款十分经典的生产力类应用程序，下载完安装程序后，双击打开，此时将弹出一个安装窗口，选中应用程序图标将其拖至右侧的文件夹中即可完成安装。启动应用后，会出现一个欢迎界面，选择数据保存的位置。

设置数据保存位置后，即可启动软件，可以看到软件的主界面，在右侧窗口中可以看到关于软件的快速入门视频，以及更多关于应用程序的信息，包括左侧边栏中的“收件箱”，这里的“收件箱”不同于邮箱中的“收件箱”，它的功能是收集讲述的步骤。

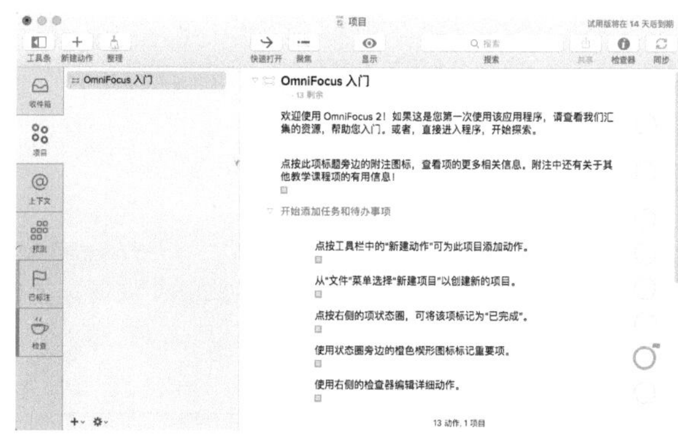

单击界面顶部“新建动作” ＋ 按钮，可以直接记录所有想要记录的事件，无需考虑任何客观因素。

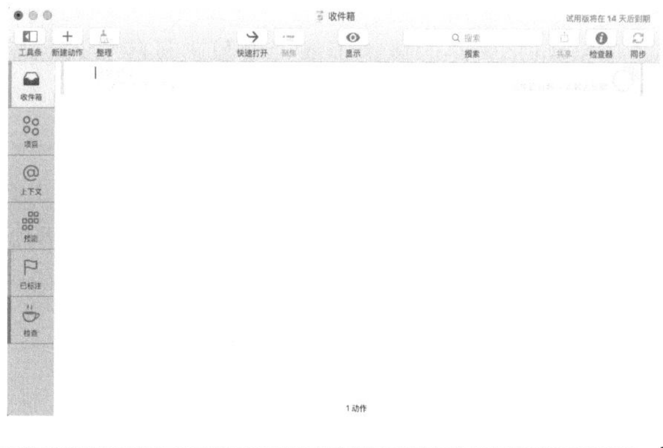

待收集完成之后可以进入上下文处理事件，如果需要对事件进行分类和整理，可通过添加或者删除文件夹、项目、单个动作列表来分类放置这些整理过的事件。

在通常情况下，单个动作列表可以放置没有任何依存关系的单一事件里，而项目则是放置有依赖关系的事件，文件夹则可以用来组织多项项目及单个动作列表。

在界面中可以对这些创建的事件进行处理，可以放在单个动作列表中，此时可以创建一个单个动作列表，将名称命名为“明天要搞定的工作”来放置这两个项目。

单击左下角的⚙按钮，从弹出菜单中选择“新建单个动作列表”，将其命名为“明天要搞定的工作”。

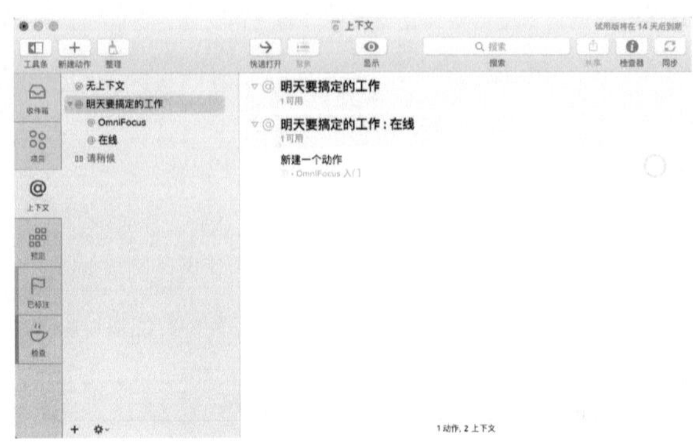

新建单个动作列表之后，回到“收件箱”中，在右侧的列表中单击名称后面的下拉列表即可为当前动作选择项目分类。

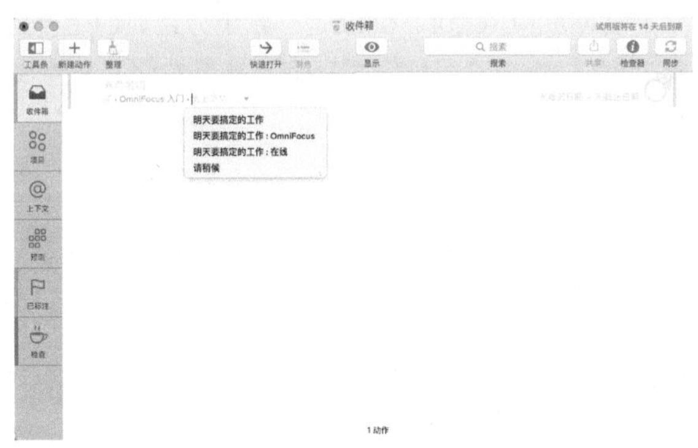

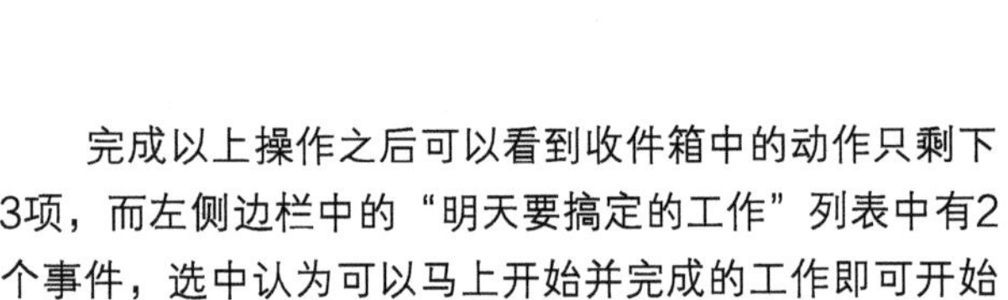

完成以上操作之后可以看到收件箱中的动作只剩下3项，而左侧边栏中的“明天要搞定的工作”列表中有2个事件，选中认为可以马上开始并完成的工作即可开始工作，完成之后可以在项目中标记出来。

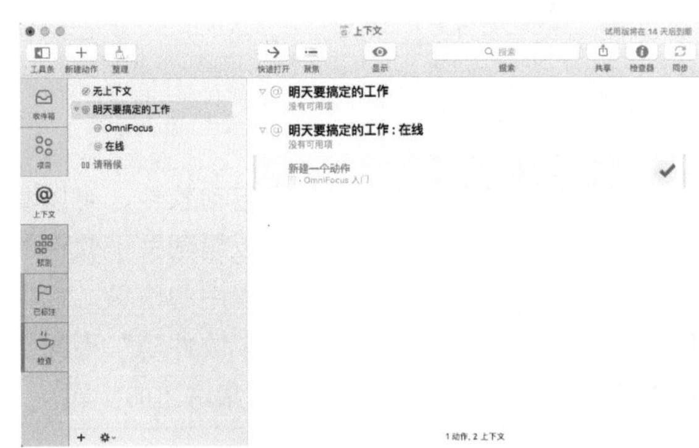

19.2.3 SizeUp（分屏工具）

SizeUp允许你快速地通过菜单工具栏或者快捷键将一个窗口铺满半个屏幕（分屏）、四分之一屏幕（分象限）、全屏或者居中。其功能类似于其他操作系统下的“平铺窗口”功能。安装软件之后启动软件，在主界面上方单击Shortcuts按钮可以设置快捷键，按下所设置的快捷键可快速实现窗口显示的样式。

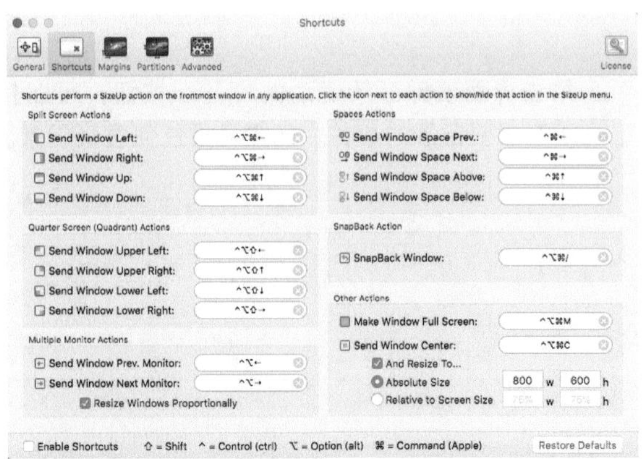

单击“Margins”按钮可以设置显示窗口的大小，分别在文本框中输入相应的数值即可，勾选“Enabled”前的复选框代表启用。

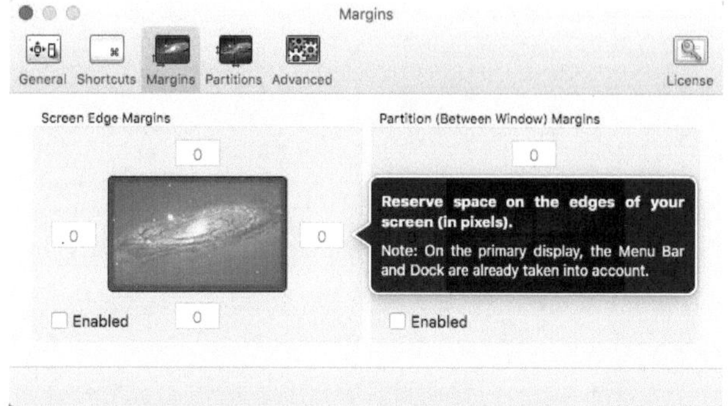

单击“Partitions”可以设置窗口平铺时每个区域所占据的位置比例，上下拖动百分比旁边的按钮可以快速更改所显示的比例。

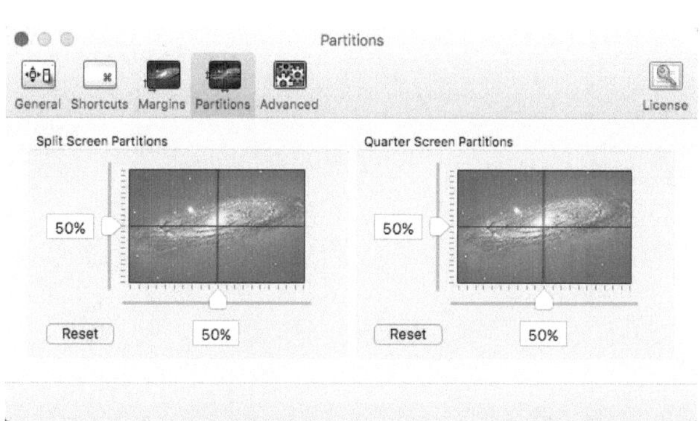

第20章 系统优化工具软件

本章主要讲解常用的Mac系统优化工具软件的应用，如磁盘扫描工具、系统清理软件、系统维护、性能监视器和安全软件等，为用户打造良好的系统环境，提供更加舒适的操作平台。

20.1 DaisyDisk（磁盘扫描工具）

DaisyDisk是一款磁盘扫描工具，它同时具有清理功能，可以帮助用户删除磁盘上无用的文件。通过文件对比和尺寸分析帮助用户保持硬盘的文件管理有序，它的界面华丽，各种信息十分直观，是Mac中十分受欢迎的一款软件，它具有扫描速度快、独特的交互式图表显示方式等特点。

安装完成之后启动软件，在界面中可以看到当前计算机的磁盘基本信息，每一行中的磁盘盘符代表一个磁盘或者卷宗。

单击当前磁盘后方的“Scan”按钮扫描当前计算机磁盘占用情况，同时还支持对网络硬盘和移动硬盘的分析。

在界面右侧边栏中单击相应的文件或者项目即可显示当前项目空间使用情况及饼状图。

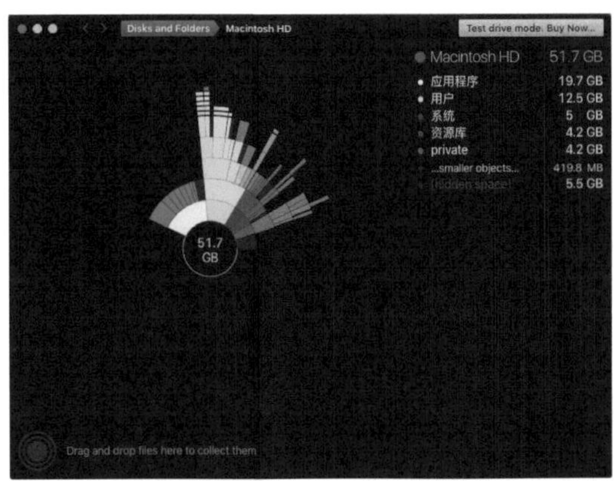

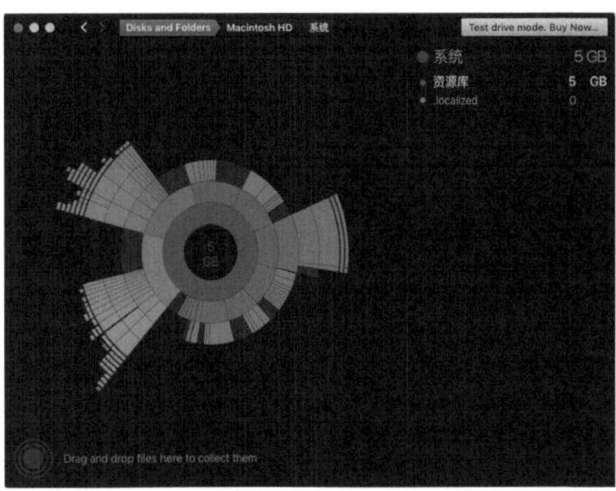

> **提示** 在左侧的饼状图中单击相应的色块也可以打开相应的文件。

在当前界面中选中无用的文件，将其拖动到底部删除，系统不会将其立即删除，而是以5秒倒计时的形式删除所选文件，用户可以随时单击“Stop”按钮取消删除操作。

DaisyDisk还有一项比较人性化的功能设计就是可以将用户所遇到的问题进行反馈，以获得帮助，选择菜单栏中的“DaisyDisk”|“Provide Feedback on DaisyDisk”命令，在弹出的对话框中输入遇到的问题，单击右下角的“Send Feedback”按钮即可发送。

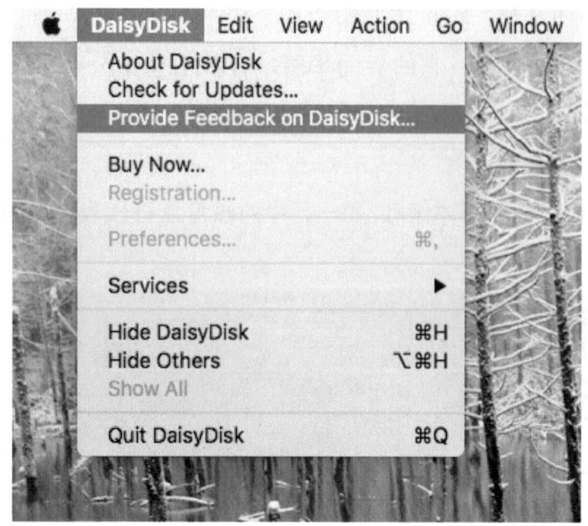

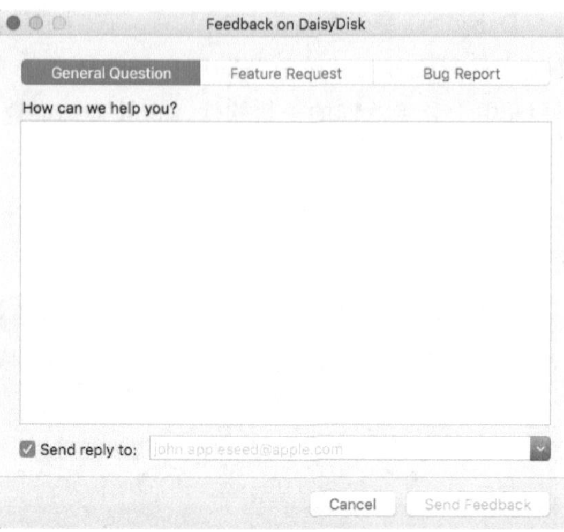

20.2 CleanMyMac（系统清理软件）

CleanMyMac是一款功能强大的系统清理软件，由于在平时的工作、学习过程中，频繁地安装、删除文件，系统中的垃圾文件越来越多，它们会降低系统的运行速度，增加计算机负担，所以我们要进行清理。CleanMyMac十分好用且实用，适合新手，不过如此好用的软件可不免费，当试用期结束之后需要用户购买才能继续使用。

当安装完应用程序之后，在应用程序中找到其图标双击并打开，可以看到软件的动画欢迎界面，伴随着优美的音乐即可开始体验软件带给用户的便利。

在主界面底部单击“扫描”按钮即可开始扫描，扫描完毕可以在界面中看到扫描出的垃圾文件大小，而刚才的“扫描”按钮则变成了“清理”按钮，单击此按钮即可执行清理操作。

当程序在清理的过程中可以看到清理进度以及清理过的项目，可以随时单击“停止”按钮停止清理。

提示

在执行清理的过程中需要尽量关闭相关应用程序才可以进行清理，比如当Safari启动时，由于CleanMyMac需要清理浏览器所产生的垃圾文件，这时就会弹一个窗口提示用户关闭浏览器，单击“Close”按钮即可。

选择菜单栏中的“CleanMyMac”|“偏好设置”命令，可打开当前程序的偏好设置，单击通用 标签，在下方的选项中找到保留的语言列表，可以看到当前程序所保留的语言包，单击 + 按钮可以添加语言包。

当完成清理之后单击左侧边栏中的项目可查看相应的详细信息，同时可以清空该项目前的复选框以禁止对所选中的项目进行清作，由于涉及部分程序或文件权限信息，在清理的过程中CleanMyMac可能会随时提醒用户输入密码以继续，这时只需要在弹出的对话框中输入密码即可继续执行清理操作。

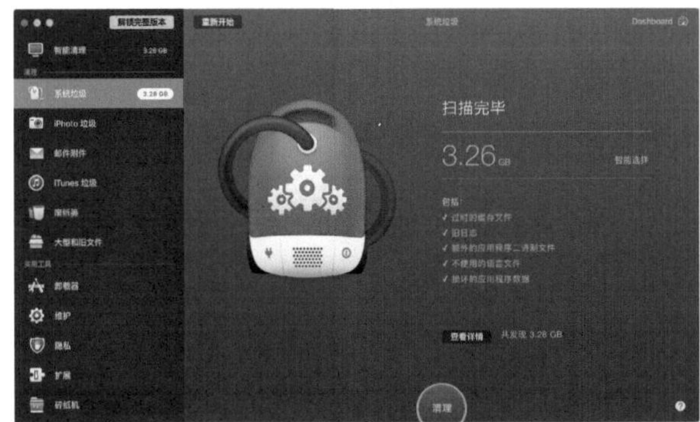

CleanMyMac还可以清除系统中安装的第三方插件、软件以及安全删除文件，单击左侧的“卸载器”选项，在右侧可以看到本机中所有安装的软件项目，勾选想要卸载的软件名称前方的复选框，单击界面右侧底部的“卸载”按钮即可开始卸载。

此外，CleanMyMac还提供了一个“碎纸机”的功能，使用此功能可以清除难以清除的软件或者插件且不可恢复，单击左侧“碎纸机”选项，在右侧的界面中可以看到“选择文件”按钮，单击此按钮可以选择计算机中想要清除的文件，选择完成之后单击底部的“轧碎”按钮即可执行清除操作。

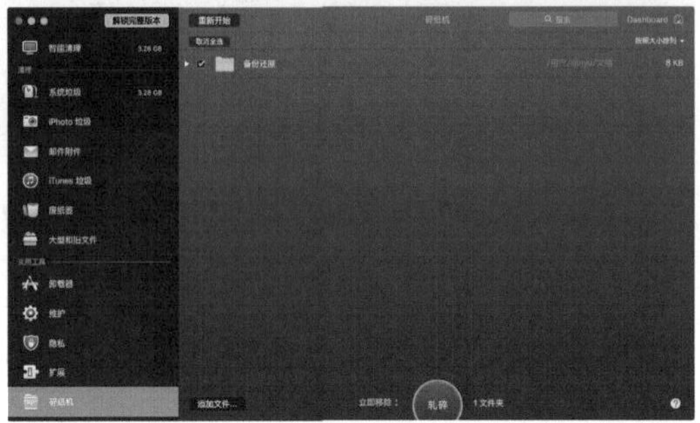

20.3 OnyX（系统维护）

OnyX 即是老牌免费系统维护和配置程序软件，它可以帮助用户监视启动的磁盘信息和文件系统的结构信息，而且可以运行很多的系统维护子程序，比如配置Finder、Dock、Dashboard、Exposé、Safari和Login window中的一些隐藏的功能，它可以删除缓存，除去一定数量的文件和文件夹，从而保证系统的健康，加快运行速度。

首次启动软件会弹出一个服务协议对话框，取消“启动时显示”复选框，这样在以后的启动的过程中就不会显示这个对话框了，完成之后单击“同意”按钮进入软件应用界面。

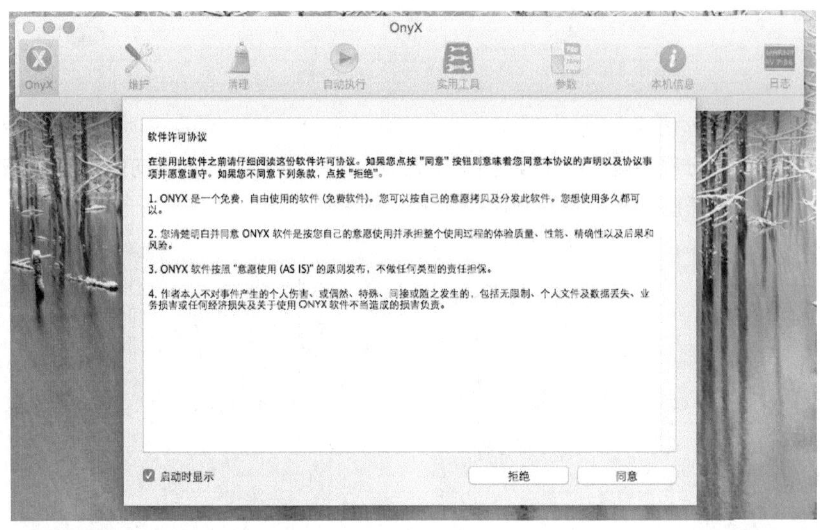

单击界面上方的“维护”按钮，在下方可以看到关于当前系统的磁盘状态、偏好设置等选项，这些信息对于用户了解自己的磁盘运行情况很有帮助，当磁盘有问题时软件会提示用户进行维护。

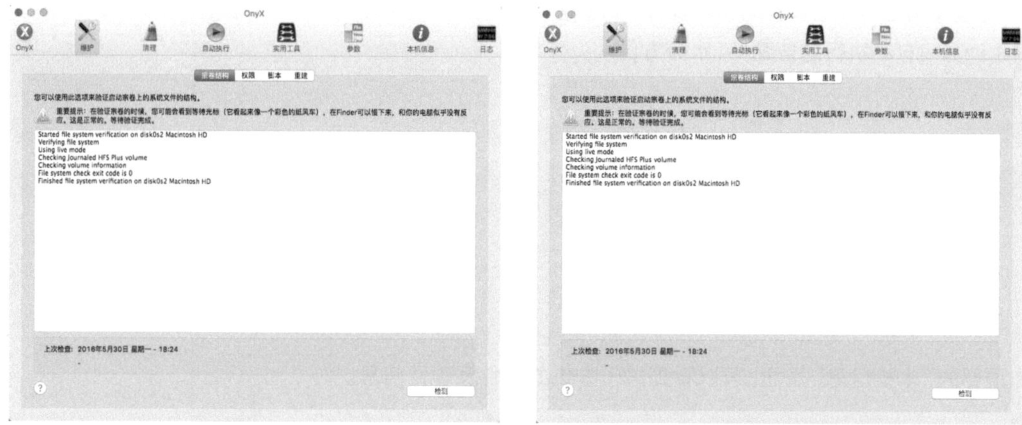

单击界面上方的“清理”按钮，在下方界面中可以勾选所要删除缓存的项目，假如不需要对当前项目执行清理，则取消项目名称前面的复选框，选择完成之后单击右下角的“执行”按钮即可执行清理操作。

在这些清理项目中还包括“废纸篓”，在选择“废纸篓”下方的选项时，尽量勾选“安全删除”选项，这样可避免因有重要文件遗忘在废纸篓中而造成的损失。

单击界面上方的“实用工具”按钮，可以在界面中看到此软件中所具有的各种实用工具，这些工具对于我们工作、学习都有相当大的帮助，一方面可以提高用户的效率，另一方面可以进一步地维护及了解系统。

例如，单击“查找”标签，可以在下方创建一个用于查找文件的数据库，一旦创建好数据库之后，用户就可以在这个界面中快速找到自己需要的文件或者文件夹。

单击右侧的“程序”标签，在下方可以看到诸多十分实用的工具，这对于玩转系统有很大帮助。

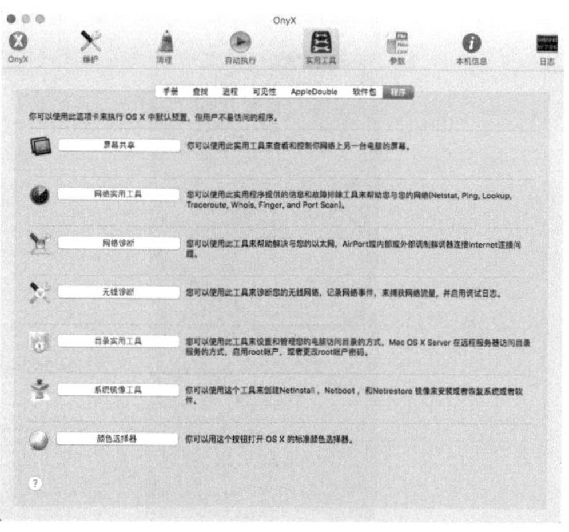

此外“OnyX”软件的最大亮点在于自动执行的功能，在软件界面上方单击“自动执行”按钮之后可以在下方看到关于验证、维护、重建及清理等项目的自动执行操作，有了这个功能，用户可以让计算机自动执行这些命令，十分方便。

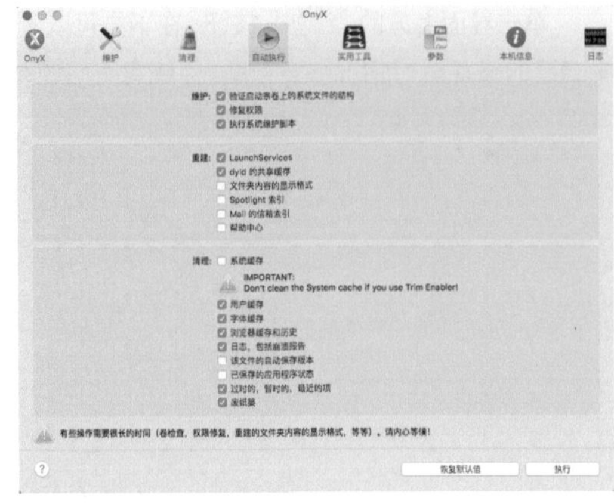

单击顶部的“本机信息”按钮，可以看到关于本机的硬件及软件信息。

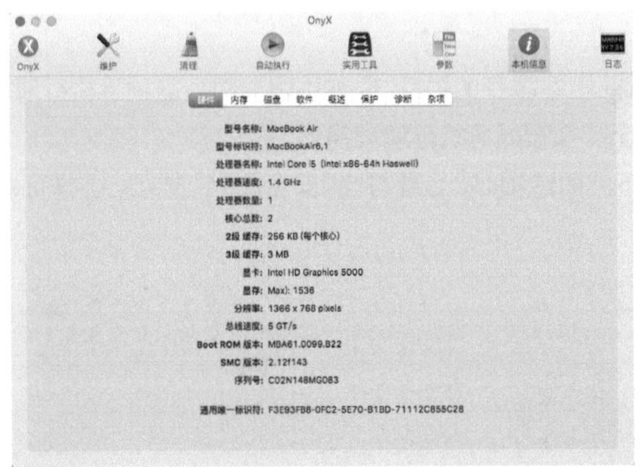

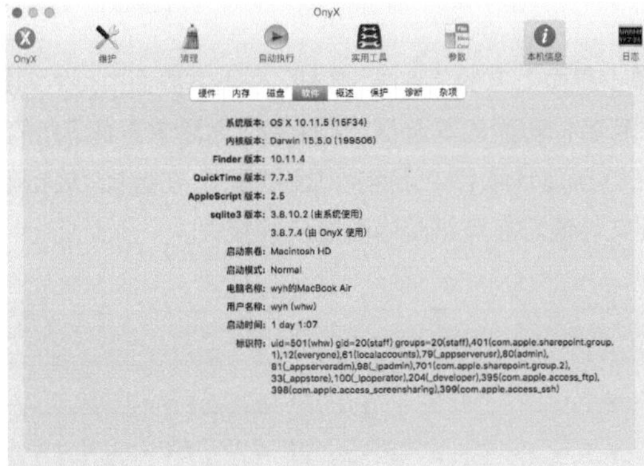

20.4 iStat（性能监视器）

iStat 系列软件是OS X上最流行的性能监视器软件之一。

iStat Menus是扩展在菜单栏上显示系统运行情况的软件，它的显示信息精确，界面精美，首先下载并安装软件之后在首次启动软件的时候会出现一个欢迎界面，单击“Install”按钮可以进入软件主界面。

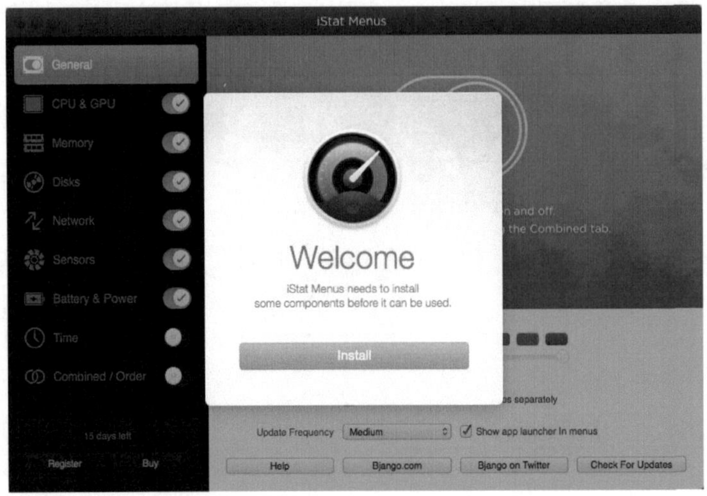

在iStat Menus主界面左侧边栏中可以看到关于各项硬件信息显示的开关，当单击硬件名称后面的按钮之后，可以在桌面顶部菜单栏中看到当前硬件所显示的信息。同时，在右侧的界面下方可以设置显示信息的外观。

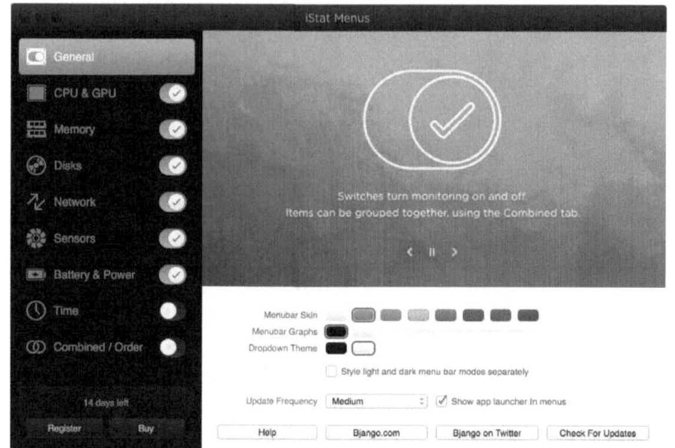

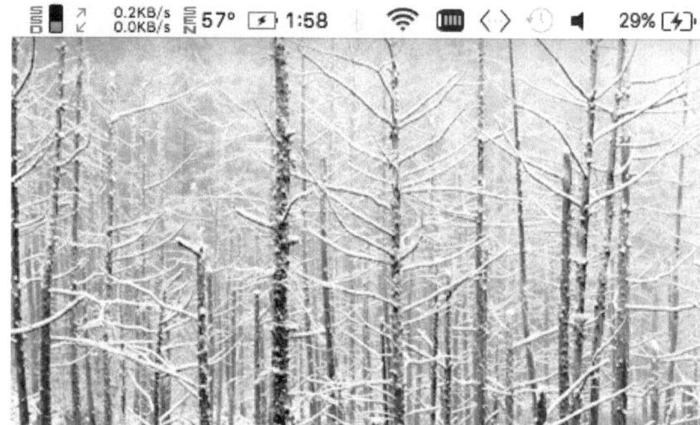

将光标移至桌面顶部菜单栏中所显示的详细信息上单击，可以察看当前硬件的详细信息。例如，CPU的使用率、温度、网络连接信息、内存使用率、硬盘以及电池情况等。

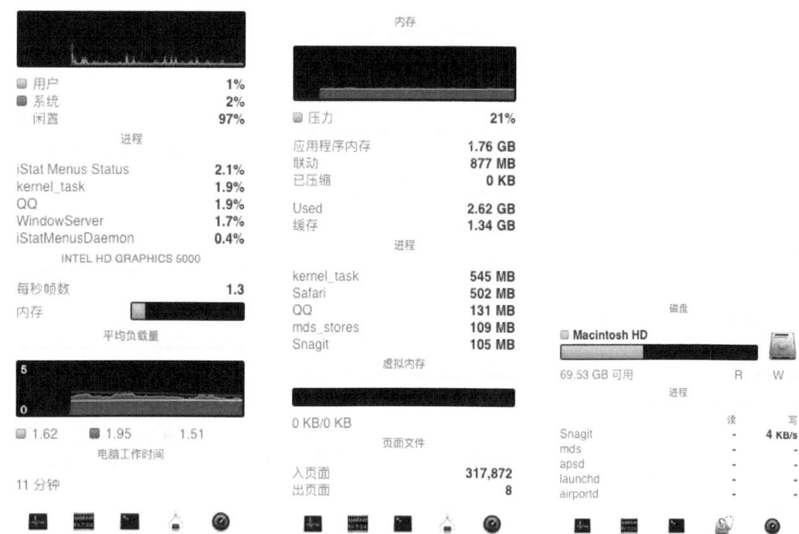

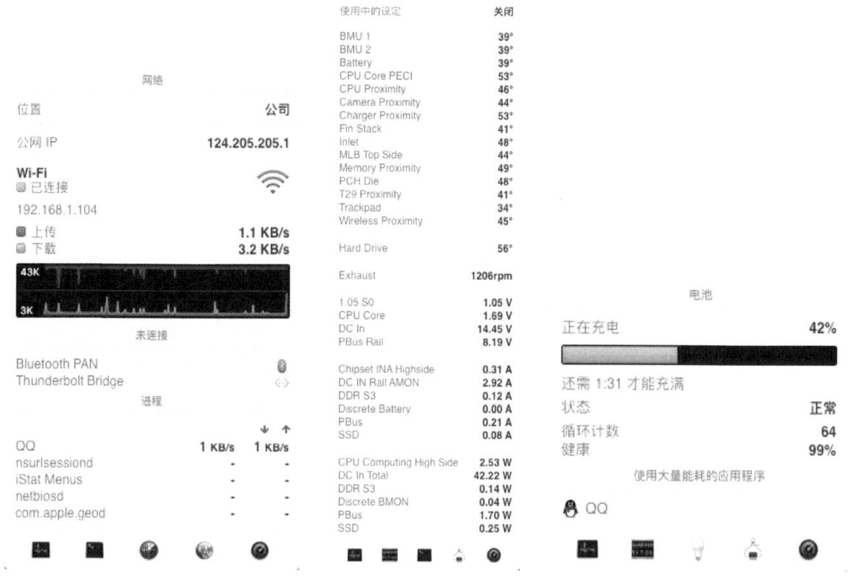

将光标移至每个硬件信息下方的视图中可以显示更详细的使用情况以及趋势，比如将光标移至CPU下方的视图中可以看到在过去一个小时、一天、一个星期的使用情况。

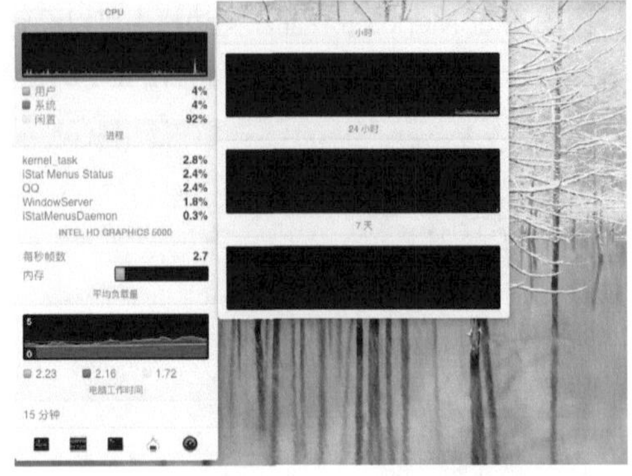

20.5 iStat Pro（Widget）

iStat Pro是一个十分小巧的Widget，双击安装包之后，打开Dashboard可以看到它的图标，将其添加之后可以看到界面中所显示的主要信息。

单击Dock中的Dashboard图标，可以在Dashboard中观察系统的状态和性能。

20.6 Mac Paw Gemini（系统清理）

当Mac使用很长一段时间，用户会发现系统中会有很多重复及无用的文件，这需要删除，但是面对大量的文件我们显得无所适从，这时Mac Paw Gemini就可以帮助用户解决这个问题。首先下载并安装软件，可以看到欢迎界面，单击界面右下角的“Next”按钮可以前往软件主界面。

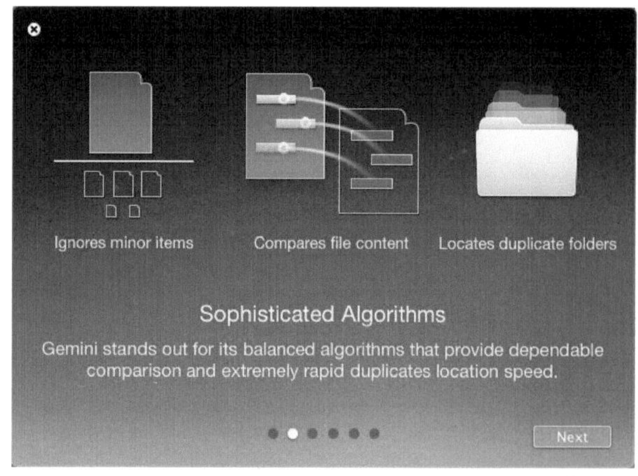

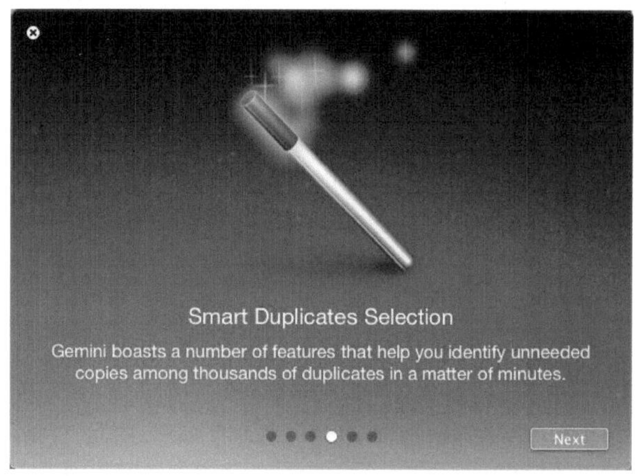

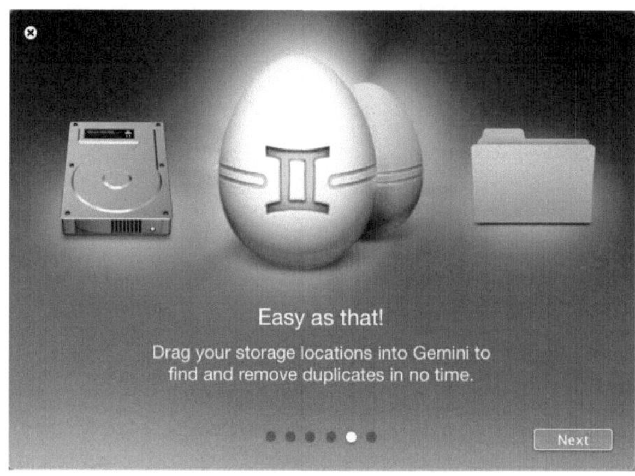

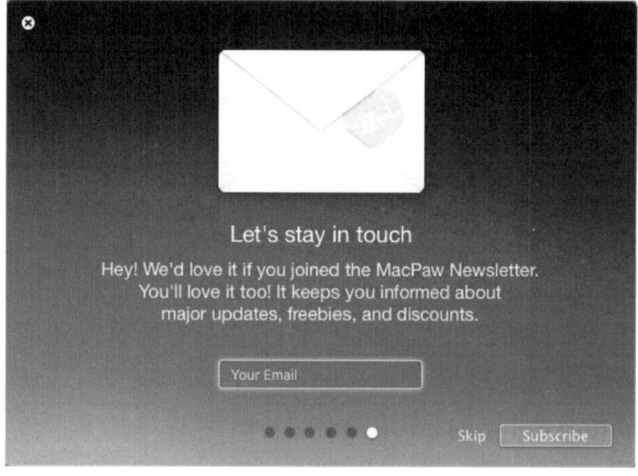

当软件启动之后可以看出界面十分简洁，没有一点多余的按钮或者设置项，在中间有一个很大的圆形并且里面有一个箭头。

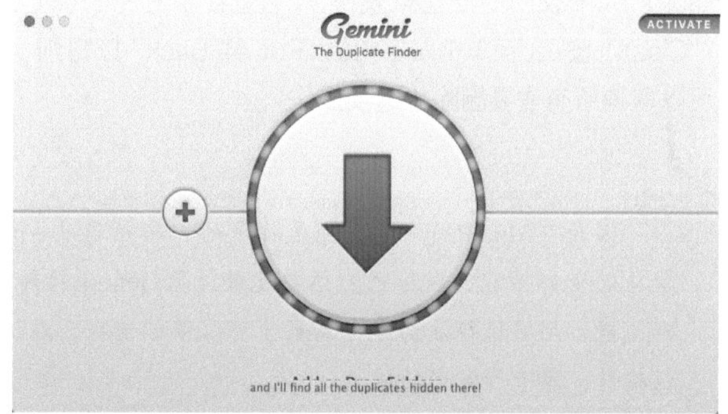

单击左侧的加号按钮，此时将弹出一个对话框，提示用户添加想要扫描的文件夹，选择完成之后单击“Scan”即可开始扫描。

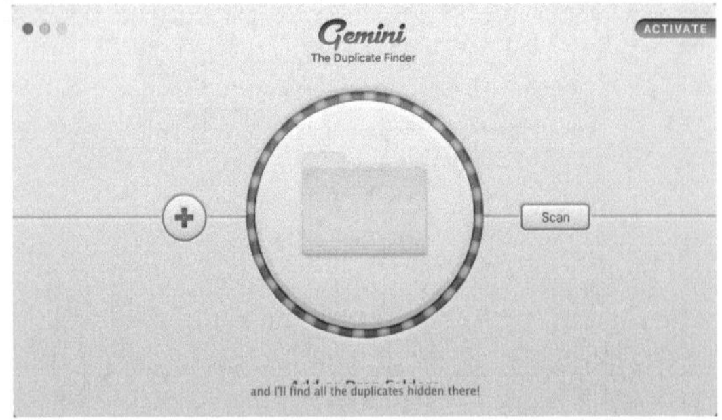

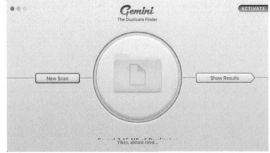

当扫描完成之后单击界面右侧的“Show Results”按钮即可显示扫描出的重复文件信息。

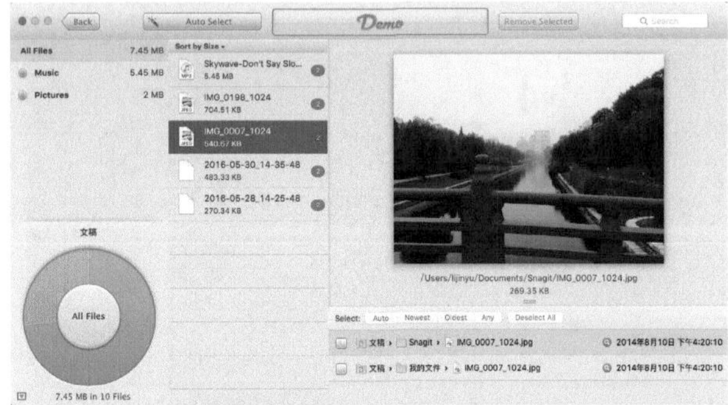

在出现的重复文件信息窗口的左下角，可以显示重复文件类型占用的饼状图，中间栏则显示出找到的重复文件，其名称后面的数字则代表了此文件的重复次数。

如果要删除某个文件，选中文件在右侧的详细信息下方复选框，此时面板上方的“Remove Selected”按钮将变成红色，单击此按钮即可执行删除操作。

当单击红色的“Remove Selected”按钮之后，程序开始删除所选文件，这时将出现一个新的界面，这是在删除之前需确认的最后一步，在这个界面中准确地显示了所要删除的文件位置、类型、创建时间及大小，此时需要再次单击右下角红色“Activate Now”按钮，程序才会删除文件，假如在这里想取消操作，可直接单击右上角的“Close”按钮，而单击左下角的“Put All Back”按钮则可以取消所有需要删除的选项操作。

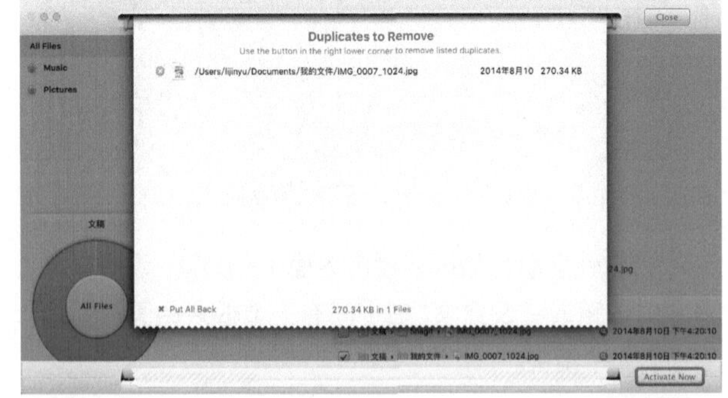

提示 因为在Mac中一部分App是收费的，当然这些App会给用户提供一个试用时间，在试用时间内并不能使用软件的全部功能，假如用户想要完整体验Gemini软件带来的强大功能，在最终删除文件时软件会弹出一个对话框，提示用户进行注册或者购买才可以继续使用，在这里编者建议用户想要享受这些App强大功能的同时支持正版软件，尊重开发者的版权。

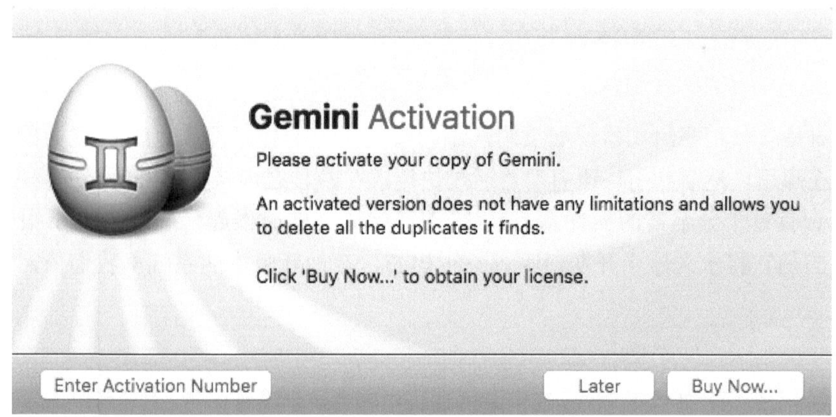

20.7 SmartSleep（睡眠/休眠工具）

SmartSleep是一款用于控制OS X睡眠或者休眠的工具，当软件安装完成之后在“系统偏好设置”中即可看到SmartSleep图标，单击打开该应用，在“Current sleep state”菜单中可以看到其下方有4项子命令，可以用来设置 MacBook的4种睡眠模式。

“smart sleep”智能睡眠：使计算机在电池低于设定值（Sleep & Hibernate Lvl）时使用安全睡眠模式，低于5%或者5分钟时进入仅休眠模式；“sleep only”仅睡眠；“hibernate only”仅休眠；“sleep and hibernate”睡眠+休眠（默认，安全睡眠）。

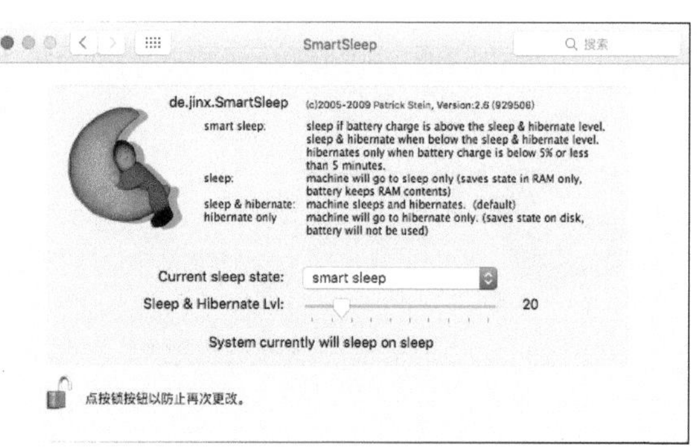

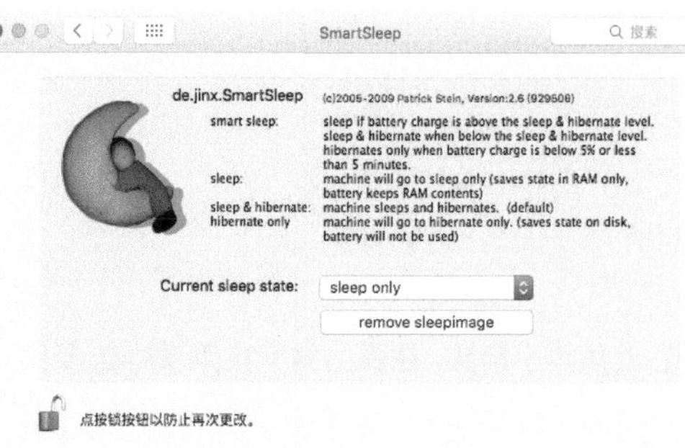

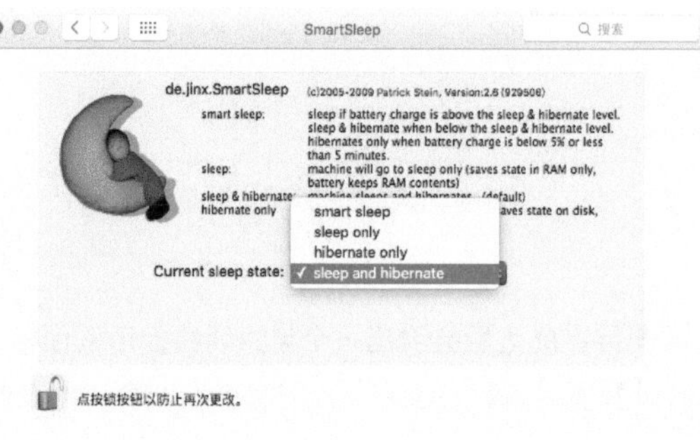

20.8 Quicksilver（程序启动器）

Quicksilver是一款程序启动器，如果用户不习惯把所有的程序都放入Dock里面的话，那就把最重要的几个放在那里，然后利用快速启动器通过快捷键在数秒之内轻松打开需要的程序。

Quicksilver有着十分丰富的插件系，从OS X开始流行的时候起，它就占据了很重要的位置，但是比较遗憾的是它将永久停止开发，不过不用担心，在最新版本的系统里我们依然可以使用这款软件。

首先双击下载的安装包开始安装软件，在安装的过程中它会显示设置向导，引导用户逐步进行安装，当安装完成之后可以让用户快速地使用Quicksilver。

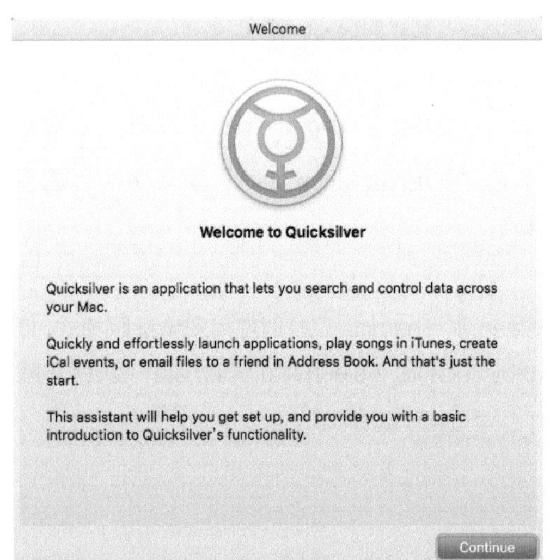

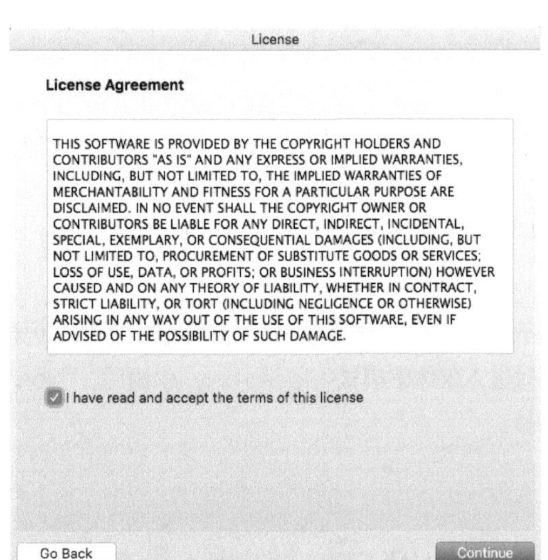

在安装过程中的引导界面中可以选择安装系统推荐的插件，还可以设置应用程序的热键及指定重新扫描的时间。

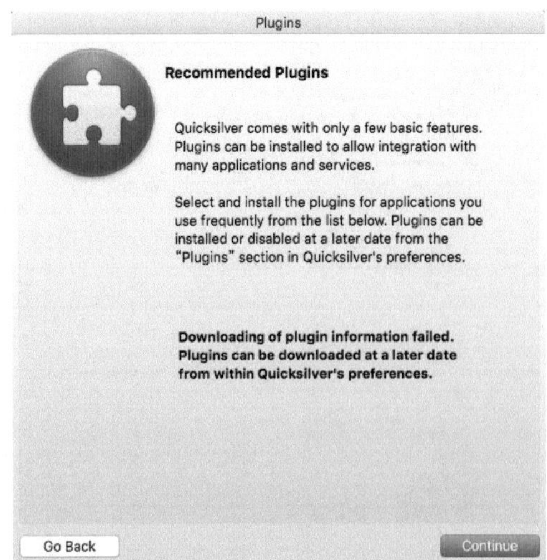

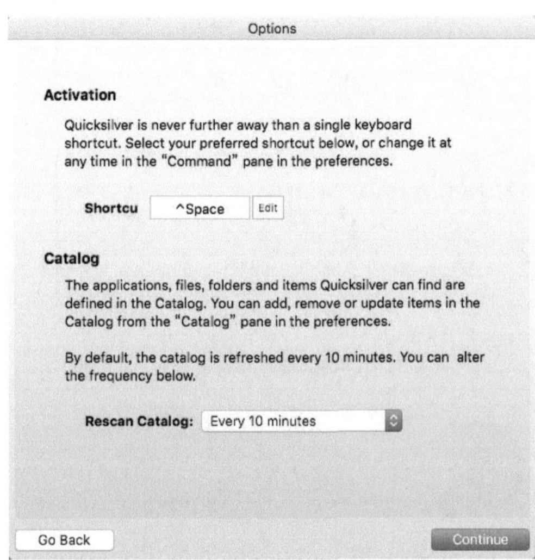

当安装完成之后会弹出一个半透明的提示框面板，单击面板右上角的小箭头，在弹出的下拉菜单中选择关于应用程序的设置项，选择“Guide”，此时将弹出一个向导设置面板。

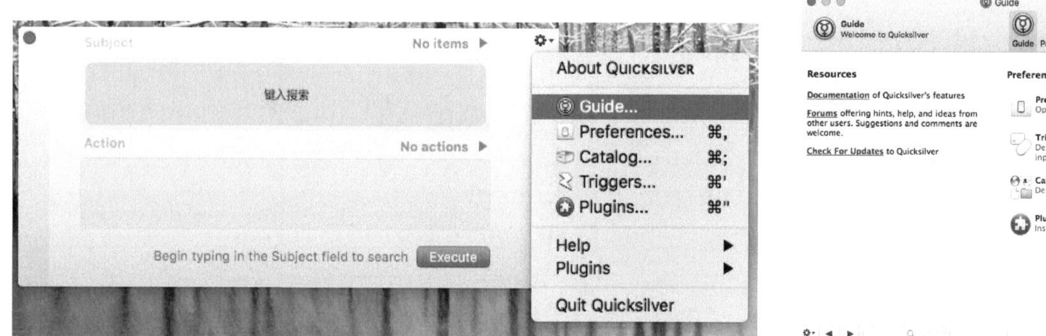

在出现的设置面板中单击上方的"Preferences（偏好）"按钮，在下方可以看到关于程序的偏好设置，包括运行设置向导、搜索项和程序外观。

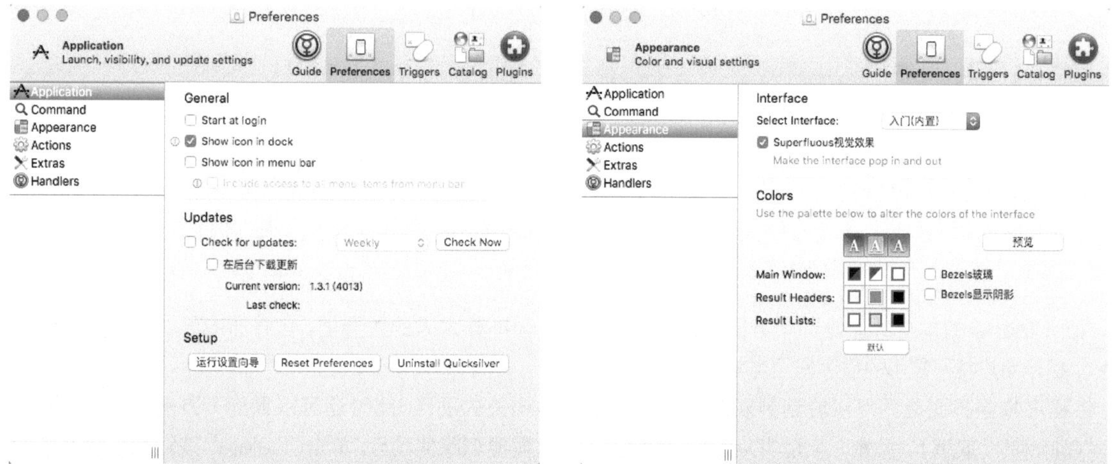

在设置面板中单击上方的"Triggers（触发器）"按钮，在下方可以设置程序的触发项，包括按键或者光标等，单击底部的加号+·按钮，还可以添加快捷键。

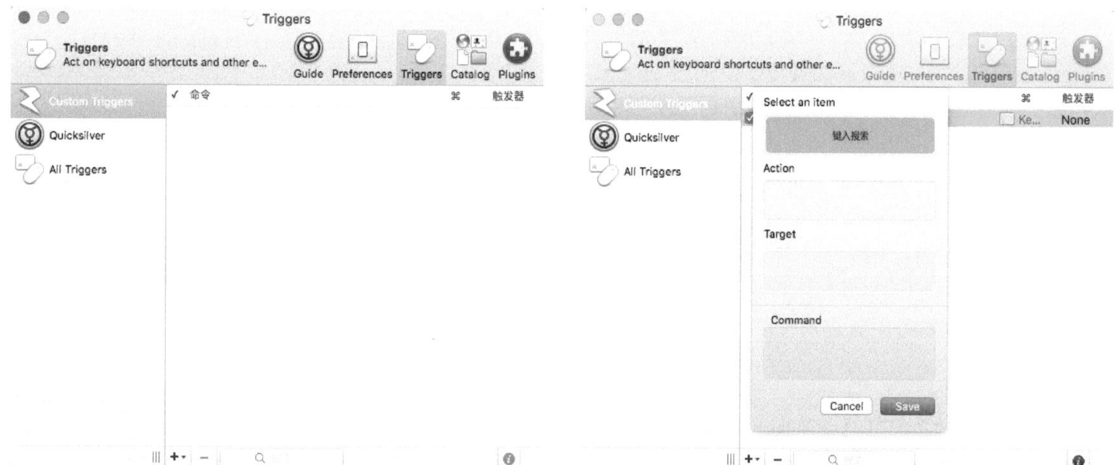

在设置面板中单击上方的"Catalog（目录）"按钮，在下方可以看到所扫描的应用程序目录，在面板底部可以设置扫描的时间。

单击"Plugins（插件）"按钮可以查看本机中的插件，可以通过删除或者添加来丰富用户的操作体验。

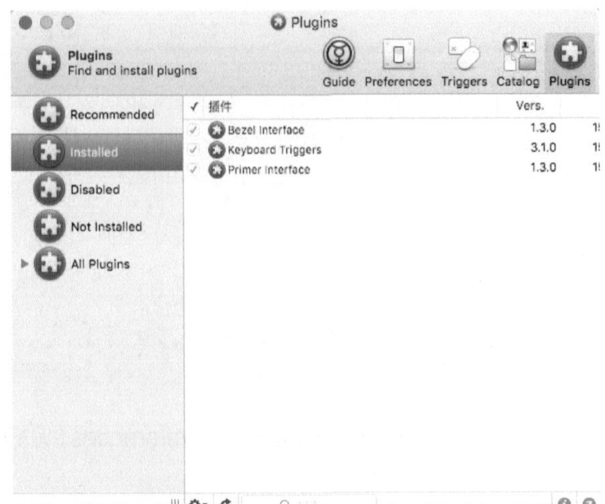

20.9 AppCleaner（清理App）

AppCleaner可以帮助用户彻底卸载不需要的程序。一款应用程序的安装和卸载会在用户的系统中留下许多不必要的占用硬盘空间的文件，AppCleaner可以找到并安全地清除它们。

AppCleaner的本身界面设计十分简单且好用，只有一个不算太大的主界面，在界面中可以看到“Drop Apps Here”，提示用户将不需用的程序拖至当前界面中。

将程序拖至界面之后可以看到列表中所有和应用程序相关的项目，此时还可以看到下方有两个按钮，其中一个是“Cancel”（取消），另外一个是“Delete”（删除），勾选需要删除的项目，单击“Delete”按钮可以将选中的项目删除。

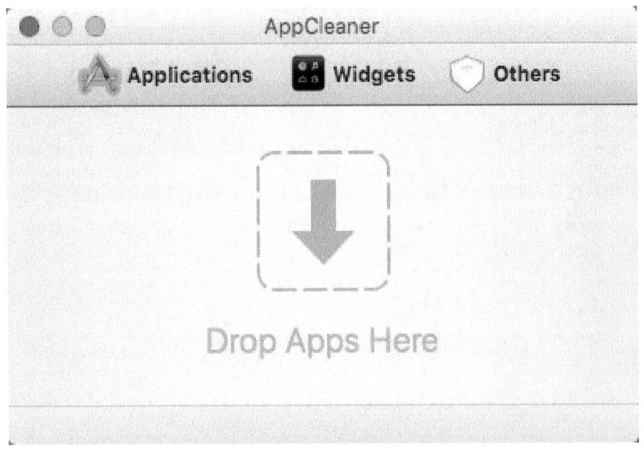

提示　在删除项目时系统可能会弹出一个询问对话框，此时需要输入密码才可以执行删除操作。

在界面上方，单击“Applications”按钮，可以显示当前计算机中所有安装的App，单击“Widgets”，可以显示“Dashboard”中的所有“Widgets”。

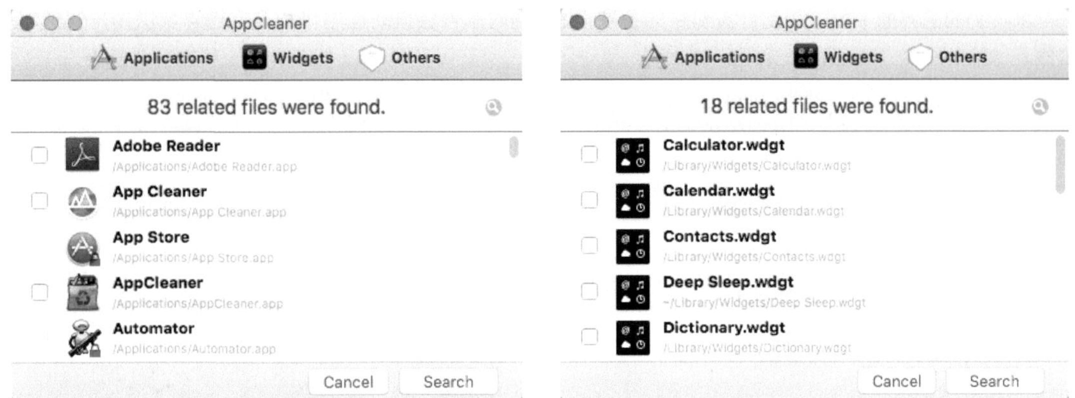

单击“others”可以显示计算机中的“plugin”，在确认安全的前提下选中这些项目，单击右下角的“Delete”按钮可以删除不需要的项目。

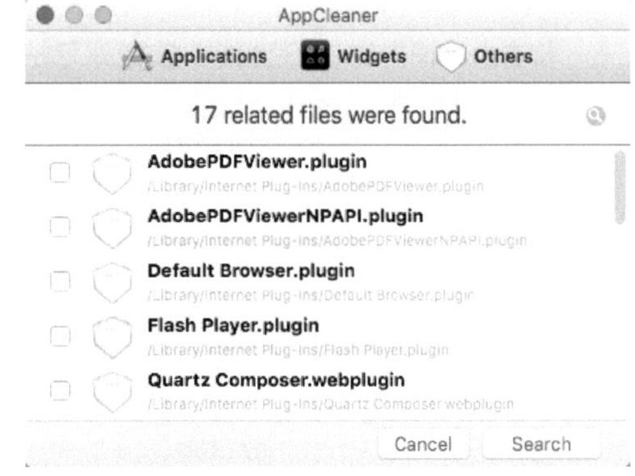

> 提示 当删除一个应用程序之后是有机会复原的，执行菜单栏中的“Edit”|“Undo”命令，可以还原之前所删除的应用程序。

20.10 Magican（安全软件）

Magican是OS X系统下的一款多功能的实用工具软件，全面保护Mac是其最大的亮点所在，它的中文译名为“魔法罐头”。Magican可以帮助用户实时监控系统数据，删除垃圾文件保持Mac计算机清洁，它可以检测和清除病毒，扫描硬件信息，并且可以删除不必要的应用程序，这些功能可以帮助我们节省磁盘空间，更令人激动的是它加入了中文，在使用过程中就十分方便。

安装软件并将其启动，可以看到一个欢迎页面，Magican致力于软件的功能越来越完善，所以会建议用户加入他们的用户使用体验计划，输入电子邮件后单击“提交”按钮即可。直接单击下方的“开始使用”即可跳过这一步直接进入软件主界面。

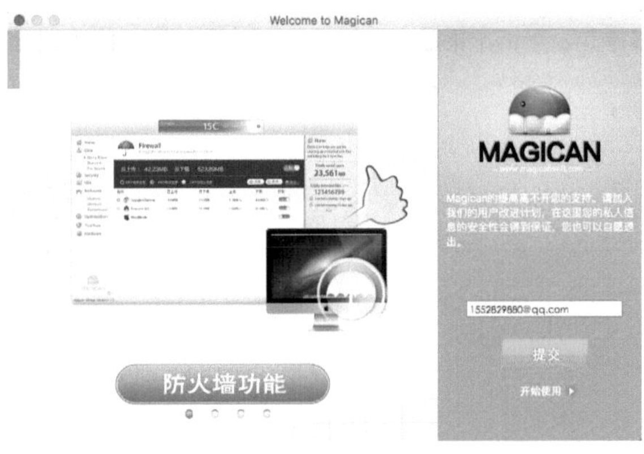

在Magican的主界面中可以看到计算机中的各项信息，同时软件会自动在右下角开启悬浮窗供用户快速地释放内存等操作。

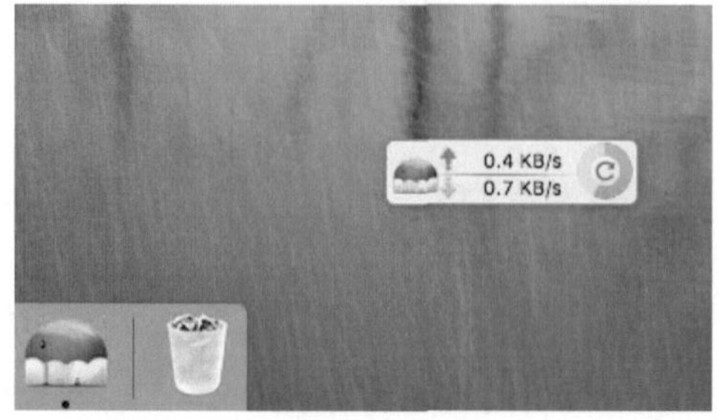

单击主界面中的“快速扫描”按钮即可扫描系统中的垃圾及病毒文件，扫描完成之后会显示用户扫描结果。

扫描完成后单击“清理”按钮，此时将弹出的一个对话框询问用户将文件“删除到废纸篓”还是“永久删除”，选择“永久删除”选项之后即可将扫描出的垃圾文件永久清理出系统且不可恢复，而选择“删除到废纸篓”，可以在清理完成之后找回误删的文件。

在主界面中单击左侧的“清理”选项，在出现的二级选项中可以选择“快速清理”，在右侧的界面中可以看到关于清理文件的详细选项，单击项目最后面的按钮可以关闭或者打开清理。设置完成之后单击底部的“开始扫描”按钮，即可对文件进行扫描清理操作。单击左侧的“重复文件”项可以在右侧的界面中拖入文件夹以扫描出重复文件。

安全功能一直是“魔法罐头”软件中的强大之处，它不但内置了“防火墙”功能，还具有“木马查杀”功能，相当于给计算机加了两道屏障，从而在最大程度上保证了系统的安全。

单击软件左侧“安全”项下面的“木马查杀”选项，可以在右侧的界面中看到木马查杀的结果，而单击“防火墙”项则可以在右侧界面中看到计算机中所有连接至网络的程序，同时它带有控制功能，可以随时关闭可疑的进程。

单击软件左侧边栏的“优化”项可以在右侧看到关于“默认打开项”“开机启动项”和“系统设置”等项目的设置，用户可以设置自己的计算机伴随开机启动时启动的软件。

选择软件左侧边栏中的“监控”项，可以在右侧看到本机中的实时监控状况，分别单击软件界面底部的图标可以查看相应的信息，比如单击第二个关于CPU和内存的图标，可以看到当前计算机中的CPU使用率及内存使用情况。同时，软件还支持随时释放内存的功能，单击界面中饼状图上的“释放内存”按钮可以为计算机释放更多的内存。

单击温度图标，可以看到“风扇速度控制器”界面，在这里可以查看当前计算机中主要部件的温度，并且还支持风扇的转速设置，更改计算机中的主要硬件温度。

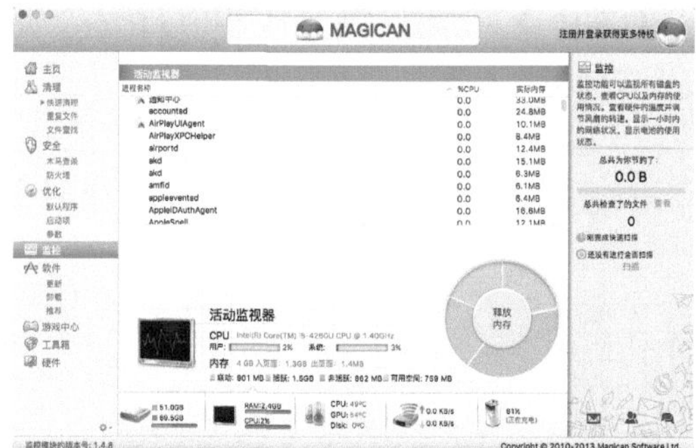

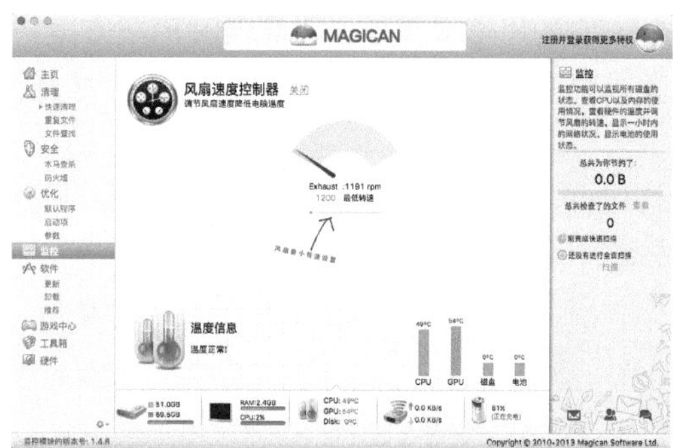

单击软件最左侧边栏上的“硬件”项，可以在右侧的界面中看到关于本机的所有硬件信息，其中包括电脑型号、处理器、内存大小、显卡/显示器以及电池健康状态，单击硬件名称之后可以看到关于硬件的详细信息，同时可以将这些信息保存成文档或者图片。

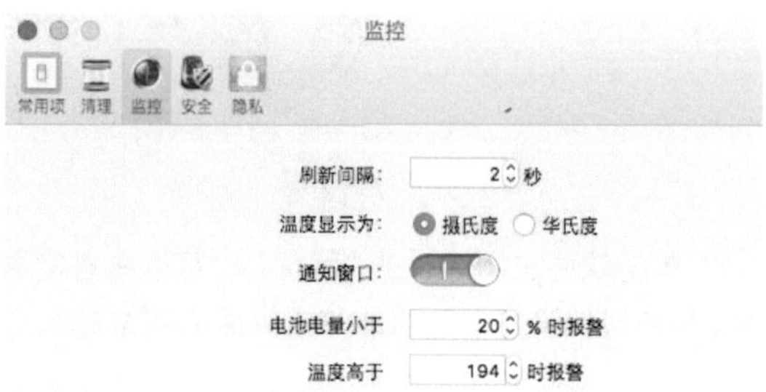

> 提示 单击软件主界面左下角的⚙按钮可以打开软件的偏好设置，在软件偏好设置窗口中可以设置软件是否随机启动、清理选项和监控信息等选项。

当"Magican"启动以后可以在桌面右下角看到一个悬浮窗，单击悬浮窗右侧的圆圈可以快速地释放内存，同时在这里可以看到当前的进程及各个硬件信息。

单击桌面顶部的按钮将弹出一个关于程序的选项命令，选择"打开Magican窗口"可以立即打开应用程序主窗口，选择"还原监控窗口"或者"隐藏监控窗口"命令可显示或者隐藏应用程序窗口。

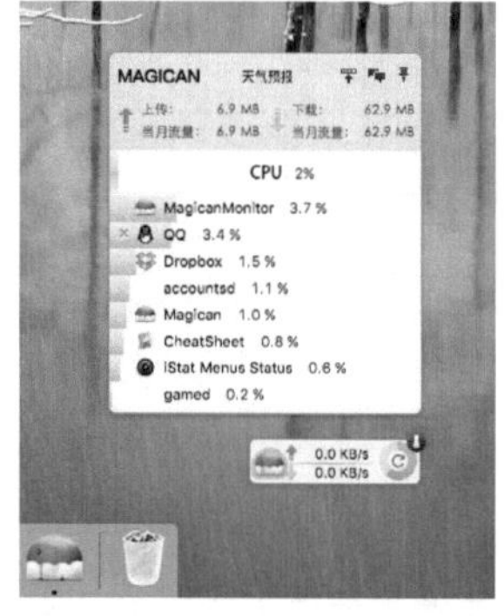

20.11 smcFanControl（CPU降温工具）

smcFanControl是一款Mac CPU降温工具，可以有效地控制风扇的转速，降低CPU温度，提高主机效能，它的用法很简单，内置两种风扇方案：默认和高转速，切换方便并且还可以自定义设置。选择菜单中的"Preferences（首选项）"，打开相关设置面板。

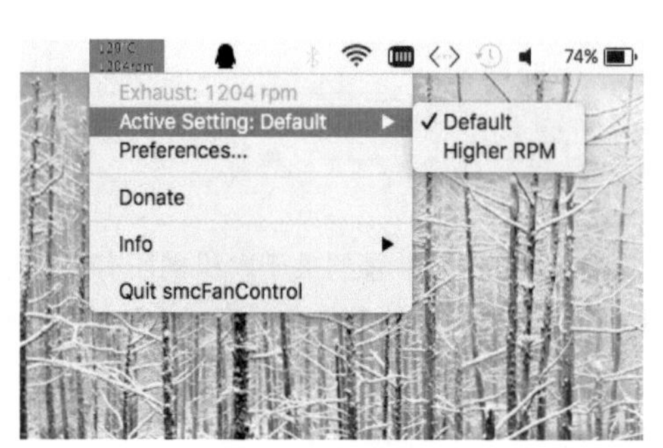

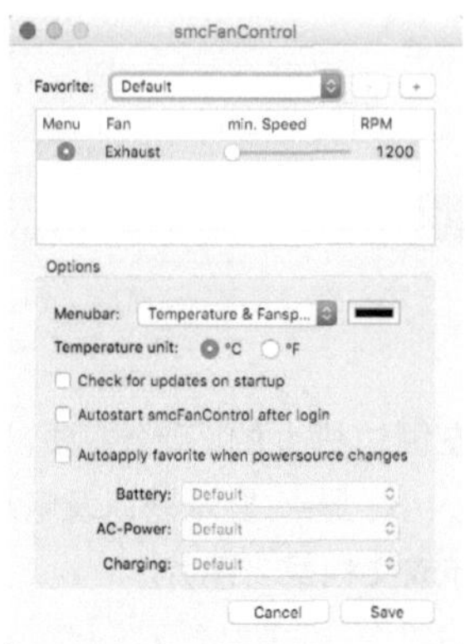

安装完成后在桌面顶部的菜单栏中可以看到CPU和实时风扇转速两个参数，直接单击参数将弹出一个下拉菜单，在菜单中将光标移至“Active Setting”命令上，此时将出现两个子菜单，其中“Default”为默认，而“Higher RPM”则表示高转速。选择“Preferences”命令，可以打开偏好设置，在偏好设置窗口中可以拖动小按钮自定义风扇的转速，单击界面中的颜色块可以更改菜单栏中信息的文字颜色。

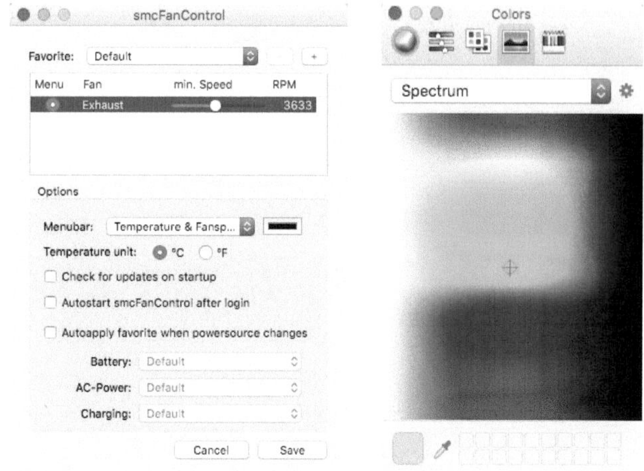

20.12 Caffeine（休眠软件）

Caffeine中文意思是“咖啡因”，正如它的名字一样，它是一款帮助用户设置系统的休眠时间的小软件，它的体积十分小，只有几百KB。同时，启动软件之后只在菜单栏中生成一个小图标，通过单击这个小图标可以更改系统的休眠时间。

鼠标右键单击图标，此时它将临时关闭，再次单击将会开启，右键单击图标，从弹出的菜单中选择“Activate for”命令，在出现的子菜单中可以选中激活休眠的时间。选择“Preferences”命令可以打开偏好设置，在偏好设置面板中可以更改软件的初始设置，完成之后单击“Close”即可关闭。

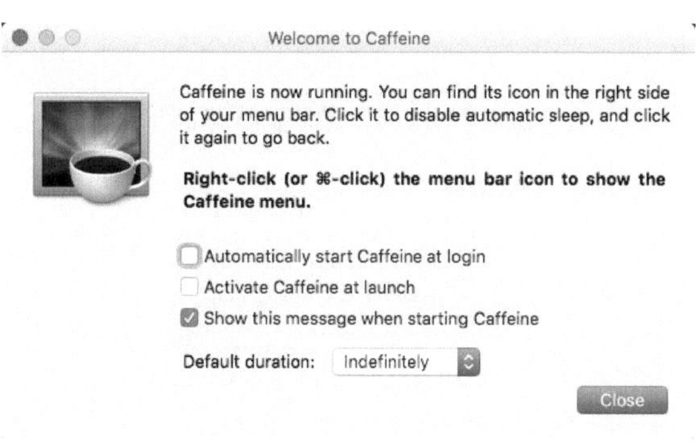

第 21 章 Mac与Windows双系统的安装

本章从安装Windows操作系统前的准备工作讲起，详细讲解使用虚拟机安装Windows 10操作系统的方法，同时还讲解使用“Boot Camp”助理安装Windows系统的技巧，为安装双系统的新用户提供指导。

21.1　安装Windows操作系统前的准备工作

下面来讲解双系统安装的准备工作。

❶如果使用移动硬盘来安装系统，首先要准备U盘或移动硬盘，在使用Boot Camp助理安装时用作“ISO映像”，保证磁盘有足够的空间，如果是64位系统不能少于4G；如果使用光盘安装，要确认苹果电脑带有光驱。

❷Windows安装盘或镜像文件：准备Windows 10的安装光盘或iso格式的镜像文件。

❸足够的硬盘空间：苹果电脑上，保证有20G左右的剩余硬盘空间。

21.2　使用虚拟机安装Windows 10系统

苹果的MacBook传承其一贯风格，外观时尚、线条优美、界面个性化超强，稳定的散热功能更是一绝，深受广大用户的喜爱。但对于一些习惯于Windows环境的用户来说，刚换到MAC环境会非常不习惯，所以很多人会在MAC上安装双系统。下面就来讲解两种安装双系统的方法。首先来讲解如何使用虚拟机安装Windows 10系统。

21.2.1　安装虚拟机

在为 Macbook 安装 Windows 10系统之前，需要做好两项准备工作，一是虚拟机软件，这里使用的是Parallels Desktop for mac软件；二是 Windows 10系统镜像文件，一般指iso格式文件。

首先安装Parallels Desktop for mac 虚拟机软件，推荐安装目前最新的Parallels Desktop 11，安装时将弹出一个进程文件，提示安装，稍等片刻将出现Parallels Desktop 11的安装界面，双击“安装”图标，即可安装。

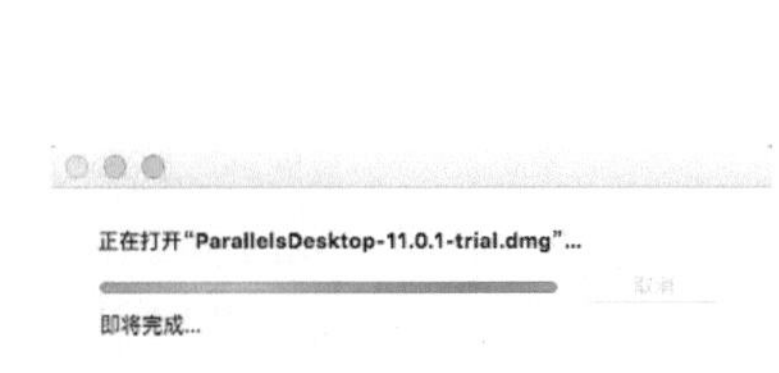

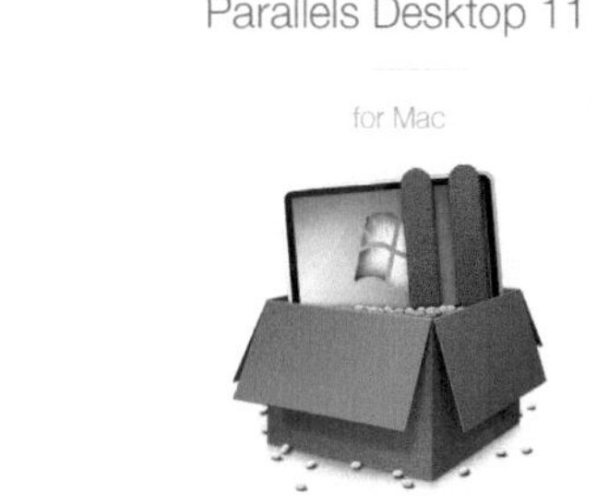

根据提示注册并安装，安装好Parallels Desktop 11之后，将启动“Parallels向导”界面，选择新建虚拟机，再选择“安装Windows或其他操作系统（从DVD或镜像文件）”，然后单击“继续”按钮。

21.2.2 准备系统镜像

单击“继续”按钮后将进入“从该位置安装”界面，共有3个选项供选择，“DVD”“镜像文件”和“USB驱动器”。如果用户的苹果电脑装有光驱，并在光驱中确认插入Windows 10安装光盘，可以选择从“DVD”来安装；如果电脑中存有Windows 10的镜像安装文件，可以选择“镜像文件”来安装；如果使用的是USB驱动器，即通过USB接口接入的外接存储器，可以选择“USB驱动器”。

此处使用的是U盘镜像安装，所以选择“USB驱动器”选项，单击“继续”按钮，如果系统没有查找到安装文件，可以通过单击下方的“自动查找”按钮自动查找操作系统，当系统查找到操作系统后，将进入“选择安装”界面，并显示已经找到的操作系统。

选择要安装的系统后，单击“继续”按钮，进入“Windows产品密钥”界面，根据提示输入产品密钥。

单击“继续”按钮，进入“我主要把Windows用于”界面，选择一个选项，比如“生产力”或“仅游戏”，这里选择“生产力”。

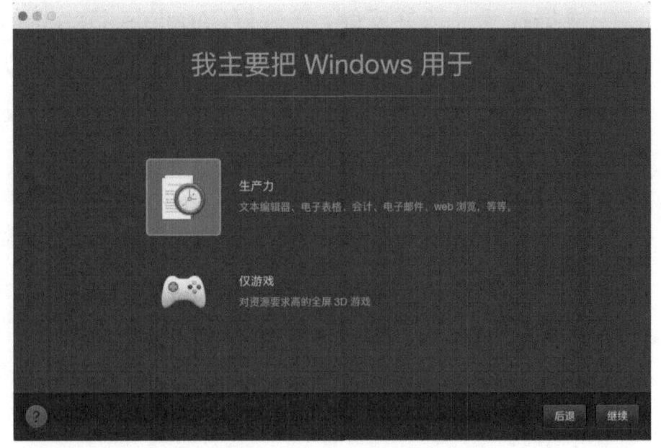

单击“继续”按钮，将进入“名称和位置”界面，可以在下方相关的位置自行设置，注意勾选“安装前设定”复选框，以进行安装前的设置。

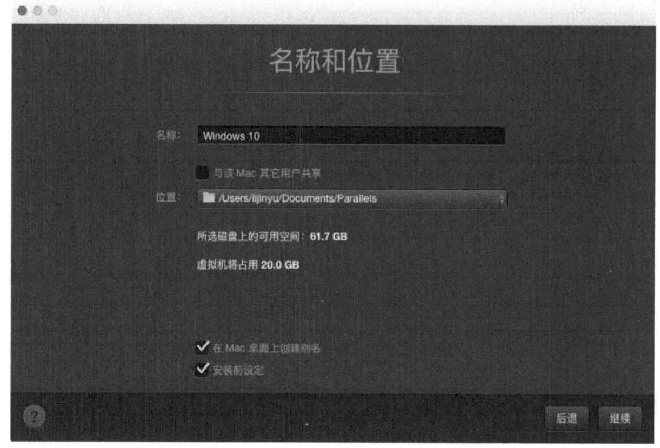

21.2.3 Windows通用设置

单击“继续”按钮，将弹出“Windows 10-通用”窗口，选择“安装前设定”复选框的目的就是为了将硬盘和内存进行合理分配，以便顺利安装Windows 10系统，比如可以将“CPU”设置为2个，“内存”可以设置为2G，这里内存的设置可以根据电脑的配套来设置，一般设置为原内存的四分之一即可，但最好不要低于1GB。

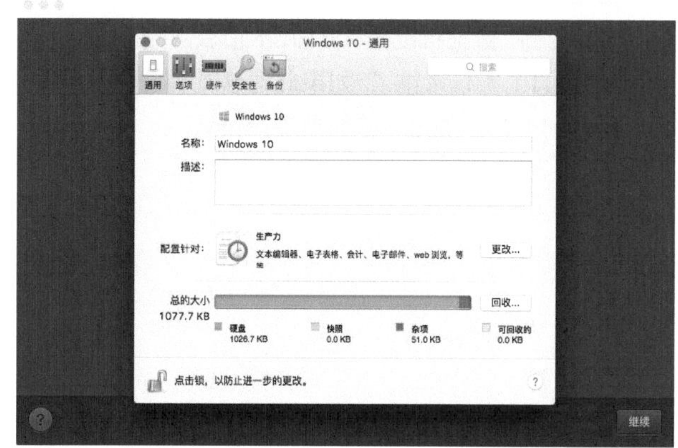

在“Windows 10-通用”窗口中，还有其他的一些设置选项，“选项”标签栏建议默认，“硬件”标签栏，选择“图形”。视频设置直接影响显示效果，这里需要设置一下，显存大小的分配根据主机显存来设定，建议最大化显存，即显存分配大小等于主机显存大小。

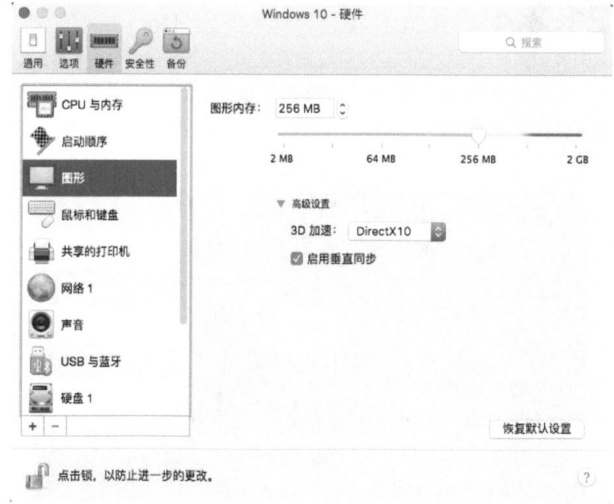

硬盘的选择上可以使用默认设置，当然用户也可以根据自己的需要来重新设置，建议采用扩展型磁盘，32 位 Windows 10空间 20GB 以上，64 位 Windows 10 空间 30GB 以上，通过单击“编辑”按钮，可在弹出的面板中设置扩展型磁盘的大小。

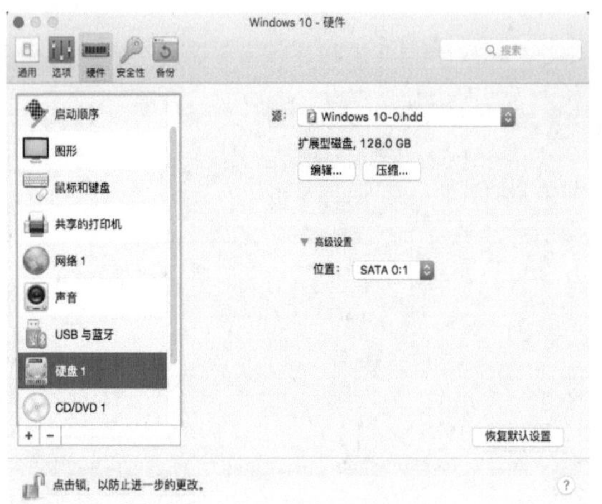

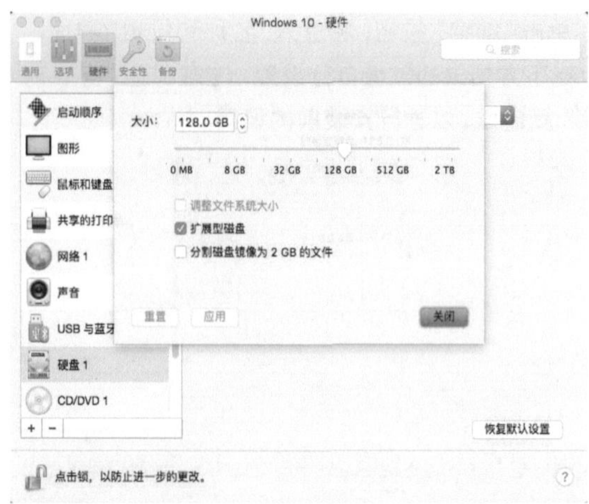

设置完成后，将 "Windows 10-通用" 窗口关闭，可以看到 "虚拟机配置" 界面，下面就可以安装Windows 10 操作系统了，如果此时感觉有些设置不满意，可以单击 "配置" 按钮再进行设置。

21.2.4 安装Windows 10

所有设置完成后单击 "继续" 按钮，便可以开始安装Windows 10操作系统，系统将自动开启Windows 10 操作系统的安装界面。

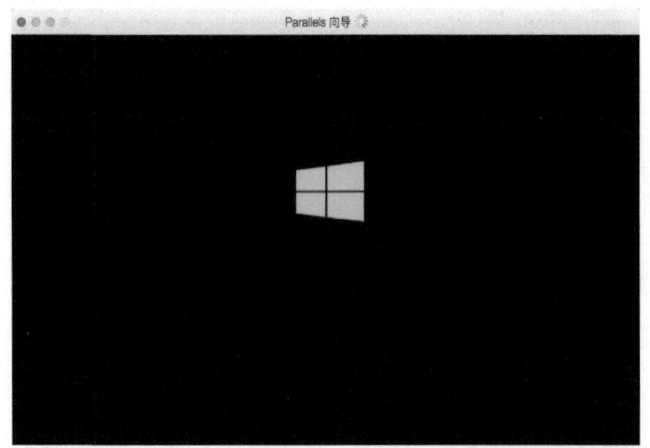

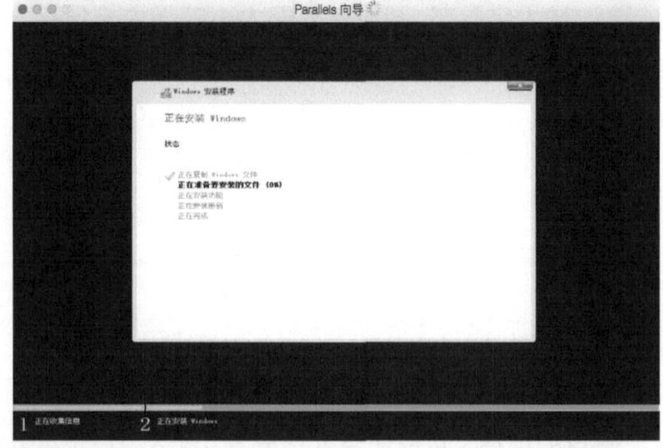

下面将看到激动人心的Windows安装界面，系统会自动将Windows 10安装在苹果电脑中，安装的过程中只需要静静地等待即可。

为虚拟机中 Windows 10 安装好系统之后，就可以开始体验 Windows 10 系统的乐趣。在废纸篓位置会出现一个文件夹，单击该文件夹，会显示Windows10的一些选项。

在应用程序面板中，可以看到Parallels Desktop图标，双击该图标即可启动“Parallels Desktop控制中心”窗口。

双击该控制中心的内部区域，即可打开Windows 10，并显示桌面效果。

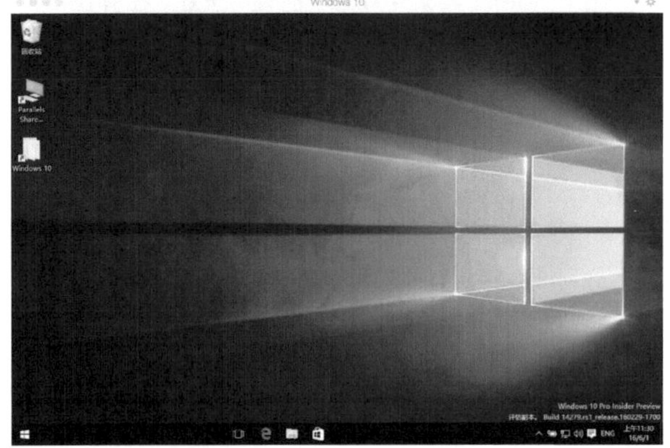

单击左下角的Windows图标，即可显示Windows磁贴效果。

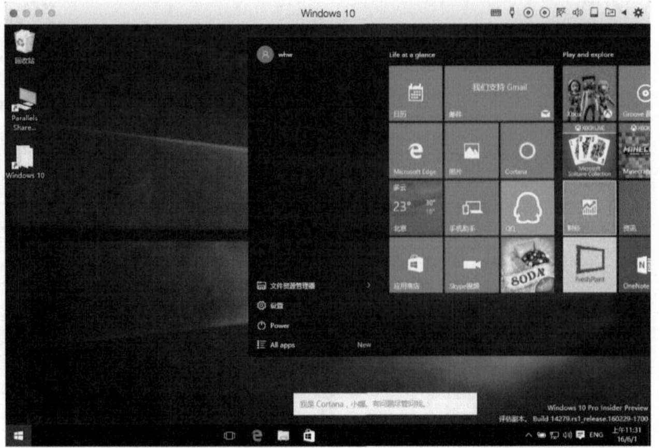

Parallels Desktop 虚拟化软件提供了融合模式，可将 Mac 与虚拟化系统融合为一体，使用方便。另外，Windows 10 系统建议全屏体验，支持触控板手势操作。在任务栏中会显示一个红色的双竖线||图标，通过这个图标可以在两个系统之间进行切换，并可以对Windows 10进行相关的操作，这些就不再详细讲解了，大家一试便会了。

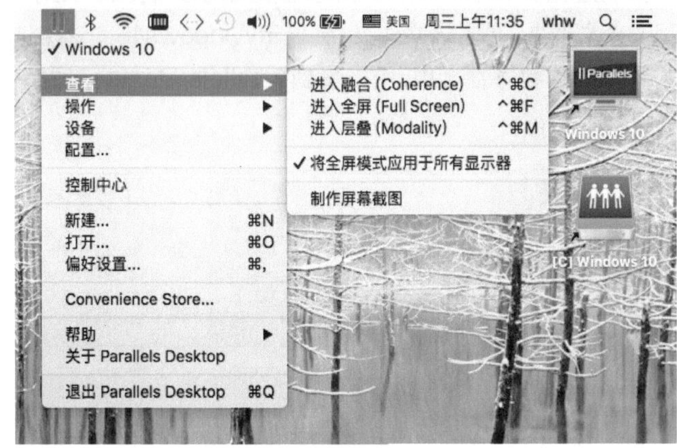

21.3 使用“Boot Camp”助理安装Windows系统

苹果电脑虽然外观时尚，但对于用惯了Windows的用户来说，刚换到Mac系统可能会感到极其不方便，于是很多人在苹果电脑中安装双系统。安装双系统一般使用两种方法：一种是使用“Boot Camp”助理安装Windows 10系统；一种是使用虚拟机安装Windows 10系统。

当然，根据笔者的经验，使用虚拟机安装更加方便，下面来讲解使用“Boot Camp”助理安装Windows 10系统。

在Finder工具条中单击“前往”按钮，在弹出的菜单中选择“实用工具”命令，打开“实用工具”界面。

在打开的“实用工具”界面中，选择“实用工具”下的“Boot Camp”助理文件，双击该文件。

打开“Boot Camp”助理界面，从中可以看到Boot Camp助理的简介，直接单击“继续”按钮。

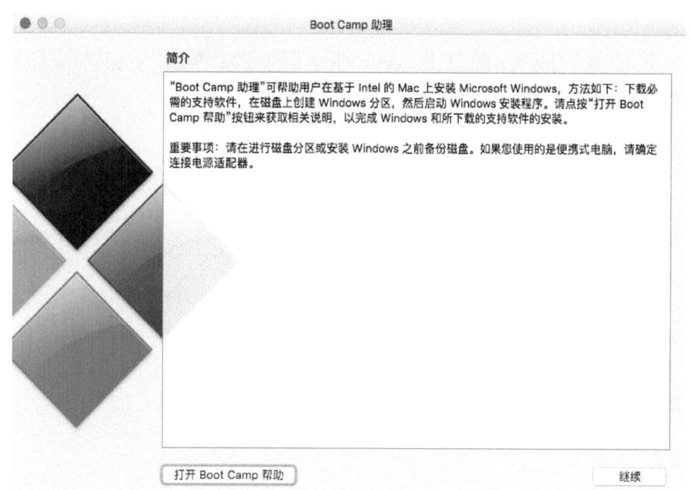

此时将打开“选择任务”界面，在该界面中，选择“创建Windows 7或更高版本的安装盘”，也可以选择“从Apple下载最新的Windows支持软件”，通常选择“创建Windows 7或更高版本的安装盘”复选框，然后单击“继续”按钮。

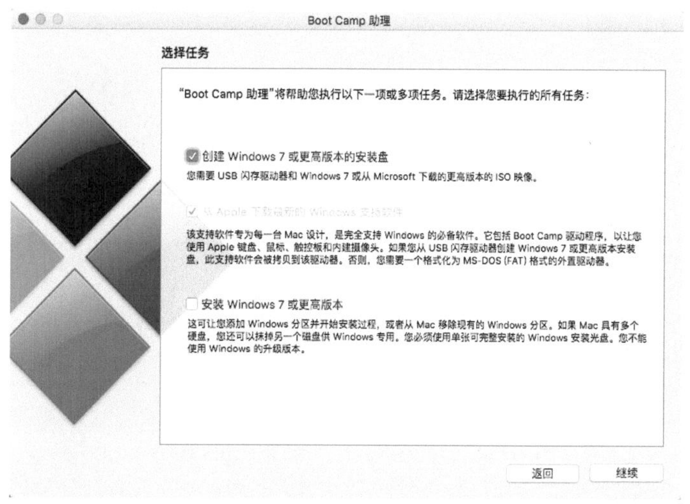

> **提示** 如果此处选择“安装或移除Winodws 7或更高版本”复选框，则可以打开“创建用于Windows的分区”界面，可以根据需要进行分区设置。

打开“创建用于安装Windows的可引导USB驱动器”界面，单击“ISO映像”右侧的“选取”按钮，选择ISO映像文件，在此处要注意准备一个外接存储U盘或移动硬盘，并保证有充足的空间，在“目的硬盘”位置将显示出该外接存储器的相关信息。

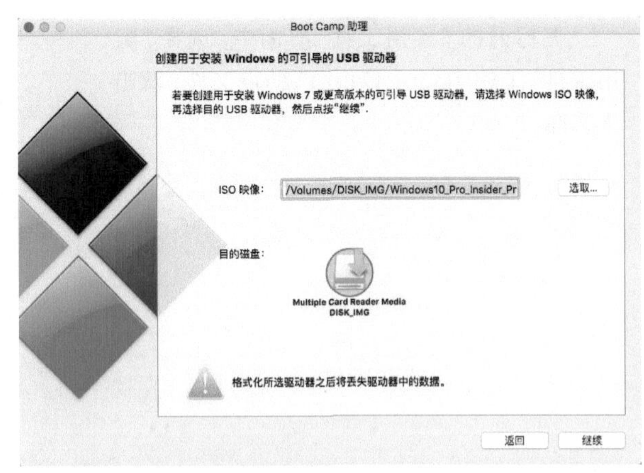

> 提示 需要注意的是“Boot Camp”助理仅支持64位Windows安装，如果想安装32位的Windows则需要使用我们讲解的另一种安装方式，即虚拟机安装Windows系统。

设置完成后，即可进入Windows的安装界面，安装方法和界面与使用虚拟机安装Windows系统中的安装操作几乎完全一样，这里不再赘述。

附录

Mac的172个实用技巧

要想玩转OS X系统，除了需要掌握基本的操作之外还需要了解一些或许你不知道的小技巧，本章就为大家总结OS X系统中的常用的小技巧，掌握了这些小技巧可以让你在OS X系统的海洋里如鱼得水。

技巧1　删除光标后面的内容

在Mac部分机型中，键盘左下角位置有一个fn键，它的作用就是辅助其他键来实现一些操作，例如，在文本编辑的过程中按住fn键的同时再按delete键可以删除光标后面的文本内容。

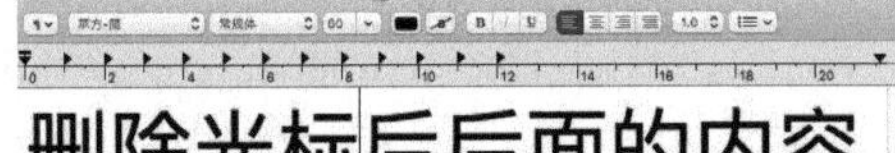

删除光标后面的内容

提示 无论光标后面有任何内容此技巧均适用，包括图片，标点等。

技巧2　关于Launchpad效果

想快速选中多个图片、音乐或者文件夹，除了在窗口中按住鼠标左键拖动选中多个对象之外，还可以在选中第一个对象的同时按住shift键，单击其他对象可以将其加选，同样按住⌘键单击其他对象也可以将对象加选。

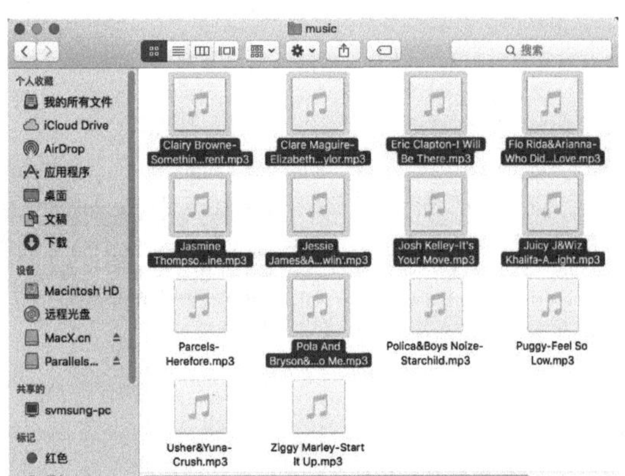

技巧3　锁定屏幕

单击Finder图标，在出现的窗口中选择“应用程序”|“实用工具”|“钥匙串访问”，执行应用程序菜单中的“钥匙串访问”|“偏好设置”命令，单击“通用”标签，勾选“在菜单栏中显示钥匙串状态”复选框，然后在你离开时就可以直接锁定屏幕了.

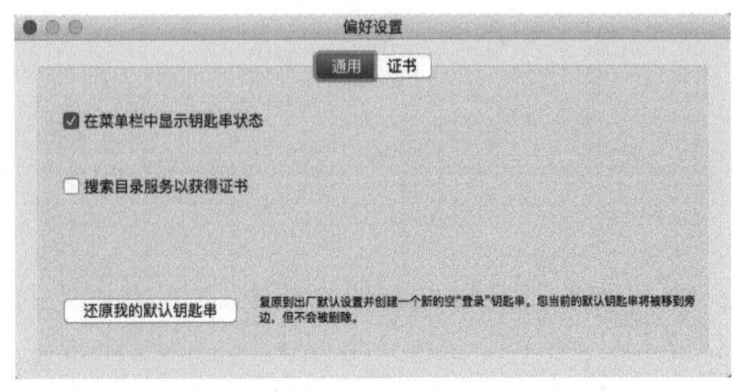

技巧4　隐藏与显示设置图标

单击Dock工具栏中的“系统偏好设置”图标，打开“系统偏好设置”窗口，执行菜单栏中的“显示”|“自定”命令，可以看到在图标的右下角显示一个复选框，单击相应图标右下角复选框，即可将其显示或者隐藏。

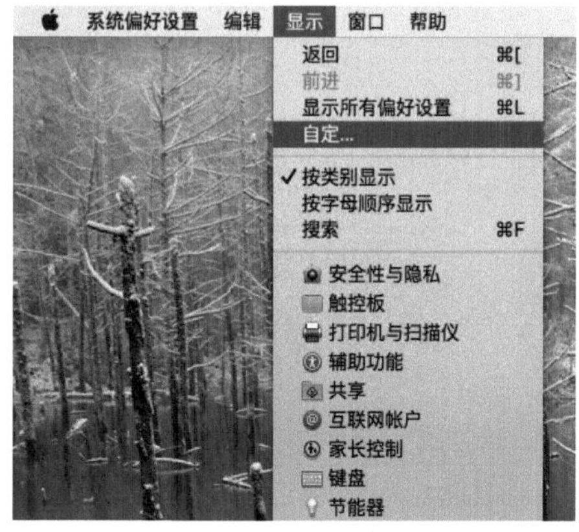

技巧5　更改图标位置

在桌面右上角的系统菜单栏中，将光标移至任意一个图标上，按住⌘键并按住鼠标左键向左侧或者右侧移动，即可更改其位置，比如移动图标。

技巧6　更改声音

在调整音量的时候，系统会发出的声音，对于工作中的用户而言或许会打扰到别人，在这里按住shift键的同时再调节音量你会发现声音没有了，此时会变成静音。

技巧7　更改声音偏好设置

按住option键并单击图标，此时在弹出的下拉菜单中可以选择“声音偏好设置”。

技巧8　调整倍增量

同时按住shift键和option键，按键盘上的声音键，能以4分之1倍的增量来调整声音大小，此方法同样适用于调整键盘背光亮度和屏幕亮度。

技巧9　快速新建文件夹

按住shift键和⌘键的同时再按N键，可快速新建一个未命名文件夹。

技巧10　快速关机

按住option键的同时单击“关机”命令，可以直接关闭计算机而不会弹出询问对话框。

技巧11 显示方式

在任何文件夹中按⌘+1/2/3/4组合键可在“图标”“列表”“分栏”和“Cover Flow”4种视图间切换。

技巧12 慢速最小化多个窗口

在桌面上打开的窗口，按住shift+option快捷键单击任意一个窗口的最小化按钮，可慢速最小化当前窗口。

技巧13 实用小便签

在浏览网页或者阅读文本的过程中，发现对自己有用的文字，可以选中这部分文字，按shift+⌘+Y快捷键将文字存储至便签中。

技巧14　缩放窗口

在打开的窗口中，按住 shift 键拖动窗口右下角可以使窗口等比缩放，按住 option 键则能以中心点等比缩放。

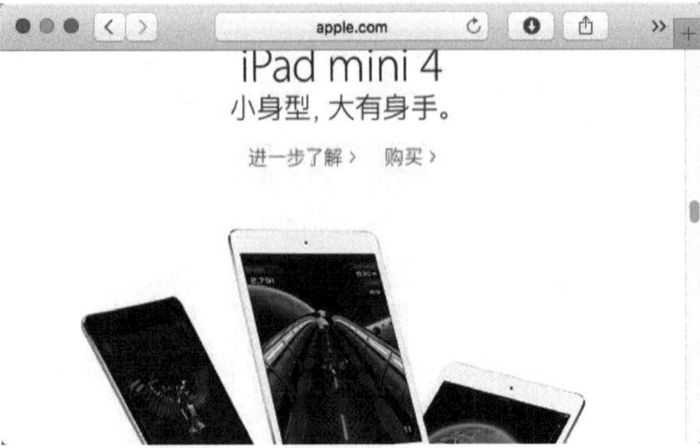

技巧15　让Dashboard不再单独占用一个空间

在Dock中单击“系统偏好设置”图标，在出现的面板中单击Mission Conrtol图标，在“Dashboard”下拉菜单中，选择“关闭”选项，此时单击Dock中的Mission Conrtol图标，就不会占用空间，如果选择“作为Space”，则会出现多个空间。

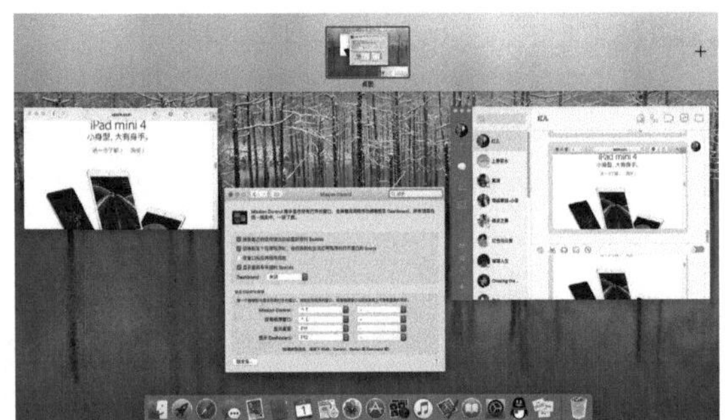

技巧16　快速打开“辅助功能选项”设置窗口

在任何情况下，按 option + ⌘ +F5快捷键都可以快速打开常用的“辅助功能选项”设置窗口。

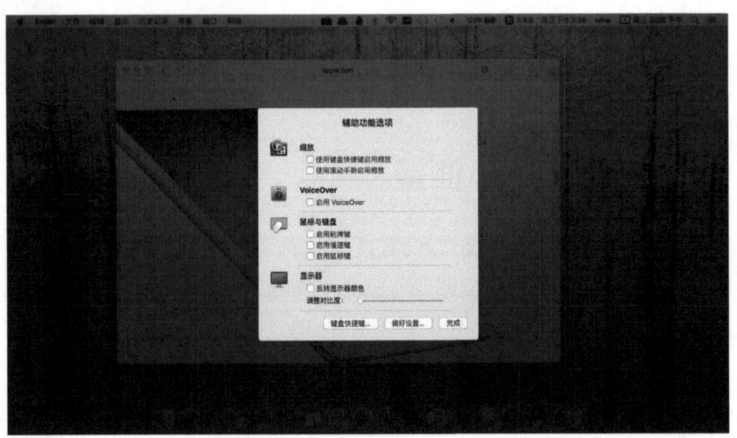

技巧17　快速切换输入法

在任何情况下，按住⌘键的同时再按空格键，可以快速选择不同的输入法。

技巧18　快速全屏预览图像

选中任意一个图像文件，按住option键的同时再按空格键，可以快速进入全屏预览状态。

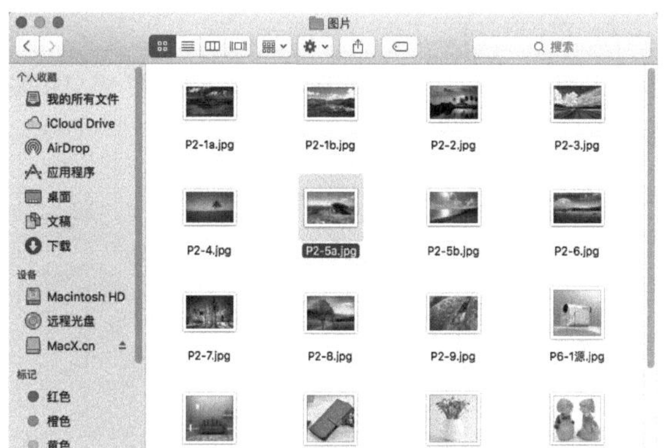

技巧19　隐藏其他窗口

当桌面有打开的多个窗口，此时按下⌘+option+H快捷键，除了当前正在使用的窗口以外的其他窗口会自动隐藏。

技巧20 移动音乐到废纸篓

在iTunes中，选中想要删除的歌曲，按键盘上的⌘+delete快捷键，此时将弹出一个对话框，单击“移动废纸篓”按钮，可以将当前歌曲移到废纸篓中。

技巧21 删除所有系统日志

随着使用Mac的时间越来越长，系统日志文件也会越来越多，根据计算机使用的情况，这些文件会越来越多。这些系统日志文件是用来调试和排除故障的，如果个人感觉没用，可以利用以下方法来删除。

单击Finder图标，在出现的窗口中选择“应用程序”|“实用工具”|“终端”，在打开的“终端”窗口中输入以下代码：“sudo rm -rf /private/var/log/* ”，输入完成之后按return键即可删除日志文件。

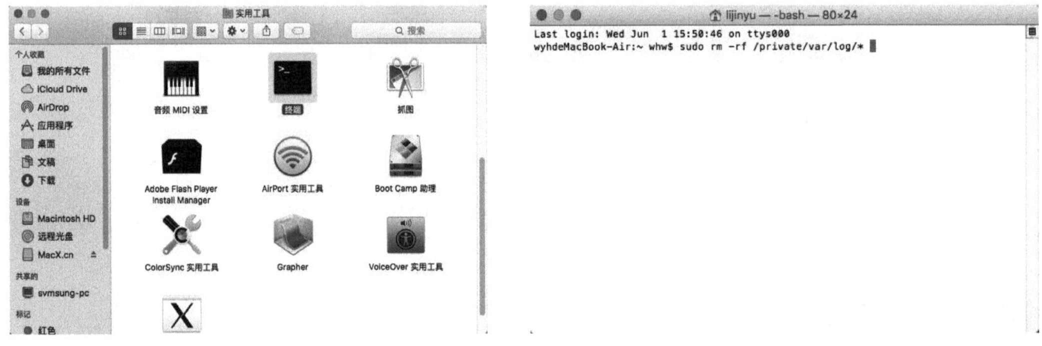

技巧22 删除快速查看生成的缓存文件

快速查看功能是Mac独有的文件预览功能，选择任何文件后都可以按下空格键来查看文件。不过，快速查看功能需要依靠缓存功能才能流畅运行，而且这些缓存文件会一直增加，在终端中输入以下代码可以清除这些越积越多的缓存文件：“sudo rm -rf /private/var/folders/”。

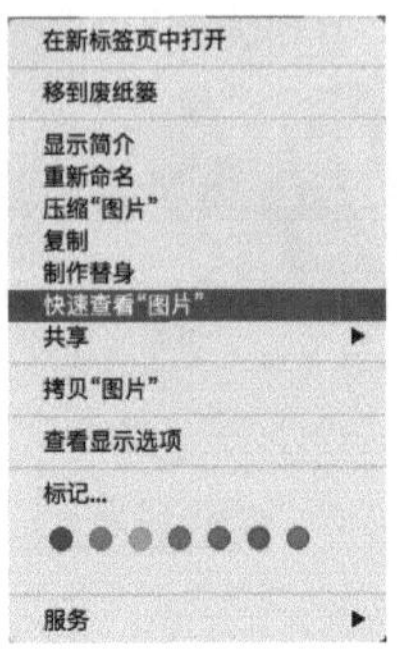

技巧23 删除临时文件

系统盘中有一个“tmp”文件夹是用来存放系统临时文件的，通常情况下，在系统重启时它将被自动清除，如果长时间不关闭Mac，也不重启的情况下，临时文件会越来越多，可以在终端输入以下命令来清除这些无用的临时文件：“cd /private/var/tmp/”，“rm –rf TM*”。

技巧24 清除缓存文件

在使用Mac的过程中会产生很多缓存文件，如网页浏览记录、应用程序所生成的无用文件等，这些缓存文件多与用户的使用习惯及机器重启的次数相关。另外，收看在线视频，听在线音乐也会产生很多无用的缓存文件，可以通过下面的命令删除这些缓存文件：“cd ~/Library/Caches/rm –rf ~/Library/Caches/*”

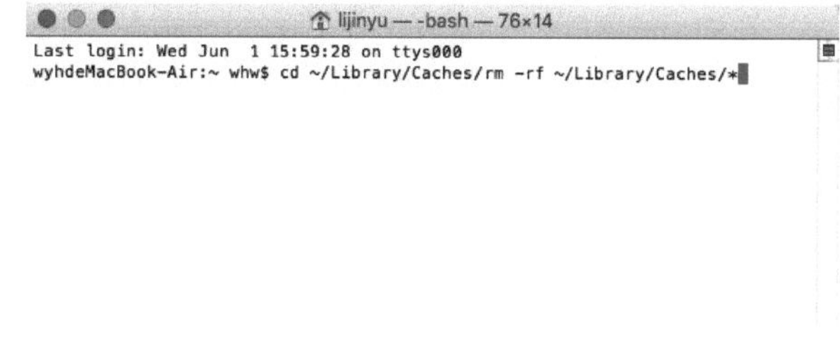

提示 在使用终端命令清除文件之前一定要先确认要清除的文件是否有用，比如在线收听音乐有时会间接的将音乐下载至本地，而自己又想保留，这时在删除缓存文件之前就需要将音乐文件事先备份。

提示 在使用终端命令窗口中输入命令按下 return 键的时候，需要用户输入密码才能完成执行命令的操作。

技巧25 快速前往指定文件夹

在Dock中将光标移至Finder图标上按住鼠标左键不放，此时将弹出一个菜单，在菜单中选择“前往文件夹”命令，在弹出的对话框中输入想要前往的文件夹名字，单击“前往”按钮即可打开所要查找的文件夹。

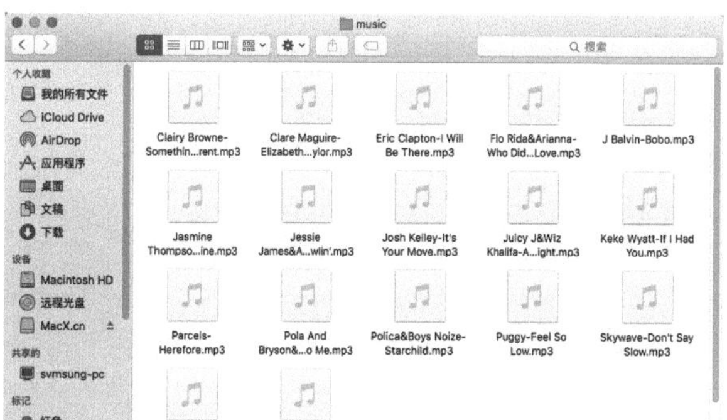

技巧26　在Finder中访问iCloud中的文档

想要访问iCloud中的文件，需要登录账户，之后需要在系统中启动iCloud或者打开网页进行访问，现在有了另外一种快捷的方法可以让用户快速查看iCloud中的内容。

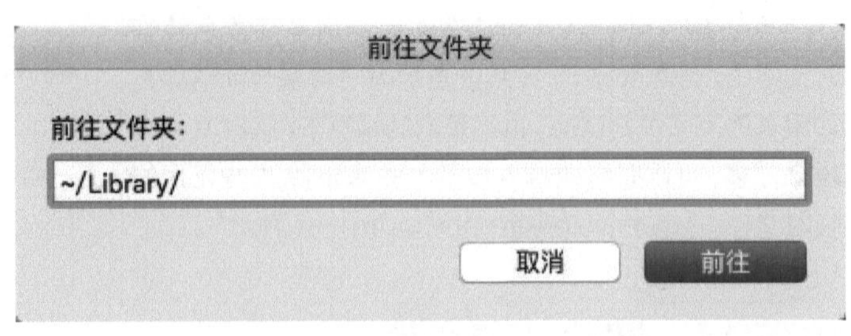

在Dock中将光标移至Finder图标上，按住鼠标左键不放，在弹出的菜单中选择“前往文件夹”命令，在弹出的对话框中输入~/Library/，然后单击“前往”按钮。

在弹出的窗口中双击“Mobile Documents”文件夹，此时就看到iCloud中的文件了。

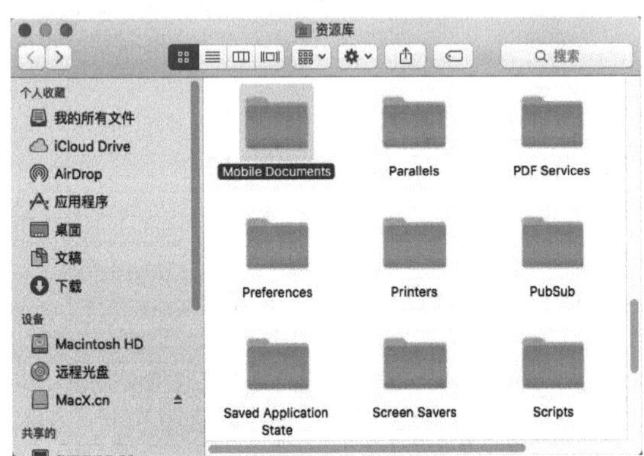

技巧27　快速创建文件名列表

在Mac中有一项十分实用的功能，它可以将文件夹中的文件以及文件夹的名称生成文本列表，这样可以使用户快速将自己的文件制作成文本列表清单，以方便在工作或者学习中使用。

在Finder中打开想要制作列表清单的文件夹，选中所有文件（⌘+A快捷键可快速选中所有文件），然后复制到剪贴板（⌘+C快捷键可快速复制）。

单击Dock中的文本编辑图标，打开“文本编辑”，单击左下角的“新建文稿”按钮，新建一个新的文稿文件。

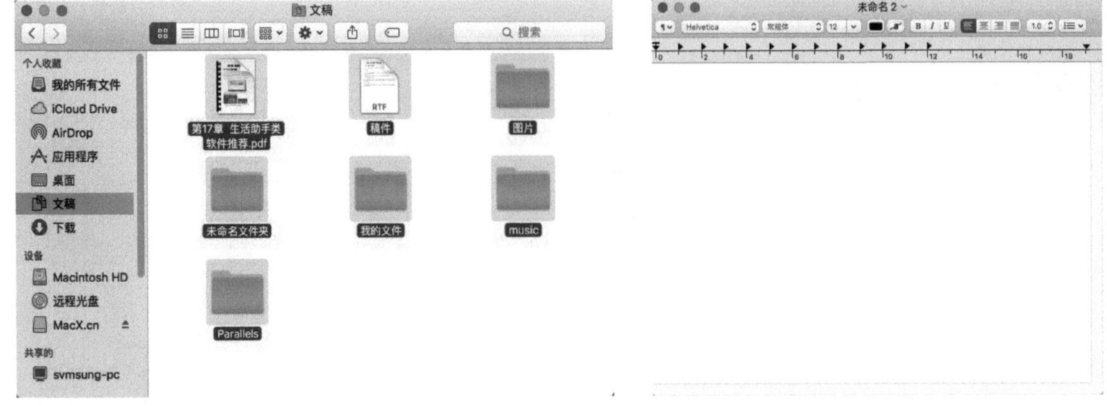

选择菜单栏中的“格式”|“制作纯文本”命令，此时“文本编辑”将被切换至纯文本编辑状态。

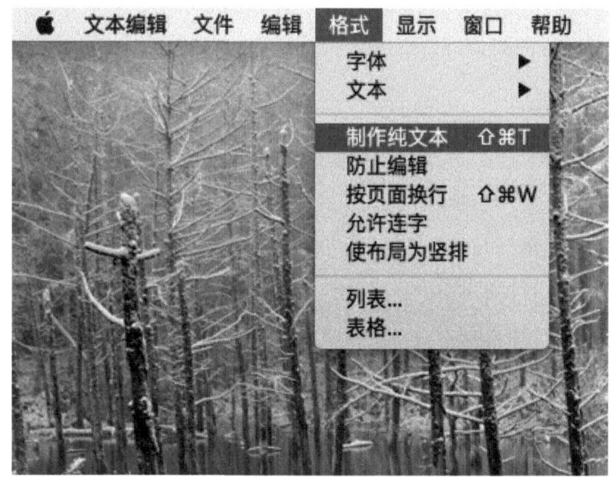

切换到纯文本模式，在“文本编辑”窗口中按⌘+V快捷键执行粘贴命令，此时将自动生成一个列表清单，这种方法适用于任何纯文本编辑器和字处理程序，比如在iWork中、微软的Word中。

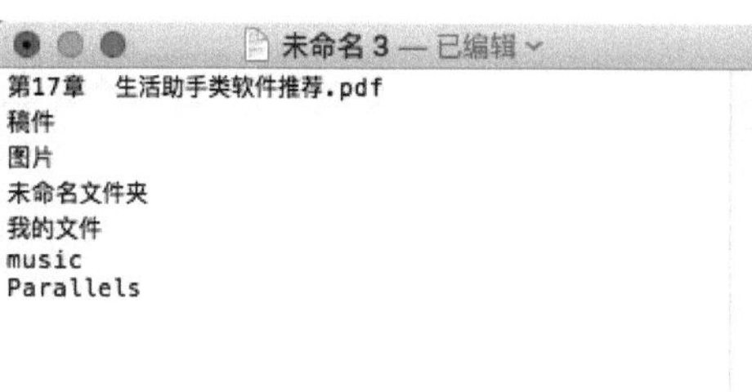

提示 在“文本编辑”程序中按⌘+shift+T快捷键可快速将切换至“制作纯文本”状态。

技巧28　快速退出当前运行程序列表

当系统中正在运行某个程序，但是反应很慢，甚至处于“假死”状态，比如当前正在运行“Safari”浏览器，此时可以单击左上角的图标，在弹出的菜单中按住shift键选择“强制退出Safari”命令，即可快速强制退出Safari浏览器。

技巧29　快速重启Finder

Finder在Mac中具有举足轻重的地位，通过它可以找到各种文件、应用程序以及实现一些功能，在频繁使用Finder的时候有可能会出现假死、无反应等情况，此时就需要重启Finder来解决问题，在以往的版本中或许需要用户前往“终端”输入一些代码来实现，但这样比较麻烦，如今最新版的系统中为用户提供了一项十分快速的重启方法。

在Dock中按住option键右键单击Finder图标，从弹出的菜单中选择“重新开启”命令即可重启Finder。

技巧30 快速查看详细系统信息

单击左上角的苹果菜单按钮，可以在弹出的菜单中选择“关于本机”以查看计算机的系统信息，假如想要查看更详细的信息，可以在单击按钮的时候，按住option键，再选择“系统信息”命令。

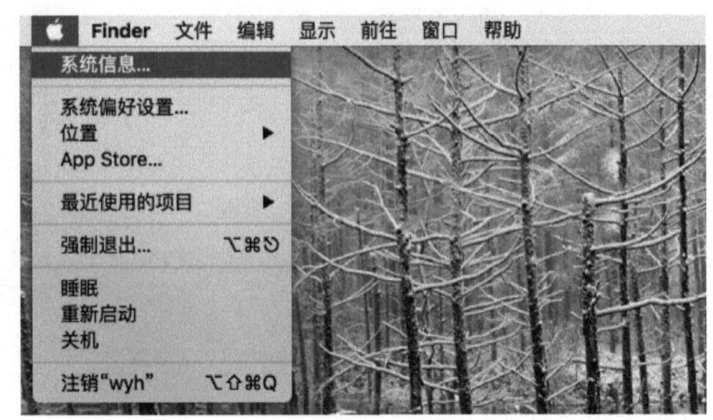

> **提示** 其实在Mac中有很多隐藏的小技巧大多与option键有关，比如按住option键选择“关机”“重新启动”命令，即可快速关闭或者重启计算机。

技巧31 在计算机中查看今天是今年的第几天

或许每个人都在一年的开始给自己制定了工作、学习计划，比如有要在这一年之内完成多少工作或者目标，此时可以通过Mac中的日期功能，添加一个“今天是今年的第几天”信息以便时刻提醒自己，安排好时间，在制定的日期内完成计划。

单击Dock工具栏中的“系统偏好设置”图标，打开“系统偏好设置”窗口中选中“语言与地区”图标，将其打开。

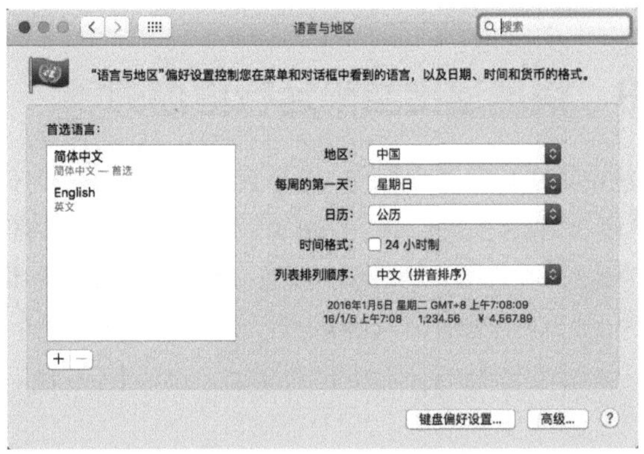

在“语言与地区”设置面板中单击右下角的“高级”按钮，单击上方的“日期”标签，在下方“完整”后面的文本框中单击“星期二”按钮，在弹的下拉列表中选择“03”，将光标移至按钮左侧的空隙位置单击，然后添加“今年的第”，之后将光标移至按钮右侧空隙位置添加“天”，完成之后单击“好”按钮。

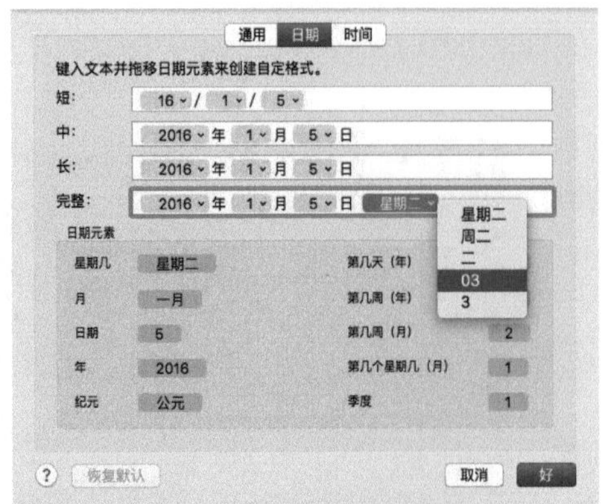

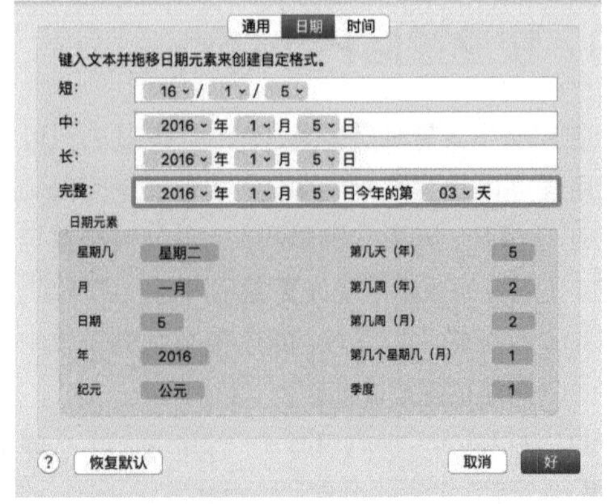

此时单击菜单栏中的日期，在出现的下拉菜单顶部位置可以看到刚才所添加的“今年的第*天”信息。

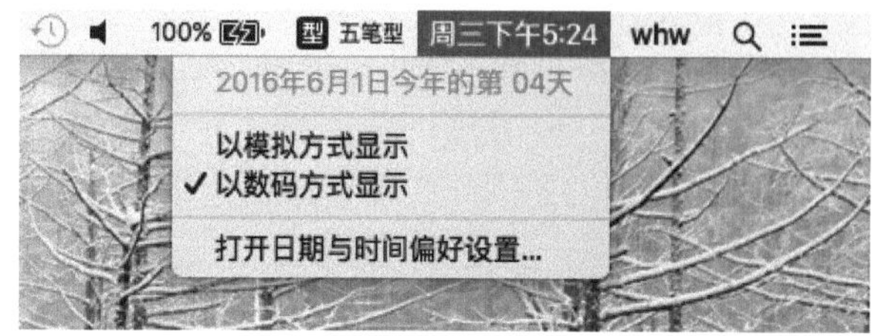

提示 以同样的方法可以添加诸如“今天是本月的第几天、这个周是今年的第几个周”。

技巧32 关于抓图的偏好设置

单击Finder图标，在出现的窗口中单击左侧边栏的“应用程序”，在右侧窗口中打开“实用工具”|“抓图”，当启动抓图程序以后，它将自动转入后台运行，其本身是没有任何界面或窗口的，此时选择菜单栏中的“抓图”|“偏好设置”命令，此时将打开“偏好设置”命令设置面板，在面板中可以看到“指针类型”下方的按钮，在默认情况下选中的是不包括光标的选项，单击不同的按钮即可选择不同的光标样式，所选中的光标样式将出现在所抓取的图片上，勾选“发出声音”复选框，可以在抓图成功后发出一种类似相机快门的“咔嚓”声。

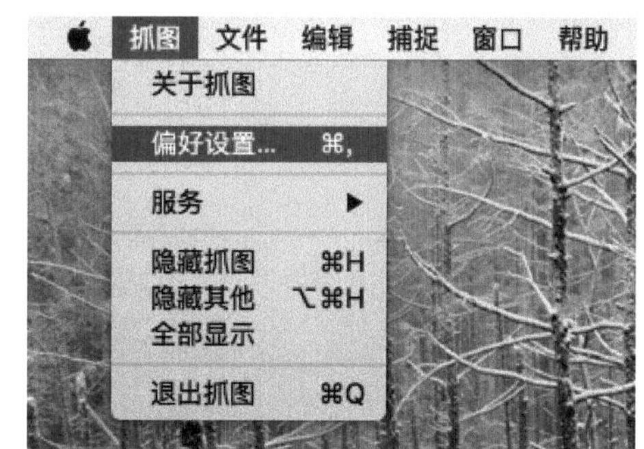

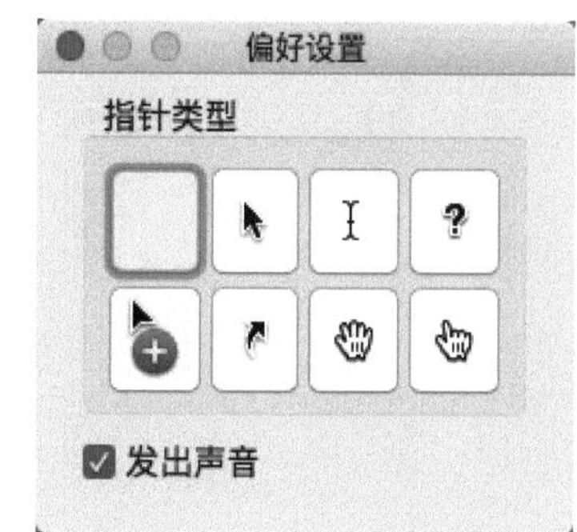

技巧33 无线诊断工具

无线诊断功能可以帮助用户在利用Wi-Fi进行网络连接过程中遇到的问题进行诊断。

按住option键单击菜单栏中的无线图标，在出现的菜单中，选择“打开无线诊断”命令，将弹出“无线诊断”面板。

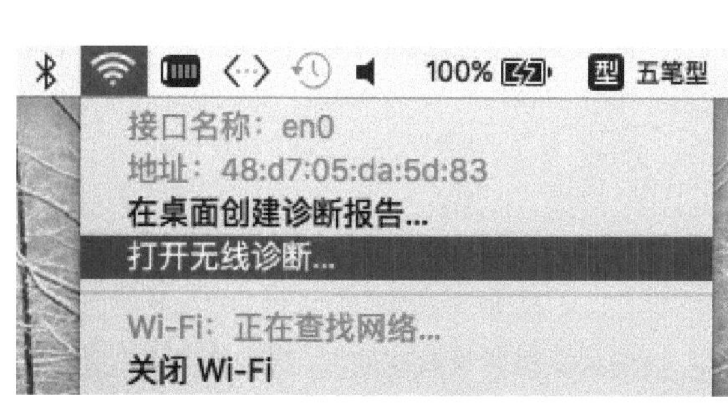

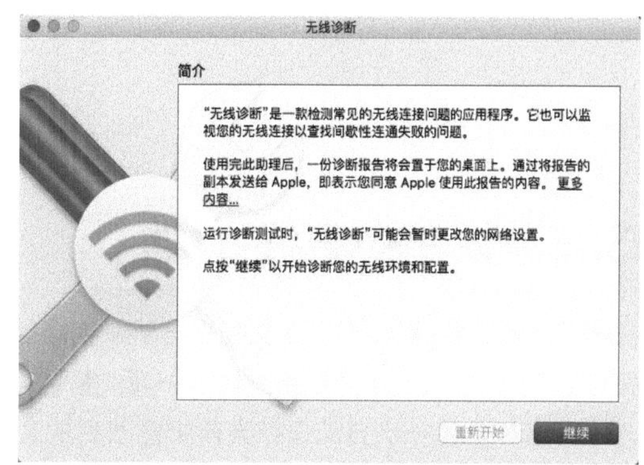

在出现的“无线诊断”面板中可以看到关于功能的描述，单击“继续”按钮，此时“无线诊断”将分析用户的无线环境，在诊断的过程中Mac会提示用户信息，需要用户确认以便于它能更加准确地分析原因。

单击“继续”按钮之后Mac会逐步提示用户确认信息，当诊断完成之后，“无线诊断”将生成一份报告并放置于桌面上供用户参考。

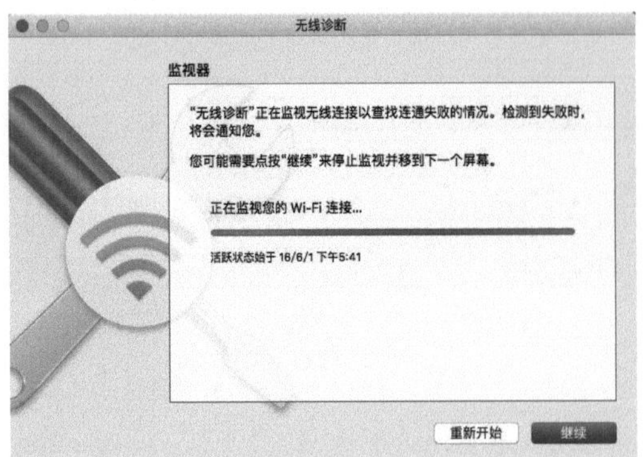

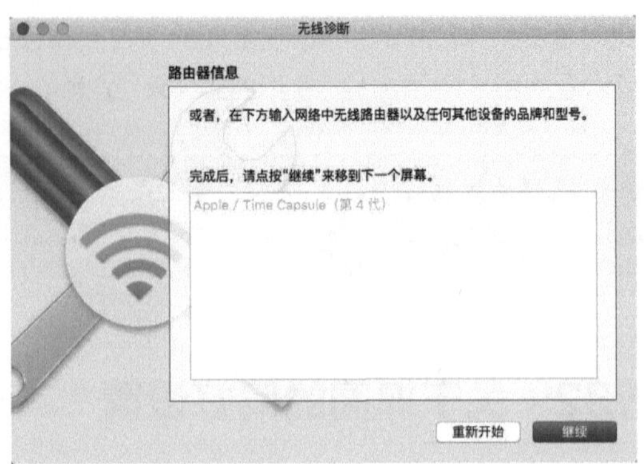

当生成诊断报告之后，单击“继续”按钮即可获得更加详细的信息，通过查看这些信息可以使用户轻松快速地解决这些问题。

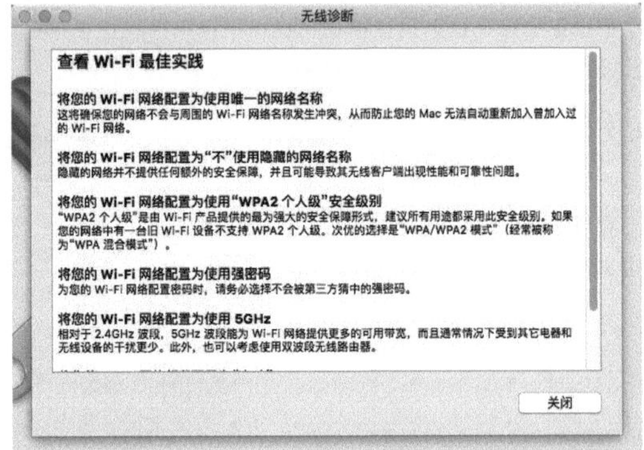

技巧34　停止跳动的程序图标

如果想运行Dock中的某个应用程序，或者程序无法向用户做出反应的时候，只需要将光标移至应用程序图标边缘，围绕图标转一圈就可以使图标停止跳动。

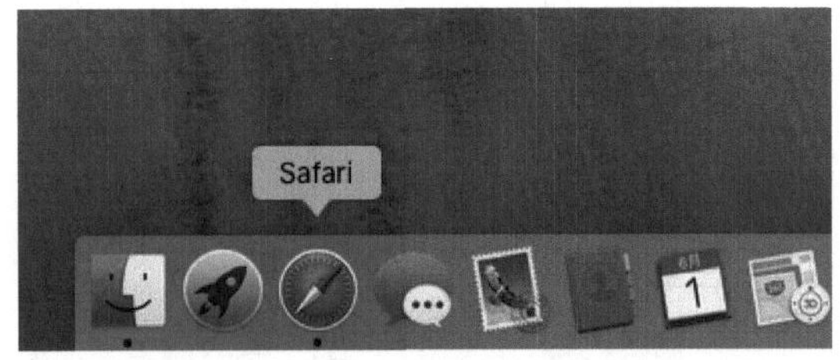

技巧35　恢复被修改的文档

在OS X系统中，默认情况下文档会自动保存修改操作，假如用户不小心将错误的文档修改并保存，在没有备份的情况下会很麻烦，不过还好Mac提供了一项“复原”功能。

实际上，Mac每一次自动保存当前所修改后的文档文件，之前的文档并没有被删除，这种情况用户只需要简单的操作即可将之前的文档还原。

例如，在“文本编辑”程序中创建了一个文本文件，然后在不小心修改之后又保存。

此时在“文本编辑”运行的情况下，选择菜单栏中的“文件”|“复原到”命令，在此命令的子菜单中，可以发现之前的版本（如果有的话），同时用户还可以选择“浏览所有版本”命令，此时将进入一个全新的界面，选中之前的版本单击“恢复”按钮即可将之前的文档恢复。

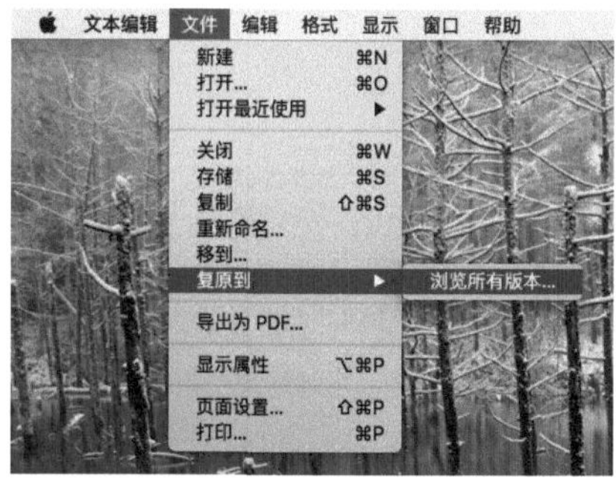

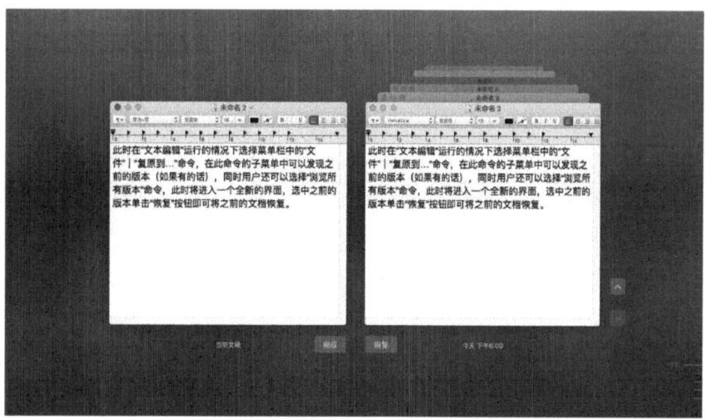

技巧36　临时取消OS X登录启动项

Mac中有一项启动设置，可以在开机之后自动启动用户指定的应用程序，假如添加了过多的开机启动项，势必会对开机速度造成影响，如果在某次开机的时候，这些开机启动项又不想取消，但是需要很快进入系统，这时可以在开机之后，当系统进入登录界面的时候，按住 shift 键的同时单击“登录”按钮，这样在启动的时候系统就不会加载用户所设置的开机启动项了。

> **技巧**
>
> 在按下开机键之后立刻按住 shift 键则系统将进入安全模式；在启动Safari前按住 shift 键，可以临时取消并恢复之前的窗口；在最小化窗口的时候按住 shift 键单击左上角最小化按钮，会发现最小化的动画速度会比原来慢很多。
>
> 在Mac中关于 shift 键的技巧很多，随着版本的不断更新，用户可以发现更多和 shift 键有关的小技巧。

技巧37　“文本编辑”的快捷键

Mac中的“文本编辑”十分好用，利用它可以创建一些简单的文本。从效率角度来讲，由于它体积小，所占内存少，自然速度就更快，这一点要比其他文本编辑工具好很多，如果经常使用“文本编辑”，最好掌握一些快捷键，在编辑文本的时候配合这些快捷键可以令工作更加高效。

文本位置跳转快捷键如下。

- 跳转到一行的开头：⌘+◄。
- 跳转到一行的末尾：⌘+►。
- 跳转到全部文本的开头：⌘+▲。
- 跳转到全部文本的末尾：⌘+▼。
- 跳转到当前单词的开头(适合英文、拼音)：option+◄。
- 跳转到当前单词的末尾(适合英文、拼音)：option+►。
- 在以上所使用的快捷键中加入 shift 键可以将原来的快捷键扩展成为选中文本效果的快捷键。
- 选中光标到本行开头的文本：shift+⌘+◄。
- 选中光标到本行末尾的文本：shift+⌘+►。
- 选中光标到全部文本的开头：shift+⌘+▲。
- 选中光标到全部文本的末尾：shift+⌘+▼。
- 选中光标到当前单词的开头(适合英文、拼音)：shift+option+◄。
- 选中光标到当前单词的末尾(适合英文、拼音)：shift+option+►。
- 选中当前窗口中所有文本：⌘+A。
- 复制选中的所有文本：⌘+C。

- 剪切选中的所有文本：⌘+X。
- 粘贴文本：⌘+V。

> **提示** 初次看到这些快捷键说明的时候你可能感觉有些复杂，通过一段时间的使用你会发现它们都有一定的共同点，使用这些快捷键的时间越久就会越熟练，真正熟练以后就可以明显感觉到快捷键所带来的高效率。

技巧38　快速将网页加入至阅读列表

在使用Safari浏览网页的时候，按下command+shift+D快捷键可快速将当前网页添加至阅读列表中，按住shift键单击某个标题或者链接也可快速将其添加至阅读列表中。

> **提示** 如果用户注册了iCloud，当前所添加的阅读列表是可以实时同步至iOS设备中的，这样的话就可以在iPhone或者iPad中查看。

技巧39　Safari中的小技巧

在使用Safari浏览网页的时候，按下control+⌘+F快捷键可快速将当前网页全屏，再次按下此快捷键即可回到之前窗口大小，按下⌘+R快捷键可以重新载入当前页面。

技巧40　快速删除图像

选中一幅图像按下空格键可直接预览，在预览窗口中按⌘+delete快捷键可快速删除图像，这个方法对文件夹同样有效。

技巧41 Mac中的开关机实用快捷键

❶在开机过程中按住option键可以重建桌面。

❷在开机过程中按住shift键可以关闭所有系统功能扩展。

❸在开机过程中按住鼠标可以推出软盘以避免将其用作启动磁盘。

❹在开机过程中同时按住shift+option+delete快捷键可以屏蔽当前启动所用的磁盘，并自动寻找另一个磁盘当作启动盘。

❺同时按住shift+option +电源快捷键可以重新启动或关闭电脑。

❻在电脑死机时，同时按住control+电源快捷键可以强行启动电脑。

技巧42 Mac中的图像和文件夹实用快捷键

❶按住option键+鼠标拖曳图像或文件夹可以将其拷贝至其他文件夹中。

❷在拖动图像或文件夹时将图像或文件夹拖至窗口上端的菜单栏可以取消对它的移动或拷贝。

❸在英文输入法状态下按任意一个字母键，将选择以该字母开头命名的图像或文件夹。此时再按tab键将按字母顺序选择下一个图像或文件夹。

❹同时按住shift+tab键将按字母顺序选择上一个图像或文件夹（如果所选的项目是中文名称，此时将以第一个字的汉语拼音的第一个英文字母为基准进行选择）。

❺按shift+单击图像或文件夹可以选择多个图像或文件夹。

技巧43 Mac中的对话框实用快捷键

❶打开对话框时(使用“文件”菜单下的“打开”或“存储”等命令的同时)按“.”或按esc键可以立即取消该命令。

❷按⌘+N快捷键可以新建文件夹。按return键可以打开所选项目。

技巧44 Mac中的窗口实用快捷键

❶按⌘+W键可以快速关闭当前文件夹或者程序窗口。

❷同时按住option+⌘+W键或者option+单击窗口关闭按钮可以关闭所有文件夹窗口。

❸按⌘+拖曳窗口可以移动该窗口，但不会激活当前窗口。

技巧45 Mac中的更多实用快捷键

❶按option键+清倒废纸篓可以跳过”清倒废纸篓”警告和删除“废纸篓”内已锁定的文件警告对话框。

❷按住⌘键并拖曳图像可以在移动图像时执行“整齐排列”。

❸在插入磁盘时，按住⌘+option+tab快捷键可以在插入时自动抹掉磁盘中的内容。

❹同时按住⌘+option+esc快捷键可以强行退出正在运行没有反应的程序。

❺同时按住⌘+shift+3快捷键可以把当前屏幕上的内容转换成一个“.png”图像，并以当前日期命名后自动输出至桌面。

❻按住⌘+G快捷键可以在连接其他计算机时选定“客人”用户。按住⌘+R快捷键，可以在连接其他计

算机时选定“注册”用户。

❼Photo Booth进行拍照时，按住 shift 键拍照不会出现闪光灯，按住 option 键拍照就不会出现倒计时， shift 和 option 同时按住则两个功能都不会出现。

❽在Finder 中按 ⌘ + O快捷键可以快速打开文件夹。

❾ ⌘ + [表示前进

❿ ⌘ +] 表示后退。

⓫按 ⌘ +E快捷键可快速推出移动硬盘或U盘。

⓬按 ⌘ + option + shift + esc 快捷键约3秒左右，可快速退出当前程序并且无任何提示。

⓭Mac在打开程序的时候会自动恢复之前已经打开的窗口，如果不想实现这个功能只需要在启动程序的时候按住 shift 键即可。

⓮按 ⌘ + 0 快捷键可快速打开“通知中心”。

技巧46　关于Finder的小技巧

Finder相当于Windows系统中的“我的电脑”，它的使用相当频繁，用户存储文件、安装应用程序，都必须在Finder中来完成，它的默认设置完全可以满足绝大多数用户的一般需求。其实，完全可以通过更改一些小设置使它变得更加易用、好用，比如显示文件的后缀名、显示被隐藏的系统文件、显示状态栏等。利用这些简单的设置可以让Finder使用起来更加得心应手。

当看到一个文件却不知道它是什么格式，这一点是让人感觉很不舒服的，想要的是jpg还是png格式的图片，如果想始终显示文件扩展名，完全可以在Finder中来实现。

打开Finder，选择菜单栏中的“Finder”|“偏好设置”命令，在出现的偏好设置面板中单击顶部的“高级”标签，勾选“显示所有文件扩展名”前的复选框即可。

技巧47　在Finder中默认显示目录

打开Finder以后默认显示的是“我的所有文件”，在这里可以把打开Finder后更改为打开磁盘、文稿或者其他项目。

打开Finder，选择菜单栏中的“Finder”|“偏好设置”命令，在出现的偏好设置面板中单击顶部的“通用”标签，再单击“开启新Finder窗口时打开”下方的下拉列表，选择自己想要打开的项目即可。

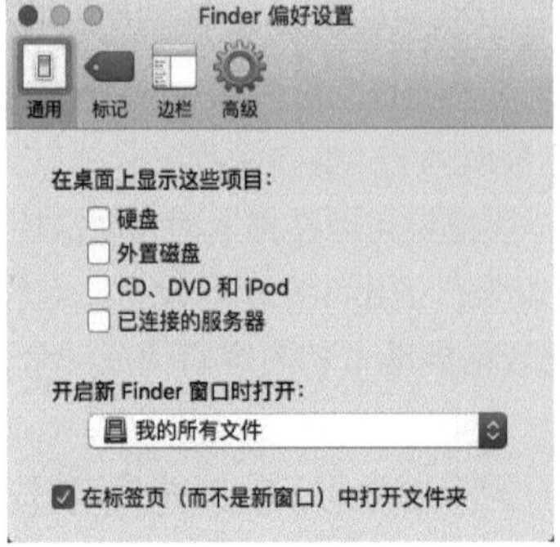

技巧48 在侧边栏显示用户目录的内容

在Mac系统中，大多数用户文件（比如图片、文稿）都存储在用户目录下，所以在Finder侧边栏显示用户目录的内容，可以让用户快速找到自己想要打开的文件，它的设置方法同样很简单。

打开Finder，选择菜单栏中的“Finder”|“偏好设置”命令，在出现的偏好设置面板中单击顶部的“边栏”标签，在下方分别勾选想要显示的项目前方的复选框即可。

技巧49 个性化工具栏

用户可以在Finder工具栏添加一些常用的功能按钮，去掉自己不常用的按钮，使界面看起来更加简洁。

打开Finder，选择菜单栏中的“显示”|“自定工具栏”命令，在弹出的面板中将自己喜欢的项目拖入工具栏即可。

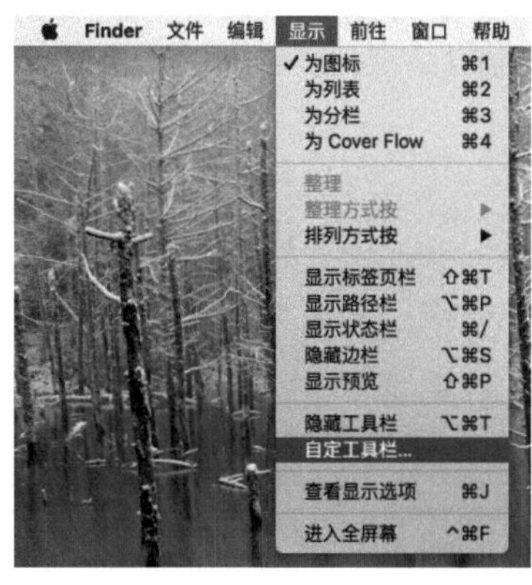

技巧50 始终显示用户资料库

系统中的所有配置文件、数据等项都存放于资源库中（路径是~/Library/），在Finder中默认是不显示的，可以通过在终端中执行一个简单的命令，就可以让它显示出来了。

单击Finder图标，在出现的窗口中选择“应用程序”|“实用工具”|“终端”，在打开的“终端”窗口中输入以下代码：“chflags nohidden ~/Library/”，输入完成之后按return键即可。

技巧51 始终显示隐藏文件

对于一些开发者，或者对系统本身有研究的用户需要经常访问系统隐藏文件（例如以“.”开头的文件，或者设置隐藏的文件），在系统中打开显示默认隐藏的文件可以让他们快速找到自己所需要的文件，这样工作效率就会十分的方便且高效。

单击Finder图标，在出现的窗口中选择“应用程序”|“实用工具”|“终端”，在打开的“终端”窗口中输入以下代码：“defaults write com.apple.finder AppleShowAllFiles -bool YES && killall Finder”，输入完成之后按return键，即可显示隐藏的文件。

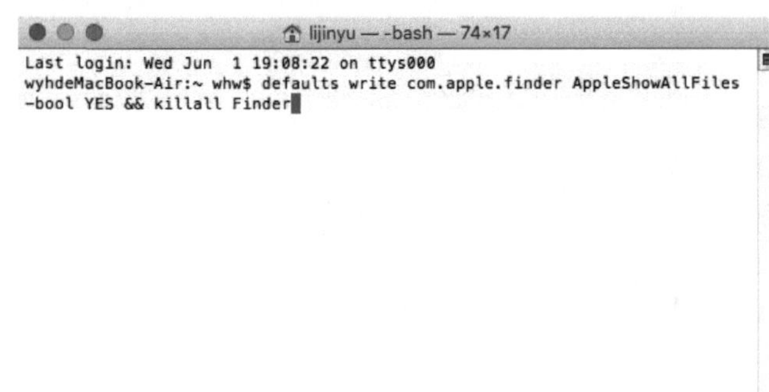

提示 隐藏的文件或者文件夹显示以后，它的图标是半透明的，这也是隐藏文件和非隐藏文件的最大区别。

技巧52　隐藏桌面窗口

无论当前桌面中有多少个窗口，只需按⌘+H快捷键即可将当前窗口隐藏，每按一次快捷键只可隐藏一个窗口。

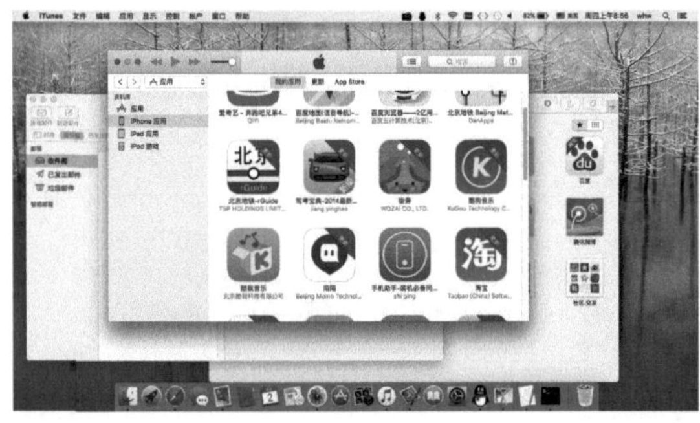

技巧53　剪切文件

使用过Windows系统的用户都了解，选中某个文件按下⌘+X快捷键可以剪切文件，再打开另外一个文件夹按下⌘+V快捷键可以刚所剪切的文件进行粘贴。

而如今在Mac中也有这样的功能，首先选中一个文件，按⌘+C快捷键，再打开另外一个文件夹按⌘+option+V快捷键，即可将文件粘贴至当前位置。

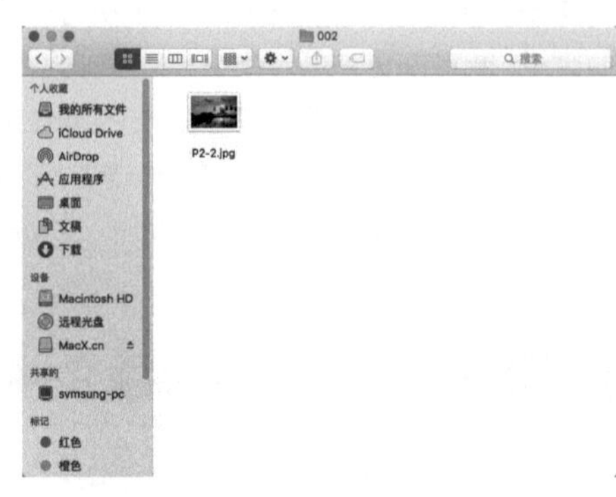

技巧54 快速打开搜索框

在桌面中按control+空格键快捷键即可打开“Spotight”搜索框。

技巧55 快速跳转上一级

按⌘+▲快捷键即可返回上层目录，每按一次可以返回一级。

技巧56 快速撤销

按下⌘+Z快捷键可撤销操作，如删除的文件、移动的文件夹，都可以通过此快捷键撤销。

技巧57 显示资源库命令

打开Finder，选择菜单栏中的“前往”命令，此时按下option键可以看到菜单中出现“资源库”命令。

技巧58 快速转换图像格式

有时在更改背景或者做设计的时候需要转换图片格式，利用Mac本身自带的“预览”程序就可以转换图像的格式，比如将jpg格式转换成透明格式png。

首先选中一个自己喜欢的图像并双击，可以预览该图像。

选择菜单栏中的“文件”|“导出”命令，在出现的对话框中“导出为”后方的文本框中输入“风景”，再给图片指定一个位置，单击“格式”后方的下拉列表，选择“.png”，然后单击“存储”按钮即可。

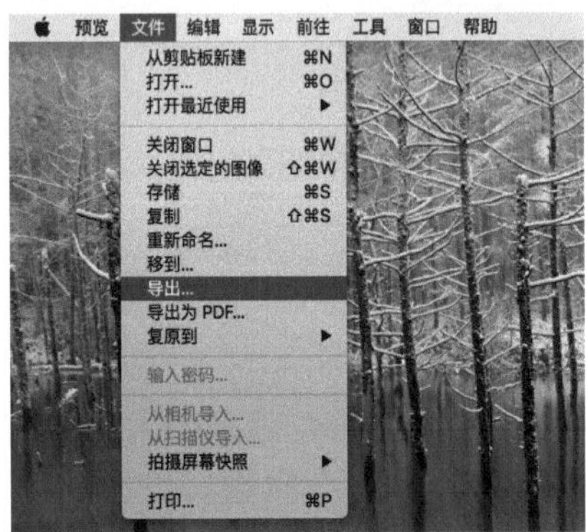

> **提示** 除了可以导出png格式的图像，还可以将图像导出为PDF、TIFF等格式，以方便在不同的程序中使用。

技巧59 利用“终端”结束进程

单击Finder图标，在出现的窗口中选择“应用程序”|“实用工具”|“终端”，在打开的“终端”窗口中输入以下代码：“top –o cpu”，输入完成之后按return键确认，此时可以看到程序的运行情况。

在程序运行情况窗口中，最前方的“PID”是系统内部进程或者程序的唯一标识，比如“253”“1335”这些，在其后方的“COMMAND（指令）”下方则是当前进程，再后方的“%CPU”则是当前进程所占用的百分比，后面还有时间、所占内存等信息。

假如想结束某个进程，可以输入代码加进程的唯一标识，再输入管理员密码后按return键。例如，想要结束“253”进程，此时在窗口中输入“sudo kill 253”后，按return键确认，再输入管理员密码再次确认即可。

输入“sudo killall finder”可以结束所有的Finder中的进程。

```
lijinyu — top — 87×28
Processes: 246 total, 2 running, 5 stuck, 239 sleeping, 892 threads          09:21:38
Load Avg: 3.80, 3.53, 3.04  CPU usage: 1.45% user, 2.67% sys, 95.86% idle
SharedLibs: 175M resident, 17M data, 16M linkedit.
MemRegions: 32158 total, 1316M resident, 93M private, 485M shared.
PhysMem: 4033M used (867M wired), 61M unused.
VM: 665G vsize, 533M framework vsize, 0(0) swapins, 0(0) swapouts.
Networks: packets: 159992/194M in, 112558/19M out.
Disks: 227398/4953M read, 109804/2581M written.

PID   COMMAND      %CPU TIME     #TH   #WQ  #PORT MEM    PURG   CMPRS  PGRP PPID
0     kernel_task  3.6  06:33.69 111/4 0    2     513M   0B     0B     0    0
253   QQ           2.8  06:19.23 20    2    457   56M    14M    44M    253  1
1347  top          2.0  00:01.49 1/1   0    21    2700K  0B     0B     1347 1337
1335  Terminal     2.0  00:02.96 10    4    232   16M    156K   0B     1335 1
181   WindowServer 1.6  04:21.19 5     2    409   64M    2444K  13M    181  1
53    iStatMenusDa 1.0  00:30.34 6     4    52-   44M+   0B     145M   53   1
398   SystemUIServ 0.4  00:12.57 9     6    355+  14M+   0B-    9320K+ 398  1
54    powerd       0.2  00:01.40 2     0    96    1344K  0B     1924K  54   1
1332  Preview      0.1  00:04.13 6     2    226+  50M+   6320K  0B     1332 1
72    coreduetd    0.1  00:07.74 3     1    112+  6868K+ 0B     1952K  72   1
61    McDaemon     0.1  00:25.45 11    6    85    13M    0B     2996K  61   1
255   Dock         0.1  00:09.83 3     0    305   12M    172K   14M    255  1
52    configd      0.1  00:04.12 8     1    378+  3220K+ 0B     396K   52   1
101   notifyd      0.0  00:04.73 3     2    252   1580K  0B     0B     101  1
64    mds          0.0  00:36.69 7     3    246+  19M+   0B     9144K  64   1
188   mds_stores   0.0  00:26.48 5     2    57+   48M+   4092K  14M    188  1
524   iTunes       0.0  01:12.09 24    3    536+  49M+   2680K  22M    524  1
309   SafariCloudH 0.0  00:05.18 4     2    46    744K   0B     532K   309  1
```

技巧560　删除Mac下自带的程序

Mac默认自带了不少程序，比如“Safari”“FaceTime”“PhotoBooth”“信息”等，有些程序对于用户而言可能没用，假如想把它删除，会弹出这样的一个提示。

系统提示当前程序无法删除，因为OS X 需要它，这说明在Mac中的程序是相互联系的，如正在用Safair浏览网页的时候会调用系统中的“预览”程序查看当前网页中的图片。

其实这些自带的程序是可以删除的，只需要在终端命令中输入一些代码即可。

单击Finder图标，在出现的窗口中选择“应用程序”|“实用工具”|“终端”，在打开的“终端”窗口中输入以下代码：“cd /Applications/”，输入完成之后按return键确认，这样就可以删除不需要的程序了。

技巧561　在Mac中使用“佛教日历”“日本日历”

在最新版本的系统中，可以查看除普通日历之外的其他国家的日历，例如“佛历”“日本历”“印度历”和“波斯历”等。

在Dock中单击“系统偏好设置”图标，在出现的面板中，单击“语言与地区”图标，在出现的面板中，单击“日历”后方的下拉列表，选择自己需要的日历即可，比如选择“佛历”。

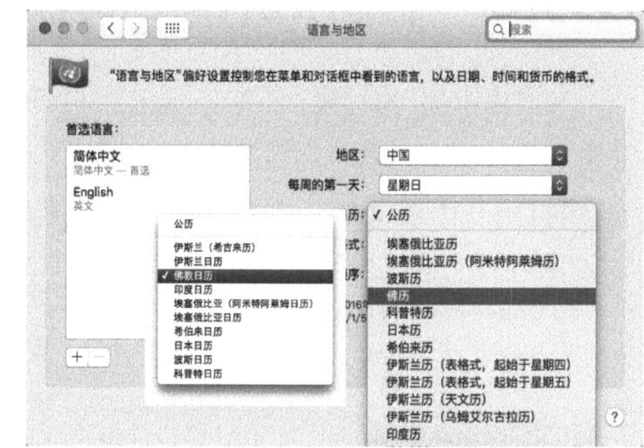

此时，单击右上角的时间位置，可以看到当前的佛历中的日期，这对于佛教人士十分有用。

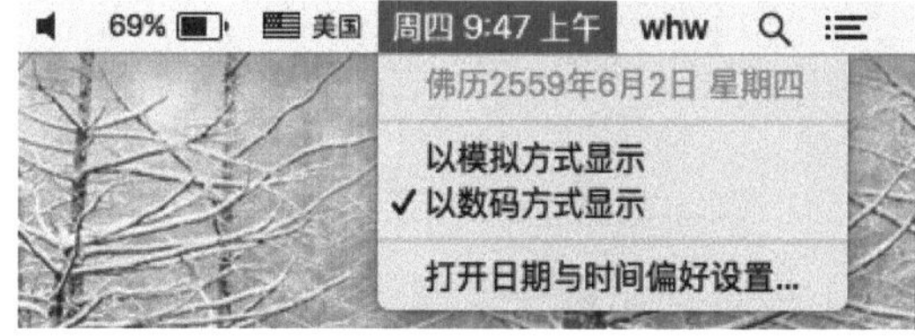

技巧562　删除配置文件解决Wi-Fi无法连接问题

有一部分Mac用户可能会遇到过Wi-Fi连接问题，包括连接过程中突然中断，睡眠之后无法重新连接和其他奇怪的现象。有时候这些问题并不太容易解决，在这里，需要用到删除配置文件的方法来解决问题了。

首先，在删除配置文件之前，确保自己记住Wi-Fi密码，因为删除配置文件并重置后是需要输入密码的，单击菜单栏中的Wi-Fi将其关闭。

在Dock中将光标移至Finder图标上按住鼠标左键不放，此时将弹出一个菜单，在菜单中选择“前往文件夹”命令。

在弹出的对话框中输入“/Library/Preferences/SystemConfiguration/”，完成之后单击“前往”按钮。

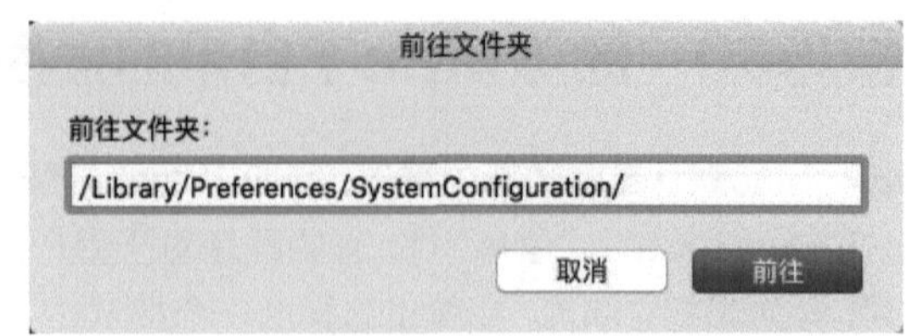

在弹出的窗口中，分别选中以下文件并删除。

“com.apple.airport.preferences.plist”

“com.apple.network.identification.plist”

“NetworkInterfaces.plist”

“preferences.plist”

删除完成之后清空“废纸篓”并重新启动Mac，再打开Wi-Fi并连接至无线网络即可。

提示 由于删除的文件是由OS X创建无线网络时生成的，如果用户遇到关于配置方面的问题就可以通过以上步骤解决。

技巧63　将Safari窗口转换成标签页

在浏览网页的时候，不知不觉已经打开了很多窗口，来回切换显得很乱且麻烦，在这种情况下有一种方法可以将窗口合并成标签页。

在Dock中单击“系统偏好设置”图标，在出现的面板中单击“键盘”图标。

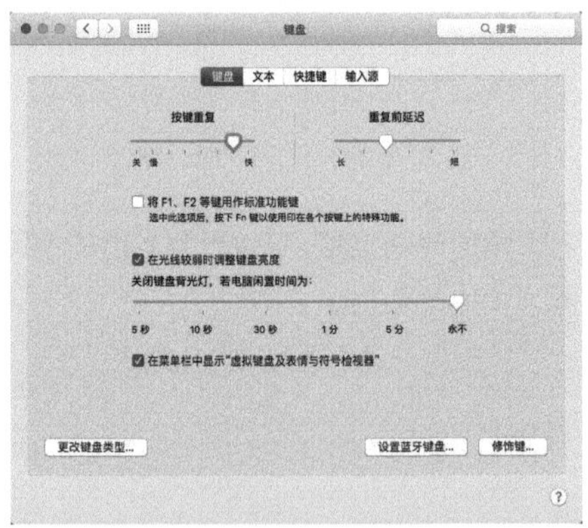

在出现的“键盘”面板中单击顶部的“快捷键”标签，选择左侧边栏底部的“应用快捷键”，再单击下方的 + 按钮，在弹出的窗口中选择“应用程序”为“Safari”，在“菜单标题”后方的文本框中输入“合并所有窗口”，将“键盘快捷键”设置为 control + ⌘ + W 快捷键，完成之后单击“添加”按钮。

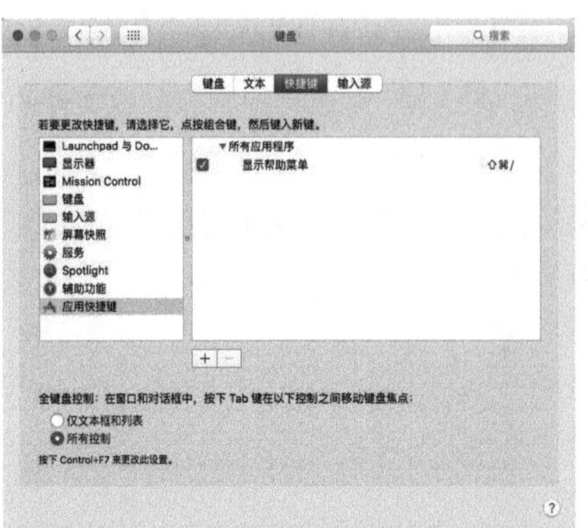

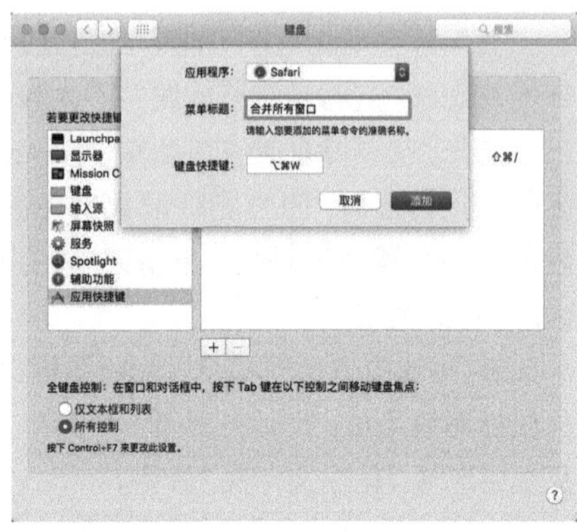

此时在桌面上按下control+⌘+W快捷键，即可将所有已打开的Safari窗口合并为一个窗口。

提示 当设定的快捷菜单无效时，首先需要检查是否与其他热键有冲突，另一方面要确认输入的标题是否正确。

技巧64　将标签页从Safari窗口中分离

如果想把Safari窗口中的标签页分离出来，使其变成一个独立的窗口，有一个十分简单的方法，将光标移至标签页名称上，直接拖至原窗口的外部即可，同时按住鼠标左键不放拖动其标签，还可以放回原来的窗口标签位置。

技巧65　隐藏桌面图标

在工作、学习的过程中，有时候在桌面上放了很多临时文件，当达到一定数量之后不但使系统运行速度变慢，而且很不美观，如果挨个清理又稍显麻烦。

在这里可以通过在“终端”程序中输入代码来快速将桌面这些项目隐藏。

单击Finder图标，在出现的窗口中选择“应用程序”|“实用工具”|“终端”，在打开的“终端”窗口中输入以下代码：“defaults write com.apple.finder CreateDesktop -bool FALSE;killall Finder”，输入完成之后按return键确认。

这个方法十分简单且快捷，而且返回原来的显示状态也很简单，同样输入以下代码：“defaults delete com.apple.finder CreateDesktop;killall Finder”，输入完成之后按return键确认。

提示 假如未能成功恢复，可以尝试注销或者重启。

技巧66 查看本机路由器IP地址

使用过Windows系统的用户都知道，在系统中是很容易看到本机路由器IP地址的，而要在Mac中查看自己的IP，则需要执行一些操作。

在Dock中单击“系统偏好设置”图标，在出现的窗口中单击“网络”图标，在出现的窗口中单击右下角的“高级”按钮。

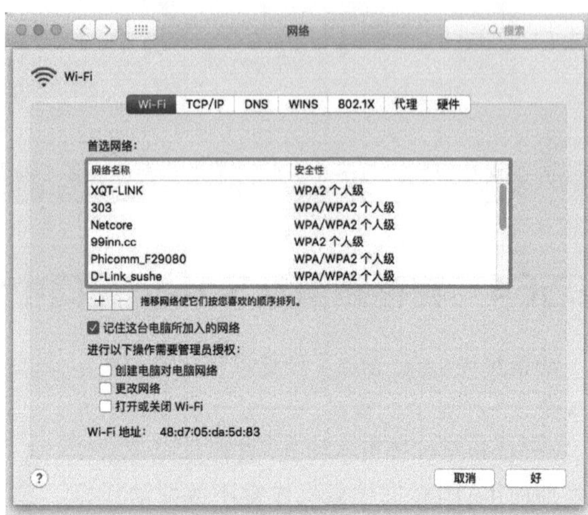

在弹出的窗口中单击上方的“TCP/IP”标签，在这里可以看到“路由器”后方的地址，这个地址就是本机的路由器地址。

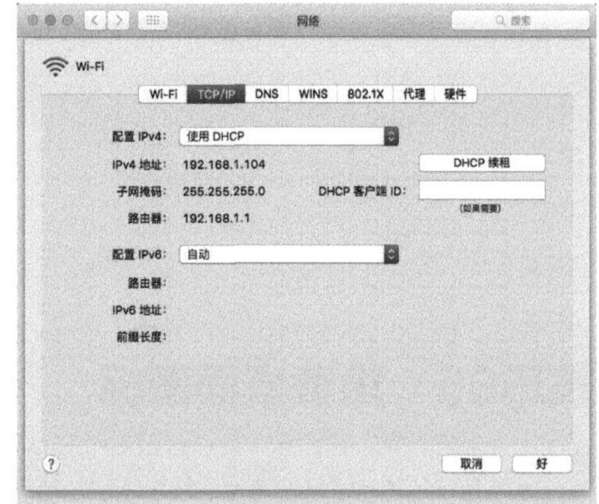

> **提示** 通过查看本机的路由器IP地址，可以将IP地址复制至浏览器地址栏中，前往路由器设置页面设置本机所连接的路由器。

单击Finder图标，在出现的窗口中选择“应用程序”|“实用工具”|“终端”，在打开的“终端”窗口中输入以下代码：“ifconfig”，输入完成之后按return键，此时可以看到更多关于本机的更详细的IP地址。

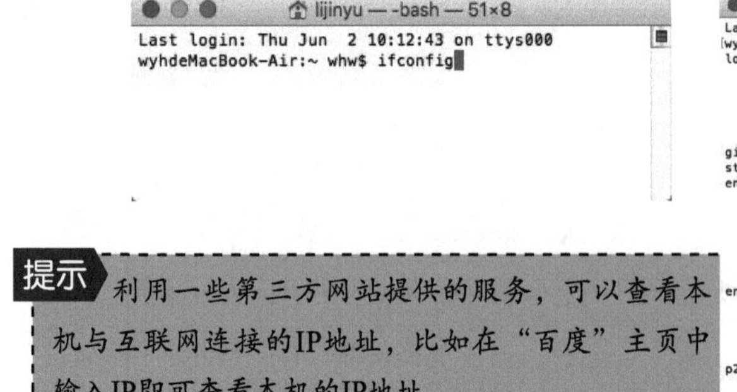

> **提示** 利用一些第三方网站提供的服务，可以查看本机与互联网连接的IP地址，比如在“百度”主页中输入IP即可查看本机的IP地址。

技巧67　创建个性化文件夹

使用过Windows系统的用户都知道，在系统左下角的“开始”按钮十分好用，单击这个按钮即可出现常用的程序。

其实在Dock中，也可以实现这样的功能，首先新建一个文件夹并为其命名（自己习惯的名字即可），然后将常用的程序及文件添加至新建的文件夹中即可。

将刚才新建的文件夹拖至Dock上“废纸篓”旁边位置，此时文件夹将变成一个程序图标，在其图标上单击鼠标右键，从弹出的菜单中选择“列表”命令（这里选择不同的排列显示命令会有所不同）。再单击此图标就可以从出现的菜单中看到刚才所添加的程序了。

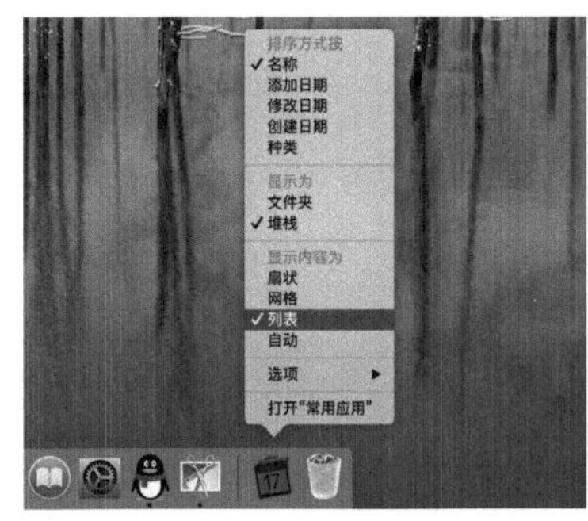

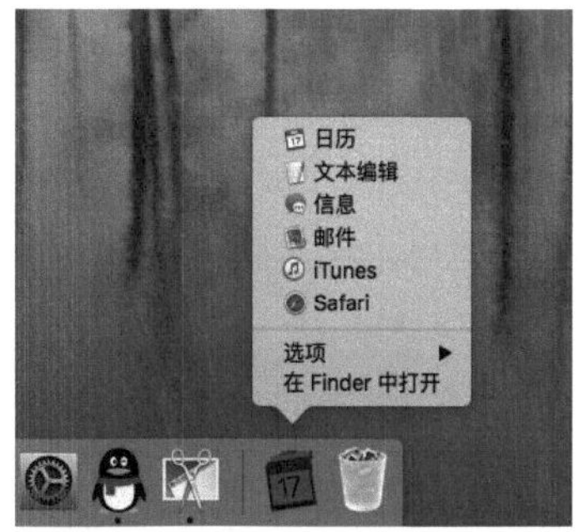

技巧68　第3种动画效果

在Mac中最小化Finder的时候可以选择两种动画效果，一个是“神奇效果”，另一个则是“缩放效果”，其实在系统中还隐藏了第3种十分有趣的动画效果，只需要在“终端”中输入代码即可实现。

单击Finder图标，在出现的窗口中选择“应用程序”|“实用工具”|“终端”，在打开的“终端”窗口中输入以下代码：“defaults write com.apple.dock mineffect -string suck”，输入完成之后按return键确认，此时关闭“终端”程序，重新启动Mac。

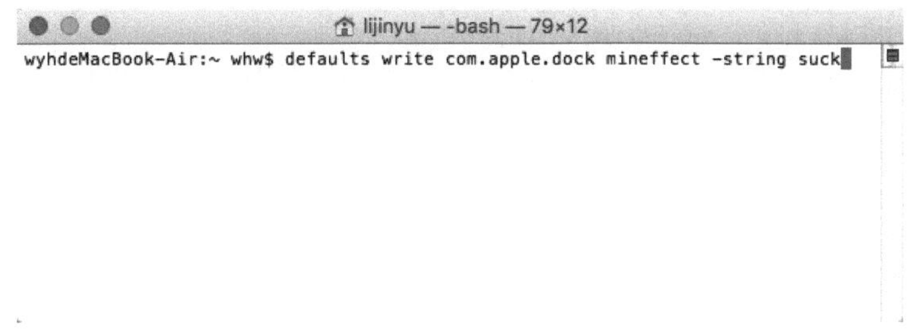

重新启动之后进入系统桌面，打开Finder并单击窗口左上角的最小化按钮，会发现这是一种新的动画效果，按住shift键的同时再单击“最小化按钮”，动画效果将变慢以便观察动画过程。

技巧69 找回消失的Dock

在全屏工作的时候，单击窗口左上角的全屏按钮，此时将进入全屏模式，并且Dock消失不见，将光标移至桌面底部稍等片刻，熟悉的Dock就会回来。

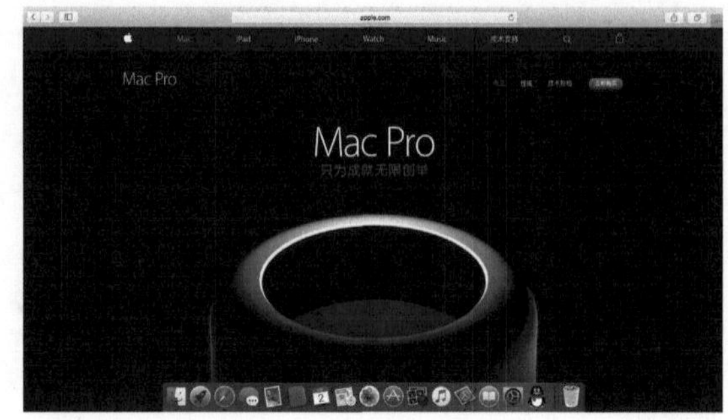

技巧70 放大当前区域

使用Safari浏览网页的过程中，双指在触控板上双击两次，则当前光标所在的区域将会放大，再次双击会变回原来大小。

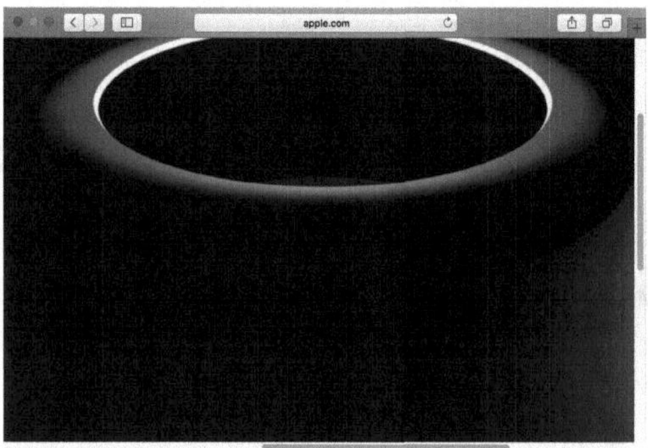

技巧71 撤销关闭的标签

在使用Safari浏览网页的时候开启了标签，假如关闭这个标签，按⌘+Z快捷键可以恢复关闭的标签。

技巧72 快速显示或隐藏Dock

在实际工作中，有时候需要隐藏或显示Dock，此时按option+⌘+D快捷键可快速显示或隐藏Dock。

技巧73　快速打开表情与符号

按 control + option + 空格键 快捷键即可打开“字符”窗口，选择相关的表情或符号即可使用。

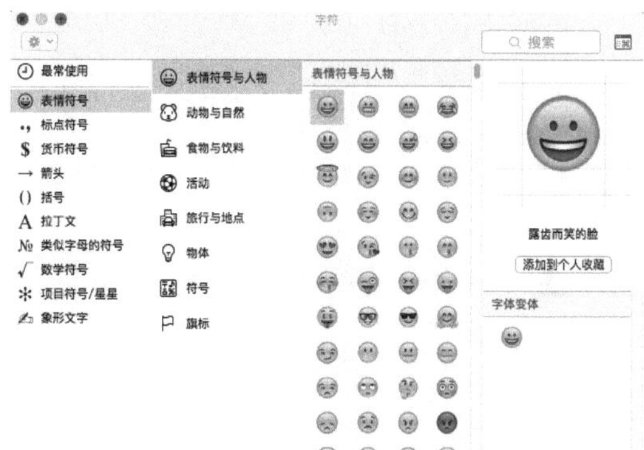

技巧74　快速新建窗口

在Finder中按住 ⌘ 键单击左侧边栏中的项目，即可在新窗口中将项目打开。

技巧75　灵活控制窗口

在Finder的两个单独的窗口中，按住 ⌘ 键可以拖动后方窗口任意移动，而不会对前方窗口产生任何影响。

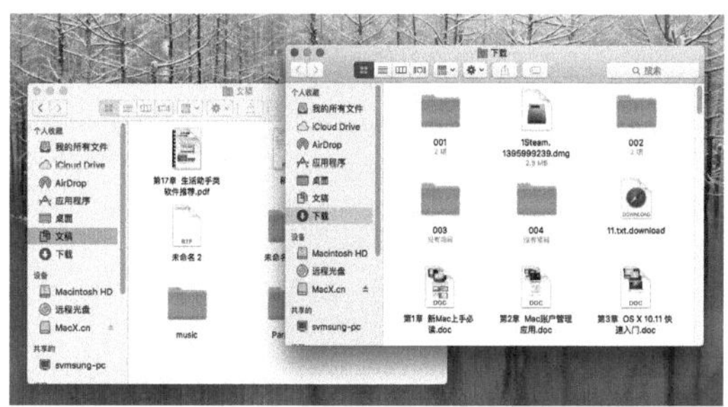

技巧76　快速寻找Dock上程序位置

按住⌘键单击Dock上的任何程序、文件夹都可以找到当前程序、文件夹所在的磁盘中的位置，如按住⌘键单击Dock上的“QQ”图标，即可打开“QQ”所在的磁盘中的位置。

技巧77　快速寻找搜索文件程序位置

在Spotlight中搜索文件或者应用的时候，选中搜索结果列表中的项目，按⌘+return快捷键可打开项目所在的位置，比如在Spotlight中搜索““蓝牙文件交换”，在出现的列表中将光标移至“应用程序”|“蓝牙文件交换”项目上，按⌘+return快捷键可打开“蓝牙文件交换”所在的位置。

技巧78　快速查看Mission Contro

在Mac中按F3键可进入“Mission Control”中，再按一次即可返回桌面，如果在桌面中按住F3键不松开，同样可以进入“Mission Control”中，此时松开F3键即返回桌面。

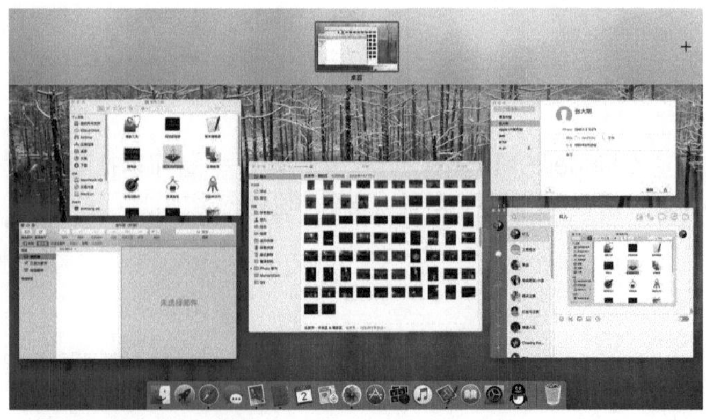

技巧79 快捷使用小工具

假如在工作中需要频繁使用Dashboard中的小工具，比如计算器、查看天气等，来回切换显得十分麻烦。

如果想不进入Dashboard中，在桌面上就可以使用小工具，可以单击Dock中的图标，打开系统偏好设置，在出现的面板中单击 Mission Control图标，打开Mission Control窗口，在Dashboard下拉菜单中，选择“作为叠层”选项。需要使用小工具的时候，按fn+F12快捷键即可打开小工具组，按esc键即可返回。

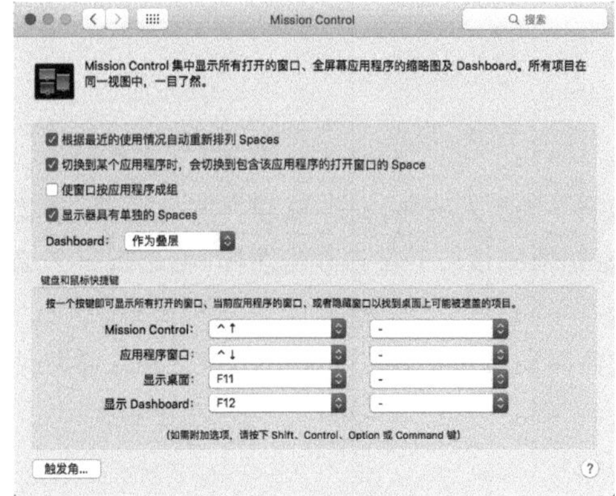

技巧80 快速裁切图片

在预览图片窗口中，拖动光标选取想要裁剪的区域之后，按command+K快捷键可快速裁剪图片。

技巧81 创建隐藏文件夹

在Windows，系统中自带一个隐藏文件夹的功能，而如今在Mac上我们同样可以实现这项功能。

首先新建一个文件夹，将这个文件夹重命名，并且将其后缀名更改为“.PKG”，然后在弹出的对话框中，单击“添加”按钮。

重命名之后，此文件夹图标会变成黄色箱子图标样式，在这个图标上单击鼠标右键，在弹出的菜单中选择“显示包内容”命令。

此时将弹出一个窗口，用户可以向其中放任何自己认为私密的文件，且别人不易打开，需要打开的时候，在其图标上单击鼠标右键，选择“显示包内容”命令即可，同时在别人在不知情的情况下直接双击图标，会出现一个错误提示信息，提示无法继续操作。

通过这项简单而实用的小功能，用户可以将自己想要隐藏的文件夹安全地隐藏，无需借助第三方软件即可实现。

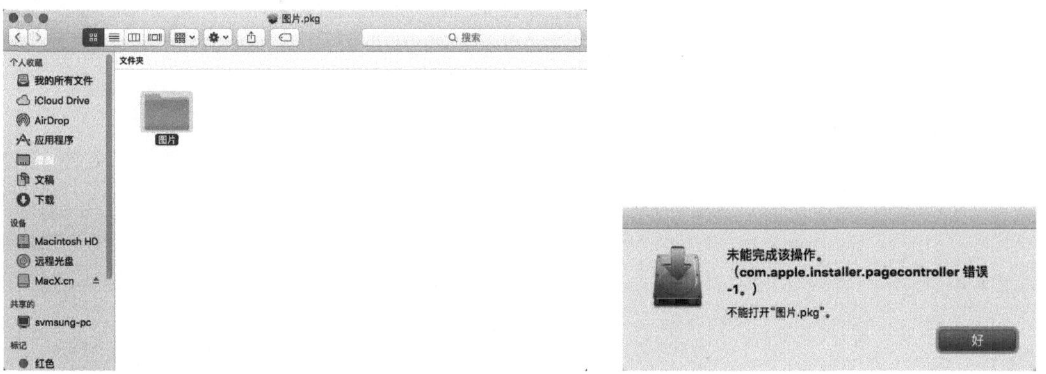

技巧82 利用Spotlight搜索图片并添加到照片相册

经常使用Spotlight查找文件的用户，都深知这项功能带来的便利。通过它的搜索，可以找到自己所需要的文档、图片编辑等操作，比如在Spotlight中搜索一幅图片想在照片中创建相册，此时搜索到这张图片的位置之后，打开照片再将其添加即可。

在这里有一个十分快速有效的方法，当所搜索的图片文件出现在Spotlight的下拉列表中之后，可以直接按住鼠标左键将其拖至“照片”中进行创建相册的工作，甚至在“照片”未启动的情况下，直接将其拖至Dock中的“照片”图标上打开程序即可创建相册。

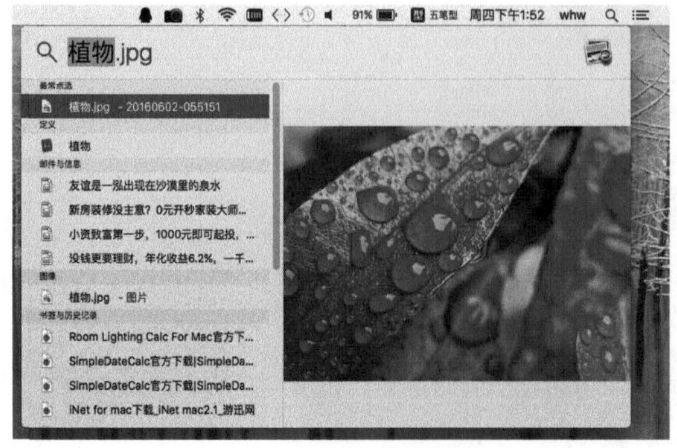

技巧83　利用指定程序打开Spotlight搜索项

假如想搜索前天晚上所创建的文档，并且在“文本编辑”中进行快速修改后并发送给朋友，此时可以使用搜索的方法，即在Spotlight的搜索结果下拉列表中选中搜索到的文档，按住鼠标左键将其拖至Dock中的“文本编辑”图标上即可在“文本编辑”中打开文档。

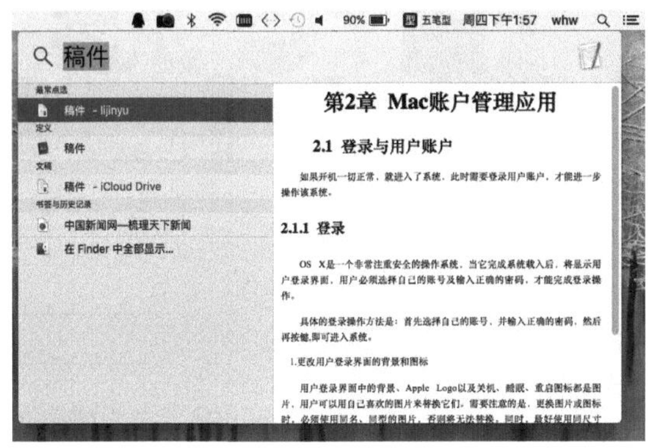

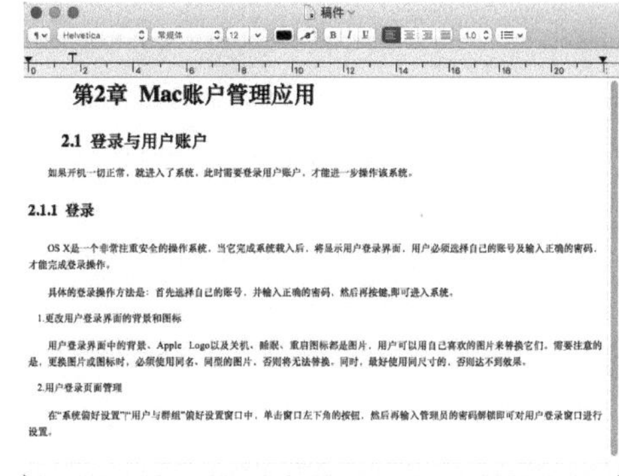

技巧84　利用Spotlight搜索制作副本

如果在Spotlight的搜索结果下拉列表中选中某个文件，按住鼠标左键将其拖至桌面即可创建一个副本文件。

技巧85　给屏幕保护程序添加音乐

在Mac中有一项十分吸引人的功能，就是可以在屏幕保护程序中添加iTunes中的音乐，并且它的设置方法十分简单。

单击Dock中的“系统偏好设置”图标，在出现的面板中单击“桌面与屏幕保护程序”图标，此时将弹出“桌面与屏幕保护程序”设置面板，单击“屏幕保护程序”标签。

在“屏幕保护程序”标签选项中的左侧边栏中选择“iTunes插图”，然后在右侧上方的预览视图中单击“预览”，此时将进入屏幕保护程序中的预览状态，将光标移至专辑的封面上将出现一个播放按钮，单击此按钮即可开始播放音乐。

提示 不管iTunes是否已经运行，只要单击屏幕保护程序中专辑上的播放按钮即可播放音乐。假如iTunes已经在运行且正在播放音乐，这时单击屏幕保护程序中指定专辑上的播放按钮，即可播放当前专辑图中的音乐。

技巧86　为文件设定默认应用程序

无论在Mac还是Windows系统中，选中一个文档，在其图标上单击鼠标右键，在弹出的菜单中都会有一个“打开方式”命令，此命令可以让用户指定一个打开选中文件的默认程序，而此时按下option键可以发现此命令将变成“总是以此方式打开”，然后再选中打开文件的应用程序，以后每次打开这个文件都将以所选定的应用程序打开。

例如，选中一个图片文件，在其图标上单击鼠标右键，从弹出的快捷菜单中将光标移至“打开方式”命令时按下option键，此时选择“Adobe Photoshop”，以后每次打开这个图片都将是“Adobe Photoshop”来执行。

技巧87　定义个性图标

在Windows系统中的图标是可以自定义的，并且方法相对简单，而在Mac中也可以自定义，同样方法并不复杂，甚至比在Windows还要简单，只是这个功能比较隐蔽。

需要说明一点，只要是存在于Mac系统中的任何程序、文件、替身甚至快捷方式都是可以自定义它们的图标的。

打开想要自定义图标的源图片文件，按command+A（全选）快捷键将图片全选，再按command+C（复制）快捷键将图片复制到剪贴板，完成之后关闭打开的图片窗口。

选中想要更改图标的文件、应用程序，在其图标上单击鼠标右键，从弹出的快捷菜单中选择“显示简介”命令。在弹出的简介窗口中单击左上角的程序图标，之后图标就会高亮显示，按command+V快捷键，此时将弹出一个对话框，提示用户输入密码，输入密码后单击“好”按钮，这样就可以把刚才所打开的源图片文件应用变成当前程序的图标。

如果要恢复原来的图标，只需要在打开的“简介”窗口中单击左上角的图标将其以高亮显示，再按delete键将其删除即可。

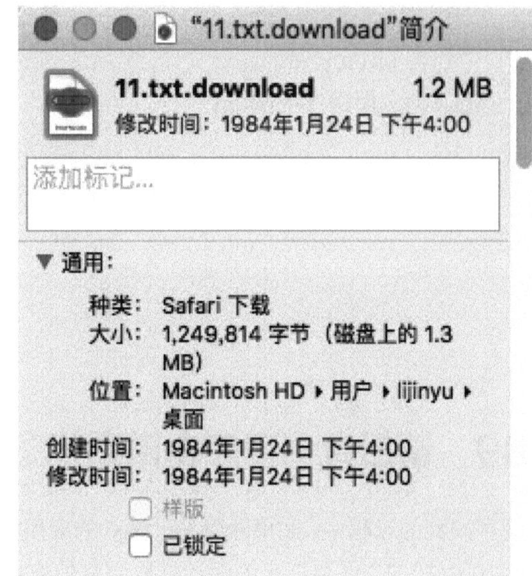

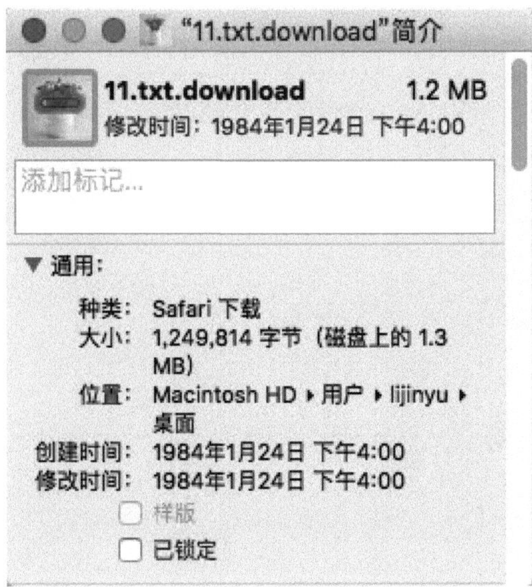

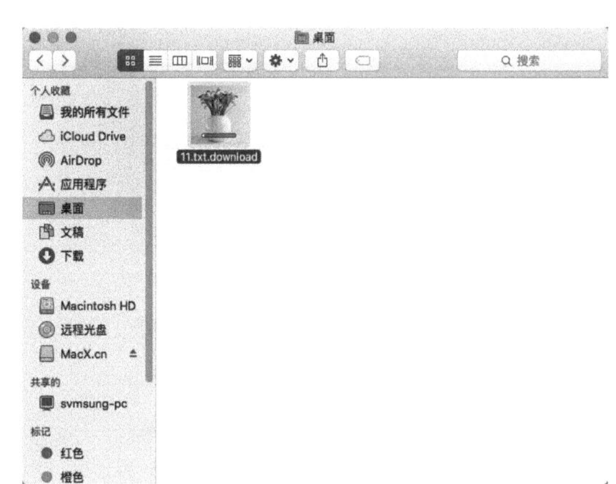

技巧88 查找Mac自带高清图标

在Mac中自带很多高清的图标文件，这些图标中的图像大多是和Apple相关的产品样式图标，利用更改图标的方法可以将这些产品样式图标图像进行更改，更改应用程序的图标将会是一件十分有趣的事。

在Dock中的"Finder"图标上按住鼠标左键，在出现的菜单中选择"前往文件夹"命令，此时将弹出一个"前往文件夹"对话框，在对话框中输入"/System/Library/CoreServices/CoreTypes.bundle/Contents/Resources/"。

输入完毕，单击“前往”按钮，即可弹出一个窗口，在这个窗口中包含了Mac自带的图标文件，利用这些图标文件可以更改其他应用程序的图标。

技巧89　精细查看程序自带图标

在使用Mac的过程中，如果看到自己喜欢的应用程序图标，想找到它的图标文件位置并保存下来是一件很有趣的事，因为可以把这个保存下来的图标更换到其他应用程序上，同时对于从事UI设计的设计师而言，具有一定的参考意义。

单击Dock中的“Finder”图标，在出现的窗口中单击左侧边栏中的“应用程序”，在右侧找到“预览”程序图标，双击打开。

当打开“预览”程序之后，将弹出一个窗口，将这个窗口拖至桌面不影响视觉的任何一处，在Finder窗口中找到自己喜欢的应用程序图标，将其拖至Dock中的“预览”图标上，此时将弹出一个窗口，在这个窗口中包含了刚才拖动的应用程序的所有图标文件，拖动滑块可以查看更多的图标。

技巧90 停用Safari中的Flash插件

在Safari浏览器中，有一项设置针对管理网页中的Flash屏蔽插件，利用此插件可以将网页中的插件停用以节省电量。

单击Dock中的Safari按钮，启动“Safari”浏览器，当启动之后选择菜单栏中的“Safari”|“偏好设置”命令，在弹出的面板中，单击顶部的“高级”标签，在下方勾选“停用插件以省电”前的复选框，即可禁用网页中的Flash，同时一些在线视频、网页游戏、人机交互都无法观看或者使用。

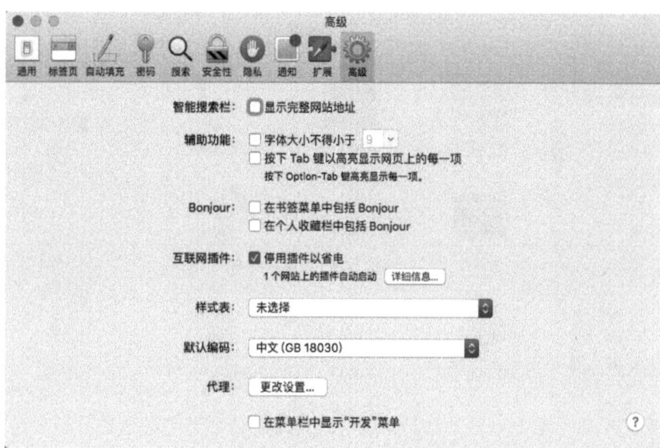

单击“详细信息”按钮，在列表框中可以看到不受禁止影响的网站，换言之，当用户登录这些网站时插件不会被禁止，在这里可以选中不需要的网站，单击下方的“移除”按钮将其移除。

技巧91 添加扩展名避开Spotlight搜索

Spotlight作为Mac系统中一项强大的搜索功能，任何人都可以通过它查找系统中的已经命名的文件或者文件夹，甚至可以查找一些隐藏的机密文件，假如不想让别人在使用自己电脑的时候利用Spotlight搜索到指定的文件，这时应该如何做呢？其实有一个十分简单的方法，只需要给想“避开”搜索的文件添加一个后缀名即可。

比如选中Finder中的“机密资料”文件夹，为其添加一个“.noindex”的后缀名即可。

技巧92　利用磁盘工具为文件加密

给文件加密的方法有许多，根据个人习惯，可以选择第三方加密软件或者使用系统中自带的加密软件等不同的加密方式，其实在系统中相对好用的莫过于利用磁盘工具为文件加密。

单击Dock中的Finder图标，在打开的窗口中单击左侧边栏中的“应用程序”，然后在右侧窗口中选择“实用工具”|“磁盘工具”。

选择菜单栏中的“文件”|“新建映像”|“来自文件夹的映像”命令，在出现的窗口中选中想要加密的文件，单击“映像”按钮。

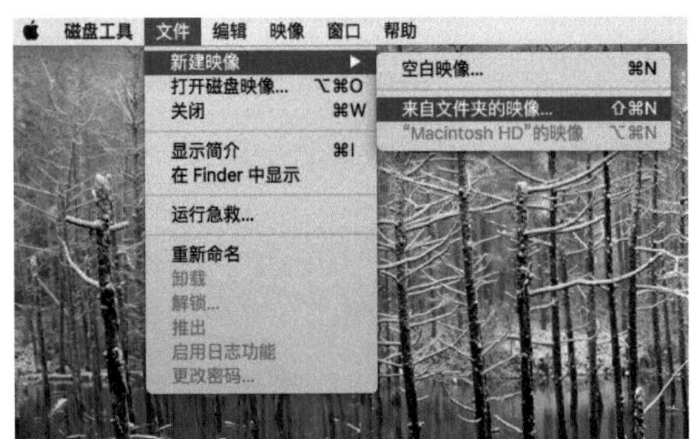

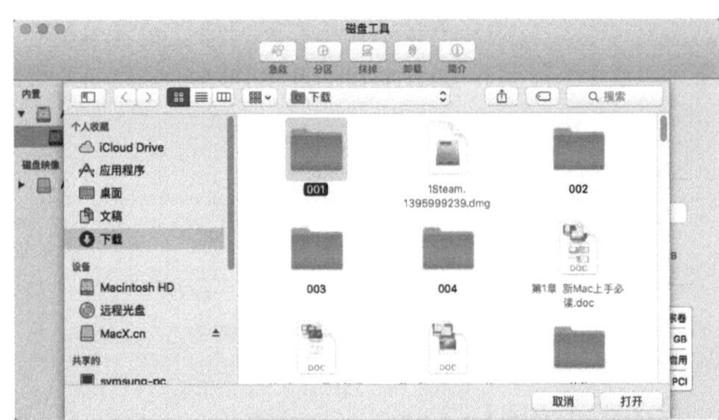

单击“打开”按钮后将弹出一个存储对话框，单击“加密”后方的下拉列表，选择“128位AES加密（建议）”，将弹出一个设置密码的对话框，设置密码后确认，然后单击右下角的“存储”按钮即可。不过需要提示一下，利用这种方法创建出来的是一个.dmg格式的文件，显示为磁盘图标，而且等于将原文件夹复制一份，所以原文件还是存在的，如果想保密，将原文件夹删除即可。

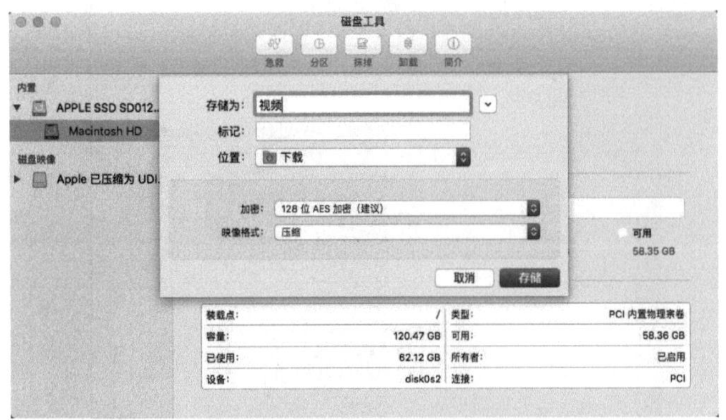

提示 128位AES加密算法相比256位AES加密的算法减少了一半，但是128位AES加密仍然可以为用户提供常人不易破解的安全密码。假如选择了256位AES加密类型的话，它的算法增加了一倍，但是计算机需要更多的处理时间，对速度会造成一定影响，如果用户需要更加安全的加密类型可以选择256位AES加密。

提示 在设定完密码之后一定要取消“在我的钥匙串中记住密码”前的复选框，假如勾选了此复选框则系统会记住密码，那么无论任何人在打开这个文件的时候都不用输入密码即可进入。

技巧93　将Mac中的钥匙串转移至另一台Mac

Mac中的钥匙串相当于系统的一把锁，它保证了系统的安全，如果想把当前Mac中的钥匙串转移至另外一台Mac中，可以利用拷贝文件的方式来实现。

在Dock中的Finder图标上按住鼠标左键不放，在出现的菜单中选择“前往文件夹”命令，在出现的对话框中输入“~/Library/Keychains/”字符，然后单击“前往”按钮。

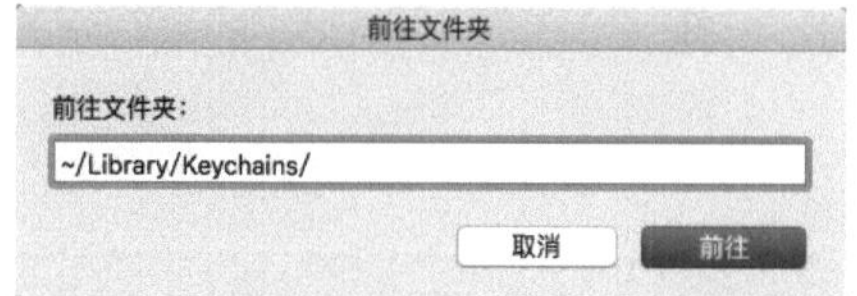

在出现的窗口中，选中“login.keychain”文件，将其拷贝至U盘、移动硬盘或者通过邮件及其他方式传输至另外一台Mac上。

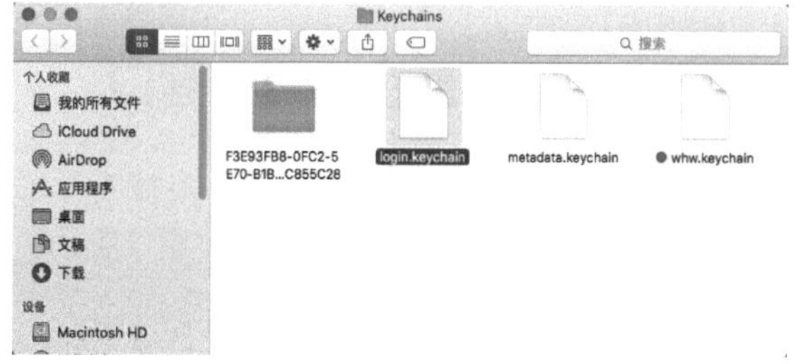

在新Mac中单击Dock上的“Finder”图标，此时在弹出的对话框中单击左侧的“应用程序”，然后在右侧窗口中打开“实用工具”，选中“钥匙串访问”将其打开。

选择菜单栏中的“文件”|“添加钥匙串”命令，选中刚才拷贝的“login.keychain”文件，单击“添加”按钮即可。

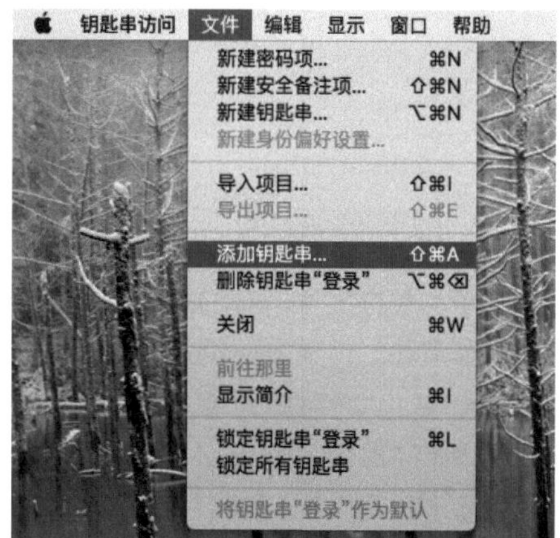

技巧94　快速调整图片方向

Mac中的“预览”功能十分方便且实用，比如选中一幅图片可以将其裁切，只保留需要的部分，此外它还可以调整图片方向等。

在“预览”中调整图片方向有一个快速的方法，首先选中一幅图片，按command+R快捷键即可将图片按照顺时针的方向进行旋转90度，再按一次则是180度，以此类推，每按一次command+R快捷键，就会以90度为基准递增，直至图片旋转一周。

提示　在旋转图片角度的时候可以选中多张图片，按下command+R快捷键进行批量旋转。

技巧95　快速最小化当前窗口

在桌面中的某个程序窗口中，直接按下command+M快捷键可快速将当前程序窗口最小化。

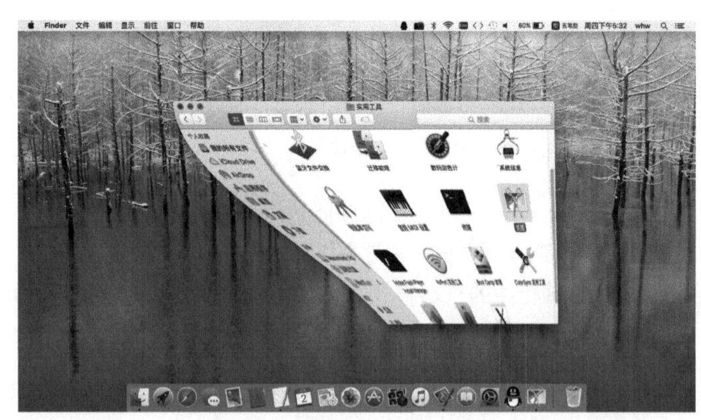

技巧96　清除缓存文件

在Mac系统资料库缓存文件夹中，存放着用户在使用程序过程中所留下的缓存文件，时间越久这些缓存文件会越多，一方面影响系统运行的速度，同时还占用大量空间，这时就需要将其清除。

在Dock中的“Finder” 图标上按住鼠标左键，在出现的菜单中选择“前往文件夹”命令，此时将弹出一个“前往文件夹”对话框，在对话框中输入：“~/Library/Caches/”，完成之后单击“前往”按钮。

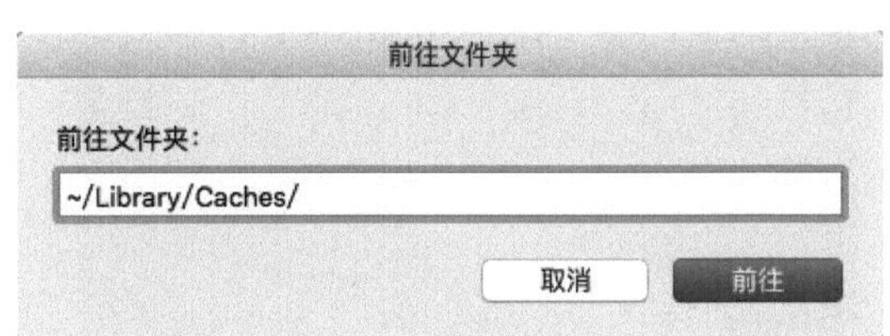

在打开的窗口中可以看到很多文件夹，这些文件夹就是系统中运行程序所留下的缓存文件文件占据一定磁盘空间的同时还使系统运行速度变慢，可以将其移至废纸篓中，但是为了确保有些程序会将用户所创建的部分内容保存在缓存文件夹中（比如目录、数据、列表）等相关文件，这时建议用户有针对性地选择删除。

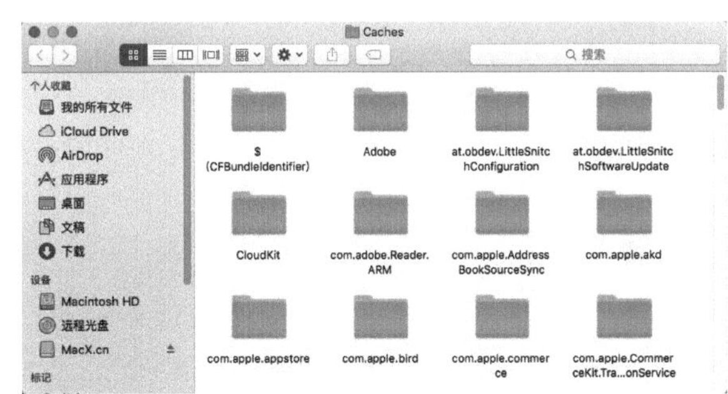

如果想要查看缓存文件的大小，可以将这些文件按照大小来排列，这样就可以首先将稍大的文件删除。

在打开的缓存文件窗口中的顶部位置单击“排列”按钮，在弹出的菜单中选择“大小”，这样窗口中的缓存文件就会以大小的方式进行排列，这时候用户就可以根据自己的需要先删除稍大的文件。

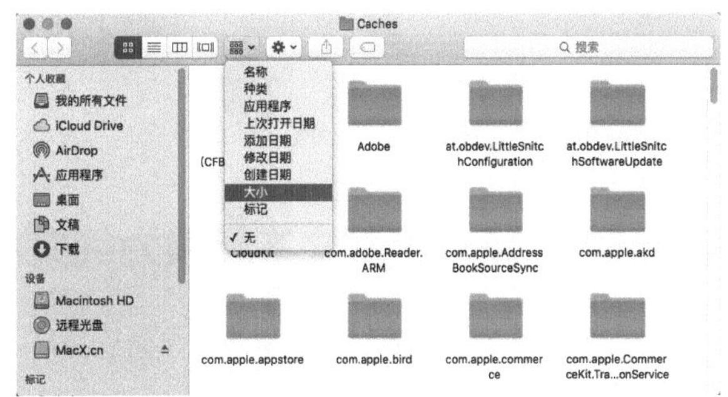

技巧97　利用键盘操作Dock

假如没有鼠标，而触控板又恰好失灵，这时仍然可以利用键盘对Mac中的程序进行一些简单的操作。

首先在桌面中同时按下fn+control+F3快捷键定位至Dock中一个应用程序的图标上，同时按向左或者向右方向键可以定位不同的程序。

当选择要启动的应用程序时，按下return键即可启动所定位的应用程序，如果在所定位的程序图标上按住command键的同时再按向上方向键，此时将弹出关于这个程序的菜单（与鼠标右键功能一样）。

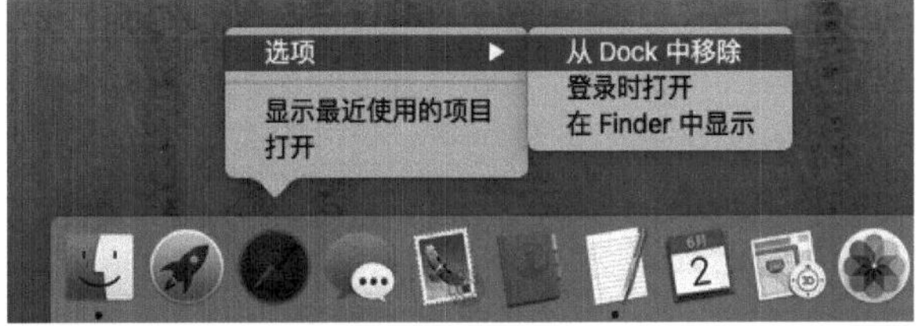

当定位了某个程序图标，此时按下键盘上的任意一个程序名称的首字母键即可快速定位至当前程序。

当定位至某个程序上按住command键的同时再按return键，即可打开当前程序所在的位置。

当定位至某个程序上的时候，按住command+option快捷键的同时再按return键即可隐藏除该程序外的所有程序和窗口。

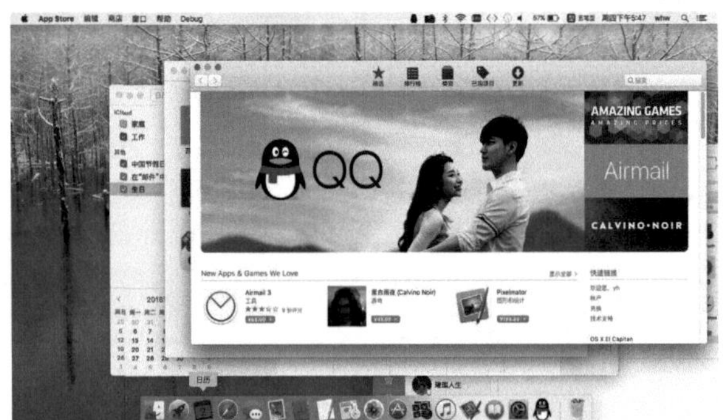

技巧98　将多格式文本转换为纯文本

在Mac中多格式文本（RTF）是指带有字体颜色、超链接以及各种特殊字符的文本，通常将这种文本转移或者拷贝至其他平台上（比如Windows）时容易出错，在这种情况下，可以将其转换为纯文本之后再对其转移或者拷贝，就不会出现这种现象了。

比如在“文本编辑”中创建了一段多格式文本，选择菜单栏中的“格式”|“制作纯文本”命令。

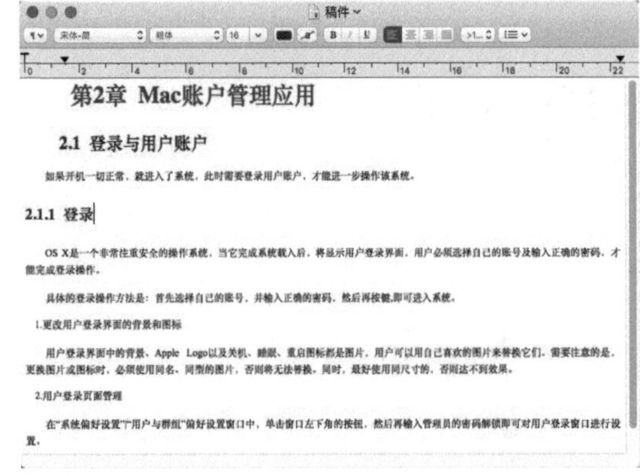

在弹出的对话框中单击“好”按钮，然后再将文本重新保存即可。

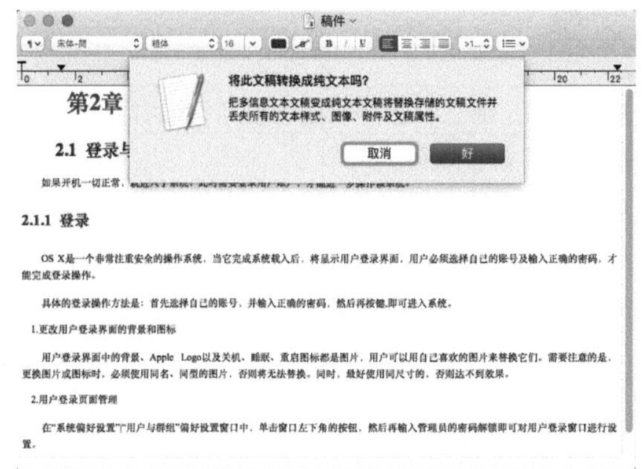

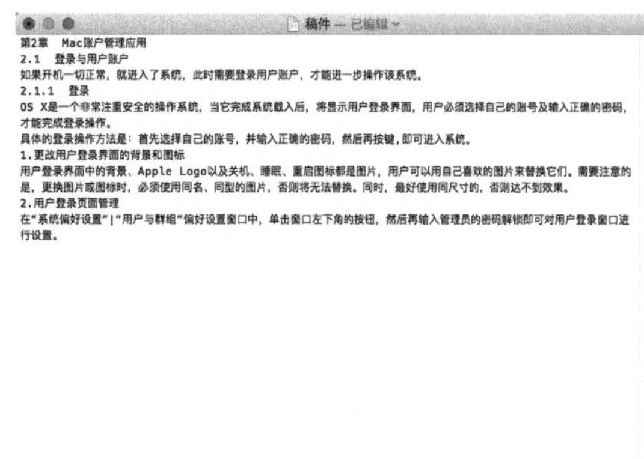

技巧99　远程控制Mac进入休眠状态

如果在公司上班，而家中的Mac忘记关机，这时可以利用远程控制的方法，将家里的Mac进入休眠状态以节省电量。

单击Dock中的“系统偏好设置”图标，在出现的面板中单击“共享”图标，此时将弹出“共享”设置面板。

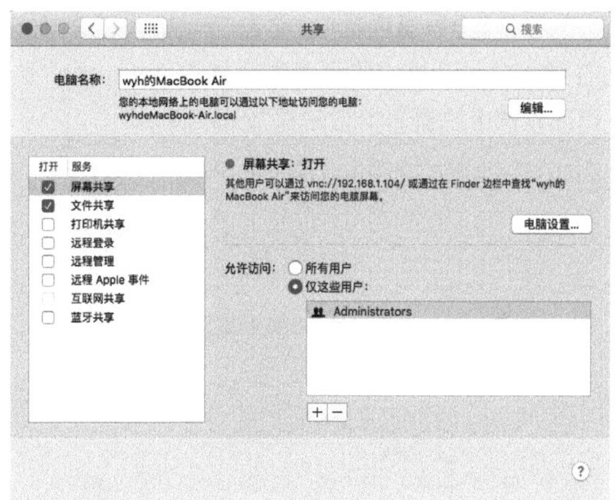

在共享设置面板中的左侧边栏中，勾选“远程登录”和“远程管理”复选框，此时在右侧面板中可以看到“远程管理”已经被打开，在下方可以看到其他用户可以使用以下地址来管理您的电脑：“192.168.1.104”，将这个地址记下。

在公司的电脑中，利用管理地址远程登录，然后单击Finder图标，在出现的窗口中选择“应用程序”|“实用工具”|“终端”，在打开的“终端”窗口中输入以下代码：“osascript -e ‘tell application “System Events” to sleep’”，这样家中的电脑即可进入休眠状态。

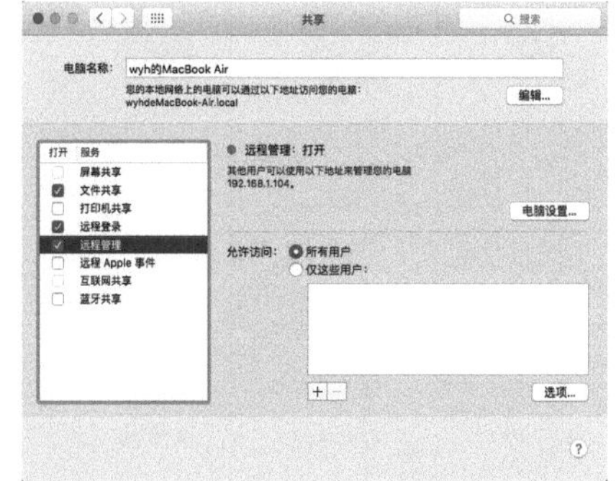

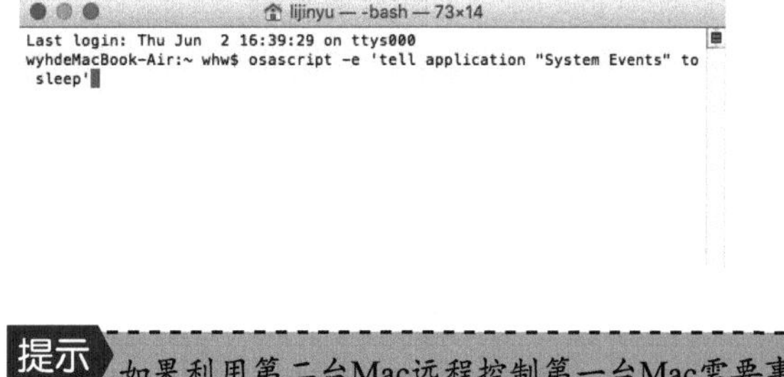

提示 如果利用第二台Mac远程控制第一台Mac需要事先启用第一台的Mac中的“远程管理”功能。

技巧100　在Mac中添加英文Siri语音效果

从iPhone4S开始，苹果公司新开发一种叫作Siri的语音指令功能，通过它可以进行人机对话，可能一部分用户对Siri内置的语音声音特别有印象，其实在Mac中同样可以聆听Siri的语音效果。

单击Dock中的“系统偏好设置”图标，在出现的面板中单击“听写与语音”图标，此时将弹出“听写与语音”设置面板。

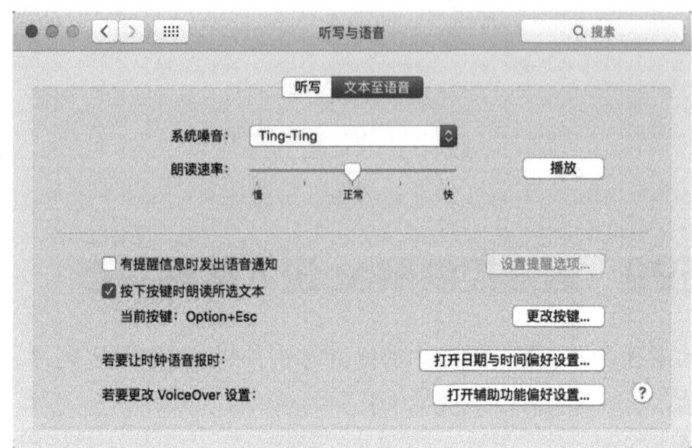

在“听写与语音”设置面板中，单击“系统嗓音”后面的列表，在列表中选择“自定”。

然后在弹出的对话框中的列表中选择“Samantha”选项，选中之后单击“好”按钮，此时系统将下载语音包，这样Mac就可以以选中的嗓音类型来播放语音了。

技巧101　不再让Mac弹出提示框

在Mac中更改文件的扩展名，将弹出一个提示框，询问用户是否确认，如果只更改少数文件的扩展名没有太大关系，假如要更改多个文件的扩展名，这时可以通过在“终端”中输入代码来取消这个“多余”的提示框。

例如，选中一个图片文件，将其扩展名更改为.png，之后将弹出一个对话框询问用户是否更改为.png。

单击Finder图标，在出现的窗口中选择“应用程序”|“实用工具”|“终端”，在打开的“终端”窗口中输入以下代码。

“defaults write com.apple.finder FXEnableExtensionChangeWarning -bool false”。

输入完成之后按return键确认，然后再次输入以下代码。

“killall Finder”

输入完成之后按return键确认，这样更改文件的扩展名的时候就不会弹出对话框了。

如果更改完多个文件的扩展名之后想恢复这个提示对话框，那么可以在“终端”窗口中输入以下代码。

“defaults write com.apple.finder FXEnableExtensionChangeWarning -bool true”

输入完成之后按return键确认，然后再次输入以下代码。

“killall Finder”

这样就完成了更改。

技巧102 为iTunes中的歌曲添加1/2星评价

在iTunes中有一个为歌曲添加星级评价的功能，用户可以为自己喜欢的歌曲添加星级评价，这些星级评价是按照1颗星、2颗星直到5颗星的等级来设定的，假如利用“终端”添加一些代码，这样就可以为歌曲设定1/2颗星的评价等级了。

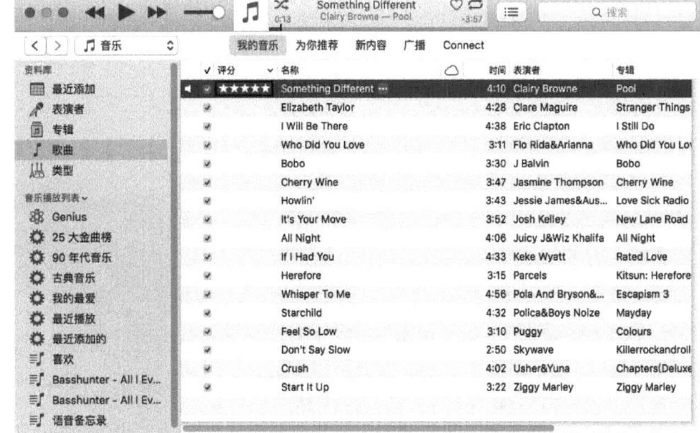

单击Finder图标，在出现的窗口中选择“应用程序”|“实用工具”|“终端”，在打开的“终端”窗口中输入以下代码。

“defaults write com.apple.iTunes allow-half-stars -bool TRUE”。

输入完成之后按return键确认。

将iTunes重新启动，在歌曲名称后方评分位置拖动鼠标即可为歌曲设定1/2星级的评分。

> **提示** 如果想要关闭半星评价的功能，在“终端”窗口中输入代码“defaults delete com.apple.iTunes allow-half-stars”，按return键确认，再将iTunes重启即可。

技巧103　解压后自动删除压缩包

当用户下载软件安装包的时候，通常需要解压缩才能安装，而解压缩后的文件还需要手动删除，其实在Mac中内置了一个"归档实用工具"，通过它可以将解压后的压缩包彻底删除或者移至"废纸篓"中。

在Dock中的"Finder"图标上按住鼠标左键，在出现的菜单中选择"前往文件夹"命令。

此时将弹出一个"前往文件夹"对话框，在对话框中输入"/System/Library/CoreServices/"。

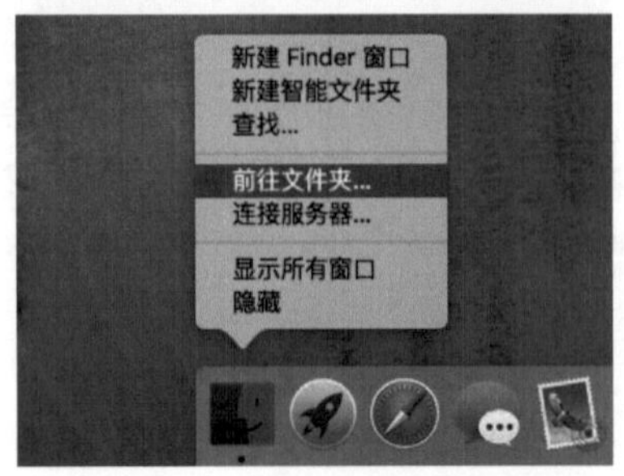

输入字符之后单击"前往"按钮，在弹出的窗口中，找到"归档实用工具"，双击将其打开。

选择菜单栏中的"归档实用工具" | "偏好设置"命令，在弹出的偏好设置面板中，单击"解压缩后"后方的下拉列表，选择"将归档移至废纸篓"，这样每次解压缩后，原来的压缩包将自动移至"废纸篓"中。

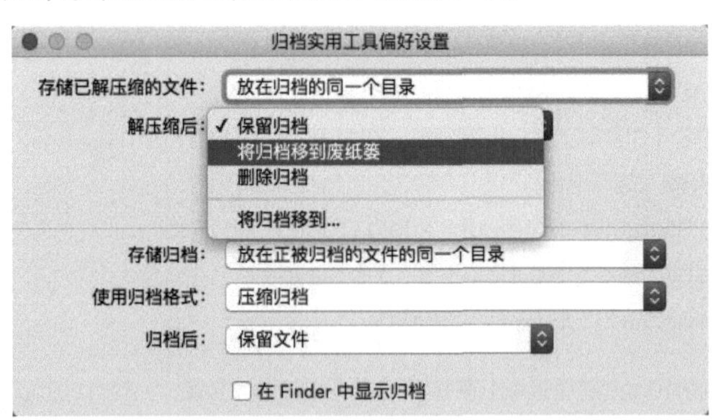

提示 在"解压缩后"的列表中还可以选择"删除归档""将归档移到…"，当选择"删除归档"之后，每次解压缩之后就都将原来的压缩包删除，建议用户不要选择，以免以后再需要，假如选"将归档移到…"之后，将弹出一个对话框，提示用户选择一个文件夹，选择完成之后单击"打开"按钮，以后每次将压缩包解压后，压缩包都将移至用户所指定的文件夹。

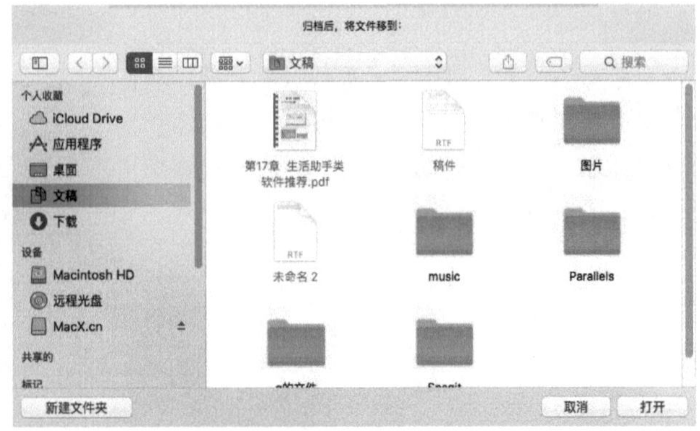

技巧104　简单两招快速锁定Mac桌面

有时在工作的过程中想要做别的事情，需要将Mac临时锁定，防止别人动自己的Mac，在这里有2个非常实用的方法。

方法1

单击Dock中的"系统偏好设置"图标，在出现的面板中单击"安全性与隐私"图标，此时将弹出"安全性与隐私"设置面板。在"安全性与隐私"设置面板中单击顶部的"通用"标签，在下方勾选"进入睡眠或开始屏幕保护程序"前方的复选框。

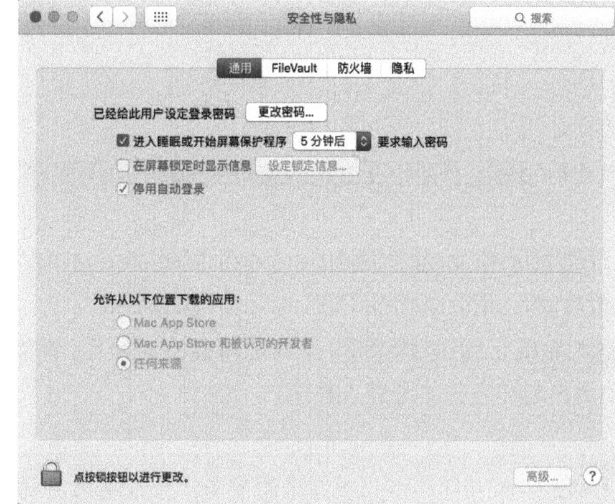

提示 单击"进入睡眠或开始屏幕保护程序"后的按钮，将弹出一个下拉列表，在下拉列表中，可以选择在进入睡眠或开始屏幕保护程序后多久要求输入密码，在这里可以根据用户自己的需要来设定。

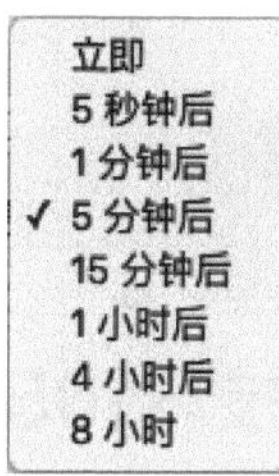

单击Dock中的"系统偏好设置"图标，在出现的面板中单击"Mission Control"图标，此时将弹出"Mission Control"设置面板。

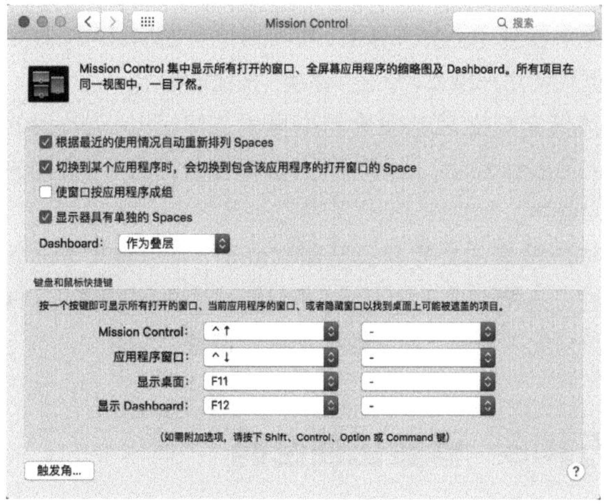

在“Mission Control”设置面板中，单击左下角的“触发角”按钮，在弹出的设置面板中“活跃的屏幕角”下方单击按钮，根据自己的需求选择触发角，选择完成之后单击“好”按钮。

设置完成之后，每次当光标移至所设定的触发角之后需要输入密码才可以进入桌面。

方法2

单击Finder图标，在出现的窗口中选择“应用程序”|“实用工具”|“终端”，在打开的“终端”窗口中输入以下代码。

“/System/Library/CoreServices/Menu\ Extras/User.menu/Contents/Resources/CGSession -suspend”。

输入完成之后按return键，这时屏幕会立即锁定，需要输入正确的用户名和密码才可进入桌面。

提示 利用“终端”输入代码锁定的方法，还可以使用SSH来遥控锁定Mac，因为Mac中的许多代码都具有一定的互通性，可以举一反三来发现更多的小技巧。

提示 假如没有为系统设定密码，在出现提示锁定界面要求用户输入密码的情况下可以直接按return键进入桌面。

技巧105　让iOS设备与新Mac连接

如果需要换一台全新的Mac，而此时又想与iPhone中的数据（如iTunes等）保持连接，可以使用以下方法。

打开Finder，在窗口右上角的搜索框中输入iTunes，在搜索结果中找到iTunes文件夹，将其拷贝至新Mac中（假如出现提示框询问用户操作，单击“替换”按钮即可）。

拷贝完成之后在搜索框中再输入MobileSync和com.apple.iTunes.plist，以同样的方法将搜索出的2个文件夹拷贝至新Mac中。

将所搜索的文件拷贝至新Mac后，可以将iOS设备与新Mac进行连接后登录iTunes，再对新Mac进行授权，这样就可以在新Mac中看到之前的数据及操作设置。

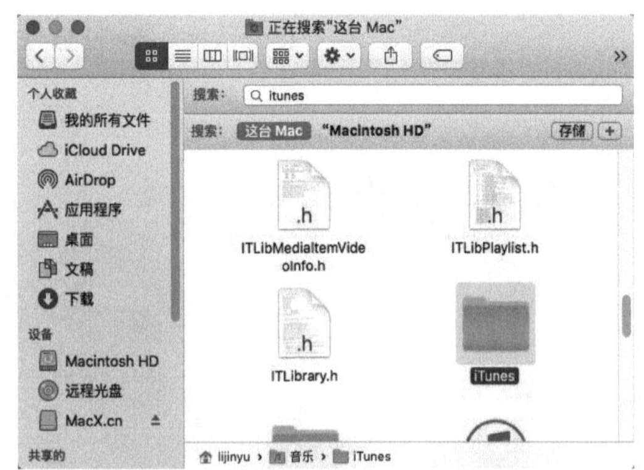

技巧106　修复记住密码

使用Mac时间久了，有些用户会发现某些程序无法记住密码，比如Safari，这可能是钥匙串出了问题，通过简单的方法可以解决。

单击Finder图标，在出现的窗口中选择“应用程序”|“实用工具”|“钥匙串访问”，打开钥匙串访问以后，选择菜单栏中的“钥匙串访问”|“钥匙串急救”命令。

在弹出的“钥匙串急救”窗口中，输入用户名和密码之后，选择“修复”单选按钮，单击“开始”按钮即可开始修复钥匙串配置，修复完成之后即可恢复程序记住密码的功能。

提示 如果想要程序记住密码，必须勾选“记住密码”前的复选框，这样在每次登录的时候就无需再次输入密码。

技巧107　使用“控制台”查看Mac唤醒记录

当Mac进入睡眠状态之后，再次登录的时候就会被控制台记录下来，这对于查看唤醒记录而言十分有用。

单击Finder图标，在出现的窗口中选择“应用程序”|“实用工具”|“控制台”。

在控制台窗口的右上方搜索框中输入wake，在出现的搜索结果中，最下方是距离现在最近的Mac被唤醒时候的记录，在这条记录的上方依次记录的是之前每次唤醒的记录。

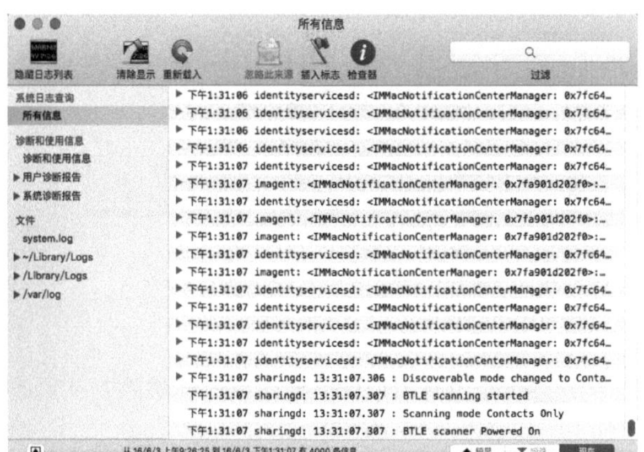

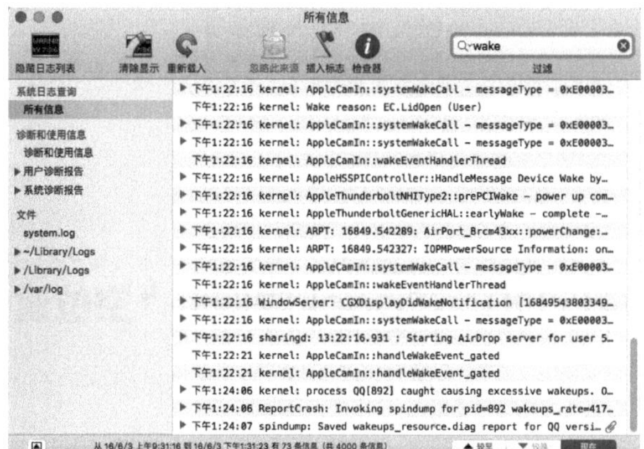

技巧108　使用“终端”查看Mac唤醒记录

除了利用“控制台”来查看Mac的唤醒记录的方法之外，还可以利用“终端”来查看唤醒记录。

单击Finder图标，在出现的窗口中选择“应用程序”|“实用工具”|“终端”，在打开的“终端”窗口中输入以下代码。

“syslog |grep -i “Wake””。

输入完成之后按return键确认，此时在窗口中可以看到Mac被唤醒的记录。

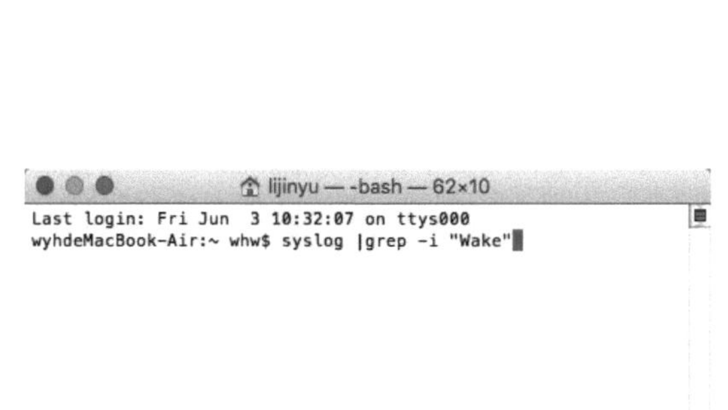


```
lijinyu — -bash — 79×23
 - messageType = 0xE0000340
Jun  3 13:22:16 wyhdeMacBook-Air kernel[0] <Notice>: AppleCamIn::wakeEventHandl
erThread
Jun  3 13:22:16 wyhdeMacBook-Air WindowServer[717] <Warning>: CGXDisplayDidWake
Notification [16849543803349]: posting kCGSDisplayDidWake
Jun  3 13:22:16 wyhdeMacBook-Air kernel[0] <Notice>: AppleCamIn::systemWakeCall
 - messageType = 0xE0000300
Jun  3 13:22:16 wyhdeMacBook-Air sharingd[769] <Notice>: 13:22:16.931 : Startin
g AirDrop server for user 501 on wake
Jun  3 13:22:21 wyhdeMacBook-Air kernel[0] <Notice>: AppleCamIn::handleWakeEven
t_gated
Jun  3 13:22:21 wyhdeMacBook-Air kernel[0] <Notice>: AppleCamIn::handleWakeEven
t_gated
Jun  3 13:24:06 wyhdeMacBook-Air kernel[0] <Notice>: process QQ[892] caught cau
sing excessive wakeups. Observed wakeups rate (per sec): 417; Maximum permitted
 wakeups rate (per sec): 150; Observation period: 300 seconds; Task lifetime nu
mber of wakeups: 4698858
Jun  3 13:24:06 wyhdeMacBook-Air ReportCrash[2020] <Alert>: Invoking spindump f
or pid=892 wakeups_rate=417 duration=108 because of excessive wakeups
Jun  3 13:24:07 wyhdeMacBook-Air spindump[324] <Notice>: Saved wakeups_resource
.diag report for QQ version 4.2.5 (21471) to /Library/Logs/DiagnosticReports/QQ
_2016-06-03-132407_wyhdeMacBook-Air.wakeups_resource.diag
wyhdeMacBook-Air:~ whw$
```

技巧109 利用"终端"更改截图默认名称

在Mac中默认的截图文件的名称是"屏幕快照"加日期，如果不想使用这个名称的话是可以更改的。

单击Finder图标，在出现的窗口中选择"应用程序"|"实用工具"|"终端"，在打开的"终端"窗口中输入以下代码。

"defaults write com.apple.screencapture name "我的截图""。(这段代码中的"截图"是用户自己更改的名称，可以根据自己的需要更改为任意名称，同时支持中文和英文)，然后再次输入以下代码："killall SystemUIServer"，输入完成之后按return键确认。

技巧110 在Dock中保留"空位置"

在Dock中保留一个空位置可以增强对程序的分类识别，同时这个空位置可以像其他图标一样移除以及更改位置。

单击Finder图标，在出现的窗口中选择"应用程序"|"实用工具"|"终端"，在打开的"终端"窗口中输入以下代码。

"defaults write com.apple.dock persistent-apps -array-add '{"tile-type"="spacer-tile";}'"。

完成之后按return键确认，然后再次输入以下代码：

"killall Dock"，输入完成之后按return键确认，此时在Dock中可以看到多出了一个"空位置"。

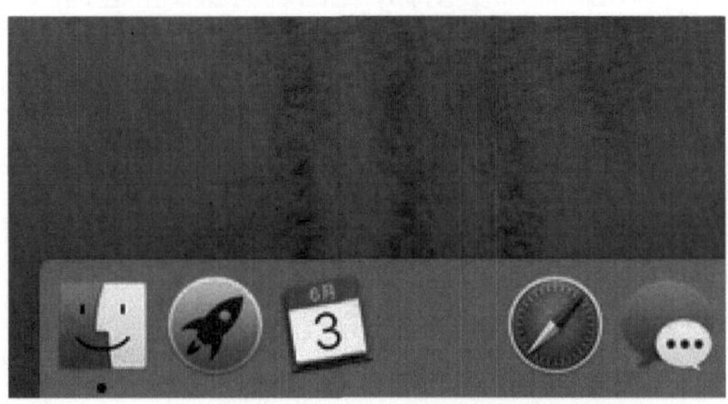

在"终端"窗口中输入以下代码。

"defaults write com.apple.dock persistent-others -array-add '{tile-data={}; tile-type="spacer-tile";}';killall Dock"。

完成之后按return键即可在Dock右侧"废纸篓"旁边添加一个空位置。

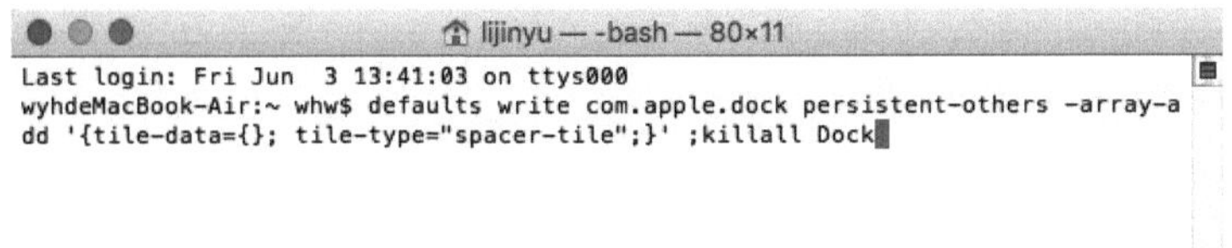

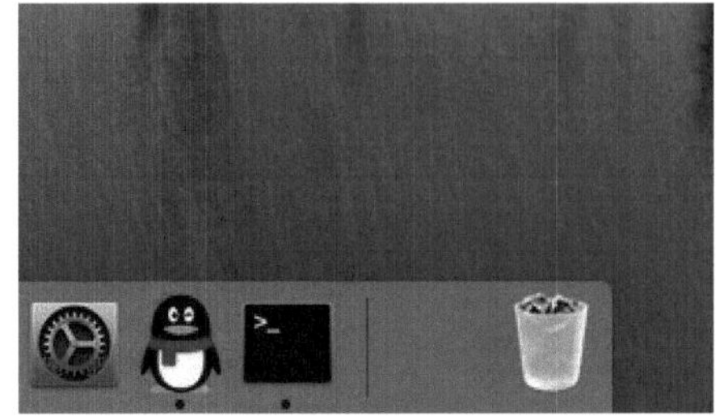

提示 如果要将添加的“空位置”移除，只需将光标移至这个位置上按住鼠标左键拖至桌面空白处即可，拖至其他图标旁边即可更改位置。

技巧111　关闭个人隐私

在默认的情况下，Mac定位服务是开启的，假如不想启用定位服务以保护自己的隐私，可以用以下方法关闭定位服务。

单击Dock中的“系统偏好设置”图标，在出现的面板中单击“安全性与隐私”图标，此时将弹出“安全性与隐私”设置面板。

在“安全性与隐私”设置面板中，单击顶部的“隐私”标签，再单击面板左下角的按钮，在弹出的对话框中输入密码并单击“解锁”按钮，将用户设置解除锁定，在左侧选择“定位服务“选项，然后取消勾选“启用定位服务”复选框，在弹出的面板中单击“关闭”按钮即可。

提示 在关闭定位服务之后，将无法查找自己的Mac，用户可以根据自己的需要选择是否启用定位服务。

技巧112　开启Spotlight隐私功能

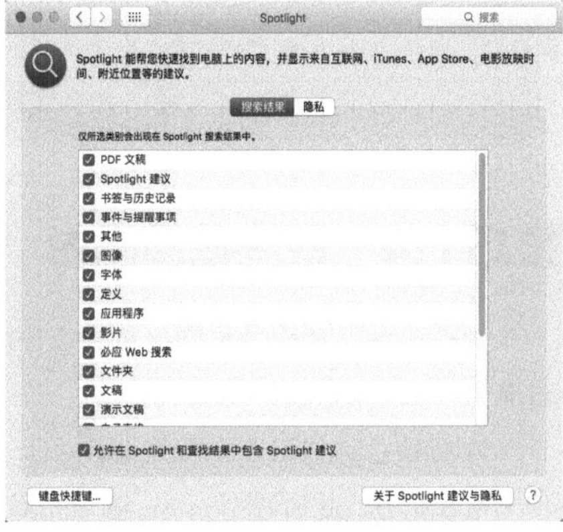

在默认情况下，Spotlight可搜索计算机中的所有文件、程序，如果不想让Spotlight搜索出指定的文件，可以开启隐私保护功能。

单击Dock中的“系统偏好设置”图标，在出现的面板中单击“Spotlight”图标，此时将弹出“Spotlight”设置面板。

在“Spotlight”面板中单击上方的“隐私”标签，在“隐私”设置面板中单击左下角的加号 + 按钮，在弹出的窗口中选择一个自己不希望被搜索到的文件或文件夹，单击“选取”按钮即可。

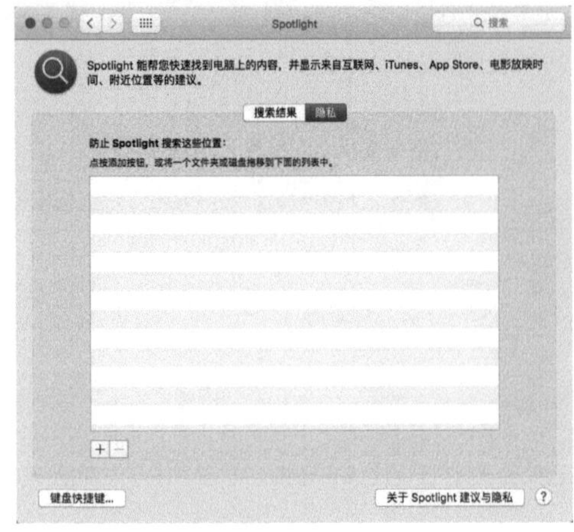

假如想取消这个受隐私保护的文件或者文件夹，在“隐私”设置面板中选中列表框中的文件夹，单击面板左下角的减号 − 按钮即可。

技巧113　关闭Spotlight搜索功能

如果想关闭桌面右上角的Spotlight搜索功能，可以通过“终端”命令来解决。

单击Finder图标，在出现的窗口中选择“应用程序”|“实用工具”|“终端”，在打开的“终端”窗口中输入以下代码。

“sudo launchctl unload -w /System/Library/LaunchDaemons/com.apple.metadata.mds.plist”。

完成之后按return键即可关闭Spotlight搜索功能。

假如需要开启Spotlight搜索功能，在“终端”窗口中输入以下代码。

“sudo launchctl load -w /System/Library/LaunchDaemons/com.apple.metadata.mds.plist”。

完成之后按return键即可开启Spotlight搜索功能。

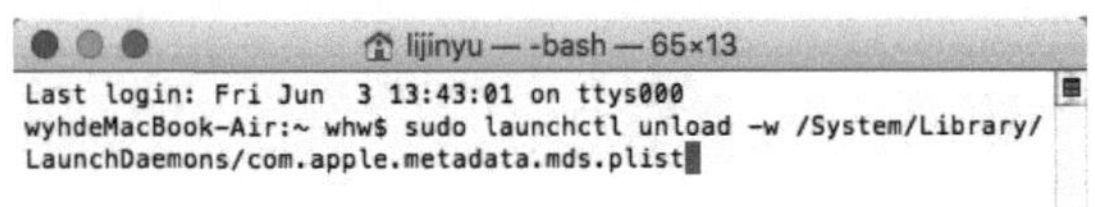

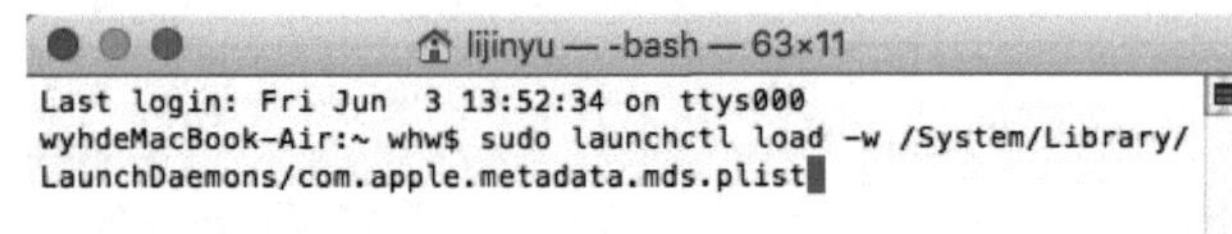

提示　当输入完代码之后，如果提示用户输入密码（password），此时输入用户密码才能继续，需要注意的是在终端中输入的密码是不可见的，只要保证自己在键盘上输入的密码正确即可。

技巧114　取消截图阴影

Mac中默认的窗口抓图过程中会同时抓取窗口阴影，如果在抓图的过程中按住option进行抓取，则抓取的窗口图像是不带阴影的。

在对窗口进行抓图的过程中，按住shift+⌘+4快捷键，此时光标将变成十字形，按下空格键键光标将会变成一个相机形状，此时按住option键单击即可抓取不带阴影的窗口图像。

技巧115　Mission Control中放大预览窗口

单击Dock中的Mission Control图标，将进入Mission Control界面，将光标移至预览的程序窗口上，窗口边缘将出现蓝色方框，此时按下空格键，即可将当前预览窗口放大。

技巧116　在“终端”中查看CPU信息

有些用户在购买Mac的时候，特别是购买二手Mac，担心会买到虚标的配置机器，在菜单栏中的详细信息中有可能看不出，这时可以通过在“终端”中输入简单的代码就可以查看关于CPU的详细信息。

单击Finder图标，在出现的窗口中选择“应用程序”|“实用工具”|“终端”，在打开的“终端”窗口中输入以下代码。

“sysctl –n machdep.cpu.brand_string”。

输入完成之后按return键确认，此时将出现本机的CPU信息。

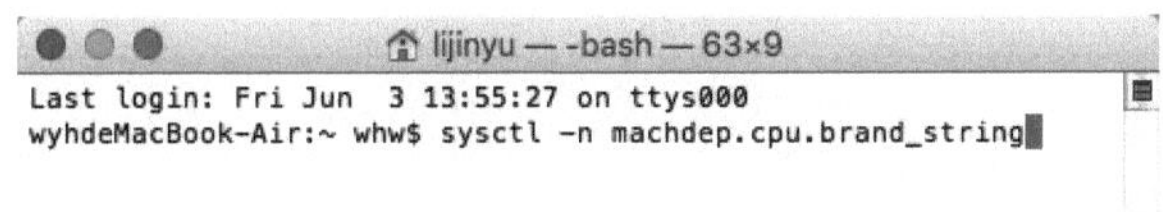

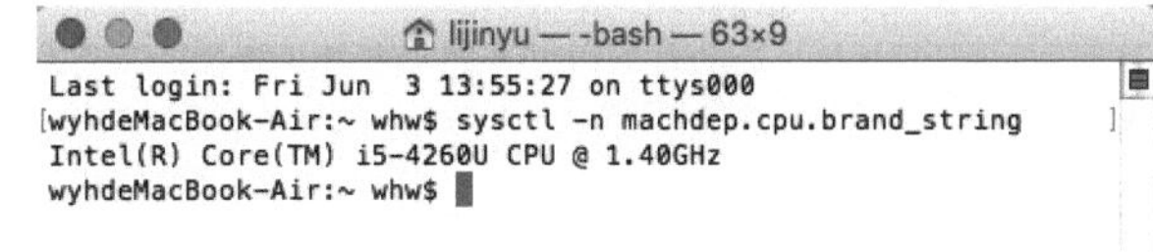

技巧117　安装/删除/恢复字体

由于Mac本身附带的字体不够用，尤其对于做设计的用户而言，需要安装第三方字体来扩展字体库，还可以将这些安装的字体删除及恢复。

单击Dock中的“Finder”图标，在出现的窗口中单击左侧边栏中的“应用程序”，在右侧窗口中双击“字体册”图标将其打开。

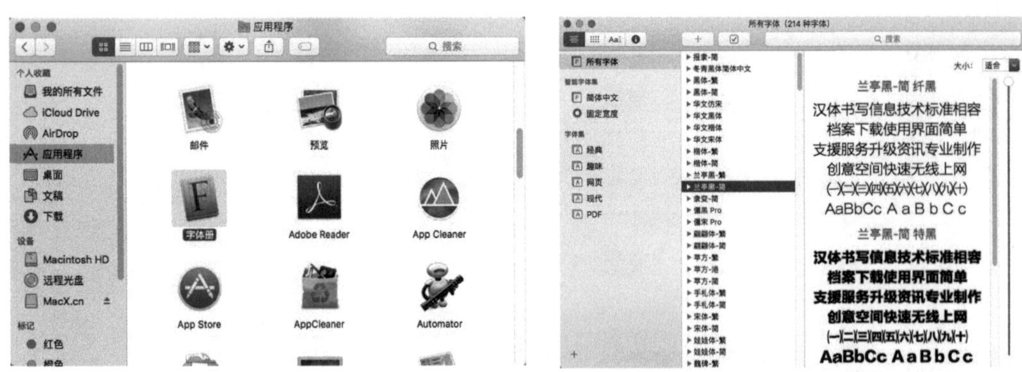

选择菜单栏中的“文件”|“添加字体”命令，在弹出的窗口中选择要添加的字体，单击“打开”按钮即可。

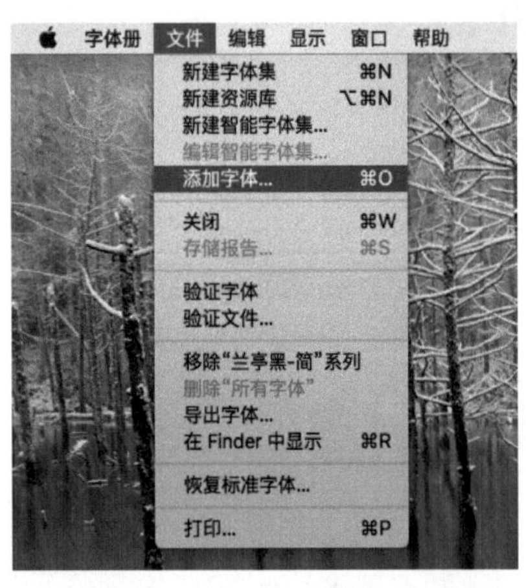

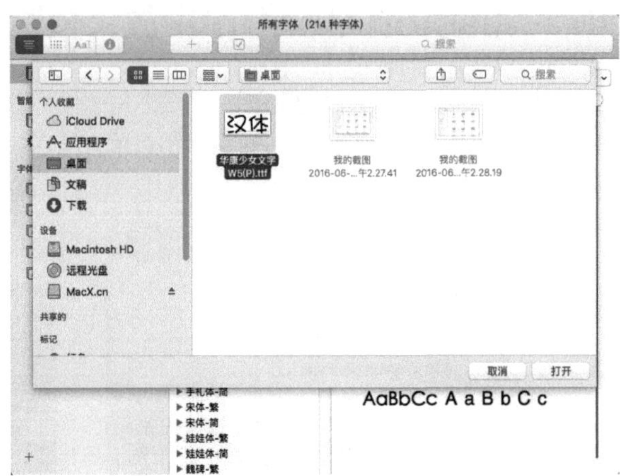

提示 当下载完字体包之后，双击这个字体图标，此时将弹出一个预览窗口，单击右下角的“安装字体”按钮即可安装字体。

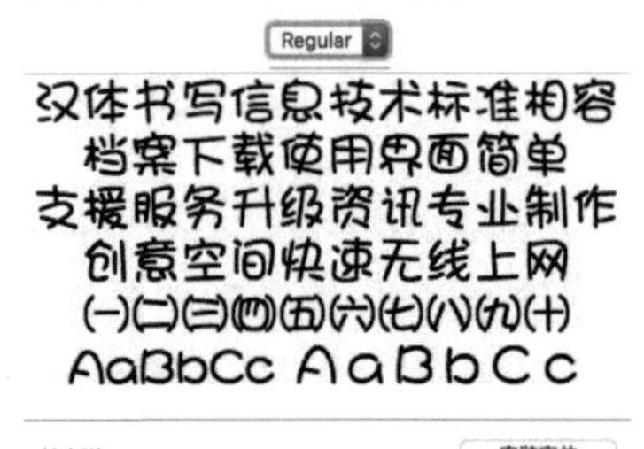

在“字体册”窗口中选中一个不需要的字体，在其字体名称上单击鼠标右键，从弹出的快捷菜单中选择“移除xx系列”命令，即可将当前文字移除。

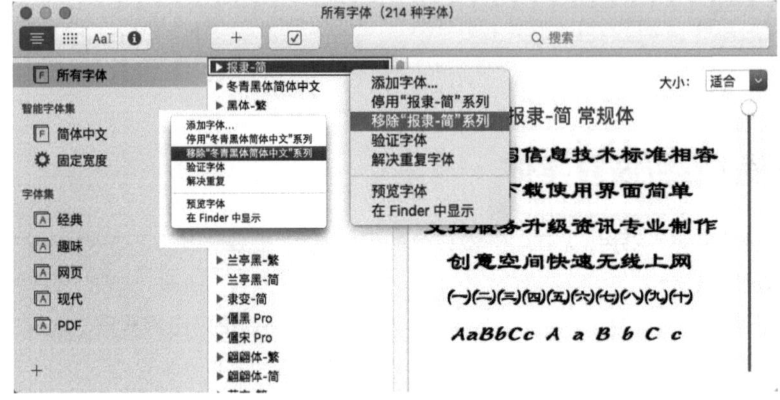

技巧118　在Finder工具栏中添加程序图标

打开Finder窗口，在左侧选择“应用程序”，在右侧选中任意一个程序图标，按住command键将其拖至工具栏中，此时工具栏中多出一个快捷应用程序图标。如果不需要这个程序图标，可以选中图标，按住command键拖至窗口外部即可。

提示　可以在Finder窗口的工具栏中添加多个程序图标。

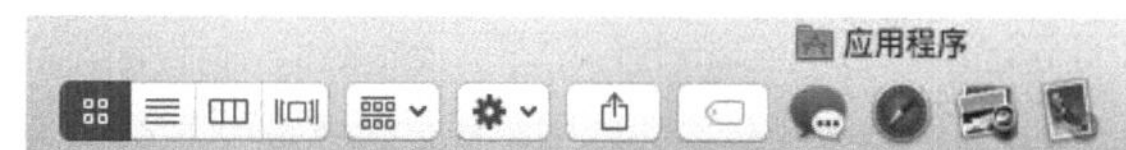

技巧119　将文件夹放在Dock分栏线左侧

在Finder中，分为两个区域，左侧放各类程序，右侧则是放常用文件夹，假如常用的文件夹比较多，想把它们进行分类，其实文件夹是可以放在Dock中左侧的，只是需要一个简单的小技巧。

例如，选中桌面上一个文件夹，按return键在其文件夹名称后面输入“.app”扩展名，完成后确认，此时将弹出一个对话框，询问用户是否将此扩展名添加到该文件夹末尾，单击“添加”按钮即可。

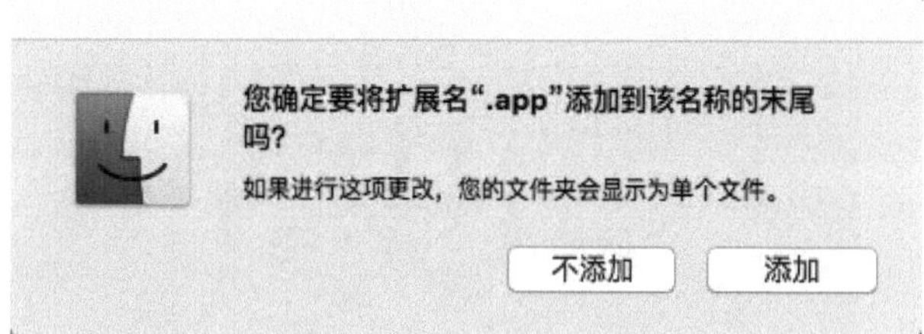

此时文件夹图标将发生变化，拖动文件夹图标至Dock中的左侧边栏中即可添加。

回到桌面中的原文件夹上，在其图标上单击鼠标右键，从弹出的快捷菜单中选择“显示简介”命令，在弹出的面板中，在“名称与扩展名”下方的文本框中将“.app”删除。

当删除后缀名之后，在Dock中观察文件夹，发现其图标并未改变，此时只需要在这个文件夹图标上单击，图标即可变回文件夹样式。

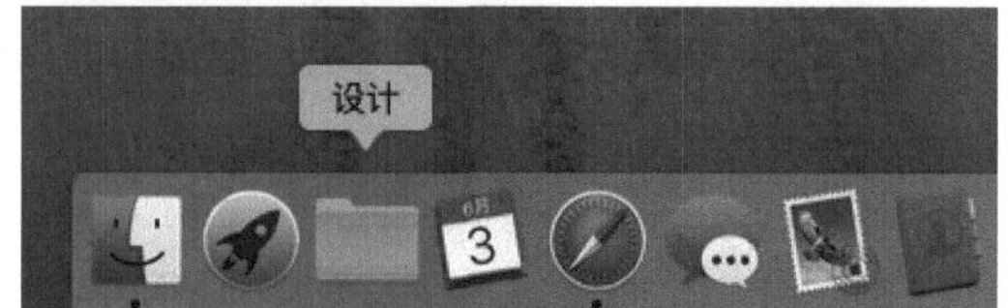

技巧120 将“国际象棋”添加至“Game Center”中

国际象棋是Mac自带的一款游戏，受到很多用户喜爱，如果可以将其添加至Game Center中和朋友进行联网对战，将会是一件更加有趣的事情。

单击Finder图标，在出现的窗口中选择“应用程序”|“国际象棋”，将其打开。选择菜单栏中的“游戏”|“新建”命令。

在弹出的新建游戏对话框中，单击“玩家”后面的下拉列表，选择“Game Center配对”命令，选择自己喜欢的一方，单击“开始”按钮。

此时将弹出游戏面板，提示用户系统将自动与空闲的玩家进行配对，配对完成之后即可开始游戏，单击下方的“邀请好友”按钮，还可以邀请自己的好友一起进行联机对战。

技巧121 在Safari中查看登录密码

Safari可以帮助用户记录登录密码，这样方便了用户每次登录的时候不用频繁输入密码，因此如果忘记的密码，是可以在Safari中查看的。

当启动Safari之后，选择菜单栏中的“Safari”|“偏好设置”命令，此时将弹出偏好设置面板。

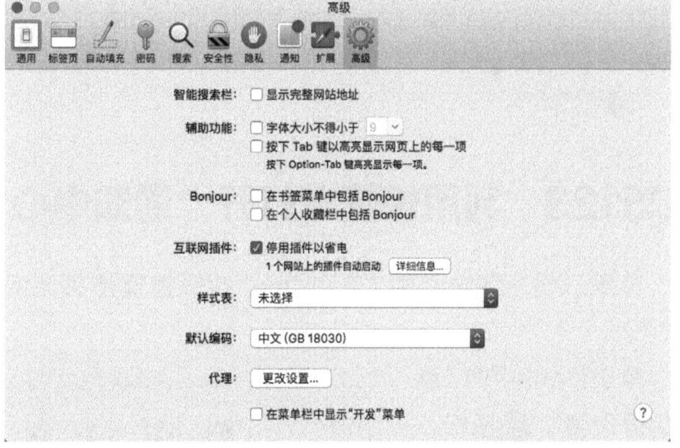

在Safari偏好设置面板中单击顶部的“密码”标签，在面板左下角勾选“显示所选网站的密码”前的复选框，此时将弹出一个对话框提示用户输入密码，输入完成之后单击“好”按钮即可。

此时单击密码列表框中的密码位置即可显示当前密码，同时在密码上单击鼠标右键，在弹出的快捷菜单中可以选中拷贝网站、拷贝用户名、拷贝密码，此项功能十分实用。

技巧122　备忘录小窗口预览

单击Dock中的“备忘录”图标，此时将弹出备忘录程序窗口，在备忘录窗口中添加新的备忘。

双击所添加的备忘录标题，此时将弹出备忘录预览小窗口，这个贴心的功能，可以使用户在编辑备忘录的过程中快速预览备忘录编辑情况。

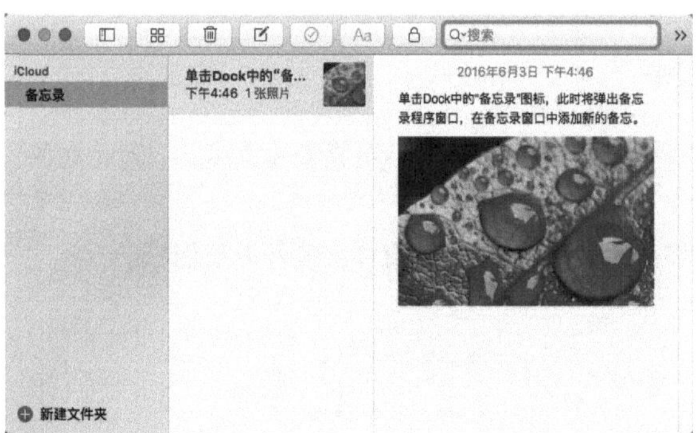

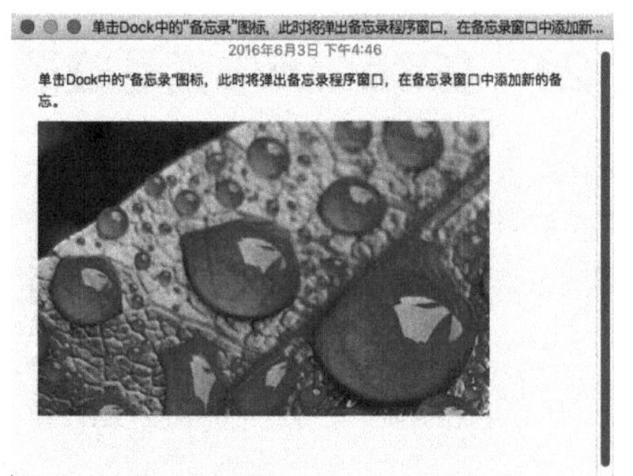

技巧123　利用快捷键打开“通知中心”

在默认情况下Mac中“通知中心”的快捷键是关闭的，我们可以为其设定一个快捷键以便快速打开“通知中心”。

单击Dock中的“系统偏好设置”图标，在出现的面板中单击“键盘”图标，此时将弹出“键盘”设置面板。

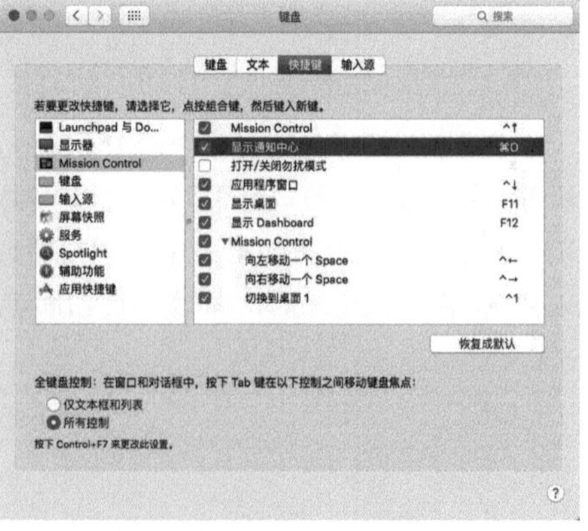

在打开的“键盘”设置面板中单击顶部的“快捷键”标签，在左侧边栏中选中“Mission Control”，在右侧勾选“显示通知中心”复选框，然后在其后方位置，单击激活文本框为其设定一个快捷键，这样就可以通过这个快捷键来打开“通知中心”了。

技巧124　在“通知中心”添加语音提醒

有时候用户在做其他事情的时候，有可能忽略右上角通知中心弹出的文本提醒，特别对于Mac Book Air而言，屏幕本身不大，弹出的文本提醒框又小，所以有可能会忽略，在这里可以为“通知中心”添加语音提醒，这样就不会错过“通知内容”了。

单击Dock中的“系统偏好设置”图标，在出现的面板中单击“通知”图标，此时将弹出“通知”设置面板。在通知面板左侧边栏中选择自己想要设置的程序，比如选择“日历”，在右侧勾选“播放通知的声音”前的复选框即可。

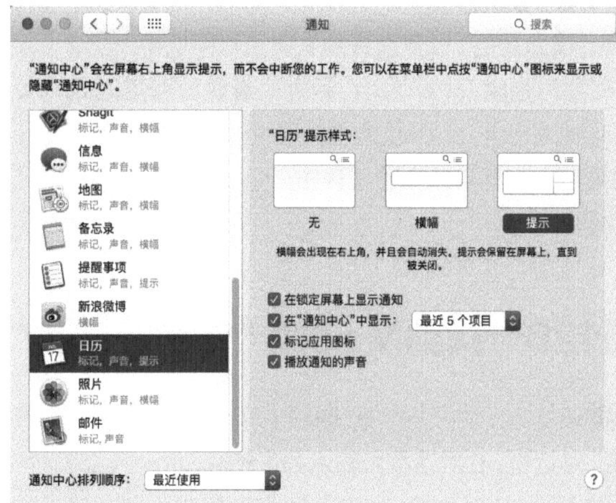

提示 在面板左下角单击“通知中心”排序方式后面的下拉列表，可以选择通知中心的条目排序方式，共有两个选项，分别是“手动”和“按时间”。

在“系统偏好设置”面板中，单击“听写与语音”图标将其打开，在出现的面板中勾选“有提醒信息时发出语音通知”复选框，单击右侧“设置提醒选项”按钮，在弹出的面板中，选择自己喜欢的“嗓音”及“提醒语”，单击“播放”按钮，可以听取通知声音效果，如果对嗓音、播放语速满意，单击“好”按钮即可，假如不满意，感觉语速过快或者过慢，可以在选择完嗓音之后调整“延迟”来更改语速。

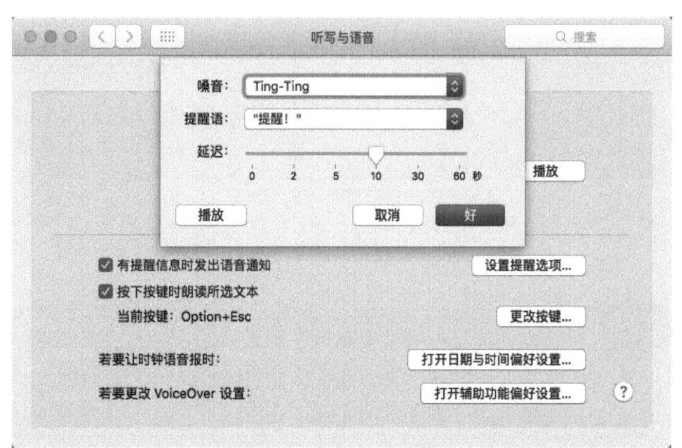

提示 在选择提醒嗓音的时候，单击“提醒语”后方的下拉列表，可以选择伴随通知语音出现的文本提醒，如果对已经编辑好的文本不太满意，可以选择列表最底部的“编辑提醒语列表”，在出现的列表框中单击“添加”按钮即可添加提醒语，添加完成之后单击“好”按钮即可完成添加。

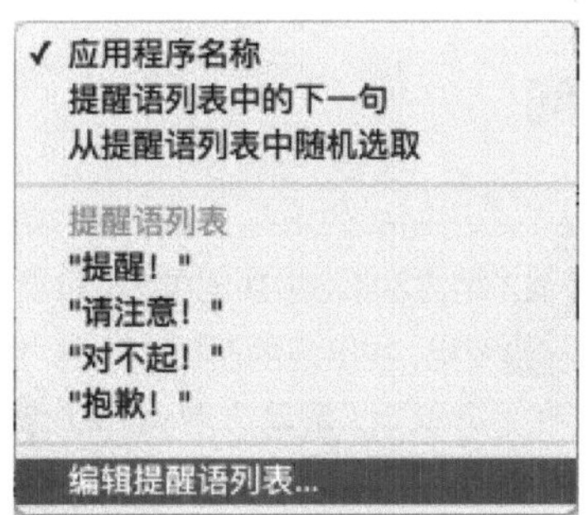

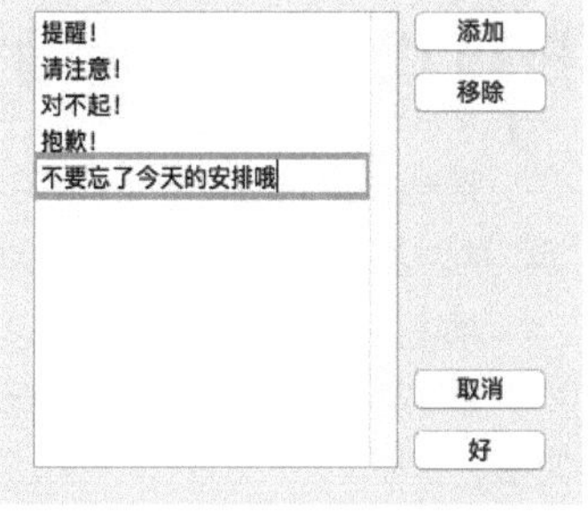

技巧125　调整光标大小

可能有些用户感觉Mac的光标太小，特别是单击某些稍小的按钮更是费劲，其实Mac的光标大小是可以更改的。

单击Dock中的“系统偏好设置”图标，在出现的面板中，单击右下角的“辅助功能”图标，此时将弹出“辅助功能”设置面板。

在“辅助功能”设置面板的左侧边栏中选中“显示器”，在右侧拖动“光标大小”后方的滑块可以更改光标大小，相对而言，光标越大在使用的过程中越容易选中，如果过大的话可能会造成误击，所以一般建议用户使用默认大小。

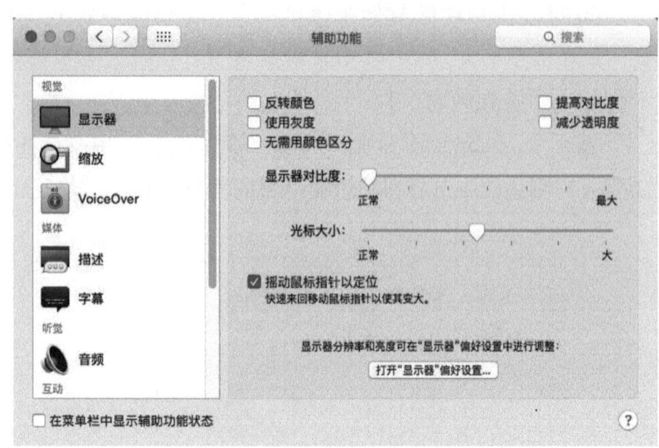

技巧126　找到Mac的“隐藏”壁纸

在Dock中的“Finder”图标上按住鼠标左键，在出现的菜单中选择“前往文件夹”命令，此时将弹出一个“前往文件夹”对话框，在对话框中输入如下代码。

“/Library/Screen Savers/Default Collections/”，输入完成后单击“前往”按钮，在出现的窗口中包含了4个文件夹，这些文件夹中就是Mac系统自带的壁纸图像。

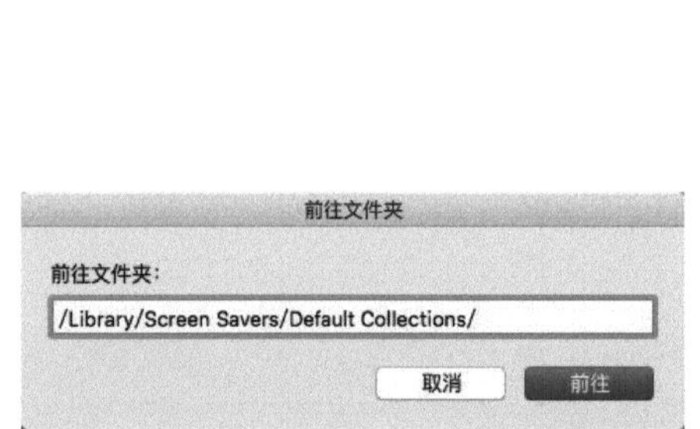

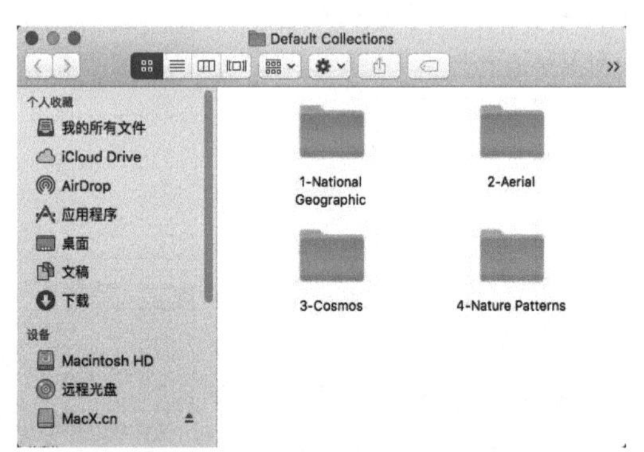

提示 壁纸文件夹中的所有壁纸大小都是3200×2000，所以可以放在更大显示屏幕上而不会失真，选中当前图像文件，在其图标上单击鼠标右键，从弹出的快捷菜单中选择“显示简介”命令，在“显示简介”面板中的“更多信息”下方可以看到图像的尺寸、颜色模式等信息。

▼ 更多信息：

尺寸：3200 × 2000
颜色空间：RGB
颜色描述文件：sRGB IEC61966-2.1
Alpha 通道：否

技巧127　调整滚动方向

第一次接触Mac的用户，可能会不适应Mac的滚动方式，特别是习惯于Windows的用户感觉在Mac中的滚动是“反”的，这是因为在新版的OS X中有很多地方和iOS中功能类似，希望用户可以在iOS和Mac的操作上尽量相近。

单击Dock中的“系统偏好设置”图标，在出现的面板中单击“触控板”图标，此时将弹出“触控板”设置面板。

单击顶部的“滚动缩放”标签，在下方取消“滚动方向：自然”复选框，这样在操作滚动动作时就会符合自己的习惯。

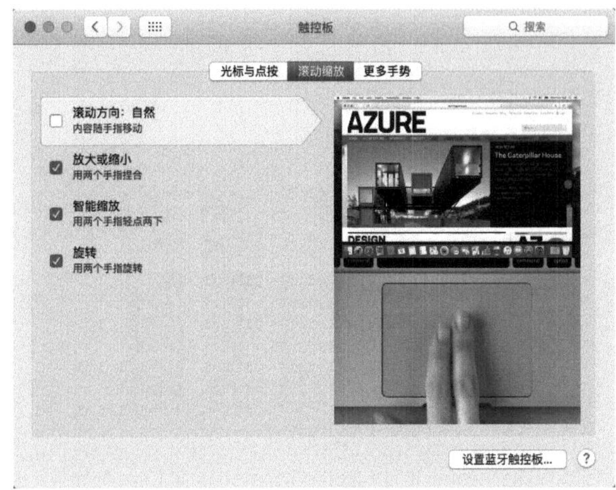

技巧128 输入特殊字符

在默认的英文输入法状态下，按住option键的同时再按键盘上的任意一个键，将出现特殊字符，利用这个小功能，用户可以在自己所编辑的文本文档中做出标记。

技巧129 在“桌面”设置面板中放大预览图像

单击Dock中的“系统偏好设置”图标，在出现的面板中单击“桌面与屏幕保护程序”图标，此时将弹出“桌面与屏幕保护程序”设置面板。

在“桌面与屏幕保护程序”设置面板中，选择“桌面”标签，可以看到桌面背景的预览窗口，在窗口中选择任意一幅缩览图像，在触控板上双指向外侧滑动即可将当前缩览图像放大，这样更加方便自己观察所喜欢的桌面背景图像。

技巧130　让Safari重启时打开上次未关闭的窗口

如果因为程序无反应或者其他原因导致Safari关闭，当重新启动程序之后它将自动打开之前的窗口，如果遇到它不自动打开，可以利用其他方法来解决。

在Safari启动的情况下，选择菜单栏中的“历史记录”|“重新打开上次连线时段的所有窗口”命令即可，这样之前所有打开过的窗口将自动弹出。

技巧131　利用钥匙串访问锁定屏幕

单击Dock中的“Finder”图标，在出现的窗口中单击左侧边栏中的“应用程序”，在右侧窗口中打开“实用工具”之后双击“钥匙串访问”图标，将其打开。

选择菜单栏中的“钥匙串访问”|“偏好设置”命令。

在弹出的“偏好设置”面板中，勾选“在菜单栏中显示钥匙串状态”前的复选框，此时菜单栏中将出现一个钥匙串访问图标，单击此图标，在弹出的下拉菜单中选择“锁定屏幕”命令即可。

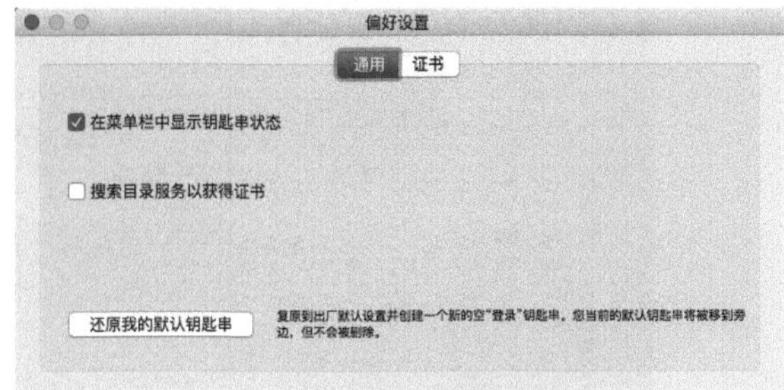

技巧132　幻灯片播放多个图片

选择多幅图像，然后按option+command+Y快捷键可以快速进入全屏幻灯片效果，即使选择一幅图像按下此组合键也有效。

技巧133　利用预览为图像标记

双击任意一幅图像，此时预览程序将打开图像，在打开的预览窗口中，可执行如下操作。

- 按control+command+r快捷键可在预览窗口中绘制矩形。
- 按control+command+o快捷键可在预览窗口中绘制椭圆。
- 按control+command+i快捷键可在预览窗口中绘制线段（按住shift键可绘制以45度角为基准的水平、垂直或者倾斜线段）。
- 按control+command+t快捷键可在预览窗口中添加文本。

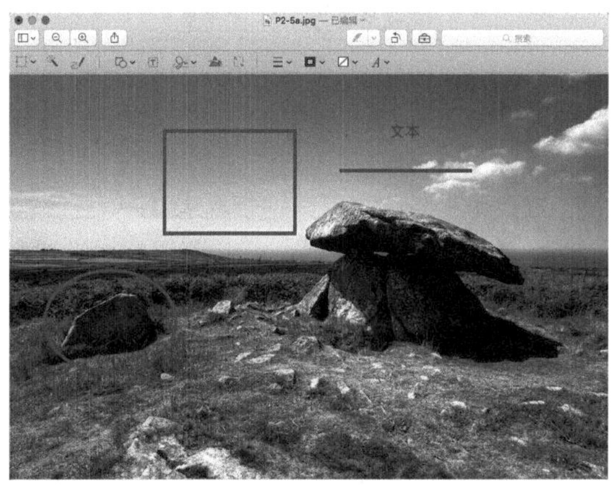

技巧134　快速切换页面标签

在使用Safari浏览网页的时候，有时会打开两个或者多个网页窗口，此时按control+tab快捷键可快速在不同的浏览页面中切换，并且这个快捷键是循环性的，每按一次都将自动切换至下一个，循环往复直至切换至打开的第一个页面，同时按住command+shift快捷键再按向左或者向右方向键，同样可以在不同的标签页切换。

技巧135　快速滚动至下一个页面

在使用Safari浏览网页时，按一次空格键即可向下滚动一次，每按一次都会滚动一次直至滚动至当前页面底部，如果按shift+空格快捷键则是向上滚动一次，同样每按一次都会滚动一次直至滚动至当前页面顶部。

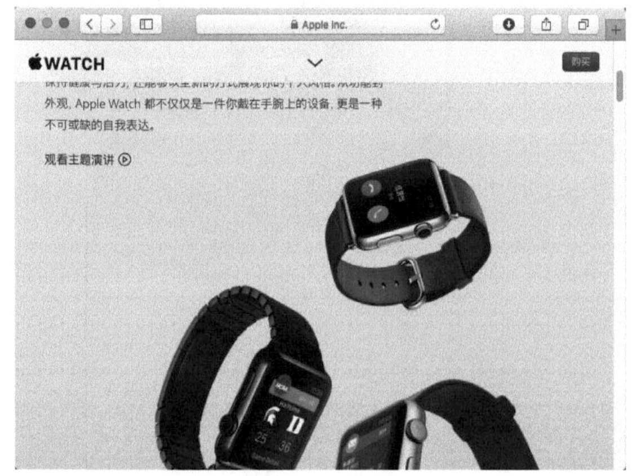

技巧136　快速选中地址栏中的地址

在使用Safari浏览网页的时候，按command+L快捷键可快速选中地址栏中的地址，此时可以直接在地址栏中输入新地址。

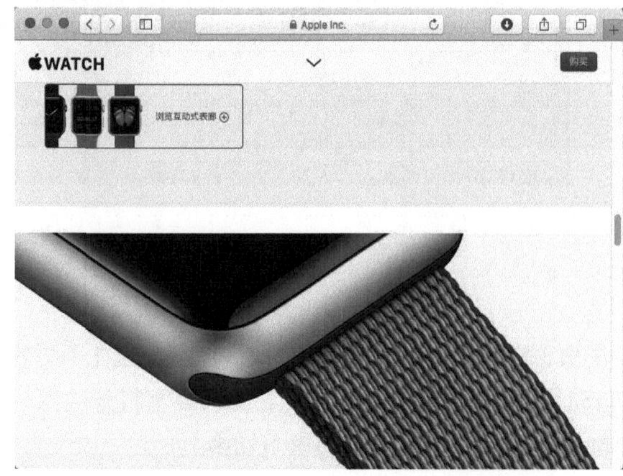

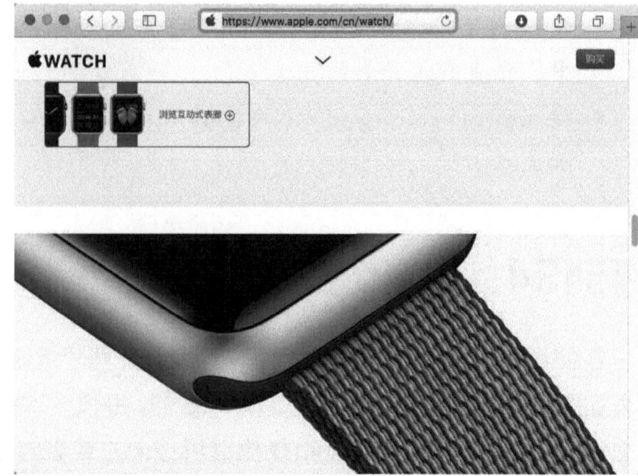

技巧137　新增标签页

在使用Safari浏览网页时，按command+T快捷键可创建新标签页，在新标签页的窗口地址栏中输入地址，或者直接单击“Top Sites”直接连接至新页面。

技巧138　快速打开主页

按command+shift+H快捷键可快速打开主页。

技巧139　快速调用邮件程序

按command+shift+I快捷键可快速调用“邮件”程序，将当前网页地址通过电子邮件发送出去。

技巧140　快速调用搜索功能

按command+F快捷键可快速调用“搜索”文本框，在文本框中输入想要查找的关键词按return键即可开始搜索。

技巧141　自动完成英文输入

假如在文档编辑、Pages、Keynote中输入文本的时候，想要输入一个完整的单词，例如“happened”，当输入“happ”以后按esc键，此时将自动弹出一个列表，在列表中包含了很多以“happ”单词，通过按键盘上的向上、向下键即可完成单词的输入。

技巧142　在“终端”中查看系统运行情况

单击Finder图标，在出现的窗口中选择“应用程序”|“实用工具”|“终端”，在打开的“终端”窗口中输入以下代码。

“top”。

输入完成后按return键确认，此时将出现本机的运行情况，按Q键即可关闭系统运行情况显示（不是退出“终端”程序）。

```
lijinyu — top — 81×21
Processes: 276 total, 2 running, 13 stuck, 261 sleeping, 1024 threads   14:59:12
Load Avg: 2.42, 2.72, 2.66  CPU usage: 2.49% user, 3.18% sys, 94.32% idle
SharedLibs: 175M resident, 16M data, 15M linkedit.
MemRegions: 38251 total, 1139M resident, 87M private, 428M shared.
PhysMem: 3731M used (832M wired), 362M unused.
VM: 740G vsize, 533M framework vsize, 14994(0) swapins, 69599(0) swapouts.
Networks: packets: 1042499/1373M in, 702471/75M out.
Disks: 902770/19G read, 674816/14G written.

PID   COMMAND      %CPU TIME     #TH   #WQ  #PORT MEM    PURG   CMPRS  PGRP PPID
2801  mdworker     0.0  00:00.04 3     0    49    2996K  0B     0B     2801 1
2800  mdworker     0.0  00:00.05 3     0    49    3040K  0B     0B     2800 1
2799  top          1.5  00:00.80 1/1   0    23    2528K+ 0B     0B     2799 2792
2798  mdworker     0.0  00:00.05 3     0    43    3036K  0B     0B     2798 1
2797  mdworker     0.0  00:00.05 3     0    43    3016K  0B     0B     2797 1
2792  bash         0.0  00:00.02 1     0    17    740K   0B     0B     2792 2791
2791  login        0.0  00:00.45 3     1    30    1148K  0B     0B     2791 2790
2790  Terminal     7.3  00:01.88 10    4    214-  14M+   156K   0B     2790 1
2787  QuickLookSat 0.0  00:00.10 2     0    49    7960K  0B     0B     2787 1
2786  mdworker     0.0  00:00.31 3     0    56    8012K  0B     0B     2786 1
2785  mdworker     0.0  00:00.32 3     0    56    8024K  0B     0B     2785 1
```

技巧143 批量查看文件简介

选中单个图片或者文件，在其图标上单击鼠标右键，从弹出的快捷菜单中选择“显示简介”即可查看当前文件简介。如果选中多个文件再利用此方法好像没法一并查看文件简介，在Windows中可以批量查看文件属性，其实在Mac中同样可以，只需要多一个简单的步骤。

选择多个图片之后，按住option键在其中一个图标上单击鼠标右键，在弹出的快捷菜单中选择“显示检查器”命令，即可弹出关于文件的简介信息。

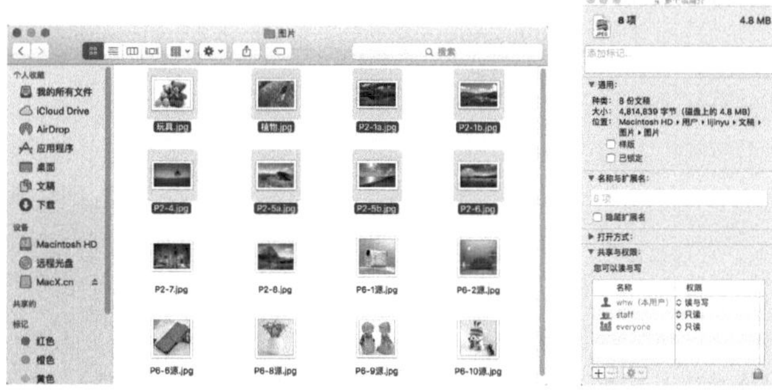

技巧144 将图像批量在幻灯片中显示

选择X（指具体的数量）个图片之后，按住option键在其中一个图标上单击鼠标右键，在弹出的快捷菜单中选择“幻灯片显示X项”命令，此时这些图片将以幻灯片的形式显示。

技巧145 放大及缩小图像快捷键

在图像预览窗口中打开某一幅图像，按command++快捷键可以将图像放大显示，按command+−快捷键可以将图像缩小显示。

在图像预览状态下按“~”键即可出现放大镜，移动放大镜至任何一个想观察的地方，可以看到图像的细节部分。

技巧146 在“终端”中查看程序执行用时

单击Finder图标，在出现的窗口中选择“应用程序”|“实用工具”|“终端”，在打开的“终端”窗口中输入以下代码。

“time python fib.py”。

输入完成之后按return键确认，此时窗口中将出现执行程序所用的时间，通过观察这个用时，可以了解自己的计算机性能（这些用时大多以毫秒计，执行大型的程序会慢一些）。

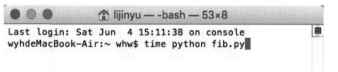

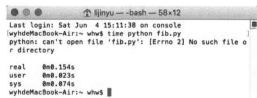

技巧147 防止Mac进入休眠状态

如果遇到有别的事情要做，打算一直运行电脑，执行一些诸如下载、转码之类的任务不想让电脑进入休眠状态，可以通过在“终端”中输入一个简单的代码来实现。

单击Finder图标，在出现的窗口中选择“应用程序”|“实用工具”|“终端”，在打开的“终端”窗口中输入以下代码。

“pmset noidle”。

输入完成之后按return键确认，这样只要不退出“终端”命令，电脑在不断电的情况下就永远不会进入休眠状态，如果不想让终端执行此命令将其退出即可，电脑本身的休眠计划受“终端”所影响。

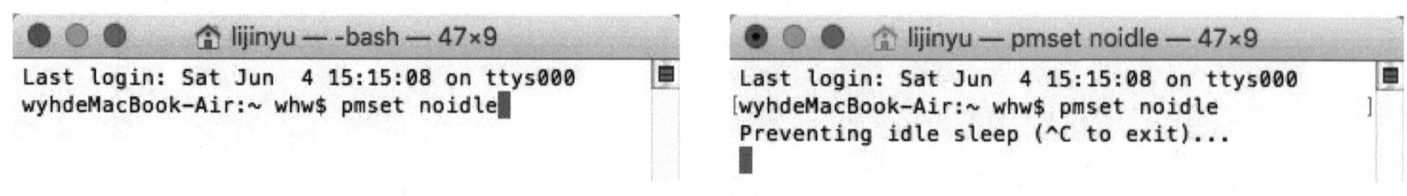

技巧148 影片录制

启动“QuickTime Player”，按command+option+N快捷键可进入录像模式，在录像模式下系统会自动检测电脑的摄像头，然后点击红色按钮即可开始录制。

按下control+ option +command+ N快捷键可进入录音模式，在录音模式面板中单击红色按钮即可开始录制。

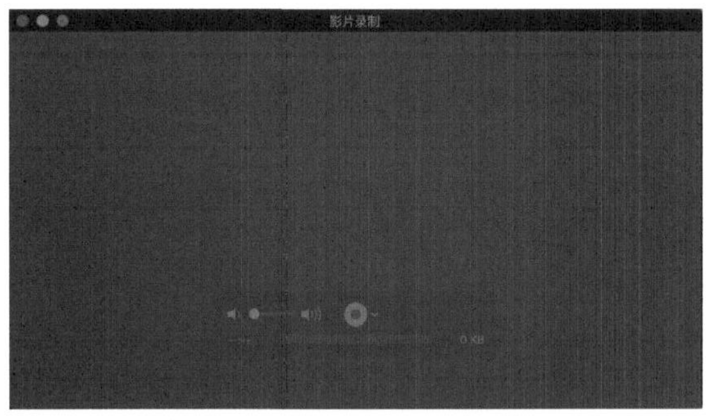

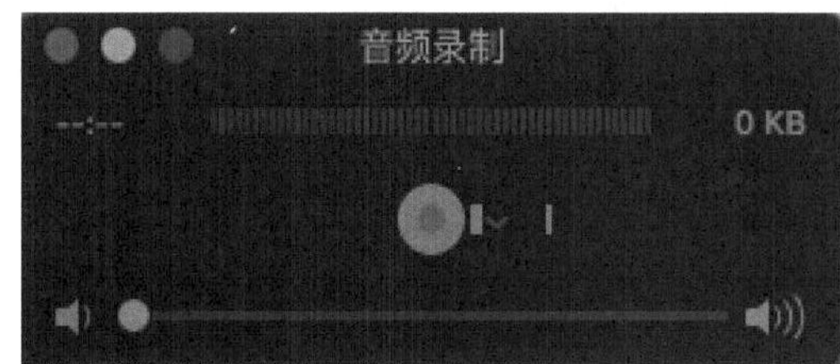

技巧149 调整键盘背光

有些用户会遇到无法调节键盘背光的情况，以Mac Book Air为例，当按下键盘上的F5或者F6键的时候，屏幕提示当前调节被禁用了，这是因为Mac在摄像头左侧内置了一个光线感应器，有时候因为环境原因，这个光线感应器可能“误认为”用户的光线已经达到一定条件，所以就不再控制背光调节，每当遇到这种情况可以用手指遮住摄像头左侧的光线感兴器（很多超级细小的小孔），这时再调节键盘背光亮度即可。

技巧150 单一程序窗口

在Dock中单击某一应用程序图标，即可弹出该应用程序窗口。如果再单击另外一个程序图标，将会弹出第2个程序窗口，这样的话无论启动多少个程序都会在桌面中生成一个正在运行的程序窗口，数量多自然就显得乱。其实，有一个方法可以在启动某个程序的时候，桌面中其他程序窗口都将自动最小化。

单击Finder图标，在出现的窗口中选择“应用程序”|“实用工具”|“终端”，在打开的“终端”窗口中输入以下代码。

“defaults write com.apple.dock single-app -bool true && killall Dock”。

输入完成之后按return键确认，此时再次启动Dock中的程序，即可将其他正在运行或者已经打开的程序窗口最小化。

在"终端"窗口中输入以下代码："defaults delete com.apple.dock single-app && killall Dock"，输入完成之后按return键即可恢复之前的模式。

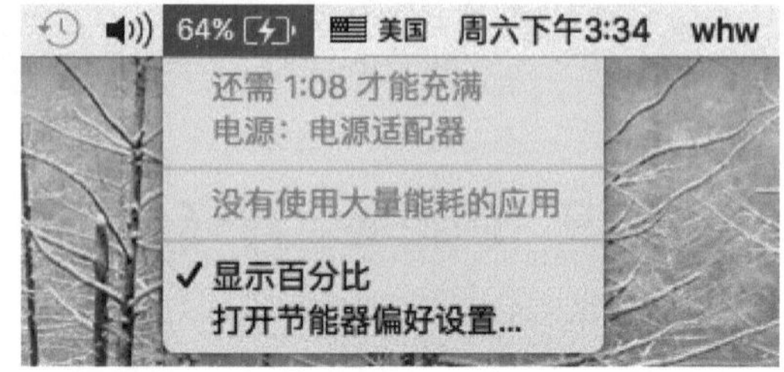

技巧151　查看耗电量大的程序

在程序栏中单击电池图标，在弹出快捷菜单中可以看到耗电量大的程序，这个贴心的小提示，可以让用户在使用电池办公的时候，意识到哪些是高能耗的程序，可以根据电池的使用情况执行程序退出等操作。

技巧152　快速打开显示器设置

在桌面中直接按option+F1/F2快捷键即可打开"显示器"设置，按option+F5/F6快捷键即可打开"键盘偏好设置"面板。

同样按option+F10/F11快捷键即可打开"声音偏好设置"面板。

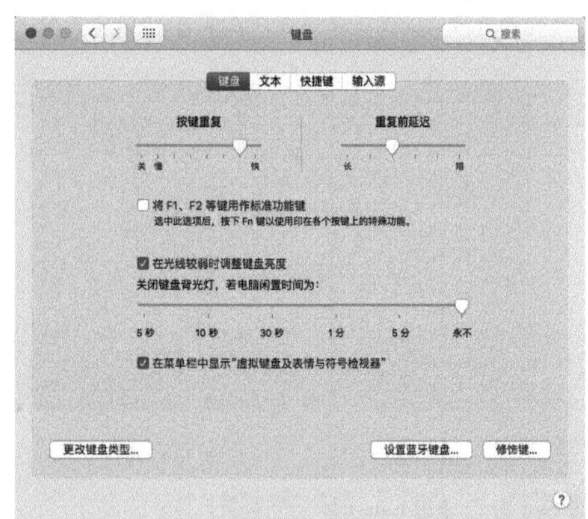

技巧153　更改排序方式

OS X中的排序相比以前有了很大改进，比如根据系统语言/区域来显示文件顺序的方案。在中文环境下，默认是按拼音进行排序，英文和其他符号则相对会排到后面去。这个设定对系统内所有程序起作用。

例如，在iTunes中，如果用拼音排序表演者名为"a（啊）"开头的就会排到前面来，英文则排到所有中文后面去。

假如不想让系统按照拼音排序的方法进行排序，可以单击Dock中的“系统偏好设置”图标，在出现的面板中单击“语言与地区”图标。

在弹出的“语言与地区”设置面板的右侧，单击“列表排序顺序”后方的下拉列表，选择“通用”即可。

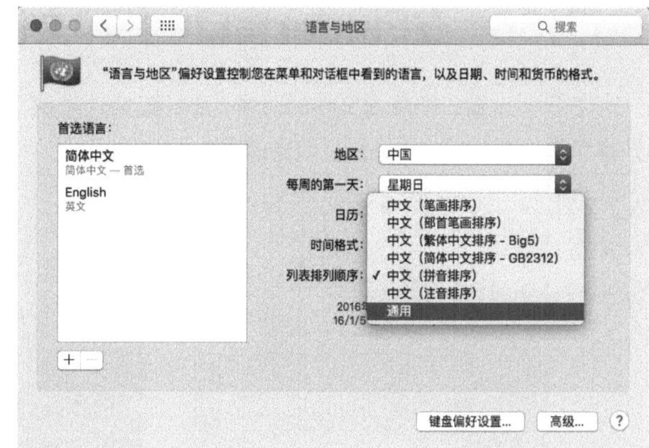

技巧154 设置字体平滑

如果觉得自己的MacBookAir屏幕太小，想外接一个大些的显示器，如果在外接的显示器上发现字体显示异常、有锯齿等影响使用的现象，这是因为某些非苹果公司生产的显示器不支持自动匹配抗锯齿，这里可以通过“终端”中的代码来解决。

单击Finder图标，在出现的窗口中选择“应用程序”|“实用工具”|“终端”，在打开的“终端”窗口中输入以下代码。

“defaults -currentHost write -g AppleFontSmoothing -int 2”。

输入完成之后按return键确认，再重新启动或注销即可。

提示 假如输入代码后，并没有改善显示效果并且出现异常，这时可以在“终端”程序中输入以下代码解决问题：“defaults -currentHost delete -g AppleFontSmoothing”。

技巧155 缩小Dock中的图标大小

假如想把Dock中的图标缩小到比默认最小值还要小，可以在终端中输入代码来实现。

单击Finder图标，在出现的窗口中选择“应用程序”|“实用工具”|“终端”，在打开的“终端”窗口中输入以下代码。

“defaults write com.apple.dock tilesize -int 8;killall Dock”。

输入完成之后按return键确认，此时可以发现Dock中的图标变得十分小，几乎达到隐藏的效果，但是将光标移至图标上方会出现程序名称提示，这样对屏幕布局有要求的用户多出一个选择，在这段代码中“8”代表了大小值，这些值的范围是从1~16。

如果要将图标大小变回原来的大小，可以将光标移至右侧“废纸篓”旁边，直接向上拖动即可将图标变回原来大小。另外，在终端窗口中输入以下代码同样可以将图标变回原来大小：“defaults delete com.apple.dock tilesize;killall Dock”。

技巧156　在Finder窗口中打印文件

在Finder窗口中查看文件的时候，可以直接选择菜单栏中的“文件”|“打印”命令，此时系统将自动启动默认打开这个文件的程序，并执行打印当前文件的命令。

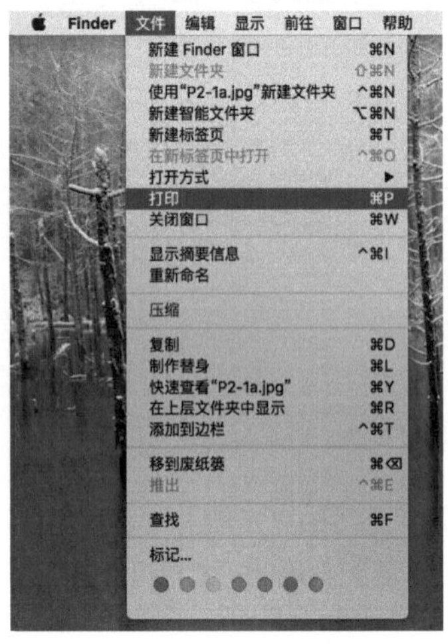

技巧157　调整超低音量

如果我们使用的是内置扬声器的Mac Book Air机型，在键盘上方按F11键可调整系统的音量。如果调整至最低音量感觉还有些吵，可以根据自己所处的环境调整至超低音量。

先按住音量减少快捷键F11直到静音状态。再按下F10（静音键）。此时屏幕底部的音量大小指示图标显示的是没有声音，实际上只是超低音量状态，只是音量比平时最低音量要低很多，在播放音乐或者欣赏电影的时候仍然可以听到声音，在安静的图书馆或者书房中是可以听到的。

技巧158　锁定文档

在Mac中的某些程序中允许将当前程序锁定，比如“文本编辑”，在编辑窗口顶部单击，此时将弹出一个面板，在面板中可以更改“名称”、添加“标记”、甚至还可以更改存储位置，将文档直接保存至“iCould”，勾选右下角“已锁定”前方的复选框，可以将当前文档锁定，以防止别人在未授权的情况下修改文档。

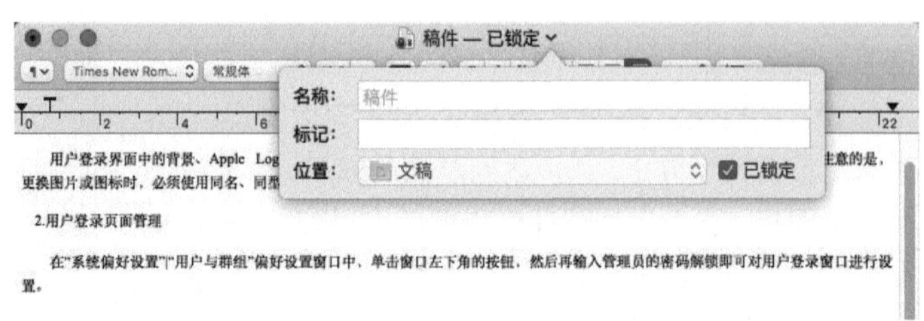

提示　在默认情况下，假如某个文档超过两周的时间没有进行过编辑，它将被自动锁定。

技巧159 清除最近使用的项目

虽然Mac系统的设计十分人性化，让用户拥有更好的体验，这一点在细节上十分明显，比如说“最近使用的项目”，这个功能可以让用户随时找到自己最近使用或者打开过的项目，但有时并不想让这些项目出现而被别人看到，这时可以选择“最近使用的项目”|“清除菜单”命令，选择此命令之后，Mac将自动清除用户最近使用过的项目。

技巧160 用另外一个程序打开当前已打开的文件

如果用户正在使用“预览”程序浏览一个图片，想要将它在Safari中打开，这里有一个十分简单的方法，在“预览”的窗口顶部位置可以看到当前图片的名称，在名称左侧有一个小图标，单击这个图标并按住鼠标左键拖至Dock中的Safari图标上，即可在Safari中将其打开。

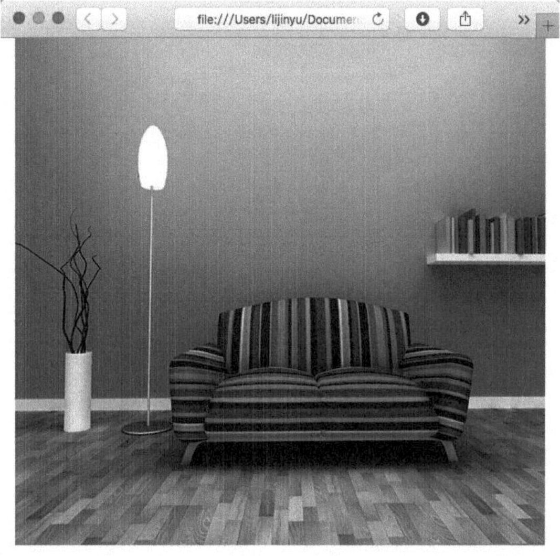

技巧161 更改“终端”主题样式

如果你觉得“终端”程序界面过于呆板，白底黑字看着不舒服，其实是可以更改的。

打开“终端”程序窗口，在其窗口中单击鼠标右键，从弹出的菜单中选择“显示查看器”命令。

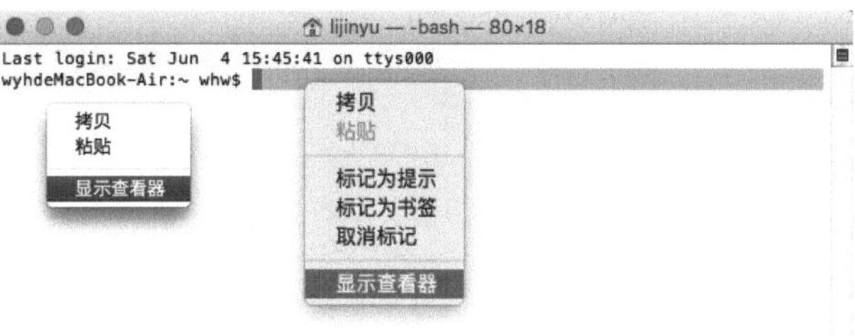

在弹出的面板中单击顶部的“设置”标签，在下方可以看到多个主题外观可供选择。

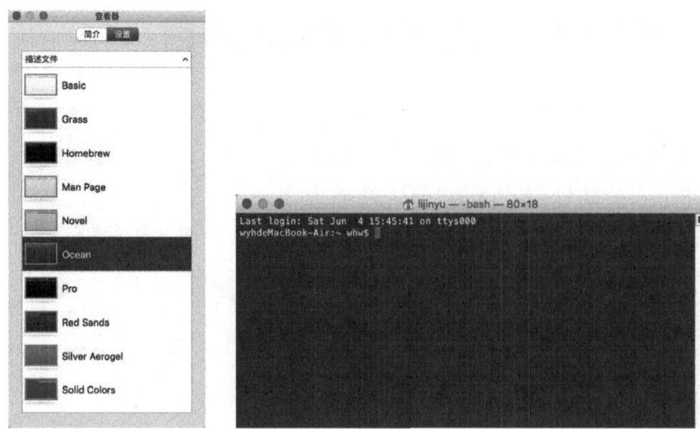

技巧162　利用快捷键快速打开偏好设置

如果想打开偏好设置，除了单击Dock中的系统偏好设置图标外，还可以通过按快捷键的方法来打开，比如打开声音偏好设置，按option键的同时再按F11键即可；按option键的同时再按F3键，可以打开“Mission Control”偏好设置。

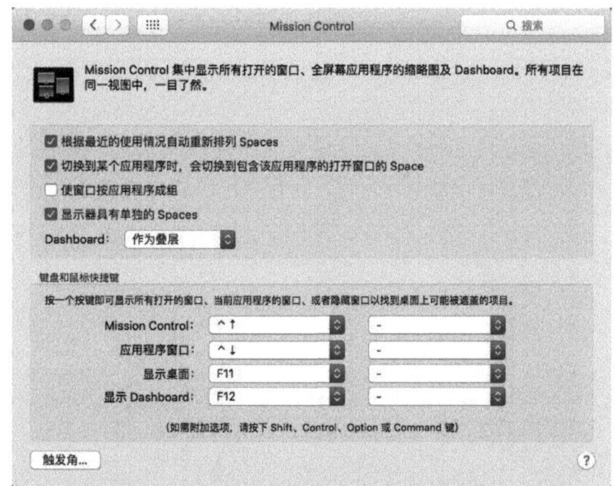

技巧163　临时启用图标放大

在“系统偏好设置”面板中，可以设置将光标移至Dock中的图标上的时候自动启动放大，假如没有开启这个功能，可以利用按住shift+control快捷键的方法临时开启放大功能，当松开快捷键的时候图标将变成原来的效果。

技巧164　快速选中区域文字

在进行文字编辑或者查看文档的时候，按住option键可直接选中区域内的文字。

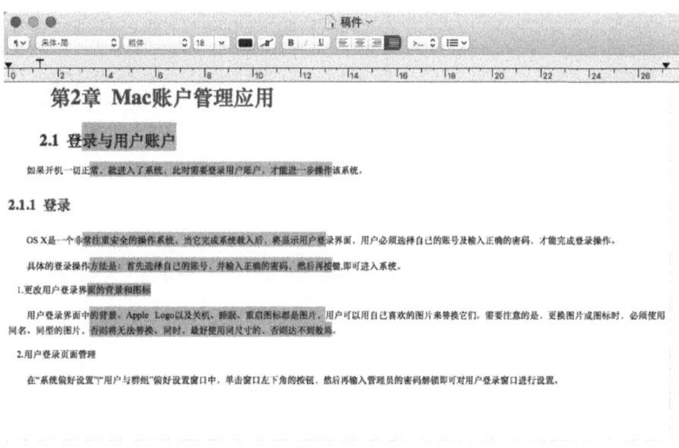

技巧165　Dock中的程序集合

打开Finder窗口之后，选中左侧的“应用程序”，将其拖至Dock右侧“废纸篓”旁边，此时在Dock中将生成一个应用程序图标，单击这个图标将出现一个程序集合窗口。

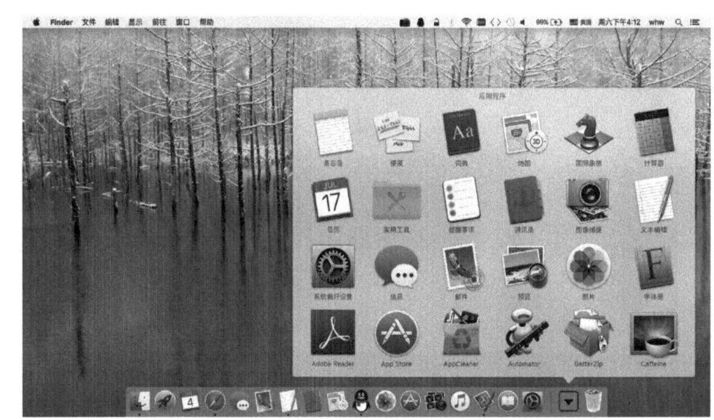

技巧166　快速查找应用快捷键

无论何时执行任何程序，选择菜单栏中的“帮助”命令，在弹出的下拉文本框中输入“shortcuts”即可显示当前程序的所有快捷键。

技巧167　快速隐藏其他窗口

按住⌘+option快捷键，单击Dock上想要运行的程序，当程序打开时会自动隐藏其他已打开的窗口。

技巧168　快速清空搜索框

在搜索框中输入字符，直接按return键会打开相关内容，如果按着command+delete快捷键，则会快速清空搜索框。

技巧169　快速翻译选中的英文

将光标停留在一个单词上，按下⌘+control+D快捷键，此时可以看到这个被选中单词的中文翻译，按住⌘+control快捷键不放，移动光标还可以对其他单词进行取词翻译。

技巧170　快速打开文件夹

选中一个文件拖到另外一个文件夹上不松开鼠标，片刻后文件夹就会自动打开。如果此时松开鼠标或将文件移开，该文件夹就会自动关闭。如果将文件拉到文件夹上，按下空格键，此时文件夹将马上打开无需等待。

技巧171　创建快捷打印

如果手头有一堆需要打印的文件，每次选中一个文件再选择“打印”命令是十分麻烦的，其实在Mac中有一个十分简单的方法，可以快速打印文件。

单击Dock中的“系统偏好设置” 图标，在出现的面板中单击“打印机与扫描仪”图标，此时将弹出“打印机与扫描仪”设置面板。

在设置面板左侧边栏中，选中当前计算机中的打印机名称，将其拖至桌面上即可在桌面上为当前打印机创建一个图标，选中想要打印的文件拖至这个打印机图标上即可将打印任务发送至队列。

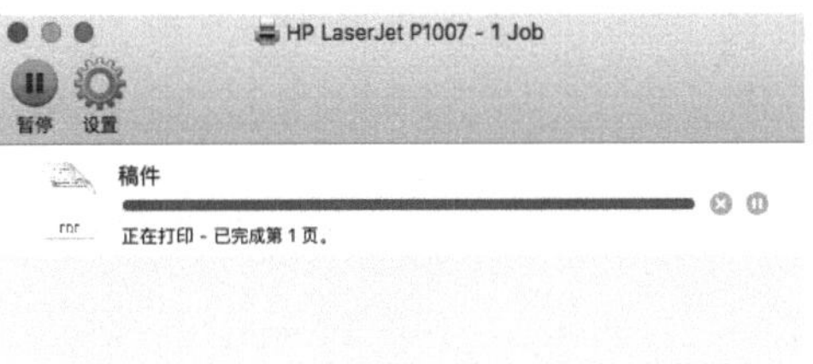

技巧172 查看打印队列

如果已经发送了打印队列，却忘记发送的打印内容是什么，可以在“打印机与扫描仪”设置面板右侧单击“打开打印队列”按钮，此时将弹出打印作业面板，选中打印作业按空格键即可查看当前打印任务的内容。扫描仪”设置面板。

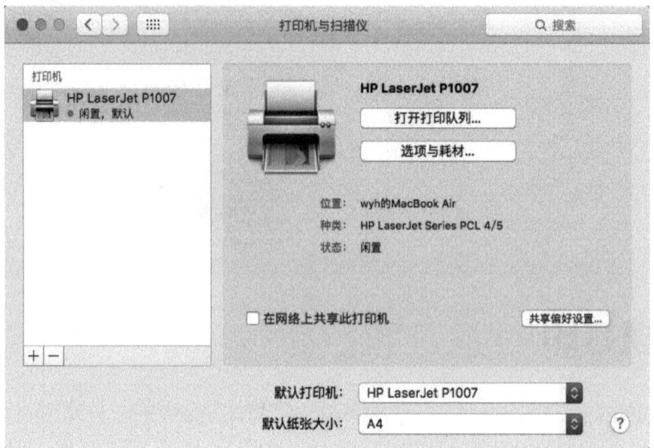

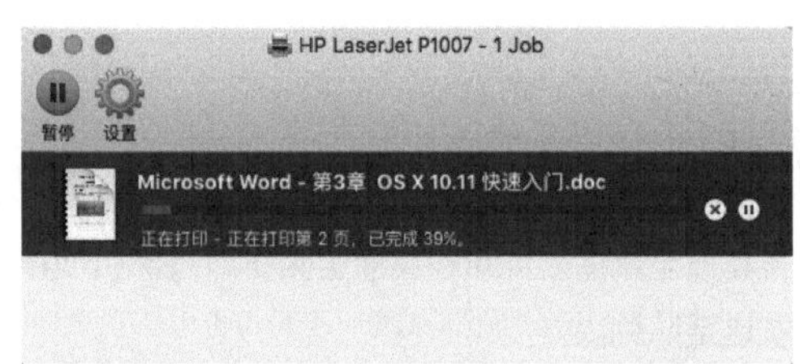